"十三五"普通高等教育本科部委级规划教材

扬州大学出版基金资助项目

面点工艺学

陈洪华　李祥睿　主　编

U0189811

中国纺织出版社有限公司

图书在版编目（CIP）数据

面点工艺学 / 陈洪华，李祥睿主编 . -- 北京 ： 中
国纺织出版社有限公司， 2020.12（2024.8重印）

"十三五"普通高等教育本科部委级规划教材

ISBN 978-7-5180-7738-0

Ⅰ . ①面…　Ⅱ . ①陈…②李…　Ⅲ . ①面食 – 制作 –
高等学校 – 教材　Ⅳ . ① TS972.116

中国版本图书馆 CIP 数据核字（2020）第 145069 号

责任编辑：舒文慧　　　　特约编辑：范红梅
责任校对：江思飞　　　　责任印制：王艳丽

中国纺织出版社有限公司出版发行

地址：北京市朝阳区百子湾东里 A407 号楼　邮政编码：100124

销售电话：010—67004422　传真：010—87155801

http://www.c-textilep.com

中国纺织出版社天猫旗舰店

官方微博 http://weibo.com/2119887771

三河市宏盛印务有限公司印刷　各地新华书店经销

2020 年 12 月第 1 版　　2024 年 8 月第 5 次印刷

开本：710×1000　1/16　印张：33.75

字数：613 千字　定价：58.00 元

前 言

　　面点工艺学是研究面点饮食文化和面点制作工艺的一门学科。为了适应我国烹饪高等教育的发展，培养面点制作的专门人才，普及面点饮食文化，特编写本教材。

　　面点工艺学是我国烹饪高等教育旅游和烹饪专业开设的一门重要的专业课程，体系完备，内容详实，特色鲜明，理论与实践相结合。它根据烹饪教育的特点，强调科学性、直观性和可操作性。在教材编写过程中，考虑到多数学生面点基础薄弱以及面点饮食文化普及性程度不够的实际情况，教材的视角着重在夯实基础，注重面点知识的系统性和全面性，同时也穿插了很多面点制作案例。

　　本教材分为十四章，由扬州大学陈洪华、李祥睿担任主编，扬州大学章海凤、安徽黄山学院孙克奎担任副主编。第一章、第二章由扬州大学陈洪华、李祥睿编写；第三章由浙江旅游职业学院吴熳琦、姚磊和南京旅游职业学院烹饪学院孙迁清编写；第四章由扬州大学陈洪华、江苏省常熟中等专业学校张仁东编写；第五章由安徽省黄山学院孙克奎、常州旅游商贸高等职业技术学校徐波编写；第六章由浙江商业职业技术学院朱威和浙江省杭州市中等职业学校姚婷编写；第七章由浙江省杭州第一技师学院王爱明和上海市城市科技学校许万里编写；第八章由广东省顺德职业技术学院李东文、仲玉梅编写；第九章由江苏省无锡旅游商贸高等职业学校徐子昂、淮安市淮阴区教学研究室何倩编写；第十章、第十一章由扬州大学陈洪华编写；第十二章由湖南省商业技师学院张艳、周国银、王飞编写；第十三章由江苏旅游职业学院许文广、鞠新美、唐建凤编写；第十四章由重庆商务职业学院韩雨辰、江苏省大丰中等专业学校潘宏香编写。全书稿件由扬州大学陈洪华、李祥睿统纂。

在《面点工艺学》教材编写过程中，各位作者殚精竭虑，参考了大量的书稿文献，但由于水平所限，疏漏掠美之处在所难免，敬请广大读者指正。另外，本书稿在编写过程中得到了扬州大学旅游烹饪学院（食品科学与工程学院）各位领导的关心，也得到了扬州大学校级出版基金和中国纺织出版社有限公司的支持，在此一并感谢。

陈洪华、李祥睿

2019.12

《面点工艺学》教学内容及课时安排

章 / 课时	课程性质 / 课时	节	课程内容
第一章 （2 课时）	基础知识 （14 课时）		·面点工艺学概述
		一	面点工艺学的概念
		二	面点工艺学的特点
		三	面点工艺学的研究内容
		四	面点工艺学的研究方法
第二章 （4 课时）			·面点基本知识
		一	面点发展简史
		二	面点的基本分类与特点
		三	面点的地方风味与流派
		四	面点与饮食风俗
		五	面点从业人员的素质要求
第三章 （2 课时）			·面点常用工具、餐具和设备
		一	面点常用工具
		二	面点常用餐具
		三	面点常用设备
		四	面点操作间常见工具、餐具和设备的管理养护知识
第四章 （6 课时）			·面点原料
		一	坯皮原料
		二	制馅原料
		三	调味原料
		四	辅助原料
		五	添加剂原料
第五章 （16 课时）	实践操作 （78 课时）		·面点制作基本功
		一	面点制作工艺流程
		二	面点基础制作技术
第六章 （32 课时）			·面点面团的调制
		一	面粉的工艺性能
		二	面点面团概述
		三	水调面团的调制
		四	膨松面团的调制
		五	油酥面团的调制
		六	米粉面团的调制
		七	其他面团的调制

章/课时	课程性质/课时	节	课程内容
第七章 （10课时）			·面点馅心制作
		一	馅心概述
		二	馅心原料加工
		三	馅心制作原理
		四	馅心制作方法
第八章 （10课时）			·面点的成型
		一	面点成型概述
		二	面点的成型方法
第九章 （10课时）			·面点的熟制
		一	面点熟制概述
		二	面点的熟制方法
第十章 （2课时）	素质提升 （36课时）		·面点的配色
		一	面点配色概述
		二	面点的配色方法
第十一章 （2课时）			·面点的调味
		一	面点的滋味调配
		二	面点的香气调配
第十二章 （2课时）			·面点的调质
		一	面点调质概述
		二	面点的调质方法
第十三章 （28课时）			·特色面点制作
		一	米类制品
		二	甜品点心
		三	面点小吃
		四	保健面点
		五	创新面点
第十四章 （2课时）			·筵席面点

注：各院校可根据自身的教学特色和教学计划对课程时数进行调整。

目　录

第一章　面点工艺学概述 1

第一节　面点工艺学的概念 2

第二节　面点工艺学的特点 2

第三节　面点工艺学的研究内容 3

第四节　面点工艺学的研究方法 5

第二章　面点基本知识 7

第一节　面点发展简史 8

第二节　面点的基本分类与特点 21

第三节　面点的地方风味与流派 25

第四节　面点与饮食风俗 52

第五节　面点从业人员的素质要求 65

第三章　面点常用工具、餐具和设备 73

第一节　面点常用工具 74

第二节　面点常用餐具 79

第三节　面点常用设备 81

第四节　面点操作间常见工具、餐具和设备的管理养护知识 90

第四章　面点原料 **95**

　　第一节　坯皮原料 96

　　第二节　制馅原料 116

　　第三节　调味原料 131

　　第四节　辅助原料 140

　　第五节　添加剂原料 159

第五章　面点制作基本功 **171**

　　第一节　面点制作工艺流程 172

　　第二节　面点基础制作技术 173

第六章　面点面团的调制 **191**

　　第一节　面粉的工艺性能 192

　　第二节　面点面团概述 197

　　第三节　水调面团的调制 204

　　第四节　膨松面团的调制 221

　　第五节　油酥面团的调制 243

　　第六节　米粉面团的调制 263

　　第七节　其他面团的调制 271

第七章　面点馅心制作 **289**

　　第一节　馅心概述 290

　　第二节　馅心原料加工 293

　　第三节　馅心制作原理 300

　　第四节　馅心制作方法 305

第八章　面点的成型 **335**

　　第一节　面点成型概述 336

　　第二节　面点的成型方法 343

第九章　面点的熟制 **415**

　　第一节　面点熟制概述 416

　　第二节　面点的熟制方法 419

第十章　面点的配色..**441**
　　第一节　面点配色概述..442
　　第二节　面点的配色方法..446

第十一章　面点的调味..**451**
　　第一节　面点的滋味调配..452
　　第二节　面点的香气调配..459

第十二章　面点的调质..**469**
　　第一节　面点调质概述..470
　　第二节　面点的调质方法..472

第十三章　特色面点制作..**475**
　　第一节　米类制品..476
　　第二节　甜品点心..501
　　第三节　面点小吃..504
　　第四节　保健面点..506
　　第五节　创新面点..513

第十四章　筵席面点..**519**

参考文献..**529**

第一章

面点工艺学概述

课题名称：面点工艺学概述

课题内容：面点工艺学的概念

面点工艺学的特点

面点工艺学的研究内容

面点工艺学的研究方法

课题时间：2课时

训练目的：让学生了解面点工艺学的概念，掌握面点工艺学的特点，熟悉面点工艺学的研究内容和研究方法。

教学方式：由教师讲述面点的相关知识，合理运用经典案例进行阐述。

教学要求：1. 让学生了解相关的概念。

2. 掌握面点工艺学的特点。

3. 熟悉面点工艺学的研究内容和研究方法。

课前准备：准备一些面点史料、著作，进行对照比较。

面点是中国饮食的重要组成部分。我国面点历史悠久、品类丰富、制作技艺精湛、风味流派众多，与人生仪礼或饮食风俗结合紧密，具有深厚的文化内涵。

第一节　面点工艺学的概念

在中国烹饪体系中，面点是面食与点心的总称，饮食业中俗称为"面案"或"白案"。

面点工艺学的概念具有狭义和广义之分。从狭义上讲，面点工艺学是以面粉、米粉和杂粮粉等为主料，以油、糖和蛋为调辅料，以肉品、水产品、蔬菜、果品等为馅料，经过调制面团、制馅（有的无馅）、成型和熟制等一系列工艺，制成的具有一定色、香、味、形、质等风味特征的各种主食、小吃和点心的制作工艺学科体系。

从广义上讲，面点工艺学还包括用米和杂粮等制成的饭、粥、羹、冻等，习惯统称为米面制品的制作工艺学科体系。

这里所说的制作工艺学科体系，是指面点工艺学绝不是一门简单的技艺学问，而是涉及多学科的一门综合性学科。首先，在面点工艺制作中，从原料到成品，都必须充分了解其具体面点品种规格要求、制作方法及加工过程中产生的各种变化，以便正确地制定面点工艺操作程序；其次，面点工艺采用的加工方法是否先进，就需要了解面点制作过程中具体工艺条件对面点制品风味的影响，掌握各种影响因素和面点制作工艺过程中所产生的物理、化学和生物学变化的关系。这就需要熟悉物理、化学和生物学方面的知识，特别是食品生物化学、食品微生物学和营养学等基础知识；再次，目前在面点工艺制作中，手工技艺占主导地位，但随着科学技术的发展与进步，面点工艺制作中使用的面点机械设备会越来越多，因此掌握各种面点机械设备的使用原理和操作方法也十分必要；最后，由于有很多传统面点品种跟老百姓日常的人生仪礼或饮食风俗结合紧密，这就需要了解其中的饮食文化内涵。

第二节　面点工艺学的特点

在烹饪职业教育如火如荼的今天，面点工艺学彰显着鲜明的特点。

1. 全面性，系统性

面点工艺学是我国烹饪高等教育中烹饪专业的一门主干课程，它全面、系统地介绍了面点简史、原料知识、工具设备、选料加工、馅心制作、面团调制、成型熟制、装盘装饰、筵席面点等一系列的基础知识，为培养面点专业的专门人才，奠定了基础。

2. 理论性，实践性

面点工艺学具有理论性、实践性的特点。通过本课程的学习不仅使学生掌握面点原料、面团调制、馅心制作、成型熟制等一系列面点基础理论知识，而且能够使学生熟练掌握其制作工艺过程，并能运用所学到的知识，解决实际工作中的问题，为社会服务。

3. 基础性，前瞻性

面点工艺学除了全面、系统地介绍了面点专业知识以外，还独具前瞻性，探讨未来保健的功能性面点，期待发挥面点的养生和食疗功效。

4. 继承性，创新性

面点工艺学还介绍了我国面点在历朝历代的发展过程中，劳动人民发明创新的各种面点，以及撰写的与面点相关的诗词歌赋、面点著作等；同时，在继承优秀面点文化遗产的基础上，鼓励大胆地创新，开发一些具有特色、符合现代人健康理念的面点产品。

通过面点工艺学的阐述，使学生了解面点文化、面点风味流派、面点制作基础知识；熟悉面点工艺各流程的制作原理；掌握面点各个流程操作技能；掌握扎实的操作基本功；对面点原料能进行合理选择鉴定；能调制不同种类的面团；能加工制作常用的馅心品种；灵活运用成型技法；恰当运用熟制方法；争取对面点的传承和创新有一定的推动作用。

第三节　面点工艺学的研究内容

面点工艺学所要研究的内容主要表现在以下几个方面。

1. 面点发展简史

我国面点制作具有悠久的历史，经过历代面点师的不断实践、创造和发展，形成了品种繁多、口味丰美、形色俱佳的面点制品；同时，历代文人学者的诗词歌赋、著作中对面点的描述、讲解和记载等，实时记录了面点发展的脉络，对后世面点的继承和创新有一定的借鉴意义。

2. 面点基本知识

面点工艺学介绍了面点的基本分类与特点、面点的地方风味与流派、面点与饮食风俗和面点从业人员的素质要求等，让学生了解面点饮食文化发展的来龙去脉以及从业要求。

3. 面点常用工具、餐具和设备

面点技术的发展与进步，离不开工具、设备和餐具的更新与发明，两者之间相互促进，使面点的制作技术日趋成熟。熟练运用工具、设备和餐具，有利于提高面点制作技术水平。

4. 面点原料的性质、特点和用途

面点的使用原料极为广泛，有谷类、麦类、肉类、禽类、蔬菜、果类、水产、菌类等，面点工艺学不仅研究原料本身的性质、特点和用途，而且研究面点原料在面点制作过程中的变化，以及对面点制品本身的影响。

5. 面点制作基本功

面点制作基本功是指在面点制作过程中所采用的最基础的制作技术及方法，包括和面、揉面、搓条、下剂、成型和熟制等主要环节。它是学习各类面点制作技术的前提，也是保证面点制品质量的关键。

6. 面点面团的调制

面点面团的调制是指在制作面点的过程中，将各种原辅料按一定比例和要求调制成面团的一项操作技术。它包括和面和揉面两个操作环节。由于不同的面团有不同的调制方法，因此在调制面团时，要根据面团的特性来进行调制，并运用不同的操作方法，调制出符合成品要求的面团来。除此之外，面点工艺学还研究面团的调制原理，以及调制中所产生的物理、化学变化对面点产生的影响。

7. 面点馅心制作

馅心制作是面点制作中具有较高要求的一项工艺操作。包馅面点的口味、形态、特色、花色品种等都与具体馅心品种密切相关。

8. 面点的成型

我国面点的形状千姿百态，总体上看，面点的外形特征，概括起来有几何形、象形、自然形等，其主要基本形态有包类、饺类、条类、糕类、团类、卷类、饼类、冻类、饭粥类、其他类等多种。成型可以决定制品的形状和规格，利于面点的成本核算。

9. 面点的风味特征

面点的风味主要指具体面点品种的"色、香、味、形、质"等特征。它不仅是重要的风味指标，而且是很重要感官指标，是衡量具体面点品种制作得失成败的尺度与评价标准。

10. 面点的熟制

面点熟制工艺是面点制作的最后一道工艺，也是最为关键的一道工艺。熟制效果的好坏对成品质量影响很大，它涉及制品的形态、色泽、风味特色。面点制品的风味特色必须要经过成熟这一过程之后才能体现出来，例如成型的制品形状是否变化，馅心是否入味，色泽是否美观等。面点生坯做得再好，原料再高档，如果成熟不透就会前功尽弃。因此，成熟方法恰当，操作认真，才能使面点质量、制作特色得到充分体现。

11. 特色面点制作

我国面点源远流长，依时代划分，有传统面点与现代面点两大类。传统面点是前辈面点大师长期实践与智慧的结晶，具有广泛的适应性与权威性。无论何种传统面点，特别是已被现代面点师继承下来的传统面点，其名称、配方、风味特征及表现该面点特点的一系列工艺流程等都必须是固定的，不能随意创造或改变，否则，便不能称为传统面点，至少不是正宗的传统面点。传统面点品种大多是特色面点，但现代面点品种通常在继承传统的基础上，加以创新，形成新的面点特色。

12. 筵席面点与面点筵席

筵席面点通常是指筵席中配备的席点；而面点筵席常指以面点品种为主的筵席，无论是采用哪种方式呈现，都能反映面点的特色与食俗、文化等的密切关系。

第四节　　面点工艺学的研究方法

面点工艺学是我国烹饪高等教育旅游和烹饪专业开设的一门重要的专业课程，体系完备，特色鲜明，理实结合。研究面点工艺学主要从以下几种方法开始着手。

1. 整理发掘，发扬传统

我国面点制作历史相当悠久，认真、全面、系统地整理和发掘面点制作经验以及各种涉及面点的诗词歌赋、著作等是非常必要的，它是我们开展对面点工艺学研究的基础。

2. 联系实际，工艺优化

在面点工艺学的学习过程中，要进行全面的探讨、实验、研究。例如针对具体的面点品种，逐步借助于实验手段来进行分析，优化工艺过程，形成相关配方数据，为传统面点的标准化做准备。

3. 保持风味，尊重食俗

"一方水土养一方人"，每一个面点品种都有具体的风味特征，它是不同年代的老百姓的特色记忆，是宝贵的非物质文化遗产，是文化自信、文化兴邦的组成部分。学会研究具体面点品种的风味特征，尊重各地饮食风俗，了解人生仪礼与面点文化的相互关系。

4. 遴选品种，开发创新

在我国面点文化的长河中，面点品种层出不穷，采用合适的标准，遴选其中优秀的面点品种，通过研究提升后，进行开发，创新出符合新时代特点的功能性面点品种或快餐面点品种，这也是研究面点工艺学的方法。

总之，研究面点工艺学主要从教材本身出发，理论联系实际，传承不守旧，创新不忘本，保持风味，尊重食俗，延续人生仪礼，这样才能把握面点工艺学的精髓。

总 结

1. 通过本章的讲解，让学生了解了面点工艺学的相关概念。

2. 掌握面点工艺学的研究内容和研究方法。

思考题

1. 如何理解面点工艺学的概念？

2. 面点工艺学的特点有哪些？

3. 面点工艺学的研究内容有哪些？

4. 面点工艺学的研究方法有哪些？

第二章

面点基本知识

课题名称： 面点基本知识

课题内容： 面点发展简史

面点的基本分类与特点

面点的地方风味与流派

面点与饮食风俗

面点从业人员的素质要求

课题时间： 4 课时

训练目的： 让学生了解面点发展简史；掌握面点的基本分类与特点；知晓面点的地方风味与流派；熟悉面点与饮食风俗；适应面点从业人员的素质要求。

教学方式： 教师讲解、参观博物馆；运用视频等多媒体手段。

教学要求： 1. 让学生了解相关面点的历史。

2. 掌握面点的基本分类与特点。

3. 知晓面点的地方风味与流派；熟悉面点与饮食风俗；适应面点从业人员的素质要求。

课前准备： 联系博物馆，参观不同时期的面点制作器具。

我国面点历史悠久。日常生活中，面点的饮食功能呈现出多样化，既可作为主食，又可作为调剂口味的辅食。例如有的作为正餐，有的作为早点、茶点或夜宵；有的作为筵席配置的席点；有的作为旅游和调剂饮食的糕点、小吃，以及作为节日礼物的礼品点心和体现地方特色、人生仪礼或饮食风俗的载体点心等。面点的流派更是层出不穷。

第一节　面点发展简史

中华民族是历史悠久、富有创造性的民族。古往今来，人们在创造丰富的物质文明的同时，也创造了高度的精神文明，而我国面点的从无到有，由生到熟，从粗到精，由单一到丰富，也从一个侧面反映了其漫长的发展历程。

一、面点的萌芽时期

（一）旧石器时期

在这个远古时代，人类的祖先只能够把捉到的飞禽走兽、蚌蛤鱼虫活剥生嚼，采集到的果实根茎也是生吃的，过的是"茹毛饮血"的生活。《韩非子·五蠹》曰："民食果蔬蚌蛤，腥臊恶臭，而伤腹胃，民多疾病。"因此，这段时期没有烹饪可言。

（二）中石器时期

这一时期人类普遍会使用天然火烤熟猎物。古人学会用火取火的历史很长，考古证明 170 万年前云南元谋人遗址中有用火的痕迹；50 万年前"北京猿人"已经开始用火了。燧人氏发明钻燧取火之后，人们已将生食变为熟食，"炮肉为熟""火上燔肉"，便是先民们最初的烹法；后来神农氏尝草别谷，教民耕艺，民始食谷，烹饪自此萌芽。

（三）新石器时期

这个时期，人类开始从事农业和畜牧业，将植物的果实加以播种，并把野生动物驯服以供食用。人类不再只依赖大自然所提供的食物，因此食物的来源变得稳定。同时农业与畜牧业的经营也使人类由逐水草而居变为定居，节省下更多的时间和精力。火的掌握与使用，使人类扩大了食物来源。在这样的基础上，人类生活得到了进一步的改善，开始关注文化事业的发展，人类文明开始出现。

6000 年多前炎帝神农氏"始制耒耜，教民务农"（《国语·晋语》），"黄帝作釜甑"（《史记·五帝本纪》），这位兴灶作炊的食祖，按蒸汽加热原理制造出最早的蒸锅——陶甑，"黄帝始蒸谷为饭、烹谷为粥"（《三国谯周古史考》），刀耕火耨、关心民食，广植黍稷菽麦稻五谷，以抚万民。

我国考古发现，6000 多年前属于仰韶文化的西安半坡遗址中，就曾发现过粟；河南陕县东关庙底沟原始社会遗址发现烧土上有麦类的痕迹。而在南方青莲岗文化的余姚河姆渡等遗址中发现了稻；钱山漾遗址中也发现了稻谷粒，经鉴定有粳稻和籼稻两种。可见我国是世界上农业发展最早的国家之一。但当时主要运用石板（加热）烤谷物，即所谓的"石上燔谷"。《古史考》云："神农氏，民食谷，释米加烧石上而食之。"这一方法一直为后代人所沿用。例如，现在西安一带民间制作的"石子馍"，其制法仍然沿用"石烹"之古风。

这个时期，我国古代的陶制炊具相继问世，有鼎、甗、釜、甑、鬲、鬶、斝等，其中甑则是和釜或鬲配合起来当"蒸锅"用的，甑的底部有许多小孔，可以透进蒸汽，将食物蒸熟，是最原始的蒸笼；将甑和鬲组成的"原始蒸锅"叫甗（鬲中放水，甑中放食物，再将甑置于鬲上，鬲下用火烧即可）。另外，还有地灶、砖灶、石灶，燃料仍系柴草，还有粗制的钵、碗、盘、盆作为食具，烹调方法是火炙、石燔、汽蒸并重，较为粗放。

总的说来，新石器时期人类大概已由渔猎而接近于农耕畜牧了，烹饪技术处于原始初步阶段，面点处于萌芽时期。

二、面点的形成时期

（一）谷物的生产普及

到了夏商周时期，我国已进入农耕盛行的时代，粮食生产已有较大的发展，品种也多了起来。那时粮食作物总称为五谷，即黍、稷、麦、稻、菽，其中麦在我国黄河流域、淮河流域种植较多，在谷物中占有重要的地位。将麦子磨成面粉，始于此时。

（二）工具设备的发明和使用

据史料及出土文物考证，夏商周时期已有了石磨盘（一种搓盘）、臼杵、旋转石磨（传说由春秋时杰出的工匠公输般创造出来的）。由粒食到粉食，对面点的制作与发展具有重大的意义。

除陶器进一步发展之外，轻薄精巧的青铜器亦被广泛应用。我国现已出土的商周青铜器物有 4000 余件，其中多为炊餐具。青铜食器的问世，不仅便于传热，提高了烹饪工效和菜点质量，还显示礼仪，装饰筵席，展现出奴隶主贵族饮食文化的特殊气质。例如，河南信阳出土的春秋时期的铜饼铛，湖北随县出土的战国时期的铜炙炉等，都说明当时炊具品种已日益丰富，为蒸、炒、煎、烤、烙制作点心，准备了必要的条件。

到了春秋战国及秦朝时期，在一些经济发达地区，铁质锅釜（古炊具，敛口圆底带二耳，置于灶上，上放蒸笼，用于蒸或煮）崭露头角。它较之青铜炊具更为先进，为油烹法的问世准备了条件。

（三）调味品的使用

与此同时，动物性油脂（猪油、牛油、羊油、狗油、鸡油、鱼油等）和调味品（主要是肉酱和米醋）也日益增多，花椒、生姜、桂皮、小蒜运用普遍；盐、梅、饴、蜜等调味品开始使用；菜肴制法和味型也有新的变化，并且出现了简单的冷饮制品和蜜渍、油炸点心。

（四）面点品种的初现

由于物质条件的逐渐具备，我国在这一时期出现了面点，虽然品种还不够丰富，但作为早期面点，还是有积极意义的，其主要品种如下。

①糗：谷物炒成的干粮，即炒熟的米或面等。

②粢：为稻米粉或黍米粉制成的饼。

③饵：一种蒸制的糕饼。《周礼·天官·笾人》："羞笾之实：糗、饵、粉、餈。"据郑玄注解，这是"粉、稻米、黍米所为也。合蒸为饵。"

④酏食：一种饼。《周礼·天官·醢人》："羞豆之实，酏食，糁食。"郑司农云："酏食，以酒酏为饼。"又据唐贾公彦疏："以酒酏为饼，若今起胶饼。""胶"又写作"教"，通"酵"，因此酏食正是一种发酵饼。

⑤糁食：简称糁，为一种稻米米粉加牛、羊、豕肉丁的油煎饼。

⑥粔籹：《楚辞·招魂》："粔籹蜜饵有餦餭些。"这是一种类似现代馓子或麻花的食品。

⑦蜜饵：饵的具体品种之一，为一种甜点。

⑧餦餭：一种蜜制甜食。

⑨饼：早期面食的统称，"饼"这个字最早见于《墨子·耕柱》，文中有"见人之作饼"之句。

总之，这一时期是我国面点的形成时期，虽然面点品种不是很多，制作方法也不复杂，但也有蒸、烙、炒、煎、炸等烹法，而且已经出现了咸味点心和甜味点心，此外还有带馅糁食，甚至还有了初步发酵的面点。

三、面点的分化时期

两汉魏晋南北朝时期，我国面点制作水平发展有一个飞跃。这一方面是由于社会生产力的发展造成的，另一方面与当时的南北交流有很大的关系。面点制作已开始向专业化方面发展。山东出土的汉代陶俑——一个是治鱼厨夫俑，即红案厨师；一个是和面厨夫俑，即白案厨师，说明当时已有红、白案分工了。在这一时期，南北交流日益频繁，促进了南方、北方在面点品种和品味上的相互影响。面点制作的发展主要体现在以下几个方面。

（一）食物原料进一步扩大

面点使用原料不仅仅是麦粉、米粉，还有高粱粉及其他杂粮粉。牛、羊乳及酪、酥普遍用作制作面点的辅料。调料方面有盐、饴、蜜、石蜜、酱、酱清（类似酱油）、豆豉、鲊（醋）、生姜、葱、蒜、桂皮、花椒、茱萸、胡椒、胡芹、胡荽等，而且开始使用植物油脂，例如大豆油、菜籽油、芝麻油等。

（二）粉质原料加工更精细

先秦之后，制作粉料的石磨在民间广泛使用，出现了使用畜力的石磨及"水碓磨"，中国石磨由此进入成熟阶段，为面粉的大量生产和利用提供了方便。面粉磨出后，当时已能用重罗筛出极细的麦面粉，将之与麦麸分离。晋人束皙《饼赋》中云："重罗之面，尘飞雪白"，便是一证。在《齐民要术》中，又有几处写到将秫米粉、麦面粉"绢罗之""细绢筛"等，这样的操作也就为面点制作提供了优质原料。

（三）制作用具进一步更新

这一时期用具更新突出表现是：锅釜由厚重趋向轻薄。战国以来，铁的开采和冶炼技术逐步推广，铁制工具应用到社会生活的各个方面。西汉实行盐铁专卖，说明盐和铁与国计民生关系密切。铁比铜价贱，耐烧，传热快，因此铁制锅釜此时推广开来，如可供煎炒的小釜，多种用途的"五熟釜"，大口宽腹的铁锅，以及"造饭少倾即熟"的"诸葛亮锅"（类似后来的行军灶，相传是诸葛亮发明的）。

束皙《饼赋》中曰："三笼之后，转有更次""火盛汤桶，猛气蒸作"说明了蒸笼的运用。另外，还有"胡饼炉""铁釜""铛"等，极大地方便了面点的制作。与此同时，还广泛使用锋利轻巧的铁质刀具，改进了刀工刀法，使原料加工日趋美观。

（四）制作技术更为精湛

这一时期，很多面点的制作已达到较高水平，其中发酵方法已普遍使用。《齐民要术》中"作饼酵法：酸浆一斗，煎取七升。用粳米一斤，著浆，迟下水，如作粥。六月时，溲一石面，著二升；冬时，著四升作。"不仅写明了酸浆酵的制法，还说明了在不同季节的用量。"作白饼法：面一石。白米七八升，作粥；以白酒六七升酵中。著火上，酒鱼眼沸，绞去滓，以和面。面起可作。"这是在粥中加酒的发酵方法。上面两种发酵法，当时已在黄河中下游及江南广泛使用。《齐民要术》中载有"馅渝法"，注释称："起面也，发酵使面轻高浮起，炊之为饼"，这就是较早出现的关于蒸制的馒头之类的食品的记载。

晋人束皙也在《饼赋》中，对当时的制饼技术大加赞美："笼无迸肉，饼无流面，姝嫭冽敪，臗味内和，镶色外见。柔若春绵，白若秋练，气勃郁以扬布，香飞散而远遍，行人垂涎于下风，童子空嚼而斜眄，擎碗者舐唇，立侍者干咽。"其中，"柔如春绵，白若秋练"是典型的发酵曲的特征。而且，魏晋时已有花式点心之制法，如："饼不坼作十字不食"，类似后世的开花馒头；水引则长一尺，"薄如韭叶"，类似后代的面条，等等。这都反映了这一时期面点技术的发展。

（五）面点品种不断丰富

在汉代，饼也是一切面制品的通称。炉烤的芝麻烧饼叫"胡饼"，上笼蒸制的称为"蒸饼"，用水煮熟者称"汤饼"此外还有蝎饼、髓饼、素饼、水溲饼、酒溲饼等。饼的名称一直沿用到明清时期。《齐民要术》中，记载有近 20 个饼的品种，并有详细制法。另据记载，魏晋南北朝时期面点品种出现了馄饨、春饼、煎饼、馒头、水引、牢丸、细环饼、烧饼等。

（六）模子等成型工具已经出现

这一时期，也出现了一些面点成型工具如木模、竹、杓、牛角漏杓等，用来做各种花色点心，如《酉阳杂俎·酒食》中"赍字五色饼法"，就是将揉好的面团用雕刻成禽兽形的木模按压、染色。

（七）年节食俗已开始形成

我国的节日风俗是在漫长的历史发展进程中逐步形成的，面点与节日风俗紧密联系。立春吃"春盘"，寒食节吃"寒具"，端午节食粽，三伏天吃"汤饼"，重阳节食糕等。"春盘""寒具""粽子""汤饼""重阳糕"等成为中国最早的年节食品。

（八）有关面点的著作大量涌现

在这一时期，我国的饮食著作大量涌现，这和当时整个社会饮食文化水平的提高分不开。据《隋书·艺文志》和《新唐书·艺文志》等书记载，当时主要的饮食著作达30部以上，著名的有曹操的《四时食制》，崔浩的《食经》，刘休的《食方》，无名氏的《食馔次第经》，诸葛颖的《淮南王食经》，卢仁宗的《食经》，赵武的《四时食法》《太官食法》《太官食经》《四时食经》，何曾的《食疏》，虞悰的《食珍录》等。此外，面点著作还有束皙的《饼赋》，吴均的《饼说》和贾思勰《齐民要术》中的"饼法""粽餬法"等。

四、面点的繁荣时期

到了隋唐五代时期，大运河的开凿，南北政治的统一，促进了南北经济、文化与物资的交流与融合，面点制作发展迅速。到了宋元时代，南方经济得到了飞跃式发展，烹饪原料的增多，商业的发展，促进了饮食业的繁荣和面点制作的普及，也促使面点店的出现，从而推动了面点的发展。

（一）面点市场空前繁荣发达

南北朝以前，除汉代有"卖饼商人"的记载外，面点方面的店铺是极为少见的。而这一时期唐代长安、北宋汴京、南宋临安、元代大都等均有许多面点店铺，如饆饠店、馄饨店、胡饼店、蒸饼店、蒸胡铺、糕店，等等。《酉阳杂俎》《两京城坊馄饨店考》《东京梦华录》中提到名字的包子、馒头、肉饼、油饼、胡饼店铺不下10家。除此之外，尚有经营面点的行坊、店肆、摊贩等，营业时间除日市外，还有早市、夜市，极大地方便了人民的生活。

另外，到了唐代，出现了专门的磨面行业，而且分官营和私营两种。据《文献通考》卷五十六记载，官办的粮食加工作坊很多，大多数分布在城外的河渠上，使用水磨磨面，且"昼夜不息""日给千人之食"，生产效率相当高。私营粮食加工也颇为发达，长安城里有专门加工粮食的"岂户"。幽州城里出现了面食加工者组成的"磨行"等行业组织。宋朝的磨面业有了较大的发展，城里有不少磨面的"麸面"作坊。米粉除了一般的舂米粉外，还产生了水磨的米粉，为米粉点心的发展提供了优质原料。

（二）旧有面点品种的更新发展

旧有面点无论是品种还是花色，都有了新的发展。面制品方面出现的面点新品种较多，主要有包子（"包子"一词出现在五代时期，见《清异录》卷下记载，包子的大量品种出现在宋代，《东京梦华录》中记载了"诸色包子"）、饺子、月饼、卷煎饼（春卷）、馄饨等，且馄饨出现了"花色馅料各异"的二十四节气馄饨；米粉制品方面，如糕团有水晶龙凤糕、花折鹅糕、满天星、粉团等十几种产品，米粉制品主要有元宵、麻团、油炸果子等。元代还首次出现了"烧卖"品种，除此之外还有河漏、拨鱼等。唐代诗人白居易云："胡麻饼样学京都，面脆油香新出炉"，就生动地描述了当时胡麻饼新出炉呈现出的面脆油香之情景。宋代诗人苏东坡的诗句"小饼如嚼月，中有酥和饴"，可推知当时在面点制作上已采用油酥分层和饴糖增色等工艺。

随着中医药与饮食的结合，食疗面点也出现了，《食闻本草》《食医心鉴》《养老奉亲书》《山家清供》《饮膳正要》《寿亲养老新书》中都有相关记载。

（三）面点制作技术的飞速提高

这一时期面点制作技术发展较快，主要体现在如下几个方面。

1. 面团制作多样化

无论是品种还是花色，都有了新的发展。面制品方面从面坯用料上看，已有各种麦面、小米面、粳米粉、糯米粉、豆粉和一些杂粮粉。面坯调制多样化：有水调面坯，用冷水和面做卷煎饼，用开水烫面做饺皮；发酵面坯广泛使用，除酵汁、酒酵发面之外，酵面发酵法已广为流行，并出现了兑碱发酵法；油酥面团的制法也趋成熟。南方的米粉坯也很盛行，既有用整米制作的，也有用米粉制作的，还出现了其他杂粮坯制品，光是《武林旧事》中就收录了糖糕、蜜糕、粟糕、栗糕、麦糕、豆糕、花糕、糍糕、闲炊糕、干糕、乳糕、社糕、重阳糕等多个品种。

2. 馅心制作多样化

包子、馒头、馄饨等面点的馅心异常丰富，动植物原料均可使用，口味甜、咸、酸均有。如《梦粱录》上记载，汴京市场上有羊肉小馒头，临安市场上有四色馒头、生馅馒头、糖肉馒头、羊肉馒头、太子馒头、鱼肉馒头、蟹肉馒头、虾肉馒头、笋丝馒头、菠菜果子馒头、辣馅糖馅馒头等。馅心的制法有生馅，也有经过加热成熟调制的熟馅，风味各异。

3. 浇头制作多样化

面点的浇头变化多端，荤素原料都可采用，可甜可咸，可酸可辣，不拘一格。据《事林广记》《剑南诗抄》《东京梦华录》《梦粱录》等书记载，面条方面有软羊肉面、桐皮面、插肉面、大燠面、桐皮熟脍面、猪羊庵生面、鸡丝面、二鲜面、盐煎面、笋泼肉面、炒鸡面、大熬面、炒鳝面、卷鱼面、水滑面、笋泼面等20多个品种。

4. 成型方法多样化

如面条可以擀切成条，可以拉拽成宽长条；拨鱼可用汤匙拨面入沸水锅中以成"鱼"形,木模、铁模也常见使用。花色点心更是形态各异,成型方法多变。

5. 成熟方法多样化

面点熟制的方法已有煮、蒸、炒、煎、炸、烙、烤等多种。

(四)有关面点的著作数量增多

这一时期,有关面点的著作有:隋代有马琬的《食经》,崔禹锡的《崔氏食经》,谢讽的《淮南王食经》;唐代有杨晔的《膳夫经手录》,韦巨源的《烧尾宴食单》;宋代有《吴氏中馈录》,林洪的《山家清供》,陈达叟的《本心斋疏食谱》,元代倪瓒的《云林堂饮制度集》,无名氏的《居家必用事类全集·饮食类》等。另外还有很多有关面点的诗词。

(五)面点交流日益扩大

在元代,少数民族面点发展较快。蒙古族、回族、女真族、畏兀儿族等的面点中出现不少名品,如秃秃麻失、柿糕、高丽粟糕等。汉族和少数民族间面点交流扩大,出现不少新品种,如春盘原是汉族节日食品,但在蒙古宫廷中却出现春盘面,煎饼、馒头、糕等面点中也出现了少数民族的品种。而且,少数民族面点在大都饮食市场颇为风行。另一方面,随着中外交流,西域饮食传入中原。鉴真东渡,日本僧人、留学生来华都促进了面点的交流;在唐代我国蒸饼等也传入了日本。据记载,在元代我国的面条传至意大利等国。

(六)早期面点流派形成

在宋代,由于政治、经济、文化等因素的作用,面点业适应当时的社会情况,出现了多种风味的面点。如《东京梦华录》中记载的"南食店""北食店""川饭店""素分茶"等店铺。由此可以看出,中式面点中就有南方风味、北方风味、四川风味、全素风味等流派的划分,这种状况一直延续到南宋时期。

(七)年节面点品种逐步发展,且与食俗紧密相连

这一时期面点与年节、人生礼仪、庆祝等联系更紧密,较前代有所发展。元宵节源于汉代,形成于唐代,其时已经食用元宵;唐代春日食春饼;重阳节食糕习俗已经定型。在生日等庆祝方面,在唐代已有生日汤饼,宋代出现了两种新的生日面点,一是仙桃,二是龟。元代面点与风俗几乎与前代相同。

(八)餐具使用更加讲究

这一时期在餐具方面,最主要的特点是风姿特异的瓷质餐具逐步取代了陶质、铜质和漆质餐具。唐代有邢窑白瓷和越窑青瓷。宋代北方有定窑刻花印花

白瓷、官窑纹片青釉细瓷、钧窑黑釉白花斑瓷、海棠红瓷及独树一帜的汝窑瓷、耀州瓷、磁州瓷；南方有越窑和龙泉窑刻花印花青瓷、景德镇窑影青瓷、哥窑水裂纹黑胎青瓷，以及吉州窑和建窑黑釉瓷。元代式样新颖的釉里红瓷驰誉中原，釉下彩瓷和青花瓷名播江南。其中，青花瓷700多年来一直被当作高级餐具使用，1949年后国宴上使用的"建国瓷"，就是在它基础上改进的。宋代的高级酒楼——"正店"，还习惯于使用全套的银质餐具；而帝王之家和官宦富豪，仍是看重金玉制品。

（九）燃料和炊具的更新发展

隋唐五代时期，燃料较前代也有发展。魏晋南北朝时，已有用煤烹饪的记载，但是不普遍。唐代逐渐广泛使用，称为"石炭"，另白居易《卖炭翁》中有卖木炭的记载。

制作面点的炊具也有所发展，例如"胡饼炉""公厅炉"等；蒸笼有"独格通笼"及多隔笼；铁釜已普遍使用；唐代造油炸槌已有成套工具：大台盘（放槌用）、油铛（炸槌用）、银篦子（刮面用）、银笊篱（捞炸熟的槌子用）。此外，还出现了花色点心的模子——"木范"及擀面杖等。

五、面点的成熟时期

明清时期是我国面点发展的成熟时期，这一时期，面点制作技术飞速发展，面点的主要类别已经形成，每一类面点中又派生出许多具体品种，名品众多，数以千百计。各种面点风味流派已基本形成，中国面点与风俗的结合更加紧密，中外面点交流继续发展，西式面点传入我国，中国面点亦大量外传。

（一）面点制作比较活跃

明清时期，随着农业、手工业的发展，社会分工的扩大，城市商品经济有了进一步发展。商业的发展与都市的繁荣，又促进了饮食业的发展，各地的面点也随之发展，出现的品种越来越多。各地面点铺、糕点铺、茶肆、茶食店大量涌现，竞争较为激烈，使得面点制作更讲究色、香、味、形的特色，面点名品迭出。

（二）面点制作技术逐渐成熟

面团调制方法多样：水调面团细分为冷水、温水、开水等几种调法，有时和面时还添加油、蛋清等辅助料，增加制品的风味；发酵面团制法更精，如"千层馒头""其白如雪，揭之如有千层"（《随园食单》）；油酥面团"用山东飞面作酥为皮"，故成品"松柔腻，迥异寻常"（《随园食单》）；米粉面团，制作美观，松糯可口；其他以山药粉、百合粉、荸荠粉等作辅助料的杂粮面团也有所发展。面点形状变化多端，针对不同品种，用擀、切、包、裹、卷、叠、压、擦、捏、削、拨、搓、夹、模压等技法成型。馅心浇头用料广博，制作精致，风味佳美。成熟过程多法并用，蒸、煮、烙、烤、油煎、水煎、油炸、炒、煨均可使用，有些品种还可以先煮后炒，或先炸后煨，不拘一格。

（三）面点流派的形成

到了清代，我国面点的风味流派基本形成，北方主要是北京、山西、山东三大风味流派，南方主要是苏州、扬州、广州三大风味流派。

（四）面点风俗基本定型

我国面点与节日习俗紧密联系，如正月初一我国北方吃水饺，浙江吃汤圆，广东吃煎堆；正月十五吃元宵，五月端午吃粽子，夏至吃"冷淘面"，七夕吃"巧果"，中秋啖月饼，重阳节食糕，冬至吃馄饨，腊八节茹粥等。

（五）面点著述大为丰富

这一时期，有关面点的著述、诗词大为丰富。明代有韩奕的《易牙遗意》，宋诩的《宋氏养生部》，宋公望所编《宋氏尊生部》，高濂的《饮馔服食笺》等。清代有李渔的《闲情偶寄·饮馔部》，朱彝尊的《食宪鸿秘》，顾仲编撰的《养小录》，李化楠的《醒园录》，袁枚的《随园食单》，无名氏编的《调鼎集》，薛宝辰的《素食说略》，其中《调鼎集》中收录的面点总数达 300 种以上，在古代食谱中是种类最多的。

（六）面点交流进一步扩大

随着中外交流，西方的西洋饼、面包、布丁等品种传入我国，我国面点主要传至日本、朝鲜，以及东南亚、欧美的一些国家和地区。

六、面点的创新时期

近现代是我国古代面点品种继承和创新发展的融合时期。中式面点经历了数千年的历史演变，形成了一定的特色，有许多节日名食和成百上千种小吃点心，丰富了人们的生活。这都是经历代面点厨师的不断实践、创造和发展而来的，是我国民族文化遗产的一部分。

（一）继承不守旧，创新不忘本

纵观历史，历朝历代皆有面点品种更替和创新。创新是一个民族进步的灵魂，是一个国家兴旺发达的不竭动力。中国面点品种的创新是餐饮业永恒的主题之一。随着社会的进步、经济的发展和旅游业的兴起，以及餐饮市场竞争的日趋激烈，消费者的观念也在不断变化，这也促使越来越多的餐饮企业将面点品种开发作为增强自身竞争力的重要手段，于是，许多企业都要求面点师每隔一定周期就必须推出若干创新面点品种以吸引顾客。

面点的创新主要指的是技术创新。面点技术创新是指在面点生产过程中，使用新原料、新方法、新工艺、新设备（工具）等，创造出与原有面点品种有着不一样风味特征的具体面点品种。现代从事面点行业的面点师们通过挖掘历史上记述饮食烹饪之事的经史、方志、医籍、农书、笔记、诗词、歌赋、食经等，挖掘出一些失传的品种来丰富面点的品种。除此之外，还通过借鉴、移植、变料、仿制、翻新、立异、中西合璧等方法创新中国面点的具体品种，极大地丰富现代饮食市场。

（二）烹饪教育体系日趋成熟

改革开放以来，我国的烹饪教育如雨后春笋，蓬勃发展，已形成了一整套烹饪教育及研究体系，从技工学校到中专、大专直至本科及硕士研究生等，为中式面点的技术创新提供了智力支撑。同时，新时代的中式面点师在科研与创新当中不断摸索，他们带徒的方式也从单纯的观察模仿上升到讲授、实践、再讲授、再实践的培训体系，加快了学生掌握技术的速度，给中式面点的创新奠定了强有力的实践基础，也都是中式面点继续向前发展的核心所在。

（三）面点工艺创新速度加快

近现代面点创新主要体现在以下几个方面：

1. 拓展新型原料，创新旧有面点品种

制作面点的主要材料有皮坯料、馅料、调辅料以及食品添加剂等，其具体品种成百上千、琳琅满目。在充分运用传统原料的基础上，注意选用西式新型原料，如咖啡、蛋奶、干酪、炼乳、奶油、糖浆以及各种润色剂、加香剂、膨松剂、乳化剂、增稠剂和强化剂，以提高面团和馅料的质量，赋予创新面点品种特殊的风味特征。

（1）面团品种多样化

中国面点品种花样繁多，根据《淮扬风味面点五百种》一书记载，仅以扬州为中心的淮扬面点，花样品种就达 500 多种；《神州传统小吃》一书收集到中华传统风味小吃品种 600 余种。这些传统面点品种的制作离不开经典的四大面团：水调面团、发酵面团、米粉面团和油酥面团。不管是有馅品种还是无馅品种，面团是形成具体面点品种的基础。因此，从面团着手，适当改换新型原料，开发新的面点品种，不失为一个绝好的途径。

传统上，面点制作以面粉、糯米粉、粳米粉、玉米粉为主，现在已呈多样化的趋势。杂粮粉如小米、高粱、荞麦、筱麦、燕麦等；块根类蔬菜粉如芋艿、山药、红薯、马铃薯、茨菇、百合等；豆类粉如绿豆、赤豆、豌豆、蚕豆、芸豆等，均可以与面粉、粳糯米粉掺和在一起制作面点的皮或胚料。还有用水果汁、蔬菜汁来调制面皮。如此就可以使面皮、面坯更丰富多彩。

除此之外，在某一种面团中掺入其他新型原料，形成多种多样的面点品种，这也是一种创新。例如在发酵面团中适当添加一定比例的牛奶、奶油、黄油，会使发酵面团在松软蓬松中，显得乳香滋润，不但口感变得更好，而且也更富于营养。再如在调制水调面团时，可以采用牛奶、鸡汤等代替水来和面，或掺入鸡蛋、干酪粉等原料制作，也使面团增加特色。调制油酥面团除了使用传统的猪油外，也可以用黄油来调制，形成中式面点创新品种。

（2）馅心品种多样化

第一，拓展原料，丰富馅心。传统上虾、蟹、贝、参等水产品，以及杂粮、蔬菜、干果、水果、蜜饯、鲜花等都能用于制馅。除此之外，咖啡、蛋片、干酪、炼乳、奶油、糖浆、果酱、巧克力等西式新型原料也可用于馅心，创新不同的面点品种。如元祖食品推出的巧克力月饼、咖啡月饼、冰激凌月饼等已经引领了国内面点馅心品种创新的潮流。一些企业也在研究以仙人掌、芦荟等为馅心的包子，意在创新扬州包子，满足消费者新的需求。

第二、优选用料，精心制作。馅心的原料选择非常讲究，所用的主料、配料一般都应选择最好的部位和品质。制作时，注重调味、成型、成熟的需求，考虑成品在色、香、味、形、质各方面的配合。如制鸡肉馅选鸡脯肉；制虾仁馅选对虾。另根据成型、成熟的需求，常将原料加工成丁、粒、蓉等形状，以便包子捏成型和成熟。

第三、尊重流派，调整口味。在口味上，我国自古就有南甜、北咸、西辣、东酸之说。因而在面点馅心上体现出来的地方风味特色就特别明显。如广式面点的馅心多具有口味清淡、鲜嫩滑爽等特点；京式面点的馅心注重咸鲜浓厚；苏式面点的馅心则讲究口味浓醇、卤多味美。在这方面，广式的蚝油叉烧包、京式的天津狗不理肉包子、苏式的蟹黄灌汤包等驰名中外的中华名点，均是以特色馅心而著称于世的。

传统的中式面点馅心口味主要分为咸味馅和甜味馅，咸味馅口味是鲜嫩爽口、咸淡合适，甜味馅则是甜香适宜。在面点师的创新下，采用了新的调味料，面点馅心的口味有了很大变化，目前主要有鱼香味、酱香味、酸甜味、咖喱味、椒盐味等。

（3）风味特征多样化

色、香、味、形、质等风味特征历来是鉴定具体面点品种制作成功与否的关键指标。而面点品种的创新，也主要是在风味特征上最大限度地满足消费者的视觉、嗅觉、味觉、触觉等方面的需要。

在"色"方面，具体操作时除应坚持用色以淡为贵外，也应熟练用缀色和配色原理，尽量多用天然色素，不用人工色素。"香"和"味"的创新主要在于原料及味型的变化。"形"的变化种类繁多，创新要求简洁自然、形象生动，可通过运用省略法、夸张法、变形法、添加法、几何法等手法，创造出形象生动的面点。"质"的创新主要在保持传统面点"质"的稳定性的同时，善于吸收面点中的特殊的"质"。

2. 开发面点制作工具与设备，改良面点生产条件

"工欲善其事，必先利其器"。我国面点的生产从生产手段来看有手工生产、印模生产、机器生产三种，但从实际情况看，仍然以手工生产为主，这样便带来了生产效率低、产品质量不稳定等一系列问题。所以，为推广与发扬我国面点的优势，必须结合具体面点品种的特点，创新、改良面点的制作工具与设备，使机器设备生产出来的面点产品，能最大限度地达到手工面点产品的具体风味特征指标。

3. 讲究营养科学，开发功能性面点品种

人类对食品的要求首先是吃饱，其次是吃好。当这两个要求都得以满足后，人们就希望摄入的食品对自身健康有促进作用，于是出现了功能性食品。

中国饮食一向有同医疗保健紧密联系的传统，药食同源、医厨相通是中国饮食文化的显著特点之一。从营养的角度来说，要求我们在选料时应注意以下几方面。

第一，以谷类为主，谷物约占总食物摄入量的 60% ~ 80%，所供的热量占总热量的 60% 或更多。

第二，蛋白质每日摄取大约 70 克左右，如可用谷类、豆类粉做面皮，肉类蛋白质制作馅。

第三，维生素方面，维生素 A 的来源极少，主要靠有色蔬菜中的胡萝卜等，如用胡萝卜汁来和面更有利于营养成分的吸收。

我国面点有着很大的发展空间，需要我们去不断挖掘和研究。面点要敢于创新开发出新的品种，紧紧抓住中国烹饪的精髓——以"味"为主、以"养"为目的。

以上是我国面点发展的脉络，每一个时间节点或每一个时期都有它的特点，

但每一次的进步都是在之前的基础上累积成功的，所以我们一定要珍惜前人的发明成果，并能在此基础上发展创新，将我国面点推进到一个新的阶段。

第二节　面点的基本分类与特点

我国面点种类繁多，为了学习和研究方便，必须将面点进行基本分类，然后在分类的基础上总结面点的特点，便于窥览全豹。

一、面点的基本分类

（一）面点分类的方法

我国面点种类繁多，但面点分类的方法，目前尚难以统一。国内现行的很多面点教材，均出现多种分类方法，但不管采取哪一种分类方法，都应该满足以下条件：第一，能体现分类的目的与要求；第二，能表现出面点品种之间的差异；第三，能反映地方风味特色；第四，具有一定的概括性；第五，要有容纳创新面点品种的空间。

（二）常见的面点分类

我国面点品种丰富，花色多样，分类方法较多，主要分类方法有：

1. 按面点原料分类

这种分类方法是按面点制作的主要原料来分的。一般可分为麦类制品、米类制品、杂粮类制品及其他类制品。

2. 按所用馅料分类

按照这一分类方法，面点可以分为有馅制品与无馅制品，其中有馅制品又可分为荤馅、素馅、荤素馅三大类，每一类还可分为生拌馅、熟制馅等。

3. 按制品形态分类

按面点制品的基本形态可分为糕类、团类、饼类、饺类、条类、粉类、包类、卷类、饭类、粥类、冻类、羹类等制品。

4. 按制品的熟制方法分类

按照熟制方法可分为煮制品、蒸制品、炸制品、烤制品、煎制品、烙制品、炒制品以及复合熟制品。

5. 按制品的口味分类

面点制品的口味可分为本味、甜味、咸味、复合味等。

6. 按面团分类

面点制品可分为水调面团、膨松面团、油酥面团、米粉面团和其他面团等。

7. 按地方风味分类

面点制品可以分为南方风味和北方风味。南方风味主要有扬州风味、苏州风味、杭州风味、岭南风味、川府风味等；北方风味有山东风味、山西风味、陕西风味、北京风味等。此外，还有满族、回族等少数民族面点。

二、面点的特点

我国面点制作历经几千年，发展成几个大类上千个品种，形成了重要的面点流派，具有众多鲜明的特点，主要体现在名称、故事、选料、技法、风味、时节、仪礼和食俗等诸多方面。

（一）名称典雅

我国面点起源于民间，常常有着朴实典雅的名称，例如日常点心"一品糕""开口笑""四喜饺""如意卷""元宝酥""玫瑰包""寿桃包""棉花糕""状元糕"等都给人以顺意吉祥、朴实生动的美好感受。

（二）寓意生动

很多面点品种还有着美妙的典故和传说，意涵老百姓追求幸福生活，祈求吉祥如意的愿景。例如"百子寿桃"，名字直白喜庆，象征着长寿多子；船点"嫦娥奔月"蕴含着美妙的传说；粽子包含人们对屈原的纪念；"龙凤呈祥"花馍象征着婚姻美好吉祥；"花好月圆"糕团反映了人们对美好生活的向往。以花馍为例，石榴花馍，象征榴开百子，多子多福；佛手、桃子花馍，寓意多福多寿；凤凰、牡丹花馍，象征荣华富贵；金鱼、荷花花馍，象征连年有余；牛、羊花馍，象征五畜兴旺；老虎花馍，象征虎虎生气以及美好的生活；祭灶神的枣馍，象征着风调雨顺；麦秸集，象征五谷丰登。

（三）用料广泛

由于我国地大物博，物产丰富，地方风味突出，可作面点的原料极为广泛，包括植物性原料（粮食、蔬菜、果品等）、动物性原料（鸡、猪、牛、羊、鱼虾、蛋奶等）、矿物性原料（盐、碱、矾等）、人工合成原料（膨松剂、香料、色素等）和微生物酵母菌等。

（四）选料讲究

中式面点制作所用的原料种类繁多。根据制品要求，遴选适当的原料品种，达到物尽其用。例如制作细点时常选择精细面粉；主食和一般点心选用普通面粉；用米粉做发酵面团使用，就只能选用籼米粉。因为籼米中所含支链淀粉较少，含有的淀粉大多是直链淀粉，可以为酵母菌发酵提供能量来源，粉质较松，而糯米和粳米黏性都比籼米大，而胀性小。另外，馅心制作中，猪肉馅常选用夹心肉；制作鸡肉馅选用鸡脯肉；猪油丁馅选用猪板油；牛羊肉馅选用肥嫩而无筋的部位。

（五）坯皮多样

在面点制作中，用作坯皮的原料极为广泛，有面粉、米粉、山芋粉、玉米粉、山药粉、百合粉、荸荠粉等。加之辅料变化多，配以各种不同比例，采用不同的调制方法，形成了疏、松、爽、滑、软、糯、酥、脆等不同质感的坯皮，突出了面点的风味。

（六）馅心丰富

中式面点馅心用料广泛，选料讲究，无论荤馅、素馅，甜馅、咸馅，生馅、熟馅，所用主料、配料、调料都选择最佳的品质，形成清淡鲜嫩、味浓辛辣、滑嫩爽脆、香甜可口、果香浓郁、浓淡相补、咸甜皆宜等不同特色。就馅心的烹调方法，就有炒、煮、蒸、焖等，而且各地在制作中又形成了各自的特点和风味。

（七）制作精细

面点制作的过程是非常精细的，各种不同品种的制作大抵都要经过选料、配料、调制、搓条、下剂、制皮、上馅（有的需制馅，有的不需要）、成型、熟制等过程，其中每一个环节，又有若干种方法。面点的成型手法，常用的有搓、切、包、卷、擀、捏、叠、摊、抻、削、拨、按、剪、滚沾、挤注、模具、镶嵌、钳花等十几种不同方法。

（八）注重风味

我国面点制品尤其注重风味，讲究色、香、味、形、质俱佳；讲究色泽优美、香气宜人、味美和谐、形象生动、质感自然，既具有民族特色，又富于时代气息，强调给人视觉、味觉、嗅觉和触觉以美的感受。

（九）菜点结合

在我国传统烹饪技术体系中,有很多菜点结合制作的优秀范例,如"荷叶夹",就是将"面做如小荷叶……以菜肉夹于内而食之"的;馄饨鸭中的整鸭与馄饨的菜点合璧;"鲥鱼卷"是"用好细白面做成卷子"(《邗江三百吟》),以配红烧鲥鱼食用的。此外,惺庵居士《扬州好》词中有"肥烤鸭皮包饼夹,浓烧猪头蘸馒头"之句,赞美的仍然是面点菜肴相结合的食法,也说明了烹饪体系内的菜肴烹制和面点制作紧密联系、密不可分。

（十）营养合理

我国面点制品具有应时适口、便于消化、富有营养的特点,特别是包馅制品,可以做到荤素搭配、主辅兼宜的特色,使面点制品中营养成分比较全面,充分满足了人们合理营养的需求。

（十一）应时迭出

我国面点制作随着季节的变化而应时更换品种,不时不食。除正常供应不同层次丰富多彩的早茶点心、午餐点心、夜宵点心、宴席点心外,还讲究"春饼、夏糕、秋酥、冬糖"的产销规律。其中春饼包括酒酿饼、雪饼等;夏糕包括绿豆糕、薄荷糕等;秋酥包括芙蓉酥、如意酥、菊花酥、巧酥、酥皮月饼等;冬糖包括芝麻酥糖、荤油米花糖等。

此外,也有不分时节的梅花糕、海棠糕、定胜糕、藕粉桂糖糕、松子黄千糕、猪油年糕等。

（十二）主配皆宜

我国烹饪技术主要包括两个方面的内容:一是菜肴烹制,行业中俗称"红案"工种;二是面点制作,行业中俗称"白案"或"面案"工种。这两方面的内容构成了饮食业烹饪技术的全部生产业务。"红案"与"白案"虽然是两个工种,但两者既有严格的区别又有密切的配合。不少菜肴在食用时要配以点心一起食用才更富有特色。特别是正餐的主、副食结合和宴席上菜点的配套,体现一个整体内容的相互配合和密切联系。

面点除了常与菜肴密切配合外,还具有其相对的独立性,它还可以离开菜肴独立存在而单独经营。如经营面点的面食馆、糕团店、包子铺、饺子店、馄饨摊以及早点、夜宵等,有食用方便、制作灵活的特点,极大地方便了人民生活。

（十三）合乎仪礼

面点不仅是就餐时作为充饥的主要食品，而且在会亲访友时，也能作为表达心意、联络感情的极好礼品，也是体现人生仪礼的最佳风味载体。例如订婚的花儿馍；过生日的长寿面、百寿桃等，都有着美好的祝福之意。

（十四）遵循食俗

我国面点经过漫长的发展，与饮食习俗紧密相连，如元宵节的元宵，清明节的青团，端午节的粽子，中秋节的月饼，重阳节的糕，春节的饺子、汤圆等。

第三节　面点的地方风味与流派

"民以食为天，食以面为先""一方水土养一方人"……我国面点风味比较多，各省的地方面点都有其独特之处，经过长期的发展，已经形成了稳定的面点流派。

一、面点的地方风味

到目前为止，根据我国现行的行政区划分，省级行政区34个，其中有23个省、5个自治区、4个直辖市和2个特别行政区。每一个省级行政区都有独特的地理自然环境、民风习惯与面点特色，但一般情况下，根据面点的地方风味来分，面点制品可以分为南方风味和北方风味。南方风味主要有扬州风味、苏州风味、杭州风味、岭南风味、川府风味等；北方风味有山东风味、山西风味、陕西风味、北京风味等。此外，还有满族、回族等少数民族面点。

（一）南方风味

1. 扬州风味

扬州，古称广陵、江都、维扬，位于江苏省中部，长江与京杭大运河交汇处，有江苏省陆域地理几何中心之说，也有"淮左名都，竹西佳处"之称，又有着"中国运河第一城"的美誉。扬州被誉为"扬一益二""月亮城"，其建城史可上溯至公元前486年。扬州现为江苏省地级市，是世界遗产城市、国家历史文化名城和联合国人居奖获奖城市、全国文明城市、中国温泉名城、国家园林城市、国家森林城市。2019年扬州市又荣膺"东亚文化之都""世界美食之都"等称号。

（1）历史概况

扬州面点是中国饮食文化重要流派之一。

扬州在先秦时期是古九州之一，古时"北据淮，南据海，幅员广阔，夏禹时天下分九州；淮海维扬州，那时金陵、广陵皆称扬州。"古人诗云："腰缠十万贯，骑鹤下扬州。"这充分显现了当时的扬州兴盛之景，而以扬州为中心的淮扬面点则以制作精巧、造型讲究、馅心多样、各具特色而著称。

从目前发现的材料看，扬州面点的产生，至迟不会晚于秦汉时期。当时，扬州境内以种植水稻为主，亦种植小麦等谷物。谷物加工工具除杵臼、碓等之外，已有旋转石磨。20世纪50年代在扬州凤凰河水利工地曾经出土汉代旋转石磨。这就标志着汉代扬州地区已能加工小麦面粉，也就为面点制作提供了原料。

魏晋南北朝时期，各种面点品种逐渐增多；到了隋唐时期，关于扬州面点的记载更多。据《唐大和尚东征传》记载，扬州高僧鉴真第二次东渡日本时，所携带的面点有"干胡饼二车、干蒸饼一车、干薄饼一万番、捻头一车半。"而这些面点，除部分系寺院自己制作的以外，大都是在市场上采购的。由此，足见唐代扬州饮食市场上面点的品种已经不少了。这里的"捻头"即"馓子"，因在制作时，要"捻其头也"，故名。

历宋而至明代，扬州面点的名气大了起来。据明代万历《扬州府志·风俗》记载扬州饮食华侈，制度精巧，市肆百品，夸示江表……汤饼有温淘、冷淘，或用诸肉杂河豚、虾、鳝为之。又有春饼、雪花薄脆标子、粉丸、馄饨、炙糕、一捻酥、麻叶子……从这一记述可以看出，到了明代，扬州的面点已以其精湛的技艺和众多的品种盛行于江南了。

清代，扬州面点发展迅速，品种大增，技艺更精，影响日益扩大。据记载，清代扬州的著名面点足有数十种。如在《随园食单》中，就记有素面裙带面、千层馒头、小馄钝、运司糕、洪府粽子等。在《扬州画舫录》中，记有烧饼、酥儿烧饼、灌汤包、稍麦、油镟饼、松毛包子、准饺、甑儿糕、糟窖馒头、三鲜面等。在《邗江三百吟》中，记有灌汤包、三鲜大连、冷蒸、应时春饼、荷叶夹、鲫鱼卷、荸荠糕、火腿粽等。

辛亥革命至解放以后，扬州面点仍有发展。在这一段时期内，以20年代至30年代初发展最快。据记载，当时扬州的茶社、面点店相当多。如市中心的教场四周，仅素茶馆就有静乐园、九如分座、月明轩、老隆泉、第一楼、新半斋、小觉林等家；得胜桥则有富春、颐园；东营有中华园；甘泉街有如意园；文昌阁有庆升；四望亭有可可居；天宁门、北门带有香影廊、冶春、绿扬村等。饺面店也有一些知名的，如彩衣街的得月轩，教场的坊间形成的饮茶吃点心的风习，对广东的饮茶之风也曾产生过影响。

总之，扬州面点经过上千年的发展，已是自成一派，蜚声江南。《望江南百调》

中记载，但凡来扬州品尝过淮扬点心的各地美食家无不交口称赞："淮扬点心，清鲜与甘甜搭配，荤腥与蔬菜组合，蓬松与柔韧相辅，酥脆与绵软对成，养荣伞面，口感美好，富有回味，而且形态小巧玲珑使人喜爱。"

（2）面点特点

第一，物产丰盛，选料基础。

扬州地区以鱼米之乡著称，盛产六禽六畜、海鲜河腥、百果蜜饯、菱藕蔬瓜、竹叶荷叶。当地丰饶的物产为制作淮扬点心提供了丰富的物质条件，因而淮扬面点由来已久，源远流长。

第二，制作精细，应时当令。

扬州面点有各种面团的面点品种，其中以发酵面团技术尤佳，《随园食单》曾记载："扬州发酵面最佳，手捺之不盈半寸，放松隆然而高"。扬州"千层馒头"，"其白如雪，揭之千层"。扬州面点制作精细还表现在馒头讲究发酵；烧饼讲究擦酥、用馅；包子注重馅心；糕追求松软等方面。

扬州点心在馅心配制上，善于随时令变化，皮馅相宜，春夏有荠菜、笋肉、干菜；秋冬有虾蟹、野鸭、雪笋。荤馅有三丁、五丁、三鲜、火腿、海参、鸡丁、鸽松；蔬馅有青菜、芹菜、山药、萝卜、瓶儿菜、马齿苋、茼蒿、冬瓜；甜馅有枣泥、核桃、芝麻、杏仁、豆沙等。品种造型与果蔬惟肖，或飞禽走兽，或山水盆景，或花鸟树木，应时当令，令人不忍下箸。

第三，重视口味，讲究品质。

扬州面点制作的精致之处也表现为面条重视制面、做汤、浇头，至明清时代已是"扬郡面馆，美甲天下"。尤其是做汤，汤分为浓汤和清汤，浓汤有鱼汤和骨头汤，清汤有虾籽汤、鸡清汤，再配以浇头如虾仁、鳝丝、肴肉、鸡丝、火腿等。如扬州的素面："先一日将蘑菇蓬熬汁澄清，次日将笋熬汁加面滚上。此法扬州定慧庵僧人制之极精，不肯传人。然其大概亦可仿求。其纯黑色的或云暗用虾汁、蘑菇原汁，只宣澄去泥沙，不重换水，一换水则原味薄矣……"，这种"素面"实际是依靠蘑菇、笋汁来增鲜的。

扬州面点水调面团讲究烫水和冷水之分，点心卤汁盈口、馅心鲜浓，以汤包、烧卖、蒸饺为代表，汤包皮薄如纸，大如小碗、汤汁鲜烫。清代扬州诗人林兰痴曾对吃汤包作了生动描绘："到口难吞味易尝，团团一个最包藏，外强不必中干鄙，执热须防手探汤"。现代人还对吃汤包编了句口诀："轻轻提、慢慢移、先开窗、后喝汤、最后一扫光"。翡翠烧卖，皮如片玉，馅碧于翠。油酥制品酥层清晰，脆香酥爽，食之不腻，如盘丝饼、双麻酥饼、萝卜丝酥饼、黄桥烧饼等。

第四，店铺兴盛，商业推动。

清代乾隆、嘉庆年间，扬州以经营茶、点、面、应时小吃为主的点心店肆林立、各方争荣、名品迭出。例如茶肆经营的品种各具特色，有裙带面、过桥面、螃蟹面、三鲜大连（碗）、刀鱼羹卤子面等数十种，被誉为"不托（面条）丝丝软似锦，羹汤煮就合腥鲜"。同时各名点小吃争奇斗艳，诸如二梅轩灌汤包、雨莲春饼、文杏园烧卖、品陆轩淮饺等各具特色。历史发展到 21 世纪的今天，扬州面点依然名声不衰，名誉江南。

2. 苏州风味

苏州，简称"苏"，古称吴、姑苏、平江府，是吴郡的首邑，称吴县，至隋文帝开皇九年（公元 589 年），废吴郡，改称苏州。苏州地处江苏省东南部、长江三角洲中部，东临上海、南接嘉兴、西抱太湖、北依长江，有近 2500 年历史，现为江苏省地级市，是吴文化的发祥地之一，为清代"天下四聚"之一，有"人间天堂"的美誉，是国家历史文化名城之一。

（1）历史概况

"上有天堂，下有苏杭"，苏州是闻名天下的"鱼米之乡""丝绸之府"。清前期，苏州是全国经济、文化最为发达的城市。嘉庆时，有人说："繁而不华汉川口，华而不繁广陵阜，人间都会最繁华，除是京师吴下有。"康熙时人沈寓说："东南财赋，姑苏最重；东南水利，姑苏最要；东南人士，姑苏最盛。"又说苏州，"山海所产之珍奇，外国所通之货贝，四方往来，千万里之商贾，骈肩辐辏"，人称"吴闾至枫桥，列市二十里"。苏州有得天独厚的地理优势，土地肥沃，物产丰富，交通方便，市井繁荣，商贾云集，成为江南一大繁华都会。

苏州属亚热带季风海洋性气候，四季分明，雨量充沛，种植水稻、小麦、油菜，出产棉花、蚕桑、林果，特产有碧螺春茶叶、长江刀鱼、太湖银鱼、阳澄湖大闸蟹等，正是在这样的条件下，苏州的面（糕）点行业蓬勃兴起。

（2）面点特点

苏州面点在中国传统面点发展史上占有重要的地位，是中国传统面点主要帮式之一。据有关史料，苏州面点萌芽于春秋，起源于隋唐，形成于两宋，发展于明清，继承、发扬、创新于现代。

第一，特产丰盛，选料讲究。

苏州郊县的吴县，从古至今种植大量玫瑰花、桂花（木樨花）等食用香味型的花料。苏式面（糕）点充分利用地方资源，把色泽鲜艳、香味浓郁的玫瑰花、桂花、橙子皮等，经腌制加工，做成为苏式糕点添加色彩和香味的辅料。在苏式面点中添加玫瑰花、桂花的制品较多，而且添加的量比较重。

另一方面，江南水乡盛产稻、麦，尤以水稻为主。苏式糕点在选用粮食原料上，米、麦兼用；制品上，饼、糕为重。以大米为主要原料的品种，如松子黄千糕，其松软细绵，富有松仁清香的焦糖香味；米枫糕，则以酒酿发酵，洁白绵软，口感富有嚼劲；猪油芙蓉糖，薄片油炸，上浆粘结，干食松脆，冲饮肥糯。这些制品富有米制品的特有风味。

苏州面点中，米、麦制品各占糕点年产量的 50% 左右。选用地方资源，富有地方风味，是苏式糕点特色之一。

第二，本色自然，淡然生香。

苏州面点向来不用合成色素和合成香料，而是根据制品的风味和性能，选用相应的果仁、果肉、果皮、花料等辅料来增添天然的香味和色彩。例如大方糕的馅料有四种，百果馅的中间水晶体呈本色，具有多种果仁的天然香味；玫瑰馅的，呈红色，富有玫瑰花香和松仁清香；薄荷馅的，呈绿色，有明显的清香味；豆沙馅的，呈棕黑色，有赤豆的香味。

第三，技术革新，因材施艺。

苏州面点在工艺制作上与众不同，有很多制品不需要添加疏松剂，采用了一种较为理想的工艺性疏松手段，具有独特的风格。例如烤制品中的苏式月饼，皮层色泽美观，口感松酥，馅料肥而不腻，松酥爽口。其酥皮部分的水油面团采用温水调制，使部分麦淀粉糊化，体积膨大，黏度增强，筋力减弱，采用小包油酥的工艺；馅料制备上，不加水分，制品的货架寿命较长，是一种与众不同的工艺。

再如，熟粉制品中的芝麻酥糖，色泽微黄，焦香麻香风味，皮薄屑多，松酥可口。在制作时，采用小麦粉加热焙炒工艺，破坏其面筋力，减少水分，提高松疏度，增添焦香味。芝麻焙炒，也是起到挥发水分，增加疏松程度，增添麻香风味的作用。工艺和造型上，采用折叠成型，使体积膨松，成为一种理想的松酥熟粉制品。

第四，特色鲜明，应时应节。

苏州面点作为一个独特的传统特色面点帮式已经形成，品种甚多，类别有炙、烙、炸、蒸。操作工艺上有酥皮摺迭、生物发酵、浆皮松酥、糕团柔韧、包馅成型等，并已形成了既有商品生产，又有茶食（糕点）店铺供应。

苏州船点闻名遐迩。"船点"分米粉点心和面粉点心两类，制作得小巧玲珑，粉点可以捏成枇杷、桃子、佛手、荸荠及小动物等，面点多制成小烧卖、小春卷及一些酥点心。馅心咸甜均有，以蟹肉、虾仁、玫瑰、豆沙、薄荷、水晶为多。"船点"可在泛舟游玩时佐茗之用，亦可作为宴席点心之用。

除此之外，苏州的面条制作也很精制，善于制汤、卤及浇头。其中以清代时期寒山寺所在地枫桥镇的"枫镇大面"最为驰名。这种面的汤用猪骨、鳝骨加调料吊制而成，汤清味鲜，加之面条上盖有入口而化的焖肉，故极受食客赞赏。此外，苏州昆山的"奥灶面"也是名品。这种面有一百多年历史，初名"鏖糟面"，由炸鱼的红油汤、爆鱼、面条组成，别有一番风味。

苏州饼的品种也多，其中名气最大的为"蓑衣饼"。清代关于"蓑衣饼"

有数条记载，现将《随园食单》中的描述引用如下："干面用冷水调，不可多揉。擀薄后卷拢，再擀薄了，用猪油、白糖铺匀，再卷拢，擀成薄饼，用猪油煎黄。如要咸的，用葱、椒、盐亦可。"这种饼由于加猪油多次擀卷，故煎熟后层数多、口感好，可甜可咸，堪称佳品。

苏州面点逢农历四时八节，均有其时令品种，有春饼、夏糕、秋酥、冬糖的产销规律。传统时令制品品种占整个名特、传统品种的半数以上，春饼有酒酿饼、雪饼等；夏糕有薄荷糕、绿豆糕、小方糕等；秋酥有如意酥、菊花酥、巧酥、酥皮月饼等；冬糖有芝麻酥糖、荤油米花糖等。

3. 杭州风味

杭州自秦朝设县治以来已有2200多年的历史，曾是吴越国和南宋的都城。因风景秀丽，素有"人间天堂"的美誉。西湖文化、良渚文化、丝绸文化、茶文化，以及流传下来的许多故事传说成为杭州文化代表。杭州位于中国华东地区、东南沿海、浙江省北部、钱塘江下游、京杭大运河南端，是环杭州湾大湾区核心城市。

杭州市（包括郊区各县）地处美丽富饶的长江三角洲平原，阡陌纵横，良田成片，河港错综，水网密布，气候温暖，物产丰富。农产品一年三熟。盛产稻谷、蚕桑、豆类及各类水生动植物，素称"鱼米之乡"。

（1）历史概况

杭州物产丰富，农业生产条件得天独厚，农作物、林木、畜禽种类繁多，种植林果、茶桑、花卉等品种260多个，杭州蚕桑、西湖龙井茶闻名全国。

此外，杭嘉湖平原地区的风味小吃，也负有盛名。以米类、豆类食品为多，用料广泛，制作精细，讲究甜、糯、松、滑的风味。如杭州西湖桂花藕粉、桂花鲜栗羹、剪团、八宝饭，嘉兴的鲜肉粽子、各式糖年糕、酒酿、蒸团、蟹粉包子，湖州的猪油豆沙粽子、双林子孙糕、丁莲芳千张包子，海宁的藕粉饺、虾仁鲜肉蒸馄饨、雪菜虾仁锅面、桂花糕、桂花白糖小汤团，平湖的鸡肉线粉，绍兴的香糕，宁波的猪油汤团、龙凤金团、雪团、蜂糕、酒酿三圆、糯米素烧鹅等。

（2）面点特点

第一，用料讲究，制作精细。

用料上以面粉、糯米粉、粳米粉和糯米为主。糯米粉常用水磨粉；糯米常用乌米。例如宁波猪油汤团是南宋时流传下来的，经过长期发展，形成了独有的特色，被誉为江南"吊浆汤团"。"吊浆"是指糯米用水磨成粉浆后，盛入布袋吊起，待沥至不干不稀时取用。这种水粉与干粉截然不同。用它制成汤团，色白发光，糯而不黏。以白糖、猪油、芝麻作馅，吃起来香甜味美，油而不腻，自成特色。

第二，成型独特，擅长模具。

成型方法常用擀、切、捏、裹、卷、迭、摊等方法，尤其擅长模具成型，如"金团"就是先以米粉团包馅，然后放在桃、杏、元宝等形状的模具中压制成型。如杭州市知味观的传统小吃"幸福双"，是用直径约7厘米、中间厚边缘薄的皮子，包入精制豆沙、糖板油、八种果料（蜜枣、红瓜、核桃肉、金橘脯、佛手萝卜、青梅，切成小丁，加上松子仁、葡萄干以及白糖、桂花拌匀制成），收口捏拢，放入特制模具，压制成包形，然后放入笼屉中蒸熟。皮薄绵软，油润多馅，香甜可口。复蒸，味更佳。一般成双供应，故名"幸福双"。

第三，熟制灵活，传说生动。

杭州面点将蒸、煮、烩、烤、烙、煎、炸等熟制方法灵活运用。例如"西湖藕粉"以制作精细、解汤消暑闻名于国内外。其历史悠久，据《杭州府志》卷八十一记载："春藕汁去滓晒粉，西湖所出为良。"姚思勤诗云："谁碾玉玲珑，绕磨滴芳液，擢泥本不染，渍粉讵太白。铺奁曝秋阳，片片银刀画，一撮点汤调，犀匙溜滑泽。"将25克藕粉放入小碗中，先用25克凉开水调开，然后冲入约25克沸水，边冲边搅，搅至呈玉色没有粉粒时，加入白糖、糖桂花，再将两片玫瑰花瓣捏碎均匀地撒在上面，这就是著名的西湖桂花藕粉。此小吃兼有玫瑰、桂花和藕的香味。用藕粉制作的小吃，还有杭州的西湖藕粥、海宁的藕粉饺等。

杭州面点传说生动。例如著名的传统小吃"油炸桧"（油条）就与百姓憎恨秦桧夫妇有关。又如嘉兴一带的莲子羹，莲子雪白粉嫩，其味清香可口，夏天饮用，可以消火解暑；冬天饮用，可以静心提神，滋补身体。传说中的莲子羹与西施有关。吴山酥油饼改用面粉起酥精制，被誉为"吴山第一点"，与在吴山风景点有关。

第四，风味清新，四季分明。

风味上有咸有甜，追求清新之味。袁枚的《随园食单》和钱塘人施鸿宝写的《乡味杂咏》中都有数十种杭州面点介绍。另外，杭州面点季节性强。浙江等地面点中，春天有春卷，清明有艾饺；夏天有西湖藕粥、冰糖莲子羹、八宝绿豆汤；秋天有蟹肉包子，桂花藕粉，重阳糕；冬天有酥羊面等。面点品种四季分明、应时迭出。

4.岭南风味

广东地处我国东南沿海，气候温和，雨量充沛，物产富饶。广州是国家历史文化名城，从秦朝开始一直是郡治、州治、府治的所在地，华南地区的政治、军事、经济、文化和科教中心。广州是广府文化的辐射中心，从公元3世纪起成为海上丝绸之路的主港，唐宋时成为中国第一大港，是世界著名的东方港市，明清时是中国唯一的对外贸易大港，是世界唯一两千多年长盛不衰的大港。

广州地处中国南部，濒临南海，珠江三角洲北缘，是国家综合性门户城市，首批沿海开放城市，是中国通往世界的南大门，粤港澳大湾区、泛珠江三角洲经济区的中心城市。广州的饮食早就蜚声海内外。俗话说："生在杭州，死在柳州，穿在苏州，食在广州。"从广义上来说，"食在广州"不仅是对广州的赞誉，同时也是对以广州为主体的岭南风味的赞美。

（1）历史概况

广州自秦汉以来，饮食文化相当发达，面点制作历经唐、宋、元、明至清，发展迅速，影响渐大，特别是近百年来又吸取了部分西点制作技术，客观上促进了广式面点的发展，最终广东面点脱颖而出，成为重要的面点流派。

（2）面点特点

第一，选料广泛，馅心多样。

《广东新语》中说，"天下所有之食货，粤东几尽有之；粤东所有之食货，天下未必尽有之"。馅心料包括肉类、海鲜、水产、杂粮、蔬菜、水果、干果以及果实、果仁等，制馅方法别具一格。在原料上也会选择某些西点原料，如巧克力、奶油等。

第二，品种繁多，早茶风靡。

广东面点品种按大类可以分为长期点心、星期点心、节日点心、旅行点心、早晨点心、中西点心、招牌点心、四季点心、席上点心等，各大类中又可按常用点心的面团类型，分别做出绚丽缤纷、款式繁多的美点。其中，尤其擅长制作米及米粉制品，品种除糕、粽外，还有煎堆、米花、白饼、粉果、炒米粉等外地罕见品种。

广东早茶是一种岭南民间饮食风俗。广东人品茶大都一日早、中、晚三次，但早茶最为讲究，饮早茶的风气也最盛，由于饮早茶是喝茶佐点，因此当地人称饮早茶为吃早茶。

第三，制作特别，皮料新奇。

广东面点中使用皮料的范围广泛，有几十种之多，一般皮质较软、爽、薄，还有一些面点的外皮制作比较特殊。如粉果的外皮，讲究"以白米浸至半月，入白粳饭其中，乃春为粉，以猪脂润之，鲜明而薄。"馄饨的制皮也非常讲究，有的以全蛋液和面制成，极富弹性。

此外，广式面点喜用某些植物的叶子包裹原料制面点。如"东莞以香粳杂鱼肉诸味，包荷叶蒸之，表里香透，名曰荷包饭。"另外，广东面点酥皮也糅和了西点开酥的一些技巧和特色，口感总体较为清爽。

第四，季节分明，特色鲜明。

广式面点常依四季更替而变化，浓淡相宜，花色突出。春季常有礼云子粉果、银芽煎薄饼、玫瑰云霄果等；夏季有生磨马蹄糕、陈皮鸭水饺、西瓜汁凉糕等；秋季有蟹黄灌汤饺、荔浦秋芽角等；冬季有腊肠糯米鸡、八宝甜糯饭等。

其富有地方特色的点心小食有虾饺、干蒸烧卖、娥姐粉果、马蹄糕、叉烧包、糯米鸡、蜂巢香芋角、鸡仔饼、家乡咸水角、白糖伦教糕等。在饼食中，以粤式中秋月饼最为有名。

5. 川府风味

四川地处我国西南，周围重岚叠嶂，境内河流纵横，气候温和湿润，物产丰富，素有"天府之国"的美称。成都位于四川盆地西部，成都平原腹地，境内地势平坦、河网纵横、物产丰富、农业发达，属亚热带季风性湿润气候，自古享有"天府之国"的美誉。成都又是国家历史文化名城，古蜀文明发祥地，中国十大古都之一。

（1）历史概况

四川面点源自民间。巴蜀民众和西南各民族百姓自古喜食各类面点小吃。据《华阳国志》记载，巴地"土植五谷，牲具六畜"，并出产鱼盐和茶蜜；蜀地则"山林泽鱼，园囿瓜果，四代节熟，靡不有焉"。当时调味品已有卤水、岩盐、川椒、"阳朴之姜"。品种丰富的粮食和调辅料为四川面点的发展提供了物质基础。唐宋时期，四川面点发展迅速，并逐渐形成了自己的风格，出现了许多面点品种，如蜜饼、胡麻饼、红菱饼等。"胡麻饼样学京都，面脆油香新出炉"。经过元明清几百年的发展，四川面点发展逐步完善，自成一派。

（2）面点特点

第一，用料广泛，制法多样。

四川面点用料广泛，主料以小麦面、糯米粉、粳米粉、糯米为主，兼用荞麦面、玉米面、山药粉、绿豆粉、豌豆粉、荸荠粉、藕粉、芡粉、小粉等。辅料有猪肉、火腿、羊肉、牛肉、家鸡、野鸡、虾、金钩、菠菜、干菜、口蘑、萝卜、鸡蛋以及一些花卉、水果、干果等。

四川面点制法多样，从腌卤到凉拌冷食，从锅煎蜜饯到糕点汤圆，从蒸煮烘烤到油酥油炸，琳琅满目，风味俱全，种类不下200种。除了有名的龙抄手、钟水饺、担担面、赖汤圆，还有油茶、馓子、蒸蒸糕、麻花，发糕、马蹄糕、糖油果子、"三大炮"、酸辣粉、凉粉、凉面、碗豆糕、肥肠粉、小笼包子等。

第二，造型质朴，熟制多变。

四川面点造型多质朴但不乏精细之品。各类面点大部分看到名称即可以大致知道其用料、制法和形状，如大肉包子、炸汤圆、锅魁、鸡丝面、糍粑、枣泥饼、肉饺子、荷叶饼、桃酥、如意卷、炸馒首、鸡蛋麻花等。而有些品种，特别是筵席点心及酥点，制作得就比较精细，如小鲜花饼、纸薄小烧麦、金钱酥、娥眉酥、竹节酥、珍珠饽饽等。

四川面点成熟方法多样，清代四川面点的成熟方法有蒸、煮、烩、炒、煎、炸、烙、烤等，有时还用多种方法制作面点。如面条可以煮，也可以先煮熟再加辅料、鲜汤烩，还可以煮熟后加辅料用油炒，这样就出现了不同风味的煮面、烩面、炒面，若再加上汤、卤、浇头、辅料、调料的变化，面条就有数十种了。

第三，口味善变，口感繁杂。

受到川菜的影响，四川面点也以口味众多而闻名，具有浓郁地方特色。在甜品方面，喜用白糖、蜂蜜、桂花糖、松子糖、甜洗沙、枣泥等做馅心。在咸品方面，多用各种荤素原料加盐、酱油、豉汁、麻油、猪油做浇头、馅心，或制清汤、卤子（多用于面条）。更能显示四川特色的是面条、水饺，如担担面，就是用酱油、麻油、猪油、芝麻酱、蒜泥、葱花、红油辣椒、花椒粉、芽菜末等近十种佐料调味，鲜、咸、麻、辣、香俱全。

同时，四川面点口感多样，有皮薄馅嫩的钟水饺；细滑麻辣的担担面；香甜可口、油而不腻的"古月胡"三合泥；肉馅饱满、鲜香细嫩的韩包子；酥脆香甜的鲜花饼；色白晶莹的珍珠圆子；爽滑洁白、皮粑质糯的赖汤圆等。

第四，讲究季节，民族特色。

四川面点与川菜一样，讲究季节的变化，夏秋季清淡不腻，冬春季浓香肥美。每餐的菜点也讲究搭配，先上浓味、厚味，后上淡味、清味，让食者吃时味美，吃后口爽。

四川面点除了汉人面点之外，尚有清真面点，还有许多少数民族如朝鲜族、藏族等地的风味点心，虽未形成大的地域体系，但也早已成为我国面点的重要组成部分，融合在各主要面点流派中，展示其独特的魅力。

其富有地方特色的点心小食有：眉山市的眉山龙眼酥，乐山市犍为塘坝地区的双麻酥，内江等地的鲜藕丝糕，成都崇州市街子古镇的街子汤麻饼，成都市新都区的牛肉焦饼，重庆市等地的莲蓉层层酥，泸州市的窖沙珍珠丸和泸州五香糕，川西平原广大群众喜爱的蛋苕酥，此外还有龙须酥、叶儿粑、桂花糕、韩包子、担担面、凤尾酥等。

（二）北方风味

1. 山东风味

山东省，简称"鲁"，是我国省级行政区，省会济南，位于中国东部沿海地区。山东地势中部山地突起，西南、西北低洼平坦，东部缓丘起伏，地形以山地丘陵为主，东部是半岛，西部及北部属华北平原，中南部为山地丘陵，形成以山地丘陵为骨架，平原盆地交错环列其间的地貌，类型包括山地、丘陵、台地、盆地、平原、湖泊等多种类型，地跨淮河、黄河、海河、小清河和胶东五大水系。

（1）历史概况

"山水林田湖"，山东省自然禀赋得天独厚，山东的气候属暖温带季风气候类型。降水集中，雨热同季，春秋短暂，冬夏较长。山东省的粮食产量较高，粮食作物种植分夏、秋两季。夏粮主要是冬小麦，秋粮主要是玉米、地瓜、大豆、水稻、谷子、高粱和小杂粮。其中小麦、玉米、地瓜是山东的三大主要粮食作物。

鲁菜是中国饮食文化的重要组成部分，中国八大菜系之一，以其味鲜咸脆嫩，风味独特，制作精细享誉海内外。山东省内地理差异大，因而形成了沿海的胶东菜和内陆的济南菜以及自成体系的孔府菜三大体系。宋代之后，成为"北食"的代表之一。从齐鲁而京畿，从关内到关外，影响已达黄河流域、东北，有着广阔的饮食群众基础。鲁菜是中国覆盖面最广的地方风味菜系之一，遍及京津塘及东北三省。

山东面点在汉魏六朝时已经有名，《齐民要术》中多有记载。经过1000多年的发展，清代的山东面点已经成为中国面点的一个重要流派。

（2）面点特点

第一，坯料多样，善用杂粮。

山东面点以麦面为主，兼及米粉、山药粉、山芋粉、小米粉、豆粉等，加上荤素配料、调料，品种有数百种之多。而且制作颇为精致，形、色、味俱佳。

山东面点擅长使用杂粮制作面点。如胶东地区制作的饼子，亦称"片片"或"粑粑"，就是在玉米面中掺少量大豆粉，调和软面团，贴在铁锅边烙成的，一面焦香，一面松软。玉米卷子是用玉米粉加小麦粉发酵后蒸成的馒头，因形状为长方形，称为卷子（半球状馒头则称"饽饽"）。玉米面糕，也叫"汽馏"，是用玉米面加少量米粉（黄米、稻米均可）调至半湿润，盛盘入锅蒸透，取下用手搓细，用筛子筛在垫有展布的蒸笼上蒸熟，切成长方块即可食，此品柔软喧和，内呈细孔隙状，香甜可口。

第二，口感特别，制作精细。

山东面点口感特别，济南的面食制品常以硬、干、酥为主。馒头又叫馍馍。济南人食用的馒头，是一种高桩的硬发面馒头。状似圆柱，熟后掰开有明显的层次，韧性较强，耐咀嚼，香甜可口。《济南快览》记："以面作寸许厚、中径尺余之圆饼，烙而熟之，外焦黄而内细白，谓之锅饼。"锅饼用冷水调面制成，大者五六公斤重，有的两面粘有芝麻，采用特制的鏊子烙成，烙制一般需要两个小时以上。吃时切成长条，硬脆香甜。杠子头火烧起源于潍坊，因制作时用木杠压面得名。旧时的杠子头火烧，烤熟后中间薄四周厚，中间可用绳串之，便于长途携带。

山东面点制作精细。如拉面原是福山平民之食，后传入城镇。据传，明末清初传入宫廷，拉面的面条细如发，很得慈禧太后欢心，特赐名"龙须面"。此面经调面、醒面、甩打、抻拉而成。面条可粗可细，可扁可圆。其卤汁可调配成炸酱、麻汁、鸡丝、肉末、高汤、三鲜、海米、鱼肉、虾仁等几十种。山东面点除了抻面抻得细如线之外，还有煎饼可以摊得薄如蝉翼，馒头做得又白又松软，鸭尾酥薄如蝉翼等。

第三，特色众多，体现食俗。

山东特色面点有很多，其富有地方特色的点心小食有：临清的烧卖，莱芜和周村的烧饼，泰山豆腐面，临沂的糁，济南的清油盘丝饼，福山拉面、叉子火食、硬面锅饼，蓬莱小面、黄县肉盒、掖县肉火烧，烟台油条、炸糕、炸面鱼，宁海州脑饭，文登三把火烧、馄饨、枣糕、烧麦、水煮包，荣城、海阳的鱼饺、虾饺，孔府的面点等。

山东面点与人生仪礼食俗联系紧密。如抓果也称抓吉，是烟台传统的喜庆面点，也是新媳妇出嫁的喜庆小点心，是以面粉、糖、鸡蛋、花生油为原料制作的发面食品，形状为菱形。还有乳山喜饼，当地人称媳妇饼、果饼，是乳山特有的汉族传统面食，如今已蔓延至胶东半岛地区。喜饼口感松软、味道香美、面料饱满，是逢年过节、结婚生子、走亲访友、表达喜庆情绪最直接的"饮食文化大使"。

沂水丰糕为沂水独有，是临沂沂水县著名的汉族传统糕类名吃，"丰糕、丰糕，以表丰收之兆"。它实际是满族传统食品沙琪玛的改良品种，丰糕寓意年年丰收，步步登高。沂水人每到中秋来临，制成丰糕以庆丰年。

饽饽多产于山东胶东半岛，又称大枣饽饽。不仅外观好看，而且是纯天然手工制作，营养美味，是山东省省级非物质文化遗产。在白面馒头上捏塑成各种美轮美奂、栩栩如生、色彩艳丽的图案，为胶东民间老百姓绚烂质朴的乡土文化。大枣饽饽是胶东人引以为傲的传统糕点面食。

2. 山西风味

山西省，简称"晋"，我国省级行政区，省会太原。

山西省地处黄河流域腹地，介于内蒙古高原、陕北高原、豫西北山地和华北平原之间。地势东北高、西南低，有山地、丘陵、高原、盆地、台地等。山地面积大，占全省总面积的 4/5 左右，平川区不到 1/5。东、西部为山地丘陵，中部为陷落盆地，地势高低悬殊。南北气候差异很大，北部属温带半干旱地区，中南部属温带半湿润地区。气温自南向北递降，降水量分布极不平衡。不同类型的地区，分布着不同种类的农作物。北部多以耐寒、耐旱生长期较短的莜麦、大豆、山药蛋（土豆）等作物为主；中部与东南部多以谷子、玉米等杂粮与小麦为主；南部地势较平坦，气候温和，以小麦为主。

山西人历来"专力农耕"，人民群众的饮食以粮为主，粮食的种类与制作是区别各地人民群众日常生活特点的重要标志。

总之，山西山多水少，南北温差大，也就形成了多杂粮的种植习惯，这也对山西面点的形成奠定了物质基础。

（1）历史概况

"世界面食在中国，中国面食在山西。"山西古代为三晋之地，是中华文明的发祥地之一。山西面点是地方传统特色面食文化的代表之一。其历史悠久，源远流长，从可考算起，已有两千年的历史了，称为"世界面食之根"。据考证，山西境内曾出土过春秋时期的磨和箩，是为当时流行面食的佐证。以面条为例，东汉称之为"煮饼"；魏晋则名为"汤饼"；南北朝谓"水引"；而唐朝叫"冷淘"……面点名称推陈出新，因时因地而异。唐代是中国封建社会辉煌灿烂的时期，也是中国古代食俗文化大发展时期，有关饮食的文字记载也较以前多了起来，山西面食的风貌已能窥其一斑。当时流行的品种有：黄粱饭、麦饭、馄饨、饺子、面条、馓子、花卷、烧饼、枣饼、芝麻饼等。元明清以来，山西的农业、手工业比较发达，出产许多土特产，为山西面食的生存发展创造了独特的环境。

（2）面点特点

第一，坯料丰盛，品种繁多。

山西面食坯料丰盛，特定的自然条件与传统农业为山西的面食发展提供了物质基础。北部多产耐寒耐旱、生长期短的莜面、荞面、豆面等；中部和南部以谷子、玉米、高粱等作物为主；南部以小麦为主。共有40多种粮食，使山西有了"小杂粮王国"的称号。

如玉县的莜麦，沁县的黄小米，忻州的高粱，晋北的红薯、马铃薯等，都与特殊的地理位置和气候条件有极大关系。此外，主料之外还有调辅料，如清徐老陈醋、五台山台蘑、大同黄花菜、代县山辣、应县紫皮蒜、晋城山巴幺大葱、平遥山花山药等。丰富的原料为山西面食的品种、风味奠定了物质基础。

山西有各类面点、小吃，其中最擅长的是面点，且花样百出，即使同一面粉在厨师手中也可做出百样品种。如小麦面粉可做拉面、刀削面、剔尖、刀拨面、手擀面、柳叶面、揪片、猫耳朵、切板面、溜尖等；也可将小麦面粉和其他杂粮按比例掺和制作，常用的杂粮有玉米面、高粱面、豆面、莜面、荞面、米面等。

一般家庭主妇能用小麦粉、高粱面、豆面、荞面、莜面做几十种面点，如刀削面、拉面、圪塔面、推窝窝、灌肠等。到了厨师手里，面点更被做得花样翻新，达到了一面百样、一面百味的境界，所以山西面点有"一样面百样做，一样面百样吃"的美誉。

第二，工具特别，成型多样。

用于制作山西面点的工具独特，既有专业工具，又有生活用品，如擦子、抿床、饸饹床、盘子、铁板、木板、石板、铁棍、竹棍、筷子、竹帘、梳子等。相当一部分面食使用的都是手工制作工具。

我国面点制作的成型技法大致有18种，分别为搓、包、卷、捏、抻、按、摊、叠、切、削、拨、剪、夹、擀、钳花、镶嵌、挤注、模具等。山西面食除了以上技法外，还有捻、掐、揪、蕉、拌、擦、抿、压、漏、拉、擞、剁、握、转、刮、扯、搅等。很多山西面食制作奇特，独具匠心而享誉国内外。如握溜溜、栲栳栳、剔尖、擦尖、猫耳朵、蘸片、搓鱼鱼、抿蝌蚪、包皮面、红面糊糊、炒面、溜尖、酒窝、削疙瘩等。

第三，熟制多样，特色鲜明。

山西人的日常面点从熟制方法上可以分为蒸、煮、煎、烤、炸、焖等几大类。蒸的方面，除了蒸白面以外，还可以蒸莜面、荞面，特别是莜面栲栳栳，还有拨烂子；煮的方面有拉面、削面、刀拨面、剔尖，当然还有握溜溜、揪片、切疙瘩等；煎炸方面有糊汤饼、烙饼、煎饺、生煎包子，至于烤的东西有烧饼、发面饼等；焖炒类有焖面、焖饼等。这些是非常受人们欢迎的面食。

山西面点特色鲜明主要体现在：一是口味独特，山西面食的口味有酸、甜、苦、辣、麻、鲜等；二是色彩独特，山西面食的色彩有白、黑、绿、黄、红、紫等；三是形态独特，山西面食的形态有各种片、块、棱、条、卷等；四是食法独特，山西面食的食法可出水吃，也可带水吃（汤饭多达几十种）。

山西面食有浇头、菜码和小料。浇头是浇面用的卤汁，如西红柿卤、肉炸酱、打卤酸菜、小炒肉等几十种；也可以用各种菜肴当浇头，一般寒性面食配暖性浇头。菜码是吃面时配备的各式佐餐菜，它讲究季节性，春、夏、秋、冬各有十余种。小料是吃面时所配带的各种调料，有葱段、葱片、蒜片、香菜、腌蒜、辣椒油、芥末糊、麻酱汁、蒜泥汁等。

第四，体现民俗，观赏性强。

山西面点与食俗相连，面食是三晋百姓离不开的主食，晋南晋中一带产麦区则多吃馒头。馒头分为花卷、刀切馍、圆馍、石榴馍、枣馍、麦芽馍、硬面馍等。杂粮蒸食有吕梁的莜面栲栳栳；忻州五台原平的高粱面鱼鱼，另外还有包子、烧麦等。城乡之地，家家会做，婚丧嫁娶，祝寿贺节，生儿育女更是有面食助兴，面食不仅仅是食品，已经成为三晋文化的组成部分之一。其中山西民间擅长面塑，主要是对天、地、神进行祭祀和祈祷，是生活理想的体现。面塑在造型意识上，大多是抽象性的、信仰性的、理想性的。供奉天地的叫枣山，祭供灶神的叫饭山、花糕，形制都较大，谓之米面成山。

山西面点制作时观赏性强，食客从过去去饭店就餐是为了果腹，到后来享受饭店环境，发展到如今在饭店能够欣赏面艺表演，食客赏心悦目，称赞有加。如骑独轮车或踩高跷进行刀削面、拉面、扯面、一根面、剪刀面表演；用面吹成气球，并在上面切菜表演等。中央电视台及不少地方电视台经常邀请山西面点师登台表演，展示山西面点的魅力。

3. 陕西风味

陕西省，简称"陕"或"秦"，是中华民族及华夏文化的重要发祥地之一。

陕西省位于我国中部，大部分属黄河流域，土地肥沃，气候宜人，自然条件比较优越，资源丰富。陕西的地理形势是南北高，中部低。陕南汉中盆地素称"鱼米之乡"，盛产水稻、鱼虾；关中号称"八百里秦川"，盛产小麦及棉花；陕西北部广泛种植谷子、糜子、高粱、土豆，养羊业也发达。陕西有着朴实、淳厚的民俗民风。《朱子诗传》云："秦之佑，大抵尚气概，先勇力，忘生轻死……"；《汉书·地理志》："其民有先王遗风，好稼穑，务本业。"在饮食方面，很早就形成了带有地方色彩的食俗。

（1）历史概况

陕西人喜欢吃面食，可以说闻名全国，以西安为中心的关中，沃野千里，自古以来农业十分发达。最早在《诗经》中，周人就对发祥地周原一带的土地发出由衷的赞美："周原朊朊，堇荼如饴"，意思是肥美的土地，长出的苦菜味道也像糖一样。传说中国的农业之神后稷，就诞生在这里。战国时，关中被称为"天府之国"，当年秦国修的郑国渠"泾水一石，其泥数斗，且溉且肥，长我禾黍"。当时的农人已经能够"举锸为云，决渠为雨"。《汉书》说关中"沃野千里，四塞之固"。关中人在这片土地上耕耘了几千年，以种植小麦为主。因此关中人吃饭以面食为主。

（2）面点特点

第一，用料广泛，面食众多。

陕西面点是由古代宫廷、富商官邸、民间面食、民族美食等汇聚而成，用料极其丰富，以小麦面为主，兼及荞麦面、小米面、糯米面、糯米、豆类、枣、粟、柿、蔬菜、禽类、畜类、蛋类、奶类等，加上调料，品种上百。

仅仅是面条，陕西人可变出许多的花样来。西安箸头面，岐山臊子面，乾县鸡面、水面，武功涎水面，大荔炉齿面，永寿礼面，合阳踅面，三原疙瘩面，麟游血条面，还有猴头面、浆水面、Biang Biang面、翡翠面、卤面、烩面、削面、米儿面、凉面、扛面、龙须面、棍棍面、角角面、棋花面等，不一而足。但是陕西把每一种面都做得与众不同，都赋予了深厚的文化底蕴。

第二，古法自然，食法朴素。

陕西的"天然饼"（又称石子馍、干馍、饽饽、砂子馍等），其"如碗大，不拘方圆，厚二分许，用洁净小鹅子石衬而馍之，随其自为凹凸"，具有古代"石烹"的遗风。由于它历史悠久，加工方法原始，因而被称为我国食品中的"活化石"。

羊肉泡馍是陕西一道著名的民俗小吃，其烹饪原料精，调味香，肉纯汤浓，肉质肥而不腻，营养丰富，香气扑鼻，诱人食欲，让人回味无穷。西安的牛羊肉泡馍食用前要用手将馍掰碎，然后再加上牛羊肉汤料，泡制食用。其他如秦川的草帽花纹麻食，乾州的锅盔，三原的泡泡油糕等都各有特色。

第三，十大特色，民俗特别。

陕西面点中的面食众多，但是有大家一致公认的十大面食。

臊子面，它是中国西北地区特色传统面食、著名西府小吃，以宝鸡的岐山

39

臊子面最为正宗，在陕西关中平原及甘肃陇东等地流行。对于陕西人来说，臊子面的配色尤为重要，黄色的鸡蛋皮、黑色的木耳、红色的胡萝卜、绿色的蒜苗、白色的豆腐等，既好看又好吃。

油泼面是传统特色面食之一，又叫扯面、拽面、抻面等，它是一种很普通的面食制作方法，将手工制作的面条在开水中煮熟后捞在碗里，将葱花碎、花椒粉、盐等配料和厚厚一层的辣椒面一起平铺在面上，用烧的滚烫的菜油浇在调料上，顿时热油沸腾，将花椒面、辣椒面烫熟，随后调入适量酱油、香醋即可。

Biang Biang 面是陕西关中特色传统裤带面。因为制作过程中有 Biang Biang 的声音而得名。特选关中麦子磨成的面粉，通过手工拉成特定长宽厚的面条，用酱油、醋、味精、花椒等佐料调入面汤，捞入面条，淋上烧热的植物油即成。

杨凌蘸水面，特色为面白薄筋光，汤汪蒜辣香，汤面分盆装，越嚼越觉香。蘸水面，论根卖，较宽的可达 5～6 厘米，长 1 米左右，食用时以大面盆盛之众人同用，有菠菜等同烹，谓之"清清白白"。每人有一蘸汁碗，调以蒜苗等五味佐料而成。

摆汤面是陕西户县著名的面食，一碗正宗的摆汤面必须要有一碗上好的臊子汤，汤中配有黄花、木耳、油豆腐丁、西红柿、蒜苗、韭菜、葱花、臊子肉丁等食材。一碗温汤细面条，吃时用筷子夹着细如丝线的面条放入臊子汤中，来回摆动，让面条充分沾上臊子汤，酸香适口的细面条吃到嘴里又光又绵。

酸汤面亦称"细长面"，特点是"薄、精、光、煎、稀、汪、酸、辣、香"。酸汤面酸中带辣，开胃爽口，色香味俱全。"下在锅里莲花转，捞到碗里一根线"。好的酸汤面柔软耐嚼，汤香扑鼻。

大荔炉齿面是陕西大荔县著名的传统风味小吃，因面条形似炉齿而得名。炉齿面的制作原料有面粉、猪五花肉、笋瓜、油炸豆腐、胡萝卜等21种，经和面、制面、制卤、煮熟调味等工序，选料严格，配料多样，工艺精细，做好的炉齿面面条柔韧光润，臊子香辣味浓，诱人食欲，誉满三秦。

血条面是陕西省宝鸡市麟游县的风味面食，其制作讲究，风味独特，因选取新鲜猪血或羊血和面、擀制，上笼蒸熟后晾干保存，故具有独特的地方风味。食用时用五香调料、葱花、蒜苗、鸡蛋饼、木耳、黄花、姜汁、油泼辣子、臊子油等做汤，血条面入汤，泡几分钟就成为了一碗薄劲香、煎稀汪的麟游血条面。

踅面是陕西合阳独有的特色面食，历史悠久。踅面的主要成分是粗粮，做成面条后可即食，也可放置数日再食，踅面筋道、味醇汤鲜、油香浓郁、辣味悠长，既好吃又耐饱。

梆梆面是陕西汉中市的特色面食，旧时汉中小贩沿街叫卖梆梆面，多使用木制梆子敲打面条，取其梆梆之声，故名"梆梆面"。正宗的汉中梆梆面，不是手工擀制的，而是用木梆敲打而成，使其薄如纸片，光韧十足，讲究"一张纸，切成线，下到锅里莲花转"，再以秘制汉中辣椒油、凤椒，生姜、葱、香菇酱油、香醋等为主做成汤底，加之鸡骨、大骨熬制的卤汤，撒上青蒜苗或葱花，一碗香醇爽口的梆梆面便制作完成。

除了以上十大特色面食之外，还有一些面食也比较有名。以上十大特色也有其他的一些版本，但不管怎样，都反映了陕西面点的特色众多。

陕西花馍是一种凝聚了陕西传统文化和民风民情的艺术，其文化内涵和艺术价值通过独特艺术形象展示。花馍还可被称为面塑、面花、礼馍，"花馍"或者"花花馍"这种叫法常出现在陕西地区。陕西花馍通过节庆和礼俗分为不同类型和名称，其类型和名称都表现了相应的造型特点，如铺上枣的枣馍都称作糕子；根据用途取名的，如过年过节人们用来迎神供神的花馍叫做接神糕子；还有根据造型寓意起名的，如老虎形状的花馍被叫做老虎馍，送给孩子，寓意护卫孩子健康成长。

4. 北京风味

北京市，简称"京"，是我国省级行政区、首都、直辖市，是世界著名古都，也是现代化国际城市。

北京地势西北高、东南低。西部、北部和东北部三面环山，东南部是一片缓缓向渤海倾斜的平原。境内流经的主要河流有永定河、潮白河、北运河、拒马河等，多由西北部山地发源，穿过崇山峻岭，向东南蜿蜒流经平原地区，最后分别汇入渤海。北京的气候为典型的暖温带半湿润大陆性季风气候，夏季高温多雨，冬季寒冷干燥，春、秋短促。

（1）历史概况

北京是一座有着3000多年历史的古都，为元、明、清三代都城，一直是全国的政治、经济、文化中心。文人荟萃，商业繁荣，饮食文化尤为发达。宫廷饮食刺激了烹饪技艺的提高和发展，面点也不例外。曾出现了以面点为主的席，传说清嘉庆的"光禄寺"（皇室操办筵宴的部门）做的一桌面点筵席，用面量达60多千克，可见其品种繁多。此外，北京民间有食用面点的习俗，山东、河南、河北、江南面点的引进，汉族与蒙古族、回族、满族等少数民族面点的交流，宫廷面点的外传，均直接促进了北京面点的发展与形成。

（2）面点特点

第一，历史悠久，品种繁多。

北京市是文化古都，其小吃历史悠久，特色名菜、面点及风味小吃至少有二三百种。

清代《都门竹枝词》云："三大钱儿卖好花，切糕鬼腿闹喳喳，清晨一碗甜浆粥，才吃茶汤又面茶；凉果炸糕甜耳朵，吊炉烧饼艾窝窝，叉子火烧刚卖得，又听硬面叫饽饽；烧麦馄饨列满盘，新添挂粉好汤圆。"这些小吃都在庙会或沿街集市上叫卖，人们无意中就会碰到，老北京形象地称之为"碰头食"。

北京面点品种繁多，主要有宴席上所用面点（如小窝头、肉末烧饼、羊眼儿包子、五福寿桃、麻蓉包等）以及作零食或早点、夜宵的多种小食品（如艾窝窝、驴打滚等）。其中最具京味特点的有豆汁、灌肠、炒肝、麻豆腐、炸酱面等。一些老字号专营其特色品种，为仿膳饭庄的小窝窝、肉末烧饼、豌豆黄、芸豆卷，丰泽园饭庄的银丝卷，东来顺饭庄的奶油炸糕，合义斋饭馆的大灌肠，同和居的烤馒头，北京饭庄的麻蓉包，大顺斋糕点厂的糖火烧等，其他各类小吃在北京各小吃店及夜市的饮食摊上均有售。

第二，用料讲究，制作精细。

北京面点小吃可分为汉民风味、回民风味和宫廷风味三种。北京面点小吃用料讲究，尤其是宫廷风味，选料种类丰富，如麦、米、豆、黍、粟、蛋、奶、果、蔬、薯类等。如豆类，经常使用的就有黄豆、绿豆、赤豆、芸豆、红豆、豌豆等。再加上配料、调料，则有上百种之多。艾窝窝是北京传统风味小吃，每年农历春节前后，北京的小吃店要上这个品种，一直卖到夏末秋初。故《燕都小食品杂咏》中说："白粉江米入蒸锅，什锦馅儿粉面搓。浑似汤圆不待煮，清真唤作艾窝窝。"还注说："艾窝窝，回人所售食品之一，以蒸透极烂之江米，待冷裹以各式之馅，用面粉团成圆形，大小不一，视价而异，可以冷食。"制作时选择上好的糯米，要达到"色雪白，球状，质黏软，味甜香"的效果。

北京面点在烹制方式上又有蒸、炸、煎、烙、爆、烤、涮、冲、煨、熬等各种做法，共计约有百余种，每一种做法都极其精细。如茯苓饼又名茯苓夹饼，是北京的一种滋补性传统名点，南宋《儒门事亲》记载："茯苓四两，白面二两，水调作饼，以黄蜡煎熟"，到了清初，时人讲究"糕贵乎松，饼利于薄"，后来的饼就越来越薄。随后添加多种果仁、桂花和蜂蜜调制的甜馅，把两张饼合起来，中间夹馅的茯苓饼，既有浓郁桂香，又营养丰富，还有安神益脾等滋补之功。

第三，风味多样，适时当令。

北京清代面点既有汉族风味，又有蒙古族、回族、满族风味，而汉族风味中，又分为北京当地的风味、山东风味、江南风味等。同时，北京的一些面点供应有季节性。如春季供应"艾窝窝""豌豆黄"；夏季供应"冷淘面"；秋季供应"蟹肉烧麦""栗糕"，冬季供应"羊肉汤面"等。

二、面点的流派

我国面点的流派在宋代已经萌芽，当时饮食市场上就有北方面点、南方面点、四川面点、素面点之分，以适应不同地区、不同口味的顾客之需。元明之时，回族面点、女真族面点等开始出名。到了清代，随着烹饪技术的发展，中式面点的重要流派大体形成。在北方，主要有北京、山东、山西、陕西等面点流派；在南方，主要有扬州、苏州、杭州、广州、四川等面点流派。此外，满族、回族等少数民族面点对面点流派的影响也很大。

但我国大多数美食家和业内专家比较认同的看法是面点流派分为"南味""北味"两大风味，其中影响最大的又常有"京式""苏式""广式"三大流派之说。

（一）京式面点

1. 京式面点的概念

京式面点按区域泛指黄河流域及黄河以北的大部分地区（包括山东、华北、东北等地）制作的面点，以北京为代表，故称京式面点。

2. 京式面点的形成

（1）区位优势，三个中心

京式面点是中国面点的重要流派之一。这和北京特殊的地位分不开的。北京继元、明之后，在清代又成了中国的都城，是全国的政治、经济、文化中心。人文荟萃，商业繁荣，饮食文化尤为发达，而且辐射到整个北方地区。这就为京式面点提供了广泛的发展基础。

（2）取长补短，民族交流

北方地区民间食用面点的习俗，山东、山西、河南、河北、江南面点的引进，汉族与蒙古族、回族、满族等少数民族面点的交流，宫廷面点的外传，均直接促进了京式面点的形成与发展。如抻面，据史家研究，它是胶东福山人民喜食的一种面食品，明代由山东进贡入宫，受到皇帝的赏识，赐名"龙须面"，从此成为京式面点的名品。

总之，京式面点是我国北方地区各族人民的智慧结晶，形成了具有浓厚的北方各民族风味特色的京式面点的风味流派。

3. 京式面点的特点

（1）用料广泛，品种众多

由于东北、华北地区盛产小麦，京式面点流行的区域素有食用面食的习俗。面点用料极其广泛，主料有麦、米、豆、黍、粟、蛋、奶、果、蔬、薯等类，加上配料、调料，用料可达上百种之多。

京式面点有面条、馄饨、饺子、河漏、拨鱼、饸饹、饼、糕、馒头、包子、烧麦等。每一种面点中，又可以分出若干品种。如面条中有"羊肉面""鸡面""三鲜面""冷淘面"等，烧麦有"蟹肉稍麦""卤馅芽韭烧麦""三鲜烧麦"等。

再如，京式面点中的糕点品类繁多，滋味各异，具有重油、轻糖，酥松绵软，口味纯甜、纯咸等特点，代表品种有京八件和红、白月饼等。其中京八件有大八件、小八件和细八件之分。大八件是采用山楂、玫瑰、青梅、白糖、豆沙、枣泥、椒盐、葡萄干八种馅心,用油、水和面做皮,以皮包馅,放在各种图案的印模里压模成型,脱模后精心烤制面成。形状有腰子形、圆鼓形、佛手形、蝙蝠形、桃形、石榴形等,多种多样且小巧玲珑。入嘴酥松适口,香味纯正。"小八件"则是做成各种水果形状:小桃,俗称寿桃;小杏,谐音幸运、幸福;小石榴,寓意多子;小苹果,寓意平平安安;小核桃,寓意和和美美;小柿子,寓意事事如意。此外还有小橘子、枣方子等,也各有寓意。"细八件"制作精细,层多均匀,馅儿柔软起沙,果料香味纯厚。外形也有三仙、银锭、桂花、福、禄、寿、喜桃8种花样。甚至还有新开发的"新八件",产品制作上在继承老北京民间糕点的基础上,又融合了西式糕点的制作工艺,选用了玫瑰豆沙、桂花山楂、奶油栗蓉、椒盐芝麻、核桃枣泥、红莲五仁、枸杞豆蓉、杏仁香蓉等8种馅料,并配以植物油、蜂蜜等辅料。在造型上有寿桃形,寓意祝寿;元宝形,寓意财富;宫灯形,寓意喜庆;如意形,寓意吉祥如意等。"福、禄、寿、喜、富、贵、吉、祥"8种字符,寓意着人们8项美好的祝愿。

（2）制作精致,馅心特别

京式面点的坯料主要以面粉、杂粮粉为主,面坯质感较硬实、劲道。制成面食弹性强,韧性好,耐煮制。京式面点师充分利用北方的优势原料体现京式面点的特点,如被称为中国面食绝技的"四大面食":抻面、刀削面、小刀面、拨鱼面,均以独特的技能和风味享誉国内外。再如"一窝丝清油饼",先抻面抻得细如线,然后再盘做成"一窝丝清油饼";茯苓饼摊的薄如纸;煎饼擀的薄如蝉翼。这些充分反映了京式面点制作的精细程度。此外,京式的面点小吃和点心,也很丰富多彩。

在馅心制品方面,馅心口味甜咸分明,味较浓重,尤重鲜咸。甜馅主要是以杂粮制蓉泥为主,喜用蜜饯制馅或点缀;咸馅多用肉类、蔬菜类以及菜肉混合制作馅心,肉馅多采用"水打馅",口味鲜咸,卤汁多,善用葱、姜、酱、麻油等为调辅料。如天津狗不理包子就是用水打馅,因此其肉嫩汁多,柔软松嫩,具有独特风味。

（3）风味多样,适时当令

京式面点风味多样,既有汉族风味又有蒙古族、回族、满族风味,在汉族风味中,又有北京当地的风味、山东风味、江南风味等。此外,汉族和少数民族的风味还常交融在一起,形成新的风味。

以糕点为例,清代北京仍然有蒙古族的"松子海哩撒",这是用糖卤、炒面、松子仁、酥油搅拌后制成的象眼块状面点,其味香甜且酥。而满族的"沙琪玛"则"以冰糖、奶油合白面为之,形如糯米,用不灰木供炉烤熟,遂成方快,甜腻可食。"满族的另一名点"芙蓉糕"制法与"沙琪玛"相似,但"面有红糖,艳如芙蓉耳"。回族糕点较喜欢用香油、糖、果仁。汉族糕点喜用猪油，也用香油、米粉、核桃仁等，亦喜用桂花糖卤，糖用量略轻，口味略淡一些。总之，各种风味百花齐放，相互交融。

京式面点重视季节时令，如春季供应"艾窝窝""豌豆黄""拨鱼""揪片"，夏季供应"冷淘面""过水饸饹"，秋季供应"蟹肉烧麦""栗糕""刀削面"，冬季供应"羊肉汤面""抻面"等。再如花馍，春节蒸大馒、枣花、元宝人、元宝篮；正月十五做面盏，做送小孩的面羊、面狗、面鸡、面猪等；清明节捏面为燕；七巧做巧花（巧馔馔），形如石榴、桃、虎、狮、鱼等。

（4）注重浇头，体现食俗

京式面点还注重浇头，不同品种的面食，在不同的季节，须用相应的浇头、卤汁、菜码，形成了咸、酸、辣、鲜、香等多种风味。

很多京式面点都体现了当地的饮食风俗，如花馍兼具食用、观赏、礼仪三大功能，是指尖上的艺术、舌尖上的美食、心尖上的情结。黄河两岸的人们世世代代用花馍的语言文化，无声地传承着一种真情。如出嫁的女儿给娘家送"面鱼"，象征丰收；也有女儿出嫁时作陪嫁用的"老虎头馄饨"；寒食节上坟时用"蛇盘盘"，以示消灾；做"春燕"表示春回大地；婴儿满月做"囫囵"，谓之"龙凤呈祥""猛虎驱邪"；老人祝寿用"大寿桃"等。

4. 京式面点的代表性品种

京式面点的代表品种主要有：抻面、刀削面、剔尖（拨鱼）、刀拨面、揪片、饸饹、栲栳、煎饼、一品烧饼、清油饼、茯苓饼、都一处的烧麦、狗不理的包子、清宫仿膳肉末烧饼、千层糕、艾窝窝、豌豆黄等，都各具特色。

（二）苏式面点

1. 苏式面点的概念

苏式面点按区域划分指长江中下游江、浙地区所制作的面点，以江苏为代表，故称苏式面点。

2. 苏式面点的形成

（1）南北枢纽，经济驱动

江苏和浙江等地隶属我国广大的江南地区，为古今繁华地。其中扬州、苏州、杭州等都是我国具有悠久历史的文化名城，具有两千多年的历史。隋唐时由于南北大运河的开凿贯通，使江浙一带成为南北漕运、盐运的交通枢纽，历史上商贾大臣、文人墨客、官僚政客纷至沓来，带动了城市经济的发展，使之发展成为市井繁荣、商贾云集、文人荟萃、游人如织的江南地区。其中扬州在唐朝时，出现"扬一益二"的盛况，成为长江流域最繁华的工商业都市。"春风十里扬州路""十里长街市井连""夜市千灯照碧云""腰缠十万贯，骑鹤下扬州"

等，均是昔日扬州繁华的写照。苏州古称"三吴都会"，曾为历史上的文化大城、经济中心、粮食中心。清代乾隆年间徐扬所画的《姑苏繁华图》中，亦描绘出了苏州的奢华。宋时，全国经济重心南移，陆游称"苏常（州）熟，天下足"（陆游《奔牛水闸记》），宋人进而美誉为"上有天堂，下有苏杭"，而苏州则"风物雄丽为东南冠"。南宋时代杭州成为首都，跃居全国第一州，名贯东南。总之，悠久的文化，发达的经济，富饶的物产，为苏式面点的发展提供了有利的条件。

（2）鱼米之乡，饮食发达

江浙一带是我国著名的鱼米之乡，为面食的发展提供了丰富的物质条件。如苏州地区河网密布，周围是全国著名的水稻高产区，农业发达，有"水乡泽国""天下粮仓""鱼米之乡"之称，主要种植水稻、麦子等，为面点的发展，提供了优质原料。唐宋以来有"苏湖熟，天下足"的美誉。由于历史上江苏、浙江一带曾是南北运河的交通枢纽，所以这里的厨师不仅擅长于米面制作，也擅长麦面制作。因此苏式面点既是南方风味，又具有北方特点。

江浙山温水润，气候温和，物华天宝，民性勤勉务实，又不乏诗意审美追求，因而拥有孕育美食文化的独特优势。江南饮食文化的成熟完善，少不了文人雅士的推动。明清时期，李渔的《闲情偶寄》中有大量关于美食和制作方法的记载，袁枚的《随园食单》更是久负盛名的有关饮食文化的专门著述，堪称明清时期江南饮食文化审美之集大成。总之，饮食文化的发达对苏式面点的发展有着巨大的推动作用。

3. 苏式面点的特点

（1）精选用料，品种繁多

江南地区民风儒雅、市井繁荣，食物来源极为丰富，为制作苏式面点奠定了基础，提供了良好条件。

苏式面点原料选用严格，对辅料的产地、品种都有特定的要求。选用的玫瑰花要求是吴县的原瓣玫瑰；桂花要求用当地的金桂；松子要用肥嫩洁白的大粒松子仁等。一些名特品种还选用有特殊滋补作用的辅料，长期食用有一定的健身作用。如松子枣泥麻饼，有润五脏、健脾胃的作用。

苏式面点品种相当丰富，《随园食单》《扬州画舫录》《邗江三百吟》等著作中都有记载。经过近现代名厨的传承、创新、发展涌现出了一大批名店、名点，在中式面点制作中享有盛誉。如扬州面点大师董德安口述整理出版的《淮扬面点五百种》，挖掘、继承、创新了苏式面点，丰富了苏式面点的品种。

（2）制作精细，贴近自然

苏式面点制作精细主要体现在以下几个方面：

第一，坯皮多变，注重馅心。苏式面点的坯料以米、面为主，皮坯形式多样，除了水调面团、发酵面团、油酥面团外，擅长米粉面团的调制。馅心重视掺冻（即用多种动物性原料熬制汤汁冷冻而成），汁多肥嫩，味道鲜美。如淮安文楼汤包、扬州三丁包子、镇江蟹黄汤包、无锡的小笼包子等，就是典型的掺冻品种；甜馅多用果仁蜜饯。苏式面点大多皮薄馅多、滑嫩有汁、形态美观。袁枚在其所著《随园食单》中曾写道：江苏"仪征南门外肖美人善制点心。凡馒头、糕饺之类，小巧可爱，洁白如雪。"清代文人吴煊，也曾写诗称赞道："妙手纤纤和粉匀，搓酥掺拌擅奇珍。自从香到江南日，市上名传肖美人。"

第二，注重造型，讲究口味。苏式面点很讲究形态，如苏州船点，相传发源于苏州、无锡水乡的游船画舫上。其坯皮可分为米粉点心和面粉点心，其形态甚多，常见的有飞禽、走兽、鱼虾、昆虫、瓜果、花卉等，色泽鲜艳，形象逼真，栩栩如生，被誉为精美的艺术面点。美食家袁枚也在《随园食单》中说："扬州陶方伯做的十景点心，奇形诡状，五彩纷披，食之皆甘，令人应接不暇。"

同时，苏式面点重调味，味醇色艳，略带甜头，形成独特的风味。苏式面点中的面条重视制面、制汤、制浇头，尤其是做汤。汤分为浓汤和清汤，浓汤有鱼汤和骨头汤；清汤有虾籽汤、鸡清汤，再配以浇头如虾仁、鳝丝、肴肉、鸡丝、火腿等。讲究面条清爽筋道，汤鲜味醇，浇头花样百出。扬州学者朱自清在《说扬州》中有一番见解："扬州又以面馆著名。好在汤味醇厚，是所谓白汤，有种种出汤的东西如鸡鸭鱼肉等熬成，好在它的厚，和熊掌一般。也有清汤，就是一味鸡汤。"另外在乾隆年间，扬州知府伊秉绶的家厨创制的"伊府面"，烹制时先将面条煮八九成熟，捞出再油炸，食时再加高汤浸泡软，加上虾仁、笋片、香菇、火腿、鸡肉、青菜等配炒，别具风格，此种做法被誉为现代方便面之鼻祖。

第三，重视发酵，讲究用酥。苏式面点发酵面团制作技术卓绝是其点心的一大特点，《随园食单》曾记载："扬州发酵面最佳，手捺之不盈半寸，放松隆然而高。"苏式面点还考究用酥。油酥制品酥层清晰、脆香酥爽、食之不腻，如盘丝饼、双麻酥饼、萝卜丝酥饼、黄桥烧饼等。蛤蟆酥，在扬州称"xiá（霞）蟆酥"，雅称"方酥"，外表金黄，看上去像一只蹲着的蛤蟆，故称。至今，扬州街头还流传着这么一首歌谣："蛤蟆酥，十几层，层层分明能照人。上风吃来下风闻，香甜酥脆馋死人。"

第四，崇尚本味，贴近自然。地域广阔的江浙之所以形成"主清淡、尚自然"的口味，除了水土出产使然，更为重要的则是传统养生文化的影响。先秦的老庄思想就崇尚"道法自然"，这为传统饮食奠定了基调。"谷菽菜果，自然中和之味，有食人补阴之功。"（朱震亨《格致余论·茹淡说》）。苏式面点充分利用食品原料固有的颜色、香味为面点制品着色生香，彰显风味。如利用玫瑰花、桂花等的颜色和香味，作为制品着色生香的原料，可以拌入馅心、拌入坯料增加制品香味，也可以撒在制品表层增香添色。又如猪油年糕、方糕等就配用玫瑰借其天然红色，添加桂花点缀出黄色，选用红枣、赤豆使之呈棕红色等。再如青团的绿色、清新香味就是来自于春天碧绿色艾蒿的嫩苗叶，由于添加量很多，所以制品带有这些辅料浓厚的自然风味。此外米制的糕要松软、团要软糯。

（3）按时当令，尊崇仪礼

因为文化的稳定性，或者是因为口味的习惯性，江浙饮食，崇尚自然，顺应时序，不时不食，所以苏式面点顺应农时，讲究节令。在馅心配制上，春夏有荠菜、笋肉、干菜；秋冬有虾蟹、野鸭、雪笋；荤馅有三丁、五丁、三鲜、火腿、海参、鸡丁、鸽松；蔬馅有青菜、芹菜、山药、萝卜、瓶儿菜、马齿苋、茼蒿、冬瓜；甜馅有枣泥、核桃、芝麻、杏仁、豆沙等；馅心运用合于时令变化，皮馅相宜。

苏式面点品种上讲究四时八节，形成了春饼、夏糕、秋酥、冬糖的产销规律。春饼有酒酿饼、雪饼等；夏糕有薄荷糕、绿豆糕、小方糕等；秋酥有如意酥、菊花酥、巧酥、酥皮月饼等；冬糖有芝麻酥糖、荤油米花糖等。历史上大部分节令食品都有上市、落令的严格规定。如酒酿饼正月初五上市，三月二十日落令；薄荷糕三月半上市，六月底落令；大方糕清明上市，端午落令；绿豆糕三月初上市，七月底落令等。虽然目前不再有历史上那样的上市、落令时间的严格要求，但基本上做到时令制品按季节上市。如扬州面点春季供应"应时春饼"；夏季供应清凉的"茯苓糕""冷淘"；秋季供应"蟹肉面""蟹黄包子"等。《吴中食谱》记载"汤包与京醉为冬令食品，春日烫面饺，夏日为烧卖，秋日有蟹粉馒头"；浙江等地的面点中，春天有春卷，清明有艾饺，夏天有西湖藕粥、冰糖莲子羹、八宝绿豆汤，秋天有蟹肉包子、桂花藕粉、重阳糕，冬天有酥羊面等。

江浙的饮食习俗十分丰富，成为地域性非常明显的文化现象。如人生礼仪、婚丧大事各过程中使用的具体饮食品种有很多特点，江苏苏南人的婚礼寿庆比平时的相互馈赠更看重用糕。婚礼中，新郎由伴郎陪着去迎亲，除带上鱼肉鸡鸭，首要的是"送大盘"，即送上两大盘贴着红双喜的圆蒸糕。新娘在离开娘家前穿上新嫁衣，象征性地踩在"大盘"糕上，寓意高高兴兴，今后生活水平日日增高。新房床上要放红皮甘蔗和蒸糕、团子、花生、枣子，寓意一对新人生活节节增高、团圆甜美、早生贵子、儿女双全。

（4）文化交融，饮食嬗变

江浙文化是开放包容、善于吸纳的文化，江浙美食也是不断汲取各家所长，不断自我提升的结晶。自古有"南人饭米，北人饭面"的说法，自安史之乱以后，永嘉南迁，南宋定都临安，大批北方移民来到江南，使江南面食日趋兴旺，而且越加讲究。江南人长期以来形成的"方为糕，圆为团，扁为饼，尖为粽"的传统之外，又多了对面的喜好。

李渔就将北方面食融入南方的口味和制作手法，变幻出各种食法。《闲情偶寄》中记载了"五香面""八珍面"的做法。所谓"八珍"，指"鸡鱼虾三物之肉，晒使极干，与鲜笋、香蕈、芝麻、花椒四物，共成极细之末，和入面中，与鲜汁共为八种"，制法考究，味道极鲜。面食在江浙的变化折射出文化的特性，善变、创新、求美，成为新的苏式面点味道。江浙人喜欢"头汤面"，甚至上了瘾，除了"阳春面"，还有配合各种需求的各式"浇头面"，五花八门，各有特色。

4. 苏式面点的代表性品种

苏式面点的主要代表品种有扬州的三丁包子、翡翠烧麦、素面、千层油糕、火烧、锅贴；苏州的青团、糕团、蓑衣饼、软香糕、三层玉带糕、青糕、船点；淮安的文楼汤包；嘉兴的粽子；吴山的酥油饼；宁波的汤团；杭州的幸福双、片儿川面、虾爆鳝面、荷叶八宝饭等。

（三）广式面点

1. 广式面点的概念

广式面点泛指珠江流域及南部沿海地区所制作的面点，以广州地区为代表，故称广式面点。

2. 广式面点的形成

（1）植根民间，中西交流

广东具有悠久的饮食文化，秦汉时，番禺（今广州）就成了南海郡治，经济繁荣，促进了饮食业和民间食品的发展。正是在这些本地民间小吃的基础上，经过历代的演变和发展，吸取精华而逐渐形成了今天的广式面点。如娥姐粉果是著名广式面点之一，它就是在民间传统小吃粉果的基础上，经过历代面点师的不断创新、不断完善而形成的。又如九江煎堆，驰名粤、港、澳，为春节馈送亲友之佳品，它也是在民间小吃的基础上发展起来的，至今已有几百年的历史。

广州自汉魏以来历经唐、宋、元、明至清，都是珠江流域及南部沿海地区的政治、经济、文化中心，是我国与海外各国较早的通商口岸，经济贸易繁荣，与海外各国经济文化交往密切，饮食文化也相当发达。广州面点厨师善于吸取西点的制作技术，丰富了广式面点制作技术的内容，自成一格的同时，客观上又促进了广式面点的发展。如广州著名的擘酥类面点，就是吸取西点中"开酥"技术而形成的。

（2）广博选料，因地取材

广州是著名的通商口岸城市之一，也是天下食材的流转集结之地。正如屈大均在《广东新语》中所说："天下所有之食货，粤东几尽有之，粤东所有之食货，天下未必尽有之。"原料之广泛、丰富，给面点的选材用料提供了丰富的物质基础。

同时广式面点也因地取材。广东地处我国东南沿海，气候温和，雨量充沛，物产丰富，盛产大米，故当时的民间食品一般都是米制品，如伦教糕、萝卜糕、糯米年糕、炒米饼等。随之时间的推移，广式面点的种类逐渐增多，发展迅速，据有关资料统计，广式面点坯皮有四大类、23种，馅有三大类、47种之多，能制作各式点心2000多种。

3. 广式面点的特点

（1）用料广泛，品种繁多

广式面点用料广泛，主料以面粉、米粉及杂粮粉为主，还特别善于利用荸荠、土豆、芋头、山药、薯类、南瓜等作坯料。其辅料多为当地著名的特产，如椰丝、果仁、糖橘饼、广式腊肠、叉烧肉等。所有辅料可归纳为如下几种：蜜钱、籽仁、肉和肉制品、蛋品、乳品。

广式面点擅长米及米粉制品。品种除糕粽外，还有煎堆、米花、沙壅、白饼、粉果、炒米粉等外地罕见品种。其中，煎堆"以糯粉为大小圆，入油煎之"，实即油炸元宵；米花"以糯饭盘结诸花，入油煮之"，类似花色油撒；沙壅"以糯粉杂白糖沙，入猪脂煮之"，类似油炸糖糕；白饼"以糯、粳相杂炒成粉，置方圆印中敲击之，使坚如铁石"，类似干糕；粉果为一种以米粉皮包馅制成的形似角子的食品；炒米粉则是炒米线或炒米粉块一类的食品。

广式面点品种繁多。按经营形式可分为日常点心、星期点心、节日点心、旅行点心、早晨点心、西式点心、招牌点心、四季点心、席上点心、点心筵席等。各种点心根据坯皮类型、馅心配合，可分别制出精美可口、款式繁多的各种点心。

（2）馅心特别，坯皮讲究

广东物产丰富，五谷丰登，六畜兴旺，四季常青，蔬果不断，奠定了广式面点的发展基础。广式面点馅心用料包括肉类、海鲜、水产、杂粮、蔬菜、水果、干果以及果实、果仁等。如叉烧馅心，为广式面点所独有，除烹制的叉烧馅心具有独特风味外，还有别具一格的用面捞芡拌和的制馅方法。在原料上也会选择某些西点原料，如巧克力、奶油等，如奶黄馅。同时由于广东地处亚热带，气候较热，所以面点馅心口味一般较清淡。而且包馅品种要求皮薄馅大，故坯皮制作和包馅技术要求很高，要求皮薄而不露馅，馅大以突出馅心的风味。

广式面点坯皮一般讲究皮质软、爽、薄，如粉果的外皮，"以白米浸至半月，入白粳饭其中，乃舂为粉，以猪脂润之，鲜明而薄。"馄饨的制皮也非常讲究，以全蛋液和面制成的，极富弹性。此外，广式面点喜用某些植物的叶子包裹坯料制成面点，如"东莞以香粳杂鱼肉诸味，包荷叶蒸之，表里香透，名曰荷包饭。"

（3）中西合璧，擅调风味

广式面点，虽自成一格，但近百年来，又吸取了部分西点制作技术，品种更为丰富多彩。如在坯皮制作上，吸收了西点中较多使用油、糖、蛋等的特点，使面点制品营养价值大大提高，并且调制技法基本实现了本土化，如擘酥、岭南酥、甘露酥等。

在面点风味上，广式面点擅长利用各种呈味物质相互作用配合而构成特有的风味。如用蔗糖与食盐互减甜咸，用香辛料（葱、姜、蒜等）去除肉类的腥味。广式糕点的代表产品之一——广东加头凤凰烧鸡月饼的馅料中，有糖腌肥肉、烧鸡（净肉），咸蛋黄及各种籽仁、北菇、橘饼、芝麻、胡椒粉等。形成了有籽仁的甘香味和调味料的辛香味烘托出的以肉味为主的鲜味食品。再如，合味酥、鸡仔饼、烧鸡粒等则为甜咸适度的特殊味食品。

（4）应时应节，注重食俗

广式面点常依四季更替、时令果蔬应市时间节点而变化，讲究夏秋宜清淡，春季浓淡相宜，冬季宜浓郁。春季常有礼云子粉果、银芽煎薄饼、玫瑰云霄果等；夏季有生磨马蹄糕、陈皮鸭水饺、西瓜汁凉糕等；秋季有蟹黄灌汤饺、荔浦秋芽角等；冬季有腊肠糯米鸡、八宝甜糯饭等。

广东面点中尤为重视茶点，广东人早晨去茶楼喝茶是一种传统，无论是家人或朋友聚议，总爱去茶楼，泡上一壶茶，要上两件点心，美名"一盅两件"，如此品茶尝点，润喉充饥，风味横生。广东人品茶大都一日早、中、晚三次，但早茶最为讲究，饮早茶的风气也最盛，由于饮早茶是喝茶佐点，因此当地称"饮早茶"为"吃早茶"。

宵夜也是广东人的生活习俗，一般是晚间十时以后，故名"宵夜"或叫"夜宵"。宵夜的方式因人而异：有的晚上自己动手煮食；有的单独或邀三五知己好友到街边大排档或茶楼食肆的夜市中进食，因而市里渐渐地形成了多条"夜食街"，以及各个茶楼酒店中的"夜市"茶座。诸多食俗促进了广式面点中茶点品种的发展与壮大。

4. 广式面点的代表性品种

广式面点富有代表性的品种有：虾饺、莲蓉甘露酥、蛾姐粉果、沙河粉、鲜虾荷叶饭、绿茵白兔饺、煎萝卜糕、马蹄糕、皮蛋酥、冰肉千层酥、叉烧包、酥皮莲蓉包、芝麻包、刺猬包子、粉果、及第粥、干蒸蟹黄烧麦、鸡仔饼、蜂巢香芋角、家乡咸水角、白糖伦教糕、广式月饼等。

总之，除了以上这三大主要风味流派面点之外，我国各地都有自己的特色风味和独到之处。同时各民族面点也有自己的独特风味，也早已成为我国面点的重要组成部分，融合在各主要地域流派中，展示出其独特的魅力，为我国面点制作工艺添砖加瓦、增光添彩。

第四节　面点与饮食风俗

"民以食为天，食以面为先"，饮食在人们的生活中占有十分重要的位置。它不仅能满足人们的生理需要，而且具有十分丰富的文化内涵。风俗是民间社会生活传承文化现象的总称，通过民众口头、行为、心理表现出来。

而饮食风俗是指人们在筛选食物原料、加工、烹制和食用食物的过程中，即民族食事活动中所积久形成并传承不息的风俗习惯，也称饮食民俗、食俗。包括日常食俗、年节食俗、人生仪礼食俗、宗教信仰食俗、少数民族食俗等，饮食习俗还涉及到饮食所用的器皿和场合等十分丰富的内容。

一、面点与日常食俗

日常食俗是从生理需要出发，以恢复体力为目的形成的习惯，包括食用各种主食和副食的习惯。这种饮食风俗是最常见的，每个人都置身其中而习以为常。日常生活饮食风俗具有强烈的地域性，鲜明的时代性，浓郁的民族性。

（一）日常食俗的地域性

所谓"靠山吃山，靠水吃水""一方水土养一方人"，讲的就是地域适应。中国地大物博，自然条件千变万化。在不同自然环境中，形成了各具特色的丰富的饮食习俗。南方适于种水稻，故南方人民普遍以大米为主食；北方多种小麦、杂粮，故北方人民以面、杂粮为主食；青藏高原适合种青稞，故生活在这里的各族人民的主食是青稞；蜀湘湿气重，人多食辣；晋、陕、甘、湘、贵及许多山区，或因水土关系，或因历史上长期缺盐，人们喜欢吃酸。不同地方人的口味各不相同。从北到南，口味由咸转淡；从西到东，口味由辣转甜；从陆到海，味道由重转轻，因而形成了"东甜""西辣""北咸""南鲜"的饮食习俗。饮食上的这些地方特色使中国饮食文化展现出百家争鸣的局面。

（二）日常食俗的差异性

1. 整体南北差异

从全国范围来看，南北饮食风尚不同，"南米北面"是指我国南、北方的饮食习惯不同。南方主食米饭，北方主食面食。如四川人一日三餐，讲究"早饭吃得少，午饭吃得饱，晚饭吃得好。"三餐饭几乎都是大米。按川人说法："世界上最养人的，除了'糠壳心'无二。"糠壳心指的是大米。而黄河流域及其以北地区因盛产小麦、大豆、高粱、玉米等，所以主食以面食当家。

从一个省来看，也存在这种差别。如处于我国东部沿海经济发达地区的江苏省，就是这方面的代表。以苏州为中心，包括长江三角洲南部和太湖的苏南地区，饮食风俗历史悠久，有着浓郁的东方文化色彩。太湖流域种植水稻已有七八千年的历史，先民们当时的日常饮食已以稻米为主食，长期以来就形成了这样的饮食习俗格局，即以米饭、米粥为主食，以面食、米食为小吃点心。

而长江以北的苏北地区则不同。其中靠近山东部分的徐州、连云港地区，饮食习俗受山东影响比较大，居民日常饮食以小麦（面粉）、杂粮为主，主要有馒头、馄饨、饺子、煎饼等。徐州的煎饼，以面调稀糊，在烧热的鏊子上摊成薄饼，烙好后随时可食，一般是卷上大葱或蘸辣酱食用，很有嚼劲。徐州地区的早餐颇富特色，人们喜食油茶（一种素面汤）。

苏中地区的扬州人喜吃早茶。在扬州有"早晨皮包水（下茶馆），晚上水包皮（进浴池）"的说法。进茶馆，不仅是喝茶，还要吃点心。扬州茶馆里有许多著名的点心，如各式包、饺及干丝等。点心制作很讲究技巧，在馅心配制上，春夏有荠菜、笋肉、干菜等，秋冬有虾蟹、野鸭、雪笋等多种。著名的"三丁"大包，以鸡丁、肉丁、笋丁制馅，其形如鲫鱼嘴、荸荠肚，三十二道褶纹宛似牙雕玉刻。其他早餐食品还有麻团、米摊饼、粢饭包、油条、馄饨、面条、火烧和黄桥烧饼等。扬州人还有"吃下午"之说，是别处不常见的，即在下午三四点钟，午饭与晚饭之间，加一顿点心，谓之"吃下午"。旧时富户去茶馆品茶吃点心；普通市民，此时也都拿起小篮子或笆箕，到街头买些点心回来供一家食用。"下午"的点心大多与早茶点心不重样，粗细均有，荤素齐全，较特殊的有饺面（馄饨与面混煮）、糍粑、油饺等。

2. 具体东南西北各异

在同一个省，不仅南北食风不同，有的甚至东南西北各异。这些情况与传统的社会风尚和当地的经济状况密切相关。

如山西人日常多是重主食，轻副食；重数量，轻质量；多制稀食，少制稠食。但是各地在食俗上的差异也照样存在，晋西北地区俗有"雁北三大宝，莜麦、山药、大皮袄"之说，居民早餐大多吃莜面煮山药蛋糊糊，午餐是莜面包菜角子、莜面鱼鱼，晚餐是山药蛋豆面汤饭。晋西北部分地区日常两餐，时间约在早上10时和下午5时。

而丘陵广布、平川极少的晋东南地区，常用的成品粮是玉米面、小米、玉米疙剩（玉米加工时筛剩的米粒状碎瓣）、米面（小米磨成的粉）、豆面（用黄豆、黑豆磨成的粉）、小粉（用玉米面和高粱面制成的粉）、黍米、黍米面、白面。所以日常饮食具有粗粮细作、花样繁多的特点，主食有普通饭、改善饭、风味饭。

而属晋东南的沁水县则一日五餐：起床后先吃早饭，后下地干活，8～9时吃"饭时饭"，照常吃午饭和晚饭，冬夜要吃"夜坐（临睡前再吃一顿夜餐）。素有山西粮仓之称的晋南，主食较其他地区都好，一日三餐多以白面食品为主。早晨一般是蒸馍、米汤；午餐为臊子白面条、面片等；晚饭是馍馍、米汤或面条、烙饼。

在日常饮食中，山西人历来不大重视副食。除非过节待客，一般不搞一餐数菜。一日三餐，多以咸菜、酸菜佐餐。然而主食花样之多，实为外地人称奇，有"一面百样吃"和"七十二样家常便饭"的说法，煮、蒸、烤……每类不下几十种花样。仅以煮食为例，有揪片（掐疙瘩）、面条、切拔拔、拨尖（耳拨面）、抿尖、擦尖、拨鱼（拨股）、搓鱼鱼、圪垛垛、拉面、削面、饸饹、煮疙瘩等，配上不同浇头、菜码和小料，风味情趣各不相同。

总之，日常生活饮食中，城市和乡村风俗不同，甚至市区和郊区也有差别。此外社会制度、经济发展也会使同一地区各个时期的日常生活饮食风俗呈现不同的特色。

二、面点与岁时食俗

岁时食俗主要指节日食俗，即在不同的节日，人们往往食用不同的食品，长此以往，沿袭为俗，这里主要遴选介绍与面点品种相关的饮食风俗。

（一）春季节日饮食风俗

1. 春节食俗

（1）吃年糕

"义取年胜年，籍以祈岁稔。"春节吃年糕，寓意万事如意年年高。年糕的种类：北方有白糕饦、黄米糕；江南有水磨年糕；西南有糯粑粑。明、清时，年糕已发展成市面上一种常年供应的小食，并有南北风味之别。北方年糕有蒸、炸二种，南方年糕除蒸、炸外，还有片炒、汤煮诸法。

（2）吃饺子

北方年夜饭有吃饺子的传统，但各地吃饺子的习俗亦不相同，有的地方除夕之夜吃饺子，有的地方初一吃饺子，北方一些山区还有初一到初五每天早上吃饺子的习俗。吃饺子是表达人们辞旧迎新之际，祈福求吉愿望的特有方式。"每届初一，无论贫富贵贱，皆以白面作饺食之，谓之煮饽饽，举国皆然，无不同也。富贵之家，暗以金银小锞藏之饽饽之中，以卜顺利。家人食得者，则终岁大吉。"这说明新春佳节人们吃饺子，寓意"吉利"，以示辞旧迎新。

按照我国古代记时法，晚上11时到第二天凌晨1时为子时，"交子"即新年与旧年相交的时刻。饺子就意味着更岁交子,过春节吃饺子被认为是大吉大利。另外饺子形状像元宝,包饺子意味着包住福运,吃饺子象征生活富裕。

（3）吃元宝汤

即馄饨,因其形似元宝,故称"元宝汤"。吃馄饨寓意招财进宝,象征财源如汤水滚滚而来。一般或以猪肉、菠菜、青韭为馅,或以羊肉、白菜为馅。

2. 人日节食俗

农历正月初七,又叫人胜节、人日和七元节,是地方性家庭庆祭祀的节日。《荆楚岁时记》中记载,在两汉魏晋时,江南一带,人们在正月初七这天,将七种菜合煮成羹汤食之,可以祛病避邪。并用五彩丝绢或金箔剪成人的形象贴在屏风上或戴在头鬓作装饰避邪,或剪纸花互相馈赠。因此,人日节也称人胜节。

"人日节"的饮食民俗,因地区而不同,有的地方吃面条,取健康长寿之意;有的地方吃用芹菜(勤快)、大蒜(划算)、葱(聪明)、韭菜(耐久)以及鱼(有余)、肉(取富足之意)、米果(取团圆之意)做成的"七宝羹",借7种菜的谐音或寓意,祝福新的一年里丰衣足食,家庭美满幸福以及对"人"本身的尊重。

3. 元宵节食俗

农历正月十五为元宵节,又名上元节或灯节,在古代民间是张灯结彩祀星辰的节日。人们习惯以糯米粉制作的元宵(汤圆)为食(元宵在古代称为浮元子,近代将其包制的称汤圆,摇制的称元宵)。《清稗类钞·饮食类》记载:"汤圆,一曰汤团,北人谓之曰元宵,以上元之夕必食之也。"元宵也叫圆子、团子,因煮熟后浮在汤面上,故又称"汤圆""浮团子"。吃元宵是取"团"形"圆"音,寓意团团圆圆。

"上灯圆子落灯面"。十五上灯食元宵,十八落灯食面条。元宵分实心和带馅两类,口味多样,如扬州元宵就有桂花、水晶、枣泥、豆沙、豌豆、鲜肉等馅心的。带馅心的多煮制,不带馅心的可炒食,故苏北有些地区有"十五十六炒圆子"之说。

4. 中和节食俗

农历二月初二为中和节,又称龙头节或春龙节,是传说中春龙抬头普降春雨的日子,在北方比较流行。中和节在古代则是祭春龙的节日。这天乡里人都以吃面食的烙饼、饺子为过节的食品,以让龙抬头。此时春回大地,百物新生,农人们都要忙于一年的春耕生产了,与此同时,蛰伏冬眠的蛇虫等快要苏醒了,它们会给农作物的生长带来一定的危害。古代的人们祈望"龙威大发"及时兴云作雨,使百虫慑服,使上天风调雨顺。所以,这天的食物和活动尽用龙来称呼。如煎饼谓之"龙皮",水饺谓之"龙耳",面条谓之"龙须",蒸饼谓之"龙鳞饼"等,以此期盼着龙抬头。

除以上之外，二月二吃撑腰糕。此食俗与农时有关。二月一到，春回大地，一年的耕作即将开始。为操持一年辛勤的劳作，农民祈求有副好筋骨。蔡云《吴歈》："二月二春正晓，撑腰相劝啖花糕，支持柴米凭身健，莫惜终年筋骨劳。"撑腰糕一般用隔年的年糕切成片，或油煎或火煨着吃。现时食撑腰糕的食俗极盛，已从农村扩大到城市。

此节日食物主要有龙须面、春饼（龙鳞饼）、炸春卷、炸春段、炸糕、太阳糕和五蔬盘，往往习惯配食黄豆酱、面酱、葱、蒜等食物。

5. 上巳节食俗

农历三月三，这是一个多民族的节日，在少数民族里，这天有着内容多样的活动，传统的汉族也不例外，不过随着时间的推移，已经越来越少人记起这个节日。上巳节在古代是郊游踏青和祭奠神灵的节日。节日饮食主要素食为主，如布依族吃黄糯米饭；畲族，家家都做乌米饭，全家共餐，馈赠亲友，欢度"乌饭节"。

6. 清明节食俗

公历4月4日或4月5日是传统祭奠祖先的重大节日。清明时节，江南一带有吃青团的风俗习惯。青团是用一种名叫"浆麦草"的野生植物捣烂后挤压出汁，接着取用这种汁同晾干后的水磨纯糯米粉拌匀揉和，然后开始制作团子。

北方地区节日饮食以素食为主，喜欢吃以香椿为原料制作的炸香椿鱼、香椿面、香椿豆、香椿煎饼等素食。四川风俗同北方各省。这天挖"清明菜"（一种叶背面有白色绒毛的野菜，很柔嫩），揉在糯米面里，做成"清明粑粑"，蒸、烙皆可，吃时蘸红糖水，味鲜美。

7. 浴佛节食俗

农历四月初八，为传说中佛祖释迦牟尼诞生的日子，寺院与民间的人们沿袭撒豆结缘以示纪念佛祖。北方地区有用桐树叶的汁液制作青黑色的米饭（乌饭），或用树木的春花制作榆钱糕、玫瑰饮相互赠送、联结友谊的习俗。

（二）夏季节日饮食风俗

1. 端午节食俗

农历五月初五，是祭奠民族图腾中华神龙最为重要的节日，同时也是祭奠民族先人屈原的传统节日，这一天要举行盛大的龙舟赛事，以示龙腾精神。由于夏季暑热的降临恰逢播稻的时令，万物复苏，为防止五虫害对人体的袭扰，人们把希望再一次寄托给食物——粽子，"粽"谐音同"宗"，寓宗族之意。

过端午节，家家户户必在三天前便淘糯米买箬叶包粽子。粽子形状很多，有三角粽、锥粽、菱粽、角粽、秤锤粽、小脚粽、枕头粽等。品种也很多，有白水粽、赤豆粽、豆沙粽、猪肉粽、火腿粽、灰汤粽等。

　　端午习俗活动围绕敬龙酬龙、祈福纳祥、压邪攘灾等形式展开，内容丰富多彩，热闹喜庆，带有浓郁的地域特色。具体习俗活动主要有：扒龙舟、挂艾草与菖蒲、聚午宴、洗草药水、放纸鸢、荡秋千、贴"午时符"、系百索子、打午时水、浸龙舟水、放纸龙、点艾条、熏苍术、赠香扇、晒百日姜、挂黄葛藤、画额、佩香囊、佩长命缕、拴五色线、食粽、采药制茶、立蛋、佩豆娘、贴五毒图、游旱龙、划喜船、九狮拜象、抢青、马拉溜、挂钟馗像、品花宴等。

　　节庆食品诸如粽子、五黄、艾草糕、艾糍、打糕、煎堆、茶蛋、五毒饼、菖蒲酒、雄黄酒、午时茶等。在扬州端午节除了吃粽子外，中餐家宴还要备"十二红"的佳肴：四冷盘、四烧菜、二水果、一汤、一点心。四冷盘为拌黄瓜、糖醋萝卜、咸鸭蛋、拌粉皮；四热菜为刀豆烧肉、烧黄鱼、炒虾子、炒苋菜；二水果为枇杷、杏；汤为烧鸭汤；点心为火腿粽子。

　　2. 天贶节食俗

　　农历六月初六，时值盛夏，为感戴天日给人间的造化，北方的人们往往以清凉解暑的食物（如酸梅汤、芡实粥、冰糖绿豆爽、湘莲红豆沙、冰花马蹄露、八宝莲子糯米凉糕等）来祭祀土谷田和自己的先人。人们习惯在这一天里制作豆豉、面酱、黄酱、酱油、醋，用"发酵"以示"进孝"之意。在江苏的兴化、东台等地有一句俗语："六月六，吃块糕屑长块肉。""糕屑"又称"焦屑"，即炒面，掺和糖油，用开水冲调而成。另外，有些地方用绿豆糕馈赠亲友。

　　3. 夏至节

　　夏至，古时又称"夏节""夏至节"，既是二十四节气之一，又是古时民间"四时八节"中的一个节日，自古就有在夏至拜神祭祖之俗，以祈求灾消年丰。太阳运行至黄经90°时为夏至交节点，一般在公历6月21～22日交节。夏至这天，太阳直射地面的位置到达一年的最北端，几乎直射北回归线，此时，北半球各地的白昼时间达到全年最长。对于北回归线及其以北的地区来说，夏至日也是一年中正午太阳高度最高的一天。这天北半球得到的太阳辐射最多，比南半球多了将近一倍。

　　我国自古就有"冬至馄饨夏至面"之俗。《帝京岁时纪胜》上说："京师于是日家家俱食冷淘面，即俗说过水面是也，乃都门之美品，……爽口适宜，天下无比"。如今，夏至伏日吃冷面的习俗，一直沿袭下来。

　　4. 七夕节食俗

　　农历七月初七，是中国传统的情人节。为了赞颂牛郎织女天上人间的纯洁爱情，江南民间用精美灵巧的巧果、酥糖、巧巧饭等小点心和时令鲜果表示祈念。

　　七夕之日，人间的巧姑姑、巧媳妇除了要向"天孙"织女乞来技艺外，还要制作各式"巧果"和"花瓜"。巧果又名"乞巧果子"，是一类花色糕点的统称，其款式极多。用料上有白面做的，米面做的；做法上有炉烤的，油炸的；

形式上有圆饼形的、梭子形的。以麦面做的叫面巧，以糯米粉做的名粉巧。花瓜是"以瓜雕刻成花样，谓之花瓜"。巧果与花瓜的创制，渊源于古代七夕的"乞巧"活动。《荆楚岁时记》载："七月七日为织女牵牛聚会之夜……是夕，人家妇女结彩缕，穿七孔针，或以金银鍮石为针，陈几筵酒脯瓜果于庭中以乞巧。"巧果，是人间的巧女们用油、面、糖等做成的各种面食。这些巧果有"以油面糖蜜造为笑厣儿，谓之'果实花样'，奇巧百端"；有模拟天上织女织布梭的小星的梭形面果；有模拟传说牛郎投掷给织女的牛拐子的小型的三角形面果。

5. 中元节食俗

农历七月十五，这个节日可以追溯到上古的祖先崇拜与农事丰收时祭。古时人们对于农事的丰收，常寄托于神灵的庇佑。奉祀先祖在春夏秋冬皆有，但初秋的"秋尝"在其中十分重要。秋天是收获的季节，人们举行向祖先亡灵献祭的仪式，把时令佳品先供神享，然后自己品尝这些劳动的果实，并祈祝来年的好收成。它是民间祭祀祖先、怀念亡灵的重要祭祀节日。节日饮食以素食为主。

（三）秋季节日饮食风俗

1. 中秋节食俗

农历八月十五的中秋之夜，是人们期盼丰收和家庭团聚的节日。中秋之夜，彩云初散，皓月当空，在银色的月光下，全家围坐在摆满水果、月饼的圆桌旁，共庆家庭的团圆。这天晚上一定要吃的就是月饼。明代的《西湖游览志馀》记载："八月十五日谓之中秋，民间以月饼相遗，取团圆之义。"《燕京岁时记·月饼》曰："中秋月饼，……至供月月饼到处皆有，大者尺余，上绘月宫蟾兔之形。有祭毕而食者，有留至除夕而食者，谓之团圆饼。"在整个节日期间南方、北方风味的月饼争奇斗艳，精美的月饼成为人们相互馈赠和表达情意的食物。

中秋节食物以月饼为先，取天上月圆，地上人圆之意。各糕饼茶食店所制月饼形状大小不一，多以糖、油和面粉做皮，其馅有豆沙、玫瑰、蔗霜、百果、枣泥等不下几十种。苏东坡曾以"小饼如嚼月，中有酥和饴"的诗句赞美月饼。江南又以苏式月饼为佳，苏式月饼以重糖、重油、重工艺、重口味而独树一帜。现时还有现做现卖的鲜肉月饼，也极受欢迎。每至中秋，人们争相购买月饼，馈赠亲友，互祝团圆。扬州月饼也颇有名气。此外，还制作兔子糕，原料同米糕，有专门的模具，蒸熟，上有蟾宫图案。扬州居民此节多自制糖饼和烂面烧饼食用，其中必有一块特大型饼，叫做团圆饼，留至供月后全家分食。

2. 重阳节食俗

农历的九月初九，在古代是祭祀太阳神的节日。适逢金秋时节，重阳节是庆祝收获的季节，同时也是敬老爱老的传统节日。

据史料记载，古人在重阳节前后几天制作的松糕称作重阳糕，又称花糕、菊糕、五色糕。据说，早年家用发面饼夹上枣、栗诸果的，或以江米、黄米面蒸成黏糕饼，似"上金""下银"的花糕。《西京杂记》记载："九月九日，佩茱萸，食蓬饵，饮菊酒，令长寿。"蓬饵，是用植物叶子和米面制作成的重阳花糕。

重阳糕通常以米粉、糖拌和蒸制，为菱形，五色，面上撒有红绿丝、芝麻屑等。旧时糕团店有售，糕上还插有各色纸标彩旗，曰"花糕旗"（代表着插茱萸，这样重阳花糕既包含了登高的意义，又象征着插茱萸的风俗）。也有用面粉加酒曲发成蜂糕，上置百果（如枣、红绿丝、瓜仁、核桃等），或以面粉裹肉或拌油蒸制，也称重阳糕。九月九日这天天启明，父母以片糕置儿女额头祝愿儿女百事俱高。出嫁的女儿，父母也必迎之归家食重阳糕。

（四）冬季节日饮食风俗

1. 冬至节食俗

冬至，是我国农历一个非常重要的节气，也是一个传统节日，时间在每年的阳历12月22日或者12月23日。冬至经过数千年发展，形成了独特的节令食俗。

民谚也有"冬至馄饨夏至面"之语。古代有"冬至大如年"之说，在冬至这天，许多地区家家户户都要吃馄饨。宋代陈元靓的《岁时广记》载："京师人家，冬至多食馄饨，故有冬馄饨年馎饦之说。"周密的《武林旧事》说："冬至……享先，则以馄饨，有冬馄饨年馎饦之谚。贵家求奇，一器凡十余色，谓之百味馄饨。"清代《燕京岁时记》曰：冬至"民间不为节，惟食馄饨而已，与夏至之食面同。故京师谚云：'冬至馄饨，夏至面。'""夫馄饨之形有如鸡卵，颇似天地浑沌之象，故于冬至日食之。" 在江苏省苏北地区也有"冬至大如年"的说法。各家凡有条件者，皆备丰盛宴席欢聚。扬州童谣"冬至大如年，家家吃汤团，先生不放学，学生不给钱。"

直到今天，这个风俗仍在我国不少地方流行。一般诸如馄饨、饺子、汤圆、赤豆粥、黍米糕等都可作为年节食品。

2. 腊八节食俗

农历十二月八日为腊八节，《顺天府志》："腊八粥，一名八宝粥。每岁腊月八日，雍和宫熬制，定制，派大臣监制，盖供膳上焉。其粥用糯米杂果品和糖而熬，民间每家煮之相馈遗。"

腊八粥在古时用红小豆、糯米煮成，后来材料逐渐增多。南宋人周密著《武林旧事》说："用胡桃、松子、乳蕈、柿蕈、柿栗之类做粥，谓之'腊八粥'"。至今我国江南、东北、西北广大地区人民仍保留着吃腊八粥的习俗，广东地区已不多见。

腊八粥分甜咸两种，煮法一样。所用材料各有不同，甜粥中不放青菜和油。多用糯米、红豆、枣子、栗子、花生、白果、莲子、百合等煮成甜粥。也有加入桂圆、龙眼肉、蜜饯等同煮的。

在江苏省苏北地区亦家家食腊八粥。有竹枝词说："扬州好，腊八粥真佳。托钵尼僧，群募化，调醒巧妇善安排，枣栗称清斋。"苏北各地煮腊八粥原料并不一致，常用的有银杏、花生仁、莲子、红枣、板栗、金针、木耳、茨菇、青菜、黄豆、胡萝卜、蚕豆、豆腐等，一般选其中八样。

3. 灶王节食俗

农历腊月二十三或者二十四，是中国传统的祀灶日，即灶王节，又称"小年"。古代腊月二十四日，灶君朝天欲言事。云车风马少留连，家有杯盘典丰祀。中国民谣"二十三，糖瓜黏"十分有意思，说的是供品中又甜又黏的麦芽糖。这样一来灶王嘴甜了，就不会实话实说了；二来即使想说，也很难张开嘴，只好一笑了之。

举行过祭灶仪式后，迎接过年的准备工作就正式开始了，此后直到除夕的这段时间称为"迎春日"。中国民间还多以腊月二十四日为扫尘日，象征着人们辞旧迎新，荡涤污秽，驱走一切不吉利的东西，期望来年万事如意、人畜平安。

4. 除夕食俗

农历十二月三十，俗称大年夜、年三十或大年三十。这是一年之中旧岁将尽的最后时刻，除夕的一切活动都是为了驱邪求福。这一天的夜晚是中华民族最为重要的时刻，当夜幕降临、华灯初上之时，象征着家庭家族团聚的团圆饭、年饭是最为重要的饮食活动，喜食面食的北方人习惯包饺子，喜食米食的南方人习惯做汤圆。在北京还讲究吃更年的饺子（交子），也就是当午夜的钟声刚刚敲响之时开始吃，讲究的北京人还用腊八时泡制的醋和蒜就着饺子吃，迎接新春的来临。

三、面点与礼仪食俗

礼仪食俗主要包括社交食俗、婚姻食俗、生育食俗、寿诞食俗、丧葬食俗等。

（一）社交食俗

中国自古为礼仪之邦，招待客人热情礼貌，待客的面点食品往往优于日常食品，同时节庆日馈赠食品也是友好的表示，是建立亲密和睦人际关系的一种独特方式。

在中国，许多重大的传统节日都有走亲送点心的习俗：大年正月初二，嫁出去的姑娘（包括外甥、晚辈亲戚）要给娘家行拜年礼，礼品多为面糕、点心等；端午节女儿要给娘家送粽子、油糕、绿豆糕，娘家也要回送各种食物；中秋节，女儿女婿要给娘家送月饼；重阳节，娘家要给女儿家送花糕。走亲送点心这种习俗，一方面在进行亲族名分认同，另一方面又密切了家庭的人伦关系。对于亲朋好友，节日期间问候与团聚，可以进一步增进友好感情，消除矛盾和误会。

由于各地习俗不同，待客的饭菜也各有讲究。在北京，过去待客吃面条，意思是请客人留下来。如果客人住下，就请客人吃一顿饺子，以表热情。探亲访友送礼物讲究"京八件"，也就是所谓的八样点心。在中国南方的有些农村，客人来了，献上茶后，立即下厨房做点心，或是在水中煮上几个鸡蛋，再放上糖，或是先煮上几片年糕，放上糖，给客人先品尝，而后再做正餐。在东部的福建泉州，要请客人吃水果，当地称"甜甜"，就是请客人尝甜，并且还要在水果中放柑橘，由于当地话中的"橘"与"吉"是谐音，有祝贺客人吉利、生活像柑橘一样甜的意思。

（二）婚姻食俗

在日常生活中，最多见的宴请之一就是由婚姻而引起的种类多样的饮食活动，如提亲饭、相亲饭、订婚饭、婚宴、回门饭等。其中以婚宴饭最为隆重、最为讲究。如陕西省有些地区婚宴的每道菜点均有含意：第一道菜是红肉，用"红"表示"红喜满堂"；第二道菜为"全家福"，是"合家团聚、有福同享"的意思；第三道菜为大八宝饭，用糯米、大枣、百合、百果、莲子等8种原料做成，其含意为白头偕老、百年合好等。在东部的江苏农村，婚宴讲究十六碗、二十四碗、三十六碗；在城市，婚宴一样也很隆重，这些均含有吉祥如意的意思。

新房内的铺床人必须是夫妻双全、上有父母、下有子女的中年人。床上要放秤、扁担、食物，如甘蔗（须选红皮甘蔗两根，节节相对，取"节节高、节节甜"之意）、花生、枣子（"早生贵子"之意）、蒸糕（"高高兴兴"之意）、团子（"团团圆圆"之意）。

江苏徐州地区办婚宴，在新婚夫妇这一桌上，要准备一碗半生不熟的面条给新娘吃，要问新娘生不生，新娘必答"生"，喻日后能生养小孩。

新婚之夜，新郎新娘对拜后坐在床上，宾客向床上撒食品等祝贺。据传说，这种风俗始于汉代。宋代孟元老《东京梦华录》云，新人进入婚房对拜后，"妇女以金钱、彩果散掷，谓之'撒帐'。"这是用金钱、果谷、小点心等撒向新房，此仪式包含着许多美好的向往和期盼。

新婚第三天为新娘从婆家回娘家的日子，俗称"三朝回门"。回门之日，新嫁娘要带一些礼物孝敬父母，叫做"回门礼"。回门礼以食品为主，酒、肉、糍粑、面条、糕点之类为常见。

在山东胶东地区，男女首次见面，由男方做东吃顿便饭。双方都同意后，女方到男家"看家"，男家设便宴待客，女方接受财礼。婚前一二日，女方将烙制的火食装在嫁妆中，这是给搬运嫁妆的人准备的。此火食多用鸡蛋、白糖调制面团，成品酥、香、甜。成婚日，女方临行前，要吃由母亲亲手制作的水饺，叫"上轿饺子"。然后由一近族长辈送往男家。入洞房时，等待的人从窗外向屋里投掷花生、大枣、栗子、硬币类，取其吉音。午饭，新郎新娘共进。主要有煎鱼、水饺、莲子状饽饽等。闹新房时，喜主用糖果和新娘箱中带来的小面食招待客人。第三日，女方父兄携带自制的面食如花饽饽、龙凤饼之类前来探望，谓之"开箱"。此日中午，男方大摆宴席，其规格与婚日等同。翌日，新夫妇同样携带花饽饽、点心等前往娘家，娘家也大摆筵席招待，日落前仍归男家。

（三）生育食俗

旧的、带偏见的饮食习俗认为产妇坐月子普遍忌食肉和稠食，但山西保德一带，妇女坐月子能够吃羊肉。晋中、晋东南一带产妇分娩头三天只让喝些不沾牙的米汤水。月子里，小米稀粥和稠米汤是产妇的主要食物。晋东南地区产妇满月那天忌吃面食，要喝一天小米汤，叫对月米汤。

晋西北地区，婴儿出生后的第三天，姥姥、姑姑要来道贺。姥姥给马蹄馍一份，主家招待吃面，称三日面。婴儿出生十二天，姥姥要送米面。办满月时，亲朋都要备礼庆祝，姥姥家赠的礼品最多，除婴儿衣物外，还有豆米、豆面、面片干粮、花馍、鸡蛋、红糖等。原平县崞阳镇一带农村，孩子过半月或满月时，姥姥给外孙送馍馍，每个用半斤面蒸成，当中有两个特大的，每个馍上趴着四个小娃娃，当地人叫做"奶馍馍"。

小孩生后三日叫"喜三"，要办"喜三酒"，然后办"满月酒"。一百天要过"百露子"，也须宴请。以后过周岁、十岁均办酒席。男子 20 岁不办酒，而女孩 20 岁却要操办一下，因为这是女儿在娘家过的最后一个整生日。

有的地方，婴儿出生后 20 ~ 30 天（也有 60 天的）之间举行诞生礼。"剃头"是这项活动的中心。亲友均要给婴儿送衣料、毛线、服装、玩具等，也有用红纸包钱相贺的，同时都要带上一份茶食糕点以讨口采。如云片糕（祥云片片）、如意糕（事事如意）、大蜜糕（甜甜蜜蜜）、豆沙馒头（兴隆馒头）。糕点中，除奶糕给婴儿外，其余都是给产妇吃的。

一般于上午 10 时左右，为孩子剃头。剃毕开筵，主要是吃面条。吃面前饮酒，菜肴以各色冷盘卤菜和热炒为主。面条一般是双饺面（拌面之菜多用鱼与肉、鳝与肉、鸭与肉等）。筵后，家人将面条（双饺面 2 碗）、红蛋（5 只，谓五子登科），分送邻居和亲友。婴儿这时到外祖母家住几天，俗称"移窝"。同时要准备糕点、面条、红蛋等送给婴儿外祖母家的邻居们。

江苏苏南一带的成年礼现时已较简单，一般在青年 19 虚岁时即做 20 岁生日（谓做九不做十），即所谓"成年礼"。宾客除亲戚外，大多是青年自己的朋友们。礼品中的食物一般是面条和大蛋糕，谓之"生日面""生日蛋糕"。

酒宴后仍吃面条。

（四）寿诞食俗

我国人民崇尚文明礼仪，自古就有为老人祝寿的习俗。

江苏苏南一带到 50 岁开始做寿，逢五称小生日，逢十称大生日，讲究做九不做十（如 49 岁做 50 岁寿）。"寿星"接受晚辈的鞠躬（旧俗磕头）和祝愿。亲友晚辈送糯米粉制的寿桃、寿糕、寿面等。寿糕两头大、中间小（定胜糕）。寿桃、寿糕均为淡红色，以渲染热烈气氛，数目一定要成双成对，并与寿星的年龄相符，只能多，不能少。送来的寿桃、寿糕不能全数收下，还要留下一定数量（也要成双），俗称"留福"。寿筵也以面条为主食，酒席有冷盘、炒菜，面条也是双饺面，但面条上还要加两只不剪须的大虾。寿筵结束，由晚辈将面条两碗及寿桃、寿糕两对（也可多送，但必须是双数）送给邻里和亲友，俗称"散福"。

寿宴则是给老人祝寿的酒席，其主食以面条居多，又叫长寿面。祝寿吃面条，这是图"吉利"。祝寿送"寿糕"也是民间的一个祝福习惯，因"糕""高"谐音，同样有吉祥之意，意为祝福高寿。面条在各类食品中是最长的，因此，人们多把它与长寿联系在一起，于是它便成了最合适的生日食品。在杭州、江苏北部一些地区，大多是中午吃面条，晚上摆酒席。杭州人在吃面条时，每人在自己的碗里夹一些面条给寿星，称作"添寿"。

（五）丧葬食俗

古时长者逝世入棺时，要在棺内放入死者生前心爱之物，如酒具、名酒、砚台、纸张、书画等，撒麦、豆、麻、谷、稷等，意为让死者五谷皆全，四季安宁。为死者上供的祭品各地不同，山西曲沃县地区的祭品以灶果为主，配以点心（是用 1 千克白面蒸的有皮有心的两层大馒头）。至亲献 12 个，称"食盒一抬"；一般亲戚献 4 个，称"挑盒一担"。河津县一带，出殡前三日晚，孝子要提灯请办理丧事的人和打墓的人到家吃酒席，各家孝子轮流招待，多吃火锅、点心、油食等，饭菜务求丰盛。在临汾、襄汾一带，出殡、埋葬回来之后悲事就成为喜事，桌裙、椅搭都换成红色，音乐吹奏，开席酬客。有的地方，老人去世后，在第二年老人的生日，也要进行祭奠，该日叫冥寿。祭品是寿桃，要放倒蒸熟，俗称"睡桃"，这是子女最后一次为父母过寿日。

江苏苏南一带祭礼，从死者去世第一天直到五七（35 天）才告结束。现下多为 3 天。亲属守灵，饭菜以素为主，夜宵多为面条。现时在结束丧葬事后要吃"离事"饭，意为"分离的事情"，又谐音"利事"，以素食为主，偶尔有肉。若去世者为古稀老人，丧事要当喜事办，菜的数量不限，但菜数必须是单数。

亲友离席时，要送馒头和云片糕，称"离（利）事馒头""离事糕"，数量不限，但也必须是单数。吃"离事饭"有个规矩，即不能邀请，由亲友自己去；食毕离席时，也不能向事主道谢和告别。"离事饭"吃过后，晚辈每天用水果、糕点、蜜饯等供奉亡灵，有的一直供到"五七"。

四、面点与其他食俗

除了以上食俗之外，还有信仰食俗、特殊食俗等。

（一）信仰食俗

在食俗的形成和演变过程中，宗教产生了强大的影响。任何一种宗教都按自己的教义、教规制定食礼、食规和禁忌。有的禁猪、有的禁荤、有的禁五辛。例如我国信仰伊斯兰教的民族除奉行五禁外，每年还要过斋月，届时成人（年老体弱者除外）都须把斋，即日出后和日落前不得进食。

（二）特殊食俗

特殊食俗主要包括少数民族食俗和祭祀食俗等。

1. 少数民族食俗

各种民俗在面点食品方面常有不同于其他民族的地方，这与他们的生产条件、自然环境、组织形式有关。如维吾尔族家家户户都修有馕坑，维吾尔族人吃馕是有讲究的，都是用手掰开后再食用，不允许拿着整个馕咬食。烤羊肉串是维吾尔族的传统食品，烤出的肉味鲜、香辣，很有特色。抓饭、拉面也是维吾尔族人喜爱的食品。

另如，藏族牧民的饮食多为一日四餐，早7点第一餐，多食糌粑，喝酥油茶；10点吃第二餐；午后2点食第三餐，亦称午餐，以食用肉食为主；晚8点吃第四餐，食品以粥为主。总体上牧民们以牛、羊肉和奶茶为主要食物，奶制品有酥油、酸奶、奶酪等。农区藏民的饮食以粮食为主，蔬菜为副。

此外，朝鲜族聚居区盛产大米，主食以米饭为主，其次是冷面和米糕。米糕的品种多，有打糕、切糕、发糕等。朝鲜族口味以咸辣为主，咸菜品种丰富，式样美观，非常可口。白族人以稻米、小麦、玉米、荞麦和马铃薯为主食，蔬菜品种多。

总之，我国有56个民族，每个民族都有其独特的与面点相关的食俗，限于篇幅，不一一展现。

2. 祭祀食俗

祭祀是儒家礼仪中的主要部分，礼有五经，莫重于祭，是以事神致福。祭祀对象分为三类：天、地、人。祭品中除了牲畜之外，还有大量的面点制品，如馒头、糕团、面馍等。

第五节 面点从业人员的素质要求

21世纪是一个崭新的时代，科技的飞速发展，经济的全球化已成为不可抵挡的潮流。国外的一些强势餐饮企业争相涌入中国，中国的餐饮业面临着重大的冲击和挑战。因此中国的餐饮业需要大量合格的餐饮职业经理人和厨师，共同开发、创新、振兴、弘扬中国的餐饮文化，拓展中国餐饮业的规模和档次，扩大品牌知名度。所以，社会对面点从业人员的素质有了许多要求。

一、良好的职业道德

对厨师来说，菜品如人品，做菜如同做人。人品就是厨德，德是才之师，是成就事业的基础。所谓要想做成事必先做好人，具备高尚的人品和良好的厨德是现代厨师最重要的素质之一。作为一名社会主义中国的厨师，除应具备爱国、爱党、爱人民、爱企业、爱岗敬业、遵纪守法等思想品德之外，还要有如下良好的职业道德：

第一，热爱行业，立足本职。只有热爱烹饪这一行，才可潜心做这一行，只有立足厨师本职，才会在工作中不断获得喜悦，获得成功。一名面点厨师从学徒起要经历从和面、制馅、成型、熟制等不同岗位的漫长磨练，每一岗位都必须立足本职，不怕脏、不怕累、不能急于求成，这是培养厨德的根本。

第二，踏实工作、精益求精。做厨师来不得半点虚假，每道面点都须经过严格的工序，省一道工序，面点就达不到质量的要求，同时食客的口味在不断变化，制作面点也必须顺应变化，寻求创新，所以做一名厨师必须踏踏实实、精益求精。

第三，谦虚谨慎，持之以恒。中国烹饪源远流长、博大精深，对每一个从厨者来讲都没有止境，不是在大赛上得了金奖，在行业内被授予了大师称号就可以高枕无忧，就可以说是登峰造极，厨者必须持之以恒，做到胜不骄、败不馁，方能保持进步。

第四，亲和同行，尊重前辈。烹饪行业水平的提高，在于烹饪同行的共同努力，厨师之间相互研讨、相互帮助、相互勉励，才可推动行业的共同进步。同时，我们要认识到大部分菜点，都是前辈们创造留下来的宝贵财富，我们的技艺是前辈们经验的积累，所以要亲和同行，学习前辈，尊重前辈。

二、规范的职业培训

在我国，几千年来，厨师的人员构成基本上都是子承父业或师傅带徒弟的模式，一代代沿袭至今。很多从业者都是从小就随师傅到饭馆里做事，经过几年或几十年的摸爬滚打，承袭着上辈师傅们的技术。但在文化知识、个人学识、专业修养、形象包装、艺术创造、营养保健等方面几无涉猎。再加上厨师行业历来形成的家族式、帮派式、承包式、垄断式的人员任用机制，制约了行业整体全面健康发展。

同时，随着人们对饮食质量的要求，给厨师带来的压力和挑战越来越大。厨师仅能做一手好菜已不能满足食客的需要。一道菜点，不仅要知道制作方法，还要知道制作原理，要清楚菜点原料在受热过程中的变化，了解菜点的营养价值，把握好火候，能根据菜点和食客的要求准确烹调。这就要求厨师不仅要能够熟练地掌握和运用烹饪技能，同时还必须懂得营养学、原料学、烹饪学、烹饪化学、烹饪美学、调味知识、饮食心理学等知识。

要想打破这种"瓶颈"，就要废除陈旧的厨师行业人员的诞生机制，建立科学的用人机制。除了要经常组织员工进行正规的烹饪学校培训，学文化、学知识、学技能，练好扎实的基本功，考取相应的厨师职业技能等级证书之外，也要引进一些从烹饪本科、专科、技校、中专等毕业的优秀学生，补充新鲜的血液，这样才能培养懂经营、善管理的综合性烹饪技术人才，弘扬中国美食文化，推动餐饮行业的健康发展。

三、优秀的身体素质

俗话说"老阴阳，少厨子。"厨师工作是一种强度较大的劳动，要成为一名合格的厨师，从身体素质上讲，首先要有健康的体魄。厨师的工作很辛苦，不仅工作量大，而且较为繁重。无论是加工切配，还是临灶烹调，都需要付出很大的体力，没有健康的体魄是承受不了的，而且厨师还要具备从业资格的健康资格证书，才能上岗。

四、吃苦耐劳的精神

厨师还要具有较强的吃苦耐劳的精神。厨师工作与普通工作不同，往往是上班在人前，下班在人后；做在人前，吃在人后。甚至有时业务忙起来，连一顿完整的饭都吃不上，加上还要经受炉前高温、油烟的熏烤等。这种职业劳动的特点，要求厨师要有较强的耐受力。有人把这种耐受力形象地概括为"四得"，即饱得、饿得、热得、冷得。

五、灵巧的动手能力

面点制作除了要有扎实的基本功外，还要有高超的面点技艺，动手能力要强。所谓"卖什么，吆喝什么"，作为现代面点厨师，如果没有几道"绝活"，就很难得到食客的满意，食客不满意也就无法给企业带来经济效益，企业没有经济效益，厨师很快就会面临失业，这是相互关联的。所以作为现代面点厨师，提高自身的基本功水平和烹饪技艺是相当重要的。

六、优秀的匠心追求

匠心精神意味着专注、技艺和对完美的追求。匠心是一种信念，是把工作或者一门手艺当作一种追求，是对职业的负责和尊重，从国家到地方政府都在提倡匠心精神。

厨师行业的匠心精神就是热爱烹饪事业，它是厨师职业道德的核心灵魂。厨者由学徒到成为技术全面的大师人物，要经历杂务、水案、笼锅、白案、切配、站锅、厨政管理7个不同岗位的漫长磨练，才能打下扎实的基本功，而每一个岗位习练的过程都必须具备吃苦耐劳的精神，要不怕苦、脏，不能急于求成。因为厨师工作本身就是一种艰苦、繁重的创造性体力劳动，它要求每位厨师树立正确的苦乐观。

热爱烹饪事业也意味着奉献，未来的社会是体现奉献的文明社会，奉献也意味着为烹饪事业奉献终身，树立全心全意服务于大众的精神，也是向消费者奉献高超的烹饪技艺和营养的健康美食等，从中实现自己的价值。在全国几百万烹饪队伍中，虽不一定能做到出类拔萃，但至少也要立志成为一名优秀者。

七、恪守法律法规

遵纪守法既是烹饪工作者必须具备的基本品质，又是厨师职业道德的一项重要规范和正确处理个人与集体、个人与国家关系的行为准则。厨师在从业过程中，必须具有这种遵纪守法的底线，严格按照国家有关规定的政策法律行事，不宰杀保护动物，不过量使用色素，不违禁使用各类品质改良剂和防腐剂，严格遵守《中华人民共和国食品安全法》《中华人民共和国环境保护法》《中华人民共和国消防法》《中华人民共和国劳动法》等相关法律，准确掌握好成本核算等。只有遵纪守法、讲究职业道德、科学合理烹制，才能为顾客提供安全、可靠的优质菜点，才能为企业创造良好的社会和经济效益。

八、规范的安全常识

厨房生产除了食品安全之外，还涉及水、电器、煤气等的安全，这样才能保障食客的口腹之欲和人身安全。规范的安全常识主要包括以下几个方面：

（一）卫生素质

厨师的素质是保证加工过程中食品卫生的决定性因素，素质的内容包括许多方面，但卫生素质是最为重要的，主要包括卫生意识、健康状况、卫生知识掌握能力、卫生习惯、标准化操作等内容。

1. 卫生意识

首先要提高面点从业人员对食品卫生重要性的认识，要让从业人员认识到，食品卫生不仅影响食用者的身体健康，也关系到企业的声誉和经济效益，甚至面点从业人员个人的前途。

2. 健康状况

保证健康上岗是要求职工按规定参加体检，并在患有规定应报告的疾病或出现规定的症状时能够主动向管理人员报告。

食品安全法规定，食品从业人员每年必须至少进行一次健康检查，并持健康证明上岗。但健康证只能证明体检时的健康状况，并不能保证在 1 年之内不再患有有碍于食品卫生的疾病。因此，要随时进行自我医学观察，及时发现并报告自己患有的可能污染食品的疾病。从一定程度上讲，这比每年一次的健康检查更重要。

3. 卫生知识掌握能力

作为一名面点厨师不仅要有精湛的面点加工技术，还应掌握一定的食品卫生知识。卫生部规定，厨师必须经过卫生知识培训，取得培训证后方可上岗，之后每两年还要接受一次复训。各个岗位的厨师必须掌握岗位卫生要求，并自觉执行。

4. 卫生习惯

每一位厨师都应掌握如何做好个人卫生的知识，并养成习惯。尤其要时刻保持手的清洁、卫生。主要应做到以下几点：

（1）时刻保持手部的清洁、卫生

人的手经常携带大量细菌，人体肠道内或皮肤上的致病菌也会通过手直接污染食品，或通过手污染到食品容器、用具上，再间接污染到食品。手的卫生与食品卫生息息相关，要养成勤洗手的好习惯，这对保证加工过程的食品卫生具有重大意义。

正确的洗手方法是：先在水龙头下用水湿润双手后，擦上肥皂或皂液，双手反复搓洗，最好用刷子刷洗指甲，用流动水把泡沫冲干净，而且要重复进行两次，才能达到清洁的效果。若需要对手进行消毒，可用75%的酒精擦拭双手，干手器吹干或自然风干。

一般下列情况必须洗手：第一，加工直接入口食品前，加工时间过长时，中间应随时洗手；第二，处理食品原料后；第三，接触与食品无关的物品后；第四，上厕所后；第五，直接触摸宠物或动物后。

（2）注意衣帽整洁

厨师在进入厨房前或工作前，必须穿戴整洁的工作服帽。工作服（衣、裤、帽）以浅色为宜，因为浅色的比深色更显得整齐、卫生，能较容易发现污垢，有利于搞好个人卫生。要求工作服上半部分不应有口袋，以防口袋中的笔记本、笔等落入食品容器或食品加工机械中。裤子后面和两边的口袋应有带扣的口袋盖。平时应对制服上松动的扣子和标志经常检查，以防其落入食品生产线。同理，厨师在加工、经销食品时，禁止佩戴珠宝和首饰等。

像手一样，人体的头发常常带有较多的微生物，其中有些还是致病性微生物，所以头发是绝对不应在食品中出现的。预防食品被头发污染的唯一办法是头发不得露于帽外，戴帽时应将全部头发都罩在帽中。不得使用传统的网型发帽及金属和珠宝饰品的发网。

头发的整理应在工作前和洗手前。洗手后或在食品加工区内（不论是否加工食品），均不应再触摸头发。上班时间内，只要摸了头发都应立即洗手。

还应注意不要穿着工作服、鞋进入厕所或离开厨房。在粗加工间等微生物污染较重场所使用的鞋及橡皮围裙等，也不能穿戴进入熟食加工厨房。

（3）重视操作卫生

第一，厨师进入厨房前，不应浓艳化妆、涂抹指甲油、喷洒香水，以免沾污食品。

第二，厨师不得留长指甲，不得涂指甲油。加工食品时不得戴戒指和手表。

第三，上班前不许酗酒，工作时不得抽烟、吃零食、挖耳、揩鼻涕，厨师不要用加工用具直接尝味。

第四，厨师不得接触不洁物品，手外伤时不得接触食品或原料，经过包扎治疗戴上防护手套后，方可参加不直接接触食品的工作。

第五，厨房不得带入或存放个人生活用品，如衣物、食物、烟酒、雨具、药品以及化妆品等。

第六，加工食品时不能抽烟，更不能面对食品打喷嚏或咳嗽。因口腔内可能存在的致病性金黄色葡萄球菌可通过喷嚏或咳嗽污染食品。

第七，工作时穿戴洁净的工作服，把头发全部置于帽内，以免头发和头皮屑污染食品。

第八，下班后应将自己分管的范围清洁干净后离开。

除了厨师外，所有生产过程中进入厨房的其他人员（包括参观人员）均应遵守上述各项规定。

5. 标准化操作

厨师良好卫生素质和个人卫生习惯的体现是按规定的程序和方法进行岗位操作。如餐饮业食品加工从原料粗加工、烹调、配餐到餐饮具洗刷消毒、环境清洁等工作都应与个人卫生习惯和岗位操作规程结合起来，否则，若一个环节或一个人出了问题，就会导致食品的污染，有引起食源性疾病的危险，也会影响本单位整体的形象和利益。

（二）安全常识

厨房安全常识主要体现在如下几个方面：

第一，尽量使用不燃材料制作厨房构件，炉灶与可燃物之间应保持安全距离，防止引燃和辐射热造成火灾；第二，炉具使用完毕，立即熄灭火焰，关闭气源，通风散热；第三，及时清理炒灶、排气扇、灶面及其他用具，避免因油垢堆积过多而引发火灾；第四，定期清理吸油烟器中的油污，防止夏天或厨房温度过高，导致油烟机自燃；第五，下班前要检查厨房电器、用具是否断电，燃气阀门是否关闭，明火是否熄灭；第六，厨房应按要求配备相应的消防装置，要熟悉报警程序和各种消防设施，学会使用灭火器材，遇有火灾，设法扑救。

九、强烈的服务意识

"厨师是所有职业中最难做的职业"，这话一点不假。因为"食无定味，适口者珍"，每个人对菜肴的评判都有自己的尺度和标准。厨师按照标准做出的菜点，可能有的人因为地域、年龄、性别、嗜好、宗教等原因不喜欢，因此，在可能的情况下，厨师或服务员可以事先询问食客，根据具体的情况制作合适的菜点，展现强烈的服务意识。

十、较强的团队精神

作为面点厨师，都可以独立完成点心制作的所有工序，但工作效率不高。厨房的每一位工作人员都应充分认识到，各岗位只有分工不同，没有贵贱之分，只有协作互助，厨房的工作效率和质量才能提高。因此，厨师应具备相互协作的团队精神。

俗话说："一根筷子轻轻被折断，十双筷子牢牢抱成团""众人拾柴火焰高"，充分说明了互相学习、互相帮助、团结就是力量的道理。因为不论是国家、民族或者企业、班组都需要人与人之间的配合，任何一件事情都不是个人英雄主义所能全部完成的。在一个企业或班组内，没有谁重要，谁不重要，只是大家分工不同罢了。所以，作为现代职业厨师，一定要树立虚心好学、团结协作的精神。

十一、灵动的创新意识

时代在变，人们对饮食的需求和消费观念也在变，菜点并非古董，越老越好，必须要推陈出新，吸取传统精华，古为今用，洋为中用。将传统烹饪技术与现代餐饮理念巧妙搭配，寓庄于谐、寓巧于拙，运用创造性思维，通过借鉴、移植、嫁接、杂交等手法，创造和研制不同的特异菜点。只有不断创新，厨艺才会进步，企业才会发展，才能吸引客人，占领市场，厨师本身也才能具有长久的生命力和竞争力。所以，创新是厨师的生命，发展是真正的硬道理。

十二、熟悉面点的风俗

饮食民俗是物质生活民俗之一，它在满足人们生理需要的同时，也在一定程度上满足了人们在精神层面的需求，从而形成了丰富多彩的饮食文化。饮食风俗是一个民族在饮食生活中的观念、心理、喜好、习惯、禁忌等方面最具有本民族特征的表现形态。而面点是饮食民俗中食品里最具有代表性的种类。作为面点厨师要了解祖国的面点文化历史，懂得一定的民俗礼仪知识。

总结

1. 本章通过相关知识的讲解，让学生了解面点发展简史。

2. 熟悉面点的基本分类与特点、地方风味与流派、饮食风俗以及面点从业人员的素质要求。

思考题

1. 面点发展分为哪几个时期，每个时期有哪些特点？

2. 面点创新主要体现在几个方面？

3. 面点分类的方法是什么？

4. 常见的面点分类有哪些？

5. 面点的特点有哪些？

6. 面点的地方风味有哪些？每个地方风味有哪些特点？

7. 西菜加工设备有哪些？

8. 面点日常食俗有哪些？

9. 面点岁时食俗有哪些？

10. 面点礼仪食俗有哪些？

11. 面点其他食俗有哪些？

12. 面点从业人员的素质要求有哪些？

第三章

面点常用工具、餐具和设备

课题名称： 面点常用工具、餐具和设备

课题内容： 面点常用工具

面点常用餐具

面点常用设备

面点操作间常见工具、餐具和设备的管理养护知识

课题时间： 2 课时

训练目的： 让学生了解面点常用工具、餐具和设备。

教学方式： 参观酒店面点厨房，现场讲解面点常用工具、餐具和设备。

教学要求： 1.让学生了解面点常用工具、餐具和设备。

2.掌握面点操作间常见工具、餐具和设备的管理养护知识。

课前准备： 联系酒店，参观讲解。

面点工具、餐具和设备是进行面点制作工艺所必需的基础条件之一，也是做好面点品种的先决条件。因此，作为一位面点工艺的从业者应该了解厨房各种工具、餐具和设备的性能，以便熟练地掌握和运用。

第一节　面点常用工具

我国面点品种繁多，制作工具也五花八门，精巧无比，常见的制作工具有：储存工具、衡量工具、和面工具、制馅工具、成型工具、熟制工具和其他工具等。

一、储存工具

1. 盆

一般有铝盆、搪瓷盆和不锈钢盆，其直径有 30 ~ 80 厘米等多种规格；主要用于盛放面粉、米粉等粮食原料。

2. 桶

一般有铝桶、搪瓷桶和不锈钢桶，其直径有 35 厘米、45 厘米、55 厘米等几种规格，主要用于盛放面粉、米粉等粮食，以及白糖、植物油等原料。

二、衡量工具

1. 台秤

主要用于称量原料的质量，以使投料量和比例准确。

2. 天平、小杆秤

主要用于用量较少的原料和各种添加剂的称量，要求刻度十分精确。衡器用后必须将秤盘、秤体仔细擦拭干净，放在固定、平稳处，经常校对衡器，保证其精确性。

3. 直尺

用来衡量面点制品的外观大小、长短，并可于操作时用来做直线切割。

4. 温度计

温度计主要用以测量油温、糖浆温度及面包面团等的中心温度。常用温度计种类有：探针温度计；油脂、糖测量温度计；普通温度计等。

三、和面工具

1. 粉筛

粉筛又称罗，根据制作材料不同可分为绢制、棕制、马尾制、铜丝制、铁丝制等几种。筛眼的大小有多种规格，有不同的用途，主要用于筛面粉、米粉；

擦豆沙；过滤果蔬汁、果蔬泥等。绝大部分面点品种在调制面团前都应将粉料过筛，以确保产品质量。

2. 面盆

一般有木盆、铝盆、不锈钢盆等，其直径有 30～80 厘米等多种规格，用于和面、发面、调馅、盛物等。

四、制馅工具

1. 厨刀

厨刀主要为不锈钢制，主要用于切菜、切馅料、切面团，也可用于剁菜馅等。用后要清洗干净，并用干布擦拭干净，放在干燥处，以免生锈。

2. 砧板

有木制和聚酯塑料制两种，形状有圆形和方形。切菜、剁肉等都在上面操作，用后要清洗干净。

3. 馅盆

馅盆有瓷盆和不锈钢盆等，有多种规格，其用途不同，主要用于拌馅、盛放馅心等。

4. 馅挑

用竹或木等材质制成，一头大一头小，边角磨圆，便于拌制馅心，以及包制面点的上馅。

5. 调料缸

常以不锈钢制成，大小为直径 8～10 厘米，用来放置盐、白糖、味精、鸡粉等调料。

五、成型工具

（一）面团成型工具

面杖又称擀面杖，是面点制作工艺中最常用的手工操作工具。其质量要求是结实耐用，表面光滑，以檀木或枣木最好，根据擀面杖的用途、尺寸、形式，可分为以下几种。

1. 普通面杖

根据尺寸可分为大、中、小三种，大的长 80～100 厘米，主要用于擀制面条、馄饨皮等；中的长为 55 厘米左右，宜用于擀制大饼、花卷等；小的长约 33 厘米，用于擀制饺子皮、包子皮、小包酥等。

2. 通心槌

通心槌又称走槌，有大小两种。此面杖的构造是，在粗大的面杖轴心有一个两头相通的孔，中间可插入一根比孔的直径略小的细棍作为柄。大走槌用于擀制面积较大的面皮，如花卷面皮、开大包酥面皮等；小走槌主要用于擀制烧麦皮。使用时，要双手持柄，动作要协调，大走槌擀制的面皮要平整均匀，小走槌擀制的面皮呈荷叶边，褶皱均匀。

3. 橄榄杖

橄榄杖又称枣核杖，形状中间粗、两头细，形似橄榄或枣核，长度比双手杖短，主要用于擀制水饺皮或烧麦皮等。使用时，双手持杖，用力要均匀，保持面杖的相对平衡。

（二）制品成型工具

1. 模子

用木头或铜、铁、铝等材料制成。因用途不同，模子的规格大小也不等，形状各异，模内大多刻有图案或字样，如月饼模子、蛋糕模子等。

2. 印子

刻有图案或文字的木戳，用来印制点心表面的花纹图案。

3. 戳子

用铁、铝、铜、不锈钢等材料制成，有多种形状，如桃形、各种花形、鸟形、虫形等。

4. 花镊子

一般用铁、铜、不锈钢等材料制成，它一头是扁嘴带齿纹的镊子，另一头是波浪形的滚刀，主要用于特殊形状面点的成型、切割。

5. 小剪刀

制作花色品种时用作修剪造型用。

6. 小镊子

用于配花叶梗，装足、眼以及钳芝麻等细小物件。

7. 鹅毛管

用于戳鱼鳞、玉米粒和印眼窝、核桃花纹。

8. 裱花嘴

以不锈钢、铜或塑料制成，嘴部有齿形、扁形、圆口形、月牙形等各种花形。

9. 裱花袋

为布、尼龙或油纸制成的圆锥形袋子，无锥尖，在锥部开口处可插进裱花嘴，装进掼奶油或面糊后，可以挤注或裱花。

10. 其他工具

面点师使用的小工具多种多样，其中一部分属于自己制作的，它们精巧细致，便于使用，如木梳、骨针、刻刀等。

六、熟制工具

（一）常用锅具

1. 双耳锅

双耳锅属于炒锅类，大小规格不等，比较厚实，较重，经久耐用，一般火烧不易变形，主要用于炒制馅心、炒面、炒饭或油炸面点。

2. 平底锅

平底锅又叫平锅，沿口较高，锅底平坦，一般适用煎锅贴、煎饺子、烙制各种饼类。

3. 电蒸锅

电蒸锅是利用电能来蒸制食品的器具，锅内的水通过电加热产生蒸汽使点心成熟。电蒸锅由不锈钢材料制成，外表为圆形，上面有 3 个圆形的孔洞是放笼屉蒸制用的。电蒸锅传热较快、蒸汽足，有高、中、低三档开关调节蒸汽的大小，使用方便，清洁卫生。

4. 高压锅

高压锅又叫压力锅、压力煲，是一种厨房的锅具。压力锅通过液体在较高气压下沸点会提升这一物理现象，对水施加压力，使水可以达到较高温度而不沸腾，以加快炖煮食物的效率。在面点制作中主要用来炖煮汤料、熬煮皮冻、煮制豆类原料等。

（二）辅助用具

1. 漏勺

铁制或不锈钢制，勺面上带有很多均匀的孔，根据用途不同有大、小两种，主要用于淋、沥食材中的油和水分。

2. 网罩

网罩是用不锈钢或铁丝编成的围圈算，架在油锅的一边，用于油炸面点品种的沥油。

3. 笊篱

笊篱是用不锈钢或铁丝编成的凹形网罩，带有长柄，主要用于油炸面点品种的沥油，以及捞饺子、下面条等。

4. 铁筷子

由两根细长铁棍制成，油炸面点时，用来翻动半成品和钳取成品。

5. 铲子

铲子用铁片或不锈钢板制成，有柄，用以翻动煎、烙面点制品等。

6. 手勺

手勺大多是用不锈钢制成，用来翻炒馅料、添加调料。

7. 食品夹

为金属制的有弹性的"U"字形夹钳，用于面点熟制时的夹取，既安全又卫生。

8. 蒸笼

用竹篾材质制成，用于蒸制馒头、包子等发酵类面点品种，因为透气性好而被广泛使用。

9. 笼垫

用于蒸笼垫底透气防粘的草垫，现在多使用硅胶制的垫子。

10. 竹帘

用竹条编成的帘子，用于放置馒头、包子、饺子、馄饨、烧麦等生坯，有透气和不粘连的优点。

七、其他工具

（一）着色刷油工具

1. 色刷

选用新牙刷，主要用于半成品或成品的着色（弹色）。

2. 毛笔

用于面点制品的着色（抹色）。

3. 排笔

用于面点制品的抹油。

（二）案台清洁工具

1. 面刮板

面刮板又称刮刀，用铜片、铝片、铁片或塑料片制成，薄片上有手柄，主要用于和面、分割面团、刮粉等。

2. 粉帚

以高粱苗或棕等为原料制成，主要用于案台上粉料的清扫。

3. 小簸箕

以铝、铁皮或柳条等制成，扫粉时盛粉用，有时也用于从缸中取粉料。

第二节　面点常用餐具

餐具指用餐时直接接触食物的非可食性工具，用于辅助食物分发或摄取食物的器皿和用具。餐具有金属器具、陶瓷餐具、茶具酒器、玻璃器皿、纸制器具、塑料器具以及五花八门、用途各异的各种容器类工具（如碗、碟、杯、壶等）和手持用具（如筷、刀、叉、勺、吸管、签棒等）以及其他用具。涉及到面点的餐具，常常有如下几种。

一、常用餐具

（一）盘

盘指盛放物品（多为食物）的浅底的器具，比碟子大，多为圆形。多数为陶瓷品，也有金属制品，可以在上面放点心。尤其是用盘子装点心时，夹起来比较方便，散热也比较好。盘子的种类也较多，通常划分如下。

1. 按材质分

（1）塑胶盘子，主要以 PP、PE 等为材质制成，常常用于面点快餐厅、街头小吃店等。

（2）陶瓷盘子，以陶瓷为材质制成，一般用于酒店厨房，盛装菜肴、点心。

（3）金属盘子，以不锈钢、铝、锡、马口铁等为材质制成，常常用于点心厨房初加工，盛装半成品或其他食材。

（4）木质盘子，以木头为材质制成，具有木材的清香，常常用于特色点心的装盘等。

（5）玻璃（水晶）盘子，以玻璃（水晶）为材质制成，具有通透的效果，常常用于花色点心的装盘等。

2. 按形状分

（1）圆形盘子

圆形（含椭圆形）的盘子，平底或浅底，陶瓷制居多，以 7 寸、8 寸、10 寸、12 寸、14 寸等为常见，主要用于常规点心的装盘。

（2）方形盘子

方形（含长方形）的盘子，平底或浅底，陶瓷制居多，有大、中、小号不等。

（3）三角形盘子

三角形盘子，平底或浅底，陶瓷制居多，尺寸需要定制，主要用于花色点心的装盘。

（二）碗

碗作为人们日常必需的饮食器皿，下有碗足，高度一般为口沿直径的 1/2，多为圆形，极少方形。其材料、工艺水平和装饰手段不断变化。一般用途是盛装食物。中国人大多喜爱用碗作为饮食工具，而西方人更倾向于使用盘子。

制碗的材料有陶瓷、木材、玉石、玻璃、琉璃、金属等；碗也有大、中、小号之分。在面点制作中主要用来盛装有汤汁的点心，如面条、馄饨等，以及羹、冻等一类的面点品种。

（三）碟

碟是盛食物等的器具，扁而浅，一般比盘子小。碟是相对于平盘来说的。平盘一般周围不会有围起的边，盘中央是平的。而碟是指有围边的小盘，盘中央有一圈，这个圈用以保护放在其上的咖啡杯或茶杯，和杯底契合，使得杯子不易滑动。通常也和小碗一起搭配使用。碟也可以作为盛放酱油、醋、辣油等调味品的用具单独使用，还可以单独盛装汤包等单个点心。

（四）筷子

筷子，是指中国常用的饮食工具，通常由竹、木、骨、瓷、金属、塑料等材料制作。它是世界上常用餐具之一，中华饮食文化的标志之一，发明于中国，后传至朝鲜、日本、越南等汉字文化圈。

（五）调羹

调羹是指用于搅拌或进食的小勺子，是一种常用的餐具。常常用于精细点心的盛装或装饰用。

二、异形餐具

所谓异形餐具，就是和普通的餐具在形状上有所不同，如盘子可以是多边形的，碗可以是多角形的。

（一）异形盘子

异形盘子是盛装面点的餐具。花、鸟、鱼以及各式几何形的都有，无统一形状要求；材质选用也很广，可用于盛装任何面点品种。

（二）特殊器皿

特殊器皿是盛装面点品种的异类创意性的餐具。其材质、形状风雅奇特，如芭蕉叶、鸟笼、工艺船、工艺秋千等，不拘一格，任意发挥。可用于盛装任何面点品种。

第三节 面点常用设备

随着科学技术的发展，一些传统的手工操作将逐渐被机械取代，了解这些设备的功能，熟悉使用这些设备，使面点的制作朝卫生、快捷的方向发展。开发使用新设备，是面点发展基础条件之一，同时，对提高产品质量和劳动生产率有着重要的意义，也是厨师必须掌握的技能。

一、常用设备

（一）储物柜

多用不锈钢、木质材料制成，用于盛放粳米、面粉等谷物类原料。

（二）案板

案板是面点制作工艺中必需的设备，它的使用和保养直接关系到面点制作工艺能否顺利进行。案板一般分木案板、大理石案板、不锈钢案板 3 种。

1. 木质案板

木质案板的台面大多用厚 6～7 厘米的木板制成，底架一般有铁制和木制等几种，台面的材料以枣木最好，其次为柳木，案台要求结实、牢固、平稳、表面平整、光滑、无缝。

在面点制作过程中，绝大部分面点操作是在木质案板上进行的。在使用时，要注意尽量避免案面与坚硬工具碰撞，切忌面案当砧板使用，忌在案台上用刀切、剁原料。

2. 大理石案板

大理石案板的台面一般是由厚 4 厘米左右的大理石材料制成的，由于大理石台面较重，因此其底架要求特别结实、稳固、承重能力强。

大理石案板多用于较为特殊的面点品种的制作，它比木质案台平整、光滑、凉爽。一些油性较大的面坯、需要迅速降温的面坯适合在此类案板上进行操作。

3. 不锈钢案板

一般整体用不锈钢材料制成，表面不锈钢板材的厚度一般为 0.8～1.2 毫米，台面要求平整、光滑、没有凹凸。使用起来安全卫生，易于清洁。

二、加工设备

（一）磨粉设备

1. 磨粉机

磨粉机主要用于粳米、糯米等原料的加工。它效率较高，磨出的粉质细，磨水磨粉时使用最佳。

使用方法：启动开关，将水和米同时倒入孔内，边下米边倒水，将磨出的粉浆倒入专用的布袋内，使用后须将机器的各个部件及周围环境清理干净。

2. 破壁机

破壁料理机集合了榨汁机、豆浆机、冰激凌机、料理机、研磨机等产品功能，采用超高速电机，带动不锈钢刀片，在杯体内对食材进行超高速切割和粉碎，从而打破食材细胞的细胞壁，将细胞中的维生素、矿物质、蛋白质和水分等充分释放出来。

由于超高转速（22000 转 / 分以上）能瞬间击破蔬果的细胞壁，从而获得破壁料理机的美名。而最新一代的果汁机则是集加热和搅拌于一体的更多功能的破壁料理机，不仅可以做蔬果汁、沙冰，还可以加热做豆浆、鱼汤、粥品等。

使用方法：将泡好的粳米、糯米和水一起放入破壁机料理机桶内，启动机器搅拌，然后将米浆倒入布袋或面筛中过滤，最后洗净料理桶即可。

（二）和面设备

1. 和面机

和面机又称拌粉机，主要用于拌和各种粉料，有卧式和立式等种类。它主要由电动机、转动装置、面箱搅拌器、控制开关等机件组成，利用机械运动将粉料和水或其他配料拌和成面坯，工作效率比手工操作高很多倍，降低了面点师的劳动强度。

使用方法：先将粉料和其他辅料倒入面桶内，打开电源开关，启动搅拌器，在搅拌器拌粉的同时加入适量的水，待面坯调制均匀后，关闭开关，将面坯取出。使用后将面桶、搅拌器等部件清洗干净。

2. 打蛋机

打蛋机又称搅拌机，主要用于搅拌蛋液。打蛋机由电动机、转动装置、搅拌器、蛋桶等部件组成，利用搅拌器的机械运动将蛋液打起泡，兼用于和面、搅拌馅料等，用途较为广泛。

使用方法：将面粉倒入蛋桶内，加入水及其他辅料，将蛋桶固定在打蛋机上。启动开关，根据要求调节搅拌器的转速，面和均匀达到要求后关闭开关，将蛋桶取下，将面团取出倒入其他容器内。用于打蛋、拌馅等操作时，基本相同，但和面、拌馅时用的是搅拌勾，打蛋时用的是搅拌器。使用后要将蛋桶、搅拌器等物件清洗干净，存放于固定处。

（三）制皮设备

1. 压面机

压面机又称过面机，机上有两根可调整的圆滚轴，电源开启后，两根滚轴滚动辗压面团，主要用来处理面团，使面团光滑、均匀、结实。

使用方法：打开电源，调好面团所需要的宽度（即面团所需的厚度），使面团缓缓放过两根滚轴间，一手在上面放，一手在下面接面团，注意手不要被滚轴压到，压好后拿开面团，关闭电源，使用后，要将机器用干布擦拭干净。

2. 起酥机

起酥机也叫糖果酥机，采用进口配件，不粘面不易刮伤，独特的浸油式设计，噪声低，不易磨损；刮刀经过特殊设计，最薄可压至 1 毫米，且厚薄均匀；折叠式设计，减少空间，易于搬运，使用范围广，适合全部起酥类产品（如酥皮、千层酥、丹麦蛋糕、酥皮月饼、苹果派等），也可碾压少量面团。

使用方法：将和（起）好酥的面团，放入输送带上，调节好厚度，启动机器，快速来回辗压整形，达到要求后取出使用。后期做好输送带及滚轮的清洁卫生即可。

3. 春卷皮机

春卷制皮机包括框架、成型基体、液压装置、加热装置和温度控制系统等主要部件。可以根据需要设定加热温度和加热时间，可在几秒内自动完成压制和加热工作。可压制春卷皮、烤鸭面饼、鸡蛋饼和各种面饼。接触食品的部位和机体采用不锈钢材料制作，符合食品安全卫生要求，更换模具可压制不同形状的面饼。

使用方法：打开点火开关进行预热，当温度达到设定的工作温度时，将定量浆糊放入模具中，自动按下上模。预热时间结束后，上模升起并自动复位，下模准备，如此次第压制出春卷皮等。为了保证模具的常温，必须定期清洁设备传送带内壁上的面渣，以确保模具清洁有光泽。

三、制馅设备

（一）切菜机

切菜机采用半月刀盘和半月调节盘结构，不需更换刀片，只需使用不同料斗和扳动倒顺开关，即可进行切丝或切片工作。是萝卜、土豆、芥蓝头、红薯等瓜果类蔬菜切片或切丝的理想厨房设备，常常用来加工馅心。

切菜机的组成部分主要有机架、输送带、压菜带、切片机构、调速箱或塔轮调速机构等。用于瓜薯类等硬质蔬菜原料的切片，片厚可在一定范围内自由调节，竖刀部分可将叶类软菜或切好的片加工成不同规格的块丁、菱形等各种形状。

使用方法：操作前将设备放置在水平地面，确保机器放置平稳可靠；确定设备插头接触良好，无松动，无水迹；检查旋转料筒内或输送带上是否有异物，如有异物必须清理干净，以免引起刀具损坏；放入洗净的蔬菜原料，选择规格，启动机器即可，用后及时清理干净。

（二）绞肉机

绞肉机又称绞馅机，主要用于绞制肉馅，常有手动、电动两种，其工作效率较高，适用于大量肉馅的绞制。

使用方法：启动开关，用专用的木棒或塑料棒将肉送入机筒内，随绞随放，根据品种要求调刀具，肉馅绞完后先关闭电源，再将零件取下清洗。

四、成型设备

（一）面条机

面条机是将面粉经过面辊相对转动搅拌，挤压成面条的设备。可分为简易型面条机、自动挑条一次成型面条机、流水线面条机、自动撒粉面条机等。

使用方法：把面团经过面辊相对转动挤压形成面片，再经前机头切面刀对面片进行切条，从而形成面条。面条的形状取决于切面刀的规格，所有机型均可安装不同规格的切面刀，故一台机器经过更换不同规格的面刀可以做成各种规格的面条。

（二）馒头机

馒头机又称面坯分割器，有半自动和全自动两种。

使用方法：将面坯放入料斗，降落入螺旋输送器，由螺旋输送器将面坯向前推进，直至出料口。出料口装有一个钢丝切割器，把面坯切下落在传送带上，使用后，要将机器各部件清洗干净。

（三）包子机

包子机是加工制作包子的食品机械。包子机产品多样化，可生产肉包子、小笼包、豆沙包等各种包馅产品。多功能包子机先进的输面、进馅系统，充分保护面的筋道，保证包子质感，输馅流畅、均匀，不论何种馅料均能使包子有较好的成型效果。

使用方法：将发酵的面团和好，跟拌好的馅料放进机器，启动开关，自动包馅成型，使用后及时清理干净。

（四）饺子机

饺子机是用机械滚压成型的方式包制饺子的一种炊事机械，可包多种馅料的饺子，它工作效率高，但成品质量不如手工水饺。

使用方法：将调好的面坯和馅心倒入机筒内，启动开关，根据要求调节饺子的大小、皮的厚薄用度和饺子馅量的多少，使用后，要将其内外清洗干净。

（五）汤圆机

汤圆机又称为元宵机，是汤圆的一种自动加工设备。

汤圆机采用圆盘挤压搓圆成型技术，结合面点工艺要求，使得制品外形美观，大小均匀，表面光亮细腻，口感柔滑，弹韧性佳。其送面、送馅均采用双绞笼结构，数字变频调控，可任意调节面、馅输送量及汤圆重量。

使用方法：将面团与馅料放入进料口，开机便可自动搓圆、成型，制品不易变形。依外皮及馅料的种类不同，可制作汤圆、豆沙包、南瓜饼、奶皇包、包馅馒头等包馅面点制品。

（六）月饼成型机

月饼成型机是一种生产月饼用的机器。它是由面皮部分、制馅部分和成型部分构成，面皮部分由面斗及下面的滚子、滚子下面的挤压轮及切割传送带构成，面皮部分后分别装有制馅部分及成型部分，制馅部分由馅斗、螺旋推进器、切饼刀构成，成型部分由撒面斗、挤压模、切割轮、旋转箱、成型轮及压制结构组成。月饼成型机结构新颖，机械化代替手工，省工省时，效率高，使用方便，性能可靠，清洁卫生。

使用方法：将起好酥的面皮以及馅料分别放入输送带和馅斗中，调节速率，启动机器即可，使用结束后及时清理干净。

五、熟制设备

（一）蒸煮设备

适用于蒸、煮的蒸煮灶有两种，一种是蒸汽蒸煮灶；另一种是燃烧蒸煮灶。

1. 蒸汽蒸煮灶

蒸汽蒸煮灶是目前厨房中广泛使用的一种加热设备。一般分为蒸箱和蒸汽压力锅两种。它们的特点是炉口、炉膛和炉底通风口都很大，火力较旺，操作便利，既节省燃料又干净。

（1）蒸箱

蒸箱是利用蒸汽传导热能，将面点直接蒸熟。它与传统煤火蒸笼加热方法相比，具有操作方便、使用安全、劳动强度低、清洁卫生、热效率高等特点。

使用方法：将生坯等原料摆屉后推入蒸箱内，将箱门关闭，拧紧安全阀门，打开蒸汽阀门。根据熟制原料及成品质量的要求，通过蒸汽阀门调节蒸汽的大小。制品成熟后，先关闭蒸汽阀门，待蒸箱内外压力一致时，打开箱门取出屉。蒸箱使用后，要将箱体内外清洗打扫干净。

（2）蒸汽压力锅

蒸汽压力锅是热蒸汽通入锅的夹层与锅内的水交换热能，使水沸腾，从而达到加热食品的目的，它克服了明火加热、锅底易焦、容易改变食品色泽和风味的缺点。在面点工艺中，常常用来熬煮糖浆、浓缩果酱及炒制豆沙馅、莲蓉馅和枣泥馅等。

使用方法：先在锅内倒入适量的水，将蒸汽阀门打开，待水沸腾后下入原料或生坯加热。压力锅使用完毕，应先将热蒸汽阀门关闭，拔掉电源，将锅体倾斜，取出成品，将锅洗净、复位。

2. 燃烧蒸煮灶

燃烧蒸煮灶即传统明火蒸煮灶。它是利用煤或管道煤气等燃料燃烧后产生热量，将锅内水烧开，利用水的对流传热作用或蒸汽的作用使制品成熟的一种设备。大部分学校、饭店、宾馆多用煤气灶，主要是利用火力的大小来调节水温或蒸汽的强弱，从而使制品成熟。它的特点是适用于少量制品的加热。在使用时一定要注意安全操作，要定期清洗灶眼，平时注意灶台的卫生。

使用方法：先点长明火，然后开大火，放上干净的锅，然后按照面点制品的制作要求分步操作，结束前关火，清洁锅具、灶具即可。

（二）煎炸设备

1. 电饼铛

电饼铛也叫烤饼机，是一个加热食物的小设备，单面或者上下两面同时加热使中间的食物经过高温加热，达到烹煮食物的目的。电饼铛可以灵活进行烤、烙、煎等烹饪方法，有家用小款型和店面使用大款型两种。大型的电饼铛具有自动上下火控温，自动点火、熄火、保护等功能，适用于制作老婆饼、千层饼、掉渣饼、葱油饼、煎饺、烧麦等面点品种。

使用方法：第一次使用时，先用湿布将发热盘擦拭干净，上下发热盘擦上少量食用油。使用时，插上电源插头，打开电源开关，加热指示灯亮时，电饼铛开始预热，过程完成，产品才能进行正常工作。电饼铛烤制过程中间断加热，以维持恒定温度，因此加热指示灯与食物是否熟没有直接关系。在加热过程中，严禁用手触摸发热盘及产品表面，以免烫伤。产品为悬浮式设计，电饼铛高度因食物厚度而自动调节。操作前，放入将要烤制的食品后盖好盖，参照食物加工表时，也可凭经验掌握，一般当电饼铛四周热气变小时表明食物已熟。使用完毕，断电后稍等几分钟，用湿沫布擦拭即可。但长期存放时应使用清洁剂进行清洗。

2. 油炸锅（炉）

油炸锅，有电加热、煤加热、气加热等多种加热方式；设计上有单缸单筛、双缸双筛等之分。它是指使用食用油对食品进行炸制烹饪工艺的厨房设备。油炸锅具有款式新颖、结构合理、操作简单、升温速度快、易于清洁等特点，是快餐店、酒店、餐饮场所广泛应用的厨房设备。

使用方法：锅内放入食用油，打开热源，设定温度，放入需要炸制的面点生坯，例如江米条、沙琪玛、麻花等，炸制成熟后沥油即可。

（三）烘烤设备

1. 电烤箱

在面点制作过程中，电烤箱是必须具备的加热工具之一，目前，大部分饭店、宾馆面点厨房以及很多家庭中都有电烘箱，电烤箱主要用来烤制各种面点品种，市面上常见的电烤箱有单门式、双门式、多层式几种。

电烘箱的使用主要是通过定温、控温、定时等操作过程来控制，一般的电烤箱最高温度能达到300℃，先进的烤炉可以控制上火、下火的温度（也就是面温和底温），使面点达到比较好的质量标准。一个大型的电烤箱可同时放置10个左右的烤盘，既方便又卫生。

使用方法：首先打开电源开关，根据制作面点的不同要求，调至所需要的温度，当达到设定的温度时，将摆放好面点生坯的烤盘放入烤箱内，关闭炉门，将定时器调到所需要烘烤的时间，面点熟后取出，关闭电源。待烤盘凉透后，应将烤盘清洗擦干，摆放在固定处。

2. 煤气烤箱

煤气烤箱是以煤气等能源作为燃料的一种加热设备，通过调节火力的大小来控制炉温。在使用和保养上与电烤箱一样，但不如电烤箱方便。

使用方法：使用时先点火，设定温度，根据经验放入摆上生坯的烤盘，待成熟后取出烤盘即可。

3. 多功能蒸烤箱

多功能蒸烤箱不仅具有蒸箱和烤箱两种主要功能，还可根据实际烹调需要，调整温度、时间、湿度等设定，省时省力，效果颇佳。

使用方法：首先打开电源开关，根据制作面点的不同要求，选择蒸或烤的功能键，再调至所需要的温度，设定加热时间，将摆放好面点生坯的烤盘放入烤箱内，关闭炉门，面点熟后取出，关闭电源。待蒸盘或烤盘凉透后，再将蒸盘或烤盘清洗擦干，摆放在固定处。

（四）微波设备

1. 微波炉

微波炉，顾名思义，就是一种用微波加热食品的现代化烹调灶具。

微波炉由电源、磁控管、控制电路和烹调腔等部分组成。电源向磁控管提供高压，磁控管在电源激励下，连续产生微波，再经过波导系统，耦合到烹调腔内。在烹调腔的进口处附近，有一个可旋转的搅拌器，因为搅拌器是风扇状的金属，旋转起来以后对微波具有各个方向的反射，所以能够把微波能量均匀地分布在烹调腔内，从而加热食物。微波炉的功率范围一般为 500 ~ 1000 瓦。

使用方法：接通电源，选择功能键，接通电源后，根据需要加热的原料性质、大小、加热目的（熟制、烧烤、解冻）和加热时间，将各功能键调至所需位置。打开微波炉门，将盛放食物的容器放入微波炉的烤转盘内，关好炉门，按启动键，加热完成后，打开炉门，取出食物，切断电源，待微波炉稍凉后，用干净的软布将炉内外擦干净。

2. 电磁炉

电磁炉是采用磁场感应涡流加热原理进行工作的，它利用电流通过线圈产生磁场，当磁场内的磁力线通过铁质锅的底部时，即产生无数小涡流，使锅本身自行高速发热，然后再传热于锅内的食物。电磁炉的热效率极高，蒸煮食物时安全洁净、无烟、无火，不怕风吹，不会爆炸，不会引起气体中毒，当磁场内的磁力线通过非铁质物体时，并不会引起涡流，不会产生热力，炉面不会发热，所以人体没有被电磁炉烫伤的危险，对于使用者来说，安全性极高。

使用方法：将干净锅底贴近加热区域，启动开关，选择加热档位，然后正常烹调。烹调结束后，关闭电源，清洁灶面即可。

六、恒温设备

（一）冷藏柜

冷藏柜主要有小型冷藏库、冷藏箱和电冰箱。这些设备的共同特点是都具有隔热保温的外壳和制冷系统。按冷却方式分为直冷式和风扇式两种，冷藏温度范围在 −40 ~ 10℃。并具有自动衡温控制、自动除霜等功能。

使用方法：打开柜门，取放食物原料，即开即关。

（二）饧发箱

饧发箱是用于发酵类面团发酵、饧发的设备。目前在国内常见的有两种。一种结构较为简单，是采用铁皮或不锈钢板制成的饧发箱。这种类型的饧发箱主要靠箱底内水槽中的电热棒将水加热后蒸发出的蒸汽，保持一定的箱内温度，使面团发酵。另一种类型的饧发箱，结构较为复杂，以电作能源，可自动调节温度、湿度，这种饧发箱使用方便、安全，饧发效果也较好。

使用方法：打开柜门，调节温度或湿度，放入待发酵的面团，关上柜门，根据设定时间或经验取出面团，关闭电源即可。

（三）制冰机

制冰机主要用来制备冰块、碎冰和冰花，它由蒸发器、冰模、喷水、循环搅拌釜、密封水泵、脱模电热丝、冰块滑道、贮水冰槽等组成。整个制冰过程自动进行，先由制冰系统制冷，水泵将水喷到相应模具上，逐渐冻成冰块，然后停止制冷，用电热丝使冰块脱模，沿滑道进入贮冰槽，再由人工取出冷藏。

使用方法：按照使用手册，打开电源及水龙头开关，自动制成冰块。

（四）冰激凌机

冰激凌机由制冷系统和搅拌系统组成。制作时，把配好的液状原料装入搅拌系统的容器内，一边搅拌一边冷却。由于冰激凌的卫生要求很高，因此冰激凌机一般用食品级不锈钢制造，不易玷污食物，且易消毒。

使用方法：按照使用手册，打开电源开关，放入配好的冰激凌原料，机器自动操作即可。

（五）保温灯

以红外线加热，供暂时性面点保温用。

使用方法：打开电源，保持灯照，维持温度，不用时即可关闭。

（六）展示柜

展示柜通常为镀铬大圆角豪华造型，三面有大圆弧玻璃，可视箱内物品，后侧推拉门，存取方便。顶部配备照明灯管，箱底配备冷藏设备以及可移动角轮，自由、灵活。可以选配立体支架，储物量大，用来展示部分面点制品。

使用方法：接通电源，长期保持通电状态，保持一定的温度，以供面点作品展示之用。

七、其他设备

（一）空调

空调即房间空气调节器，是一种用于给房间（或封闭空间、区域）提供处理空气的机组。它的功能是对该房间（或封闭空间、区域）内空气的温度、湿度、洁净度和空气流速等参数进行调节，以满足蛋糕生产和装饰工艺过程的要求。

使用方法：打开电源开关，设定温度，保持运转状态即可。

（二）洗涤槽

洗涤槽为不锈钢制的多个水槽，主要供清洗、消毒等。

（三）烤盘架

烤盘架为不锈钢制的多层架，根据烤盘大小定制，用来摆放烤盘等。

第四节　面点操作间常见工具、餐具和设备的管理养护知识

"工欲善其事，必先利其器""一个不懂得操作的人，亦是一个最易损坏工具的人"，因此，学会使用面点制作的工具、餐具与设备，熟悉其性能与特点，显得十分重要。

一、熟悉性能，安全操作

作为面点从业者，要熟悉各种工具、餐具和设备的性能，然后才能正确使用，发挥工具、餐具和设备的最大效能。因此，学会各种工具的正确使用方法，不仅操作姿势和手法要正确，同时还要熟练运用；使用餐具时，还要懂得选择餐具，合理装盘；特别在使用机器设备时，在未学会操作方法之前，切勿盲目操作，以免发生安全事故或损坏机件。在操作时，思想必须集中，方可保证人身安全，避免发生各种事故。

如在使用蒸汽加热设备时应注意：首先，进汽压力不超过使用加热设备的额定压力，对安装在设备上的压力表、安全阀及密封装置应经常检查其准确性、

灵敏性和完好性，防止因失灵或疏忽而发生意外事故。其次，不随意敲打、碰撞蒸汽管道，发现设备或管道有跑、冒、漏、滴现象要及时修理。最后，经常清除设备和输汽管道内的污垢和沉淀物，防止因堵塞而影响蒸汽传导。

再如，在使用煤气燃烧蒸煮灶时：第一，经常检查燃烧头的清洁卫生，以免油污和杂物堵塞燃烧孔，影响燃烧效果。第二，当污物堵塞喷嘴孔时，燃烧头会出现小火或无火现象，此时可用细铁丝通喷嘴数次，以便畅通。第三，如果发生漏气现象，应查找根源，经维修后再使用。第四，半年至一年进行一次维修保养，以保证燃烧效果。

二、分类管理，定点存放

凡是面点制作中经常使用的，必须配备齐全，不能乱用乱放，应做到"用有定时，放在定处"。

面案上的工具，用过后必须集中放置，放置时要注意工具之间的关系，不可混放在一起，如面棍、面杖等不宜与空筛、刀剪之类混放在一起，否则一不小心，粉筛会被戳破，面棍、面杖会被折断或磨伤；盘秤应挂在一定地方，秤杆最易断折，故放时要注意放平；蒸笼、烤盘、木桶以及各种木制模型等，用后必须洗涮清洁，放于通风干燥处；铁器和铜器工具均要经常擦拭干净，以免生锈。

如不同种类的擀面杖是面点制作工艺中常用的工具，平时要注意保养，主要的保养方法是使用后要将面杖擦净，不应有面污粘连在面杖的表面，清理好以后，将面杖放在固定处，并保持环境的干燥，避免面杖变形，表面发霉。再如，粉筛使用时，将粉料放入罗内（不宜一次放入过满），双手左右摇晃，使粉料从筛眼中通过。粉筛使用后，将粉筛清洗干净，晾干存放在固定处，不要与较锋利的工具放置在一起，以免戳破筛网；面刮板用后要刷洗干净，放在干燥处，防止生锈；粉帚、小簸箕用后要将面粉抖净，存放在固定处。所有成型工具均应存于固定处，应有专用箱（盒）保存，所有工具用后应用干布擦拭干净，防止生锈，以便下次再用。

三、清洁卫生，及时消毒

在面点制作时，固然要求做到色、香、味、形俱佳，更重要的是要注意到清洁卫生，操作过程中除了必须做好个人的清洁卫生工作外，设备工具也必须干净清洁，特别是直接和熟食品接触的用具，更要干净，在制作中有许多工艺过程是要在成熟以后才进行的，如制作各种花色点心的着色，捏花纹等。应特别注意工具的清洁和消毒，不然就很容易污染食品，有传染疾病的危险。关于设备工具的清洁卫生方面，一般应做好以下工作。

（一）用具清洁，分类消毒

用具必须经常保持清洁，并定时进行严格消毒。如所用案板、面杖、刮刀以及盛放食品原料的钵、盆、缸、桶和布袋等，用后必须洗刷干净，保持清洁。每隔一定时间，彻底消毒一次，消毒方法可根据用具性质不同处理，一般最简便的方法，就是用沸水烫或放入沸水中煮。如体积较大的用具或餐具，可用蒸汽或化学药物消毒，在使用化学药物消毒时，必须具有化学药品的常识，并遵照规定的操作要求进行，以免发生事故。

煮沸消毒：将洗涤洁净的餐具置入沸水中消毒 2 ~ 5 分钟；蒸汽消毒：将洗涤洁净的餐具置入蒸汽柜或蒸汽箱中，使温度升到 100℃，消毒 5 ~ 10 分钟；烤箱消毒：如红外消毒柜等，温度一般在 120℃ 左右，消毒 15 ~ 20 分钟；化学消毒：即使用餐具消毒剂进行餐具消毒。

在进行化学消毒时，首先选用的消毒剂必须是经卫生行政部门批准的餐具消毒剂，不能使用非餐具消毒剂进行餐具消毒；其次，使用餐具消毒剂进行消毒的浓度，必须达到该产品说明书规定的浓度；再次，将餐具置入消毒液中浸泡 10 ~ 15 分钟，餐具不能露出消毒液的液面；最后，餐具消毒完毕后应使用流动水清除餐具表面上残留的消毒剂，去掉异味。使用化学消毒时，应随时更新消毒液，不可长时间反复使用。

（二）生熟分开，专具专用

对盛放生熟食品的用具，必须严格分开使用，如用于盛生鱼、生肉、生菜的器皿用具，就不应同时用于盛装熟的成品，因为有许多细菌会寄生在生的原料上，如不注意，就会把疾病传染给人。

有些用具必须严格规定专用制度，如制作食品的案板不能兼作吃饭或睡铺用，木桶用来装粉料就不应再用之于洗菜、洗衣或装其他东西。又如围锅布和笼屉布，用后必须洗涤干净，挂起吹干，切不可作为抹布使用，否则会严重影响清洁卫生。

四、制度规范，定时养护

制度规范安全操作必须做到以下几方面：第一，严格制订安全责任制度，加强安全教育；第二，掌握安全操作程序，思想重视，精神集中；第三，重视设备安全，使用安全防护装置。

除了以上三点之外，还必须建立严格的养护制度，对设备与工具要定期检修，专门维护。注意维护检修，特别是机械的检修工作如切面机和面机等的辊轴、轴承等，必须按时加油，使其润滑、减少磨损。刀片齿牙等，片薄性脆，使用和拆卸安放时，均应特别注意。小零件不用时，应妥善安放，以免遗失。电动机宜放于干燥适宜的地方，开动时间过长易于损坏，应规定有一定的间歇时间，机器不用时，应防止杂物和脏东西进入机器，一般应用机罩或布盖好，使用前必须检查机器是否正常，然后再开动操作，以免发生事故。同时，也要及时做好炉灶的维修工作。

　　总之，了解了以上的管理养护知识，才能最大限度地发挥工具、餐具与设备的最大功能，更好地为面点工艺服务。

总　结

　　1. 通过参观讲解，让学生了解面点工具、餐具和设备的特点。

　　2. 掌握面点工具、餐具和设备的用途。

思考题

　　1. 面点常用工具有哪些？

　　2. 面团成型工具有哪些？

　　3. 面点常用餐具有哪些？

　　4. 面点常用设备有哪些？

　　5. 面点操作间常见工具、餐具和设备的管理养护有哪些规定？

第四章

面点原料

課題名称：面点原料
課題内容：坯皮原料
　　　　　制馅原料
　　　　　调味原料
　　　　　辅助原料
　　　　　添加剂原料
課題时间：6课时
训练目的：让学生了解面点原料的性质。
教学方式：由教师讲述面点原料的相关知识，运用合理的方法进行加工。
教学要求：1.让学生了解相关的概念。
　　　　　2.掌握原料的加工方法。
课前准备：准备一些面点原料的样品，进行对照比较，掌握其特点。

由于我国幅员辽阔，各地区的土壤及农艺条件不同，因此同一品种原料因产地、季节不同而差异很大。面点工艺要根据成品制作要求，注意合理的选用原料，扬长避短、物尽其用。

由于面点品种及用料涉及面比较广，因此常常根据面点的主体组成结构，分成5个方面来介绍，第一是坯皮原料；第二是制馅原料；第三是调味原料；第四是辅助原料；第五是食品添加剂类。

第一节　坯皮原料

几乎所有的五谷杂粮和大部分可供食用的动物、植物都可以用来制作面点。但作为面点的坯皮原料必须具备3个条件：第一，具有一定的营养价值，并无害于人类的身体健康；第二，具有一定的韧性，包馅后不致破裂；第三，具有一定的延伸性和可塑性，便于后期成型。所以，面点坯皮原料一般用粮食粉料制作，即面粉、米粉制作为主，兼及玉米、小米、高粱、莜麦、荞麦等杂粮类粉料，以及其他根茎类、豆类、果蔬类、淀粉等粉料和鱼虾类泥蓉料等。

一、面粉类

面粉是一种由小麦磨成的粉状物。

（一）小麦简介

小麦是小麦属植物的统称，代表种为普通小麦，是禾本科植物，是一种在世界各地广泛种植的谷类作物，中国是世界较早种植小麦的国家之一。

1. 小麦的分类

（1）按照小麦籽粒的皮色划分

按照小麦籽粒皮色的不同，可将小麦分为红皮小麦和白皮小麦，简称为红麦和白麦。红皮小麦（也称为红粒小麦）籽粒的表皮为深红色或红褐色；白皮小麦（也称为白粒小麦）籽粒的表皮为黄白色或乳白色。红白小麦混在一起的称为混合小麦。红麦多为硬麦，皮层较厚，麦粒结构紧实，出粉率较低，粉色较深，但筋力较强。白麦多为软麦，皮层较薄，出粉率较高，粉色较浅，但一般筋力较弱。

（2）按照小麦籽粒的粒质划分

按照籽粒粒质的不同，小麦可以分为硬质小麦和软质小麦，简称为硬麦和软麦。硬麦的胚乳结构为紧密，呈半透明状，亦称为角质或玻璃质；软麦的胚乳结构疏松，呈石膏状，亦称为粉质。一般识别的方法是将小麦从横断面切开，观察其断面，呈半透明状的称作角质，呈粉状的称作粉质。麦粒角质率到达75%以上的为硬质小麦，麦粒粉质率到达75%以上的为软质小麦。一般硬麦色深，籽粒不如软麦饱满，但面筋含量较高，品质较好，适宜用来制作面包、馒头；软麦色浅，籽粒饱满，但面筋含量较低，适于制作普通面点。

（3）按照播种季节分类

按照播种季节的不同，可将小麦分为春小麦和冬小麦。

春小麦是指当年春季播种，秋季收获的小麦。此种小麦主要产于黑龙江、内蒙古、甘肃、青海、新疆等气候严寒的省区，其产量占全国小麦总产量的15%左右。此小麦含有机杂质较多，一般为红麦，皮较厚、籽粒大，多系硬质，面筋质含量高，但品质不如北方冬小麦。

冬小麦是指当年秋季播种，翌年夏季收获的小麦。冬小麦按其产区可分为北方冬小麦和南方冬小麦两大类。北方冬小麦白麦较多，多系半硬质、皮薄，含杂少，面筋质含量高，品质较好，因而出粉率较高，粉色好，主要产区是河南、河北、山东、山西、陕西以及苏北、皖北、四川、湖北等地，占我国小麦总产量的65%以上；南方冬小麦多为红麦，质软，皮厚，面筋质的质量和数量都比北方冬小麦差，含杂也较多，特别是含荞子（草籽）多，因此，出粉率比北方冬小麦低，约占全国小麦产量的20%～25%。

根据气候条件，我国小麦生产划为三大自然区，即北方冬麦区（河南、山东、山西、河北、陕西）、南方冬麦区（江苏、安徽、四川、湖北）和北方春麦区（黑龙江、内蒙古、青海、新疆、甘肃）。一般北方冬小麦蛋白质质量较好，其次是北方春小麦，南方冬小麦相对较差。

2. 小麦的结构

小麦籽粒是单种子果实，植物学名为颖果。小麦完整粒的结构可以分为4部分：胚乳所占的重量大约为82.5%，胚芽约为2.5%，麦麸约占15%，顶毛几乎可忽略，如图4-1和表4-1所示。

胚芽位于籽粒背面基部，向里紧接着胚乳，外面被皮层所覆盖。胚芽占籽粒总重的2.5%。胚芽脂肪含量很高，达6%～11%，还含有蛋白质、可溶性糖、多种酶和大量维生素。由于脂肪易于氧化变质，在磨制高精度的面粉时不宜将胚芽磨入。胚芽中各营养成分占整个籽粒的比例为：维生素E为64%，维生素B_2为26%，维生素B_6为21%，蛋白质为8%，泛酸为7%，烟酸为2%。

胚乳是面粉的主要来源部分，也是小麦籽粒的主要部分，约占全粒质量的82.5%，也是作为人类食物的主要部分。胚乳由许多胚乳细胞组成。胚乳细胞中充满了淀粉颗粒和蛋白质体，蛋白质体的主要成分为面筋蛋白。胚乳中各营养成分占整个籽粒的比例为：蛋白质为70%～75%，泛酸为43%，维生素B_2为32%，烟酸为12%，维生素B_6为6%，维生素E为3%。

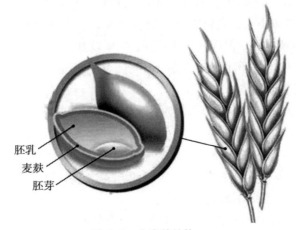

胚乳
麦麸
胚芽

图 4-1　小麦的结构

　　麦麸又称麸皮，约占籽粒总重的 15%。其坚硬难以消化，但是能提供丰富的膳食纤维（主要成分是纤维素和半纤维素，含有一定量的植酸、蛋白质、脂肪、维生素和矿物质），非常有益于人的消化。全麦面粉就是在胚乳制成的普通面粉中添加磨制过的麸皮，对于面包、蛋糕、面条等不同用途的面粉，所添加的麸皮比例和麸皮大小、形状也各有不同，所以其实全麦面粉并不是整个的麦粒直接磨碎的粗制品，反而是更加复杂的精制品。

表 4-1　麦粒各部分组成化学成分的相对分布

组成部分	各组成部分的平均含量 /%	占整个麦粒含量 /%				
		淀粉	蛋白质	纤维素	脂类化合物	灰分
麦麸	15.0	—	20.0	88.0	30.0	8.0 ~ 15.0
胚乳	82.5	100	72.0	8.0	50.0	0.35 ~ 0.50
胚芽	2.5	—	8.0	4.0	20.0	5.0 ~ 7.0

（二）面粉的种类

　　按照不同的分类标准（表 4-2），面粉的种类有如下划分：

1. 面粉按照精度不同分类

（1）特制一等面粉

　　特制一等面粉又叫富强粉、精粉。基本上全是由小麦胚乳加工而成。粉粒细，没有麸星，颜色洁白，面筋含量高且品质好（即弹性、延伸性和发酵性能好），食用口感好，消化吸收率高，但面粉中矿物质、维生素含量低。特制一等面粉适于制作高档点心。

表 4-2　通用面粉质量标准

等级	加工精度	灰分（以干物质计）/%	粗细度	面筋质（以湿重计）/%	含沙量/%	磁性金属/（克/千克）	水分/%	脂肪酸值（以湿重计）	气味口味
特制一等面粉	按实物标准对照检验粉色麸星	< 0.7	全部通过 CB36 号筛，留存在 CB42 筛的不超过 10%	< 26.0	< 0.02	< 0.003	≤ 14.0	< 80	正常
特制一等面粉		< 0.85	全部通过 CB30 号筛，留存在 CB36 筛的不超过 10%	> 25.0	< 0.02	< 0.003	≤ 14.0	< 80	正常
标准面粉		< 1.10	全部通过 CQ20 号筛，留存在 CB30 筛的不超过 20%	> 24.0	< 0.02	< 0.003	≤ 13.5	< 80	正常
普通面粉		< 1.4	全部通过 CQ20 号筛	> 22.0	< 0.02	< 0.003	≤ 13.5	< 80	正常

（2）特制二等面粉

特制二等面粉又称上白粉、七五粉（即每 100 千克小麦加工 75 千克左右小麦粉）。这种小麦粉的粉色白，含有很少量的麸星，粉粒较细，面筋含量高且品质也较好，消化吸收率比特制一等面粉略低，但维生素和矿物质的保存率却比特制一等面粉略高。适宜于制作中档点心。

（3）标准面粉

标准面粉也称八五粉。粉中含有少量的麸星，粉色较白，含有较多的维生素、矿物质，但面筋含量较低且品质也略差，口味和消化吸收率也都不如以上两种小麦粉。粮店里日常供应的小麦粉是标准面粉。

（4）普通面粉

普通面粉是加工精度最低的小麦粉。加工时只提取少量麸皮，所以面粉中含有大量的粗纤维素、灰分和植酸，这些物质不仅使小麦粉口感粗糙，影响食用，而且会妨碍人体对蛋白质、矿物质等营养素的消化吸收。目前各地面粉厂基本上不生产普通粉。

2. 面粉按照用途不同分类

（1）专用面粉

专用面粉，俗称专用粉，是区别于普通小麦面粉的一类面粉的统称。所谓"专用"是指该种面粉对某种特定食品具有专一性。专用面粉必须满足以下两个条件：一是必须满足食品的品质要求，即能满足食品的色、香、味、口感及外观特征；

二是满足食品的加工工艺，即能满足食品的加工制作要求及工艺过程。根据我国目前暂行的专用面粉质量标准，可分为面包、面条、馒头、饺子、饼干、蛋糕、油酥点心等专用粉和自发粉。

（2）通用面粉

通用面粉是根据加工精度分类，主要根据灰分含量的不同分为特制一等面粉、特制二等面粉、标准面粉和普通面粉等各种等级的面粉。

（3）营养强化面粉

营养强化面粉是指国际上为改善公众营养水平，针对不同地区、不同人群而添加不同营养素的面粉，如增钙面粉、富铁面粉、"7+1"营养强化面粉等。

3. 面粉按蛋白质含量多少来分类

（1）高筋面粉

高筋面粉又称强筋面粉，颜色较深，本身较有活性且光滑，手抓不易成团状；其蛋白质和面筋含量高。蛋白质含量为12%～15%，湿面筋值在35%以上。高筋面粉适宜做馒头、起酥点心、油条等。

（2）低筋面粉

低筋面粉又称弱筋面粉，颜色较白，用手抓易成团；其蛋白质和面筋含量低。蛋白质含量为7%～9%，湿面筋值在25%以下。低筋面粉适宜制作蛋糕、混酥点心、饼干等。

（3）中筋面粉

中筋面粉是介于高筋面粉与低筋面粉之间的一类面粉。色乳白，介于高、低筋粉之间，体质半松散；蛋白质含量为9%～11%，湿面筋值为25%～35%。中筋面粉适宜制作包子、饺子、花卷、烧麦等点心。

4. 根据面粉性能和配上不同的添加剂来分类

（1）一般面粉

蛋白质含量在15%～15.5%，奶白色、呈沙砾状、不粘手易流动的面粉，适合制作馒头、起酥点心。蛋白质含量在12.8%～13.5%，白色、呈半松性的面粉，适合做包子、花卷、烧麦等。蛋白质含量在12.5%～12.8%的面粉适合做饺子、烧麦、馄饨等。蛋白质含量在8.0%～10%，洁白、粗糙、粘手的面粉，可做蛋糕、混酥、饼干等点心。

（2）营养面粉

在面粉中加入各类营养物料，如维生素、矿物质或丰富营养的麦芽之类的面粉。

（3）自发面粉

所谓自发面粉，是预先在面粉中掺入了一定比例的盐和泡打粉，然后再包装出售。这样是为了方便家庭使用，省去了加盐和泡打粉的步骤。

（三）面粉的成分

面粉的成分主要是指面粉中含有的营养成分（表4-3）。

表4-3 各种面粉的营养成分（每100克）

类别	特一面粉	特二面粉	标准面粉
热量（千卡）	350	349	344
维生素 B_1（毫克）	0.17	0.15	0.28
钙（毫克）	27	30	31
蛋白质（克）	10.3	10.4	11.2
维生素 B_2（毫克）	0.06	0.11	0.08
镁（毫克）	32	48	50
脂肪（克）	1.1	1.1	1.5
烟酸（毫克）	2	2	2
铁（毫克）	2.7	3	3.5
碳水化合物（克）	74.6	74.3	71.5
维生素 C（毫克）	0	0	0
锰（毫克）	0.77	0.92	1.56
膳食纤维（克）	0.6	1.6	2.1
维生素 E（毫克）	0.73	1.25	1.8
锌（毫克）	0.97	0.96	1.64
维生素 A（毫克）	0	0	0
胆固醇（毫克）	0	0	0
铜（毫克）	0.26	0.58	0.42
胡萝卜素（微克）	0.7	0.6	1
钾（毫克）	128	124	190
磷（毫克）	114	120	188
视黄醇（微克）	12.7	12	12.7
钠（毫克）	2.7	1.5	3.1
硒（微克）	6.88	6.01	5.36

注：这里为面粉中100克可食部的营养素含量。

可食部：为每100克食品的可食用部分（不可食用部分包括皮、籽等）。

含量：为100克可食部（即可食用部分）的营养素含量。

（四）面粉的后熟

刚磨制好的面粉，尤其是刚收割的小麦磨制的面粉，不宜直接用来生产面点。这是因为当新面粉搅拌成面团后，面团发黏，不宜操作，而且筋力很弱，生产出来的面点品种体积小、弹性、疏松性差，内部组织粗糙，表皮颜色黯、无光泽。特别是面点在焙烤（蒸制）期间和出炉（笼）后，极容易塌陷和收缩变形，产品品质极差。

如果将这种新面粉贮存 1 ~ 2 个月后，再用来生产面点，焙烤（蒸制）品质则会大大改善，生产出的面点品种颜色洁白，而且有光泽，体积大，弹性好，内部组织均匀细腻。特别是操作时，面团不发黏，醒发、焙烤（蒸制）及面点出炉（笼）后，面团的持气性好，面团不跑气，面点品种不收缩变形。这种现象被称为面粉的熟化，亦称后熟、成熟、陈化。

新磨制的面粉在 4 ~ 5 天后开始"出汗"，进入面粉的呼吸阶段，发生某种生化和氧化作用，使面粉熟化。面粉贮存熟化的时间，应在 1 个月以上。在"出汗"期间，面粉很难被制作成质量好的面点品种。除了自然熟化外，还可在面粉中添加熟化剂以加快这个过程。目前使用的熟化剂有溴酸钾、二氧化氯、氯气、碘酸盐等。熟化剂可使熟化时间由原来的 1 ~ 2 个月缩短为 5 天左右。

（五）面粉的质量鉴别

面粉的质量鉴别通常采用感官鉴别方法，主要有以下 4 种：

1. 色泽鉴别法

进行面粉色泽的感官鉴别时，应将样品在黑纸上撒一薄层，然后与适当的标准颜色或标准样品做比较，仔细观察其色泽异同。

①优质面粉：呈白色或微黄色，不发黯，无杂质的颜色。

②次质面粉：色泽黯淡。

③劣质面粉：色泽呈灰白或深黄色，发黯，色泽不均。

2. 组织状态鉴别法

进行面粉组织状态的感官鉴别时，将面粉样品在黑纸上撒一薄层，仔细观察有无发霉、结块、生虫及杂质等，然后用手捻捏，以试手感。

①良质面粉：呈细粉末状，不含杂质，手指捻捏时无粗粒感，无虫子和结块，置于手中紧捏后放开不成团。

②次质面粉：手捏时有粗粒感，生虫或有杂质。

③劣质面粉：面粉吸潮后霉变，有结块或手捏成团。

3. 气味鉴别方法

进行面粉气味的感官鉴别时，取少量样品置于手掌中，用嘴哈气使之稍热，为了增强气味，也可将样品置于有塞的瓶中，加入 60℃热水，紧塞片刻，然后将水倒出嗅其气味。

①良质面粉：具有面粉的正常气味，无其他异味。

②次质面粉：微有异味。

③劣质面粉：有霉臭味、酸味、煤油味以及其他异味。

4.口感鉴别方法

进行面粉滋味的感官鉴别时，可取少量样品细嚼，遇有可疑情况，应将样品加水煮沸后尝试。

①良质面粉：味道可口，淡而微甜，没有发酸、刺喉、发苦、显著发甜以及其他滋味，咀嚼时没有砂声。

②次质面粉：淡而乏味，微有异味，咀嚼时有砂声。

③劣质面粉：有苦味，酸味，发甜或其他异味，有刺喉感。

（六）面粉的储存

1.面粉储存的意义

储藏面粉对供应商及用户都有着积极的意义。

第一，降低成本。在商业活动中，进货量越大，货价越低，运输成本也越低，信贷额会越高。

第二，改善粉质。面粉熟成需要时间，储存面粉就是给予面粉的足够熟成时间。

第三，稳定品质。面粉始终是生物产品，虽然制粉师会尽其所能稳定产品，但免不了有所差异，这类差异则依赖面点师的经验和技术来加以调整。这些调整工作需要预先测试面粉的性质后才能进行。储货越多，测试及调整工作可以减少，产品一致性得到延长，而且熟成过渡期的面粉比已熟成好的面粉较不稳定。

第四，保证货源。存货越多，短货机会越少，货源供给越充分。

2.面点储存的特点

第一，容易发热霉变。面粉颗粒细小，与外界接触面积大，吸湿性强，同时粉堆孔隙小，导热性特差，最易发热霉变。刚出机的面粉温度高，未经摊晾即行码垛，往往也易引起发热。面粉发热多从水分大、高度高的部位开始，然后向四周扩散。

第二，容易发酸变苦。面粉在高湿高温的环境下储存或储存时间过久，其中的脂肪容易在酶、微生物或空气中氧的作用下被不断分解，产生低级脂肪酸和醛、酮、羧酸等异味物质，使面粉发酸变苦。

第三，容易结块成团。面粉颗粒小，堆垛下层常易受压结块成团。储藏时间越长，水分越多，结块成团就越严重。

第四，容易发生虫害。面粉营养丰富，一旦生虫较难清除；若温湿度适宜，害虫繁殖速度非常快，以粉螨为例（温度25℃、水分15%），繁殖一代只需14～16天。

3. 面点储存的方法

面粉储存方法基本有两种，一种是散仓储存，另一种是堆仓储存。

第一，散仓储存。这种方法主要用于面粉厂或大型的食品厂。这种方法可减去大量的包装和运输费。

第二，堆仓储存。干燥低温的面粉，宜用实堆、大堆，以减少接触空气的面积；新加工的热机粉宜堆小堆、通风堆，以利散湿、散热。不论哪种堆型，袋口都要向内，堆面要平整，堆底要铺垫好，防止吸湿生霉。堆垛高度应根据粉质和季节气候而定，水分在13%以下的面粉，一般可堆高20包。长期储藏的面粉要适时翻桩倒垛，调换上下位置，防止下层结块。大量储存面粉时，新陈面粉应分开堆放，便于推陈储新。

这种方法是把面粉包装后储存，虽然总成本要比散仓高，但是这种方法灵活，且投资成本低。是最常用的方法。

4. 面粉储存的要点

面粉储存的要点是以堆仓储存为基础提出的几点建议。

第一，通风良好。面粉熟成需要空气，这就是面粉的呼吸作用，而且新磨的面粉还有一个"出汗"的时间，这段时间面粉会排出大量水汽和热量。通风可以加强排出水汽并且帮助散热。

第二，湿度干爽。储存时要注意仓库的湿度，因面粉的吸湿性很强，导热性很差，而面粉的含水量高时，则容易变质及发霉，库藏理想的相对湿度为55%～65%。

第三，温度清凉。面粉的熟成与温度有着密切关系，温度高，熟成快。但温度过高时，面粉中的蛋白质可能会被破坏；酶活力增高，化学反应不正常，都会影响面粉的质量。理想的储存温度是18～24℃，超越此限，就有可能发热生霉。

第四，环境清洁。面粉是直接食用的成品粮，很容易吸引鼠蚁昆虫。保持环境洁净，有助于减少害虫及微生物的污染。尽量使用吸尘器清扫，避免扬起地面散落粉尘。

第五，没有异味。面粉的吸湿性很强，也容易吸附周边环境的异味，连带生产出的烘焙产品也带有异味。所以面粉与有异味的物品要分仓储存，切忌与有异味的物品堆放在一起，以免吸附异味。

第六，离墙离地。国家法例规定，所用粮食包装都要离墙离地。增进通风，有利于面粉的呼吸及降温；容易清洁散落在地上的面粉；减低虫鼠污染。

第七，先进先出。仓库管理的运作定律，可以保证质量稳定及减少人为过期。

第八，托盘选用。面粉利用托盘堆放时，可以达到离墙离地的要求，还有利于搬运。

二、米粉类

（一）大米

大米是稻谷经清理、砻谷、碾米、成品整理等工序后制成的成品，大米含有稻米中近 64% 的营养物质和 90% 以上人体所需的营养元素。

中医认为大米味甘性平，具有补中益气、健脾养胃、益精强志、和五脏、通血脉、聪耳明目、止烦、止渴、止泻的功效，称誉为"五谷之首"，是中国的主要粮食作物，约占粮食作物栽培面积的 1/4。

大米，又称"稻米"。分为粳米、糯米、籼米三种。优质大米颗粒整齐，富有光泽，比较干燥，无米虫，无沙粒，米灰极少，碎米极少，闻之有一股清香味，无霉变味。质量差的大米，颜色发黯，碎米多，米灰重，潮湿而有霉味。

1. 粳米

粳米，别名大米、粳粟米等，粳米米粒形短而宽厚，呈椭圆形，米粒丰满肥厚，横断面近于圆形，颜色蜡白，呈透明或半透明，质地硬而有韧性，煮后黏性油性均大，柔软可口，但蒸煮米饭出饭率比较低。

按收获季节的不同，分为早粳米和晚粳米两种。早粳米腹白较多，硬质粒较少，含直链淀粉 18% 左右；晚粳米腹白较少，硬质粒较多，含直链淀粉 15% 左右。

粳米的营养十分丰富，在每 100 克粳米中，含蛋白质 6.7 克，脂肪 0.9 克，碳水化合物 77.6 克，粗纤维 0.3 克，钙 7 毫克，磷 136 毫克，铁 2.3 毫克，维生素 B_1 0.16 毫克，维生素 B_2 0.05 毫克，烟酸 1 毫克以及蛋氨酸 125 毫克，缬氨酸 394 毫克，亮氨酸 610 毫克，异亮氨酸 251 毫克，苏氨酸 280 毫克，苯丙氨酸 394 毫克，色氨酸 122 毫克，赖氨酸 255 毫克。

2. 糯米

糯米又叫江米，为禾本科植物稻（糯稻）的去壳种仁。糯米乳白色，不透明，也有的呈半透明，黏性大，分为籼糯米和粳糯米两种。

籼糯米由籼型糯性稻谷制成，米粒一般呈长椭圆形或细长形，颜色呈粉白、不透明状，黏性强。籼糯米生长在南方，因为气候原因，每年可以收获两季或三季，因其口感香糯黏滑，常被用以制成风味小吃，如年糕、元宵、粽子等。

粳糯米由粳型糯性稻谷制成，米粒一般呈椭圆形，形状圆短，白色不透明，口感甜腻，黏度稍逊于籼糯米。适合做粽子、酒酿、汤圆、米饭等。粳糯米生长在北方，气候较冷，只能收单季稻。

糯米的营养十分丰富，在每 100 克糯米中，含蛋白质 7.30 克，碳水化合物 78.30 克，脂肪 1.00 克，纤维素 0.80 克，维生素 E 1.29 毫克，维生素 B_1 0.11 毫克，维生素 B_2 0.04 毫克，烟酸 2.30 毫克，镁 49.00 毫克，钙 26.00 毫克，铁 1.40 毫克，锌 1.54 毫克，铜 0.25 毫克，锰 1.54 毫克，钾 137.00 毫克，磷 113.00 毫克，钠 1.50 毫克，硒 2.71 微克。

3. 籼米

用籼型非糯性稻谷制成的米称为籼米。米粒细长形或长椭圆形，长者长度在 7 毫米以上，蒸煮后出饭率高，黏性较小，米质较脆，加工时易破碎，横断面呈扁圆形，颜色白色透明的较多，也有半透明和不透明的。根据稻谷收获季节，分为早籼米和晚籼米。早籼米米粒宽厚而较短，呈粉白色，腹白大，粉质多，质地脆弱易碎，黏性小于晚籼米，质量较差。晚籼米米粒细长而稍扁平，组织细密，一般是透明或半透明，腹白较小，硬质粒多，油性较大，质量较好。

籼米的营养十分丰富，每 100 克籼米中含蛋白质 7.9 克，脂肪 0.6 克，碳水化合物 77.5 克，膳食纤维 0.8 克，维生素 B_1 0.09 毫克，维生素 B_2 0.04 毫克，烟酸 1.4 毫克，维生素 E 0.54 毫克，钙 12 毫克，磷 112 毫克，钾 109 毫克，钠 1.7 毫克，镁 28 毫克，铁 1.6 毫克，锌 1.47 毫克，硒 1.99 微克，铜 0.29 毫克，锰 1.27 毫克。

（二）米粉

米粉是由稻米经加工而成的一种粉状物质，是制作粉团、糕点的主要原料。

1. 按米质分类

米粉可分为糯米粉、粳米粉、籼米粉三种。

（1）糯米粉

糯米粉是由糯米磨制而成的。糯米又叫江米，是我国江南一带盛产的稻米变种。它的性质是硬度低、黏性大、涨发性能差，以宽厚、阔扁、圆形为佳品。糯米是制作米粉类制品的主要原料。

（2）粳米粉

粳米粉是由粳米磨制而成的。粳米就是通常所指的大米，它的涨发性大于糯米。粳米盛产于我国江南、淮北及华南各地，多用于制作主食——米饭和粥，也可制作点心，一般以短圆形、蜡白色、半透明者为佳品。市场上常见的杂交粳米也属于此类。

（3）籼米粉

籼米粉是由籼米磨制而成的。籼米具有硬度高，黏性小，涨发性能强的特点。籼米的外观呈细长形（也有的杂交籼米为长圆形），色泽灰白，大多为半透明状。江南一带常用它来代替粳米，与糯米混合使用。

2. 按加工方法分类

米粉又可分为干磨粉、湿磨粉和水磨粉。

（1）干磨粉

干磨粉是不经加水，直接磨成的粉。一般由粮食部门工厂生产供应，其优点是含水量少、保管方便、不易变质，缺点是粉质较粗，制成品后滑爽性差。

（2）湿磨粉

湿磨粉先要经过淘米涨发、静置、淋水，直到米粒松胀后才能磨制，磨后再经罗筛等，淘米涨发的目的是清洗掉米中的灰尘杂质，让米充分吸足水分，便于磨细。淘米时，将米放入罗内，用水淘净后再用湿布盖上，静置一段时间后，再逐次淋水，让其能充分吸水。淋水的次数及水量的多少要根据米质而定。

湿磨粉的方法有石磨和机械磨两种。磨制的粉会出现粗细不均匀的现象，所以还须经过罗筛。筛出的粗粒须再磨，再筛，经筛制过的米粉，其质感比较细腻，富有光泽，适用于制作精细的糕点。其缺点是含水量多，难于保藏。适合做蜂糕、年糕等品种。

（3）水磨粉

水磨粉的操作可分为淘米、浸米、带水磨粉及压粉沥水等几个步骤。

水磨粉以糯米为主（占80%～90%），掺入10%～20%的粳米，经淘洗、冷水浸透、连水带米一起磨成粉浆，然后装入布袋，挤压出水分而成水磨粉。优点是粉质比湿粉更为细腻，制品柔软，吃口润滑；缺点含水量多，不易保存。其可以制作特色糕团如水磨年糕、水磨汤圆等。

水磨粉磨制质量的好坏往往取决于浸米时的浸泡程度，各种制品和不同米质的浸水时间都不相同（见表4-4）。

表4-4　各种制品和不同米质的浸水时间

品　种	用米比例	夏　季	春、秋季	冬　季
一般汤团	糯米80%；粳米20%	3～4小时	7～8小时	10小时
宁波汤圆	糯米90%；粳米10%	3小时	8～10小时	24小时
水磨年糕	标准粳米100%	12小时		

总之，籼米是3种稻米中唯一能够发酵的品种，由于其硬度高，胀性大，黏性小，色泽灰白，故一般只可做米饭糕。籼米粉可直接做棉花糕等，但籼米粉大都是与其他粉料掺和使用。

粳米有薄稻米、上白粳、中白粳等几种级别。薄稻米现已不常见，上白粳米在色泽、黏性、香味上都较中白粳米好。粳米的黏性不及糯米，所以粳米一般只适合直接制作粢饭糕等，粳米粉主要是和其他米粉掺和后，制作糕团、船点等。

糯米的黏性最大,膨胀性小,吃口软糯而耐饥。糯米直接制作八宝饭、粽子等。磨成粉与粳米粉、籼米粉按不同比例掺和,可以做各种糕团。

(三)掺粉与镶粉

1. 掺粉

掺粉是指将米粉、面粉与杂粮粉等根据具体面点品种的要求,按照一定的比例掺和在一起的操作过程。

(1)掺粉的作用

第一,改善米粉面团的质地,便于成型。米粉主要由支链淀粉与直链淀粉构成,支链淀粉是碳水化合物,其预热裂变,黏度非常大;直链淀粉则没有黏度。糯米含支链淀粉98%,直链淀粉2%;粳米含支链淀粉83%,直链淀粉17%;籼米含支链淀粉70%,直链淀粉30%。三种米粉直接用于调制米粉面团,则黏性强,韧性较差,点心制品难以成型。通过掺粉,可以改进原料的性能,使粉质软硬适度,便于包捏,熟制后保证成品的形状美观。

第二,扩大米粉面团的用途,适用更广。除籼米粉外,其他米粉一般难以制作发酵面团,通过掺粉可以扩大米粉面团的应用。扩大粉料的用途,使面点的花色品种多样化。同时多种粮食综合使用,使各类粉中的营养成分互相补充,可提高制品的营养价值。

第三,丰富米粉面团的调制,优化工艺。一般情况下,调制米粉面团一般使用热水,往往采用"煮芡"和"烫粉"的方法来辅助操作,冷水调制的粉团质地比较松散,只能调制松质糕粉团。通过掺粉之后,可以适合不同的调制方法,改善制品的风味。

(2)掺粉的方法

一般是根据不同品种要求,用不同比例来掺和米粉,常用方法有以下几种。

第一,糯米粉、粳米粉和籼米粉掺和。这是最常见的镶粉方法,就是将糯米粉和粳米粉、籼米粉根据不同制品的要求,以不同的比例掺合制成粉团,这种镶粉便于操作,便于成品成型,具体选择哪种比例,要根据品种灵活掌握。其制品软糯、滑润,可制成松糕、拉糕等。

第二,米粉与面粉掺和。米粉中加入面粉,能增加粉团中的面筋质。如糯米加入面粉,其性质糯滑而有劲,制出的成品挺括,不走样,制作船点用的米粉有时就要掺入一些面粉。

第三,米粉与杂粮粉掺和。如加入豆粉、薯粉、玉米粉、小米粉、淀粉、芋头粉等,或加入南瓜泥、熟红薯泥等,能混合揉制成各种特色点心。如果杂粮比例高于米粉,则为杂粮面,制成的点心称为杂粮点心。

2. 镶粉

镶粉是江苏苏州地区制作糕点的一个专用术语，它是指将糯米粉和粳米粉按照具体面点品种的要求，以及一定的比例掺在一起形成的混合粉。因为这两种米粉各有不同的特性，混合在一起后可以取长补短，改善其特性。镶粉的种类很多，按照行业术语来分则有"一九""二八""三七""四六""五五"几种，可根据具体情况来选配。

第一，全糯米粉。其特性前已叙述，主要用于制作百果蜜糕、猪油年糕、油氽团子等，黏性大、韧性足，油氽制品松散，容易涨发。

第二，"一九"镶粉。即一成粳米粉、九成糯米粉，黏性强，韧性比全糯粉稍大，适宜做青团，精韧可口，清香扑鼻。

第三，"二八"镶粉。即二成粳米粉、八成糯米粉，黏性较前者稍弱，硬性稍强，适宜做汤圆、椰蓉粉团等，皮子松软，富有弹性，配以各种馅心，口感软糯有黏性。

第四，"三七"镶粉。即三成粳米粉、七成糯米粉，黏性较前稍弱，硬性稍强，适宜做赤豆猪油糕、糖切糕、漱糖寿桃、肉团子等，可做多种点心，各有不同特色。

第五，"四六"镶粉。即四成粳米粉、六成糯米粉、黏性逐渐减弱、硬度逐渐增强，适宜做玫瑰拉糕、枣泥拉糕等苏式点心。成品蒸后不变形，食时不粘牙。还可做薄荷糕、番茄莲子糕等夏令佳点。

第六，"五五"镶粉。即糯米粉、粳米粉各半，此粉软硬、黏性适中，吃口好，可塑性强，两全其美，适合制作各种苏式船点。

三、杂粮类

制作面点用的杂粮，有玉米、小米、高粱、莜麦、荞麦等。

（一）玉米

玉米属禾本科植物，玉米籽粒由胚乳、胚、皮、尖端等组成，其含量分别为82%、12%、5%、1%。玉米胚是种子的胚乳，具有很高的营养价值，每100克中含脂肪4.6克，蛋白质8.2克，碳水化合物70.6克，粗纤维1.3克，钙17毫克，铁2.0毫克，磷21毫克，烟酸2.4毫克，维生素B_2 0.14毫克。淀粉主要存在于胚乳中，胚内含有大量的油脂和灰分。

玉米磨成粉，可制作窝头、丝糕等，与面粉掺和后，则可制作各式发酵点心，也可制作各式蛋糕、饼干等。

（二）小米

小米又称为粟，北方称谷子，谷子脱壳为小米，其粒小，直径1毫米左右。

小米是世界上最古老的栽培农作物之一，起源于中国北方黄河流域，是中国古代的主要粮食作物。粟生长耐旱，品种繁多，俗称"粟有五彩"，有白、红、黄、黑、橙、紫等各种颜色的小米，也有黏性小米。

小米营养价值高，营养全面均衡，主要含有碳水化合物、蛋白质及氨基酸、脂肪及脂肪酸、维生素、矿物质等。小米中碳水化合物含量为 72.0% ~ 79.5%，主要成分是淀粉（59.4% ~ 70.2%），其中 80% ~ 85% 为支链淀粉。小米淀粉中约含 2.9% 的抗性淀粉。小米中还原糖为 1.5%，非淀粉多糖占总碳水化合物的 20% ~ 30%；小米中蛋白质含量为 4.88% ~ 15.58%，小米蛋白是甲硫氨酸、异亮氨酸、亮氨酸、苯丙氨酸和其他必需氨基酸的丰富来源，必需氨基酸的含量占总氨基酸的 44.70%；小米中总脂质含量为 5.2%（游离脂质 2.2%，结合脂质 2.4%，结构脂质 0.6%），其脂肪酸中饱和脂肪酸占 25.6%，不饱和脂肪酸占 74.4%。脂肪酸中的 α - 亚麻酸和亚油酸是人体中所需的必需脂肪酸，对于维持人体健康具有重要意义，维生素是一类微量有机物质，是人体维持正常生理功能所必需的物质。小米中含有丰富的维生素 B_1、维生素 B_2 和烟酸。小米中矿物质的含量为 2.5% ~ 3.5%，如钠、钙、镁、磷、钾，小米中的铁是植物来源的优良铁，可以改善儿童体内的血红蛋白状况。小米中的硒以有机硒的形式存在，目前国际上普遍认为小米中的硒具有非常好的功效。

小米的特点是粒小、滑硬。小米可制作小米干饭、小米稀粥。磨成粉后可制作窝头、丝糕及各种糕饼。与面粉掺和后亦能制作各式发酵点心。

（三）高粱

高粱去皮后即为高粱米，又称秫米。高粱米是高粱碾去皮层后的颗粒状成品粮。高粱又称红粮、蜀黍，古称蜀秫。主要产区集中在东北地区、内蒙古东部以及西南地区丘陵山地。按其性质分，有粳性和糯性两种高粱，粒质分为硬质和软质。籽粒色泽有黄色、红色、黑色、白色或灰白色、淡褐色 5 种。粳性高粱可制作干饭、稀粥等；糯性高粱磨成粉后，可制作糕、团、饼等食品。高粱也是酿酒和制作醋、淀粉、饴糖的原料。

高粱米一般含淀粉 60% ~ 70%。每 100 克高粱米中含蛋白质 8.4 克，脂肪 2.7 克，碳水化合物 75.6 克，粗纤维 0.3 克，灰分 0.4 克，钙 17 毫克，磷 188 毫克，铁 4.1 毫克，维生素 B_1 0.14 毫克，维生素 B_2 0.07 毫克，烟酸 0.6 毫克，维生素 B_1 0.26 毫克、维生素 B_2 0.09 毫克。

（四）大麦

大麦也叫饭麦、倮麦，为禾本科植物，在我国许多地区都有种植。大麦的营养丰富，大麦中蛋白质含量较高，还有丰富的膳食纤维、维生素及矿物质元素，其营养成分综合指标符合现代人对营养的要求。

大麦粉是大麦仁切断工序和磨光工序的副产品。将大麦仁用蒸汽处理后再磨成粉，并添加维生素和矿物质，可制成婴儿方便食品和特种食品。

大麦粉可作为焙烤面点的原料，如英国、韩国，在面粉中掺入 15% ~ 30% 大麦粉作面包，有特殊风味。在瑞典，将丁香粉、燕麦粉搭配掺和在大麦粉中，用来焙烤制成薄烤饼。在中东，大麦粗粉被广泛地单独使用。大麦粉经挤压、膨化、粉碎后可以加工成即食膨化粉，作为老年人的保健食品。大麦粉可以制作高纤维面条，可改善面条煮后易断、易糊、口感粗糙等缺点。

（五）荞麦

荞麦为荞麦属一年生草本植物。荞麦的谷蛋白含量很低，主要的蛋白质是球蛋白。荞麦所含的必需氨基酸中的赖氨酸含量高而蛋氨酸的含量低，氨基酸模式可以与主要的谷物（小麦、玉米、大米的赖氨酸含量较低）互补。荞麦的碳水化合物主要是淀粉，某颗粒较细小，和其他谷类相比，具有容易煮熟、容易消化、容易加工的特点。荞麦含有丰富的膳食纤维，其含量是一般精制大米的 10 倍。荞麦含有的铁、锰、锌等微量元素也比一般谷物丰富。荞麦含有 B 族维生素、维生素 E、铬、磷、钙、铁、赖氨酸、氨基酸、脂肪酸、亚油酸、烟碱酸、烟酸、芦丁等。

荞麦磨成粉后既可制作主食，也可与面粉掺和制作扒糕、饸饹等食品。

四、其他类

其他类主要包括根茎类、豆类、果蔬等以及淀粉类原料。

（一）根茎类

1. 薯类

常见的制作面点的薯类有马铃薯、甘薯、紫薯等。薯类营养价值非常高，其淀粉含量较高，质软而味香甜，与其他粉料掺和有助发酵作用。鲜薯煮（蒸）熟捣烂与米粉、面粉等掺和后，可制作各类糕、团、包、饺、饼等；制成干粉又可代替面粉制作蛋糕、布丁等各种点心；还可酿酒、制糖和制淀粉等。

（1）马铃薯

"马铃薯"因酷似马铃铛而得名，此称呼最早见于康熙年间的《松溪县志食货》。中国东北、华北地区称土豆，西北和两湖地区称洋芋，江浙一带称洋番芋或洋山芋，广东称为薯仔，粤东一带称荷兰薯，闽东地区则称为番仔薯，在鄂西北一带被称为"土豆"。

马铃薯属茄科多年生草本植物，块茎可供食用，是全球第四大重要的粮食作物，仅次于小麦、稻谷和玉米。马铃薯块茎含有大量的淀粉，蛋白质营养价值高，含有多种维生素和矿物质，可作为蔬菜制作佳肴，亦可作为主粮。在面点制作中，可以直接利用熟马铃薯泥制作土豆饼、土豆球等；也可以将马铃薯粉添加到面粉中制作蛋糕或面包。

（2）甘薯

甘薯，亦称山芋、红薯、白薯等。其淀粉含量较高，质软而味香甜，与其他粉料掺和有助发酵作用。鲜甘薯煮（蒸）熟捣烂与米粉、面粉等掺和后，可制作各类糕、团、包、饺、饼等；制成干粉又可代替面粉制作蛋糕、布丁等各种点心；还可酿酒、制糖和制淀粉等。

（3）紫薯

紫薯为旋花科番薯属植物，又叫黑薯，薯肉呈紫色至深紫色。它除了具有普通红薯的营养成分外，还富含硒元素和花青素。紫薯还可去皮烘干粉碎后加工成粉，色泽美观，营养丰富，是极好的食品加工原料，可作为各种面点的主料或配料，如紫薯馒头、紫薯包子等。

2. 山药

山药又称薯蓣、土薯、山薯蓣、怀山药、白山药，是《中华本草》收载的草药，药用来源为薯蓣科植物山药干燥根茎。山药具有滋养强壮、助消化、敛虚汗、止泻之功效，主治脾虚腹泻、肺虚咳嗽、糖尿病、小便短频、遗精、妇女带下及消化不良的慢性肠炎。山药在面点中可以制作山药糕、甜点、山药馒头等。

3. 芋头

芋头又称芋、芋艿，天南星科植物的地下球茎，形状、肉质因品种而异，通常食用的为小芋头。芋头是多年生块茎植物，常作一年生作物栽培。芋头中富含蛋白质、钙、磷、铁、钾、镁、钠、胡萝卜素、烟酸、维生素 C、B 族维生素、皂角苷等多种成分，所含的矿物质中，氟的含量较高，具有洁齿防龋、保护牙齿的作用。芋头既可作为主食蒸熟食用，又可用来制作芋头糕、芋头饺子、芋头球等点心，是人们喜爱的根茎类原料。

（二）豆类

豆类原料有绿豆、赤豆、黄豆、扁豆、豌豆、蚕豆等。豆类经过加工后，可以制作面点。第一，豆类可直接做面点，如绿豆糕、赤豆冻、小豆羹等；第二，豆粉无筋不黏，香味浓郁，可以做馅心使用，如豆泥馅、豆沙馅、豆蓉馅等；第三,还可以与面粉、粳米粉掺和,制成各式糕点和小吃,如扁豆糕、豌豆糕、蚕豆糕等。

1. 绿豆

绿豆是蝶形花科绿豆属一年生草本植物，形状两端平而微圆，主要成分为水分、蛋白质、脂肪、淀粉、矿物质等。中医认为绿豆有清凉解毒作用，对人体则有清补润脏功能，常用于制作面点，如绿豆糕。调制绿豆面团时，先将绿豆磨成粉，再加水（一般不加其他粉料，有的加糖、油等）调制成团，然后再制作相关点心。

2. 赤豆

赤豆，俗称"赤小豆""红豆""赤豆""红小豆""小豆"，豆科一年生草本植物，花黄或淡灰色，荚果无毛，种子椭圆或长椭圆形，一般为赤色。原产于亚洲，中国栽培较广。种子富含淀粉、蛋白质和 B 族维生素等，可作粮食和副食品，并可供药用，是进补之品。在面点制作中，常常被煮熟，擦成沙，加油炒制成豆沙馅使用。也可以制成蜜豆用于装饰或作馅。

3. 黄豆

黄豆，被誉为"豆中之王"。含蛋白质 40% 左右，蛋白质中所含必需氨基酸较全，尤其富含赖氨酸。黄豆脂肪含量为 18% ～ 20%，主要为亚麻油酸、亚麻油稀酸、卵磷脂等。这类多不饱和脂肪酸使黄豆具有降低胆固醇的作用，对神经系统的发育有重要意义。在面点制作里黄豆常常被磨成黄豆粉使用，如制作豌豆黄等品种。

4. 扁豆

扁豆，通用名藕豆，多年生缠绕藤本植物。扁豆的营养成分相当丰富，包括蛋白质、脂肪、糖类、钙、磷、铁、钾及食物纤维、维生素 A 原、维生素 B_1、维生素 B_2、维生素 C 和氰苷、酪氨酸酶等，扁豆衣的 B 族维生素含量特别丰富。在面点制作中常常将扁豆磨成粉使用。

5. 豌豆

豌豆为豌豆属植物，为一年生攀缘草本植物。种子含蛋白质 22% ～ 34%，还含有糖分、矿物质及维生素 A、B 族维生素和维生素 C，在面点制作中常常将豌豆磨成粉使用。

6. 蚕豆

蚕豆为蚕豆属植物，其名出自《食物本草》，李时珍《本草纲目》谓其豆荚状如老蚕，故名。蚕豆为一年生或二年生直立草本；其种子含蛋白质 22% ～ 35%，淀粉 43%，且含维生素 A、B 族维生素和维生素 C，除直接食用外，亦为制蚕豆酱或磨粉用作面点的原料。

（三）果类

果类主要有荸荠、莲子、菱角、板栗等含有淀粉成分的原料等，制成粉料后与其他原料如面粉、澄粉、猪油等掺和调制成面团，制作各式特色面点品种。

1. 荸荠

荸荠，又名马蹄、水栗、乌芋、菩荠等，属单子叶莎草科，为多年生宿根性草本植物。荸荠皮色紫黑，肉质洁白，味甜多汁，清脆可口，既可作水果生吃，又可做蔬菜食用。球茎富含淀粉，可供生食、熟食或提取淀粉，味甘美。在面点中可以制作马蹄糕等甜点。

2. 莲子

莲子为睡莲科植物莲的干燥成熟种子。在面点制作中通常将莲子蒸熟，晾凉去水，压碎成蓉，加入熟澄粉、猪油、味精、盐、糖搓匀至光滑即可。包入各种馅心，可制作各种莲蓉点心，也可以直接制作莲子粥、莲蓉馅等。

3. 菱角

菱角又名腰菱、水栗、菱实，为菱科菱属一年生草本水生植物菱的果实。味甘、性凉，无毒，菱角皮脆肉美，蒸煮后剥壳食用，亦可熬粥食。菱角含有丰富的蛋白质、不饱和脂肪酸及多种维生素和微量元素，具有利尿通乳、止渴、解酒的功效。菱角幼嫩时可当水果生食，老熟果可熟食或加工制成菱粉。在面点制作中，菱角粉还可以用来做成面条、面皮，或加入到面粉、米粉中制作点心，成品具有清香味。

4. 板栗

板栗又名栗（通称）、魁栗、毛栗、风栗，素有"干果之王"的美誉，在国外它还被称为"人参果"。栗子的营养丰富，果实中含糖和淀粉高达70.1%，蛋白质7%。此外，还含脂肪、钙、磷、铁、多种维生素和微量元素，特别是维生素 C、维生素 B_1 和胡萝卜素的含量较一般干果都要高。栗子营养丰富，除富含淀粉外，还含有单糖与双糖、胡罗卜素、维生素 B_1、维生素 B_2、烟酸、维生素 C、蛋白质、脂肪、矿物质等营养物质。中医认为，栗有补肾健脾、强身健体、益胃平肝等功效，被称为"肾之果"。由于板栗非常好碾成泥，且泥质细腻、清甜，这决定了它是非常适合做成点心的，如板栗糕、板栗酥饼、板栗蛋糕等。

（四）淀粉

在化学结构上，淀粉是由几百个（直链淀粉）或者几千个（支链淀粉）葡萄糖分子缩合形成的均一多糖，它的分子形状有直链（溶于热水）和支链（不溶于热水）两种，糯米淀粉全部为支链，某些豆类淀粉全部为直链，而一般淀粉则两种都有。

淀粉广泛存在于植物的谷粒（米、麦、玉米）、果实（栗子）、块根（甘薯）、块茎（马铃薯）、球茎（荸荠、芋头）中，是植物的主要能量存储形式。淀粉不溶于水，在热水中会吸水膨胀，变成具有黏性的半透明胶体溶液。面点中常用的淀粉种类如下。

1. 小麦淀粉

小麦淀粉又叫澄粉、澄面等。特点是色白，但光泽较差，一般作水晶透明中式点心用，如水晶冰皮月饼、水晶虾饺、粤式肠粉等；也用来制作苏州、无锡等地的"船点"。

澄粉加工有两种方法：一种是将面粉加水调制成团，放入清水中抓洗，洗出面筋，将洗过面筋的粉浆加以沉淀，滤去水分，晒干，研细即成。另一种是将小麦加水浸泡，至用手指能捻碎时装入布袋，用手挤出白浆（粉浆），沉淀、晒干、备用。在调制淀粉类面团时，一般常用热水（90℃以上）烫熟拌和，使其具有黏性，凝结成团。

2. 玉米淀粉

玉米淀粉又叫玉米粉、粟粉、生粉，是从玉米粒中提炼出的淀粉。在面点制作过程中，在调制点心面糊时，有时需要在面粉中掺入一定量的玉米淀粉。如玉米淀粉按比例与中筋粉相混合是蛋糕面粉的最佳替代品，用以降低面粉筋度，增加蛋糕松软口感。

3. 太白粉

太白粉即生的马铃薯淀粉，加水遇热会凝结成透明的黏稠状；太白粉不能直接加热水调匀或放入热食中，它会立即凝结成块而无法煮散。加了太白粉水煮后的食物放凉之后，芡汁会变得较稀，称为"还水"，因此只能作为一般淀粉使用，常用于蛋糕中，可增加产品的湿润感。但注意与马铃薯粉（又叫"土豆粉"）相区别。马铃薯粉加热水调煮后可还原变成马铃薯泥。

4. 甘薯粉

甘薯粉也叫地瓜淀粉、山芋淀粉，是由甘薯淀粉等所制成的粉末，一般地瓜粉呈颗粒状，有粗粒和细粒两种，特点是吸水能力强，但黏性较差，无光泽，色暗红带黑，由鲜薯磨碎、揉洗、沉淀而成，常常与面粉掺在一起制作点心。

5. 葛粉

葛粉是用一种多年生植物"葛"的地下结茎做成的，因为"葛"的整个节茎几乎就是纯淀粉，将这些节茎刨丝、清洗、烘干、磨粉，就是葛粉。葛粉和玉米淀粉及太白粉的作用类似，但是玉米淀粉、太白粉需在较高的温度下才会使汤汁呈现浓稠状，而葛粉则在较低的温度作用下就可以作面点中的"冻"之类的点心。

第二节 制馅原料

制馅原料即制作面点馅心所需用的原料，它是面点制作原料的重要组成部分，因为许多包馅面点需要配馅制成。但我国各地的面点风味各不相同，故馅心的种类也很多。一般说来，凡可烹制菜肴的原料，均可用来制作馅心，但是在选料时，必须根据原料的特点和面点品种的制作要求，合理选择。

一、动物原料

用于制馅的常见动物原料有家畜类、家禽类、水产类等。

（一）家畜类

家畜类原料是指可供烹饪利用的哺乳动物原料及其制品。主要包括：家畜肉、家畜肉制品、乳及乳制品（本章另有专门介绍）。

1. 猪肉

猪肉又名豚肉，是猪科动物家猪的肉。其性味甘咸平，含有丰富的蛋白质及脂肪、碳水化合物、钙、铁、磷等营养成分。猪肉是日常生活的主要副食品，具有补虚强身、滋阴润燥、丰肌泽肤的作用。

感官指标：色泽鲜红或深红，有光泽，脂肪呈乳白色或粉白色，有猪肉固有的气味，无异味，冷冻良好，肉质紧密，有坚实感。煮沸后肉汤透明澄清，脂肪团聚于表面，具特有香味。

（1）部位选择

面点制作中普遍选用的是位于猪上脑下方与前蹄中间的夹心肉，这部分肉中瘦肉的肌纤维较为纤细，筋短且少，因而口感较好，肉质较嫩。夹心肉的肥瘦比例约为 4:6，较为适合制作生肉馅，这是因为一定数量脂肪的存在，可以切断肌纤维束之间的交联结构，有利于咀嚼过程中肌纤维的断裂，因而一定程度上提高了肉的嫩度。

这部分肉肥瘦相间，搅成肉泥后肥瘦不易分开，调馅时也不易分层，调出的馅心质量较好。这部分肉中结缔组织较多，也就是含胶原蛋白多，这也是肉嫩的原因之一。另外，这部分肉中的蛋白质亲水力较强，因而肉馅吃水量大，制作的馅心鲜嫩多卤，肥而不腻。

（2）猪皮利用

在鲜猪肉皮中，含有丰富的蛋白质，其中最重要的蛋白质组分是胶原蛋白，存在于真皮结缔组织胶原纤维中的胶原蛋白约占干燥真皮的 98%。将加工干净的鲜猪肉皮放在水中长时间熬煮，胶原蛋白发生水解作用，生成了分子量较小的明胶，而明胶是亲水的，在热水中分散形成溶胶。当温度下降时，明胶的分子与分子之间开始互相交联，逐渐形成具有网状结构的凝胶（30℃以下），这就是皮冻。由于皮冻具有冷则成冻、热则成汤的特点，在常温下皮冻是固体，加入馅心中可增加馅心的硬度，便于包捏；生坯加热成熟后，皮冻融化，形成馅心卤汁丰富、味道醇厚的特点。因此，皮冻常用来调制生肉馅。

（3）质量鉴别

根据肉的颜色、外观、气味等可以判断出肉的质量是好还是坏。优质的猪肉，脂肪白而硬，且带有香味。肉的外面往往有一层稍带干燥的膜，肉质紧密，富有弹性，手指压后凹陷处立即复原。次鲜肉肉色较鲜肉黯，缺乏光泽，脂肪呈灰白色；表面带有黏性，稍有酸败霉味；肉质松软，弹性小，轻压后凹陷处不能及时复原；肉切开后表面潮湿，会渗出浑浊的肉汁。变质肉则黏性大，表面比较干燥，颜色为灰褐色；肉质松软无弹性，指压后凹陷处不能复原，留有明显痕迹。

总之，鲜猪肉皮肤呈乳白色，脂肪洁白且有光泽。肌肉呈均匀红色，表面微干或稍湿，但不粘手，弹性好，指压凹陷立即复原，具有猪肉固有的鲜、香气味。正常冻肉呈坚实感，解冻后肌肉色泽、气味、含水量等均正常无异味。

2. 牛肉

牛肉是指从牛身上获得的肉，为常见的肉品之一。牛肉常有黄牛肉、水牛肉、牦牛肉之分，一般以黄牛肉为佳。其性味甘平，含有丰富的蛋白质，脂肪、B族维生素、烟酸、钙、磷、铁等成分，具有强筋壮骨、补虚养血、化痰息风的作用。牛肉的营养价值高，古有"牛肉补气，功同黄芪"之说。

（1）部位选择

牛肉选料时，以肥嫩无筋的部位前夹心部位、牛脖肉为好，这样使馅心鲜嫩卤汁多，肥而不腻。

（2）质量鉴别

一看，看肉皮有无红点，无红点是好肉，有红点是坏肉；看肌肉，新鲜肉有光泽，红色均匀，较次的肉，肉色稍黯；看脂肪，新鲜肉的脂肪洁白或呈淡黄色，次品肉的脂肪缺乏光泽，变质肉脂肪呈绿色。

二闻，新鲜肉具有正常的气味，较次的肉有一股氨味或酸味。

三摸，一是要摸弹性，新鲜肉有弹性，指压后凹陷立即恢复，次品肉弹性差，指压后的凹陷恢复很慢甚至不能恢复，变质肉无弹性；二要摸黏度，新鲜肉表面微干或微湿润，不粘手，次新鲜肉外表干燥或粘手，新切面湿润粘手，变质肉严重粘手，外表极干燥，但有些注水严重的肉也完全不粘手，但可见到外表呈水湿样，不结实。

3. 羊肉

羊肉有山羊肉、绵羊肉之分。羊肉肉质与牛肉相似，但肉味较浓。羊肉较猪肉的肉质细嫩，较猪肉和牛肉的脂肪、胆固醇含量少。

（1）部位选择

羊肉选料时，以肥嫩无筋的上脑、前夹、后腿部位为好，这样使馅心鲜嫩卤汁多，肥而不腻。如用羊肉制馅最好选用膻味较轻的绵羊肉。

（2）质量鉴别

一要闻肉的味道：正常有一股很浓的羊膻味，有添加剂羊肉的羊膻味很淡而且带有清臭。

二要看肉质颜色：一般无添加的羊肉色呈爽朗的鲜红色，有问题的肉质呈深红色。

三要看肉壁厚薄：好的羊肉肉壁厚度一般为 4 ~ 5 厘米，有添加剂的肉壁一般只有 2 厘米左右。

四要看肉的肥膘：有瘦肉精的肉一般不带肥肉或者带很少肥肉，肥肉呈黯黄色。

4. 其他

除此之外，家畜类原料还有肉制品类，如火腿、香肠等。

（1）火腿

火腿是腌制或熏制的动物的腿（如牛腿、羊腿、猪腿等），是经过盐渍、烟熏、发酵和干燥处理的腌制动物后腿。现代以浙江金华、江苏如皋和云南宣威出产的火腿最有名。其中金华火腿又称火膧，浙江金华地方传统名产之一。具有俏丽的外形，鲜艳的肉，独特的芳香，悦人的风味，即色、香、味、形"四绝"而著称于世。

火腿在面点制作中也是常见的辅料。质量好的火腿，皮色呈浅棕色，肉面酱黄色，有特殊腌制品的香味。火腿用作面点馅心必须洗净后去皮、骨蒸熟，取精肉切丝用糖腌制备用。

（2）香肠

香肠是一种利用非常古老的食物生产和肉食保存技术的食物，是将动物的肉绞碎成条状，再灌入肠衣制成的长圆柱体管状食品。香肠以猪或羊的小肠衣（也有用大肠衣的）灌入调好味的肉料干制而成。

香肠用作香肠馅心。优质香肠表面有光泽，无衣纹褶皱，不发白，有特殊香味，无酸味和异味，咸淡适中，味美可口，肥瘦均匀，干爽结实。

（二）家禽类

家禽肉主要包括鸡、鸭、鹅、鸽、鹌鹑等肉类。

1. 鸡

常见家禽之一，家鸡源出于野生的原鸡，其驯化历史至少约 4000 年，鸡的种类有火鸡、乌鸡、野鸡等。

鸡肉是指鸡身上的肉，鸡的肉质细嫩，滋味鲜美，适合多种烹调方法，并富有营养，有滋补养身的作用。在面点制作过程中，家禽制作馅心常选用当年的幼禽，如仔鸡等。鸡肉味道鲜美，是调制三鲜馅的原料之一，宜选择当年的仔母鸡，用其腿肉、脯肉。

2. 鸭

鸭是雁形目鸭科鸭亚科水禽的统称，有野鸭和家鸭之分。家鸭体型相对野鸭较大，生活在水中或陆地，依水中的小动物（鱼，虾，泥鳅等）、植物（水草，稗子，稻子等）为食。

3. 鹅

鹅是食草动物，鹅肉含蛋白质，其组成接近人体所需氨基酸的比例，从生物学价值上来看，鹅肉是全价蛋白质、优质蛋白质。鹅肉中的脂肪含量较低，而且品质好，单一的不饱和脂肪酸含量高，特别是亚麻酸含量超过其他肉类，鹅肉的脂肪熔点亦很低，质地柔软，容易被人体消化吸收，还含有相当量的钙、磷、钾、钠等十多种微量元素，对人体健康有利。

在面点制作中，鹅肉可以做馅，鹅油可以制作酥点。

（三）水产类

1. 鱼

鱼的种类较多，通常选择肉多刺少、腥味不大的鱼肉进行加工馅心，常用于做馅的鱼肉有草鱼、青鱼、鲈鱼、鲅鱼、刀鱼等，加工时去除鱼头、鱼皮、鳞片、内脏之后，再去除脊骨、腹刺等大小鱼刺，加工成各种鱼蓉馅。

2. 虾

虾的种类也多，对虾、青虾、红虾、草虾等的肉仁均可使用，但要选用新鲜、色青白、有弹性的鲜活原料。色泽发红或发黯，外表有黏液的则不宜作馅。如虾蓉馅、虾仁馅。

3. 蟹

螃蟹种类多，有河蟹、海蟹之分，通常选择新鲜的活蟹，蒸熟后挑出蟹黄，剔出蟹肉来加工馅心。如蟹黄汤包馅、蟹黄生肉馅等。记得一定要选用新鲜的螃蟹，防止食物中毒。

4. 其他

其他水产品可以根据不同地方风味进行择优加工，如鲜贝馅、鱿鱼馅、墨鱼馅、鱼翅馅、海参馅、鱼翅馅等。

二、植物原料

选择蔬菜类原料时必须考虑蔬菜上市的旺、淡季和它们的特点、性质。因为用于制馅的蔬菜品种非常多，各种蔬菜上市的季节和各自的特点都不尽相同。选择质嫩、新鲜的为好，并且用其质量较好的部分调制。一些干制的菌藻类原料也以精品为上。

（一）叶菜类

叶菜的种类比较多，常见的有韭菜、韭黄、青菜、白菜、包菜、菠菜、芫荽等，择去黄叶老边，洗净加工，制作诸如白菜馅、青菜馅、韭菜馅、菠菜馅等馅心。

1. 韭菜

韭菜属百合科多年生草本植物，具特殊强烈气味，其主要营养成分有维生素 C、维生素 B_1、维生素 B_2、烟酸、胡萝卜素、碳水化合物及矿物质。韭菜还含有丰富的纤维素。常用于制作韭菜馅、韭菜肉丝馅等。

2. 韭黄

韭黄是韭菜通过培土、遮光覆盖等措施，在不见光的环境下经软化栽培后生产的黄化韭菜。常用于制作韭黄馅、韭黄肉丝馅等。

3. 青菜

青菜是十字花科，芸薹属一年或二年生草本植物，其嫩叶供蔬菜用，为中国最普遍的蔬菜之一。主要用于制作青菜馅、翡翠馅等。

4. 白菜

白菜是我国原产蔬菜，属于十字花科蔬菜。白菜种类很多，北方的白菜有山东胶州大白菜、北京青白、东北大矮白菜、山西阳城的大毛边等。南方的白菜是由北方引进的，其品种有乌金白、蚕白菜、鸡冠白、雪里青等，都是优良品种。其用于制作白菜馅或浇头的配料。

5. 包菜

包菜为十字花科、芸薹属的一年生或两年生草本植物，矮且粗壮。一年生包菜茎肉质，不分枝，绿色或灰绿色。基生叶多数，质厚，层层包裹成球状体，扁球形，直径 10～30 厘米或更大，乳白色或淡绿色。二年生包菜茎有分枝，具茎生叶。常用于制作馅心。

6. 菠菜

菠菜属藜科菠菜属，一年生草本植物。它富含类胡萝卜素、维生素 C、维生素 K、矿物质（钙质、铁质等）等多种营养素。常用于制作馅心，如菠菜馅、菠菜豆腐馅。

（二）根茎类

根菜主要有甘薯、山药、芋头、萝卜、胡萝卜、大头菜等蔬菜品种，可以根据需要制作芋头馅、山药馅、萝卜馅等特色馅心。

茎菜主要有马铃薯、莲藕、茨菇、芹菜、茭白、竹笋、芹菜、莴苣、榨菜等品种，可以根据地方风味制作茭白馅、薯泥馅、榨菜肉丝馅、笋肉馅等馅心。

1. 萝卜

萝卜为十字花科萝卜属二年或一年生草本植物，高20～100厘米，直根肉质，长圆形、球形或圆锥形，外皮绿色、白色或红色，茎有分枝，无毛，稍具粉霜。常用于制作萝卜馅或浇头配料。

2. 胡萝卜

胡萝卜又名金笋、胡芦菔、红芦菔、丁香萝卜、红萝卜或甘荀，属伞形科一年或二年生草本植物。其根粗壮，圆锥形或圆柱形，肉质紫红或黄色，叶柄长，三回羽状复叶，复伞形花序，花小呈淡黄色或白色。常用于制作胡萝卜馅或浇头配料。

3. 芹菜

芹菜，属伞形科植物，品种繁多，在我国有着悠久的种植历史和大范围的种植面积，是中国人常吃的蔬菜之一，常用于制作芹菜馅或浇头配料。

4. 茭白

茭白为禾本科菰属多年生浅水草本植物，具匍匐根状茎。可用于制作茭白馅或浇头配料。

5. 竹笋

竹笋为多年生常绿禾本目植物，食用部分为初生、嫩肥、短壮的芽或鞭。竹原产中国，类型众多，适应性强，分布极广。常用于制作笋肉馅、三鲜馅等，也可以作为浇头配料。

6. 榨菜

榨菜，为被子植物门，双子叶植物纲的一科。多为草本植物。榨菜是芥菜中的一类，一般都是指叶用芥菜一类，如九头芥、雪里蕻、猪血芥、豆腐皮芥等。榨菜是一种半干态非发酵性咸菜，以茎用芥菜为原料腌制而成，是中国名特产品之一，与法国酸黄瓜、德国甜酸甘蓝并称世界三大名腌菜。可以制作榨菜馅、榨菜肉丝馅等。

（三）果蔬类

1. 果菜类

果菜类主要包括瓜菜、果菜和一些新鲜的豆类蔬菜等。

瓜菜一般有菜瓜、笋瓜、南瓜、丝瓜、青瓜、冬瓜、苦瓜等，可以加工南瓜馅、冬蓉馅等。果菜一般有茄子、辣椒、番茄等，可以加工茄子馅、番茄馅等。豆类蔬菜有豇豆、刀豆、荷兰豆、扁豆等，可以用来加工一些新鲜豆类馅心，如豇豆馅、扁豆馅等。

（1）南瓜

南瓜是葫芦科南瓜属的一个种，一年生蔓生草本植物，茎常节部生根，叶柄粗壮，叶片宽卵形或卵圆形，质稍柔软，叶脉隆起，卷须稍粗壮，雌雄同株，果梗粗壮，有棱和槽，因品种而异，外面常有数条纵沟或无，种子多数，长卵形或长圆形。南瓜可以制作南瓜馅、南瓜羹等。

（2）冬瓜

冬瓜为葫芦科冬瓜属一年生蔓生或架生草本植物，冬瓜包括果肉、瓤和籽，含有丰富的的蛋白质、碳水化合物、维生素以及矿质元素等营养成分。可以制作冬蓉馅等。

（3）笋瓜

笋瓜是葫芦科南瓜属植物，一年生粗壮蔓生藤本，瓠果的形状和颜色因品种而异，用于制作笋瓜肉馅等。

（4）茄子

茄为茄科茄属植物，果可供蔬食。可以制作茄丁肉馅等。

（5）豇豆

豇豆，俗称角豆、姜豆、带豆、挂豆角。豇豆分为长豇豆和饭豇豆两种，属豆科植物。豇豆的嫩豆荚和豆粒味道鲜美，可以用于制作豇豆肉馅等。

（6）扁豆

扁豆系豆科、蝶形花亚科、扁豆属，自花授粉作物，为一年生或多年生草质藤本植物，扁豆的食用主要是以嫩荚和嫩豆作蔬菜，但嫩荚和鲜豆含氢氰酸及一些抗营养因子，食前应充分煮熟。可以用于制作馅心。

2. 水果类

新鲜水果与罐头水果在面点中使用较多，主要做高档面点的装饰料和馅料，如水果塔、苹果冻等。常见水果品种如下。

（1）樱桃

樱桃属于蔷薇科落叶乔木果树，成熟时颜色鲜红，玲珑剔透，味美形娇，营养丰富。在西点制作中，主要使用的是樱桃罐头制品，便于保管储存。如红、绿车厘子等。

（2）杨桃

杨桃为酢酱草科植物杨桃的果实。杨桃外观五菱型，未熟时绿色或淡绿色，熟时黄绿色至鲜黄色，单果重80克左右。皮薄如膜，纤维少，果脆汁多，甜酸可口，芳香清甜。装饰时用刀切成薄薄的五角星片即可。

（3）草莓

草莓又叫红莓、洋莓、地莓等，是一种红色的水果。草莓是对蔷薇科草莓属植物的通称，属多年生草本植物。草莓的外观呈心形，鲜美红嫩，果肉多汁，含有特殊的浓郁水果芳香。在面点中主要以新鲜草莓做装饰。

（4）黄桃

黄桃俗称黄肉桃，属于桃类的一种。果皮、果肉均呈金黄色至橙黄色，肉质较紧致密而韧，营养丰富，主要加工成罐头食用。

（5）菠萝

菠萝原名凤梨，含用大量的果糖、葡萄糖、维生素 A、维生素 B、维生素 C、磷、柠檬酸和蛋白酶等物质。味甘性温，具有解暑止渴、消食止泻之功，为夏季医食兼优的时令佳果。菠萝果形美观，汁多味甜，有特殊香味，深受人们的喜爱。装饰点心时，可以使用新鲜菠萝或是其罐头制品。

（6）猕猴桃

猕猴桃又称奇异果，是猕猴桃科植物猕猴桃的果实。一般是椭圆形的，深褐色并带毛，表皮一般不食用，而其内则是呈亮绿色的果肉和一排黑色的种子。猕猴桃的质地柔软，味道有时被描述为草莓、香蕉、凤梨三者的混合，营养丰富。用于装饰时，颜色艳丽，能与其他水果和谐搭配，起到意想不到的装饰效果。

（7）蜜柑

蜜柑属宽皮柑橘类，又称无核橘。果实硕大、色泽鲜艳、皮松易剥、肉质脆嫩、汁多化渣；味道芳香甘美，食后有香甜浓蜜之感，风味独特，饮誉中外。装饰点心时，可以使用新鲜蜜柑或是其罐头制品。

（8）蓝莓

蓝莓，一种小浆果，果实呈蓝色，色泽美丽、悦目并被一层白色果粉包裹，果肉细腻，种子极小。蓝莓果实平均重 0.5 ~ 2.5 克，最大重 5 克，可食率为 100%，甜酸适口，且具有香爽宜人的香气，为鲜食佳品。

蓝莓果实中除了常规的糖、酸和维生素 C 外，还富含维生素 E、维生素 A、B 族维生素、SOD、熊果苷、蛋白质、花青苷、食用纤维以及丰富的钾、铁、锌、钙等矿物质元素。蓝莓主要用在果冻、果酱等上，也会加入蛋糕中烘培。

3. 干果类

用于面点制作的干果主要有柿饼、红枣、无花果、罗汉果、龙眼、杏干、葡萄干、山楂干等。

（1）柿饼

柿饼为柿科植物柿的果实经加工而成的饼状食品，有白柿、乌柿两种。适合做甜点馅。

（2）红枣

红枣，又名大枣，属于鼠李科枣属的植物。其维生素含量非常高，有"天然维生素丸"的美誉，具有滋阴补阳，补血之功效。适合做甜点馅。

（3）无花果

由于树叶厚大，花却很小，无花果经常被掩盖而不易被发现，故被命名为无花果。成熟的无花果软烂，味甘甜如柿，无核，营养丰富全面，含有多种人体必需的营养素与矿物质，有很好的食疗功效。无花果成熟后，洗净剥皮后食用，除皮之外全部都可以食用，制成果干、蜜饯食用或加工馅心使用。

（4）罗汉果

罗汉果，葫芦科多年生藤本植物的果实。果实营养价值很高，含丰富的维生素C（每100克鲜果中含400～500毫克）以及糖苷、果糖、葡萄糖、蛋白质、脂类等。也适合加工具有养生保健作用的馅心，开发功能性面点品种。

（5）龙眼

龙眼，又称桂圆，益智。龙眼含丰富的葡萄糖、蔗糖和蛋白质等，含铁量也比较高，可提高热能、补充营养。适合加工滋补类馅心。

（6）杏干

杏干，味甜、质软，杏仁香脆可口，性热，具有活血补气、增加热量的作用，富含蛋白质、钙、磷、铁、维生素C、维生素E等成分。适合加工甜味馅。

（7）葡萄干

葡萄又名草龙珠、蒲桃。葡萄干是在日光下晒干或在阴影下晾干的葡萄的果实。主产于新疆、甘肃、陕西、河北、山东等地。夏末秋初采收，鲜用或干燥备用。葡萄干肉软清甜，营养丰富。适合加工甜味馅。

（8）山楂干

山楂干都是采用优质的大颗粒果实，类球形，直径0.8～1.4厘米，经手工切片、烘干而成。表面呈棕色至棕红色，适合加工甜味馅。

4. 蜜饯果脯类

蜜饯是以干鲜果品、瓜蔬等为主要原料，经过糖渍、蜜制或者盐渍加工而成的食品；果脯是用新鲜水果去皮去核后，切成片形或块状，经糖泡制、烘干而成的半干状态的果品。在面点中多直接加入面团或面糊中使用或用于装饰。如蜂糖糕、千层油糕等。

蜜饯与果脯几乎没有区别。蜜饯是用蜜、浓糖浆等浸渍后制成的果品。一般情况下，习惯把带汁的果品称为蜜饯，不带汁的果品称为果脯。

（1）按照地方风味分类

①京式蜜饯。京式蜜饯也称北京果脯，起源于北京，其中以苹果果脯、金丝蜜枣、金糕条最为著名。京式蜜饯口味偏甜，外观果体透明，表面干燥。配

料单纯，但用量大，特点是入口柔软，口味浓甜。

②广式蜜饯。广式蜜饯起源于广州、潮州一带，其中糖心莲、糖橘饼、奶油话梅享有盛名。其表面干燥，口味酸甜，以甘香浓郁著称，特别适合南方口味。

③苏式蜜饯。苏式蜜饯起源于苏州，包括产于苏州、上海、无锡等地的蜜饯。其中以蜜饯无花果、金橘饼、白糖杨梅最有名。苏式蜜饯的口味最为丰富，集甜、酸、咸于一体，配料齐，品种多，富有回味。

④闽式蜜饯。闽式蜜饯起源于福建的泉州、漳州一带。其中以大福果、加应子、十香果最为著名。闽式蜜饯的特点是配料品种多，用量大，味甜多香，富有回味。

（2）按照制作工艺不同分类

①糖渍蜜饯类。原料经糖渍蜜制后，成品浸渍在一定浓度的糖液中，略有透明感，如蜜金橘、糖桂花、化皮榄等。

②返砂蜜饯类。原料经糖渍糖煮后，成品表面干燥，附有白色糖霜，如糖冬瓜条、金丝蜜枣、金橘饼等。

③果脯类。原料经糖渍糖制后，经过干燥，成品表面不黏不燥，有透明感，无糖霜析出，如杏脯、菠萝（片、块、芯）、姜糖片、木瓜（条、粒）等。

④凉果类。原料在糖渍或糖煮过程中，添加甜味剂、香料等，成品表面呈干态，具有浓郁香味，如丁香李雪花应子、八珍梅、梅味金橘等。

⑤甘草类。原料采用果坯，配以糖、甘草和其他食品添加剂浸渍处理后，进行干燥，成品有甜、酸、咸等风味，如话梅、甘草榄、九制陈皮、话李。

⑥果糕类。原料加工成酱状，经浓缩干燥，成品呈片、条、块等形状，如山楂糕、开胃金橘、果丹皮等。

5. 果酱类

果酱是把水果或果仁、糖及酸度调节剂混合后，用超过100℃温度熬制而成的凝胶物质，也叫果子酱。它包括籽仁酱、果仁酱和水果酱。其中籽仁酱主要有花生酱、芝麻酱等；果仁酱主要有核桃酱、栗子酱、杏仁酱等；水果酱主要有苹果酱、蓝莓酱、草莓酱、猕猴桃酱、橙皮酱等。主要用于面点的蘸食或制作馅心。

①花生酱。花生酱的色泽为黄褐色，质地细腻，味美，具有花生固有的浓郁香气，不发霉，不生虫。一般用作拌面条、馒头、面包或凉拌菜等的调味品，也作甜饼、甜包子等馅心配料。花生酱以优质花生米等为原料加工制成，成品为硬韧的泥状，有浓郁炒花生香味。优质花生酱一般为浅米黄色，品质细腻，香气浓郁，无杂质。花生酱分为甜、咸两种，是颇具营养价值的佐餐食品，可用于制作甜馅。

②芝麻酱。芝麻酱也叫麻酱，是把炒熟的芝麻磨碎制成的食品，有香味，作为调料食用。根据所采用的芝麻的颜色，可分为白芝麻酱和黑芝麻酱。

③核桃酱。核桃酱是选择上好的核桃仁以小火炒熟，用粉碎机打碎，拌入橄榄油（或玉米油，色拉油等）形成泥状即可，细腻香滑，冷藏保管。

④栗子酱。栗子酱是用栗子肉熬成稀粥状，加入糖稀熬制而成的一种酱，具有比较理想的食疗保健作用。

⑤杏仁酱。杏仁酱是将杏仁烤熟，加上冰糖用粉碎机搅打成碎，用橄榄油拌匀即可。

⑥苹果酱。苹果酱是用鲜苹果切粒，加上白砂糖和水，熬煮浓稠，再加入柠檬汁即成。除含有大量的果糖、蔗糖以及果胶、水分外，还含有一定数量的果酸、维生素、蛋白质、脂肪和铁、磷、钙等人体不可缺少的营养成分。

⑦蓝莓酱。蓝莓酱是先将新鲜蓝莓清洗干净后沥干；然后白砂糖和水按2∶1，小火熬成糖浆；再将蓝莓倒入熬成的糖浆中，煮开小火进行搅拌，直到蓝莓爆浆皮肉分离，酱成黏稠状，柠檬汁倒入蓝莓酱中，搅拌均匀，冷却后过滤掉蓝莓皮，也可以不过滤，装入密封罐中，入冰箱冷藏即可。

⑧草莓酱。草莓酱是由草莓、冰糖、蜂蜜等材料制作而成的一种食品。草莓因营养丰富，含有果糖、蔗糖、柠檬酸、苹果酸、水杨酸、氨基酸以及钙、磷、铁等矿物质，所以有"水果皇后"的美誉。

⑨猕猴桃酱。猕猴桃酱是一道以猕猴桃、柠檬、白砂糖、麦芽糖等材料制作的果酱。

⑩橙皮酱。橙皮酱指用橙皮酿制的果酱。

6. 籽仁与果仁类

（1）籽仁

用于糕点制作的籽仁主要有南瓜籽、葵花籽、芝麻仁、花生仁、西瓜籽仁等。

①南瓜籽。南瓜籽是南瓜的种子，日常生活中多是炒熟后做零食和糕点的辅料。富含脂肪，其中不饱和脂肪酸含量丰富，尤其是亚油酸含量高。另外还含有南瓜子氨酸、蛋白质、维生素 B_1、维生素 C 等。适合加工果仁馅等。

②葵花籽。葵花籽富含脂肪，蛋白质含量较高，并含有较多赖氨酸。种子中含有大量维生素 E、B 族维生素和矿质元素，特别是锌的含量非常丰富。是一种重要的保健油子类食物，对心脏有益。我国传统医学认为，葵花籽味甘、性平，具有消除湿热、平肝祛风、消滞、益气、滋阴、润肠、驱虫等作用。适合加工果仁馅、五仁馅等。

③芝麻仁。芝麻是胡麻科一年生草本植物，果实为蒴果，长形，有棱；种子扁椭圆形，种子皮呈色（白、黄、棕红或黄）视不同品种而别。

芝麻按颜色分为白芝麻、黑芝麻、其他纯色芝麻和杂色芝麻等。白芝麻的种皮为白色、乳白色的在95%以上；黑芝麻的种皮为黑色的在95%以上；其他纯色芝麻的种皮为黄色、黄褐色、红褐色、灰色的在95%以上；不属于以上三类的芝麻均为杂色芝麻。

芝麻用于点心时，需要经过炒熟或去皮。用于点心外表的芝麻不需要炒熟，用于做馅心的芝麻需要炒熟。适合加工麻仁馅、芝麻馅等。

④花生仁。花生又称长生果。含脂肪40%以上，其脂肪当中亚油酸和油酸占70%以上。蛋白质含量20%左右。含有大量维生素E、B族维生素和钾、钙、铁、锌等矿质元素，是我国传统保健坚果。中医认为，花生味甘，性平，可润肺、补脾、和胃、补中益气，是我国传统滋补食品。适合加工花生仁馅等。

⑤西瓜籽。西瓜籽蛋白质含量高于普通坚果，并富含多种矿质元素，特别是铁、锌等元素含量高。根据我国食物成分表数据，每100克炒西瓜籽仁含能量573千卡，蛋白质32.7克，脂肪44.8克。中医认为，西瓜籽仁味甘，性平，生食或煮熟可清肺润肠、和中止渴。适合加工果仁馅等。

（2）果仁

若按照营养特点来划分，果仁可分为两大类：高油果仁和淀粉果仁。前者包括核桃、榛子、杏仁、松子、白果、开心果、腰果、夏威夷果、香榧等，后者包括栗子、莲子等。

①核桃。核桃含脂肪60%以上，蛋白质含量15%左右，含有大量维生素E、B族维生素和丰富的钾、钙、锌、铁等矿质元素，是一种重要的保健坚果。核桃油中含亚油酸73%，具有降低血胆固醇的作用，其中含丰富的磷脂和必需脂肪酸，具有健脑益智的作用，适合加工果仁馅等。

②榛子。榛子中含有大量维生素E、B族维生素和多种矿质元素，其中钾、钙、铁和锌等矿物质含量高于核桃、花生等坚果。我国原产的平榛（小榛子）含脂肪51%～66%，蛋白质含量17%～26%。欧州榛果形大，出仁率高，果仁含脂肪54%～67%，但蛋白质含量稍低，为12%～20%。榛子的脂肪以不饱和脂肪酸为主，质量也非常好。中医认为，榛子味甘，性平，具有补益脾胃、滋养气血、明目、强身的作用。适合加工果仁馅等。

③杏仁。杏仁中脂肪和蛋白质含量高，含有大量维生素E和多种矿质元素，其中维生素B_2含量极为丰富，铁和锌含量也很高。每100克国产小杏仁含蛋白质24.7克，脂肪44.8克，碳水化合物2.9克，膳食纤维19.2克，还有极为丰富的维生素B_2、大量的锌和不少的维生素C。中医认为，小杏仁味苦，性温，可祛痰、止咳、平喘、散风、润肠、消积，也有一定的美容作用。适合加工果仁馅等。

④松子。松子含脂肪极高，每100克含脂肪60克以上。松子的油脂质量很好，还含有丰富的维生素E、蛋白质和多种矿质元素，其中钾、铁、锌、锰等元素都很丰富。因为脂肪含量高，所以松子的热量也特别高。中医认为，松子味甘，性温，具有补益气血、润燥滑肠、滋阴生津的功效。适合加工果仁馅等。

⑤白果。白果是银杏树的果实。银杏树另名佛手树、公孙树等，属硕果仅

存的几种古老果树之一。

白果栽培品种分三类：一是圆果，果圆形或呈心脏形，苦味浓；二是佛手类，又称长果，果长圆形或椭圆形，品质最佳；三是马铃类，果核形似佛手，质量鉴别一般以粒大、壳色洁净光亮、用手摇晃无声及投水下沉者为佳。白果含丰富养分，磷的含量高于许多鲜干果，中医认为它有收敛化痰、止咳、定喘、补肺等功能。适合加工百果馅、果仁馅等。

⑥开心果。开心果，又名阿月浑子、必思答、绿仁果、无名子等，为漆树科黄连木属落叶小乔木。开心果是一种干果，类似白果，开裂有缝而与白果不同。开心果富含维生素、矿物质和抗氧化元素，具有低脂肪、低热量、高纤维的显著特点。果仁味鲜美，具有特殊香味，适合加工果仁馅等。

⑦腰果。腰果是一种肾形坚果，为无患子目漆树科腰果属。有丰富的营养价值，可炒菜，也可作药用，为世界著名四大干果之一。它的营养十分丰富，含脂肪高达47%，蛋白质21.2%，碳水化合物22.3%，含维生素A、维生素B_1、维生素B_2等多种维生素和矿物质，特别是其中的锰、铬、镁、硒等微量元素，具有抗氧化、防衰老、抗肿瘤和抗心血管病的作用。而所含脂肪多为不饱和脂肪酸，其中油酸占总脂肪酸的67.4%，亚油酸占19.8%，是高脂血症、冠心病患者的食疗佳果。适合加工果仁馅等。

⑧栗子。栗子与富含油脂的果仁不同，它含脂肪低，淀粉含量高，含有较多的B族维生素和多种矿质元素。和含油果仁相比，它所含的矿物质比较低。中医认为，栗子味甘，性温，可益气、补肾、强筋、健脾胃，是我国传统制作糕点的佳品。适合加工果仁馅等。

⑨莲子。莲子属于淀粉类坚果，它脂肪含量仅为2%，含大量淀粉，含有大量维生素E和更丰富的矿物质，特别是钾含量极高，每100克莲子含钾846毫克。此外，莲子中还含有少量维生素C。中医认为，莲子味甘涩，性平，可养心、补脾、益肾、止泻、涩肠，是我国传统制作面点的辅料。适合加工莲蓉馅、果仁馅等。

⑩椰蓉和椰丝。椰丝是椰子的果肉，即黄色硬壳内除椰汁外白色的果肉部分加工成的。含有丰富的维生素、矿物质、微量元素及蛋白质。椰子果实里绝大多数的蛋白质是很好的氨基酸来源。

椰蓉是椰丝和椰粉的混合物，是把椰子肉切成丝或磨成粉后，经过特殊的烘干处理后混合制成，色泽洁白，口感松软。用来做面点等的馅料和撒在蛋糕、糍毛团等的表面，以增加口味和装饰表面。

（四）鲜花类

鲜花类原料在饮食中自成一格。食用花卉主要吃鲜花的花瓣和花蕾，一是取其香味，二是取其嫩滑，三是取其营养。花的品种繁多，四季不断。目前经常食用的有：百合花、玫瑰花、茉莉花、桂花、玉兰花、荷花、石榴花、月季花、薄荷花、鸡冠花、梅花、紫荆花、夜来香、芙蓉花、菊花、南瓜花、丝瓜花、油菜花、黄花菜等。这里值得一提的是并非所有的花卉都可以食用，有些花含有不同程度的毒素和有害成分，切不可乱食，以免伤害身体。

在面点制作过程中，经常使用一些可以食用的花卉来制作辅料，增加点心的色香味，形成特殊风味。如玫瑰花、桂花（木樨花）、樱花、茉莉花、藏红花等。

1. 玫瑰花

玫瑰，属蔷薇科蔷薇属灌木，可食，无糖，富含维生素 C，常用于香草茶、果酱、果冻、果汁和甜点等，在面点里常常将玫瑰花加工成糖玫瑰和干玫瑰食用。

制作糖玫瑰时，将采摘的玫瑰花挑选整理，先以少量糖轻轻揉擦几下，放入缸中，一层花一层糖，装满缸密封起来，待其自然发酵而成。云南制作鲜花饼时将玫瑰鲜花只留下花瓣，经过清洗、消毒等工序后，在花瓣中加入砂糖进行腌制，腌制后的玫瑰花将被制作成玫瑰酥皮点心。将鲜花入馅制成的玫瑰酥皮点心和一般用干花制成的相比，玫瑰的香味更加浓郁，而且馅中可以看到玫瑰花瓣。

此外，还可将玫瑰花晒干制作花干，用作面点添香或装饰。

2. 桂花

桂花有金桂、银桂、丹桂及四季桂等品种，四季桂香气不及前三种浓郁。糖桂花是用鲜桂花和白砂糖精加工而成，广泛用于汤圆、稀饭（粥）、月饼、麻饼、糕点、蜜饯、甜羹等糕饼和点心的辅助原料，色美味香。

3. 樱花

樱花，起源于中国。樱花具有很好的收缩毛孔和平衡油脂功效，含有丰富的天然维生素 A、B 族维生素、维生素 E，樱叶黄酮还具有美容养颜、强化黏膜、促进糖分代谢的药效，是可以用来保持肌肤年轻的青春之花。樱花可以加工成馅心，制作樱花饼等点心。

4. 茉莉花

茉莉花，为木犀科、素馨属直立或攀援灌木，茉莉花的花、叶药用治目赤肿痛，并有止咳化痰之效。茉莉花的香气是花香中最"丰富多彩"的，其中包含有"恰到好处"的动物香、青香、药香、果香等。

5. 藏红花

藏红花又称番红花、西红花，是一种鸢尾科番红花属的多年生花卉，也是一种常见的香料，多年生草本。藏红花为著名的珍贵中药材，主要药用部分为小小的柱头，因此显得十分珍贵。花含胡萝卜素类化合物，其中主要为藏红花苷、藏红花酸二甲酯、藏红花苦苷及挥发油，油中主要为藏红花醛等。在面点制作中，可以用于调味调色。

（五）菌藻类

菌藻类原料主要包括食用菌和藻类等，常见食用菌主要有：黑木耳、金针菜、香菇、蘑菇、银耳等；藻类主要有：海带、紫菜等。

1. 黑木耳

黑木耳色泽黑褐，质地柔软呈胶质状，薄而有弹性，湿润时半透明，干燥时收缩变为脆硬的角质，近似革质。味道鲜美，可素可荤，营养丰富。

新鲜木耳中含有一种化学名称为"卟啉"的特殊物质，因为这种物质的存在，人吃了新鲜木耳后，经阳光照射会发生植物日光性皮炎，引起皮肤瘙痒，使皮肤暴露部分出现红肿、痒痛，产生皮疹、水疱。相比起来，干木耳更安全。因为干木耳是新鲜木耳经过曝晒处理的，在曝晒过程中大部分卟啉会被分解。食用前干木耳又要用水浸泡，这会将剩余的毒素溶于水，使干木耳最终无毒，但要注意的是，浸泡干木耳时最好换两到三遍水，才能最大限度除掉有害物质。在面点制作中，黑木耳常常用来制作素馅或浇头。

2. 金针菜

金针菜为百合科萱草属植物花蕾干制品的统称，其别名有金菜、南菜、黄花菜、萱草花、忘忧草、川草花、宜男花、鹿葱花、萱萼，是人们喜食的一种传统蔬菜。因其花瓣肥厚，色泽金黄，香味浓郁，食之清香、鲜嫩，爽滑同木耳、草菇，营养价值高，被视作"席上珍品"。

鲜金针菜中含有一种秋水仙碱物质，在体内易氧化为二秋水仙碱，具有较大的毒性。因此，食用时应先将鲜金针菜用开水焯过，再用清水浸泡2小时以上，捞出用水冲洗后进行炒食，这样就能去掉秋水仙碱，安全食用。所以市场上金针菜多为加工过的干制品，使用时需要提前加水涨发，在面点制作中常用来制作馅心和浇头。

3. 香菇

香菇属口蘑科、香菇属，起源于我国，是世界第二大菇，也是我国久负盛名的珍贵食用菌。香菇肉质肥厚细嫩，味道鲜美，香气独特，营养丰富，是一种药食同源的食物，具有很高的营养、药用和保健价值。鲜香菇洗净后可直接使用，干香菇需要用水涨发后洗净使用。在面点制作中常用来制作馅心和浇头。

4. 蘑菇

蘑菇称为双孢蘑菇，又叫白蘑菇、洋蘑菇，隶属于伞菌科蘑菇属，是世界上人工栽培较广泛、产量较高、消费量较大的食用菌品种，很多国家都有栽培，其中我国总产量占世界第二位。常用来制作馅心和浇头。

5. 银耳

银耳是银耳科银耳属真菌的子实体，又称作白木耳、雪耳、银耳子等，有"菌中之冠"的美称。银耳一般呈菊花状或鸡冠状，直径 5 ~ 10 厘米，柔软洁白，半透明，富有弹性。

优质银耳应为白色或浅米黄色，朵基部呈现黄色、黄褐色，朵形完整。表面无霉变、无虫蛀，有光泽，没有杂质。银耳并不是越白越好，很白的银耳一般是使用硫磺熏蒸过的，所以选银耳应选白中略带黄色的。在面点制作中银耳常用来制作羹、冻类等特色面点。

6. 海带

海带，又名纶布、昆布、江白菜，是多年生大型食用藻类。藻体为长条扁平叶状体，褐绿色，有两条纵沟贯穿于叶片中部，形成中部带，一般长 1.5 ~ 3 米，宽 15 ~ 25 厘米，最长者可达 6 米，宽可达 50 厘米。食用海带前应用水漂洗，常用来制作馅心和浇头。

7. 紫菜

紫菜是一类生长在潮间带的海藻，其分布范围涵盖了寒带、温带、亚热带和热带海域。干紫菜中粗蛋白含量达 30% ~ 50%，富含膳食纤维、多种维生素及钙、钾、镁等微量元素，还含藻类特有的藻胆蛋白，具有很高的营养价值。在面点制作中常用来制作馅心和浇头。

（六）其他类

其他蔬菜主要涉及野味蔬菜等，如马兰头、荠菜、马齿苋等野菜，可以加工荠菜馅、马齿苋馅等。

第三节　调味原料

一、咸味类

咸味类调料主要有食盐、酱油、酱类、豆豉类、腐乳类等，其中以食盐为主，调制馅心要用盐调味，调制面团亦需用适量的盐。

（一）食盐的种类

我国食盐根据来源不同，可分为海盐、矿盐、井盐和湖盐等，其中以海盐产量最大，占总产量的 75% ~ 80%。海盐按其加工不同，又可分为原盐（粗盐）、洗涤盐（加工盐）、精制盐（再制盐）。面点制作中常选择精制盐。

1. 原盐

利用自然条件晒制，结构紧密，色泽灰白，纯度约为 94% 的颗粒，此盐不常用于西点。

2. 洗涤盐

洗涤盐指的是将原盐进行加工洗涤，除去杂质而成的盐。这种盐纯度较高，颜色较白。

3. 精制盐

以原盐为原料，采用化盐卤水净化、真空蒸发、脱水、干燥等工艺制成，色洁白，呈粉末状，氯化钠含量在 99.6% 以上，适合于烹饪调味、面点制作。

（二）食盐在面点中的作用

1. 改善了面团的工艺性能

改善面团的工艺性能，是指面粉中掺以食盐能改善面筋的物理性质。面团中加入 1% ~ 1.5% 的食盐，使面筋网络的性能得到改良，使之易于扩展。同时，能对面筋产生相互吸附的作用，增加面筋的弹性，从而使整个面团在延伸或膨胀时不易断裂。但是，如果食盐加入过量，持水性增强，面团被稀释，其弹性或延伸性就会变差。

2. 调节了面团的发酵速率

面团的发酵是由酵母的生命活动完成的。酵母在生长和繁殖过程中，需要一些矿物质作为它的营养剂，在这些矿物质中主要是酵母所需无机盐，氯化钠（食盐）就是最常用的一种。因此，添加适量的食盐，对酵母的生长和繁殖有促进作用。

3. 抑制面团中的有害细菌

食盐还能抑制有害杂菌，醋酸菌和乳酸菌对食盐较为敏感，盐的渗透压力，已足够抑制其生长，甚至有时还可以杀灭其生命。食盐对其他杂菌也有较强的抑制作用。一般杂菌在 5% 的食盐浓度下，病原菌在 7% ~ 10% 的食盐浓度下就停止繁殖，但酵母菌却能在 20% 左右的高盐浓度下不受影响。因此，食盐也起到了抑制有害细菌的作用。

4. 增加了面团的和面时间

食盐会降低面团吸水量，又能抑制蛋白酶的活力，因此需要更长的和面时间，才能使面团达到要求。如果搅拌开始时即加入食盐，会使面团搅拌时间增加一半甚至一倍。

5. 改善了制品的内部颜色

食盐虽然不能直接漂白发酵面团的内部色泽，但由于食盐改善了面筋的立体网状结构，使面团有足够的能力保持二氧化碳气体。同时，食盐能够控制发酵速度，使产气均匀、面团均匀膨胀扩展，面包内部组织细密、均匀，气孔壁薄呈半透明，阴影少，光线易于通过气孔壁膜，故面点发酵制品内部色泽变白。

6. 优化了成品的风味特征

面点制品中加入适量的盐，能进一步衬托出制品的口味，这是因为食盐能刺激人的味觉神经，如炸油条中放适量盐，会使制品给人以咸香适口、香而不腻的感觉，改善面点制品的风味。

二、甜味类

在面点制作过程中，甜味类的糖类原料主要有蔗糖、糖浆、蜂蜜、饴糖等。

（一）糖类

1. 蔗糖

（1）白砂糖

白砂糖简称砂糖，是从甘蔗或甜菜中提取糖汁，经过滤、沉淀、蒸发、结晶、脱色和干燥等工艺而制成。为白色粒状晶体，纯度高，蔗糖含量在99%以上，按其晶粒大小又分粗砂、中砂和细砂。

（2）绵白糖

绵白糖是用细粒的白砂糖加上适量的转化糖浆加工而成。具有质地细软、色泽洁白、甜而有光泽的特点，其中蔗糖的含量在97%以上。

（3）赤砂糖

也称红糖，是未经脱色精制的砂糖，纯度低于白砂糖。呈黄褐色或红褐色，颗粒表面沾有少量的糖蜜，可以用于普通面点中。

（4）糖粉

它是蔗糖的再制品，为纯白色的粉状物，味道与蔗糖相同。

2. 糖浆

主要有转化糖浆、淀粉糖浆和果葡糖浆。转化糖浆是用砂糖加水和加酸熬制而成；淀粉糖浆又称葡萄糖浆等，通常使用玉米淀粉加酸或加酶水解，经脱色、浓缩而成的黏稠液体；而果葡糖浆是一种新发展起来的淀粉糖浆，其甜度与蔗糖相似甚至超过蔗糖，因为果葡糖的糖为果糖与葡萄糖，所以称为果葡糖浆。

3. 蜂蜜

蜂蜜的主要成分为果糖（38%）、葡萄糖（31%）、水分（17%）、麦芽糖（7.3%）、蔗糖（1.3%），此外还含有少量植物性蛋白质、蜂蜡、有机酸、矿物质、维生素、淀粉酶等。

蜂蜜味极甜，营养价值较高，且具有特殊的风味，但由于价格昂贵，因此一般焙烤面点中使用较少，仅用于高档面点品种或具蜂蜜风味的品种。蜂蜜的吸湿性好，可增加蛋糕柔软性，延长货架期。

蜂蜜的主要问题是静置时容易结晶。如将许多蜂蜜样品混合，就可以控制风味，但是结晶问题非常难以解决。使用结晶的蜂蜜会在酥性饼干表面形成斑点，影响产品质量。应该尽量保证在蜂蜜贮存前所有的糖晶体都溶解，如果蜂蜜已经结晶，则可加热使晶体重新溶解。

蜂蜜用于焙烤面点中，因高温加热破坏了部分成分，特别是部分酶受到破坏，因此其营养价值将会受到一定影响。

4. 饴糖

饴糖又称米稀、糖稀，其传统的制法是以富含淀粉的粮谷（一般以糯米最好，粳米次之，小米及玉米更次之）经蒸煮，拌入已碾碎的大麦芽，然后装入糖化缸中，保持一定的温度和时间，使其淀粉质被麦芽糖酶逐渐分解糖化后，渗入温水放出糖液，再经过滤浓缩等工艺流程，最后得到一种浅棕色、半透明、味甜、黏稠的糖液，即为饴糖。其主要成分是麦芽糖和糊精，此外还含有水分、葡萄糖、蛋白质、矿物质等，能代替蔗糖使用。

由于饴糖主要成分中糊精的水溶液黏度很大，能够阻止溶液中的蔗糖结晶，防止糖浆返砂，因此饴糖常在糕点中用作抗晶剂。但由于黏度很高，当过量使用时易造成粘工具、粘模具现象，且成型困难，因此不宜多用。饴糖因对热不稳定可促进产品着色，并因吸湿性强而具有延缓面包老化的作用。饴糖在气温较高的夏季易变质，因此需存放在阴凉通风干燥处或冷库中。

（二）糖的理化性质

1. 糖的化学分类

糖按分子式可分为单糖、双糖和多糖。单糖有葡萄糖、果糖、半乳糖等，葡萄糖和果糖能被酵母直接利用，但半乳糖不能被酵母直接利用。双糖有蔗糖、麦芽糖、乳糖等。酵母体内有蔗糖酶和麦芽糖酶，因而能将蔗糖和麦芽糖分解为单糖并加以利用，但酵母体内不含乳糖酶，因而不能利用乳糖。多糖有淀粉、纤维素等。酵母体内含有 α-淀粉酶，能将淀粉分解为单糖而加以利用。

2. 糖的溶解度

各种糖的溶解度不同，在同一温度下，果糖最高，其次是蔗糖、葡萄糖。糖的溶解度随温度的升高而增大。冬季化糖时最好使用温水或开水。

3. 糖液黏度

葡萄糖和果糖的黏度比蔗糖低，淀粉糖浆的黏度则较高。面点制作中常利用糖液的黏度来提高面点制品的质量。如利用淀粉糖浆的黏度提高产品的稠度和可口性，或者阻止某些产品中蔗糖分子的结晶。在搅打蛋白时加入熬好的糖液，以利用其黏度来稳定气泡等。糖液的黏度和浓度成正比，和温度成反比，低温高浓度时其黏度显著增加。

4. 糖的甜度

甜度是糖的一种重要性质，但目前并没有客观的物理或化学方法可以测定，只能利用人的味觉来比较，所以甜度是相对的而不是绝对的。一般以蔗糖的甜度为基数100，其他的糖与蔗糖相比较，如表4-5所示。

表4-5 糖的相对甜度

品种	蔗糖	果糖	葡萄糖	转化糖	麦芽糖	乳糖
相对甜度	100	140 ~ 175	68 ~ 74	120 ~ 130	32 ~ 46	16

5. 糖的吸湿与结晶

吸湿性是指在较高的空气湿度下吸收水分的性质。某些糖类具有较好的吸湿能力，这对面包、蛋糕以及一些面点制品具有重要意义。糖的吸湿性是和结晶性紧密相关的，吸湿性强的糖不容易结晶，如果糖、淀粉糖浆、蜂蜜等；蔗糖极易结晶，晶体生长很大；葡萄糖很容易结晶，但晶体很小。在面点制作中有时可以采用淀粉糖浆来防止结晶，以保持面点制品的质量。

6. 渗透压

糖液的渗透压随浓度的增高而增加。高浓度的糖液因为具有很高的渗透压，因此能夺取微生物体内的水分，从而抑制它们的生长，这对于面点的保鲜起一定作用。但同时也能抑制酵母的生长，降低面团的发酵速度，面团内加一小部分砂糖（4% ~ 8%）可以促进发酵，但超过8%，酵母的发酵作用会因糖量过多而受到抑制（主要因为渗透压增加），导致发酵速度有减慢趋向。糖液的渗透压随浓度的增加而增加，单糖的渗透压是双糖的两倍，葡萄糖和果糖比蔗糖具有更高的渗透压，有助于面点保鲜。

7. 水解作用

双糖和多糖在酶或酸的作用下，水解成单糖或小分子糖的过程称为糖的水解。糖的水解有利于酵母的发酵；同时，水解得到的转化糖具有较好的吸湿性，能提高产品的持水性。如面团内的糖在酵母体内转化酶和麦芽糖酶等的作用下分解为葡萄糖、果糖等单糖而被酵母加以利用；淀粉在淀粉酶的作用下水解得到麦芽糖、葡萄糖，有利于酵母发酵。

8. 焦糖化反应

焦糖化反应和美拉德反应是焙烤制品风味和色泽的两个重要途径。焦糖化反应是指糖对热的敏感性。糖在超过其熔点的高温作用下会脱水并产生聚合反应，生成多分子的棕褐色物质称为焦糖化，所生成的物质叫做焦糖。焦糖化反应对于食品的着色和增加风味十分重要，把焦糖化反应控制在一定的程度，可以使烘焙产品呈现令人悦目的色泽和风味。

不同的糖对热的敏感性不同，果糖的熔点为95℃，表芽糖为102～103℃，葡萄糖为146℃，这三种糖对热很敏感，易生成焦糖。饴糖、转化糖浆、果葡糖浆、中性淀粉糖浆、蜂蜜等含有大量的果糖、麦芽糖和葡萄糖，用在焙烤面点中可以加快面点制品的着色。蔗糖、乳糖等的热敏性较低，所以呈色不深。但由于酵母分泌的转化酶作用及面团的pH较低，蔗糖极易水解成单糖，从而提高焦糖化作用，使面点着色。

焦糖化反应还与pH有关，pH低时，糖的热敏性就低，着色作用差；反之，pH升高则热敏性增强，如pH为8时的焦糖化速度比pH为5.9时快10倍。因此，有些pH极低的转化糖浆、淀粉糖浆在用于糕点前，最好先调成中性，这样有利于糖的着色反应。

9. 美拉德反应

美拉德反应是指氨基化合物（如蛋白质、多肽、氨基酸及胺类）上的自由氨基与羰基化合物（如酮、醛、还原糖等）的自由基之间发生的羰氨反应，因其最终产物是类黑色素的褐色物质，亦称褐色反应。

美拉德反应是使烘烤类、油炸类等面点表皮着色的另一个重要途径，也是烘烤、油炸等面点制品产生特殊香味的重要来源。在美拉德反应中，除产生色素物质外，还产生一些挥发性物质，如乙醇、丙酮醛、丙酸、乙酸、琥珀酸、琥珀酸乙酯等，它们形成烘烤类产品本身所特有的烘焙香味。

影响美拉德反应的因素有温度、还原糖量、糖的种类、pH等。还原糖含量越高，反应越强烈，故中性的淀粉糖浆、转化糖浆、蜂蜜极易发生美拉德反应。蔗糖因无还原性，不与蛋白质作用，故不能发生美拉德反应，而主要发生焦糖化反应。

（三）甜味调料在面点中的作用

1. 调节面团面筋的胀润度

面筋主要是靠蛋白质胶体内部浓度所产生的渗透压吸水膨胀形成的。糖的存在会增加胶体外水的渗透压，对胶体内水分就会产生反渗透作用。高浓度的糖液具有很高的渗透压和很强的吸水能力，在和面的过程中能够阻止面筋蛋白吸水胀润形成面筋网，降低了面团的弹性，这就是糖的反水化作用。酥性饼干制作时使用大量的糖就是利用糖的反水化作用使面团中面筋胀润到一定程度，以便于操作，并可避免由于胀润过度而引起饼干的收缩变形。

2. 供给养料调节发酵速度

在面团发酵过程中，加入适量的糖，由于酶的作用，使双糖变成单糖，供给酵母菌营养，这样就可以缩短面团发酵时间。但如果用糖过多（超过30%时），由于增加了渗透压，酵母菌细胞内的原生质与细胞壁分离，菌体僵硬，同时又因生成过多的二氧化碳，发酵作用大为减弱。所以，糖可以起到调节发酵速度的作用。

3. 提高了甜度和营养价值

糖用在甜味食品中的首要目的是提供甜味，使用各种不同甜味值的糖，还可以调节面点制品的甜度。

糖的发热量高，能迅速被人体吸收，可有效消除人体的疲劳，补充人体代谢需要。有些调味调料，如蜂蜜，还含有其他营养素，可以提高制品营养价值。

4. 改善了面点的风味特征

面点在烘烤时，由于糖的焦糖化作用，使制品表面呈金黄色或棕色，并具有美好的风味。糖可以增加面点的甜味，还可以改善面点的组织形态，面点中含糖量适当，冷却后可使制品外形挺拔，内部起到骨架作用，并有脆感。在物理膨松面团中，制作戚风蛋糕时，糖可以增加蛋清的黏稠度，利于蛋清打发。另外，在一些面点制品上，糖粉和砂糖也可以在表面起到装饰作用。

5. 延长面点制品的货架期

这主要有 3 方面的作用：首先，还原糖尤其是果糖具有较大的吸湿性，因此可以抑制制品水分蒸发，保持制品柔软新鲜，防止其发干变硬。其次，氧气在糖溶液中的溶解度较小，且糖在加工过程中水解生成单糖，具有还原性，因此能延缓高油食品中油脂的氧化酸败。此外，含糖量高的食品渗透压也高，因此可以抑制微生物的生长，一般 50% 的糖液能抑制大部分微生物的繁殖。

三、酸味类

酸味调味品是人们常用的调味料之一。酸是由氢离子刺激味觉神经引起的感觉，因此，凡是在溶液中能解离出氢离子的化合物都具有酸味。面点制作中常常用到的酸味调味主要是醋。

（一）醋的种类

食醋主要有米醋、陈醋、香醋、麸醋、酒醋、白醋、果汁醋、蒜汁醋、姜汁醋、保健醋等。它的主要成分为醋酸，还包括氨基酸、有机酸、糖类、维生素 B_1、维生素 B_2 等营养物质。

（二）醋在面点中的作用

1. 去腥解腻，增香起鲜

用在佐配面点制品时，醋可以刺激胃口，增加食欲，并且能去腥解腻，改善面点的风味。

2. 提高营养，促进吸收

醋能促进钙、磷、铁等成分的溶解、吸收，促进蛋白质类物质的分解，保护维生素，帮助消化。

3. 养颜美容，消除疲劳

经常食用醋可以起到养颜美容、消除疲劳的作用，同时对预防感冒、防止动脉硬化和高血压、冠心病都有一定的益处。

四、辣味类

辣味是一种综合性的感觉。它不仅仅是由刺激味蕾引起的，也是嗅觉、肤觉、热觉、痛觉等引起的，是整个味觉分析系统统一活动的结果。

（一）辣味调味品的种类

在面点制作中的主要辣味调味品有葱、姜、蒜、芥末、辣椒、辣椒油、辣椒酱、辣椒粉、鲊辣椒、泡辣椒、辣椒汁、胡椒粉、胡辣粉等。

（二）辣味调味品在面点中的作用

1. 形成特色，改善风味

辛辣味除了作用于口腔以外，还有一定的挥发性，能够刺激鼻腔黏膜，引起冲鼻感。其主要成分是蒜素、姜酮、黑芥子酶等物质。在面点制作中可以形成地方特色，如重庆小面、川味臊子面、陕西蘸水面等。

2. 刺激食欲，增香去异

辣味刺激性较强，具有增香、解腻、压除异味、增进食欲的作用。在面点制作中常用来制作浇头，用于调味。但是辣味不可用量过大，否则会影响浇头的鲜味和香味。

五、鲜味类

鲜味剂又称风味增强剂，是一类可以增强食品鲜味的化合物。

（一）鲜味剂的种类

根据化学成分的不同，可将食品鲜味剂分为氨基酸类、核苷酸类、有机酸类、复合鲜味剂等。面点制作中常见的鲜味剂有如下几种。

1. 味精

味精是调味料的一种，主要成分为谷氨酸钠。味精的主要作用是增加食品的鲜味，是采用微生物发酵的方法由粮食制成的一种现代调味品。

2. 鸡精

鸡精是在味精的基础上加入化学调料制成的。由于核苷酸带有鸡肉的鲜味，故称鸡精。鸡精中除含有谷氨酸钠外，还含有多种氨基酸。它是既能增加食欲，又能提供一定营养的家常调味品。

3. 虾籽

虾籽又叫虾蛋，由虾的卵加工而成。虾籽分海虾籽、河虾籽两类，凡产虾的地区都能加工虾籽。每年夏秋季节为虾籽加工时期。虾籽及其制品均可作调味品，味道鲜美。

4. 其他

（1）虾米

虾米，即干虾仁，又名海米、金钩、开洋，是用鹰爪虾、脊尾白虾、羊毛虾等加工的熟干品。虾米是著名的海味品，有较高的营养价值。

（2）蚝油

蚝油是用蚝（牡蛎）熬制而成的调味料。蚝油是广东常用的传统的鲜味调料，也是调味汁类大宗产品之一，它以素有"海底牛奶"之称的蚝为原料，经煮熟取汁浓缩，加辅料精制而成。蚝油味道鲜美、蚝香浓郁，黏稠适度，营养价值高。

（二）鲜味剂在面点中的作用

1. 提高制品的营养价值

大部分鲜味剂都是氨基酸类、核苷酸类、有机酸类等，本身就是有益的营养成分，可以补充面点制品的相关营养素，提高了面点制品的营养价值。

2. 优化制品的鲜美度

面点分为有馅和无馅两个品种，在馅心制作中，很多品种需要添加鲜味剂，使馅心味美，形成面点制品的特色。如三丁包、蟹黄包等。

六、香味类

香味调味品是指含有挥发性化合物，能发出强烈的芳香气味，刺激鼻腔内嗅觉的物质，如丁香油酚、丁香酮、大桂皮醛、小茴香酮、茴香醚、柠檬烯等，这些物质多数存在于植物的花、果实、种子或皮层中，可使菜点具有芳香的气味。

（一）香味类调料的种类

香味类调料主要分为干制香料和新鲜香草等。干制香料主要是将香料植物的根、茎、叶、花、果实、种子等进行干燥制作而成的，通常有粉末状、颗粒状和自然成型的形状等，主要有八角、桂皮、香叶、草果、豆蔻等；新鲜香草是指香料植物在其生长过程中，通过采摘直接使用的香料。如紫苏、茴香、法香、罗勒等。

（二）香味类调料在面点中的作用

1. 增香去异，形成特色

由于香味类调料中含有一些丁香油酚、丁香酮、大桂皮醛、小茴香酮、茴香醚、柠檬烯等香味成分，在面点制作中可以用来调制馅心、调配浇头、调和汤料，可以形成面点特色。如芹菜包子、紫苏饼等。

2. 刺激食欲，去腥解腻

在面点的馅心中加入一些新鲜的香草或撒在面点上面，或者制作汤料和浇头的时候适当使用香料，可以使制品增香，去腥解腻，容易引起食客的胃口。

七、其他类

可可、咖啡、酒、腐乳等也常用于面点的制作。可可、咖啡具有特殊的苦味和香味，能引起食欲。可可、咖啡中含有的可可碱、咖啡碱，具有兴奋神经、帮助消化、消除疲劳等作用。制作面点时加入可可、咖啡，能使面点制品具有特殊风味，尤其在西点中更经常使用，既能调味，又能装饰和美化制品。某些中式面点将腐乳加入馅内，以利用其特殊风味，增加面点制品的特色。

第四节 辅助原料

面点制作中的辅助原料主要有下列几种：油脂类、蛋品类、乳品类、水类和其他类等。

一、油脂类

油脂既是制馅原料，也是调制面团的辅助原料，在成型操作和熟制过程中也经常使用。因此油脂是面点制作中的重要原料之一。

油脂是油和脂的总称。在常温下呈液态的称为油，呈固态的称为脂。但是很多油脂随着温度变化而改变其物理状况，因此不宜严格划分为油或脂，而是统称为油脂。

（一）油脂的种类

油脂的种类主要有：天然油脂、人造油脂。其中天然油脂包括植物油和动物油；人造油脂包括人造奶油和起酥油等。植物油主要有：大豆油、棉籽油、花生油、芝麻油、橄榄油、棕榈油、菜籽油、玉米油、米糠油、葵花籽油；动物油主要有：黄油、猪油和牛羊油等。面点制作中常见油脂介绍如下。

1. 植物油

（1）色拉油

色拉油，呈淡黄色，澄清、透明、无气味、口感好，在 0℃条件下冷藏 5.5小时仍能保持澄清、透明（花生色拉油除外）。色拉油一般选用优质油料，先加工成毛油，再经脱胶、脱酸、脱色、脱臭、脱蜡等工序成为成品。保质期一般为 6 个月。目前市场上供应的色拉油有大豆色拉油、菜籽色拉油、葵花籽色拉油、玉米色拉油和米糠色拉油等。

（2）花生油

花生油是从花生中提取出来的，常有花生的香气。我国华东、华北等盛产花生的地区多用这种油作为面点的油脂原料。花生油呈淡黄色、透明、芳香、味美，为良好的食用油脂。花生油中饱和脂肪酸的含量较大，达 13%～22%，特别是其中存在高分子脂肪酸，如花生酸。花生油熔点为 0～3℃，在我国北方，春、夏、秋季花生油为液态，冬季则成为白色半固体状态。温度愈低，凝固愈坚固。

（3）芝麻油

芝麻油是由芝麻中提取出来的，具有特殊的香气，故又称香油。由于加工方法的不同，芝麻油又可分为小磨香油和大槽油。小磨香油香气醇厚，品质最佳，是我国上等食用植物油，用于较高档的面点中。

（4）大豆油

大豆油是我国的主要油脂之一。产于我国东北各省，按加工方法不同，可分为冷榨油、热榨油和浸出油。大豆油中亚油酸含量较高，又不含胆固醇，长期食用对人体动脉硬化有预防作用。大豆油消化率高，可达 95%，而且含有维生素 A 和维生素 E，营养价值很高，故大豆油多用于面点制作中。

（5）棕榈油

棕榈油是一种热带木本植物油，是目前世界上生产量、消费量和国际贸易量最大的植物油品种，与大豆油、菜籽油并称为"世界三大植物油"。

棕榈油由油棕树上的棕榈果压榨而成，果肉和果仁分别产出棕榈油和棕榈仁油，传统概念上所言的棕榈油只包含前者。棕榈油经过精炼分提，可以得到不同熔点的产品，分别在餐饮业、食品工业拥有广泛的用途。在面点制作中，由于其稳定性较好，不容易发生氧化变质，烟点高，故用作油炸面点很合适。

（6）菜籽油

菜籽油就是俗称的菜油，又叫油菜籽油、香菜油、芸苔油、芥花油等，是用油菜籽榨出来的一种食用油。是我国主要食用油之一，主产于长江流域及西南、西北等地。在面点制作中主要用于制作一些地方特色的面点品种，如擦酥烧饼等。

（7）橄榄油

橄榄油，属木本植物油，是由新鲜的初熟或成熟的油橄榄果直接冷榨而成的天然果油汁（剩余物通过化学法提取橄榄果渣油），不经加热和化学处理，保留了天然营养成分。橄榄油被认为是迄今所发现的油脂中最适合人体营养所需的油脂。

橄榄油和橄榄果渣油，在地中海沿岸地区有几千年的历史，在西方被誉为"液体黄金""植物油皇后""地中海甘露"，原因就在于其极佳的天然保健功效、美容功效和理想的烹调用途。在面点制作中主要用于制作一些高档面点品种。

2. 动物脂

（1）猪油

猪油属于油脂中的"脂"，常温下为白色或浅黄色固体，在过低室温下，会凝固成白色固体油脂。猪油熔点为 28 ~ 48℃，色泽白或黄白，具有猪油的特殊香味，深受人们欢迎。

猪油在面点制作中一般分为熟猪油和板油丁两种方式。熟猪油常用猪生板油或猪肥膘熬炼而成。由于熟猪油色泽洁白，香味醇正，起酥性好，因此在中式油酥面点中一般都用它作为起酥油。在和面时，将油脂和面粉充分搓擦，扩大了油脂的表面积，使油脂均匀地包裹在面粉粒外面，油脂的表面张力使面粉粘连成团。由于没有水分，不能形成面筋网络，因而制成的面点比较松散，口感酥脆。板油丁由生板油制成，常用在馅心中，如水晶馅等。

（2）奶油

奶油是从经高温杀菌的鲜乳中，经过加工分离出来的脂肪和其他成分的混合物，在乳品工业中也称稀奶油。奶油是制作黄油的中间产品，含脂率较低，分别有以下几种。

①淡奶油。亦称单奶油，乳脂含量为 12% ~ 30%，可用作面点的配料和起稠增白的作用。

②掼奶油。也称裱花奶油，很容易搅拌成泡沫状的鲜奶油，含乳脂量为 30% ~ 40%，主要用于面点的裱花装饰。

③厚奶油。亦称双奶油，含乳脂量为 48% ~ 50%，这种奶油用途不广，因为成本太高，通常情况下为了增进面点风味时才使用厚奶油。

（3）黄油

食品工业中亦称"奶油"，国内北方地区称"黄油"，上海等南方地区称"白脱"，香港称"牛油"等，是由鲜奶油经再次杀菌、成熟、压炼而成的高乳脂制品。常温下呈浅乳黄色固体，乳脂含量一般不低于80%，水分含量不高于16%，还含有丰富的维生素 A、维生素 D 和矿物质，营养价值较高。

黄油是从奶油中进一步分离出来的脂肪，分为鲜黄油和清黄油两种。鲜黄油含脂率在85%左右，口味香醇，可直接食用。清黄油含脂率在97%左右，比较耐高温，可用于烹调热菜，还可以根据在提炼过程中是否加调味品分为咸黄油、甜黄油、淡黄油和酸黄油等品种。如长期贮存应放在 –10℃的冰箱中，短期保存可放在 5℃左右的冰箱中冷藏。因黄油易氧化，所以在存放时应注意避免光线直接照射，且应密封保存。在面点制作中，黄油可用于油酥制品的起酥。

（4）植物黄油

植物黄油为人造黄油或人造奶油，又称麦淇淋（margarine），由棕榈油或是可食用的脂肪添加水、盐、防腐剂、稳定剂和色素加工而成。

植物黄油外观呈均匀一致的淡黄色或白色，有光泽；表面洁净，切面整齐，组织细腻均匀；具有奶油香味，无不良气味。

（5）起酥油

起酥油（shortening）从英文"短（shorten）"一词转化而来，其意思是用这种油脂加工饼干等，可使制品十分酥脆，因而把具有这种性质的油脂叫作"起酥油"。它是指经精炼的动植物油脂、氢化油或上述油脂的混合物，经急冷、捏合而成的固态油脂，或不经急冷、捏合而成的固态或流动态的油脂产品。起酥油具有可塑性和乳化性等加工性能，一般不宜直接食用，而是用于加工糕点、面包或煎炸面点，在中式面点中常常用于面点的起酥。用起酥油调制面点时，油脂由于其成膜性覆盖于面粉的周围，隔断了面粉之间的相互结合，防止面筋与淀粉固着。此外，起酥油在层层分布的焙烤面点组织中起润滑作用，使面点组织变弱易碎，达到酥点的品质要求。

此外，还有牛脂和羊脂，含脂量较低，质量不如猪油，具有特殊气味，使用不多。牛脂和羊脂的熔点很高，牛脂40 ~ 50℃，羊脂44 ~ 45℃。此熔点便于面点的成型和操作，但由于熔点高于人的体温，故不易被消化和吸收。

（二）油脂的理化特性

1.油脂的物理特性

（1）颜色

一般来说油色越淡，表示精制品质越好。但橄榄油、芝麻油为了保持香味，所以往往不进行脱色、脱臭的处理，颜色就比较深。但即使是精制的油放陈后颜色也会变黯。奶油和人造奶油放久了，周边会因熔化而变透明。空气、光线、温度都会使油色变深，尤其加热后油色会发红、变深。

（2）发烟点、引火点、燃烧点

当油加热到200℃左右，开始冒烟，这时的温度称为发烟点；如果接近火时，开始点燃的温度称为引火点；当温度升高，在无外源火致燃，自身燃烧时的温度为燃烧点。发烟点随油脂不同而异，游离脂肪酸少的油，发烟点较高，游离脂肪酸多的油，发烟点较低。油越陈，因为游离脂肪酸多而使发烟点降低。燃烧点、引火点也有类似倾向。

（3）熔点和凝固点

物质由固态转变为液态时的温度称为该物质的熔点；反之，由液态转变为固态时的温度为凝固点。纯粹化合物的熔点和凝固点应该是相同的，但像油脂这样具有黏滞性和同质多晶性质的物质，凝固点常比熔点低 1 ~ 5℃。

（4）黏度和稠度

液体油的黏度随着存放时间增长而增加，而且与温度有关，温度越低黏度越大，随着温度的升高，黏度降低的幅度变大。稠度就是可塑脂的硬度。稠度与可塑性相反，稠度大可塑性小，稠度小可塑性大。脂肪的可塑性可粗略地由其稠度来衡量。

2. 油脂的化学特性

（1）水解作用

油脂可以与水作用发生水解，分解成脂肪酸和甘油。油脂的水解在油炸操作时发生，温度的上升以及酸、碱、酶的存在，都可以促进油脂的水解作用。人体对油脂的消化，就是利用脂肪酶对脂肪水解的作用。在有碱存在时，还产生皂化作用，碱与脂肪及脂肪酸作用，用来测定油脂的两个重要指标，即皂价和酸价。皂价是指皂化 1 克脂肪中全部脂肪酸（包括游离脂肪酸与结合脂肪酸）所需氢氧化钾（KOH）的毫克数。根据皂价可以推算混合油脂或脂肪酸的平均相对分子质量。酸价是用以中和 1 克油脂中游离脂肪酸所需氢氧化钾（KOH）的毫克数，它是鉴定油脂纯度、分解程度的指标。根据酸价的变化，可以推知油脂贮藏的稳定性。一般新鲜的油脂酸价在 0.05 ~ 0.07。酸价在 1.0 以上的油脂已不适于食用。一般规定，起酥油的酸价要在 0.8 以下，精制猪油 0.3 以下，植物油 0.2 以下。

一切由脂肪酸与甘油所形成的酯可以用化学方法分解为两个组成部分。反应式如下：

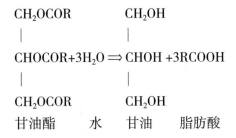

甘油酯   水   甘油   脂肪酸

（2）氧化与酸败

油脂暴露在空气中会自发进行氧化作用而产生异臭和苦味的现象称作酸败（rancidity）。酸败是含油食品变质的最大原因之一，因为它是自发进行的，所以不容易完全防止。

引起油脂酸败的原因很多，主要是空气中的氧和油脂中的水分作用，使之产生氧化和水解所致。油脂酸败后产生多种挥发性及非挥发性的醛、酮、酸、过氧化物，具有刺激气味。酸败降低了食品的营养价值，某些氧化产物可能具有毒性。

油脂的酸败可分为水解酸败和氧化酸败。

油脂的水解酸败是指油脂在解脂酶和水分的作用下，油脂水解，游离出脂肪酸的过程，反应式如下：

$$
\begin{array}{ccc}
CH_2O{-}COR_1 & & CH_2OH \\
| & & | \\
CHO{-}COR_2 + H_2O \xrightarrow{\text{解脂酶}} & CHO{-}COR_2 + R_1COOH \\
| & & | \\
CH_2O{-}COR_3 & & CH_2O{-}COR_3
\end{array}
$$

甘油三酯   水   甘油二酯   脂肪酸

酸败的油脂其物理化学常数都有所改变，如相对密度、折光率、皂价和酸价都会增加，而碘价则趋于降低。酶、阳光、微生物、氧、温度、金属离子的影响，都可以使酸败加快。水解作用也是促进酸败的主要因素，因此油炸用过的油，保存时间变短。

影响酸败的主要因素有：第一，氧的存在；第二，油脂内不饱和键的存在；第三，温度；第四，紫外线照射；第五，金属离子存在。

为了防止油脂酸败，就要从以上因素着手。如密封、防湿、减少油表面积、氢化处理、低温、避光保存、避免接触金属离子，金属离子中铜的影响最大，是铁的 10 倍，铝的影响小于铁，在选择容器和操作工具时要注意金属离子对酸败的影响，抗氧化剂的添加也是防止酸败的有效方法。

（三）油脂在面点中的加工特性

1. 可塑性

可塑性是指油脂在外力作用下可以改变自身形状，甚至可以像液体一样流动的性质。它是人造奶油、奶油、起酥油、猪油的最基本特征。用塑性好的油脂加工面团时，面团的延展性好，制品的质地、体积和口感都比较理想。这是因为油在面团内，能阻挡面粉颗粒间的黏结，减少由于黏结在焙烤中形成坚硬的面块。油脂的可塑性越好，混在面团中的油粒越细小，越易形成连续性的油脂薄膜。

2. 起酥性

起酥性是指在调制酥性面团时，加入大量油脂后，由于油脂的疏水性，会限制面筋蛋白质的吸水作用，限制面筋的形成。此外，还由于油脂的隔离作用，使已形成的面筋不能相互连接而形成大的面筋网络，也使淀粉和面筋之间不能结合，从而降低了面团的弹性和韧性，增加面团的酥性。油脂层层地分布在焙烤食品的组织中，起着润滑作用，使食品组织变脆易碎，口感酥松。起酥性对饼干、薄脆饼酥皮等烘焙食品尤为重要。固态油的表面张力较小，油脂在面团中呈片状分布，覆盖面粉颗粒表面积大，起酥性好；而液态油表面张力大，油脂在面团中呈点状、球状分布，覆盖面粉颗粒表面积小，并且分布不均匀，故起酥性差。因此，制作有层次的油酥面点时必须使用黄油、人造黄油或起酥油。在制作一般性的酥类糕点时，猪油的起酥性是非常好的。

3. 乳化性

油和水不相溶。油和油溶性物质属非极性化合物，而水与水溶性物质属极性化学物。根据相似相溶的原则，这两类物质是互不相溶的，但是在面点制作中经常要将油相和水相混在一起，而且希望混得均匀而稳定，这种现象称为乳化。如制作蛋糕时，油脂的乳化性越好，油脂小粒子分布越均匀，由此加工出来的糕点组织松散、体积大、风味好。在加工奶油蛋糕时，如果用糖较多，而且增加水、奶、蛋的含量，油脂便很难进入水相，因此需要乳化性好的油脂。乳化性好的油脂对改善面点面团的性质，提高产品质量都有一定作用。

4. 吸水性

油脂在烘焙食品中吸收和保持水分的能力可以有效防止制品在挤压时变硬，使制品酥脆。吸水性尤其对制作冰激凌、焙烤面点制品有重要意义。

5. 稳定性

一般油脂在烘焙、煎炸过程中，由于天然抗氧化剂的热分解或本身不含天然抗氧化剂，致使烘焙、煎炸制品的稳定性差，货架期缩短。而烘焙油脂通过氢化、酯交换改性，不饱和程度降低或是添加抗氧化剂，提高了氧化稳定性。

6. 充气性

烘焙油脂在空气中搅打起泡时，空气呈现细小气泡被烘焙油脂包容、吸收，油脂的这种含气性质称为充气性，又称酪化性。

油脂的酪化性对酥类面点质量会产生影响。在调制酥类制品的面团时，首先要搅打油、糖和水，使之充分乳化。在搅打过程中，油脂中结合一定量的空气。当面团成型后，进行烘焙时，油脂受热流散，气体膨胀并向两相的界面流动，此时由化学疏松剂分解释放出来的二氧化碳及面团中的水蒸气，也向油脂流散的界面聚结，制品碎裂，成为片状或椭圆形的多孔结构，使产品体积膨大、酥松。油脂的酪化性与其成分有关。起酥油的酪化性比人造黄油好，猪油的酪化性较差；此外，还与油脂的饱和程度有关，饱和程度越高，搅拌时吸入的空气量越多，故糕点饼干生产中最好使用氢化起酥油。

（四）油脂在面点中的作用

1. 直接调味作用

在面点馅心中加入油脂可以增加香味，因为大多数呈香物质为脂溶性，增加油脂的摄入，相对增加了香味的来源，使得食物变得芳香可口。

2. 增加制品营养

食用油脂增加制品营养，主要表现在 3 个方面：第一，油脂可以产生热能。众所周知，脂肪、蛋白质、碳水化物为人体三大产热营养素，作为三大产热营养素之一的脂肪，在人体内的功能主要是为人体提供热能，且脂肪的产热系数为 9 千卡 / 克，远远高于蛋白质和碳水化合物在人体内所产生的能量。在面点中所用的油脂，大多数是植物油和猪油、奶油，它们的熔点都比较低，对人体而言消化吸收率比较高，更利于人体的消化吸收。

第二，增加了不饱和脂肪酸的供给。在面点中使用的油脂其熔点低，所含的不饱和脂肪酸较多，其碳链又较长，因此可以降低血浆中胆固醇的含量，对防止动脉硬化、降低血压、帮助治疗高血压有一定的作用；另外不饱和脂肪酸中的必需脂肪酸对构成细胞膜，参与磷脂合成、胆固醇转运等都是必不可少的。

第三，脂肪有利于帮助脂溶性维生素的吸收。常见的脂溶性维生素有维生素 A、维生素 E、维生素 D、维生素 K 等。这些脂溶性维生素一定要在有脂肪摄入的条件下，才能溶解于脂肪，最终被人体吸收利用。增加油脂的膳食有利于脂溶性维生素的吸收。

3. 改善面团性能

在酥性面团调制过程中，油脂形成一层油膜包在面粉颗粒外面，由于这层油膜的隔离作用，使面粉中的蛋白质难以充分吸水胀润，抑制了面筋的形成，并且使已形成的面筋难以互相结合，降低了面筋的可塑性，使油酥面点制品的花纹清晰，不收缩变形。

4. 形成层次口感

油脂可以使制品形成层次，主要表现在发酵面团、油酥面团中。在发酵面团中，使用油脂能使制品层次分明，松软适口，如千层饼、黄桥烧饼、各式花卷。这主要是因为油脂是非极性分子，分子表面存在着大量的疏水因子。在制作过程中，面片之间涂了油脂后，使得两层面中的水分子被油脂分开，阻止了面筋网络的形成，使得制品成熟后层次分明。在油酥面团中，用油脂与面粉调制成团时，因油脂具有一定的黏度，便黏附在粉粒表面，同时具有表面张力，其表面有自动收缩的趋势，油膜的收缩力把面粉颗粒吸附在一起。但是面粉颗粒之间黏结不太紧密，与水油面相比就松散得多了——这也是由于表面张力的缘故。面粉颗粒被油脂膜包围、隔开，使颗粒之间存在空气，即存在液—空界面，液体与气体接触时，其表面积自动缩小，使被油膜隔开的面粉颗粒之间的间隙增大，因此松散，形成酥脆的口感。

5. 影响发酵速度

在发酵面团调制时，若油脂用量过多或添加顺序不当，就有可能在酵母细胞周围形成不透性的油膜。这层油膜会阻碍酵母对营养物质的吸收，影响酵母的正常生长和繁殖，从而响面团发酵速度。

6. 辅助润滑作用

在面点的成型中适当用些油脂，能降低面团的黏着性，从而便于操作，例如在制作馓子、麻花时，在手上和案板上涂点油脂，可以使得面团不粘连，面条之间也不粘连，从而更利于成型。

7. 传热介质作用

以油为传热介质，主要是利用油的对流传递热量，油的沸点比水高得多，因此可以利用的范围比水宽，利用高温能使油分子驱散原料表面和内部的水分子，使原料香脆。

8. 延长保存时间

油脂能够保持高水分产品的柔软，防止水分散失，从而延缓老化速率，延长了产品的货架期。特别是对油脂用量高的蛋糕，这种作用尤为明显。

二、蛋品类

蛋品在面点制作中，用途极广。除了可以制作馅心外，更主要的是可以使制品增加香味和鲜艳色泽（烘烤时更容易上色），并能保持面点制品的松软性。

（一）蛋的结构（表 4-6）

1. 蛋壳

蛋壳由壳上胶状膜、外壳、壳内膜组成，壳内膜又分外膜和内膜。胶状膜具有光泽，当鸡蛋不新鲜时光泽会失去，据此可鉴别蛋的新鲜程度。蛋壳仅对鸡蛋起保护作用，无食用价值。蛋壳的主要成分为碳酸钙，厚度约为 0.2 ~ 0.4 毫米，上有气孔，供呼吸用。如失去胶状膜，微生物即可由气孔进入蛋内。蛋壳在灯光下还具有一定的透视性，因此可用灯照检查鸡蛋内部的新鲜度。外膜和内膜紧贴在一起，仅在蛋的大头处分开形成气室，通常气室越小，蛋越新鲜。

2. 蛋白

蛋白膜之内就是蛋白（即蛋清），呈透明黏稠流动体，颜色为微黄色。蛋白由外向内分为 4 层，第一层为稀薄蛋白，贴附在蛋白膜上；第二层为浓厚蛋白；第三层为稀薄蛋白；第四层为系带层浓蛋白。

浓厚蛋白是一种纤维状结构，主要由黏蛋白和类黏蛋白组成，并含有特有成分溶菌酶，能溶解微生物细胞壁，故有杀菌和抑菌的作用。稀薄蛋白呈水样液体，不含溶菌酶。一般新鲜的蛋，浓厚蛋白的含量大，约占全部蛋白的 50% ~ 60%，但随着蛋的陈旧，浓厚蛋白逐渐变稀，稀薄蛋白变得更稀，因此浓厚蛋白含量的多少可作为衡量蛋新鲜与否的标志。浓厚蛋白与稀薄蛋白的比例可因禽类品种、年龄，产蛋季节，饲料的不同而有所不同。

3. 蛋黄

蛋黄是蛋内浓稠不透明且不流动的圆形黄色团块，位于蛋的中心，由蛋黄膜、蛋黄液和胚胎组成。

蛋黄膜是包围在蛋黄外面一层很薄而有韧性的透明膜。其功能是保护蛋黄和胚胎，使蛋黄液不与蛋白相混。新鲜的蛋黄膜富有弹性，但随着鲜蛋保存时间的延长，它的韧性减弱，并且蛋黄内逐渐渗水胀大，最后使其完全丧失张力而破裂散黄。

蛋黄液是蛋最里面不透明半流动的黏稠状物，由深黄和淡黄两种蛋黄层相间组成。

胚胎是蛋黄表面上的微白色、直径约为 2 ~ 3 毫米的小圆点，分为受精蛋胚胎和不受精胚胎两种。不受精蛋胚胎呈圆形，叫胚珠；受精蛋胚胎呈多角形，叫胚盘。受精蛋胚胎很不稳定，在适宜的外界温度下，便会很快发育，这就降低了蛋的耐贮性和质量。

表 4-6　鸡蛋的各部分组成

蛋的质量 / 克	蛋壳占全蛋的比例 /%	蛋白		蛋黄	
		占全蛋的比例 /%	占蛋液的比例 /%	占全蛋的比例 /%	占蛋液的比例 /%
31 ~ 40	12.6	56.7	64.9	30.7	35.1
46 ~ 50	10.8	57.8	64.2	31.4	35.8
56 ~ 60	11.3	58.5	66.3	29.9	33.7

（二）蛋的化学成分

鲜蛋含有丰富的蛋白质、脂肪、维生素、糖类和矿物质等成分，含有人体所需要的各种养分，因此，鲜蛋是一种理想的营养品。但受家禽的种类、品种、饲料、产蛋期、饲养管理条件及其他因素的影响，鲜蛋的化学成分变化很大。

1. 蛋白

蛋白中水分含量为 85% ~ 88%，蛋白质的含量为总量的 11% ~ 13%，其中包含有卵白蛋白、卵球蛋白、伴蛋白和糖蛋白等简单蛋白类，以及黏蛋白及类黏蛋白等复合蛋白质。蛋白中还含有少量的碳水化合物、溶菌酶、少量维生素和色素，以及钾、钠、钙、镁、氯等无机成分。

2. 蛋黄

蛋黄中含有 50% 左右的干物质，为蛋白中干物质的 4 倍。蛋黄中除含 50% 的水分外，其余主要成分为蛋白质和脂肪，两者的比例约为 1∶2，此外还含有糖类、盐类、色素、维生素等。

蛋黄中的蛋白质主要有卵黄磷蛋白、卵黄球蛋白及少量的白蛋白。蛋黄的脂肪中属于甘油酯的真正脂肪约占 20%，其余 10% 为以磷脂为主体的复合脂肪及甾醇等。卵磷脂、脑磷脂及微量的神经磷脂可促进人的脑组织和神经组织发育。同时还具有很强的乳化作用，起到稳定蛋黄成分的作用。

另外，蛋黄中含有各种色素，主要为叶黄素、玉米黄素、胡萝卜素、维生素 B_2，因而蛋黄呈黄色乃至橙黄色。蛋黄中还含有维生素 A、维生素 E、维生素 B_2、维生素 B_6、泛酸以及维生素 C、维生素 D、维生素 K 等。

（三）蛋的种类

蛋品种类较多，大体可分为鲜蛋、冰蛋、蛋粉和加工蛋（咸蛋、松花蛋等）。

1. 鲜蛋

鲜蛋主要有鸡蛋、鸭蛋、鹅蛋等。鲜蛋搅拌性能高，起泡性好，所以生产中多选择鲜蛋为主。其中鸡蛋是最常用的原料。因为鲜鸡蛋所含营养丰富而全面，营养学家称之为"完全蛋白质模式"，被人们誉为"理想的营养库"。

对于鲜蛋的质量要求是鲜蛋的气室要小，不散黄，其缺点是蛋壳处理麻烦。

2. 冰蛋

冰蛋是将蛋去壳，采用速冻制取的全蛋液（全蛋液约含水分72%），速冻温度为 –20 ～ –18℃。由于速冻温度低、结冻快，蛋液的胶体很少受到破坏，保留其加工性能，使用时应升温解冻，其效果不及鲜蛋，但使用方便。

3. 蛋粉

蛋粉主要包括全蛋粉、蛋白粉和蛋黄粉等。由于加工过程中，蛋白质变性，因而不能提高制品的疏松度。在使用前需要加水调匀，溶化成蛋液或与面粉一起过筛混匀，再进行制作。因为蛋粉溶解度的原因，虽然营养价值差别不大，但是发泡性和乳化能力较差，使用时必须注意。

4. 加工蛋

（1）咸蛋

咸蛋又称腌鸭蛋、咸鸭蛋，是一种中国传统食品，以江苏高邮所产的咸鸭蛋最为有名。在面点中常用来制作特色点心，如蛋黄酥、咸蛋粽、蛋黄月饼等，其中广东月饼中使用鸭蛋黄越多，价钱亦越贵，蛋黄以出油"颜色红而油多"为上品，也可以用于花式蒸饺的点缀。

（2）松花蛋

松花蛋，又称皮蛋、变蛋、灰包蛋等，是一种中国传统风味蛋制品。主要原材料是鸭蛋，口感鲜滑爽口，色香味均有独到之处。松花蛋不仅为国内广大消费者所喜爱，在国际市场上也享有盛名。经过特殊的加工方式后，松花蛋会变得黝黑光亮，上面还有白色的花纹，闻一闻则有一种特殊的香气扑鼻而来，常用于点缀面点。

（四）蛋的理化特性

1. 蛋白的起泡性

蛋白是一种亲水胶体，具有良好的起泡性，在调制物理膨松面团中具有重要作用。蛋白经过强烈搅拌，蛋白薄膜将混入的空气包围起来形成泡沫。由于受表面张力的影响，泡沫成为球形。由于蛋白胶体具有黏度，其和加入的原料附着在蛋白薄膜层四周，使泡沫层变得浓厚结实，增强了泡沫的机械稳定性。当加入蛋品的点心进行烘烤时，泡沫内气体受热膨胀，使制品疏松多孔并具有一定的弹性和韧性。因此，蛋可以增加点心的体积，是一种理想的天然疏松剂。

打蛋白是调制蛋泡面团重要的工序，泡沫形成受到许多因素的影响，如黏度、油、pH、温度和蛋的质量等。

2. 蛋黄的乳化性

蛋黄中含有许多磷脂，磷脂具有亲油和亲水的双重性质，是一种理想的天然乳化剂。能使油、水和其他材料均匀地分布在一起，有助于制品组织细腻，质地均匀，疏松可口，具有良好的色泽。

3. 蛋的热凝固性

蛋白对热极为敏感，受热后凝结变性。蛋白在50℃左右开始浑浊，57℃左右黏度稍有增加，58℃左右开始发生白浊，62℃以上则失去流动性呈软冻状，温度增高则硬度加大，70℃时就成为块状或冻状，温度再增高就变硬。

蛋黄在65℃左右开始凝胶化，70℃以上失去流动性，蛋黄的凝固比蛋白需要更高的温度。

（五）蛋在面点中的作用

1. 提高制品的营养价值

蛋品中含有丰富的蛋白质及人体必需的各种氨基酸，其在人体内消化率高达98%，是天然食物中的优质蛋白质，此外，蛋品中还含有维生素、磷脂和丰富的矿物质。

2. 改进面团的组织结构

如蛋黄能起乳化作用，促进脂肪的乳化，使脂肪充分分散在面团中；蛋白具有发泡性，有利于形成蜂窝结构，增大制品体积。

3. 改善面点的风味特征

在面点的表面涂上蛋液，经烘烤后呈现金黄发亮的光泽，这是由于羰氨反应引起的褐变作用即所谓美拉德反应，使制品具有特殊的蛋香味。

4. 优化面点的保存品质

蛋黄中的磷脂能使蛋糕等制品在储存期间保持柔软，延缓老化。蛋白的主要成分白蛋白中含有硫氢基，具有抗氧化的作用，能延长饼干、蛋糕等面点制品的保存期。

三、乳品类

（一）牛奶的化学成分

牛奶的化学成分主要有脂肪、蛋白质、乳糖等。此处以牛奶为例，介绍牛奶及乳品类的有关知识。

1. 乳脂肪

牛奶脂肪一般称为奶油，或直译为白脱油，其特点是含有脂肪酸的种类最多，还有羰基化合物，如双乙酰，这些物质提供了奶油的特殊风味。奶油中含有很少量的乳脂类，如磷脂类的卵磷脂、脑磷脂。用搅拌法制造的奶油，奶油中所含的磷脂量很少，只有0.023%～0.099%。奶油中还含有0.25%～0.45%的胆固醇。奶油呈黄色，所以也称黄油，其色素90%为胡萝卜素，10%为叶黄素，油溶性的维生素A、维生素D也存在于奶油中。乳脂肪不溶于水，而以脂肪球状态分散于乳浆中。

2.乳蛋白质

牛奶内最主要的蛋白质是酪蛋白、乳清蛋白和乳球蛋白。

（1）酪蛋白

酪蛋白并不是单一的蛋白质，而是在20℃条件下，将脱脂乳的pH调整到4.6（加酸）时沉淀出的一类蛋白质。酪蛋白约占牛奶中蛋白质的80%。酪蛋白含有多种人体不可缺少的必需氨基酸。

（2）乳清蛋白及乳球蛋白

将脱脂奶中酪蛋白沉淀后，剩余的液体就是乳清，它在鲜奶中的含量约为0.5%。乳清中的乳清蛋白及乳球蛋白是对热不稳定的蛋白，加热可使其变性凝结。乳清蛋白中也含有各种人体必需的氨基酸，尤其是赖氨酸、亮氨酸、苯丙氨酸、苏氨酸、组氨酸等含量相当丰富。

3.乳糖

牛奶内除了少量的葡萄糖、果糖、半乳糖外，99.8%以上的碳水化合物是属于双糖的乳糖。乳糖在牛奶中含量约为4.7%，在乳糖酶或酸的作用下可分解为葡萄糖和半乳糖。乳糖虽有甜味，但其甜度只有蔗糖的1/6左右。在面点制作中，因为一般酵母没有乳糖酶，故不能利用乳糖发酵。但一些特殊酵母和乳酸菌可分解乳糖发醇，产生乳酸及二氧化碳，不产生酒精。

4.维生素

牛奶中含有几乎所有已知的维生素，特别是维生素B_2的含量非常丰富，但维生素D的含量不高。

5.无机盐

牛奶中的无机盐亦称为矿物质，是指除碳、氢、氧、氮以外的各种无机元素，主要有钾、钙、氯、磷、镁、硫、钠。除此以外，还有微量的铁、锌、硅、铜、氟等元素。矿物质总量约占牛乳的0.6%～0.9%，这些矿物质也是人体所需的营养物质。

（二）乳品的种类

乳品包括鲜牛奶、奶粉、炼乳、酸奶和奶酪等。

1.鲜牛奶

鲜牛奶是健康奶牛所产的新鲜乳汁，经有效的加热杀菌方式处理后，分装出售的饮用牛奶。按成品组成成分，主要品种如下。

①全脂牛奶：含乳脂肪在 3.1% 以上。

②强化牛奶：添加多种维生素、铁盐的牛奶，如添加维生素 A、维生素 B_1、维生素 B_2、维生素 B_6 等，以供特殊需要。

③低脂牛奶：含乳脂肪在 1.0% ~ 2.0% 的牛奶。

④脱脂牛奶：含乳脂肪在 0.5% 以下的牛奶。

⑤花色牛奶：在牛奶中加入咖啡、可可、果汁等组成的牛奶。

2. 奶粉

奶粉一般是鲜牛奶经过干燥工艺制成的粉末状乳制品。主要分为两大类：普通奶粉和配方奶粉。普通奶粉常见的有全脂淡奶粉、全脂加糖奶粉和脱脂奶粉等。全脂奶粉是指以新鲜牛奶为原料，经浓缩、喷雾干燥制成的粉末状食品。脱脂奶粉是指以牛奶为原料，经分离脂肪、浓缩、喷雾干燥制成的粉末状食品。

3. 炼乳

炼乳是"浓缩牛奶"的一种。炼乳是将鲜奶经真空浓缩或其他方法除去大部分的水分，浓缩至原体积25% ~ 40%左右的乳制品。炼乳加工时由于所用的原料和添加的辅料不同，可以分为加糖炼乳（甜炼乳）、淡炼乳、脱脂炼乳、半脱脂炼乳、花色炼乳、强化炼乳和调制炼乳等。

4. 酸奶

酸奶是以新鲜的牛奶为原料，经过巴氏杀菌后再向牛奶中添加有益菌（发酵剂），经发醇后，再冷却灌装的一种牛奶制品。目前市场上酸奶制品多以凝固型、搅拌型和添加各种果汁果酱等辅料的果味型为多。酸奶不但保留了牛奶的所有优点，而且某些方面经加工过程后，成为更加适合于人体的营养保健品。在蛋糕制作过程中主要用于特殊风味西点的配比。

5. 奶酪

奶酪是以动物奶（主要是牛奶和羊奶）为原料制作的奶制品。

奶酪的种类很多，目前世界上的奶酪有上千种，其中法国产的种类较多，此外意大利、荷兰生产的奶酪也很著名。优质的奶酪切面均匀致密，呈白色或淡黄色，表皮均匀、细腻，无损伤，无裂缝和脆硬现象。切片整齐不碎，具有奶制品特有的醇香味。奶酪应存放在温度为 2 ~ 6℃，相对湿度为88% ~ 90% 冰箱中，存放时最好用纸包好。

奶酪的种类非常多，在这里主要介绍在面点烘焙中比较常用到的几种奶酪。

（1）奶油奶酪

奶油奶酪（cream cheese）是最常用到的奶酪，它是鲜奶经过细菌分解所产生的奶酪及凝乳处理所制成的。奶油乳酪在开封后极容易吸收其他味道而腐坏，所以要尽早食用。奶油乳酪是乳酪蛋糕中不可缺少的重要材料。

（2）马士卡彭奶酪

马士卡彭奶酪（Mascarpone cheese）是产生于意大利的新鲜乳酪，是一种将新鲜牛奶发酵凝结，继而去除部分水分后所形成的"新鲜乳酪"，其固形物中乳酪脂肪成分占80%。软硬程度介于鲜奶油与奶油乳酪之间，带有轻微的甜味及浓郁的口感。马士卡彭奶酪是制作提拉米苏的主要材料。

（3）莫苏里拉奶酪

莫苏里拉奶酪（Mozzarella cheese）是意大利坎帕尼亚那不勒斯地方产的一种淡味奶酪，其成品色泽淡黄，含乳脂50%，经过高温烘焙后奶酪会溶化拉丝，是制作比萨的重要材料。

（4）帕玛森奶酪

帕玛森奶酪（Parmesan cheese）是一种意大利硬奶酪，经多年陈熟干燥而成，色淡黄，具有强烈的水果味道，一般超市中有盒装或铁罐装的粉末状帕玛森奶酪出售。帕玛森奶酪用途非常广泛，不仅可以擦成碎屑，作为意式面食、汤及其他菜肴的调味品，还能制成精美的甜食。

（三）乳品在面点中的作用

1. 提高制品的营养价值

乳品中蛋白质属于完全蛋白质，含有人体全部必需的氨基酸，由于乳脂肪作用，易被人体吸收利用。同时还含有乳糖、多种维生素等。若加入面点中，不仅能提高制品的营养价值，而且能使制品颜色洁白，滋味香醇，促进食欲。

2. 改进面团的工艺性能

乳品中含有磷脂，是一种很好的乳化剂。乳品还具有起泡性。因此，乳品加入面团中可以促进面团中油与水的乳化，改进面团的胶体性质，同时也能调节面筋的胀润度，使面团不易收缩，增加面团的气体保持能力，使面点制品膨松，柔软可口。

3. 改善面点的风味特征

乳品中含有微量的叶黄素、乳黄素和胡萝卜素等有色物质，使乳品带有淡黄色。烘烤出来的面点常呈现有光泽的诱人的乳黄色，乳品用量越多，面点制品的表皮颜色就越深，同时还具有乳品的特殊芳香。

4. 延缓面点制品的老化

面团加入乳品制作面点后，由于乳品中含有大量蛋白质，使面团吸水率增加，面筋性能得到改善，面点制品放置一段时间，也不会发生老化现象。还因乳酪蛋白中的硫氢基化合物具有抗氧化作用，从而延长了面点制品的保鲜期。因此，常常用于高级面点品种的制作。

四、水类

水是人体所必需的，在自然界中广泛存在，水的硬度、pH、温度和卫生条件对面点面团的形成和特点起着重要甚至关键性的作用。

（一）水的硬度

水中含有钙与镁的碳酸盐、酸式碳酸盐、硫酸盐、氯化物以及硝酸盐。水的硬度是指溶解在水中的盐类物质的含量，即钙盐与镁盐的含量。1升水中含有钙、镁离子的总和相当于10毫克时，称为1"度"。通常根据硬度的大小，把水分成硬水与软水：8度以下为软水，8~16度为中水，16度以上为硬水，30度以上为极硬水。

生产一般面点的水通常为中水。水质硬度高，虽然有利于面团面筋的形成，但是会影响面团的发酵速度，而且使糕点成品口感粗糙；水质过软虽然有利于面粉中的蛋白质和淀粉吸水胀润，可促进淀粉的糊化，但是又极不利于面筋的形成，尤其是极软水能使面筋质趋于柔软发黏，从而降低面筋的筋性，最终影响糕点的成品质量。

（二）水的pH

水的pH是表示水中氢离子的负对数值，所以pH有时也称为氢离子指数。由于氢离子浓度的数值往往很小，在应用上不方便，所以就用pH这一概念作为水溶液酸、碱性的判断指标，而且离子浓度的负对数值恰能表示出酸性、碱性的变化幅度数量级大小，这样应用起来就十分方便。水的pH见表4-7。

表4-7　水的pH

水溶液	pH	性质说明
中性水溶液	pH =7	酸碱平衡，中性
酸性水溶液	pH<7	pH 越小，表示酸性越强
碱性水溶液	pH>7	pH 越大，表示碱性越强

自来水一般呈微碱性，pH在7.2~8.5，pH超过10时不能饮用。

在面团发酵过程中，淀粉酶分解淀粉为葡萄糖和酵母菌繁殖适合于偏酸的环境（pH为5.5左右），如果水的酸性过大或碱性过大，都会影响淀粉酶的分解和酵母菌的繁殖，不利于发酵，遇此情况，需加入适量的碱性或酸性物质以中和酸性过高或碱性过大的水。

（三）水的温度

水的温度对于面团的发酵大有影响。酵母菌在面团中的最佳繁殖温度为28℃，水温过高或过低都会影响酵母菌的活性。

例如，把老面肥掰成若干小块加水与面粉掺和，夏季用冷水，春、秋季用40℃左右温水，冬季用60～70℃热水调面团，盖上湿布，放置暖和处待其发酵。如果老面肥较少，可先用温水加面肥调成厚糊状，待糊起泡后再和多量面粉调成面团待发酵。面团起发的最佳温度是27～30℃，只要能保持这个条件，面团在2～3小时内便可发酵成功。

（四）水的卫生标准

生产面点所用的水，应是透明、无色、无臭、无异味、无有害金属、无有害微生物、无沉淀、硬度适中，完全符合国家饮用水质标准的规定。

（五）水在面点制作中的作用

1. 调节面团的胀润度

面筋的形成就是面筋性蛋白质吸水胀润的过程。在面团调制时，如加水量适当，面团胀润度好，所形成的湿面筋弹性好、延伸性好；如加水量过少，面筋蛋白吸水不足，水化程度低，面筋不能充分扩展，导致面团胀润度及品质较差。

2. 调节淀粉糊化程度

淀粉的糊化是指淀粉在适当温度下吸水膨胀、分裂，形成均匀糊状溶液的过程。面点熟制，是由于淀粉糊化的结果，而淀粉的糊化需要大量的水。水量充足时，淀粉才能充分吸水糊化，使制品组织结构良好，体积增大；反之，淀粉则不能充分糊化，导致面团流散性大，制品组织疏松。

3. 促进酵母生长繁殖

水既是酵母的重要营养物质之一，又是酵母吸收其他营养物质及进行细胞内各种生化变化的必需介质。酵母的最适水分活度 Aw 为 0.88，当 Aw < 0.78 时，酵母的生长繁殖将受到抑制。

4. 调节酶的水解作用

酶的活性、浓度与底物是影响酶促反应的重要因素，而它们又与水有直接关系。如当 Aw < 0.3 时，淀粉酶的活性受到较大的抑制。因此，通过调节面团的水量，便可调节酶对蛋白质及淀粉的水解程度，从而起到调节面团性质的作用。

5. 发挥水的溶剂作用

面团中的许多原料都需要用水来溶解，如糖、食盐、乳粉以及一些食品添加剂，这些原料只有经水溶解后才能在面团中均匀分散。

6. 直接调节面团温度

面团温度的控制对面包的质量有较大的影响。面团调制过程中，采用水温来调控面团的温度是最简便、最有效的方法。

7. 延长面点的保鲜期

水分少的焙烤制品，如桃酥、蛋糕、酥饼等，可保持较好的柔软度，延长保鲜期。

8. 作为熟制传热介质

水作为熟制中的传热介质之一，可用来传递热能，使面点成熟。

五、其他类

其他类的辅助原料也比较多，常见的辅助原料有巧克力、咖啡和可可粉等。

（一）巧克力

巧克力（也译朱古力），原产中南美洲，其主要原料可可豆产于赤道南北纬18°以内的狭长地带。作饮料时，常称为"热巧克力"或可可亚。

巧克力由多种原料混合而成，但其风味主要取决于可可本身的滋味。可可中含有可可碱和咖啡碱，带来令人愉快的苦味；可可中的单宁有淡淡的涩味，可可脂能产生肥腴滑爽的味感。可可的苦、涩、酸，可可脂的滑，借助砂糖或乳粉、乳脂、麦芽、卵磷脂、香兰素等辅料，再经过精湛的加工工艺，使得巧克力不仅保持了可可独有的滋味并且让它更加和谐、愉悦和可口。

巧克力是以可可浆和可可脂为主要原料制成的一种甜食。它不但口感细腻甜美，而且还带有一股浓郁的香气。巧克力可以直接食用，也可被用来制作蛋糕、冰激凌等。

（二）咖啡

"咖啡"一词源自希腊语"Kaweh"，意思是"力量与热情"。咖啡树是茜草科常绿小乔木，日常饮用的咖啡是用咖啡豆配合各种不同的烹煮器具制作出来的，而咖啡豆就是指咖啡树果实内之果仁，再用适当的烘焙方法烘焙而成。咖啡在蛋糕、面包等点心中经常用到。

（三）可可粉

可可粉是从可可树结出的豆荚(果实)里取出的可可豆(种子)，经发酵、粗碎、去皮等工序得到的可可豆碎片（通称可可饼），由可可饼脱脂粉碎之后的粉状物，即为可可粉。可可粉按其含脂量分为高脂、中脂、低脂可可粉；按加工方法不同分为天然粉和碱化粉。可可粉具有浓烈的可可香气，可用于高档巧克力、饮品、牛奶、冰激凌、糖果、糕点及其他含可可的食品。近来市面上流行的面点，如脏脏包、土豆包、红薯包等，就是使用可可粉制作的。

第五节　添加剂原料

面点制作过程中的添加原料，主要是指食品添加剂。而食品添加剂是指为改善食品品质和色、香、味、形以及为防腐和加工工艺的需要而加入食品中的化学成分或者天然物质。

一、膨松剂类

（一）生物膨松剂

1. 酵母

（1）酵母的概念

酵母是一种典型的异养兼性厌氧微生物，在有氧和无氧条件下都能够存活，是一种天然发酵剂。酵母在面团中的发酵主要是利用酵母的生命活动产生的二氧化碳和其他物质，同时发生一系列复杂的变化，使面团膨松富有弹性，并赋予发酵面团制品特有的色、香、味。

（2）酵母的特性及种类

酵母的种类主要有液体酵母（有的地区叫"酵水"）、压榨鲜酵母、活性干酵母和速效干酵母4种。

①液体酵母。由发酵罐中抽取的未经过浓缩的酵母液。这种酵母使用方便，但保存期较短，也不便于运输，国外西点行业经常使用。

②鲜酵母。鲜酵母也称压榨酵母或浓缩酵母，是将酵母液除去一部分水分后压榨而成，其固形物含量达到30%。由于含水量较高，此类酵母应保持在2～7℃的低温环境中，并应尽量避免暴露于空气中，以免流失水分而干裂。一旦由冰箱中取出置于室温一段时间后，未用完部分不宜再用。新鲜酵母因含有足够的水分，发酵速度较快，将其与面粉一起搅拌，即可在短时间内产生发酵作用。由于操作非常迅速方便，很多面包生产业者多采用它。

③干性酵母。干性酵母又称活性酵母，是将新鲜酵母压榨成短细条状或细小颗粒状，并用低温干燥法脱去大部分水分，使其固形物含量达92%～94%而得。酵母菌在此干燥的环境中处于休眠状态，不易变质，保存期长，运输方便。此类酵母的使用量约为新鲜酵母的一半，而且使用时必须先以4～5倍酵母量的30～40℃的温水，浸泡15～30分钟，使其活化，恢复新鲜状态的发

酵活力。干性酵母的发酵耐力比新鲜酵母强，但是发酵速度较慢，而且使用前必须经过温水活化以恢复其活力，使用起来不太方便，故目前市场上使用并不普遍。

④速效干酵母。速效干酵母又称即发干酵母。由于干性酵母的颗粒较大，使用前必须先活化，使用不便，所以进一步将其改良成细小的颗粒，此类酵母在使用前无须活化，可以直接加入面粉中搅拌。因速效酵母颗粒细小，类似粉状，在酵母低温干燥时处理迅速，故酵母活力损失较小，且溶解快速，能迅速恢复其发酵活力。速效干酵母发酵速度快、活性高，使用量比干性酵母可以略低。此类酵母对氧气很敏感，一旦空气中含氧量大于0.5%，便会丧失其发酵能力。因此，此类酵母均以锡箔积层材料真空包装。如发现未开封的包装袋已不再呈真空状态，此酵母最好不要使用。若开封后未能一次用完，则须将剩余部分密封后再放于冰箱中储存，并最好在3～5天内用完。

（3）酵母在面团发酵中的作用

①生物膨松作用。酵母在面团中发酵而产生大量的二氧化碳，由于面筋的网状组织的形成，而保留在面团中，使面团松软多孔，体积变大。

②面筋扩展作用。酵母发酵除产生二氧化碳外，还有增加面筋扩展的作用，提高发酵面团的包气能力。

③风味改善作用。酵母发酵时，能使产品产生特有的发酵风味。酵母在面团内发酵时，除二氧化碳和酒精外，还伴有许多与发酵制品风味有关的有挥发性和非挥发性的化合物，形成发酵制品所特有的蒸制或烘焙的芳香气味。

④增加营养价值。酵母体内蛋白质的含量占一半，而且主要氨基酸含量充足，尤其是在谷物内较缺乏的赖氨酸有较高的含量，这样可使人体对谷物蛋白的吸收率提高。另一方面，它含有大量的维生素B_1、维生素B_2及烟酸，所以提高了发酵面团制品的营养价值。

2. 面肥

面肥（又称"酵种""老肥""面头""引子""酵头"等），即含有酵母的种面。面肥是饮食行业传统的酵面催发方式，经济方便，但缺点是发酵时间长，使用时必须加碱中和酸味。

常见酵面制作面肥的方法是：取一块当天已经发酵好的酵面，用水化开，再加入适量的面粉揉匀，放置中盆中自然发酵，到第二天就成了面肥了。所以，面肥发酵面团就是利用隔天的发酵面团所含的酵母菌，催发新酵母的一种发酵方法。

与酵母相比，面肥经济实惠，成本很低，但是它除了含有酵母菌以外，还含有很多醋酸菌、乳酸菌等杂菌；在发酵过程中，杂菌繁殖产生酸味，因此调制时需要兑碱中和，制作复杂，技术要求高。兑的碱多了，则制品有碱味、色发黄；兑的碱少了，则制品发酸、色发灰黯。

3. 甜酒酿

（1）甜酒酿的概念

甜酒酿是江南地区传统小吃。是用蒸熟的江米（糯米）拌上酒醅（一种特殊的微生物酵母）发酵而成的一种甜米酒。

（2）甜酒酿制作面肥

每 500 克面粉掺酒酿（又叫江米酒、醒糟）250 毫升左右，掺水 100～150 毫升，和成团置于盆内盖严，热天 4 个多小时，冷天 10 小时左右，即可胀发成新面肥。

（二）化学膨松剂

1. 化学膨松剂的种类

常用的化学膨松剂有以下几种。

（1）碳酸氢钠

碳酸氢钠，俗称小苏打，为白色粉末，在潮湿空气或热空气中即缓慢分解，产生二氧化碳。当加热至 270℃时即失去全部二氧化碳，其反应方程式如下：

$$2NaHCO_3 \xrightarrow{\triangle} Na_2CO_3 + CO_2 \uparrow + H_2O$$

当水存在时，碳酸氢钠可与某些酸性物质反应，释放出二氧化碳气体，并生成相应的钠盐和水。由于包括面粉在内的许多焙烤原料都有酸性反应，因而使用碳酸氢钠来调节面团及最终焙烤产品的 pH 常常是很有效的。由于使用碳酸氢钠作为膨松剂的生成物中有碳酸钠残留在制品中，它是碱性物质，能与小麦粉中的黄酮醇色素反应，使制品呈黯黄色，并使口味变坏，因此应控制制品的碱度不超过 0.3%。

如果小苏打单独加入含油脂蛋糕内，分解产生的碳酸钠与油脂在焙烤的高温下发生皂化产生肥皂。小苏打加得越多，产生的肥皂越多，因此烤出的产品肥皂味重，品质不良，同时使蛋糕 pH 增高，蛋糕内部及表皮颜色加深，组织和形状受到破坏。所以，除了一些特别的蛋糕（如魔鬼蛋糕、巧克力蛋糕），含可可粉或巧克力等材料及其他需要加深颜色（深红色如豆沙馅）的品种外，小苏打很少单独使用。一般都使用小苏打与有机酸及其盐类混合的膨松剂。

（2）碳酸氢铵

碳酸氢铵为白色粉状结晶，受热分解为氨气、二氧化碳和水。因为所产生的二氧化碳和氨气都是气体，所以疏松力比小苏打和其他膨松剂都大。其疏松力约为小苏打的 2～3 倍，分解反应式如下：

$$NH_4HCO_3 = NH_3 \uparrow + CO_2 \uparrow + H_2O$$

由于碳酸氢铵的分解温度（30～60℃）较低，所以往往在焙烤初期就分解完毕，不能持续有效地在饼坯凝固定型之前连续疏松，因而不能单独使用。习惯上将碳酸氢铵与小苏打配合使用，这样既有利于控制制品疏松程度，又不至于使饼干内残留过多碱性物质。

由于氨的水溶性较大，当产品内水分含量多（如蛋糕、面包等）时，如果使用碳酸氢铵作疏松剂，蛋糕烤出后，一部分氨会溶于成品的水分内，而带有氨臭味，不可食用。所以碳酸氢铵只适用于含水量少的面点制品，如饼干等。这些产品中水分只有 2% ~ 4%，所有氨都将在烘烤时蒸发掉，不会残留在面点制品内。

（3）复合疏松剂

①复合疏松剂的概念和特点：复合疏松剂通常又称为发酵粉、泡打粉，由碱式疏松剂、酸式疏松剂和符合食用安全要求的填充剂按一定比例混合均匀而制得，它可以克服上述碱式疏松剂存在的一些缺陷。

碱剂一般为小苏打，酸剂大多使用酸式盐，作用是控制与碱剂反应的速率，调整食品酸碱度。烘烤时碱剂与酸剂产生中和反应，使二氧化碳全部释放出来，制品中不残留碱性物质，从而提高了产品质量。填充剂大多使用玉米淀粉，它除了能使碱剂和酸剂互相隔离和防止吸潮，以增加保存稳定性外，还能调节产气能力，使制品符合产品标准，同时也使疏松剂与面粉的混合容易均匀一致。

复合疏松剂中碱剂和酸剂应尽量按反应需要进行平衡，若碳酸盐过量，会产生肥皂味；酸性物质过多则会带来酸味，甚至还有苦味。一般常用的酸性物质有酒石酸氢钾、硫酸铝钾、葡萄糖酸 $-\delta-$ 内酯以及各种酸性磷酸盐。

②复合疏松剂的种类：发酵粉按反应的速度可分为快速发酵粉、慢速发酵粉和双速发酵粉。

快速发酵粉的酸剂常用酒石酸氢钾和酒石酸。由于快速发酵粉的酸剂在常温下易溶于水，并很快与小苏打发生反应，在几分钟内即可大量释放气体，因而要求操作迅速。使用快速发酵粉可以改善面团的流动性。

慢速发酵粉的酸剂只溶于热水，常温下不易作用，只有在面点制品进入烤炉后才大量放出气体。这类发酵粉常用酸式磷酸盐、酸式焦磷酸盐等作为酸剂。

双速反应发酵粉是由快性发酵粉及慢性发酵粉混合而成，既能在调制面团时释放出一小部分气体以改善面团的流动性，又能在烤炉中继续产气，使产品有较好的体积。

每一种面点制品的大小、形状、组织都不同，因此烘烤温度、时间也不同，故所需的发酵粉也不同，如饼干、酥饼等，焙烤时间比蛋糕短，同时面团水分含量少，故发酵粉的反应要快一点；而蛋糕要求二氧化碳在较长的烘烤定型时间内持续产生，所以一般用双速发酵粉。

2. 化学膨松剂的作用

①增大面点制品体积。膨松剂可使面点制品起发、体积膨胀大，形成松软

的海绵状多孔组织，使面点制品柔软可口，易咀嚼。面点制品体积的增大也可增加其商品价值。

②改善面点制品风味。化学膨松剂使面点制品组织松软，内有细小孔洞，因此食用时，唾液易渗入制品组织中，溶出面点中的可溶性物质，刺激味觉神经，感受其风味。没有加入膨松剂的产品，唾液不易渗入，因此味感平淡。

③有利于消化和吸收。面点制品经起发后形成松软的海绵状多孔结构，进入人体后，更容易吸收唾液和胃液，使面点与消化酶的接触面积增大，提高了消化率。

二、香料香精类

（一）食用香料

食用香料是一类能够使嗅觉感觉出气味的特殊食品添加剂，能用于调配食用香精，并使食品增香的物质。食用香料在焙烤食品中常需使用，它的作用主要是增强制品原有的香味，以及改善某些原料带来的不良气味。按来源和制造方法的不同，食用香料可分为天然香料、天然等同香料和人造香料。

1. 天然香料

天然香料是用纯粹物理方法从天然芳香原料中分离得到的物质，包括香辛料及其提取物。某些中、西面点中常使用一些香辛料，包括葱、洋葱、姜、胡椒粉、花椒粉、五香粉等，它们富含具特殊香辛味的挥发油，能提高面点制品的口味，同时又有止呕、解毒、逐风、驱寒的功效。香辛料多用于馅心的制作。

天然提取香料是用蒸馏、压榨、萃取、吸附等物理方法，从芳香植物不同部位的组织或分泌物中提取而得的一类天然香料。香辛料中一般都含有一定量的挥发性精油，故可作为提取精油、酊剂、油树脂、浸膏等的原料。

2. 天然等同香料

天然等同香料是用合成方法得到或天然芳香原料经化学过程分离得到的物质。这类香料品种很多，占食用香料的大多数，对调配食用香精十分重要。

3. 人造香料

人造香料是在供人类消费的天然产品中尚未发现的香味物质。人造香料中除极少数品种如香兰素外，一般不单独用于食品加香，而是调和成各种食用香精后使用。香兰素俗称香草粉，学名为 3- 甲氧基 -4- 羟基苯甲醛，为白色或微黄色结晶，熔点为 81 ~ 83℃，易溶于乙醇及热挥发油中，在冷水及冷植物油中不易溶解，可溶解于热水中，是焙烤面点中最常用的香料之一。焙烤面点使用香兰素时，应在和面过程中加入，使用前先用温水溶解，以防赋香不匀或结块而影响口味，用量为 0.1 ~ 0.4g/kg。使用时应避免与碱性膨松剂混合使用，否则会发生变色现象。

（二）食用香精

食用香精是指由芳香物质、溶剂或载体以及某些食品添加剂组成的具有一定香型和浓度的混合体。芳香物质即香料（包括天然香料、天然等同香料和人造香料），溶剂可为食用乙醇、蒸馏水、精制食用油等，含量通常占50%以上，这些溶剂可使香精成为均一产品并达到规定的浓度。载体可为蔗糖、葡萄糖、糊精、食盐等，主要用于吸附或喷雾干燥的粉末状食用香精中。

食用香精的分类方法很多，按香型通常可分为：柑橘型香精、果香型香精、薄荷型香精、豆香型香精、辛香型香精等；按食品的组织结构和生产工艺等的不同，可分为：水溶性香精、油溶性香精、乳化香精、粉末香精和微胶囊香精。水溶性香精易于挥发，不适于高温加热的面点，如饼干、糕点等。油溶性香精是由精炼植物油、甘油或丙二醛加入香料经调和而成的，大部分是透明的油状液体，由于含有较多的植物油或甘油等高沸点稀释剂，其耐热性比水溶性香精高，主要用于饼干、蛋糕等烘烤面点的加香。油溶性香精虽然耐热性高，但用于焙烤面点中时，仍有一定的挥发损失，尤其是薄坯的面点，加工中香精挥发得更多，所以饼干类食品比面包类面点中的香精使用量要稍微高一些。通常面包中的使用量为0.04%~0.1%，饼干、糕点中为0.05%~0.15%。

香精使用时应注意根据不同品种的工艺要求，选用不同的类型，使用量要严格控制，注意和整个配方口味的协调性。投料时，香精应避免和化学膨松剂直接接触，以免受其碱性影响而降低效果。

三、色素类

食用色素分为天然色素和人工合成色素两种。在添加色素的面点制品中，天然色素使用量只占不到20%，其余均为合成色素。

（一）天然色素

天然色素主要从植物组织中提取，也包括来自动物体内微生物的一些色素，主要品种有叶绿素、番茄色素、胡萝卜素、叶黄素、红曲、焦糖、可可粉、咖啡粉、姜黄、虫胶色素、辣椒红素、甜菜红。

天然色素能促进人的食欲，增加消化液的分泌，对人体安全无害，有的还有一定的营养价值和药理作用，是比较理想的食用色素。但天然色素在加工保存过程中容易褪色或变色，在食品加工中人工添加天然色素成本又太高，而且染出的颜色不够明快，其化学性质不稳定，容易褪色。如翡翠烧麦，是将青菜中的叶绿素榨取成汁烧开烫面，使烧麦皮碧绿，制品皮薄，透明色似翡翠。

1. 红曲色素

红曲色素也称红曲米，是将红曲霉接种于蒸熟的大米，经培育制得的产品为红曲米，然后可用酒精提取红曲红色素。红曲红不溶于水，色调为橙红色，与其他天然色素相比，对酸碱稳定、耐热（120℃以上也相当稳定）、耐光，几乎不受氧化剂和还原剂影响。在香肠、火腿、糕点、酱类、腐乳中都有使用。

2. 紫草红

紫草红为鲜红色粉末，色调随 pH 不同而异。pH 在 4.5 ~ 5.5 之间由橙黄色变为橙红色，pH>5.5 时为紫红色，在焙烤面团中不宜使用，常用于夹心。

3. 姜黄素

姜黄素是由称作姜黄的植物中提取出来的。姜黄素为橙黄色粉末，不溶于冷水，溶于乙醇，易溶于冰醋酸和碱溶液。在碱性时呈红色，中性、酸性时呈黄色。有特殊味道和芳香，但对光、热、铁离子敏感。其他黄色素还有栀子黄素、胡萝卜素、红花黄色素等。

4. 焦糖

焦糖也是天然色素，是红褐色或黑褐色的液体或固体。本品过去常用于酱油、醋等调味品及酱菜、香干等食品的着色，现在罐头、糖果、饮料、饼干中经常使用。

（二）合成色素

合成色素是指用人工化学合成方法所制造的有机色素，主要品种有苋菜红、胭脂红、柠檬黄、日落黄和靛蓝等。

食用合成色素是通过化学方法合成的色素，一般较天然色素色彩鲜艳，坚牢性强，性质稳定，着色强，易溶解，可任意调色，使用方便，成本低廉。但是，合成色素很多是以煤焦油中分离出来的苯胺染料为原料而制成的，其本身不仅无营养价值，而且多数对人体健康有害。在面点色彩制作中，合成色素主要起烘托气氛、增加美观的作用。但应严格遵守《食品添加剂使用卫生标准》中的使用规定。

我国目前作为食品添加剂的食用合成色素都属于焦油色素，是以从石油里提取的苯、甲苯、二甲苯、萘等为原料合成的。

1. 苋菜红

苋菜红是紫红色均匀粉末，无臭，溶解度为 17.2 克/100 毫升，略溶于酒精，不溶于植物油，有耐热、耐光、耐酸、耐碱的性质，它对氧化还原作用敏感，故不适于在发酵面点中使用，但在不发酵的饼干中能较好地保持色泽。我国规定面点中最大使用量为 0.05 克/千克。

2. 胭脂红

胭脂红也称为丽春红 4 号，为深红色粉末，无臭。溶于水和甘油，微溶于酒精，不溶于油脂，溶解度为 23 毫克 /100 千克，耐热、耐碱性较差，耐光性、耐酸性尚好，遇碱会变成褐色。我国规定面点中最大使用量为 0.05 克 / 千克。

3. 柠檬黄

柠檬黄也称肼黄。为橙黄色均匀粉末，无臭。溶于甘油、乙醇，不溶于油脂。柠檬黄对热、酸、碱等的耐性都很好，是这几种色素中用得最广泛的一种。面点中最大使用量为 0.1 克 / 千克。

4. 日落黄

日落黄又称橘黄，是橙色颗粒或粉末。无臭，易溶于水，0.1% 的水溶液呈橙黄色，溶于甘油，难溶于酒精，不溶于油脂，溶解度为 25.3%。耐光、耐热、耐酸性非常强，耐碱性尚好，遇碱时会呈现红褐色，还原时褪色，面点中最大使用量为 0.1 克 / 千克。

5. 靛蓝

靛蓝为蓝色均匀粉末，无臭，0.05% 的水溶液呈深蓝色。对水溶解度低，溶于甘油，不溶于酒精和油脂，对热、光、酸、碱、氧化都很敏感，面点中最大使用量 0.1 克 / 千克。

四、其他类

除了以上添加剂之外，还有一些添加剂类原料，现简单介绍如下。

（一）碱剂

1. 食碱

食碱就是食用碱，又称碱面（苏打、纯碱），学名碳酸钠，主要成分是碳酸钠，碱面在用传统面肥发面中用于中和多余的酸性，此过程称为"揣碱"。碱的用量要适当，过少称为"碱小"，则面死而发酸；过多称为"碱大"，则开花而色黄。用市售活性酵母发面则基本不用碱中和。此外，食碱多用于熬粥，尤其是杂粮类的粥，以及早点中的碱水面、有些地方的馄饨皮、面肥发制的各式包子馒头、油条、发糕、油糍、糯米条等。

食碱用于主食方面，主要是对表面或质地较硬的粮食起到破坏表面硬质的作用，使粮食中的淀粉尽快糊化，从而使熬粥时间缩短，糊化充分，稠度增加。

食碱用于老面发酵制品，主要作用是中和酸味，并在中和的过程中产气，可起到使产品松泡喧软的作用。

食碱用于碱水面可使面条延长保存时间，食用时爽口。

食碱用于油炸类的制品可起到起酥的作用。

2. 枧水

在调制广式月饼饼皮面团时，常加入叫"枧水"的物质。枧水是广式糕点常见的传统辅料，它是祖先们用草木灰加水煮沸浸泡一天，取上清液而得到的碱性溶液，pH 为 12.6，草木灰的主要成分是碳酸钾和碳酸钠。

和面时要加入适量的枧水，其作用主要有几点：第一，中和转化糖浆中的酸，防止月饼产生酸味，影响口味。第二，控制回油的速度，调节饼皮软硬度。第三，使月饼的碱度达到易于上色的程度。第四，枧水和酸中和时产生二氧化碳气体可使月饼适度膨胀，口感疏松。

现在常用食用碱面和水按 1∶3 的比例混合调制来代替传统枧水（如 10 克碱面里兑 30 克水，可以制成 40 克的枧水）。

（二）增稠剂

增稠剂是改善或稳定食品的物理性质、增加食品的黏稠性、给食品以润滑口感的添加剂，它可以增加食品的黏度、增大产品体积、防止砂糖再结晶、提高蛋白点心的保鲜期等。增稠剂的种类很多，大多数是从含有多糖类的黏质物的植物和海藻类，或从动物蛋白中提取的，少数是人工合成的。生产中常用的增稠剂主要有琼脂、明胶和羧甲基纤维素钠等。

1. 琼脂

琼脂又称冻粉或洋菜，属海藻类，是从石花菜、发菜、丝藻及其他红藻类植物中浸出并经干燥制取的物质，有较强的吸水性和持水性。干燥的琼脂在冷水中不溶解，浸泡时可缓慢吸水膨润，吸水率可达 20 倍。琼脂在热水中极易分散成溶胶，胶质溶于热水中，冷却时如凝胶浓度在 0.1% ~ 0.6% 便可形成透明的凝胶体，具有很强的弹性。

琼脂用于食品中能明显改变面点的品质，提高面点的档次。其特点是具有凝固性、稳定性，能与一些物质形成络合物，可用作增稠剂、凝固剂、乳化剂、保鲜剂和稳定剂。

2. 明胶

明胶为动物的皮、骨、软骨、韧带及其他结缔组织含有的胶原蛋白，经提纯和水解得到的高分子多肽聚合物。明胶不溶于冷水，但能缓慢地吸水膨胀而软化，吸水量可达 5 ~ 10 倍。在热水中溶解，冷却到 30℃便凝结成柔软而富有弹性的胶冻，比琼脂的胶冻韧性强。

明胶属于一种大分子的亲水胶体，多用于鲜果点心的保鲜、装饰及胶冻类的甜食制品。如制作各式果冻、啫喱、布丁和慕司等。

3.羧甲基纤维素钠

羧甲基纤维素钠为白色纤维状或颗粒状粉末，无臭，无味，有吸湿性，易分散于水中呈胶体状。羧甲基纤维素钠在糕点中不仅作为增稠剂使用，还具有防止水分蒸发的抗老化作用，能保持糕点的新鲜度，其添加量为面粉的0.1% ~ 0.5%。

（三）乳化剂

1.蛋糕油

蛋糕油又称蛋糕乳化剂或蛋糕起泡剂，它在海绵蛋糕的制作中起着重要的作用。蛋糕油的添加量一般是鸡蛋的3% ~ 5%。每当蛋糕的配方中鸡蛋增加或减少时，蛋糕油也须按比例加大或减少。蛋糕油一定要在面糊的快速搅拌之前加入，这样才能充分搅拌溶解，也就能达到最佳的效果。

蛋糕油的主要成分是化学合成品——单酸甘油酯加上棕榈油构成的乳化剂。其中的棕榈油是一种饱和脂肪酸油，长期使用会引起人体心血管疾病。在面点行业中，蛋糕油主要被用于同鸡蛋、面粉、水一起搅拌，制成蛋糕，也可同植物油、水、奶粉一起制成所谓的"鲜奶油"，制成各种图案，涂于蛋糕表层和夹层。

2.面包改良剂

面包改良剂一般是由乳化剂、氧化剂、酶制剂、矿物质和填充剂等组成的复配型食品添加剂。

常用的乳化剂有离子型乳化剂 SSL、CSL、单硬脂酸甘油酯、大豆磷脂、硬脂酰乳酸钙（钠）、双乙酰酒石酸单甘酯、山梨糖醇酯等。常用的氧化剂有溴酸钾、碘酸钾、维生素 C、过氧化钙、偶氮甲酰胺、过硫酸铵、二氧化氯、磷酸盐等。用于面包的酶制剂则有麦芽糖 α-淀粉酶、真菌 α-淀粉酶、葡萄糖氧化酶、真菌木聚糖酶、真菌脂肪酶、半纤维素酶等。

以上几类物质对增大面包体积、改善内部结构、延长保鲜期各有相应的效果。此外，有些改良剂中还添加了矿物质，如氯化铵、硫酸钙、磷酸铵、磷酸二氢钙等，它们主要起酵母的营养剂、调节水的硬度和调节 pH 的作用。还有些改良剂添加了维生素 B_1、维生素 B_2、铁、钙、小麦胚芽粉、烟酸等，它们主要起营养强化作用。

3.馒头伴侣与馒头改良剂

馒头伴侣是复合型的添加剂，主要成分为乳化剂、酶制剂、维生素 C 等，可解决馒头表面塌陷，表皮无光泽、起皱或开裂，成品易老化、发硬、掉渣，内部组织粗糙，馒头体积小、不美观等问题。

馒头改良剂是馒头伴侣的升级产品，主要用来改良面制品品质，在制作馒头、包子、花卷等面制品时都可以使用。其可适当增大面制品体积，提高面制品表面光洁度，改善内部组织结构，提高细腻感等。

　　馒头改良剂改善面团的流变特性，提高面团的操作性能和机械加工性能。显著增大成品体积约 10% ~ 30%。使成品表皮光滑、洁白、细腻、亮泽，内部组织结构均匀、细密；使成品柔软、弹性好，口感绵软筋道；延缓成品老化，延长货架期。

（四）吉士粉

　　吉士粉是一种香料粉，浅黄色或浅橙黄色，具有浓郁的奶香味和果香味，由疏松剂、稳定剂、食用香精、食用色素、奶粉、淀粉和填充剂组合而成。

　　吉士粉原在西餐中主要用于制作糕点和布丁，后来才用于中式面点。吉士粉易溶化，适用于软、香、滑的冷热甜点之中（如蛋糕、蛋卷、包馅、面包、蛋挞等糕点中），主要取其特殊的香气和味道，是一种较理想的食品香料粉。

总　结 👕

　　1. 通过相关加工方法的讲解，让学生了解了面点原料的加工工艺。
　　2. 掌握各类加工技法。

思考题 👕

　　1. 坯皮原料具备哪几个条件？
　　2. 小麦的种类有哪些？
　　3. 小麦的结构有哪几部分？
　　4. 面粉的种类有哪些？
　　5. 面粉的质量如何鉴别？
　　6. 面粉如何储存？
　　7. 大米的种类有哪些？
　　8. 米粉的概念和种类有哪些？
　　9. 掺粉的作用是什么？掺粉的方法有哪些？
　　10. 阐述镶粉的概念和镶粉的种类。
　　11. 淀粉的种类及特点如何？
　　12. 制馅原料有哪些？
　　13. 调辅原料有哪些？各有什么特点？
　　14. 食盐在面点中的作用有哪些？
　　15. 甜味调料在面点中的作用有哪些？
　　16. 面点辅助原料有哪些？
　　17. 添加剂原料有哪些？
　　18. 油脂在面点中的加工特性有哪些？

第五章

面点制作基本功

课题名称：面点制作基本功

课题内容：面点制作工艺流程

面点基础制作技术

课题时间：16课时

训练目的：让学生了解面点制作工艺流程。

掌握面点基础制作技术。

教学方式：由教师示范基本功案例。

教学要求：1.让学生了解面点制作工艺流程。

2.掌握面点基础制作技术。

课前准备：准备原料，示范操作，掌握面点制作基本功。

从面点制作的工艺流程来看,面点制作基本功包括了和面、揉面、搓条、下剂、制皮、上馅、成型、成熟等操作环节。在整个操作环节中,每一个基本技术动作之间都是密切相联系的,因此学好面点制作的基本功有非常重要的意义。

第一节　面点制作工艺流程

面点制作基本功发展至今形成了一整套科学而行之有效的程序和方法。这些程序和方法虽然因面点品种、原料选择、馅心制作、面团调制、基本成型、熟制装盘的方法而有所不同,但大致工艺流程极其相似。

一、原料选备

"巧妇难为无米之炊",原料选择与初步加工是面点制作的第一要务。首先,根据面点品种的要求选用原材料,在选料时应熟悉原料的性质、特点和运用范围。如制作面包应选用高筋面粉;制作馒头应选择中筋面粉;制作蛋糕应选用低筋面粉;起酥面团应选用固态油脂;制作汤圆应选用水磨糯米粉;制作不同的馅心,原料要提前购买加工。其次,根据所制作面点的品种、数量准备原料,要做到逐一备齐,做好标记,避免错拿。 最后,需要初加工的原料预先按要求处理,如面粉的过筛、果仁的去皮烤香、碱粉制成碱水、馅心的制备等。

二、馅心制作

面点品种根据有无馅心,分为无馅品种与有馅品种。一般以有馅品种居多。
馅心的调制是利用各种不同性质的原料,经过精细加工,拌制或熟制,制成型式多样、口味各异、利于成型的半成品。馅心的调制是面点制作中一道极为重要的工序,馅心的制作精细程度,往往反映了面点制品的特色,对面点制品的色、香、味、形、质也有直接的影响。

三、面团调制

调制面团包括和面与揉面两个过程。面团有水和面、油和面、蛋和面以及发酵面等,要根据不同面团的性质进行调制,使调制成的面团均匀、柔软、光滑、软硬适宜。由于各面团的要求不同,操作动作和所起的作用也不相同。如冷水面团要求韧性强、有劲,因此和面与揉面时要用捣、揿、摔、压和反复揉搓等动作,以使面团吃水均匀,表面光滑、柔润。有时有些硬面面点品种,还需用杠子压，才能更好地把面团的筋性揉出来。

四、基本成型

基本成型主要包括分坯、搓条、下剂、制皮、上馅、成型等基本环节。

五、熟制装盘

熟制主要是根据具体面点品种的要求，采取不同的熟制方法，加热成熟达到面点制品的风味要求。装盘是在成品的基础上，进行摆盘设计，适当美化，兼顾餐具的色彩、形状和质地等，形成整体的装盘效果。

第二节　面点基础制作技术

根据以上面点制作工艺流程，面点基础制作技术内容主要包括和面、揉面、饧面、搓条、下剂、制皮、上馅、成型、熟制、装盘等。

一、和面、揉面

（一）和面

1.和面的概念

和面是将粉料与水或其他辅料掺和、调匀成面团的过程。和面是整个面点制作技能中的最初工序，也是一个重要环节。和面的好坏，直接影响操作工序的顺序及面点制品的品质。不同的面点品种，也具有不同的操作要求。

2.和面的作用

（1）改变原料的物理性质

面粉与适量、不同温度的水、油、蛋等原料相调和，使调制的面团具有一定的弹性、韧性、延伸性、可塑性。这样既便于操作成型，又可使制品成熟后，不散不塌，吃口有劲。

（2）调和其原料使之均匀

制作各种面点制品，除用主要原料外，有时还要掺进其他辅助原料和调味料，以改变面团的性质和制品的口味。因此，只有通过和面，才能使掺入的各种原料吸收水分、熔化并与面粉调和均匀，进而提高面团与面点成品的质量。

3.和面的方法

和面的方法分为两大类：机器和面、手工和面。

（1）机器和面

通常使用的是和面机。和面机基本用途是将面点原材料通过机械搅动，调制成面点制作所需要的各种不同性质的面团。

1）机器和面的概念

机器和面是将调制面团的粉料及辅料按照一定的投料次序放入和面机的搅拌桶中，通过和面机搅拌桨的旋转，将粉料及辅料搅拌均匀，并经过挤压、揉捏等作用，形成面坯的过程。

2）机器和面的基本原理

和面机搅拌桨旋转，将面、水、油脂、糖等经搅拌混合均匀。再经搅拌桨的挤压、揉捏作用，进而使团粒互相黏结在一起形成面团。在搅拌的作用下，分布在面粉中的蛋白质吸水膨胀，膨胀的蛋白质颗粒互相连接形成面筋，多次搅拌后形成大的面筋网，即蛋白质骨架。经搅拌桨的揉捏作用，面粉中的糖类（淀粉和纤维素）和油脂等均匀分布在蛋白质骨架之中，形成面团。

3）机器和面的 5 个阶段

和面机调制面坯时，根据搅拌面坯的顺序，从内在的变化和外观形态的改变看，可以分为 5 个阶段。其中前 3 个阶段：拌和阶段、吸水阶段、结合阶段，是属于正常的搅拌阶段。后两个阶段：过渡阶段和破坏阶段，则是和面过程中不正常的搅拌阶段。

第一，拌和阶段。通过搅拌器的搅拌，使面粉、各种辅料和水混合。当面粉与水混合接触后，接触面会形成面筋膜，这些先形成的面筋膜，阻止水向其他没有接触水的面粉浸透和接触，搅拌器一面破坏面坯的面筋膜，同时扩大面粉与水的接触面，这就是拌和阶段。此时有一部分面粉已吸水，但是还没有形成面筋。

第二，吸水阶段。在搅拌初期，由于蛋白质颗粒和淀粉颗粒吸水很少，面坯的黏度很小。随着搅拌的进行，蛋白质大量吸水膨胀，淀粉粒吸附的水增加，使面坯的黏度也随着增大，形成面粉中淀粉和蛋白质完全被湿透的状态，此时面坯中的面筋已经开始形成，面坯中的水分已全部被均匀吸收，原辅料已形成一个整体。

第三，结合阶段。随着不断地搅拌，面坯在搅拌中吸足水量，水分大量地渗透到蛋白质胶粒内部并被结合到面筋的网状组织内，形成面筋网络，使面筋进一步扩展，此时面坯获得最佳的弹性和伸展性能。当见到面坯具有光泽时，搅拌即告完成。

第四，过度阶段。倘若再继续搅拌，面筋已超过了搅拌耐受度开始断裂，面筋分子间的水分开始析出，表面就会出现游离水浸湿现象，使面坯又恢复到黏性状态。这个阶段称为搅拌过度阶段，又称为危险期。

第五，破坏阶段。再继续搅拌，这时候的面筋将完全被破坏。面坯的物理特性丧失，从而影响面点制品的质量。

4）影响面团调制的因素

和面机调制面团时影响因素很多，其中最主要的是转速、搅拌器形状、温度等。转速一般以 20～30 转 / 分钟为宜。转速过快，在机械摩擦的作用下面团温度上升，会破坏面团的物理特性。但转速过慢，又会影响和面机的效率。一般来说，和面过程中前期 40～60 转 / 分钟，后期 20～30 转 / 分钟为宜。初期搅拌混合时可以增速，以加速面、水、油、糖的混合，后期面筋质形成阶段应以低速为宜。温度是影响面团质量的重要因素。调制面团最佳温度为 18～22℃。

5）机器和面的关键

第一，和面机须专人操作、专人负责。

第二，和面机运行时，作业人员严禁离岗、脱岗。

第三，和面机须具备安全联动装置，且有效运作，损坏立即停用维修，严禁人为屏蔽。

第四，和面机须按规范接地线，并配置急停开关及漏电保护装置，且有效运作，损坏立即停用维修。

第五，和面机运行时，严禁用手清理面渣或触碰滚轮、皮带、齿轮等运转机构。

第六，和面机滚轮、皮带、齿轮等运转机构，须具备防护罩，不得私自拆卸。

6）机器和面的质量标准

第一，面团匀、透、不夹粉粒。

第二，符合面团性质要求。

第三，面团和得干净，和完以后，手不粘面，面不粘缸。

（2）手工和面

1）手工和面的概念

手工和面是将少量粉料及辅料放在案板上，通过抄拌、调和以及搅和的方法，把粉料及辅料搅拌成面坯的过程。

2）手工和面的方法

手工和面的技法大体上可分为抄拌法、调和法、搅和法 3 种。

第一，抄拌法。将面粉放入缸（盆）中，中间扒一窝（圆凹形），放足第一次水量，双手伸入缸中，由下向上反复抄拌。抄拌时，用力均匀适量，手不沾水，以粉推水，促使水粉结合，成为雪片状（有的叫穗形片）。这时可加第二次水，继续用双手抄拌，使面呈结块状态，然后把剩下的水洒在上面，揉搓成为面团。

第二，调和法。饮食业在案板上和面，主要是和少量的冷水面、烫面和油酥面。做法是在面粉堆上挖个小坑，左手掺水（或下油），右手和面，边掺边和。调冷水面直接用手抄拌,调烫面则右手拿擀面杖或刮板等工具调和。在操作过程中,手要灵活,动作要快,不能让水溢跑到外面。

第三,搅和法。先将面粉倒入盆中,然后左手浇水,右手拿擀面杖搅和,边浇边搅,使其吃水均匀,搅匀成团。一般用于烫面和蛋糊面,此外还有冷水面等。搅和法要注意两点:和烫面时沸水要浇遍、浇匀,搅和要快,使水、面尽快混合均匀;和蛋糊面时,必须顺着一个方向搅匀。

3)手工和面的关键

第一,姿势要正确。特别是调和大量的面粉时,需要用一定强度的臂力和腕力。为了便于用力,就要运用正确的姿势。正确的和面姿势,要求两脚分开,与肩同宽,并要站立端正,不可左右倾斜,上身稍向前倾,这样才便于用力。

第二,掺水要适量。粉料拌匀后,就要掺水拌粉,这两项工作同时进行,即边掺水边拌粉。掺水量主要是依据所制品种对面团软硬度的要求而定,如每0.5千克面粉,吃水量为面片0.15千克,水饺0.175千克,机制馒头0.2千克,手工馒头0.225~0.25千克,油条0.275千克,馅饼0.3~0.35千克。但是由于面粉本身干湿程度、气候的冷暖、空气的干湿等因素影响,掺水量有一定的差异。掺水时,特别要注意切勿一次加大量水,而应分次掺入,因为一次掺水过多,粉料一时吸收不进去,将水溢出,流失水分,反使粉料拌不均匀。但是第一次掺水量也不能太少,否则粉料拌和不开。一般第一次掺水量占总水量的60%~70%,拌和后第二次加水20%~30%,最后加水10%左右,基本上是起滑润面团的作用。

第三,方法要得当。将面粉倒在面案上或面盆中,两手五指叉开,由外向内、由底向上抄拌,使其疏松。如有辅料混合时,须根据辅料用量及辅料性质等依次加入。如放粉粒辅料,则应将鲜酵母加水调和均匀,再加入面中。油脂一般应在粉料搅拌混合基本完成时加入,因为过早加入油脂会影响粉料的吸水,特别是有酵母时,会影响面筋的充分形成和酵母的发酵。

第四,动作要迅速。和面要注意的是双手同时操作,用力要匀,手要灵活,动作要快,不能缩手缩脚,快速抄拌,一气呵成。

4)和面的质量标准

和面的质量标准是水面交融、软硬适度、不夹生、不伤水,符合面团工艺性能要求。卫生标准是达到三光:手光、面光、案板(缸和工具)光。

(二)揉面

1.揉面的概念

揉面是指将和好的面坯经过反复揉搓,使粉料与辅料更加调和均匀,形成柔润、光滑的符合面坯调制质量要求的面团的过程。

2. 揉面的方法

根据面坯的性质和制品的要求，揉面的方法有单手揉、双手揉2种。

（1）单手揉

左手压住面坯的一头（后部），右手掌根将面坯压住向前推，将面坯摊开，再卷拢回来，翻上接口转90°，再继续摊卷，如此反复，直到面坯揉透。一般用于较少的面坯。

（2）双手揉

用双手的掌根压住面坯，用力伸向外推动，把面坯摊开，再从外向内卷起形成面坯，翻上接口转90°，继续再用双手向外推动摊开、卷拢，直到揉匀揉透、面坯表面光滑为止。

3. 揉面的关键

（1）姿势要正确

自然站立，站成丁字步式，身子站正，不可歪斜，上身可向前稍倾斜，身体不能靠顶案板，这样便于用力，用力揉时不致推动案板，并可防止物料外落。

（2）揉面讲技巧

既要用力，要使上腰部力量和臂力、腕力，同时用力轻重要适宜；又要用"巧力"，将面坯揉"活"。应根据面坯吃水胀润情况确定用力大小，刚和好的面，因水分、面粉尚未完全结合，用力要轻。随着水分被面粉均匀吸收、胀润，用力就要加重。

（3）揉面按次序

揉面时要有顺序，向一个方向揉，摊卷也要有一定的次序，否则，粉粒吸收水分不均匀或面坯内形成的面筋网络遭到破坏，将影响揉面的速度和面坯的质量。

（4）时间要适度

一般来说，冷水面坯适宜多揉。发酵面坯用力要适中，揉制时间不宜过长。烫面坯、酥性面坯等则不宜多揉，否则面坯上劲，会影响成品的质量。

4. 特殊面坯揉制技法

根据面坯的性质和制品的要求，有些面坯揉制时必须采用特殊的技法，即捅制法、捣制法、摔制法、擦制法等。

（1）捅制法

捅制法是手握紧拳头，交叉在面坯上捅压，边捅、边压、边摊，把面坯向外捅开，然后卷拢再捅。捅比揉的劲大，特别是量大的面坯，都要用捅的动作。还有一些成品要沾水捅（又叫扎、揣），方法同上。所不同的是手上要沾点水，而且只能一小块一小块地扎，扎面只限于水和面，主要用于制作家常饼、馅饼、葱花饼等。

（2）捣制法

捣制法是在面和好后放在缸盆内，双手握紧拳头，在面坯各处用力向下捣压，力量越大越好。当面坯被捣压挤向缸的周围时，再把它叠拢到中间，继续捣压。如此反复多次，直到把面坯捣透上劲。主要用于油条面坯、春卷皮面坯等的调制。

（3）摔制法

摔制法常分为两种手法，一种是双手拿面坯的两头，举起来，手不离面，摔在案板上，摔匀为止。一般来说，摔和扎要结合进行，从而使面坯更加滋润。另一种是稀软面坯（如春卷面）的摔法，用一只手拿起，脱手摔在盆中，摔下拿起，再摔下，直至摔匀为止。这里所讲的摔仍是揉面的一种手法，跟成型中的抻面摔法作用不完全相同。

（4）擦制法

擦制法是用于无筋力或要求筋力较弱的面坯调制技法。如油酥面坯的干油酥、部分米粉面坯、热水面坯等面坯的调制。其目的主要是增强面坯内部黏性，达到面坯物理特性的要求。具体手法是：在案板上先把面粉与油拌和好后，用双手手掌根部把面坯一层一层向前边推边擦。面坯推擦开后，再滚向身前，卷拢成坯。然后仍用前法，继续向前推擦，直至擦透、擦匀。擦的方法能使油和面结合均匀，可增强面坯的黏稠性、起酥性，使油酥制品的成品酥松而不松散。揉制烫面时，必须进行擦面，因为烫面吸水快，必须迅速擦，否则烫熟的部分就会凝结，而未烫的部分就不易掺和进去，所以烫面要及时进行擦面，以便使面坯生熟均匀，减少面筋网络的生成。生粉团擦制则是为了增强坯内黏性，提高加工时的操作性能。

5. 揉面的质量标准

第一，调整水量，吸水均匀。

第二，揉法恰当，形成筋络。

第三，面团筋道，柔软滑润。

第四，符合制品的质量要求。

二、饧面、搓条

（一）饧面

1. 饧面的概念

饧面，也称作醒面，是指将和好揉好的面，再进一步加工或烹饪前静置一段时间，这个过程就叫作饧面。

2. 饧面的原理

在和面的过程中，面粉与水充分混合后，蛋白质吸水膨胀形成面筋，经数道压延后，面筋相互粘连，并在面片中以细密均匀的网络包裹着松散的淀粉，最终使之成为具有可塑性和弹性的湿面团。但此时由于和面或是揉制过程中的外力作用，面筋中的蛋白质大分子处于一种纠缠状态，分子结构中存在着较大的内应力，且由于这种分子结构的纠缠状态，使得蛋白质分子在空间上产生收缩，会使得面团的口感粗糙，筋度降低，适口性差。

饧面就是让面团内的蛋白质分子有松弛和重构的时间（蛋白质分子可以通过重构恢复其空间构形）。通过饧面过程，面团中在外力作用下被扭曲及破坏的网状结构得到了重塑，面团中的蛋白质重新恢复了应有的空间构形，得到了很好的舒展，饧过的面会更加地筋道（有嚼劲）、柔软，口感也更加细腻和顺滑。

但是，面团中蛋白质骨架结构从开始醒面，到达到松弛和重构稳定，有一个相对较为固定的时间，醒面的时间一般不少于这个面团稳定时间。在面粉质量评价中，面团稳定时间也是一个重要指标。

3. 饧面的方法

面团的饧发有几种方法，可以根据具体面点品种的制作要求，进行选择。

（1）常温饧面

将和好、揉好的面团放置于面盆中，并用保鲜膜或湿洁布盖住面团，在常温下静置一定的时间，这个过程称为常温饧面。

（2）抹油饧面

和好面之后，再往盆里滴 3 滴食用油，抓起面团翻着沾一沾油，就可以盖上布饧面了，油可以很好地保湿，而且也方便饧面后的操作，面团不会沾盆，即使略有粘连，但并没有滞留盆底。

（3）饧发箱饧面

将和好、揉好的面团放置于面盆中，用盖子或保鲜膜覆盖于面盆上，再将面盆置于饧发箱中，调好相应的湿度和温度，进行饧面。

4. 饧面的作用

在死面（相对于发面）的制作过程中，饧面的作用在于，让面团中没有吸足水分的粉粒有一个充分吸收水分的时间；可以让没有伸展的面筋得到进一步的规则伸展；而且经过反复揉搓后的面团，面筋处于紧张状态，韧性强，静置饧面一段时间后，面筋得到松弛缓解，延展性增大，更便于下一步工序进行。

在发面过程中，特别是二次发酵前，饧面的作用在于，使得连续膨胀的面团，有个应力松弛和结构重构的时间，消除发酵过程中形成的内应力，以利于面团的进一步发酵。因这一过程在发面制作时，类似于重新唤醒酵母菌性能，因此在发面过程中也称作饧面。如饧面过程在面包制作及馒头制作中作用重大，可以使得二次发酵的面团胀发性能更好，发面内的孔隙更多且更加均匀，制作出的面包或馒头更加松软可口。

5. 饧面的关键

（1）要盖好湿洁布或保鲜膜

很多人会将饧面时的盖膜保水，误认为是饧面的必要组成部分，或是认为饧面是一个无氧过程，需要隔绝空气，这些都是错误的观点。饧面的过程就是一个简单的静置过程，不需要太多的多余动作。至于饧面时在面团上盖个保鲜膜或是在面盆上加个盖子，那纯粹是为了防止静置时面团中的水分被蒸发或风干，在空气湿度较大的夏天，饧面时完全没有盖保鲜膜或是在面盆上加盖子的必要。

（2）根据要求把握饧发时间

每个具体面点品种饧面的时间有所不同。如制作麻花、馓子和油条的面团，饧发时间一般比较长；而制作一般面点品种的面团，饧发时间比较短，10 ~ 20分钟即可。

（3）发面饧面时要注意保温

在气温较低的时候进行饧面，对于发面一定要进行保温，否则由于温度胀缩作用，会使得发面团出现塌缩现象，从而降低发酵的效果，并降低饧面的效果，甚至会使得饧面对发面制作产生不利影响（当由于面团的塌缩作用太过强烈，使得已初步发酵膨胀的面团内，出现反向内应力的时候，饧面反而会使得二次发酵更难进行）。

6. 饧面的质量标准

第一，饧面使面团中各种原料得到充分融合，更好地形成面筋网络。

第二，使得和好的面更易加工，做出的面点更加筋道（有嚼劲，抗剪性能较好）或更柔软，口感也更加细腻和顺滑。

第三，符合制品的质量要求。

（二）搓条

1. 搓条的概念

搓条是取适量揉好的面坯，经双手搓揉，制成一定规格、粗细均匀、光滑圆润的条状的过程。

2. 搓条的方法

双手压在取出揉好的面坯上，向前左右推搓，使面坯向左右两侧延伸，要求将面团搓成粗细均匀的圆柱形长条。

3. 搓条的关键

①双手掌跟推搓用力均匀、适当。

②双手配合左右推搓移动时要节奏均匀。

③手法要灵活、轻松、连贯自如，推搓时坯条应随手卷动，才能使坯条身紧、光滑圆润。

4. 搓条的质量标准

动作熟练，条身紧实，粗细均匀，光滑圆润，符合制品的质量要求。

三、下剂、制皮

（一）下剂

1. 下剂的概念

下剂是将搓好的剂条按照面点制品的具体要求，分成一定规格分量面剂的过程。

2. 下剂的方法

根据不同种类的面坯性质和操作需要，选用不同的方法。常用的有摘剂、挖剂、拉剂、切剂、剁剂等。现介绍几种常用的下剂方法。

（1）摘剂

1）摘剂的概念

摘剂也叫摘坯、揪剂或掐剂子，是将搓条后的坯条，用双手指配合，摘成一定标准分量的过程。摘剂适用于水调面坯、发酵面坯等有筋力的面坯，广泛应用于中、小型剂条的下剂。

2）摘剂的方法

先将搓好的剂条，用左手握住，露出与剂子分量相同大小的截面，然后用右手大拇指与食指、中指配合轻轻捏住面剂露出部分，拇指用力顺左手食指边缘摘下一个面剂。摘剂时，为使剂条始终保持圆整、均匀，左手回收不能用力过大，摘下一个面剂后，拇指与食指配合将剂条转动90°，然后再重复前法摘剂。摘下的剂子应按照顺序排列整齐，以便下一步动作的开展。

3）摘剂的关键

第一，左手送条适当、分量准确。

第二，左手食指、右手拇指配合协调，发力适当、果断。

第三，双手动作连贯、配合灵巧。

4）摘剂的质量标准

动作熟练，形体饱满，形状规整，大小均匀，分量准确，符合制品的质量要求。

（2）挖剂

1）挖剂的概念

挖剂也称铲剂，是将搓条后的坯条，用右手指挖成分量均匀面剂的过程。适用于较粗大的各种剂条。

2）挖剂的方法

左手握住搓好的剂条，右手四指弯曲成铲形，从剂条下面伸入，然后向上挖，挖出一个剂子，左手移动，右手再挖，直至完成。

3）挖剂的关键

第一，左手握条用力适当、送条准确。

第二，右手掌挖剂时，要巧用腕力。

第三，速度要快，动作要利落，不拖泥带水。

4）挖剂的质量标准

大小均匀，分量准确，符合制品的质量要求。

（3）拉剂

1）拉剂的概念

拉剂是在面坯上用手指抓出或捏出一团团面剂的过程。适用于比较稀软或无筋力的面坯。

2）拉剂的方法

用右手五指抓住面坯或右手虎口捏下面坯，顺势拉下来一块。速度快，但拉剂不易掌握剂子的大小，拉下来的剂子形态也不很规整，较难达到均匀一致。

3）拉剂的关键

第一，下手果断、准确。

第二，用眼睛估计大小，配合手握面坯的感觉，综合判断面剂的分量。

4）拉剂的质量要求

大小均匀，分量准确，符合制品的质量要求。

（4）切剂

1）切剂的概念

切剂是将制成条的面坯用厨刀或美工刀等工具，切成一定分量的小剂的过程。它适宜于制皮时表面要求光滑平整、不损坏剂条内部结构的面坯，如制作油酥面坯的明酥品种。

2）切剂的方法

将搓成的剂条平放在案板上，右手拿刀，根据制品的工艺要求选择切法。如油酥面坯等则是从剂条的右边开始按顺序进行切剁。切时左手配合，把切下的面剂一上一下排列整齐。

3）切剂的关键

第一，根据制品要求选择刀具，如厨刀、美工刀等。

第二，进行剁的操作时，动作要灵活、连贯。

第三，掌握下刀间距、动作节奏、分量准确。

4）切剂的质量标准

动作熟练，节奏明快，大小均匀，分量准确，符合制品的质量要求。

（5）剁剂

1）剁剂的概念

剁剂是将制成条的面坯用刀剁成一定分量的小剂的过程。它适用性广泛，既适用于柔软、粘手、无法用手工来分坯的面坯，如米粉坯、淀粉坯，也适用于无馅品种的直接成型的面坯，如刀切馒头等。

2）剁剂的方法

将搓成的剂条平放在案板上，右手拿刀，根据制品的工艺要求选择剁法。如馒头是从剂条的左边开始，油条则是从剂条的右边开始，按顺序进行切剁。切时左手配合，把切下的面剂一上一下排列整齐。

3）剁剂的关键

第一，根据制品要求选择刀具，如厨刀。

第二，进行剁的操作时，动作要灵活、连贯。

第三，掌握下刀间距、动作节奏、分量准确。

4）剁剂的质量标准

动作熟练，节奏明快，大小均匀，分量准确，符合制品的质量要求。

（二）制皮

制皮是按照面点品种和包馅的要求将面坯剂子制成一定质量要求的薄皮的过程。

制皮的技术要求高，操作方法较复杂。制皮质量的好坏直接影响包馅和制品的成型。但由于各品种的要求不同，制皮的方法也有所不同，常用的有以下几种方法。

（1）按皮

1）按皮的概念

按皮即用手掌将面剂按成适当的坯皮的过程。此方法使用方便、速度快，是一种常用的制皮方法，也可成为其他制皮方法的基础，运用较为广泛。适用于制作 50 ~ 75 克重量的面皮。

2）按皮的方法

把摘好的面剂截面向上竖立起来，用右手手指揿压一下，然后再用右手掌跟（不能用掌心，因掌心凹陷，不能把皮按得均匀）向下按揿面剂 1/3 处一次，再用手指压着面剂顺时针转动 120° 后，再重复上述动作按皮，一般三次把剂子按成需要的圆形坯皮。

3）按皮的关键

要用掌根按皮，不用掌心，因为掌心按不平，也按不圆；掌跟下压用力果断、适当；手指转动面剂角度准确；要按成边薄中厚的皮子。

4）按皮的质量标准

外形圆整，中心稍厚，周边稍薄，大小适当，符合制品的质量要求。

（2）拍皮

1）拍皮的概念

拍皮是指下好剂子，不用搓圆就竖立起来，用右手手指压一下，然后再用手掌沿着剂子周围用力拍，边拍边顺时针转动方向，把剂子拍成中间厚、四周薄的圆形皮子，适合于包子、馅饼等品种的制皮。

2）拍皮的方法

拍皮的方法有单手拍和双手拍两种，单手拍是拍几下，转一下；双手拍是左手拿着转动，用右手掌拍。

3）拍皮的关键

拍皮时无论采用单手拍或双手拍都要用力均匀，转动协调。

4）拍皮的质量标准

外形圆整，中心稍厚，周边稍薄，大小适当，符合制品的质量要求。

（3）捏皮

1）捏皮的概念

捏皮又称为"捏窝"，指用手指将面剂捏成适当的圆窝形坯皮的过程。适用于无韧性的米粉坯。如制作汤团之类的品种等。

2）捏皮的方法

先把面剂用手揉匀搓圆，再用左手托住面剂，左、右手的拇指插入面剂中，食指、中指配合协调把面剂捏成厚薄一致的圆窝形，便于包馅收口。

3）捏皮的关键

面剂要搓紧实、圆润；双手配合灵巧；手指用力适当。

4）捏皮的质量标准

半球形、窝壁厚薄均匀、无裂纹，符合制品的质量要求。

（4）摊皮

1）摊皮的概念

摊皮是指加热的工具将面坯制成坯皮的过程。摊皮技术性很强，主要用于稀软或糊状的面坯制皮，如春卷皮、豆皮等。

2）摊皮的方法

摊皮常用的工具有锅、鏊等，摊皮时先将工具加热至适当的温度，抹适当的油，用手或工具将面坯摊开成圆形薄皮。如摊春卷皮，春卷面坯是筋质强的稀软面坯，拿起会往下流，用一般方法制不了皮，所以必须用摊皮方法。摊时，将平锅放在火上加热至适当温度，右手拿起适量面坯，不停溜动，动作要熟练、协调，顺势向锅内一摊，即成圆形皮，立即拿起面坯继续溜动，等锅上的坯皮受热成熟，取下，再摊第二张。

3）摊皮的关键

第一，加热工具要洁净，抹油、温度要适当。

第二，面坯加盐量适宜、软硬度适当。

第三，右手腕力溜坯要灵活，溜活、溜圆。

第四，摊皮后迅速抓起面坯，不能停留。

4）摊皮的质量标准

形圆周正，厚薄均匀，大小一致，无沙眼，无破损，符合制品的质量要求。

（5）擀皮

1）擀皮的概念

擀皮是利用工具将面剂擀制成相应的坯皮的过程，是当前最主要、最普遍的制皮法，技术性较强。

2）擀皮的方法

擀皮适用的品种多，擀皮的工具和方法也多种多样。目前，大型的擀皮已经基本被压面机、开酥机等机械所代替，但是，手工擀皮还是广泛运用于生产实践中。

下面介绍几种手工擀皮常用的工具及擀法。

①平杖擀法。

A. 平杖的用法：平杖有大、小之分，大杖又称擀面棍，长 80 ~ 150 厘米，常用于手工擀面条、馄饨皮等，当前大多数都改用压面机；小擀面杖又称单手杖，一般长度在 30 ~ 40 厘米，常用于擀饺子皮、包子皮等小型点心皮，单杖擀皮时，先把面剂用左手掌按扁，并以左手的大拇指、食指、中指三个手指捏住边沿，一面逆时针方向转动，右手按住面杖 1/3 处，在按扁剂子的 1/3 处向前推轧面剂，不断地往返运动。

B. 平杖的操作关键：右手掌心按住单手杖 1/3 处要稳，掌跟用力向前推动面杖，转动碾压面剂；左手指旋转坯皮幅度、节奏要与右手推杖节奏统一；双手配合要协调一致。

C. 平杖使用的质量标准：中间稍厚、周边略薄的圆形皮子，符合制品的质量标准。

②橄榄杖擀法。橄榄杖，因其形似橄榄而得名。分为单手杖和双手杖（较单杖细小，擀皮时两根合用）两种。这两种擀面杖都是用双手按住面杖擀皮，技巧上也大同小异，所以一同介绍。

A. 单手杖擀法：

a. 单手杖的使用方法：单手杖常用于擀饺子皮、包子皮等小型点心皮，也可擀制烧麦皮。烧麦皮擀法是一种特殊的擀法，现介绍如下：烧麦皮要求皮子擀成荷叶边（皮边有百褶纹）和中间略厚圆形，称为"荷叶边""金钱底"。操作时，先把剂子按扁。擀时大多用中间粗两头细的橄榄杖，双手擀制，左手按住面杖左端，右手按住面杖右端，擀时面杖的着力点应放在一边，先右手下压用力向前推动，再左手下压向后拉动，使坯皮逆时针方向转动，最后擀成有百褶纹的荷叶形边。

b. 单手杖的操作关键：双手掌心控制住单杖的两端；用单手杖的凸出部位压着面剂，双手交替用力并使单杖保持平行滚动；先双手用力均匀擀制略厚的圆形坯皮，后单手用力推动橄榄杖中部凸出部位碾压坯皮边缘推出"荷叶边"。

c. 单手杖使用的质量标准：动作熟练、协调，坯皮形圆，中间圆形稍厚，外圈为百褶状波纹俗称"荷叶边"，符合制品的质量标准。

B. 双手杖擀法：

a. 双手杖的使用方法：双手杖，因所用的面杖是两根合用擀皮而得名。常用于擀制饺子皮、小笼汤包皮等小型面点皮，主要适用烫面饺。操作时先把剂子按扁，以双手按住面杖两端，在面剂上前后滚动，将面剂擀成适当的圆皮。

b. 双手杖的操作关键：双手掌心控制双杖两端，两根面杖要平行靠拢，不能分离；双手交替用力下压，来回推动坯皮旋转，用力要均匀；双手控制双杖一定要保持平行的前后移动，面杖的着力点要准确；双手配合进退要协调一致。

c. 双手杖使用的质量标准：动作协调、熟练，皮子圆形，周边规整，中间稍厚，符合制品的质量标准。

③通心槌擀法。通心槌又称走锤。有走锤、烧麦槌等多种形状，适用于各种面点的加工。

A. 通心槌：槌体呈圆柱形，中心孔套入中心轴可转动，中心轴两端为手柄，常用于分量较大的面坯擀制，如手工面条、馄饨皮、开油酥面坯开酥、千层糕等。擀皮平整、效率高。

a. 通心槌的用法：用双手握住通心槌两头活动手柄，均匀用力、平行碾压面皮，直到擀成所需厚度的面皮。

b. 通心槌的操作关键：双手用力要均匀一致，锤体平行滚动；面皮擀制要尽量保持呈长方形；面皮厚度要根据制品要求而定，一般要求平整均匀。

c. 通心槌使用的质量标准：动作熟练、灵巧，坯皮周正，厚薄均匀一致，符合制品要求。

B. 烧麦槌：烧麦槌也叫走锤，但槌体呈椭圆形或球形，与中心轴连为一体。

常用于烧麦皮的擀制而得名，也可用于其他坯皮。

a.烧麦槌的用法：烧麦槌的用法与橄榄杖、通心槌稍有不同，主要是两手轻握烧麦槌的两端手柄，槌柄在双手掌中转动，顺面剂的边缘，来回推压面剂转动成薄皮，方法与单杖烧麦皮的擀制相近似。有的地区则是擀成多张小皮后，叠成一垛坯皮，左手拇指、食指、中指配合拿皮，并有序旋转。右手拿槌，用槌的凸出部敲打坯皮周边成"荷叶边"。

b.烧麦槌的操作关键：双手握不宜过紧，以便槌体转动；双手配合，用力均匀一致；用槌的凸出部位压推剂子的边缘，左右手分别轮番用力，促使面剂旋转呈薄皮，再推出百褶状的"荷叶边"。

c.烧麦槌使用的质量标准：动作熟练、灵巧，坯皮周正，厚薄均匀一致，符合制品要求。

3）擀皮的关键

第一，工具选择适当，手法熟练。

第二，擀法用力均匀，厚薄均匀。

第三，坯皮厚薄均匀，大小一致。

4）擀皮的质量标准

手法得当，动作熟练；用力均匀，中间稍厚；厚薄均匀，坯皮周正，符合制品的质量要求。

（6）压皮

1）压皮的概念

压皮是借用工具按压面剂制皮的过程。压皮适用于制作小型没有韧性或坯料较软、皮子要求较薄的特色品种皮。压皮的难度较大，制作要求高，是广式点心制作中，澄粉坯制皮的常用方法。

2）压皮的方法

操作时准备一把压皮刀（刀面平整，材质为塑料或不锈钢），将剂子竖立放在案上，右手拿刀，可适当在刀面上抹一点油，将抹油的刀面平放压在剂子上，左手放在刀面上下压，双手配合顺时针方向旋转按压一下，剂子就被压成圆形的薄片。

3）压皮的关键

第一，面剂截面向上竖立或搓圆。

第二，刀面抹油适当；下压用力要巧，旋转适度。

第三，双手配合要协调、灵活。

4）压皮的质量标准

圆整光润，厚薄适宜，大小一致，符合制品的质量要求。

四、上馅、成型

（一）上馅

1. 上馅的概念

上馅也叫包馅、塌馅、打馅等，即在坯皮中间放上调好的馅心的过程。它是制作有馅品种的一道重要工序，上馅的好坏会直接影响成品的包捏成型。

2. 上馅的方法

由于品种不同，常用的上馅方法有包馅法、拢馅法、夹馅法、卷馅法、滚沾法、酿馅法等。

（1）包馅法

这种上馅法是最常用的，如包子、饺子、汤圆等绝大多数点心品种。但这些品种的成型方法并不相同，如无缝、捏边、提褶、卷边等，因此，上馅的多少、部位、方法也就随之不同。

①无缝类，如钳花包、水晶馒头等，馅心较小，一般上在中间，包成圆形即可，关键是不能把馅上偏。

②捏边类，如水饺等，馅心较大，打馅要稍偏一些，覆盖上去，合拢捏紧，馅心正好在中间。另外像糖三角等也属于捏边法。

③提褶类，如小笼包子等，馅心较大，因提褶呈荸荠鼓型，所以馅心要放到皮子的正中心。

④卷边类，如盒子酥、鸳鸯酥、炸三鲜盒子等，它是将包馅后的皮子依边缘卷捏成的一种方法。一般是用两张皮，中间上馅，上下覆盖，依四周卷捏。

（2）拢馅法

馅心较多，放在中间，上好后轻轻拢起捏住，不封口，漏一部分馅。如各式烧麦等。

（3）夹馅法

即一层粉料一层馅。上馅要均匀而平，可以夹上多层馅。对稀糊面的制品，则要蒸熟一层后上馅，再铺另一层。如三色糕等。

（4）卷馅法

就是先将面剂擀成片，然后将馅抹在面坯上（一般是细碎丁馅或软馅），再卷成圆柱形，做成制品，熟后切块，露出馅心。如花卷等。

（5）滚沾法

滚沾法是一种特殊的上馅方法。如藕粉圆子、椰蓉粉团等。

（6）酿馅法

酿馅法就是将馅心以点缀的形式，酿入生坯或制品，成型后形成孔洞的一种手法。不同的馅心可以形成不同的口味，也可以形成不同的颜色对比，使熟制后的点心，色香味形俱美。如四喜饺、梅花饺等。

3. 上馅的关键

①要根据具体品种而上馅，轻馅品种的馅心要少，重馅品种的馅心要多。

②不能根据馅心的软硬和易包状况而随意多上或少上，应多少均匀，上馅数量相等。

③要注意油量多的馅心，防止出现流卤汁、脱底漏馅等问题。

4. 上馅的质量标准

分量准确，软硬适度，符合制品的质量要求。

（二）成型

成型是用调制好的面团、馅心，按照面点的要求，运用各种方法制成多种形状的生坯的过程。它是面点制作中一项技术要求高、艺术性强的重要工序。通过学习形态的变化，丰富了面点的花式品种。具体手法有搓、包、捏、卷、切、削、拨、叠、擀、按、钳花、滚沾、镶嵌、挤注及用模具等十几种（具体见第八章介绍）。

五、熟制、装盘

（一）熟制

成熟是将面点生坯加热，使之成为熟食的操作过程。面点制品成熟的质量以其色、香、味、形来鉴定，行业中有"三分做功，七分火功"之说。具体成熟方法有蒸、煮、煎、炸、烤、烙、炒等（具体见第九章介绍）。

（二）装盘

装盘是将面点成品摆放到盘子中，进行美化的过程（具体见第八章介绍）。

总之，这几项操作工序贯穿于整个面点制作过程，相互连贯，相互影响，必不可少。因此，每个从事面点制作的人，都必须熟练掌握，只有熟练正确地掌握好基本功，才能制作出色、香、味、形、质俱佳的面点。

思考题

1. 简述面点制作工艺流程。

2. 和面、揉面的概念和作用是什么？

3. 特殊面坯揉制技法有哪些？

4. 醒面、搓条的概念是什么？

5. 下剂、制皮的概念是什么？

6. 下剂的方法有哪些？

7. 单手杖的使用方法有哪些?

8. 双手杖的使用方法有哪些?

9. 制皮有哪几种方法?

10. 上馅有哪几种方法?

11. 熟制、装盘的概念是什么?

第六章

面点面团的调制

课题名称：面点面团的调制

课题内容：面粉的工艺性能

面点面团概述

水调面团的调制

膨松面团的调制

油酥面团的调制

米粉面团的调制

其他面团的调制

课题时间：32 课时

训练目的：让学生了解面粉的工艺性能、面团的概念。

掌握各个面团的特点、调制方法和制作案例。

教学方式：教师示范讲授，学生练习。

教学要求：1.让学生了解相关的概念。

2.掌握面团的调制方法和制作案例。

3.熟悉各类面团的特点。

课前准备：准备原料，进行示范演示，掌握其特点。

面点面团的调制是面点制作的关键工艺，它与坯皮原料中的蛋白质和淀粉等成分有着很大的关系，但面团的调制还与其他原料以及操作因素等有关系，每一种面团都有其独特的性能，以及适合制作的面点品种。

第一节　面粉的工艺性能

面粉是调制面团的基础，面团的优劣跟面粉的物理和化学特性有关，但主要是由面粉中所含淀粉和蛋白质的性能决定。

一、面粉的物理和化学特性

（一）面粉的物理性质

面粉的物理性质是表示面粉品质优劣的一些物理特征，包括下列三项。

1. 色泽

它是对面制品颜色起决定性作用的因素。小麦经磨粉机逐道研磨，使其胚乳部分磨细成面粉。由于小麦的皮色和粒质不同，面粉的色泽也有所差异，在其他条件不变的情况下，一般白皮小麦生产的面粉比红皮小麦色泽白，硬质小麦生产的面粉比软质小麦色泽要次。这是因为在制粉过程中，面粉内不可能不含有麦皮，白皮小麦的皮色在面粉中不太明显，而红色麦皮混入粉内则使面粉色泽呈褐红色。硬质小麦的胚乳带轻微的乳黄色，粉质小麦的胚乳为白色。原料含灰土过多或有较多的荞子，未经彻底清理和精选使面粉的色泽带有青灰色或极细的黑色斑点。磨辊轧距过紧，引起磨辊发热，也可使粉粒呈黯灰色。我国对面粉色泽的检查，是以标准样品来对照，达到标准的为合格，反之则较差。这种方法一般是用眼睛感官鉴定，有些工厂也采用白度仪测定面粉的色泽，我国目前对面粉的白度没有统一的标准，大部分厂家都是自定标准，以鉴定面粉的色泽。

2. 粒度

它是指面粉的粗细程度，即由筛网规格决定的物理特性。由于面粉的质量和用途不同，对粒度大小的要求也不一致。我国面粉的种类对粒度的要求是：特制一等粉粒度不超过 160 微米，特制二等粉粒度不超过 200 微米，标准粉粒度不超过 330 微米。

3. 吸水量

它是指面粉制成面团时加水量的多少。由于面粉的质量不同，含水量不同，吸水量也不同。面粉的吸水量与面粉的蛋白质含量有密切的关系，蛋白质含量高，吸水量大；蛋白质含量低，吸水量小。吸水量还与面粉中的损伤淀粉有关。损伤淀粉吸水率约为健全淀粉的 5 倍（健全淀粉的吸水率为 0.44%，损伤淀粉的吸水率为 2.0%），故面粉中损伤淀粉多，将使面粉的吸水率增大。但损伤淀粉吸进的水分，在面团发酵过程中，还会从内部分离出来，导致面团易黏，使面制品的质量受影响。因此，有些国家把损伤淀粉的最大比例也列为面粉的质量指标之一。

（二）面粉的化学性质

小麦富含淀粉、蛋白质、脂肪、矿物质、维生素 B_1、维生素 B_2、烟酸及维生素 A 等。麦粒中的化学成分决定了小麦的营养品质，其含量随小麦品种、种类和生长条件不同而不同。面粉的生物化学性质，是由其各种营养成分决定的。

1. 蛋白质

小麦中含多种蛋白质，主要集中在胚乳、胚芽和麦麸的糊粉层里。小麦的粗蛋白质含量居谷物类之首位，蛋白质含量大部分在 12% ~ 14%。

小麦籽粒中各个部分蛋白质分布的重要指标是不均匀的。胚乳中蛋白质主要是麦谷蛋白和麦胶蛋白，二者比例接近 1∶1，可以形成面筋质，又称面筋蛋白质。面筋质是小麦蛋白所具有的独有特性，决定了小麦粉具有良好的食用品质。面筋的数量和质量是衡量小麦粉质量的重要指标。一般来说，蛋白质含量越高的小麦质量越好。目前，不少国家把蛋白质含量作为划分面粉等级的指标。胚乳中的面筋质分布是不均匀的，从胚乳的中心部分到外围，面筋质的数值逐步增加，但中心层具有最佳品质的面筋质。小麦的粒质不同，面筋质在胚乳中的分布也不同。在粉质麦粒中，面筋质主要集中在胚乳的外层，而在角质麦粒中，面筋质的分布比较均匀。

胚芽中的蛋白质质量高，纯胚芽的蛋白质含量比肉、蛋高，而仅次于大豆，是人类不可多得的营养物质。

麦麸糊粉层中的蛋白质被坚固的细胞所包围，不易被人体消化吸收，必须进行特殊的处理。

胚芽与糊粉层中的蛋白质虽然含量很高，但都不能形成面筋质。小麦中还含有一大类具有催化性质的活性蛋白质——酶，如蛋白酶、淀粉酶、脂肪酶等，在其生理活动过程中发挥着重要作用。

2. 碳水化合物

碳水化合物是小麦和面粉中含量最高的化学成分，分别占麦粒总重的 70%、面粉总重量的 73% ~ 75%。主要包括淀粉、糊精、纤维素、游离糖。

（1）淀粉

淀粉是小麦和面粉中最主要的碳水化合物，占麦粒总重量的 57%、面粉总重量的 67% 左右。小麦籽粒中的淀粉以淀粉粒的形式存在于胚乳细胞中。淀粉是葡萄糖的自然聚合体，根据葡萄糖分子间连接方式的不同而分为直链淀粉和支链淀粉两种。在小麦淀粉中，直链淀粉占 19% ~ 26%、支链淀粉占 74% ~ 81%。直链淀粉易溶于温水，生成的胶体黏性不大，而支链淀粉需在加热并加压的条件下才溶于水，生成的胶体黏性很大。在面团调制以及熟制后对面点产生很大的影响。

（2）可溶性糖

面粉中含有少量的可溶性糖。糖在小麦籽粒各部分分布不均匀，胚芽部位含糖 2.96%，麦麸层含糖 2.58%，而胚乳中仅含糖 0.88%。因此出粉率越高，面粉含糖越高。

面粉中的可溶性糖主要有葡萄糖、果糖、蔗糖、麦芽糖、蜜二糖等。它们的含量虽少，但作为发酵面团中酵母的碳源，有利于酵母的迅速繁殖和发酵，并且有利于制品色、香、味等风味特征的形成。

（3）戊聚糖

戊聚糖是一种非淀粉黏胶状多糖，主要由木糖、阿拉伯糖以及少量的半乳糖、已糖、已糖醛和一些蛋白质组成。

面粉中含有 2% ~ 3% 的戊聚糖，其中 25% 为水溶性戊聚糖，75% 为水不溶性戊聚糖。戊聚糖对面粉品质、面团流变性以及面点的品质有显著的影响。面粉的出粉率越高，其戊聚糖的含量则越高。

面粉中的水溶性戊聚糖有利于增加发酵面团的体积，并且可以改善发酵面点品种的内质结构以及表面色泽，延长产品保鲜期。水溶性戊聚糖对于提高面团的吸水率、提高面团流变性、保持面团气体、增加发酵面点的柔软度、增大面点体积以及防止面点老化均有较好的作用。

（4）纤维素

纤维素坚韧、难溶、难消化，是与淀粉很相似的一种碳水化合物。小麦中的纤维素主要集中在麦麸层中，麸皮纤维素含量高达 10% ~ 14%，而胚乳中纤维素含量很少。面粉中麸皮含量过多，不但影响制品口感和外观，而且不易被人体消化吸收。但食物中适量的纤维素有利于人体胃肠蠕动，能促进对其他营养物质的消化吸收。尤其现代，食物加工过于精细，纤维素含量不足，以全麦粉、含麸面粉制作的保健食品越来越受到人们欢迎。

3. 脂质

小麦籽粒中的脂质含量为 2% ~ 4%，面粉中脂质含量为 1% ~ 2%。小麦胚芽中脂质含量最高，胚乳中脂质含量最少。小麦中的脂质主要由不饱和脂肪酸构成，易因氧化和酶水解而酸败。因此，磨粉时要尽可能除去脂质含量高的胚芽和麸皮部分。

4. 酶

（1）淀粉酶

α-淀粉酶和 β-淀粉酶是两种在焙烤食品中重要的酶。若 β-淀粉酶含量充足，而 α-淀粉酶不足，可以使一部分 α-淀粉（糊精）和 β-淀粉水解转化为麦芽糖，作为酵母发酵的主要能量来源。

β-淀粉酶热不稳定，糖化水解作用在酵母发酵阶段；α-淀粉酶将可溶性淀粉变为糊精，改变淀粉的流变性。它对热较为稳定，在 70～75℃仍能进行水解作用，温度越高作用越快。α-淀粉酶大大影响了焙烤中面团的流变性，在烤炉中的作用可大大改善面点的品质。

（2）蛋白酶

面粉中的蛋白酶分为两种，一种能直接作用于天然蛋白质的蛋白酶，另一种是能将蛋白质分解过程中的中间生成物多肽类再分解的多肽酶。搅拌发酵过程起主要作用的是蛋白酶，它的水解作用降低面筋强度，缩短和面时间，使面筋易于完全扩展。

（3）脂肪酶

这种酶对馒头、面包、饼干制作影响不大，但对已调配好的蛋糕粉有影响，因为它可分解面粉里的脂肪成为脂肪酸，易引起酸败，缩短储藏时间。

5. 维生素

小麦中的维生素，以 B 族维生素（维生素 B_1，维生素 B_2，维生素 B_5）及维生素 E 的含量较高，维生素 A 的含量较少，缺乏维生素 C，几乎不含维生素 D。大部分维生素存在于麸皮和胚芽中，因此越是精白面粉，维生素含量越少。

6. 灰分

灰分是面粉经燃烧后剩下的无机物质。面粉中灰分随出粉率的高低而变化。面粉加工精度高，出粉率低，灰分含量低；加工精度低，出粉率高，灰分含量高，粉色差。

7. 水分

国家标准规定特制一等粉和特制二等粉的含水量均不超过 14%，标准粉和普通粉不超过 13.5%，这主要是从小麦粉的生产工艺和贮藏中的安全角度考虑的。面粉中水分含量过高易引起酶活性增强和微生物污染，导致小麦粉发热变酸，缩短小麦粉的保存期限，同时使面点产率下降。

二、面筋及其工艺性能

（一）面筋

小麦含有 12%～14% 的蛋白质，其所含蛋白质主要可分为麦白蛋白（清蛋白质类）、球蛋白、麦胶蛋白（麸蛋白）、麦谷蛋白四种。前两者易溶于水而随水分流失，后两者不溶于水。后两种蛋白与其他动、植物蛋白不同，最大特点是能互相黏聚在一起成为面筋，因此也称面筋蛋白（麦胶蛋白占40% ~ 50%、麦谷蛋白占40% ~ 50%）。麦谷蛋白和麦胶蛋白占小麦中蛋白质含量的80%左右。

（二）面筋工艺性能

当我们取一定的面粉加入适量的清水调制成软硬适度的面团时，稍作静置，然后放入清水中揉洗直至水清澈为止，最后剩下的灰白色柔软胶状物即被称为湿面筋。在面粉的质量等级标准中，湿面筋的含量是其关键参数。

小麦中的麦胶蛋白、麦谷蛋白是独一性的，任何粮食都不具备这种蛋白含量；小麦是唯一可以保持住网络面团气体的谷物，所以在制作粗粮制品时候必须勾兑一定比例的面粉。

根据试验，蛋白质在常温下，不会发生变性（指热变性），吸水率高，水温在30℃时，蛋白质能结合150%左右的水分，经揉搓，便形成柔软而有弹性的胶体组织，俗称面筋；但水温升至60 ~ 70℃以上时，蛋白质就开始热变性，逐渐凝固，筋力下降，弹性和延伸性减退，吸水率降低，只有黏度稍有增加。即温度越高，蛋白质变性越大，筋力和亲水性越衰退。根据面粉中蛋白质的这些物理性能，人们按照不同面点制品的不同要求，用不同的水温来调制不同的面团，制作出适合人们需要的点心。

三、淀粉及其工艺性能

（一）淀粉

小麦淀粉由19% ~ 26%的直链淀粉和74% ~ 81%的支链淀粉构成。直链淀粉易溶于温水，几乎无黏度，而支链淀粉易形成黏糊。能够溶解于温水的可溶性淀粉叫直链淀粉；只能在温水中膨胀，在热水中可以溶解的叫支链淀粉。

（二）淀粉工艺性能

根据试验，面粉中的淀粉，在常温条件下，其性质基本不变，吸水率低，水温在30℃时，淀粉只能结合30%左右水分，颗粒也不膨胀，仍能保持硬粒状态；水温在50℃左右时，吸水率和膨胀率还很低，黏度变动也不大，但水温达53℃以上时，淀粉的性质就发生明显的变化，即淀粉溶于水而膨胀糊化，水温越高，糊化程度越高，吸水量也就越大，且淀粉颗粒膨胀至原体积的几倍；即淀粉溶于热水中，产生黏性，水温越高，黏性也越大。这种淀粉在高温下溶胀、分裂形成均匀糊状溶液的特性，称为淀粉的糊化。

总之，面粉中的淀粉与蛋白质都具有亲水性，但这种亲水性的大小随着水温不同而变化，从而形成不同水温的水调面团。根据蛋白质与淀粉的性质，我国传统的面团有冷水面团、温水面团、热水面团、水杀面团之分，唤醒面团的不同麦香，形成不同的面点品种。

第二节　面点面团概述

面团是制作面点的关键步骤之一，面团调制得好坏，跟面点的成品有很大的关系。

一、面团的概念

一般来讲，面团是指用各种粮食的粉料或其他原料，加入水或油、鸡蛋、糖浆、乳浆等液态原料和配料，以及食品添加剂，经过手工或机械的调制而形成的相对均匀的混合物体系。

面团是制作中式面点的基础，也是第一道工序，面团经过和面、揉面和饧面等过程后，就可以用来制作成品或半成品，其制作过程和要求要根据具体面点品种的特点来决定。其中由面点原料到形成面团的过程，被称为面点面团的调制工艺。

二、面团的作用

粮食粉料或其他原料经过手工或机械和面后，形成了面团，其物理性能起了很大的变化，形成了具有柔韧性和延伸性的物料，对面点的制作发挥了很大的作用。

（一）面团的调制决定了面点制品的风味

不同的粮食粉料可以形成不同的面团，产生不同的面点制品风味；但相同的粮食粉料，由于调制方法不同也会使面团的物理性能和质地不一样，进而导致面点制品的风味也截然不同。例如，同样是面粉原料，不同的调制方法可以调制水调面团、发酵面团和油酥面团等，不同性质的面团适合于制作不同种类的面点品种，形成制品的不同风味。如水调面团品种的筋道、爽滑；发酵面团品种的膨松、松软；油酥面团品种的酥脆、油润等。

（二）面团的性质适合于不同的面点造型

面团是面点造型的基础，不同性质的面团适合于不同的面点造型。水调面团中不同造型的花色蒸饺，如冠顶饺、蜻蜓饺、草帽饺等；发酵面团中不同造型的花色包子，如钳花包子、秋叶包子、土豆包子及花馍等；油酥面团中不同造型的花色酥点，如酥盒、梅花酥、海棠酥等；澄粉面团中不同造型的苏州船点等，其他面团都有不同造型的点心品种。造型主要是源于各色面团都有一定的延展性和可塑性，所以，不同性质的面团给面点制作创造了基础条件。

（三）面团的组成原料发挥了各自的特点

面点制作中需要有不同的原料来参与，坯皮原料、馅心原料、调味原料、辅助原料、添加剂原料等几乎一个都不能少，通过不同的面团调制方法，各种原料有机地组配在一起，相得益彰，发挥了原料本身在面团中的特点。

（四）通过面团的调制丰富了面点的品种

由于原料和调制方法的不同，所形成的面团性质也不一样，这样就大大丰富了面点的品种。

（五）面团调制优化提高制品的营养价值

面团按属性一般分为水调面团、膨松面团、油酥面团、米粉面团和其他面团等，经过调制和工艺优化，形成了面点不同的品种，易于消化吸收，提高了面点制品的营养价值。

三、面团的分类

为了教学和研究的方便，特地将面团根据不同的分类标准来进行划分，但由于原料多种多样，形成的面团品种也丰富多彩，所以要采用多层次的分类标准，才能比较全面地窥览面团的全貌。

第一层次划分主要按照面团的主要原料来分类，有麦类粉料面团、米类粉料面团和其他粉料面团；第二层次划分主要依据调制面团的介质和面团形成的特性来分类，主要包括水调类面团、膨松类面团和油酥类面团三类。

麦类粉料水调类面团根据调制的水温不同分为冷水面团、热水面团和温水面团等，膨松类面团根据所使用的添加原料和不同的膨松方法分为生物膨松类面团、化学膨松类面团和物理膨松类面团等。油酥类面团根据加工方法又分为松酥类面团和层酥类面团两种。

米类粉料根据调制的介质（添加原料）不同，分为水调类粉团和膨松类粉团，水调类粉团细分为糕类粉团和团类粉团，膨松类粉团即为发酵粉团。

其他粉料根据使用原料的不同，主要包括杂粮类面团、澄粉面团、蛋和面团、根茎类面团、果蔬类面团、豆类面团和鱼虾蓉面团等。

四、面团的调制原理

面团的主流框架是蛋白质与淀粉的骨架构造；所以研究明白蛋白质与淀粉的轮廓是至关重要的；面点的配料、调制、成型、熟制、调味、添香、增色以及装饰等工艺都是建立在以蛋白质与淀粉构造的主流构架之上的。

调制面团时根据所用的原料、方法和用途不同，可以调制成水调面团、膨松面团、油酥面团、米粉面团、其他面团等。虽然面团的种类很多，其形成面团的原理，一般认为有四种作用：蛋白质溶胀作用、淀粉糊化作用、油脂吸附作用、鸡蛋黏接作用。

（一）蛋白质溶胀作用

当面粉与水、油、蛋等液状和粉状原辅料混合后，面粉便开始吸水过程。由于面粉中麦谷蛋白和麦胶蛋白迅速吸水溶胀，体积增大，膨胀了的蛋白质颗粒互相连接起来形成了面筋，经过揉搓使面筋形成面筋网络，即蛋白质骨架，同时面粉中的糖类（淀粉、纤维素等）等成分均匀分布在蛋白质骨架之中，这就形成了面团。

（二）淀粉糊化作用

淀粉粒不溶于冷水，在常温条件下基本没有变化，吸水率和膨胀性很低。当淀粉粒与水一起加热，淀粉粒吸水膨胀，体积可增大 50 ~ 100 倍，最后淀粉粒破裂，形成均匀的黏稠状溶液，这种现象称为淀粉的糊化。糊化时的温度称为糊化温度。小麦淀粉在 53℃ 以上时开始膨胀，吸水量增大，当水温达到 65℃ 时开始糊化，形成黏性的淀粉溶胶，这时淀粉的吸水率大大增加。淀粉糊化程度越大，吸水越多，黏性也越大。

糊化状态的淀粉称为 α 淀粉，未糊化的淀粉分子排列很规则，称为 β 淀粉。面类食品由生变熟，实际上就是 β 淀粉变成 α 淀粉的过程。熟的 α 淀粉比 β 淀粉容易消化。但 α 淀粉在常温下放置又会因条件不同逐渐变成 β 淀粉，这种现象称作淀粉的老化。馒头、包子、面包、蛋糕等制品刚成熟时，其淀粉为 α 状态，当放置一段时间后口感外观变劣，商品价值下降，这主要是淀粉老化，变成 β 状态造成的，因此，面点制品的防老化问题也是面点制作工艺中的一个重要课题。

（三）油脂吸附作用

油与面粉既不能形成面筋，又不能糊化，而是凭借油对面粉颗粒、冷水，以及对淀粉颗粒表面吸附而形成面团，如油酥面团中的水油皮面团、酥心面团的调制。

（四）鸡蛋黏接作用

有些面团在调制过程中，不需要添加水分，而是利用鸡蛋的胶状物质特性对面粉的黏接作用，使鸡蛋与面粉混合成团，如物理膨松面团制作过程中，鸡蛋经过打发以后，加入面粉轻轻搅拌成糊。

五、面团调制的影响因素

（一）原料因素

1. 粉料

只有含较多面筋蛋白质的面粉才有可能形成较多的面筋。一般来说，高等级的面粉面筋蛋白质含量高于低等级面粉。有过虫害、霉变影响的面粉，其面筋蛋白质不如正常面粉。

面粉质量对面团搅拌影响最大。面粉中蛋白质含量较高时，面团吸水量也随之增加，面筋性蛋白质的水化时间较长，面团达到充分吸水的阶段将推迟，这样使面团成熟的过程比蛋白质含量低的面粉慢一些。吸水量的增加，导致面团中的面筋形成量亦随之增高，要使面团完成最终阶段的弹性下降时间也随之后延，所以整个搅拌时间延长。

2. 糖类

在面团调制时加入糖（糖浆或糖粉等）后，由于糖的吸湿性，糖分子与面筋蛋白争夺水分子，因糖的水化能力大于蛋白质，能使蛋白质分子内的水分渗透到分子外，从而降低蛋白质胶粒的胀润度，造成面筋形成率降低、弹性减弱，这种现象称为糖对面筋的反水化作用。

在面团调制过程中，用糖量增加，吸水率降低（即用水量减少），如蔗糖量每增加 1%，面团的吸水率便降低 0.2%，适量的糖能够部分降低面筋形成度，控制调粉时面团的弹性；为使添加糖量较多的面团能保持与加糖量少的面团具有相同的软硬度，就要相应减少用水量；但过量的糖则会导致面筋形成量过少，面团黏性过大，操作困难。另外，对于强筋性面团，随着糖量的增加，水化作用变慢，为了促进面团的吸水和成熟，要延长搅拌时间。

3. 油脂

调制面团时，加入油脂后，脂肪就被吸附在蛋白质分子表面，形成一层不透性薄膜，使形成的面筋不易彼此黏合而形成大块面筋，从而降低了面团的黏性、弹性和韧性。同时由于油脂中含有大量的疏水烃基，阻止了水分向胶粒内部渗透，即限制了蛋白质的吸水和面筋的形成。

另外，少量的油脂对发酵面团的吸水性和搅拌时间基本上无影响，但当油脂与面团混合均匀后，面团的黏弹性有所改良。

4. 蛋类

蛋白是一种发泡性溶胶，经搅拌使之含有气泡，分布于面团中，当制品烘烤或蒸煮时，气泡内的气体受热膨胀，蛋白质遇热变性和淀粉糊化，形成组织多孔的制品。蛋液有较高的黏稠度，在酥性面团中，蛋对面粉和糖的颗粒起黏接作用。同时，蛋黄中含有大量的卵磷脂，具有良好的乳化性能，可使油、水乳化均匀分散到面团中去，使含蛋制品成熟后组织细腻、质地柔软。

5. 食盐

食盐对面团吸水量有较大影响，加 1% 的食盐，可提高面筋的产出率；添加 2% 食盐的面团比无盐面团减少 3% 吸水量。食盐能增加面筋的弹性，较大地抑制水化作用，影响搅拌时间，食盐添加量多的面团，和面所需时间相对延长。

6. 食碱

调制有些面团，需加适量的碱液。碱液除了中和酸度并有轻微松发作用外，其主要目的是软化面筋，降低面团弹性，增加延伸性，改变制品僵硬状况。

7. 蛋糕油

蛋糕油又称蛋糕乳化剂或蛋糕起泡剂，它在海绵蛋糕的制作中起着重要的作用。

蛋糕油的添加量一般是鸡蛋的 3% ~ 5%。每当蛋糕的配方中鸡蛋增加或减少时，蛋糕油也须按比例加大或减少。蛋糕油一定要在面糊的快速搅拌之前加入，这样才能充分地搅拌溶解，也就能达到最佳的效果。

8. 面包改良剂

面包改良剂一般是由乳化剂、氧化剂、酶制剂、矿物质和填充剂等组成的复配型食品添加剂。面包改良剂主要种类有：面包伴侣、A500、T-1、好搭档等。

面包改良剂首先能有效改善面团在生产过程的稳定性，如改善面团的耐搅拌性能和提高面团在发酵过程中的稳定性能等；其次，面包改良剂会提高面团的入炉膨胀性，主要表现在面包的体积上，以及改善面包的内部组织均匀性；再次，面包改良剂会保持面包长时间的柔软性能，即延缓淀粉老化回生作用等。

9. 馒头伴侣与馒头改良剂

馒头伴侣是复合型的添加剂，主要成分为乳化剂、酶制剂、维生素 C 等，可解决馒头表面塌陷，表皮无光泽、起皱或开裂，成品易老化、发硬、掉渣，内部组织粗糙，馒头体积小、不美观等问题。

馒头改良剂是馒头伴侣的升级产品，具有改善馒头体积、色泽及口感和缩短发酵时间的作用，同时又为酵母的发酵提供营养源，对人体无任何不良反应。

（二）水的因素

1. 水量

面团搅拌时，加水量是一个重要参数，它关系到面团的黏性、弹性、延伸性等流变学特性，与面团持气能力有关系，同时对酵母的产气能力有影响，甚至对酵母的繁殖速度也有影响，这些都直接或间接地影响面团的发酵时间和发酵制品的质量。

加水量要根据不同面点制品的配方和品质要求来定。

①水调面团、发酵面团、水油面团等筋性面团：因其要求有一定的弹韧性，故加水量较多。

②酥性面团、糖浆面团等弱筋性面团：因其不需要有弹韧性或稍有弹韧性，故加水量较少。

③面点制品配方中糖浆、鸡蛋、油用量较多时，加水量就要降低。反之，加水量就要增加。

2. 水温

①常温水：有利于面粉吸水，能充分形成面筋，增强面团韧性。

②较高温度水（>70℃）：淀粉吸水糊化，面筋变性凝固，能缩短搅拌时间，面团形成快，弹韧性下降，可塑性增强。调制酥性面团时应使用较高温度的水。

③较低温度水（20℃以下）：面粉吸水慢，搅拌时间长，面团形成慢，面团弹韧性增强。调制筋性面团时应使用较低温度的水。

3. 水质

水的 pH 和水中矿物质对面团调制的质量有很大影响。pH 在一定范围内偏低时可以加快调粉速度，如接近中性或微酸性时对面团调制是有益的。但若酸性过强或碱性条件下，对面团的吸水速度、延伸性及面团的形成均有不良影响。水中的矿物质有的是发酵面团中酵母繁殖所需要的营养物质，如磷、钾、镁、硫、铁等，有的矿物质还能帮助增强面团的筋力。

（三）操作因素

1. 投料次序

酥性面团、发酵面团、蛋糕面糊等面团（或面糊）工艺性能有差异，有的要充分形成面筋，有的要限制面筋的形成，因此投料次序有差别。如酥性面团一般先将油、糖、蛋、水搅拌均匀，再投入面粉和成面团，如果先将油、水分别投入面粉中进行拌和，势必有部分面粉吸水多，造成蛋白质胶粒迅速胀润，不能达到有限胀润目的，使面团弹性增大，可塑性减弱。

2. 调制时间和速度

面筋蛋白质的水化过程会在调制过程中加速进行，调制时间和速度是控制面筋形成程度和限制面团弹性的最直接因素，适当搅拌或揉搓可以促进蛋白质对水分的吸收，加速蛋白质吸水胀润和面筋的形成，但搅拌时间不宜过长，强度不宜过大，否则会使已经形成的面筋网络破坏而降低面筋生成率。

因此，必须根据各种面团不同特点，灵活选用面团调制速度和时间。如面包面团调制时，一般稍快速度搅拌，面团卷起时间快且完成时间短，面团搅拌后的性质亦佳；对面筋特强的面粉如用慢速搅拌，很难使面团达到完成阶段；对面筋稍差的面粉，在搅拌时，应用慢速以免使面筋搅断。再如，酥性面团、油酥面团因油脂用量多，要快速搅拌，搅拌时间要短，形成均质面团即可，防止"生筋"。其他类面团搅拌时间要长些，以形成适量面筋，产生一定的韧性和延伸性。

3. 搅拌强度

在面团调制时，适当搅拌或揉擦可以促进蛋白质对水分的吸收，加速蛋白质吸水胀润及面筋的形成。但搅拌时间不宜过长，强度也不宜过大，否则会使已形成的面筋网络被破坏，从而降低面筋生成率。

4. 面团温度

随着水及面团温度的升高，面筋性蛋白质吸水速度加快，吸水量增大，从而使面筋生成率也提高。但温度过高（超过65℃），则会因蛋白质变性，吸水性减弱，胀润值下降致使面筋生成率降低。一般来说，当面团温度在30℃左右时，面筋性蛋白质的吸水率可达150%，面筋生成率较高。

面团温度是调制过程中为数众多的技术参数中最重要的指标，对面粉吸水率、调制时间、pH变化、面筋形成量、面筋黏弹性，以及酵母的增殖、发酵力、发酵中的产酸量和发酵损失的大小都有较大影响。从吸水速度和吸水量来说，温度在30℃以下时，面粉吸水速度减慢，吸水量下降。

5. 饧制时间

①酥性面团不需要饧制，应立即进行成型操作。否则，夏季会"走油"生筋。

②水调面团、发酵面团、糖浆面团、水油面团等筋性面团均需饧制、松弛一段时间，以降低面团弹、韧性，增强延伸性和可塑性，改善加工性能。

总之，从理论上讲，延长面团的饧制时间可以使面筋蛋白有充足的时间吸水形成水化物，有利于提高面筋生成率。而实践证明，对正常品质的面粉而言其效果不十分显著，实践中饧制时间以20分钟左右为宜。

第三节　水调面团的调制

水调面团有不同的种类、特点、调制方法和调制关键，调制原理也有细微的差别。

一、水调面团概述

（一）水调面团的概念

水调面团，即面粉掺水（有的加入少量食盐、食碱等）调制的面团。水调面团离不开水，不同的水温也成就了不同的面团。

（二）水调面团的种类

常见的水调面团按其性质可分为以下几种面团：冷水面团、温水面团、热水面团、水余面团等。

（三）水调面团的调制原理

水调面团的特性是原料在与水的结合作用下形成的，原料在不同水温的作用下，产生出各种不同性质的面团。主要是因为原料中所含的主要成分淀粉和蛋白质具有不同的性质，在受到不同水温影响后可产生不同的现象。

1. 淀粉的性质

淀粉的性质，在常温条件下基本没有变化，在30℃低水温时，淀粉的吸水率和膨胀率很低，黏性变动不大，不溶于水，这就是冷水面团较硬，体积胀不大的原因；水温升至50℃左右时，淀粉的吸水率和膨胀率也很低，黏度也不大；水温升至53℃以上时，淀粉性质就发生了明显的变化，淀粉的颗粒逐渐膨胀；水温60℃以上时，淀粉不但膨胀，而且进入糊化阶段，淀粉颗粒体积比常温下胀大好几倍，吸水量增大，黏性增强，有一部分溶于水中；水温67℃以上时，淀粉大量溶于水中，成为黏度很高的溶胶；水温90℃以上，黏度越来越大。当用沸水或接近沸点的水调制时，由于淀粉的糊化作用，面团变得很黏柔，缺乏筋力，由于淀粉酶的糖化作用，使面团带有甜味。

2. 蛋白质的性质

蛋白质的性质在常温条件下不会发生变性（这里指热变性），吸水率高。水温30℃时，蛋白质能结合水分150%左右，经过揉搓，能逐渐形成柔软有弹性的胶体组织"面筋"，也就是说，面粉在用 0 ~ 30℃的水温调制时，其中的蛋白质形成面筋网络将其他物质紧密包住，而不发生什么变化，这时反复揉搓面团，面筋网络作用也逐渐加大，面团就变得光滑、有劲，并有弹性和韧性，显现冷水面团的性质和特点。蛋白质在 60 ~ 70℃时开始热变性，蛋白质凝固与淀粉糊化温度相近，温度愈高，时间愈长，这种变性作用也愈强，这种变性作用使面团中的面筋质受到破坏，因而，面团的延伸性、弹性、韧性都逐步减退，只有黏度增加。高于 70℃的开水烫面，调成的热水面团就变得柔软、黏糯且缺乏筋力。温水面团是用 50℃左右的温水调制的，这时蛋白质尚未变性，但由于一定热度的水温，面团中面筋质的形成受到一定影响，因此，温水面团的筋力、韧性等都介于冷水面团和热水面团之间。

二、冷水面团调制工艺

（一）冷水面团的概念

冷水面团是用 30℃以下的冷水调制成的。冬天调制时，要用少量温水（40℃以下），调制出的面团才能好用；夏季调制时，不但要用冷水，还要适当掺入少量的盐，因为盐能增强面团的强度和筋力，并使面团紧密，行业常说"碱是骨头，盐是筋"。冷水面团的成团主要是面粉中的蛋白质的亲水性所起的作用。

（二）冷水面团的特点

冷水面团具有组织严密、质地硬实、筋力足、韧性强、拉力大，成熟制品色白、吃口爽滑等特点。冷水面团适宜制作水饺、馄饨、面条、春卷皮等。

（三）冷水面团的调制方法

在冷水面团调制过程中，常常用 500 克标准粉，加 200 ~ 300 毫升水，特殊的面团水可多加，如搅面馅饼，500 克面粉的吃水量在 350 毫升左右。冷水面团具体调制方法是：经过下粉、掺水、拌、揉、搓等过程，调制时必须用冷水调制。

调制时先将面粉倒在案板上（或和面缸里），在面粉中间用手扒个圆坑，加入 60% ~ 70% 的冷水（水不要一次加足，可少量多次掺入，防止一次吃不进而外溢），用手从四周慢慢向里抄拌，面呈雪花片状，再加入 20% ~ 30% 的水量，揉成葡萄面、麦穗面后，最后再加入剩余的水量，用力反复揉搓成面团，揉至面团表面光滑、有筋性并不粘手为止，然后盖上一块洁净湿布，静置一段时间（即饧面）备用。

（四）冷水面团的调制关键

1.水温控制要适当

冷水面团必须使用冷水，冬季用40℃以下的微温水，夏季不但要用冷水，还要掺入少量的食盐，防止面团"掉劲"。一般加盐调制的面团色泽较白。

2.揉搓程度要把握

冷水面团中致密的面筋网络主要靠揉搓力量形成。面粉和成团块后要用力捣、掼（chuai）、摔、擦，反复揉搓，直至面团十分光滑、不粘手为止。

3.掺水比例要准确

掺水量主要根据具体面点制品需要而定，从大多数品种看，一般情况下面粉和水的比例为2:1，并且要分3次掺入，防止一次吃不进而外溢。

4.静置饧面要到位

调制好的面团要用洁净湿布盖好，防止风干发生结皮现象，静置一段时间（饧面），使面团中未吸足水分的粉粒充分吸水，更好地形成面筋网络，提高面团的弹性，制出的成品也更爽口，饧面的时间一般为10～15分钟，有的也可饧30分钟左右。

总而言之，冷水面团要求筋性大，但也不能过大，超过了具体面点制品的需要就会影响成型工作。遇到面团筋力过大的情况，除和面时和软一点外，还可掺些热水揉搓，也可掺入一些淀粉破坏一部分筋性，行业术语叫做"打掉横劲"。

（五）冷水面团调制案例

案例一：菜肉水饺

原料配方：面粉200克，冷水100克，猪肉150克，青菜500克，葱25克，姜10克，盐5克，白糖10克，酱油15克，味精2克，麻油25克。

工具设备：厨刀，漏勺，饺擀，砧板，刮板。

工艺流程：制馅→和面→搓条→下剂→制皮、成型→熟制→成品

制作方法：

①制馅。

A.将青菜择洗干净，放入沸水中略焯、捞出，放入冷水浸透，再捞出，挤干水分，切碎。

B.猪肉洗净，剁成肉泥。葱、姜洗净，均切成末，备用。

C.将猪肉泥放入盆内，加入葱末、姜末、酱油、盐、味精、白糖、麻油，顺一个方向搅拌上劲，再放入青菜末，拌匀成馅料。

②和面。将面粉放入盆内，倒入水和成面团。

③制皮、成型。把面团揉透搓成长条，分成每个约10克的小剂子，逐个按扁，擀成圆形、边缘较薄、中间较厚的饺子坯皮，包入馅料，捏成饺子生坯。

④熟制。将锅放在火上，倒入水烧沸，分散下入饺子生坯，边下边用勺背轻轻顺一个方向推动，直到饺子浮出水面，盖上锅盖，等水烧开，加少量冷水点水，如此3次，待饺子膨胀浮起关火，捞出沥干水分，装盘即可。

操作关键：

①青菜要焯水，过冷水，以保持绿色。

②青菜猪肉馅要搅拌上劲。

③熟制时要点水，以利于皮和馅心一起成熟，形成面皮筋道的口感。

风味特点：馅心鲜美，面皮筋道。

品种介绍：饺子是中国传统食物。菜肉水饺是其中的经典品种，荤素搭配，营养平衡，皮子筋道，馅心味美等。

案例二：伊府面

原料配方：

主料：面粉250克，冷水适量，鸡蛋2个，盐2克，淀粉50克。

配卤：上浆河虾仁200克，小青菜50克，盐3克，鸡汤1000克。

辅料：色拉油500克。

工具设备：擀面杖，厨刀，刮板，砧板，漏勺。

工艺流程：和面→揉面、擀面、切面→煮面、炸面→熟制→配卤→成品

制作方法：

①和面。

A. 先将鸡蛋磕入面盆里，放入盐搅匀，再倒入面粉用手搅起，将面与鸡蛋搅匀后倒入适量冷水，搅拌和成面团，揉匀揉光。

B. 面团上盖上湿洁布或保鲜膜，饧面30分钟。

②揉面、擀面、切面。将面团放案板上用擀面杖用力轧至均匀有劲时，擀成2毫米厚的薄片（擀法与家常刀切面相同），擀时需不断撒入淀粉面扑（淀粉装在纱布袋内），折叠起来用刀切成2毫米宽的条。

③煮面、炸面。用手将面条上层的头向前揪起，一手抓头，一手握中间，抖出面扑，投入开水锅内煮熟捞出，冷水过凉，分成5份，分别下入热油锅内炸成金黄色捞出放在盘里。

④熟制。吃时将炸好的面条再下入开水锅里煮一下（煮的时间不能长，待面回软后捞出）。锅里放油上火加热，再把煮好的面下入锅里，将面煎黄，倒入盘里。

⑤配卤。将油锅上火，烧至120℃，将上浆河虾仁滑油，滤出后备用；锅内留一点油烧热，加入小青菜炒绿，下入鸡汤烧开，下入煎黄的面条，稍煮，加

入精盐调味，最后盛入碗中，撒上滑油好的虾仁即可。

操作关键：

①将面揉成光滑的面团。

②煮面时，将面条放入开水锅中，等锅中的水再次滚开后，把面捞出，过冷水。

③将面条沥干水分，放入七分热的油锅中，将面条炸至金黄色发硬即可，一次不要炸太多，太多炸不透，影响口感。

④食用时加高汤煮一会、焖一下，配卤后别具特色。

风味特点：色泽金黄，面条爽滑，汤浓味鲜，可加不同配料，炒制成不同风味的伊府面。

品种介绍：伊府面的"伊府"二字，是尊称伊家的意思，据说是一个叫伊秉绶的官员家里的家厨创始的。伊秉绶号墨卿，福建汀州人，乾隆年间中进士，工诗善画，富收藏，是一位儒雅风流之士。

伊府面是一种中国著名的面食，外焦里嫩，香而不腻，可加不同配料，炒制成不同风味的伊府面，如三鲜伊府面、鸡丝伊府面、虾仁伊府面、什锦伊府面等。伊府面在中国各地都有，多流行于中原，著名的有中原砂锅伊府面、琼南伊府面、山东伊府面、潮州伊府面等。

<h3 style="text-align:center">案例三：馄饨</h3>

原料配方：面粉300克，冷水140克，猪五花肉150克，猪筒子骨300克，虾皮15克，香菜15克，榨菜10克，紫菜（干）5克，小葱15克，姜5克，盐8克，白糖10克，味精2克，酱油25克，胡椒粉3克，料酒5克。

工具设备：厨刀，擀面杖，馅挑，刮板，漏勺。

工艺流程：制馅心→制汤料→制馄饨皮→分碗、煮制→成品

制作方法：

①制馅心。

A. 将猪五花肉去皮洗净，剁成细泥；香菜择洗干净，切成小段；紫菜洗净，撕成小块；将小葱、姜洗净均切成末，备用。

B. 将猪肉泥放入盆内，加入适量水，充分搅拌，搅至黏稠为止，加入酱油、盐、白糖、味精、料酒搅匀，放入葱末、姜末拌匀，即成馅料。

②制汤料。将猪筒子骨洗净，放入锅内，倒入水，用旺火烧沸后，撇去浮沫，改用小火熬煮约1.5小时，即为馄饨汤。

③制馄饨皮。

A. 将面粉放在案板上，加入少许盐，倒入适量水，和成面团，用手揉到面团光润时，盖上湿布饧约20分钟，备用。

B. 将饧好的面团用擀面杖擀成厚薄均匀的薄片，厚约0.3毫米，切成边长约6厘米的正方形或底边10厘米的梯形，即为馄饨皮。

④包馄饨。将馅料包入馄饨皮中，制成中间圆，两头尖的馄饨生坯。

⑤分碗、煮制。

A.将酱油、虾皮、紫菜和榨菜放入碗内。

B.将馄饨生坯放入烧沸的汤锅中煮，待汤再烧沸，馄饨漂浮起来，即已煮熟。

C.先舀出一些热汤放入盛佐料的碗内，再盛入适量的馄饨，撒上香菜段、胡椒粉，即可食用。

操作关键：

①按用料配方准确称量。

②面团要揉匀饧透。

③坯皮要擀得薄而均匀。

④包制时生坯大小要一致。

⑤煮制时要沸水下锅，煮至浮起，火大时可点一两次水，待馄饨熟透即可。

风味特点：皮子滑爽，馅心鲜嫩，汤清味美。

品种介绍：馄饨是起源于中国北方的一道民间传统面食，用薄面皮包肉馅儿，下锅后煮熟，食用时一般带汤。

三、温水面团调制工艺

（一）温水面团的概念

温水面团是指用 50 ~ 60℃的水与面粉直接拌和、揉搓而成的面团；或者是指用一部分沸水先将面粉调成雪花面，再淋上冷水拌和、揉搓而成的面团。

（二）温水面团的特点

温水面团的特点是面粉在温水（50 ~ 60℃）的作用下，部分淀粉发生了膨胀糊化，蛋白质接近变性，还能形成部分面筋网络。温水面团的成团过程中，面粉中的蛋白质、淀粉都在起作用。

温水面团的性质处于冷水面团和热水面团之间，色较白、筋力较强、柔软，有一定韧性，可塑性强，成熟过程中不易走样，成品较柔糯，口感软滑适中。适合做花样蒸饺等。

（三）温水面团的调制方法

温水面团调制时一是可直接用温水与面粉调制成温水面团；二是可用沸水打花，再淋入冷水的方法调制成温水面团。

（四）温水面团的调制关键

温水面团操作关键与冷水面团基本相同，但由于温水面团本身的特点在调制中特别要注意以下两点。

1. 水温掌握要准确

调制温水面团，用 50 ~ 60℃水温适宜，水温不能过高和过低。过高会引起粉粒黏结，达不到温水面团所应有的特点；过低则面粉中的淀粉不膨胀，蛋白质不变性，也达不到温水面团的特点。只有掌握准确的水温才能调制出符合要求的温水面团。

2. 面团热气要散尽

因为温水面团里有一定的热气，所以要等面团中的热气完全散去后，再揉和成面团，盖上洁净湿布待用。此种面团适合制作花色蒸饺，制出的饺子不易变形，吃口绵而有劲。

（五）温水面团调制案例

案例一：飞轮饺

原料配方：面粉 350 克，开水 125 克，猪肉泥 150 克，牛肉泥 150 克，葱末 15 克，姜末 10 克，黄酒 15 克、虾籽 3 克，精盐 3 克，酱油 15 克，白糖 15 克，味精 2 克，冷水适量，熟火腿末 50 克，熟蛋白末 50 克。

工具设备：案板，大碗，擀面杖，蒸笼，笼垫，馅挑，罗筛，铜夹子。

工艺流程：馅心调制→面团调制→生坯成型→生坯熟制→成品

制作方法：

①馅心调制。

A. 将猪肉泥、牛肉泥加入葱末、姜末、虾籽、黄酒、酱油、精盐、白糖、味精拌和入味，搅拌上劲。

B. 然后分次加入冷水，顺一个方向搅拌再次上劲，和匀成鲜肉馅。

②面团调制。

A. 将面粉过筛后，倒在案板上，中间扒一个小窝，用开水烫成雪花状，摊开冷却。

B. 再洒淋上冷水，揉和成团，盖上湿布，饧制 15 ~ 20 分钟。

③生坯成型。

A. 将面团揉光搓成条，摘成小剂，逐只按扁，擀成直径 8 厘米的圆皮。

B. 在圆皮的中间放入馅心，将皮子四周按对称两大两小的等份向上向中心捏起，粘牢，形成对称的两个大孔和两个小孔。

C. 将相对的两个大孔捏拢成两条边，然后分别将每条边自上而下地用手指捻捏出波浪形的花边，再将两条花边沿顺时针方向旋转，以增加动感。另外将两个对称的小孔用铜夹子夹出花边，表示轮盘，即成飞轮饺子生坯。

④生坯熟制。

A. 在两个小孔里分别放入熟火腿末和熟蛋白末点缀。

B. 再将生坯放入笼内蒸 8 分钟成熟。

操作关键：

①选择中筋面粉，筋性适当。

②和面时用开水和成雪花状，摊开后，再洒上冷水，揉和成团。

③适当饧制，形成一定的筋性。

④拌制馅心一定要上劲。

⑤包制时注意飞轮饺形状的把握。

风味特点：色泽素雅，形如飞轮，口味咸鲜，口感软韧。

品种介绍：飞轮饺是花式蒸饺的一种，形如飞轮，美观大方。

案例二：梅花饺

原料配方：面粉 350 克，开水 125 克，猪肉泥 250 克，葱末 15 克，姜末 15 克，黄酒 15 克，虾籽 3 克，精盐 5 克，酱油 15 克，白糖 25 克，味精 5 克，冷水适量，胡萝卜菱形片 20 片，熟蛋黄末 50 克。

工具设备：擀面杖，蒸笼，蒸锅，罗筛。

工艺流程：馅心调制→面团调制→生坯成型→生坯熟制→成品

制作方法：

①馅心调制。

A. 将猪肉泥加入葱末、姜末、虾籽、黄酒、酱油、精盐、白糖、味精拌和入味，搅拌上劲。

B. 分次加入冷水，顺一个方向搅拌再次上劲即成猪肉馅。

②面团调制。

A. 将面粉过筛后，倒在案板上，中间扒一个小窝，用开水烫成雪花状，摊开冷却。

B. 再洒淋上冷水，揉和成团，盖上湿布，饧制 15 ~ 20 分钟。

③生坯成型。

A. 将面团揉光搓成条，摘成小剂，逐只按扁擀成直径 8 厘米的圆皮。

B. 先在皮的中间用馅挑刮入少量馅心，再把皮分五等份，向上向中心捏拢成五个孔洞，然后将两个孔洞的相邻边用筷子斜夹出小孔，用手将大孔边沿外扩成花边形，成梅花饺生坯。

④生坯熟制。将熟蛋黄末均匀点到五个圆孔里，最后摆列置蒸笼屉中，旺火蒸 8 分钟左右。

操作关键：

①选择中筋面粉，筋性适当。

②和面时用开水烫成雪花状，摊开后，再洒上冷水，揉和成团。

③适当饧制，形成一定的筋性。

④拌制馅心一定要上劲。

⑤包制时注意梅花饺形状的把握。

风味特点：色泽鲜艳，形如梅花，口味咸鲜，口感软韧。

品种介绍：梅花饺是花式蒸饺的一种，形似梅花，美观大方。

案例三：燕子饺

原料配方：面粉 350 克，开水 125 克，猪肉泥 250 克，洋葱 75 克，葱末 15 克，姜末 10 克，黄酒 15 克，虾籽 2 克，精盐 3 克，酱油 15 克，白糖 10 克，味精 2 克，冷水适量，红樱桃末 15 克，水发香菇粒 50 克，蛋液 50 克。

工具设备：案板，厨刀，大碗，擀面杖，蒸笼，笼垫，刮板，馅挑，罗筛，骨针（牙签），剪刀。

工艺流程：馅心调制→面团调制→生坯成型→生坯熟制→成品

制作方法：

①馅心调制。

A. 洋葱去皮洗净，切成细末。

B. 将猪肉泥加入洋葱末、葱末、姜末、虾籽、黄酒、酱油、精盐、白糖、味精拌和入味，搅拌上劲。

C. 然后加入少量冷水，顺一个方向搅拌再次上劲即成鲜肉馅。

②面团调制。

A. 将面粉过筛后，倒在案板上，中间扒一个小窝，用开水烫成雪花状，摊开冷却。

B. 再洒淋上冷水，揉和成团，盖上湿布，饧制 15 ～ 20 分钟。

③生坯成型。

A. 将面团揉光搓成条，摘成小剂，逐只按扁擀成直径 8 厘米的圆皮。

B. 将圆坯皮周长划分成 6 等份，上端和下端各留 1/6，两边各占 1/3。

C. 将两边的圆皮推出水波浪花边，然后在圆皮中心放上馅心，将两边的水波浪花边各自对捏对齐，上边不捏紧，略翻出；下边捏紧，成为两只翅，将两翅膀粘牢。

D. 上端 1/6 经捏制后成一圆孔，将圆孔捏出一个尖角，成为嘴，在圆孔中放入香菇末，成为鸟头，香菇中间按上一点红樱桃末，即为眼睛。

E. 下端的 1/6 也成为一个圆孔，在圆孔的中心部位，用骨针竖着向两翅膀中间推进粘上蛋液，捏成剪刀形的尾巴。

④生坯熟制。将生坯上笼蒸 8 分钟成熟即可。

制作关键：

①选择中筋面粉，筋性适当。

②和面时用开水烫成雪花状，摊开后，再洒上冷水，揉和成团。

③适当饧制，形成一定的筋性。

④拌制馅心一定要上劲。

⑤包制时注意燕子饺形状的把握。

风味特点：色泽和谐，形如燕子，口味咸鲜，口感软韧。

品种介绍：燕子饺是花式蒸饺的一种，形似燕子，美观大方。

案例四：鸳鸯饺

原料配方：面粉 350 克，开水 125 克，猪肉泥 250 克，芹菜 200 克，葱末 15 克，姜末 10 克，黄酒 15 克，虾籽 2 克，精盐 3 克，酱油 15 克，白糖 25 克，味精 5 克，冷水适量，熟火腿末 75 克，黄蛋皮末 75 克。

工具设备：擀面杖，蒸笼，笼垫，刮板，馅挑，罗筛，铜夹子。

工艺流程：馅心调制→面团调制→生坯成型→生坯熟制→成品

制作方法：

①馅心调制。

A.将芹菜择洗干净，用开水焯水后，冷水过凉，挤干后切成末状。

B.将猪肉泥加入芹菜末、葱末、姜末、虾籽、黄酒、酱油、精盐、白糖、味精拌和入味，搅拌上劲。

C.然后加入少量冷水，顺一个方向搅拌再次上劲，即成芹菜猪肉馅。

②面团调制。

A.将面粉过筛后，倒在案板上，中间扒一个小窝，用开水烫成雪花状，摊开冷却。

B.再洒淋上冷水，揉和成团，盖上湿布，饧制 15 ~ 20 分钟。

③生坯成型。

A.将面团揉光搓成条，摘成小剂，逐只按扁擀成直径 8 厘米的圆皮。

B.在圆形面皮中间放上馅心（馅心要硬一点），在皮子的四周涂上蛋液，将皮子两边的中间部分对粘起，再将坯在手上转 90°，先后把两端的两边对捏紧，成为鸟头鸟嘴，两边的中间各出现一个圆筒。

C.用铜夹子把鸟嘴夹出花纹，即成生坯。

④生坯熟制。将生坯上笼蒸 8 分钟成熟，在鸟头两边的空洞中分别填入熟火腿末和蛋黄皮末即可。

操作关键：

①选择中筋面粉，筋性适当。

②和面时用开水烫成雪花状，摊开后，再洒上冷水，揉和成团。

③适当饧制，形成一定的筋性。

④拌制馅心一定要上劲。

⑤包制时注意鸳鸯饺形状的把握。

风味特点：色泽和谐，形如鸳鸯，口味咸鲜，口感软韧。

品种介绍：鸳鸯饺是花式蒸饺的一种，形似鸳鸯，美观大方。

案例五：金鱼饺

原料配方：中筋面粉 350 克，开水 125 克，猪肉泥 350 克，葱末 15 克，姜末 15 克，黄酒 15 克，虾籽 3 克，精盐 3 克，酱油 15 克，白糖 8 克，味精 2 克，冷水适量，红樱桃圆粒 30 个。

工具设备：擀面杖，蒸笼，笼垫，刮板，馅挑，剪刀，筷子，木梳，铜夹子。

工艺流程：馅心调制→面团调制→生坯成型→生坯熟制→成品

制作方法：

①馅心调制。

将鲜猪肉泥加入葱末、姜末、虾籽、黄酒、酱油、精盐搅拌入味，搅拌上劲，然后分三次加入冷水，顺一个方向搅拌再次上劲，加入白糖、味精和匀成鲜肉馅。

②面团调制。

A.将面粉过筛后，倒在案板上，用开水烫成雪花状，摊开冷却。

B.再洒上冷水，均匀揉和成团，盖上湿布，饧制 20 分钟。

③生坯成型。

A.将面团揉光搓成条，摘成小剂，按扁擀成直径 8 厘米的圆皮。在圆皮直径的 1/4 部放上馅心，将面皮沿直径对称向上提起。前端的 1/4 面皮，用筷子夹出三个小孔与中间的两边相粘，做成鱼嘴和鱼眼睛。

B.然后再用筷子夹住圆皮的中间，将馅心往身部推、捏拢，把后端的 1/2 面皮按扁成扇面形，剪成 4 片，修成鱼尾形状，用木梳压出鱼尾细纹，在鱼的脊背处用铜夹子夹出背鳍，即成金鱼饺生坯。

④生坯熟制。将生坯上笼蒸 8 分钟成熟，出笼后在鱼的两只眼睛孔里放上刻圆的红樱桃。

操作关键：

①选择中筋面粉，筋性适当。

②和面时先用热水将面粉烫揉成雪花面，再用冷水淋入，揉成温水面团。

③适当饧制，形成一定的筋性。

④拌制馅心一定要上劲。

⑤包制时注意金鱼形状的把握。

风味特点：色泽和谐，形如金鱼，口味咸鲜，口感软韧。

品种介绍：金鱼饺是花式蒸饺的一种，形似金鱼，美观大方。

四、热水面团调制工艺

（一）热水面团的概念

热水面团是指用 70 ~ 90℃的水与面粉混合，揉搓而成的面团。

（二）热水面团的特点

热水面团的特点是面粉在热水的作用下，既使其蛋白质变性，又使淀粉膨胀糊化产生黏性，大量吸水并与水溶合形成面团。行业中把烫面的程度称为"三生面""四生面"。"三生面"就是说，十成面当中有三成是生的，七成是熟的；"四生面"就是十成面当中有四成是生的，六成是熟的。一般面点品种大约都用这两个比例。

热水面团色黯，无光泽，可塑性好，韧性差，成品细腻，柔糯黏弹，易于消化吸收。适合做蒸饺、烧麦等。

（三）热水面团的调制方法

热水面团在调制过程中，一般常用方法就是把面粉摊在面板上，热水浇在面粉上，边浇边拌和，把面烫成一些疙瘩片，摊开散发热气后，适当淋入冷水和成面团。面团柔软的原因是面粉中的淀粉吸收热水后，产生了膨胀和糊化的作用。

如果烫好的面团硬了应补加冷水揉到软硬适宜为止。如果面烫软了应补充些干面粉，否则会影响质量。

（四）热水面团的调制关键

1. 调制热水要浇匀

热水面团调制过程中，热水淋烫使淀粉糊化产生黏性；使蛋白质变性，防止生成面筋。在面团调制的过程中，热水淋烫要浇匀。

2. 面团热气要散尽

热水面团调制过程中，加水搅匀后要散尽热气，否则热气蓄在面团里，制成的面点品种不但容易结皮，而且制品表面粗糙、开裂。

3. 加水分量要准确

热水面团调制，配方要准确，在和面时要一次加足水量，不能成团后再调整。

4. 揉面程度要适当

热水面团揉匀揉光即可，多揉则生筋性，失掉了热水面团的特性。

（五）热水面团的调制案例

案例一：牛肉锅贴

原料配方：面粉 450 克，白糖 3 克，开水 250 克，冷水适量，牛肉 750 克，酱油 15 克，味精 2 克，精盐 3 克，虾籽 2 克，白胡椒粉 2 克，香油 15 克，葱 15 克，姜 10 克，黄酒 15 克，花生油 50 克。

工具设备：平底不粘锅，擀面杖，刮板，馅挑，厨刀，砧板，罗筛。

工艺流程：馅心调制→面团调制→生坯成型→生坯熟制→成品

制作方法：

①馅心调制。

A. 将牛肉去筋膜并剁成泥。

B. 在牛肉泥中加入葱末、姜末、虾籽、黄酒、酱油、精盐、白糖、味精、白胡椒粉、香油拌和入味，搅拌上劲。

C. 然后加入少量冷水，顺一个方向搅拌再次上劲，即成牛肉馅。

②面团调制。

A. 将面粉过筛后，倒在案板上，中间扒一个小窝，用开水烫成雪花状，摊开冷却。

B. 再加适量冷水揉搓至表面光滑，即为烫面皮。

C. 饧制 15 ~ 20 分钟。

③生坯成型。

A. 将揉搓好的面团搓条摘成剂子。

B. 用擀面杖擀成中间较厚、边缘稍薄的皮子，包入牛肉馅心，捏成褶纹饺。

④生坯熟制。

A. 把锅贴摆入已抹油并烧热的平底锅里，先煎半分钟。

B. 加水至锅贴的 1/3 高，加盖煎至水干饺熟，底呈金黄焦色即可。

制作关键：

①选择中筋面粉，筋性适当。

②和面时用开水烫成雪花状，摊开后，再洒上冷水，揉和成团。

③适当饧制，形成一定的筋性。

④拌制馅心一定要上劲。

⑤包制时注意锅贴形状的把握。

风味特点：色泽焦黄，形如月牙，口味咸鲜，质感酥脆软韧。

品种介绍：牛肉锅贴是金陵秦淮八绝之一，以牛肉为馅料，用面皮包成饺子后，放入油锅中煎至底面金黄色后装盘即可食用。这种甜中带咸的小吃，上部柔嫩，底部酥脆，牛肉馅味鲜美，别具滋味。

案例二：煎饺

原料配方：面粉 350 克，开水 150 克，猪肉泥 250 克，葱末 15 克，姜末 10 克，黄酒 15 克，虾籽 2 克，精盐 3 克，酱油 15 克，白糖 15 克，味精 3 克，冷水适量。

工具设备：平底不粘锅，擀面杖，蒸笼，笼垫，馅挑，刮板，罗筛。

工艺流程：馅心调制→面团调制→生坯成型→生坯熟制→成品

制作方法：

①馅心调制。

A.将猪肉泥加入葱末、姜末、虾籽、黄酒、酱油、精盐、白糖、味精拌和入味，搅拌上劲。

B.然后加入少量冷水，顺一个方向搅拌再次上劲，即成猪肉馅。

②面团调制。

A.将面粉过筛后，倒在案板上，中间扒一个小窝，用开水烫成雪花状，摊开冷却。

B.再洒淋上冷水，揉和成团，盖上湿布，饧制 15～20 分钟。

③生坯成型。

A.将面团揉光搓成条，分成 30 只剂子，撒上干粉，逐只按扁，用双饺杆擀成直径 9 厘米、中间厚四周稍薄的圆皮，左手托皮，右手用馅挑刮入 25 克馅心成一条枣核形。

B.将皮子四、六开，然后用左手大拇指弯起，用指关节顶住皮子的四成部位，以左手的食指顺长围住皮子的六成部位，以左手的中指放在拇指与食指的中间稍下点的部位，托住饺子生坯。

C.再用右手的食指和拇指将六成皮子边捏出褶皱，贴向四成皮子的边沿，一般捏 14 个褶，最后捏合成月牙形生坯。

④生坯熟制。

A.生坯上笼，置蒸锅上蒸 8～10 分钟，视成品鼓起不粘手即为成熟，然后冷却后备用。

B.平底不粘锅倒入适量油，先在火上烧一下，待油有些热的时候关火，把饺子整齐地放进锅里，加水至饺子的半身位置，盖上盖子以大火烧开转中火，待水煮干后开盖再加些水，超过饺子底部就可以了。盖上盖子以中火焖，待水烧干饺子底部发脆即可起锅装盘。

制作关键：

①选择中筋面粉，筋性适当。

②和面时用开水烫成雪花状，摊开后，再洒上冷水，揉和成团。

③适当饧制，形成一定的筋性。

④拌制馅心一定要上劲。

⑤包制时注意月牙饺形状的把握。

风味特点：色泽焦黄，形如月牙，口味咸鲜，口感香脆。

品种介绍：煎饺是中国北方地区特色传统小吃之一，以面粉和肉馅为主要食材制作成饺子，放凉后用油煎制而成。煎饺表面酥黄，口感香脆。

案例三：翡翠烧麦

原料配方：

主料：面粉350克，开水150克，冷水25克。

馅料：青菜1000克，精盐3克，白糖15克，熟猪油50克。

饰料：熟火腿末50克。

工具设备：橄榄杖，蒸笼，笼垫，馅挑，刮板，厨刀，砧板，罗筛。

工艺流程：馅心制作→和面→搓条、下剂、擀皮→包制成型→熟制→成品

制作方法：

①馅心制作。将青菜除去黄叶，洗净后放入沸水锅内烫一下（锅里加适量碱水），捞起放入冷水中漂净，再斩成细末，放入布袋中压干水分，倒出放入盆内，加白糖、精盐、熟猪油拌和，即成翡翠馅心。

②和面。将面粉放在盆中，加开水拌和成雪花片状，再加冷水25克拌和揉匀，揉至面团光滑，稍微饧制。

③搓条、下剂、擀皮。将面团搓成长条，摘成每只15克左右的坯子，然后用橄榄杖擀成直径9厘米左右，荷叶形边，金钱底的皮子。

④包制成型。皮子摊在左手掌中，翡翠馅心40克放在皮子中间，然后左手将皮子齐腰捏拢，右手用刮板在皮子口上将翡翠馅心压平，再点缀上些许熟火腿末，即成翡翠烧麦生坯。

⑤熟制。将生坯上笼，在旺火上蒸10分钟即成。

制作关键：

①选择中筋面粉，筋性适当。

②和面时用开水烫成雪花状，摊开后，再洒上冷水，揉和成团。

③适当饧制，形成一定的筋性。

④拌制馅心一定要上劲。

⑤包制时以半熟烫面擀成薄皮，捏成花瓶形，颈口馅心微露，用少许火腿末点缀。

风味特点：皮面白亮，馅如翡翠，甜润清香。

品种介绍：翡翠烧麦是一道传统名吃，皮薄似纸，馅心碧绿，色如翡翠，甜润清香，色香味形俱佳，深受当地民众喜爱。

案例四：糯米烧麦

原料配方：面粉150克，开水75克，冷水适量，糯米200克，干香菇4朵，

冬笋1根，肉馅75克，葱末15克，姜末10克，绍酒15克，酱油15克，白糖10克，精盐5克，味精2克。

　　工具设备：橄榄杖，蒸笼，笼垫，刮板，馅挑，厨刀，砧板，罗筛。

　　工艺流程：馅心制作→和面、饧面、搓条、下剂、擀皮→包制成型→熟制→成品

　　制作方法：

　　①馅心制作。

　　A.糯米洗净后用清水泡至用手能碾碎，蒸至八成熟备用。

　　B.香菇洗净后用清水浸泡涨发，切成丁；冬笋洗净后也切成丁，备用。

　　C.油锅放少量油烧热，放入肉馅炒出油，加姜末、葱末、香菇丁、笋丁炒匀，加入绍酒、酱油、白糖、精盐、味精，再加入糯米饭翻炒均匀，备用。

　　②和面、饧面、搓条、下剂、擀皮。将面粉过筛后，放入大碗中，加开水用筷子搅匀后，用手揉至光滑，盖湿布饧30分钟。分成多个剂子，擀成荷叶边烧麦皮。

　　③包制成型。包入糯米馅，用馅挑压实，用手的虎口捏紧。

　　④熟制。将荷叶边翻开即成荷叶烧麦，排放在蒸笼上，用旺火沸水蒸15分钟出锅。

　　制作关键：

　　①选择中筋面粉，筋性适当。

　　②和面时用开水烫成雪花状，摊开后，再洒上冷水，揉和成团。

　　③适当饧制，形成一定的筋性。

　　④糯米一定要用蒸熟的。

　　⑤包制时以半熟烫面擀成薄皮，捏成石榴形，颈口馅心微露。

　　风味特点：色泽浅黄，皮粉馅糯，味道鲜美，造型美观。

　　品种介绍：糯米烧麦是一道江苏省的传统名点，是烧麦当中的经典品种。

五、水氽面团调制工艺

（一）水氽面团的概念

水氽面团是用100℃的沸水，将面粉充分烫熟而调制成的一种特殊面团。

（二）水氽面团的特点

面团在热水烫制过程中，其面粉中的蛋白质完全成熟变性，淀粉充分膨胀糊化。水氽面团的特点是：色泽黯、弹性足、黏性强、筋力差、可塑性高，适宜做煎炸类的点心。如泡芙、泡泡油糕、烫面炸糕等。如果换作其他水调面油

炸或煎，面点制品则坚实、僵硬、不够酥脆。

（三）水氽面团的调制方法

水氽面团调制时，先将水锅烧开，然后一边徐徐倒下面粉，一边搅拌，使面粉搅匀至熟。最后倒在涂油的案板之上，摊开面团，使其散尽热气，凉透。再加入适量油脂或蛋品等拌匀。

（四）水氽面团的调制关键

1. 配料分量要准确

在水氽面团调制过程中，面粉和加水量要基本均衡，搅拌后形成稠糊状。水多，面团易成稀糊，无法成团；水少，面团则干硬不透。

2. 手工搅拌要均匀

在调制过程中，用手持擀面杖或筷子，一边加面粉一边搅拌，而且要搅匀烫透。

3. 面团热气要散尽

面糊搅匀后要散尽热气，否则热气蓄在面团中，做成的制品不但容易结皮，而且制品表面粗糙、开裂。所以，氽好的面团要切开，让热气彻底散尽，凉透。

（五）水氽面团的调制案例

案例一：烫面炸糕

原料配方：面粉 200 克，白糖 40 克，猪油 40 克，清水 400 克，豆沙馅 200 克。

工具设备：馅挑，刮板，漏勺。

工艺流程：和面、氽面、搓条、下剂、擀皮→包制成型→炸制→成品

制作方法：

①面团调制。

A. 锅上火，加入清水、白糖烧开，然后将面粉倒入，用小擀面杖反复拧搅，待面团发亮成熟烫面团时撤锅。

B. 将面团倒在案板上摊开晾凉后，再掺入猪油用手揉匀揉光，放温暖处稍氽。

②生坯成型。

A. 搓成长条，揪成 20 个剂子。

B. 逐个按成小圆皮，包上豆沙馅掐住口。

③生坯熟制。

再按成小圆饼形，将油锅升温至 180℃，放入生坯，炸成金黄色捞出即成。

操作关键：

①炸油糕的关键在和面，面软些才好吃。

②炸油糕的油温要掌握好，中火炸制才能外焦里嫩。

③烫面做法：白糖和清水烧开后，关火，加入面粉不停搅拌均匀，冷却后加猪油揉匀。

风味特点：外酥内嫩，圆如饼，形似鼓，色如铜，香味扑鼻。

品种介绍：烫面炸糕以前是京城庙会小吃品种，其色泽金黄，表皮酥脆，质地软嫩，味道香甜可口。烫面炸糕因为其口感香甜可口，深受广大群众的喜爱。

案例二：波丝油糕

原料配方：面粉 500 克，熟猪油 300 克，蜜枣（去核）250 克，玫瑰 25 克，桃仁 100 克，白糖 100 克，色拉油 750 克（耗 100 克），沸水 350 克。

工具设备：厨刀，砧板，刮板，漏勺。

工艺流程：馅心制作→和面、饧面、搓条、下剂、擀皮→包制成型→炸制→成品

制作方法：

①馅心制作。将蜜枣、玫瑰、白糖、熟猪油 100 克混合揉匀成为枣泥。桃仁放入沸水泡后去皮，下油锅炸酥，剁成绿豆大的颗粒与枣泥拌匀，捏成 20 个球形馅心。

②和面。将面粉倒入沸水锅中烫熟，加上熟猪油 100 克揉匀，然后铺开切成数块，晾至不烫手。

③成型。将烫好的面揉成团，将熟猪油 100 克分数次揉匀于面中，再把面扯出 20 个剂子，按成圆饼形，放入球形馅心捏拢，在交口处轻轻拍平，即成波丝糕坯。

④熟制。将色拉油放入锅，待烧至 220℃时，从锅边徐徐放入糕坯，炸至饼皮呈网状即可捞出。

操作关键：

①烫面时要搅拌均匀。

②和面时要将熟猪油 100 克分数次揉匀于面中。

③炸制时温度要高，饼皮才能呈网状。

④炸好后放厨房纸上吸取余油。

品种介绍：波丝油糕是四川彭县的传统特色糕点小吃，其特点是色泽金黄，外酥里嫩，味甜酥香。

第四节　膨松面团的调制

膨松面团有不同的种类、特点、调制方法、调制关键以及膨松原理，各种

膨松面团面点品种，均有不同的风味。

一、膨松面团概述

（一）膨松面团的概念

膨松面团是在调制面团过程中，添加膨松剂或采用特殊膨胀方法，使面团发生生化反应、化学反应或物理反应，改变面团性质，产生许多蜂窝组织，使体积膨胀的面团。

膨松面团的特点是疏松、柔软，体积膨胀、充满气体，饱满、有弹性，面点制品呈海绵状结构。

（二）膨松面团的种类

面团要呈膨松状态，必须具备两个条件：第一，面团内部要有能产生气体的物质或有气体存在。第二，面团要有一定的保持气体的能力。

根据以上两个条件，膨松面团主要分为生物膨松面团、化学膨松面团和物理膨松面团等几类，每类面团都有它的特点。

（三）膨松面团的膨松原理

1. 生物膨松面团的膨松原理

生物膨松面团主要有酵母、面肥、酒酿等几种生物膨松剂，利用酵母菌的发酵作用产生的气体使面团疏松。虽然使用的膨松剂不同，但是其原理是相通的。

面团发酵是一个十分复杂的生物化学过程。该过程大体说来，有以下三个方面。

（1）淀粉分解

面粉中除了含有少量的单糖和蔗糖外，还含有大量的淀粉和一些淀粉酶。在面团发酵时，淀粉在淀粉酶作用下水解成麦芽糖。在发酵时酵母本身可以分泌麦芽糖酶和蔗糖酶，将麦芽糖和蔗糖水解成单糖供酵母利用。

$$2(C_6H_{10}O_5)n+nH_2O \xrightarrow{\text{淀粉酶}} nC_{12}H_{22}O_{11}$$

$$C_{12}H_{22}O_{11}+H_2O \xrightarrow{\text{麦芽糖酶}} 2C_6H_{12}O_6$$
麦芽糖

$$C_{12}H_{22}O_{11}+H_2O \xrightarrow{\text{蔗糖转化酶}} C_6H_{12}O_6+C_6H_{12}O_6$$
蔗糖　　　　　　　　　　　　葡萄糖　果糖

（2）酵母繁殖

酵母是一种典型的兼性厌氧微生物，其特性是在有氧和无氧的条件下都能存活。

在面团发酵初期，面团中的氧气和其他养分供应充足，酵母的生命活动非常旺盛，这个时候，酵母进行着有氧呼吸，能够迅速将面团中的糖类物质分解成二氧化碳和水，并释放出一定的能量（热能）。在面团发酵的过程中，面团有升温的现象，就是酵母在面团中有氧发酵产生的热能导致的。

$$C_6H_{12}O_6+6O_2 \longrightarrow 6CO_2+6H_2O$$
单糖

随着酵母呼吸作用的进行，面团中的氧气逐渐稀薄，而二氧化碳的量逐渐增多，这时酵母的有氧呼吸逐渐转为无氧呼吸，也就是酒精发酵，同时伴随着少量的二氧化碳产生。所以说，二氧化碳是面团膨胀所需气体的主要来源。实际上，这两个发酵过程往往是同时进行的，只是在不同阶段所起的作用不同。

$$C_6H_{12}O_6 \longrightarrow 2CO_2+2C_2H_5OH$$
单糖　　　　　　乙醇

在发酵面团调制中，要有意识地为酵母创造有氧条件，使酵母进行有氧呼吸，产生尽量多的二氧化碳，让面团充分发起来。如在发酵后期的翻面操作，都有利于排除二氧化碳，增加氧气。但是有时也要创造适当缺氧的环境，使酵母发酵生成少量的乙醇、乳酸、乙酸乙酯等物质，提高发酵面团制品的发酵后所特有的风味。

（3）杂菌繁殖

随着发酵程度的延长和温度的升高，杂菌繁殖加快（乳酸菌的适宜温度为37℃，醋酸菌适宜温度为35℃），把酵母发酵作用产生的酒精分解成醋酸和水，将单糖分解为乳酸等。

$$C_2H_5OH \xrightarrow{\text{氧化酶}} CH_3COOH+H_2O$$
乙醇　　　　　　乙酸

$$C_6H_{12}O_6 \xrightarrow{\text{酶}} 2C_3H_6O_3$$
乳酸

2. 物理膨松面团的膨松原理

（1）海绵蛋糕的膨松原理

1）空气的作用

在海绵蛋糕制作过程中，通过高速搅拌，蛋白快速地打入空气，形成泡沫。同时，由于表面张力的作用，使得蛋白泡沫收缩变成球形，加上蛋白胶体具有黏度，以及加入的面粉原料附着在蛋白泡沫周围，使泡沫变得很稳定，能保持住混入的气体。加热的过程中，泡沫内的气体又受热膨胀，使蛋糕制品疏松多孔并具有一定的弹性和韧性。

2）膨松剂的作用

在海绵蛋糕制作过程中，为了使蛋糕制品膨松，通常要添加一些膨松剂，如泡打粉等，在加热时会产生二氧化碳气体，可使烘焙产品体积膨胀。

膨松剂虽然有使蛋糕膨松的特性，但是过量使用反而会使成品组织粗糙，影响风味甚至外观，因此使用上要注意分量。

3）水蒸气的作用

在海绵蛋糕烘焙制作过程中，常会加入水，水在烘焙时会因受热而变成水蒸气，产生蒸汽压，使产品体积膨大。

4）油脂的乳化作用

在海绵蛋糕烘焙制作过程中，经常会加入一些油脂，改善蛋糕的口感。这些油脂搅拌后，会形成水包油型（油分散在水中）的乳化液，在烘焙初期，当温度达到40℃时，油脂中的气泡会转移到水相中，然后在水蒸气的作用下，形成膨松的效果。

（2）油脂蛋糕的膨松原理

1）油脂的搅拌打发作用

油脂的打发即油脂的充气膨松。在搅拌作用下，空气进入油脂形成气泡，使油脂膨松、体积增大。油脂膨松越好，蛋糕质地越疏松，但膨松过度会影响蛋糕成型。油脂的打发膨松与油脂的充气性有关。此外，细粒砂糖有助于油脂的膨松。

2）油脂与蛋液的乳化作用

当蛋液加入到打发的油脂中时，蛋液中的水分与油脂即在搅拌下发生乳化。乳化对油脂蛋糕的品质有重要影响，乳化越充分，制品的组织越均匀，口感也越好。

3）蛋糕油的乳化作用

为了改善油脂的乳化，在加蛋液的同时可加入适量的蛋糕油（约为面粉量的3%~5%）。蛋糕油作为乳化剂，可使油和水形成稳定的乳液，蛋糕质地更加细腻，并能防止产品老化，延长保鲜期。

3. 化学膨松面团的膨松原理

化学膨松是利用化学膨松剂在加热条件下发生化学反应的特性，制品在熟制过程中发生化学反应，产生二氧化碳而膨胀，从而使制品具有膨松、酥脆的特点。

化学膨松面团所用的食品添加剂，叫化学膨松剂，主要有两类：一类是小苏打、氨粉（臭粉）、发酵粉（通称发粉、泡打粉）等；另一类是矾碱盐。前一类单独作用，调制成化学膨松面团；后一类矾碱盐要结合使用，膨松原理都是相同的。但是后一类矾碱盐面团，现在改良了制作方法，去除了国家食品安全法明令禁止的添加剂——明矾。

①小苏打加热分解化学方程式：

$$2NaHCO_3 \xrightarrow{\triangle} Na_2CO_3+H_2O+CO_2 \uparrow$$

碳酸氢钠，化学式 $NaHCO_3$，俗称小苏打，白色细小晶体，在水中的溶解度小于碳酸钠。固体 50℃以上开始逐渐分解生成碳酸钠、二氧化碳和水，270℃时完全分解。

小苏打是由纯碱的溶液结晶吸收二氧化碳之后制成的。所以，小苏打在有些地方也被称作食用碱（粉末状）。小苏打的特性可使其作为食品制作过程中的膨松剂。碳酸氢钠在加热后会残留碳酸钠，使用过多会使成品有碱味。

在大批量生产馒头、油条等食品时，常把小苏打粉融水拌入面中，受热后分解成碳酸钠、二氧化碳和水，二氧化碳和水蒸气溢出，可使面点制品更加蓬松，碳酸钠残留在制品中。如馒头中添加过量的小苏打粉，在制品中是可以品尝出来的。

②氨粉（臭粉）加热分解化学方程式：

$$NH_4HCO_3 \xrightarrow{\triangle} NH_3 \uparrow +H_2O+CO_2 \uparrow$$

碳酸氢铵是一种白色化合物，呈粒状、板状或柱状结晶，有氨臭。碳酸氢铵是一种碳酸盐，能溶于水，水溶液呈碱性，不溶于乙醇。常温常压下稳定，应避免与氧化物强酸接触，有热不稳定性，固体在 58℃、水溶液在 70℃时分解。

碳酸氢氨在水中的溶解度为 14%（10℃），17.4%（20℃），21.3%（30℃），水溶液呈碱性，25℃时其溶液的 pH 为 7.8。在常压下有潮气存在时，在 36℃以上即开始缓慢分解。

③发酵粉加热分解化学方程式：

小苏打与酒石酸氢钾的反应化学方程式：

$$NaHCO_3+HOOC（CHOH）_2COOK \longrightarrow H_2O +NaOOC（CHOH）_2COOK+CO_2 \uparrow$$

小苏打与磷酸钙的反应化学方程式：

$$2NaHCO_3 +CaH_4（PO_4）_2 \xrightarrow{\triangle} Na_2CaH_2（PO_4）_2+2H_2O+2CO_2 \uparrow$$

发酵粉是一种复合添加剂，它是由小苏打配合其他固态酸的化合物（主要成分为碳酸氢钠和酒石酸氢钾），并以玉米粉为填充剂的白色粉末。发酵粉在接触水分时，酸性及碱性粉末同时溶于水中而起反应，开始释放出二氧化碳（CO_2），同时在烘焙加热的过程中，会释放出更多的气体，这些气体会使面点制品达到膨胀及松软的效果。在这个过程中，虽然有二氧化碳释放，但不产生风味物质，因此面点制品的味道不会受到影响。

快速反应的发酵粉在溶于水时即开始起作用，而慢速反应的发酵粉则在烘焙加热过程开始起作用，其中"双重反应发酵粉"兼有快速及慢速两种发酵粉的反应特性。一般市面上所售的发酵粉皆为"双重反应发酵粉"。

发酵粉虽然有小苏打的成分，但是它是经过精密检测后加入酸性粉（如塔塔粉）来平衡它的酸碱度，所以市售的发酵粉是中性粉，因此，苏打粉和发酵粉是不能任意替换的。

至于作为发酵粉中填充剂的玉米粉，它主要是用来分隔发酵粉中的酸性粉末及碱性粉末，避免它们过早反应。发酵粉在保存时也应尽量避免受潮而失效。

二、生物膨松面团调制工艺

（一）生物膨松面团的概念

生物膨松面团是利用酵母发酵法、面肥（酵种）发酵法或甜酒酿发酵法等调制而成的面团。制作时是将酵母（或面肥等）掺和到面粉或米粉中，与水调成面团或粉浆状，酵母菌利用面团中的营养物质生长繁殖时产生二氧化碳，使面团疏松、体积膨大。

（二）生物膨松面团的特点

生物膨松类面团最主要的就是行业上所讲的发酵面团。它是在面粉中加入适量酵母、面肥或甜酒酿等发酵剂，用冷水或温水调制而成的面团。行业上习惯称"发面""酵面"，是饮食业面点生产中最常用的面团之一。

发酵面团的特点是体积膨胀、气孔均匀、体积饱满、富有弹性、喧软松爽。但因其技术复杂，影响发酵面团质量的因素很多，所以必须经过长期认真的操作实践，反复练习，才能制作出多种多样的色、香、味、形俱佳的发面点心品种。如包子、馒头等。

（三）生物膨松面团的调制方法

1. 酵母发酵法（以干酵母粉为例）

首先，将干酵母粉放入小碗中，用30℃的温水化开，放在一边静置5分钟，让它们活化一下。因为酵母菌最有利的繁殖温度是30℃左右。低于0℃，酵母菌失去活性；温度超过50℃时，会将酵母烫死。

其次，将面粉、泡打粉、白糖放入面盆中，用筷子混合均匀。然后倒入酵母水，用筷子搅拌成块，再用手反复揉搓成团。

最后，用一块干净的湿布将面盆盖严，防止表面风干，把它放在饧发箱中静置，等面团体积变大，面中有大量小气泡时就可以了。在调制面团的过程中，面团要揉至表面光滑，目的是使面粉中的蛋白质充分吸收水分形成面筋，从而阻止发酵过程中产生的二氧化碳气体流失，使发好的面团膨松多孔。

2. 面肥发酵法

（1）调制方法

在一般情况下，面粉与水和面肥的比例为 1：0.5：0.1 左右，具体应根据水温、季节、室温、发酵时间等因素来灵活掌握。面肥发酵的面团按照发酵的程度大小可分为大发酵面团、嫩发酵面团；按照酵面的制作方法可分为碰酵面团、呛酵面团、烫酵面团等几种，分别介绍如下。

第一，大发酵面团又称全发酵面团，它是指发酵成熟的面团。用这种面团加工成熟的面点特点是色泽洁白，形状饱满，口感喧腾、爽嫩，易于消化，多适用于馒头、花卷、大包子等。大发酵面团加入面肥时，要注意面肥量的把握。面肥量少，发酵速度就慢；面肥量大，则发酵速度快，老肥味太重，味不佳。面肥的加入量，还应当考虑到当时气温高低、发酵时间、调面水温的具体情况。就一般情况而言，春秋季每 500 克面粉搅入 75 克面肥为好，夏季为 500 克面粉用 50 克面肥为当，冬季每 500 克面粉用 125 克面肥为宜。关于发酵时间，春秋季在 2 个半小时左右，冬季在 3 个半小时左右，夏季用 1 个半小时就可以了，具体情况还可以进行调整。

具体的调制方法：先将面肥放在缸里，倒入水泡一会，用手把面肥抓开。放入面粉（或把面肥揪成小块和入面粉，再加水）用两手使劲搓。再用手掌揉，用拳头捣，要揉到面团有劲，揉透、揉光（达到手光、缸光、面光）。

第二，嫩发酵面团又称小酵面，它是指还没有发足的面团，主要表现为面团仍有些韧性，弹性较强，它具有大发酵面团的一些膨松性质，又带有水调面团的一些韧性性质，用这种面团制熟的面点色泽较白，口感比大酵面有劲，适用于那些带少许汤汁的软馅面点品种的制作，如"小笼包子""蟹黄汤包"等。这种面团除发酵时间比大酵面团要短、面肥投放量少外，其他方面的要求与大发酵面团的调制基本相同。

第三，碰酵面团又称抢酵面、拼酵面。碰酵面就是用较多的面肥与水调面团拼合在一起，经揉制而成的酵面，故也称拼酵面。这种面团的性质和用途与大酵面团一样，实际上它是大酵面的快速调制法，可随制随用。

调制碰酵面团时，面肥的比例是根据品种的需要、气温的高低、静置的时间长短和面肥的老嫩来决定的。一般比例是 4：6，即四成面肥加六成水调面团揉匀而成。也有 5：5 的，即面肥和水调面团各一半。在天气很热，或急需使用酵面时，可以用碰酵面来处理。虽说碰酵面面团的性质和用途与大酵面团相同，但其成品质量不如大酵面团制品光洁。所以在操作过程中要注意：面肥不能太老，最好用新鲜的面肥；如时间允许，碰好的面团最好饧一下再用。

第四，呛酵面团是指反复将发酵面团呛入一定数量的干面粉，发酵足后再使用。其特点是具有较松软的海绵体积，异常喧软，耐嚼力差，有明显的干噎感觉，适用于做"开花馒头"等。

第五，烫酵面团即是把面粉用沸水烫熟，拌成雪花状，稍冷后再放入面肥揉制而成的酵面。烫酵面在拌粉时因用沸水烫粉，所以制品色泽不白净，但吃口软糯、爽滑，较适宜制作煎、烤的品种，如黄桥烧饼、大饼、生煎包子等。

调制烫酵面团时，在和面缸中放入面粉，中间扒一小窝，将沸水倒入窝中（面、水之比一般为 2∶1），用双手伸入缸底由下向上以面粉推水抄拌，成雪花状。稍凉后用双手不停地揣、捣，使其揣透、揉透，再加入面肥（面粉、面肥之比为 10∶1），均匀地揣揉即可发酵。

（2）兑碱技术

兑碱的目的是为了去除面团中的酸味，使成品更为膨大、洁白、松软。兑好碱的关键是掌握好碱水的浓度，一般以浓度 40% 的碱水为宜。

第一，配制碱水。将 50 克食碱放入 75 克清水中溶解，即成 40% 碱水。饮食行业中遵循的测试碱水浓度的传统方法：切一小块酵面团丢入配好的碱水中，如下沉不浮，则碱水浓度不足 40%，可继续加碱溶解；如丢下后立即上浮水面，则碱水浓度超过 40%，可加水稀释；如丢入的面团缓缓上浮，既不浮出水面，又不沉底，表明碱水浓度合适。

第二，兑碱方法。先在案板上均匀地撒上一层干面粉，将酵面放在干面粉上摊开，均匀地浇上碱液，并进一步沾抹均匀，折叠好。双手交叉，用拳头或掌跟将面团向四周擞开，擞开后卷起来再擞，反复几次后再使劲揉搓，直至碱液均匀地分布在面团中，否则会出现花碱现象。

第三，验碱方法。验碱一般采用感官检验。用刀切开揉好的发酵面团，闻之有香味而无明显酸味和碱味，说明碱量适度；再查看切开的发酵面团横断面，如孔洞均匀，略呈圆形如芝麻大小，则酵碱合适。

饮食行业中传统的验碱方法有嗅、尝、揉、拍、看、试等几种。

嗅酵法是指酵面加碱揉匀后，用刀切开酵面放在鼻子上闻，有酸味即碱少了，有碱味即碱多了，无酸碱味为适当。

尝酵法是指取出一块加过碱揉匀的面团。放在嘴里嚼一下，味酸则碱少，有碱味则碱多。有酒香味而无酸碱味为正常。

揉酵法是指面团加碱之后用手揉面团，揉时粘手无劲是碱少，揉时劲大滑手是碱多，揉时感觉顺手，有一定劲力，不粘手为正常。

拍酵法是指将加过碱的面团揉匀，用手拍面团，拍出的声音空、低沉为碱少；声实是碱多，拍上去"啪、啪"声响亮的是正常。

看酵法是指将加过碱的面团揉匀，用刀切开酵面，内层的洞孔大小不一，是碱少，洞孔呈扁长条形或无洞孔是碱多，洞孔均匀呈圆形、似芝麻大小为正常。

试样法是指取一小块加碱揉匀的面团放在笼上蒸，成熟后表面呈黯灰色、发亮的是碱少，表面发黄是碱多，表面洁净为正常。

3. 甜酒酿发酵法

甜酒酿在制作馒头中使用，具有很强的地方传统色彩，一般都称为米酒馒头。米酒馒头的制作方法有很多种，有的是直接利用甜酒曲长时间发酵面团，制作馒头；有的是利用甜酒酿中的酒水作为面团用水，再添加适当的酵母，制作馒头；还有的是将甜酒酿和面粉调成面团共同长时间发酵，制作馒头。虽然方法不尽相同，但这些馒头都具有甜酒酿特有的醇香风味，而且口感细腻，是非常具有传统特色的面点品种。

（四）生物膨松面团的调制关键

1. 酵母调制面团的调制关键

第一，酵母用量要准确。有人认为酵母是天然物质，用多了不会造成不好的结果，只会提高发酵的速度，也许还能增加更多的营养物质。其实，酵母的用量是有标准的，一般为面粉重量的 1% 左右。

第二，活化酵母很重要。将适量的酵母粉放入容器中，加 25℃ 左右的温水（和面全部用水量的一半左右即可，别太少）将其搅拌至融化，静置 3～5 分钟后使用。这就是活化酵母菌的过程。然后再将酵母菌溶液倒入面粉中搅拌均匀。

第三，和面水温要掌握。和面要用温水，温度在 30℃ 最好。

第四，用水比例要适当。面粉、水量的比例对发面很重要。一般情况下，500 克面粉加水量不能低于 250 毫升。当然，无论是做馒头还是蒸包子，可以根据自己的需要和饮食习惯来调节面团的软硬程度。同时也要注意，不同的面粉吸湿性是不同的，要灵活运用。

第五，调制面团要揉光。面粉与酵母、清水拌匀后，要充分揉面，尽量让面粉与清水充分结合。面团揉好的直观形象就是：面团表面光滑滋润。水量太少揉不动，水量太多会粘手。

第六，饧发面团要适宜。发酵的最佳环境温度在 30～35℃，最好别超过40℃。湿度在 70%～75%。这个环境是最利于面团发酵的。

第七，巧用发酵辅助剂。添加少许白糖，可以提高酵母菌活性，缩短发面的时间。添加少许盐，能缩短发酵时间，还能让成品更松软。添加少许醪糟，能协助发酵并增添成品香气。添加少许蜂蜜，可以加速发酵进程。添加少许牛奶，可以提高成品品质。添加少许酸奶，能让酵母菌活性更强。添加少许鸡蛋液，能增加营养。

2. 面肥发酵面团的调制关键

第一，根据具体的面点品种选择调制合适的发酵面团。

第二，掌握面肥发酵面团的程度。面团发酵1～2小时后，如面团弹性过大，孔洞很少，则需要保持温度，继续发酵；如面团表面裂开，弹性丧失或过小，孔洞成片，酸味很浓，则面团发过了头，此时可以掺和面粉加水后，重新揉和成团，盖上湿布，放置饧一会，便可做面点了；如果面团弹性适中，孔洞多而较均匀，有酒香味，说明面"发"得合适，当时即可兑碱使用。

第三，把握兑碱技术。掌握如何配制碱水、兑碱方法和验碱方法，这样才能制作出膨松暄软、色味俱佳的面点品种。

3. 甜酒酿发酵面团的调制关键

第一，根据具体面点品种调制面团。第二，采用合适的发酵方法调制面团。第三，体现地方特色。

总之，除了以上调制关键外，正确判断面团是否发酵正常也很重要。除了依据发酵时间来看体积是否膨胀了大约2～2.5倍之外，还要看面团的状态，面团表面是否比较光滑、细腻。

除此之外，还可以用常规方法检测面团，具体做法是：食指沾些干面粉，然后插入到面团中心，抽出手指。如果凹孔很稳定，并且收缩很缓慢，表明发酵完成。如果凹孔收缩速度很快，说明还没有发酵好（没有发酵好的面团，体积明显的达不到2倍），需要再继续发酵。如果抽出凹孔后，凹孔的周围也连带很快塌陷，说明发酵过度（发酵过度的面团从外观看，表面就没有那么光滑、细腻）。发酵过度的面团虽然也可以使用，但是做出的面点口感粗糙，口味酸涩，形状也不均匀、挺实。发酵不足的面团叫生面团，发酵过度的面团叫老面团，老面团可以分割后冷冻保存，下次制作面团时可当作面肥加入面粉中和成面团。

（五）生物膨松面团发酵的影响因素

生物膨松面团发酵，一是要保持旺盛的产生二氧化碳的能力；二是面团必须保持好气体，不使之逸散，即形成具有良好伸展性、弹性和可以持久包住气泡的结实的膜。影响面团发酵的因素如下。

1. 糖（碳水化合物）

酵母在发酵过程中只能利用单糖。一般情况下，面粉中的单糖很少，不能满足面团发酵的需要。酵母发酵所需的单糖主要来自两方面：一是面粉中淀粉经一系列水解产生的单糖，二是配料中加入的蔗糖经酶水解产生的单糖。在发酵过程中，淀粉在淀粉酶的作用下水解成麦芽糖。酵母本身可分泌麦芽糖酶和蔗糖酶，将麦芽糖和蔗糖水解成相应的单糖。在整个面团发酵过程中，酵母利用这些糖类及其他营养物质进行有氧呼吸和无氧发酵，促使面团发酵成熟。

面粉中不含乳糖，只有加入乳及乳制品时才含有乳糖。酵母不能分解乳糖，故发酵过程中，乳糖保持不变，但它对面点产品的着色起着良好的作用。只有在面团中含有乳酸菌引起乳酸发酵时，乳糖含量才减少。在面团发酵中，各种糖被利用的次序是不同的。当葡萄糖与果糖共存时，酵母首先利用葡萄糖，只有葡萄糖被大量消耗后，果糖才被利用。当葡萄糖、果糖、蔗糖三者共存时，葡萄糖先被利用，然后利用蔗糖转化生成的葡萄糖，其结果是蔗糖比最初存在于面团中的果糖先被利用。这样，随着发酵的进行，葡萄糖、蔗糖量降低，而果糖的浓度则有所增加。但当浓度达到一定时，受酵母强烈发酵作用的影响，果糖的含量也会减少。麦芽糖与上述三种糖共存时，大约需 1 小时后才能被利用发酵。因此可以说麦芽糖是发酵后期才起作用的糖。

2. 温度

温度是酵母生命活动的重要因素。面团酵母的最适宜温度为 30℃。如果发酵温度低于 25℃，会影响发酵速度而延长生产周期；如果提高温度，虽然缩短了发酵时间，但温度过高会给杂菌生长创造有利条件，进而影响产品质量。例如，醋酸菌最适宜温度是 35℃，乳酸菌最适宜温度是 37℃，这两种菌生长繁殖会提高面团酸度，降低制品质量。另考虑到面团发酵过程中，酵母菌代谢活动也会产生一定的热量而提高面团温度，故发酵温度应控制在 25 ~ 28℃为宜，最高不超过 35℃。实际生产中，面团发酵的温度主要依据气温和水温来进行调节。一般春秋季节用温水，冬季用温热水，夏季用凉水。

3. 酵母的质量和数量

在面团发酵过程中，酵母发酵力对面团发酵有着很大的影响，它也是酵母质量的重要指标。在酵母用量相同的情况下，用发酵力高的酵母发酵速度快。一般要求鲜酵母发酵力在 650 毫升以上，活性干酵母的发酵力在 600 毫升以上。

在酵母发酵力相同的情况下，适当增加酵母的用量可以加快发酵速度，酵母用量与面粉质量有一定关系，如酵母的数量一般以占面粉的 1% ~ 2% 为宜。饮食行业中，用老酵（老肥）作生物膨松剂，用量一般为面粉的 10%，老酵用多了会有异味，影响制品质量。需注意的是酵母用量并非越多越好，若酵母量太多，则酵母的繁殖率反而下降。只有在发酵面团中酵母数量恰当时，其繁殖率才最高。

4. 酸度

在酵母发酵的同时，也发生着其他发酵反应，如乳酸发酵、醋酸发酵、丁酸发酵、酪酸发酵等，乳酸发酵是面团中经常发生的。面团在发酵中受乳酸菌污染，其在适宜条件下便生长繁殖，将单糖分解产生乳酸。面团中酸度约 60% 来自乳酸，其次是醋酸。乳酸的积累虽增加了面团的酸度，但它与酵母发酵中产生的酒精发生酯化作用，可改善面点产品的风味。

醋酸发酵是由醋酸菌将发酵过程中产生的酒精进一步氧化成醋酸造成的，醋酸会给面包带来刺激性酸味，在面包生产中应尽量避免。

丁酸发酵是丁酸菌将单糖分解成丁酸和二氧化碳。丁酸菌属厌气性微生物，它含有很多酶，这些酶能将多糖（包括纤维素）水解成为可发酵糖供发酵用。

酪酸发酵的条件是乳酸的积蓄，正常条件下酪酸发酵极微，当发酵温度较高、时间较长时，面团中会发生酪酸发酵，带来异臭味。

总之，面团在发酵过程中，酸度增高是由这些杂菌繁殖引起的，它们主要混杂于鲜酵母中，故保持酵母的纯度非常重要。另外，这些产酸菌主要是嗜温性菌，所以要严格控制面团的发酵温度，以防止产酸菌的生长和繁殖。

综上所述，在面团 pH 为 5.5 时，对气体保持能力最合适，随着发酵的进行，pH 降到 5.0 以下时，气体保持能力会急速恶化。

5. 加水量

酵母的芽孢增长率因面团中水分多少而异。在一定范围内，面团内含水量越多，酵母芽孢增殖越快，反之越慢。正常情况下，加水量多的面团面筋水化和结合作用越容易进行，容易被二氧化碳气体膨胀，加快面团的发酵速度，因此气体保持力也好。但要是超过了一定限度，加水过多，面团的膜的强度会变得软弱，气体保持力也会下降。同时，较软的面团（加水多的面团），易受酶的分解作用的影响，气体保持力很难长久。加水量少的面团对气体的抵抗力较强，从而抑制了面团的发酵速度。所以面团适当调得软些，对发酵是有利的。

根据试验，掺水量一般掌握在面粉的 45% ~ 50% 为宜。具体调制面团时，还应根据面粉的性质、质量、制作要求、气温高低等因素来确定加水量。

富强粉中的蛋白质含量高、粉粒细腻、颜色白净，具有良好的吸水性，掺水量可适当多一些。标准粉掺水量可相应少一些。新面粉或面粉中水分含量高时，加水量不能高；如粉质比较干燥的面粉，加水量就应多一些。若天气潮湿、气温高，加水量相应少一些；天气干燥、气温低，加水量可略多一些。

由于糖、油、蛋类本身含液体，因此面粉的吸水能力也受到影响，所以加糖、油、蛋调制面团时加水量要酌情减少。

6. 面粉

面粉影响面团发酵的因素主要是面粉中面筋和酶及其新陈程度。

面筋面团发酵过程中产生大量二氧化碳气体，需要用强力面筋形成的网络包住，才能使面团膨胀形成海绵状结构。如果面粉中含弱力面筋时，在面团发酵中产生的大量气体不能被包住而外逸，易造成面包坯塌架。所以生产面包和馒头等面点品种时要选择面筋含量高且筋力强的面粉。

酵母在发酵过程中，需要淀粉酶将淀粉不断地分解成单糖供酵母利用。如果使用已变质或者经过高温处理的面粉，淀粉酶的活性受到抑制，会降低淀粉的糖化能力，影响面团正常发酵。

此时，可以添加一些淀粉酶作为改良剂，也有用麦芽糖汁作为面团改良剂来弥补上述不足的，但用量不能过多，否则面团变软、面点产品发黏。

面粉的新陈程度也对面团发酵有影响，不管是太新或是太陈，面团气体保持能力都会下降。如果属于新粉，可以用延长发酵时间或使用氧化剂等方法调整；如果面粉太陈，则比较困难。即使面粉中蛋白质很多，等级低的面粉，也就是麸皮多的面粉，气体保持力也小。

7. 发酵时间

在其他因素确定以后，发酵时间对面团的发酵影响极大。发酵时间过长，发酵过度，面团质量差，酸味大，弹性也差，制品带有"老面味"，呈塌落瘫软状态。发酵时间过短，发酵不足，则不胀发，色黯质差，也影响成品的质量。因此，准确地掌握发酵时间是十分重要的。一般说来，时间的掌握，要先看酵母和面肥的数量和质量，再参照气温、水温而定。根据实践经验，用面肥发酵，夏季以 2 ~ 3 小时，春秋以 5 ~ 6 小时，冬季以 10 ~ 12 小时为宜。

总之，以上七种因素，不是孤立存在的，既互相联系，又互相制约。了解和掌握这些因素和它们之间的关系，是调制发酵面团技术的核心。

（六）生物膨松面团的调制案例

1. 酵母发酵法制作案例

案例一：秋叶包

原料配方：中筋面粉 300 克，酵母 4 克，泡打粉 5 克，白糖 254 克，温水150 毫升，红小豆 500 克，熟猪油 50 克。

工具设备：擀面杖，刮板，馅挑，网筛，蒸笼，笼垫。

工艺流程：馅心调制→面团调制→生坯成型→生坯熟制→成品

制作方法：

①馅心调制。

A. 红小豆洗净浸泡一夜，然后放高压锅内加水煮烂。

B. 取出后晾凉，用网筛擦制过滤，然后用纱布过滤去水分，成为干豆沙。

C. 取一个干净锅，放入熟猪油烧热，放入白糖 250 克炒溶，再放入干豆沙炒匀，形成细沙馅。

②面团调制。

A. 将面粉倒在案板上与泡打粉拌匀，中间扒一窝，放入酵母、白糖 4 克，再放入温水调成面团，揉匀揉透。

B. 用干净的湿布盖好，饧发 15 分钟。

③生坯成型。

A. 将发好的面团揉匀揉光，搓成长条，摘成 20 只面剂。

B. 用手掌按扁，擀成中间厚、周边薄的圆皮。

C. 将硬豆沙馅搓成一头粗一头细，放入圆皮中，放在左手虎口上，右手用拇指、食指将皮子两面交叉捏进，每捏一个褶都有向上拎、向前倾的动作，使纹路呈"入"字形。

D. 将两边一直捏到叶尖，形成中间一条叶脉，两边有均匀的"入"字形纹路即成生坯。

④生坯熟制。

A. 将生坯排放入笼中饧发 20 分钟。

B. 将蒸笼放在蒸锅上蒸 8 分钟，待皮子不粘手、有光泽、按下能弹回即可出笼。

操作关键：

①按用料配方准确称量投料。

②红小豆要洗净煮烂，擦成泥，过滤后熬制时要用小火慢熬，为增加红豆沙的风味，最后可以放入适量的桂花酱。

③面团要揉匀、揉透；盖上湿布饧制 15 分钟。

④坯剂的大小要准确；面皮一定要擀得薄而均匀，做到中间厚周边薄。

⑤成型时做成秋叶状。

⑥蒸制时蒸汽要足；成品不粘手，不粘牙，不发黯。

风味特点：色泽乳白，形呈秋叶，膨松柔软，口味香甜。

品种介绍：秋叶包，属于江苏地方面点品种。其形似秋叶，表皮膨松，馅心清香。

案例二：寿桃包

原料配方：中筋面粉 300 克，酵母 4 克，泡打粉 4 克，白糖 4 克，温水 160 毫升，大红枣 750 克，冷水 400 毫升，熟猪油 50 克，红色素 0.1 克，绿色素 0.1 克。

工具设备：擀面杖，刮板，馅挑，厨刀，打蛋器，网筛，蒸笼，笼垫，牙刷。

工艺流程：馅心调制→面团调制→生坯成型→生坯制熟→成品

制作方法：

①馅心调制。

A. 将大红枣洗净，切开去核留枣肉。

B. 将枣肉倒入锅中，加没过枣肉一半分量的水开火煮。

C. 煮的过程中用打蛋器不断搅拌，使枣肉均匀和水融合在一起。

D. 煮至枣肉成泥糊状，水分收干时关火，晾凉。

E. 将晾凉的枣肉用网筛过筛出细腻的枣泥。

F. 将过滤出的枣泥放入炒锅中，加入熟猪油，小火慢慢加热，同时不断翻炒，一直炒至枣泥中的水分收干，枣泥馅变硬即可。

G. 关火后仍要不停翻炒一会，使热气尽快散去，即成硬枣泥馅。

②面团调制。

A. 将面粉倒在案板上与泡打粉拌匀，中间扒一窝，放入酵母、白糖，再放入温水调成面团，揉匀揉透。

B. 用干净的湿布盖好饧制15分钟。

③生坯成型。

A. 将发好的面团揉匀揉光，取40克面团做叶柄用。其余面团搓成长条，摘成30只面剂。

B. 用手掌按扁，擀成直径7厘米中间厚、周边薄的圆皮。

C. 每只剂子包入10克枣泥馅心，捏紧收口向下放，上端搓出一个桃尖略向一边倾斜，再用刀背在桃身至桃尖处压出一道凹槽，然后用面团制成两片叶子和叶柄装上即成生坯。

D. 放入刷过油的蒸笼中，饧制20分钟。

④生坯制熟。

A. 将装有生坯的蒸笼放在蒸锅上，蒸8分钟，待面皮不粘手、有光泽、按一下能弹回即可出笼。

B. 分别将色素溶于少量水中，搅拌均匀，再用牙刷沾上色素溶液，将桃尖渲染成淡红色，将桃叶渲染成淡绿色即可，装盘。

操作关键：

①面团按用料配方准确称量，采用温水调制面团。

②枣泥馅熬制时要干一些、硬度较大，便于生坯的成型操作。

③面团较硬，要揉匀揉透；盖上湿布饧制15分钟。

④坯剂的大小要准确；坯皮的收口一定要放在底部。

⑤表皮要光滑，桃身造型要捏得瘦高一些，生坯整体呈仙桃形。

⑥蒸制时要火大汽足；蒸制时间不宜太长或太短。

风味特点：身白叶绿，桃尖红润，仙桃成型，饱满柔软。

品种介绍：

寿桃包或称寿桃，地方面食，属于花色包的一种，常用于祝寿，在江南地区广为流传。

2. 面肥发酵法制作案例

案例：蟹黄小笼包

原料配方：面粉300克，面肥30克，蟹黄100克，猪肉500克，猪油50克，味精3克，香葱15克，生姜10克，黄酒15克，酱油35克，精盐5克，白糖10克，碱水适量。

工具设备：擀面杖，刮板，馅挑，蒸笼，笼垫，厨刀，砧板。

工艺流程：馅心调制→面团调制→生坯成型→生坯熟制→成品

制作方法：

①馅心调制。

A.将猪肉剁成细泥，香葱、生姜切成末。

B.锅内加猪油烧热，放葱末、姜末煸出香味后放入蟹黄、精盐、白糖、味精，小火炒至水分大部分蒸发干净。

C.将猪肉泥加上酱油、白糖、味精，放上炒好的蟹黄，搅拌上劲备用。

②面团调制。

面粉摊在案板上，加入面肥，用温水调和均匀，饧发2小时，加入适量的碱水揉匀。

③生坯成型。

A.将面团搓条，揪成大小均匀的面剂，擀成圆皮。

B.把肉馅放入皮内，顺边折14个小褶，呈圆形，但不要把口捏死，让馅心露出，以增强小包的美观。

④生坯熟制。

将生坯排入蒸笼内，盖上笼盖旺火蒸8分钟即可。

操作关键：

①按配方准确称量。

②面团要用温水调制，揉匀揉透，盖上湿布饧制。

风味特点：色泽浅白，汤多汁美，甜而不腻，鲜而不肥。

品种介绍：蟹黄小笼包，又名加蟹小笼包，是江南地区传统名吃，经过历代厨师的不断研究、改进，技术越来越成熟，风味更加突出，名闻江、浙、沪、香港一带及东南亚地区。

3.甜酒酿发酵法制作案例

案例：米酒馒头

原料配方：面粉300克，米酒100克，酵母2克，温水50克。

工具设备：刮板，蒸笼，笼垫。

工艺流程：和面→饧面→成型→熟制→成品

制作方法：

①和面。将面粉中放入米酒、酵母以及适量的温水，调和成软硬适中的面团。

②饧面。将面团盖上湿布，饧发1个小时，至体积膨大为原来的2倍。

③成型。发好的面，在案板上揉匀，下成大小适中的剂子，再揉成圆馒头，放入蒸笼中继续饧发10分钟。

④熟制。将饧发好的馒头放在蒸锅上，旺火沸水蒸10～15分钟。

操作关键：

①和面时要用米酒调制，适当加些温水调匀。

②饧面可以用饧发箱，保持一定的温度和湿度。

③蒸制时一定要旺火沸水圆气加热。

风味特点：色泽洁白，酒香微甜，口感松软。

品种介绍：米酒馒头是一款家常馒头，主料米酒、面粉。江米经过酿制，营养成分更易于被人体吸收，是中老年人、孕产妇和身体虚弱者补气养血之佳品。用米酒和面制作馒头，别有一番风味。

三、物理膨松面团调制工艺

（一）物理膨松面团的概念

物理膨松面团是利用鸡蛋、油脂经过高速抽打，使鸡蛋、油脂在被抽打的运动中，把气体搅入鸡蛋中的胶性蛋白质内，然后与面粉等物料调制成蛋泡面团或蛋油面团。再经过几个工序加工成熟，在加热中使面团内所含气体受热膨松，使成品松发、柔软。这种作用既不是酵母起的"生物"作用，也不是化学膨松剂的化学作用，而是气体受热膨胀的物理作用，故称物理膨松法，又叫机械力胀发，行业内称调搅法。

（二）物理膨松面团的特点

1. 海绵蛋糕

海绵蛋糕面团呈较稀软的糊状，必须现制现用。制成的成品膨松性好、富有弹性、营养丰富、柔软适口，用于制作各式蛋糕，如卷筒蛋糕、夹心蛋糕等。

2. 油脂蛋糕

油脂蛋糕，用鸡蛋、黄油、面粉、白糖等搅拌、烘烤而成。油脂蛋糕含有较多的固体油脂，其弹性和柔软度不如海绵蛋糕，组织相对较紧密，吃口细腻滑润，油润感、饱腹感强，别具特色。

在制作过程中，空气通过搅拌进入油脂形成气泡，使油脂膨松、体积增大；当蛋液加入到打发的油脂中时，蛋液中的水分与油脂在搅拌下发生乳化。乳化对油脂蛋糕的品质有重要影响，乳化越充分，制品的组织越均匀，口感亦越好；为了改善油脂的乳化，在加蛋液的同时可加入适量的蛋糕油，可使油和水形成稳定的乳液，使蛋糕烤制后质地更加细腻。

（三）物理膨松面团的调制方法

1. 蛋白、蛋黄分开搅拌法

蛋白、蛋黄分开搅拌法其工艺过程相对复杂，其投料顺序对蛋糕品质更是至关重要。通常需将蛋白、蛋黄分开搅打，所以最好要有两台搅拌机，一台搅打蛋白，另一台搅打蛋黄。先将蛋白和糖打成泡沫状，用手蘸一下，竖起，尖略下垂为止；另一台搅打蛋黄与糖，并缓缓将蛋白泡沫加入蛋糊中，最后加入面粉拌和均匀，制成面糊。在操作的过程中，为了解决吃口较干燥的问题，可在搅打蛋黄时，加入少许油脂一起搅打，利用蛋黄的乳化性，将油与蛋黄混合均匀。

2. 全蛋与糖搅打法

蛋糖搅拌法是将鸡蛋与糖搅打起泡后，再加入其他原料拌和的一种方法。其制作过程是将配方中的全部鸡蛋和糖放在一起，入搅拌机，先用慢速搅打2分钟，待糖、蛋混合均匀，再改用中速搅拌至蛋糖呈乳白色，用手指勾起，蛋糊不会往下流时，再改用快速搅打至蛋糊能竖起，但不很坚实，体积达到原来蛋糖体积的3倍左右。把面粉过筛，慢慢倒入已打发好的蛋糖中，并改用手工搅拌面粉（或用慢速搅拌面粉），拌匀即可。

3. 乳化法

乳化法是指在制作海绵蛋糕时加入乳化剂的方法。蛋糕乳化剂在国内又称为蛋糕油，能够促使泡沫及油、水分散体系的稳定，它的应用是对传统工艺的一种改进，降低了传统海绵蛋糕制作的难度，同时还能使制作出的海绵蛋糕溶入更多的水、油脂，使制品不容易老化、变干变硬，吃口更加滋润，所以更适宜于批量生产。

其操作为：在传统工艺搅打蛋糖时，蛋糖打匀后即可加入面粉量的4%的蛋糕油，待蛋糖打发白时，加入面粉，用中速搅拌至呈奶油色，然后加入30%的水和15%的油脂搅匀即可。

（四）物理膨松面团的调制关键

首先，严格选料和用料。如鸡蛋一定要选择新鲜的。白糖通常选择绵白糖，易于溶解。

其次，注意调制时的每一个环节。温度与气泡的形成和稳定有密切联系，新鲜鸡蛋清在25℃左右的室温中抽打起泡效果最佳，黏度也最稳定。如果温度偏高或偏低，都不利于蛋液的起泡。

最后，注意搅打方式。一般先慢后快，顺着一个方向搅拌效率比较高。

（五）物理膨松面团的影响因素

影响物理膨松面团效果的因素主要有以下几个方面。

1. 鸡蛋

新鲜的鸡蛋灰分少，含氮物质量高，胶体溶液的黏稠度强，能搅打进较多的气体，且保护气体的性能也稳定；存放时间过久的蛋会使膨胀效果受到限制。

2. 面粉

调制物理膨松面团，宜用粉质细、筋力不太高的面粉。为了降低面粉的筋力，使成品更暄软、美观，有时候要将面粉放入笼内蒸熟，然后再取出晾凉，擀碎过筛，这样面粉掺入蛋液后蛋白质不易形成面筋，有利于松发。

3. 温度

蛋液在25℃左右时松发性能最好，形成的气泡最为稳定。温度太高、太低都会影响松发效果。所以，冬天常将打蛋桶置于热水中，使蛋液的温度升高，以提高膨松效果。

4. 器具

充气工艺是以搅打为动力，搅打的速度与搅打器接触面积有关。一般讲速度快，搅打的接触面广，则搅打效率高，产泡性能好，所以搅打器均采用多面体形。

（六）物理膨松面团的调制案例

案例一：普通海绵蛋糕

原料配方：鸡蛋500克，白糖250克，低筋面粉250克，色拉油50克，脱脂牛奶50克。

用具设备：搅拌机，面筛，毛刷，烤模，烤盘，烤箱，橡皮刮刀。

工艺流程：烤箱准备→搅打蛋糕糊→入烤模→烘烤→成品

制作方法：

①预热烤箱至180℃（或上火180℃，下火190℃）备用。

②将鸡蛋打入搅拌桶内，加入白糖，上搅拌机搅打至泛白并成稠厚乳沫状。

③将低筋面粉用筛子筛过，轻轻地倒入搅拌桶中，并加入色拉油和脱脂牛奶，搅和均匀成蛋糕糊。

④将蛋糕糊装入刷好油的烤模内，放在烤盘里，并用橡皮刮刀顺势抹平，进烤箱烘烤。

⑤约烤30分钟，待蛋糕完全熟透取出，趁热覆在案板上，冷却后即可。

操作关键：

①按照配方称量制作。

②选用低筋面粉，而且需要过筛。

③鸡蛋液和白糖需要搅打至泛白并成稠厚乳沫状。

④烤模中蛋糊只需要装八分满。

风味特点：色泽金黄，口感松软。

品种介绍：海绵蛋糕是利用蛋白起泡性能使蛋液中充入大量的空气，加入面粉烘烤而成的一类膨松点心，因为其结构类似于多孔的海绵而得名，在国外称为泡沫蛋糕。在国内也称为清蛋糕。

案例二：黄油蛋糕

原料配方：黄油 150 克，白糖 90 克，鸡蛋 150 克，低筋面粉 150 克，牛奶 40 克，发酵粉 20 克，香草粉适量。

用具设备：搅拌桶，搅拌机，面筛，橡胶刮板，裱花袋，毛刷，蛋糕模。

工艺流程：黄油加白糖搅拌膨松→加入蛋液搅拌至膨松细腻→加入面粉等材料→入模→烤制→成品

制作方法：

①黄油、白糖放入搅拌机里，搅拌膨松；将鸡蛋分次加入搅拌，直至膨松细腻为止。

②发酵粉、低筋面粉、香草粉过筛后放入搅拌桶轻轻搅拌，然后放入牛奶搅拌均匀。

③将圆柱形小模子（直径 4 厘米，高 5 厘米）擦净放在烤盘上，模具内壁涂一层油，将蛋糕糊装入裱花袋挤入模具中，以八分满为宜，挤完后送入 170℃ 的烤箱烘烤 30 分钟。

④然后出箱冷却，从模具中取出，在表面撒一层糖粉即可。

操作关键：

①按照配方称量制作。

②选用低筋面粉，而且需要过筛。

③黄油、白糖和鸡蛋液需要搅打至泛白并成膨松细腻状。

④烤模中蛋糕糊只需要装八分满。

风味特点：色泽金黄，口感油润。

四、化学膨松面团调制工艺

（一）化学膨松面团的概念

化学膨松面团，就是将适量的化学膨松剂加入面粉中调制而成的面团。它是利用化学膨松剂发生的化学变化，产生气体，使面团疏松膨胀，制品酥脆。

（二）化学膨松面团的特点

化学膨松面团是利用化学膨松剂在加热条件下发生化学反应的特性，使制品在熟制过程中产生二氧化碳而膨胀，从而使制品具有膨松、酥脆的特点。

（三）化学膨松面团的调制方法

一般情况下，化学膨松剂先与面粉等拌匀，然后再加上水及其他原料搅拌成团。

（四）化学膨松面团的调制关键

化学膨松面团的调制关键主要有以下几点：

首先，正确选择化学膨松剂。如桃酥里面一般放小苏打和泡打粉，棉花包里一般放泡打粉等。

其次，严格控制化学膨松剂的用量。根据国家食品安全法的规定，控制规定的化学膨松剂的用量。如小苏打的用量一般为面粉重量的 1% ~ 2%；臭粉为面粉的 0.5% ~ 1%；发酵粉可按其性质和使用要求掌握用量。只有掌握好用量和比例，才能保证面团膨松。

最后，科学掌握调制方法。一般情况下，化学膨松剂先与面粉等拌匀，然后再加上水及其他原料搅拌成团。

（五）化学膨松面团的影响因素

影响化学膨松面团效果的因素主要有以下几个方面。

1. 原料

化学膨松面团在调制时一般选择中筋面粉和低筋面粉，根据面点品种选择合适的化学膨松剂，这样才能使面点制品保持膨松酥脆的特点。

2. 温度

通常化学膨松面团调制时采用凉水或温水调制，不能使用热水，以免在调制过程中，由于温度过高导致部分化学膨松剂受热提前分解，释放出二氧化碳气体，从而使面点制品的风味特点受到影响。

（六）化学膨松面团的调制案例

案例一：开口笑

原料配方：低筋面粉 250 克，泡打粉 5 克，鸡蛋 2 只，白糖 50 克，黄油 50 克，水 50 克，芝麻 100 克，色拉油 1000 克。

工具设备：刮板，筷子，漏勺。

工艺流程：面团调制→生坯成型→生坯熟制→成品

制作方法：

①面团调制。

A. 先把低筋面粉、泡打粉等混合备用。

B. 1 只鸡蛋打入盆里加入白糖、水、黄油，搅拌融合。

C. 筛入粉类混合物，揉成面团；盖上保鲜膜，饧制 10 分钟。

②生坯成型。

A. 将面团搓成圆柱形长条，分成相等的小剂子，每个 10 克左右。

B. 逐个将小剂子搓圆，做成球形生坯。

C. 把生坯外裹上打散的蛋液，放入白芝麻里面滚一下，再用手握紧实一些。

③生坯熟制。

A. 炒锅内放油烧至 135℃，下锅改小火炸。

B. 慢慢升温至 165℃，至外表色泽金黄即可。

制作关键：

①按用料配方准确称量投料。

②将所有原料放入盆中混合均匀，揉成光滑面团。

③用保鲜膜盖上，饧制 10 分钟。

④粘芝麻的时候外表沾上鸡蛋液，将芝麻粘紧实。

⑤油炸时温度先低后高，先养熟再炸脆。

风味特点：外表金黄，甜酥脆香。

品种介绍：开口笑是一种经典的化学膨松面点品种，外酥内嫩，色泽金黄，诱人食欲。

案例二：桃酥

原料配方： 低筋面粉 500 克，糖粉 220 克，熟猪油 275 克，鸡蛋 1 只，黑芝麻 50 克，泡打粉 8 克，小苏打 8 克。

工具设备：面盆，案板，烤箱，烤盘，电子称。

工艺流程：面团调制→生坯成型→生坯熟制→成品

制作方法：

①面团调制。

A. 将糖粉、鸡蛋、小苏打、泡打粉放入盆中拌匀。

B. 将熟猪油放入，继续拌匀。

C. 接着将低筋面粉放入盆中揉成团，松弛 10 分钟。

②生坯成型。

A. 将面团搓条，分成约 35 克一个的小面团。

B. 将小面团揉圆后压扁，再排入烤盘中，洒上黑芝麻装饰。

③生坯熟制。

放入烤箱，中层，上下火 170℃，20 分钟。

操作关键：

①按用料配方准确称量投料。

②选用低筋面粉制作，容易起酥。

③将面团和匀即可。

风味特点：干、酥、脆、甜。

品种介绍：桃酥是一种南北皆宜的汉族传统特色小吃，以其干、酥、脆、甜的特点闻名全国，主要成分是面粉、鸡蛋等。

第五节 油酥面团的调制

一、油酥面团概述

（一）油酥面团的概念

油酥面团是用油和面粉作为主要原料调制而成的面团。特点是体积膨松、色泽美观、口味酥香、富有营养。常见的品种有黄桥烧饼、花式酥点、千层酥、广式月饼、杏仁酥等。

（二）油酥面团的种类

油酥面团按其制作特点大体可分为层酥面团和松酥面团两大类。

层酥面团根据使用的原料及制作方法不同，又可分为酥皮类、擘酥类和清酥类三种。

松酥面团由于原料、制作方法的不同,可分为浆皮类面团和混酥类面团两大类。

（三）油酥面团的调制原理

1. 层酥面团的调制原理

层酥面团采用水油面团做皮，干油酥面团做馅。这样皮和馅心密切结合，水油面包住干油酥，经过折叠、擀压，使水油面与干油酥层层间隔，既有联系，又不粘连。既能使面团具有良好的造型和包捏性能，又能使熟制后的成品具有良好的膨松起酥性，并形成层次而不散碎。

面皮的制作可分为四类：

第一，水油面皮。即以 500 克面粉、约 100 克油脂、约 200 克 30℃ 左右的温水或是 80℃ 左右的热水调制而成。其中，温水多用于炸制品，如果夏天天热，还可用略低于 30℃ 的温水。油和水的多少视成品要求而定，如果要求口感好，一般比例为 500 克面粉放 120 克油、150 克水，如果是对口感要求不高而需要表面干爽、层次清晰美观（如参赛的点心），那就需要油少水多。热水主要用在烤制品，因为烤饼类要求口感酥松，用热水烫掉面中的面筋，烤出来后就比较酥。此种皮最为常见，也是酥皮中最为重要的面皮。

第二，糖油面皮。即以面粉、饴糖、油脂、水调制而成的（如苏式月饼所用的面皮）。

第三，发酵面皮。即以酵面来代替水油面，用烫酵来制作面皮。如上海传统点心"蟹壳黄"的面皮：首先用100克面粉、5克酵母、50毫升30℃左右的温水调制，待其充分饧发。其次，再将400克面粉，加入150毫升左右80℃的开水，搅拌均匀成烫面；最后，待其散尽热气后与之前的发酵面团搓揉拌和均匀，再次饧发即成面皮。

第四，鸡蛋面皮。在面皮中原有的原料中再加入适量的鸡蛋，一般是500克面粉加1只鸡蛋的比例，此种用于广式面皮中较多（如擘酥）。

（1）酥皮类面团调制原理

1）干油酥的调制原理

干油酥之所以能够起酥，是因为调制时只用油不用水与面粉调成面团的原故。干油酥所用的油质是一种胶体物质，具有一定的黏性和表面张力。面粉加油调和，使面粉颗粒被油脂包围，隔开而成为糊状物。在面团中油脂使淀粉之间联系中断，失去黏性，面粉颗粒膨胀形成松疏性，同时蛋白质吸不到水，失去了面筋质膨胀性能，使面团不能形成很强的面筋网络体。经过反复地搓、擦、扩大油脂颗粒与面粉的接触面，也就是充分增强了油脂的黏性，使黏结力逐渐加强，成为干油酥面团。

原料成型后，再经过烤制或炸制加热成熟，使面粉颗粒本身膨胀，受热失水变脆，就达到制品酥脆的要求。

2）水油面的调制原理

在水油面面团中，面粉中的蛋白质与水结合，形成面筋，使面团有了弹性、韧性，同时油脂也限制了面筋的形成。在面团中油脂以油膜的形式分布在面粉颗粒周围，限制了蛋白质吸水，阻止了面筋网络进一步形成。即使在和面过程中形成了一些面筋碎块（局部），也由于油脂的隔离作用不能彼此黏结在一起，不会出现水调面团网络形成的现象，从而使面团弹性降低，可塑性和延伸性增强。水油面面团的特性，决定了它在层酥点心中只能做酥皮的地位。

（2）擘酥类面团调制原理

擘酥面团由两块面团复合而成，一块是用凝结的熟猪油或黄油掺入面粉调制的油酥面（酥心），另一块是由水、糖、蛋等与面粉调成的水面，通过多层叠摺的手法制作而成。由于它油脂量较多，复合过程必须保证油脂呈凝固状，所以在复合过程中要对面团进行冷冻处理。调制时将水面擀薄，双倍于酥心的大小，包住酥心，经过折叠、擀压，使水面与酥心层层间隔，既有联系，又不粘连，既能使面团性质具有良好的造型和包捏性能，又能使熟制后的成品具有良好的膨松起酥性，并形成层次而不散碎。擘酥面团制品，起发膨松的程度比一般酥皮要大，各层的张开度比其他酥皮要宽且分明。因为它有筋韧性，受热时产生膨胀，成为层次分明的多层酥，所以有千层酥之称。其特点是色泽金黄、酥化松香，可配上各种馅心或其他半成品，如广式点心鲜虾擘酥夹、蝴蝶酥、千层酥角等。

（3）清酥类面团调制原理

清酥是用水、油或蛋和成的面团包入片状黄油（或麦淇淋）后擀成片，经过折叠、炸制或烤制制作而成的酥类制品。在制作过程中，利用湿面筋的烘焙特性，可以保存空气并能承受烘焙中水汽所产生的胀力，而随着空气的胀力来膨胀；同时，由于面团中的面皮与油脂有规律地相互隔绝所产生的层次，在进炉受热后，水面团产生水蒸气，这种水蒸气滚动形成的压力使各层次膨胀；最后，在烘烤时，随着温度的升高，时间加长，水面中的水分不断蒸发并逐渐形成一层一层熟化变脆的面胚结构。油面层熔化渗入面皮中，使每层的面皮变成了又酥又松的酥皮，加上本身面皮面筋质的存在，所以能保持完整的形态和酥松的层次。

2. 松酥面团的调制原理

松酥面团一般是由面粉、油、水、蛋(乳)、糖、食品膨松剂等原料调制而成的面团。其中蛋乳类原料中含有磷脂，它是良好的乳化剂，可以促进面团中油水乳化。乳化越充分，油脂微粒或水微粒就越细小。这些细小的微粒分散在面团中，在很大程度上限制了面筋网络的大量生成。同时，松酥面团用的油量大，面团的吸水率就低。因为水是形成面团面筋网络条件之一，面团缺水严重，面筋生成量就降低了。面团的面筋量越低，制品就越松酥。而且油脂中的脂肪酸饱和程度也和成品的酥松性有关。油脂中饱和脂肪越高，结合空气的能力越大，面团的起酥就越好。

在松酥面团调制过程中，一般都要加糖，糖的特性之一是具有很强的吸水性，糖能吸收面团中的水分，水分被糖吸收的越多，面筋形成的网络面积就越少，制品就越松酥。最后，松酥面团中加入的食品膨松剂起了作用。在调制松酥面团时，仅仅依靠油所带进面团的空气和糖分所吸收水分的影响是不够的。为了使制品更酥松，有些点心在面团调制时，为了补充气体，往往要加入小苏打等膨松剂，在烘焙、油炸等加热过程中，能够产生二氧化碳气体，从而使松酥面团制品更加酥松。

二、层酥面团调制工艺

（一）酥皮类面团调制工艺

1. 酥皮类面团的概念

酥皮面团是由皮面和酥面两种面团合成的面团。皮面一般有水油面皮、酵面皮和蛋面皮；酥面常用干油酥面团。两种面团经包酥、擀制后，做成有清晰酥层的坯皮，再经包捏成型，制品成熟后外皮起酥，呈现出层次、酥松膨大的效果。

2. 酥皮类面团的特点

水油面是用油、水、面粉拌和调制而成的，同时兼有水调面团和油酥面团两种性质特点的面团，既有水调面团的筋力、韧性和保持气体的能力（但能力比水调面团弱），又有油酥面团的润滑性、柔顺性、起酥性和发松性（但松性不如干油酥）。如单独用来制作面点，成品比较僵硬，酥性不足。它能与干油酥配合使用，形成层次，使皮坯具有良好的造型和包捏性能，并能使成品具有完美的形态和膨胀酥松的特点。

由于干油酥全部用面粉和油调制而成，不加任何辅料和水，所以干油酥松散软滑，丝毫没有韧性、弹性和延伸性，但具有一定的可塑性和酥性。干油酥虽不能单独制成面点，但可与水油面合作使用，使其层层间隔，互不粘连，起酥发松，成熟后体积膨松，形成层次。

干油酥一般不单独用来制作成品，而是作为内夹酥使用。

3. 酥皮类面团的调制方法

（1）水油面的调制方法

水油面面团的调制与一般面团的调制方法相同。

水油面具体制法是：用面粉 500 克，油 100 克，水 175 ~ 200 毫升。先将面粉倒入案板或盆中，中间扒个坑，加水和油，用手搅动水和油带动部分面粉，达到水油溶解后，再拌入全部面粉调制，要反复揉搓，盖上湿布饧 15 分钟后，再次揉透备用。

调制水油面一般选用中筋面粉。

（2）干油酥的调制方法

由于用油脂与面粉调制面团，与用水、面粉调制面团的情况不同，所以调制面团的方法也就不相同。它所用的是"搓擦"法，行话叫"擦酥"。

所谓擦酥，是指面团拌和后，放在案板上滚成团，用双手的掌根一层层向前推，边推边擦，推成一堆后，再滚成团继续推擦。反复擦透的目的是使其增加油滑性和黏性。

干油酥的具体制法是：面粉与油脂的比例一般为 2 : 1，即 500 克面粉，250克猪油。先把面粉放在案板上或盆中，中间扒个坑，把油倒入搅拌均匀，反复擦匀擦透（用手掌跟一层层向前推擦，擦完一层再滚回来，再重复前述动作），擦至无颗粒，面粉与油脂充分黏合成团，即可使用。

调制干油酥一般选用低筋面粉，油脂有熟猪油、黄油、色拉油等，其中熟猪油是首选，其成品洁白、细腻、酥层清晰。

4. 包酥法

包酥又称破酥、开酥、起酥等，就是将干油酥包入水油面中，经反复擀薄叠起，形成层次，制成层酥的过程。

（1）根据操作时的手法分

包酥一般可分为大包酥和小包酥两种。

1）大包酥

大包酥，又称大酥，用的面团较大，一次可作几十个剂坯。它是根据制品的数量、质量要求来决定的。包酥时注意擀制要均匀，少用生粉，卷匀卷紧，盖上湿布等，每个环节都要掌握好，这样才能制出好的成品来。

2）小包酥

所谓小包酥，即用一张面皮包一张酥面，一次只擀制少量的胚皮（最多4张）。先将干油酥包入面皮内，擀长、卷起，再顺长折叠三层（或是卷起）。然后再按需要制作所需坯皮。其速度慢，效率低，但擀制方便，层次易起得清晰。

（2）根据成品表现形式分

层酥类面点制品还分为暗酥、明酥、半明半暗酥三种。

1）暗酥

暗酥就是酥层在里边，外面见不到，切开时才能见到，如双麻酥饼、黄桥烧饼等。按起酥方法又可分为叠酥、卷酥。

①叠酥。叠酥是将起酥后的胚皮反复折叠而起，再用快刀切成所需坯皮形状，或圆或方，包馅即可，如海棠酥。

②卷酥。卷酥是将起酥后的坯皮卷起，由右侧切下一段，将刀切面向两侧，按扁，擀开，光面向外包馅成型即可。如双麻酥饼。

2）明酥

明酥就是酥层都在表面，清晰可见，如千层酥、兰花酥、荷花酥等。明酥又可分为圆酥、直酥。

①圆酥。圆酥是将起酥后的胚皮（面皮包入酥面，擀开折叠三层，再擀开）卷成圆筒形，用快刀由右端切下所需厚薄的剂子，将刀面向上，用擀棒由内至外（或是由外至内），擀成圆形皮。再将被擀的一面在外，由反面进行包馅成型，最终使被擀一面的圆形酥层显露在外面。如苹果酥、盒子酥等。

②直酥。直酥是将起酥后的坯皮卷成圆筒形后，用快刀由右端切下长段，再顺长段一切为二，成两个半圆形长段的坯子。将刀切面向案板擀成薄皮，包入馅心，使直线酥纹显露在外面。如萝卜丝酥饼。或将叠酥切成六块，表面涂上蛋液，叠起粘牢，切成片状，酥层朝上，擀薄，包入馅心，使直线酥纹显露在外面。如藕丝酥、丝瓜酥等。

3）半明半暗酥

半明半暗酥就是部分层次在外面可见，如蛤蟆酥、蟠桃酥等。制作过程中将起酥后的坯皮卷成圆筒形，由右侧切下一段，将刀切面向两侧，在光面沿

247

45°角斜切。切面向下，轻轻擀开，包馅即可。

5.包酥类面团的调制关键

（1）水油面的调制关键

要想使层酥面点制作顺利，水油面面团调制就要达标。调制好水油面的关键是把握以下几个环节。

第一，水油面中的水温应随气候及所制产品的不同而灵活掌握，一般控制在30～80℃。气温高时水温要有所降低，反之则相应升高水温；烘烤类产品的水温一般高于油炸类产品，这样烘烤类成品的口感才更显酥松香脆。

第二，水油面中水、油脂、面粉的比例必须适当，调制均匀无颗粒，软硬度适当，否则成品易产生裂缝。

第三，水油面需搓揉、甩打上劲，然后盖上湿布以防风干，静置片刻，使用前再搓揉均匀。

（2）干油酥的调制关键

第一，制作干油酥面团的面粉，宜选用低筋面粉（也有用蒸熟的面粉），起酥效果好。

第二，用动物性油脂比植物性油脂起酥效果好。这是因为动物性油脂在面团中呈片状和薄膜状，润滑面积大，结合的空气较多，所以起酥性更强。

第三，调制干油酥需用凉油，如果用热油，面团会黏结不起来。制成的成品容易脱壳和炸边。

第四，掌握配方要准。一般以500克低筋面粉加油250克为宜。

第五，注意水油面和干油酥的比例要适当。一般干油酥40％，水油面60％。

第六，调制好的干油酥面团软硬度和水油面团相一致。

6.包酥面团的调制案例

案例一：双麻酥饼

原料配方：

坯料：

①干油酥：低筋面粉150克，熟猪油75克。

②水油面：中筋面粉150克，温水75毫升，熟猪油15克。

馅料：红小豆150克，熟猪油35克，白糖75克，糖桂花5克。

辅料：鸡蛋1只，色拉油2升（耗50毫升）。

饰料：脱壳白芝麻150克。

工具设备：馅盆，筛子，刮板，擀面杖，厨刀，毛刷，烤箱，烤盘，电子秤。

工艺流程：馅心调制→面团调制（干油酥调制、水油面调制）→生坯成型→生坯熟制→成品

制作方法：

①馅心调制。将红小豆放开水锅中煮烂，晾凉后过筛成泥；炒锅上火，放入白糖、熟猪油、红豆泥，用小火熬至稠厚出锅，加进糖桂花晾凉即可。

②面团调制。

A.干油酥调制：将低筋面粉放案板上，扒一窝塘，加入熟猪油拌匀，用手掌根部擦成干油酥。

B.水油面调制：将中筋面粉放案板上，扒一窝塘，加温水、熟猪油和成水油面，揉匀揉透饧制15分钟。

③生坯成型。将水油面按成中间厚、周边薄的皮，包入干油酥。收口捏紧向上，按扁，擀成长方形面皮，折叠3层，再擀成长方形，顺长边切齐，由外向里卷起，卷成3厘米直径的圆柱体，用蛋清封口。卷紧后搓成长条，摘成20只剂子。

将每只剂子侧按，擀成坯皮，周边抹上蛋清。包入馅心，然后将收口捏紧朝下放。制成圆形饼状。在每只饼的正反表面抹上蛋清，再沾上芝麻成生坯（收口朝下放）。

④生坯熟制。将生坯排放在烤盘中，以220℃烤制15分钟，至色泽金黄即可。

操作关键：

①按用料配方准确称量投料。

②豆沙馅熬制时硬度稍微大一些，便于生坯的成型操作。

③干油酥面团要擦透，水油面要揉搓上劲。

④坯剂的直径、厚度要恰当。

⑤包馅后，制成圆形生坯。

⑥饼坯两面刷上蛋液沾上芝麻。

⑦生坯入烤箱以220℃烤制15分钟。

风味特点：色泽金黄，圆形饼状，香甜细腻，酥脆适口。

品种介绍：双麻酥饼，体积膨大美观，入口酥香，滋味甜美，是淮扬点心中具有代表性的品种之一。

案例二：火腿萝卜丝酥饼

原料配方：

坯料：

①干油酥：低筋面粉300克，熟猪油150克。

②水油面：中筋面粉300克，熟猪油45克，温水150毫升。

馅料：白萝卜500克，熟瘦火腿末50克，猪板油蓉60克，白糖15克，精盐7克，味精3克，熟白芝麻15克，葱末25克，芝麻油15毫升。

辅料：色拉油3升（约耗100毫升），蛋清25毫升，脱壳白芝麻75克。

工具设备：馅盆，纱布，毛刷，刮板，擀面杖，厨刀，砧板，电子秤。

工艺流程：馅心调制→面团调制（干油酥调制、水油面调制）→生坯成型→生坯熟制→成品

制作方法：

①馅心调制。将白萝卜洗净、去皮，切成细丝，加精盐腌渍30分钟，用洁净纱布去水分。另将熟火腿末、猪板油蓉、芝麻油、葱末、白糖、熟白芝麻、味精一起放盆中，倒入萝卜丝拌匀，分成30份馅心，搓捏成球形待用。

②面团调制。

A.干油酥调制。将低筋面粉放在案板上，加入熟猪油，拌匀擦成干油酥。

B.水油面调制。将中筋面粉放在案板上，扒一个窝，加上温水、熟猪油揉擦成水油面。

③生坯成型。将水油面搓成球形，用手按成中间厚、周边薄的皮，包入干油酥，收口向上，擀成长方形面皮，叠成3折，再擀成长方形面皮，将一长边修齐，卷起成圆柱体。用刀沿截面横切成2.5厘米长的圆段15段。用刀把每一段沿圆心对半剖开，共成30个半圆柱体，将半圆柱体的面坯切面朝上，顺纹路擀成长方形皮，包进馅心，酥皮对叠收口涂上蛋清，沾上芝麻，有纹的一面朝上成蚕茧形生坯。

④生坯熟制。将油锅放入色拉油，加热至90℃，下入生坯（收口向下），稍静置后逐渐升温150℃，炸至制品上浮、色泽微黄、层次清晰、体积膨大即可出锅、沥油装盘。

操作关键：

①按用料配方标准称量投料。

②馅料要求加工细小些。

③干油酥面团要擦透，水油面要揉擦上劲。

④坯剂的大小要准确；擀皮时尽量顺着纹路擀，保持纹路的规则。

⑤成型时纹路要直；生坯要包捏成蚕茧形，收口处要用蛋清黏合。

⑥生坯要用低温养制、中温炸制，而且炸制时要不断翻面，使之受热均匀。

⑦制品成白色蚕茧形，不含油，不焦黄。

风味特点：色泽洁白（或微黄），蚕茧成型，酥层清晰，外酥内软。

品种介绍：火腿萝卜丝酥饼是一种传统淮扬名点。

案例三：老婆饼

原料配方：

坯料：

①水油面：低筋面粉150克，冷水50毫升，熟猪油35克，白糖15克，芝麻油15毫升。

②干油酥：中筋面粉150克，熟猪油75克。

馅料：糖冬瓜 300 克，芝麻 50 克，白糖 30 克，熟米粉 75 克，花生油 25 毫升，冷水 100 毫升。

③饰料：蛋黄液 25 毫升，花生油 15 毫升。

工具设备：馅盆，粉碎机，案板，擀面杖，刮板，厨刀，毛刷，烤箱，电子秤。

工艺流程：馅心调制→面团调制（干油酥调制、水油面调制）→生坯成型→生坯熟制→成品

制作方法：

①馅心调制。将芝麻放入锅中炒香，与糖冬瓜及冷水一起倒入粉碎机内，搅烂成酱盛起，加入熟米粉、白糖、花生油拌匀备用。

②面团调制。

A.水油面调制。将低筋面粉放在案板上，扒一窝塘，加上冷水、熟猪油、白糖、芝麻油，搅拌均匀调制成面团，饧制 25 分钟后备用。

B.干油酥调制。将面粉放在案板上，扒一窝塘，加入熟猪油，用手掌根部搓揉成团待用。

③生坯成型。将水油面、干油酥分别下剂，以小包酥的方法起酥，将水油面面剂逐个按扁，包入干油酥，呈球状，收口朝下，擀制呈牛舌状，再卷成圆筒形，如此做法反复一次。用快刀从中间切开，一切为二，切面朝上，按圆按扁。包入馅料，搓圆后用手压扁成饼状，用刀在饼的中心割一刀，同时将蛋黄液和花生油搅匀后刷在饼面上。

生坯熟制：将生坯入 185℃烤箱中烤约 25 分钟，至色泽金黄即成。

操作关键：

①按用料配方准确称量投料。

②馅心需要一定的硬度，便于后期成型。

③干油酥面团要擦透；水油面要揉擦上劲。

④坯剂的大小、厚度要恰当。

⑤按照小包酥的要求，单独制作。

⑥烤制时上下火一致，保证传热均匀。

风味特点：色泽金黄，圆饼形状，口感酥香，馅心绵甜。

品种介绍：老婆饼是以糖冬瓜、面粉等食材为主要原料而制成的一种广东潮州地区的特色传统名点。是广东潮式月饼中用料最少、做工最简、且最为人们所熟知的饼类。

（二）擘酥面团调制工艺

1.擘酥面团的概念

擘酥是广式面点吸取西点制作技术调制而成的一种油酥面团，在广式面点

中叫千层酥。它由多层酥面折叠而成，由两块面团组成，一块是用凝结猪油掺面粉调制而成的酥心，另一块是用水、糖、蛋等与面粉调成的面团，通过叠酥手法制作而成。

2. 擘酥面团的特点

擘酥为广式面点最常用的一种油酥面团，由凝结猪油或黄油掺面粉调制的酥心和水、糖、蛋等掺面粉调制的水面（或水蛋面）叠酥组成，酥心更酥，水面更韧，延展性好，制品特点是成型美观、层次分明、入口酥化。

3. 擘酥面团的调制方法

（1）调制酥心

先将猪油熬炼，用力搅拌，冷却至凝结；再掺入少量面粉（每500克凝结猪油掺面粉200 ~ 250克），搓揉均匀，压成块，然后置于冰箱内冷冻1 ~ 3小时至油脂发硬，成为硬中带软的结实板块状，即为酥心。

（2）调制水面

水面基本制法与冷水面团相同，但加料较多（如鸡蛋、白糖）。平均每500克面粉加鸡蛋100克、白糖35克、清水225毫升、拌和后用力揉搓，至面团光滑上劲为止，也放入冰箱冷冻。

（3）起酥（开酥）

擘酥面团采用叠的起酥方法。先将冻硬的酥心取出，平放在案板上，用走槌擀压成适当厚薄的矩形块；再取出水面也擀压成与酥心同样大小的块；然后进行折叠，用走槌擀压，折叠3次（每次折成4折）；最后擀制成矩形块，置于冰箱内冷冻半小时，即制成擘酥面团酥皮。

临用时取出，分成坯皮，包入各种馅心成型、熟制即可。

4. 擘酥面团的调制关键

第一，制作酥心的面粉，选用低筋面粉（也有用蒸熟的面粉）起酥效果好；油脂需用凝结的熟猪油、黄油或麦淇淋。

第二，酥心和水面必须正确掌握配料比例，控制冷冻时间。

第三，起酥前，酥心和水面分别冷冻一下；起酥时，每次都要叠齐擀匀；操作时落槌要轻，开酥手力要均匀。

第四，起酥方法也可以采用开酥机来压制，擀压要轻而匀，酥心和水面的软硬应当一致，否则易造成分层开裂的现象。

5. 擘酥面团的调制案例

案例一：酥皮蛋挞

原料配方：

坯料：

①水面：面粉150克，熟猪油25克，蛋液50毫升，白糖10克，柠檬黄食用色素0.01克，冷水25毫升。

②干油酥：面粉 150 克，黄油 100 克，熟猪油 75 克。

馅料：蛋液 150 毫升，牛奶 250 克，白糖 75 克，吉士粉 5 克。

辅料：色拉油 25 毫升。

工具设备：馅盆，筛子，圆模，刮板，擀面杖，冰箱，菊花盏，烤箱，烤盘，电子秤。

工艺流程：馅心调制→面团调制（干油酥、水油面调制）→生坯成型→生坯熟制→成品

制作过程：

①馅心调制。将鸡蛋液打匀，与牛奶、白糖、吉士粉调匀，过筛后备用。

②面团调制。

A.水面调制：将面粉放案板上，扒一个窝，加入熟猪油、蛋液、白糖、冷水、柠檬黄色素溶液调成水面皮，稍饧。

B.酥心调制：把面粉放案板上，扒一个窝，加入熟猪油、黄油，用手掌根部擦成酥心，最后按擀成方块放入冰箱略冻。

③生坯成型。将水面面团擀成与酥心一样宽、双倍长的面皮，再将酥心放在水面皮的一端，将另一半面皮覆盖其上，将上下水面皮的边捏拢后封好口，再用面杖将酥心敲软，擀成长方形薄皮，由两头向中间横向叠成四层。如此做法重复再叠一次对折，擀成正方形薄皮，用圆模刻出圆皮。

将菊花盏中抹上油，放入一块圆皮，用两手的拇指将盏的底部按薄，将圆皮边与盏口平齐，放入烤盘，加入馅心（蛋挞水）至盏八成满即成生坯。

④生坯熟制。将烤盘放入面火 150℃、底火 180℃的烤箱烤制 20 分钟，馅心饱满、酥皮金黄即可取出，装盘。

操作关键：

①按用料配方准确称量投料。

②蛋挞水打匀后一定要过滤，没有杂质。

③酥心面团要擦透；水面要揉擦上劲。

④坯剂的大小、厚度要恰当。

⑤按照要求擀面开酥，这样制品才能酥层清晰。

⑥烤制时底火略高，面火略低，保证传热均匀。

风味特点：色泽金黄，菊花盏状，外皮酥脆，馅嫩香甜。

品种介绍：酥皮蛋挞色泽金黄，美味可口，为广式面点中的又一经典品种。

案例二：千层酥饺

原料配方：

坯料：

①水面：面粉 150 克，蛋液 50 毫升，黄油 25 克，白糖 15 克，温水 35 毫升。

②酥心：面粉 150 克，黄油 100 克。

馅料：牛肉泥 150 克，鸡蛋 2 个，咖喱粉 15 克，洋葱末 25 克，盐 3 克，味精 2 克。

工具设备：馅盆，刮板，擀面杖，厨刀，毛刷，馅挑，电子秤。

工艺流程：馅心调制→面团调制→生坯成型→生坯熟制→成品

制作方法：

①馅心调制。将牛肉泥放入盆中，加入鸡蛋液、咖喱粉、洋葱末、盐和味精搅拌上劲，做成馅心。

②面团调制。

A. 水面调制。将面粉放在案板上扒一窝，加入蛋液、白糖、黄油、温水调成硬度适中的水面，饧制 5 分钟。

B. 油酥调制。将面粉放案板上与黄油拌在一起，用手掌心擦成油酥，按压成方形块，放入冰箱冻成一定硬度。

③生坯成型。将水面擀成与油酥一样宽、双倍长的面皮，再将油酥放在蛋面皮的一端，将另一半面皮盖在其上，将上下水面皮的边捏拢后封好口，再用面杖将酥皮敲软，擀成长方形薄皮，由两头向中间横相叠成四层。如此做法再叠一次四层，稍擀薄，改刀成正方形面片，互相排叠在一起，擀平整后入冰箱冻硬。

酥皮冻硬后取出，中间捏薄，放入馅心，两边对折合起，压紧。

④生坯熟制。放入烤盘，表面刷上蛋液，入烤箱 185℃烤 25 分钟左右。

操作关键：

①按用料配方准确称量投料。

②馅料要加工得细小一些，搅拌上劲，便于生坯的成型操作。

③油酥面团要擦透，按成型后，放入冰箱略冻硬；水油面要揉擦上劲，稍饧制。

④水面团的软硬要和油酥面的软硬保持一致。

⑤坯剂的大小、厚度要恰当。

⑥擀皮时要注意用力均匀。

⑦刷蛋液的时候只刷表皮，不要刷到酥层。

⑧开上下火入烤箱 185℃烤 25 分钟左右。

风味特点：色泽金黄，入口即化，酥层清晰，酥香味美。

品种介绍：千层酥饺是以低筋面粉等为主要原料，以牛肉泥、鸡蛋、洋葱末等为调料制作的擘酥点心。

（三）清酥面团调制工艺

1. 清酥面团的概念

所谓清酥面团，是用水、油或蛋和成的面团，包入片状黄油（或麦淇淋），经过折叠，擀制而成的面团。它是西点中常用的一种开酥方式，近年来我国面点中也常常借鉴使用。

2. 清酥面团的特点

清酥面团擀制后，面皮层次清晰，制品成熟后，更显现出明显的层次，标准要求是层层如纸，口感松酥脆，口味多变。如风车酥、拿破仑酥等。

3. 清酥面团的调制方法

（1）基本配方

清酥点心面团的配方主要涉及面粉量和油脂量。按油脂总量（包括皮面油脂和油层油脂）与面粉量的比例，清酥面团可分为三种：①全清酥。油脂量与面粉量相等。② 3/4 清酥。油脂量为面粉量的 3/4 。③半清酥。油脂量为面粉量的一半。

其中，3/4 清酥较为常用。3/4 清酥的基本配方如下：面粉 1000 克，盐 10 克，水约 520 克，油脂 750 克（其中皮面油脂 100 克，油层油脂 650 克）。

（2）清酥开面

1）面团调制

面团调制可用手工，也可用机器。

手制：将皮面油脂搓进面粉中，再加水混合并揉成面团。

机制：将面粉、油脂和水一起搅拌成面团。

2）包油方法

清酥皮制作根据包入油脂的方法不同而有分别，大致分为法式、英式及酥皮专用油脂等方法包油。现就酥皮专用油脂操作方法介绍一下。

一般来讲，酥皮麦淇淋呈片状，每片有 1 千克和 2 千克的规格，在包油操作时，根据酥皮麦淇淋片状大小，把搅拌好经松弛的面团擀成酥皮麦淇淋宽度的一倍，长度 2 倍即可。随后把酥皮麦淇淋放在已擀好的面皮上（左面或右面都行），然后把边上的面皮盖在油脂上面，沿边捏紧即可擀开。此法操作简便，适宜于包入片状酥皮麦淇淋。

3）折叠方法

完成包油程序后，其擀开的折叠方法很多，有三折法，四折法。而用酥皮麦淇淋制作酥皮的折叠方法，多数采用三折法与四折法相结合的折叠方法，其具体操作方法是：把已包入酥皮麦淇淋的面团擀成 0.4 厘米左右厚度，长宽适中，一折三，松弛 15 ～ 20 分钟，然后重复前一步骤一次，松弛 15 ～ 20 分钟，再重复一次，松弛 15 ～ 20 分钟，第四次擀开到厚度 0.4 厘米左右，大小适宜，再一折四，松弛 15 ～ 20 分钟，即可擀开制成各种形状的酥皮点心。

4）整形方法

整形是酥皮点心能否得到理想体积和式样的重要一环，所以在整形时需注意以下几点：

第一，面团软硬适度。

包入酥皮麦淇淋的整形面团在 0 ~ 30℃无须冷冻（除非操作上特殊需求），无论包入何种油脂的整形面团都不可冰冻太硬，如太硬可放在工作台上使其恢复适当的软度。

第二，面皮厚薄均匀。

整形的面皮厚度要一致，不可厚薄不均，这样做出的产品形状不良，一般厚度在 0.2 ~ 0.3 厘米。

第三，整形快速有效。

整形动作要快，从擀面到分割、加馅、整形要一气完成，因为面皮在工作台上搁置时间太久会变得过分柔软，增加整形的难度，妨碍产品胀大和形状的完整。

第四，刀具锋利实用。

使用的切割刀应锋利，使每个分割的小面皮四边的面皮与油层间隔分明，边缘部分不会黏合在一起，以免影响到进炉后的膨胀。面皮过于柔软会造成切割困难，使边缘部分面皮与下层面皮黏合一起，妨碍了产品烤制时的膨胀。

第五，坯皮大小一致。

每块小面皮在分割时要大小一样，原则上要用尺或模具切、刻，切忌凭经验估计分割，这样不但产品大小不同而且形状不良。

第六，半成品间隔有度。

整形后的面团放在平烤盘上须留间隔距离，为了使产品表面颜色光泽漂亮，整形后擦一层蛋水，蛋水的浓度不可太浓，酥皮整形完毕必须松弛 30 分钟才能进炉烘烤，否则膨胀体积不大，而且会在炉中收缩。进炉前再刷一次蛋水，总共刷蛋水两次。有些大型产品因需较长烘烤时间，整形后不应刷蛋水而改用清水，否则表面会着色太深。

第七，避免原料浪费。

切剩的不规则面皮可归纳在一起，如数量不多，可铺在下一个完整的面团上一起擀平，其用量不要超过新面团的 1/3。如数量很多，可归纳在一起，擀平，再包入面皮总量 1/4 的油脂，用三折法折叠一次或二次，制作一些膨胀性较小的产品，如肉饺、奶油卷筒酥、拿破仑酥等。

4.清酥面团的调制关键

第一，正确选择原料。

宜采用中强筋面粉。因为筋力较强的面团不仅能经受住擀制中的反复拉伸，而且其中的蛋白质具有较高的水合能力，吸水后的蛋白质在烘烤时能产生足够的蒸汽，从而有利于分层。此外，呈扩展状态的面筋网络是清酥点心多层薄层结构的基础。但是，筋力太强的面粉可能导致面层碎裂，制品回缩变形。如无合适的中强筋面粉，可在强筋面粉中加入部分低筋面粉，以达到制品对面粉筋度的要求。

面层油脂可用黄油、麦淇淋或起酥油。油层油脂则要求既有一定的硬度，又有一定的可塑性，熔点不能太低。这样，油脂在操作中才能被反复擀制、折叠，又不至于熔化。传统清酥点心使用的油层油脂是天然黄油。天然黄油虽能得到高质量的产品，但其可塑性和熔点较低，操作不易掌握，特别是夏天，油脂熔化易产生"走油"的现象。目前，国内外均有清酥点心专用麦淇淋，它具有良好的加工性能，给清酥点心制作带来了很大的方便。

第二，软硬度均匀一致。

油层油脂的硬度与皮面面团的硬度应尽量一致。如面硬油软，油可能被挤出，反之亦然。最终均会影响到制品的分层。

第三，擀皮厚度恰当。

每次擀面时，不要擀得太薄（厚度不低于0.5厘米），以防黏层。成型时厚度以3毫米为宜。

第四，面团适当遮盖。

擀叠好的面团备用时，要将湿布或保鲜膜盖在其上，以防止表皮干裂。

第五，面坯适度松弛。

面团在两次擀折之间应停放20分钟左右，以利于面层在拉伸后的放松，防止制品收缩变形，并保持层与层之间的分离。成型的制品在烘烤前也应停放约20分钟。

第六，烘烤温度适宜。

清酥点心的烘烤宜采用较高的炉温（约200℃）。高温下能很快产生足够的蒸汽，有利于酥层的形成和制品的涨发。

5. 清酥面团的调制案例

案例：蝴蝶酥

原料配方：高筋面粉500克，低筋面粉500克，细砂糖30克，盐10克，起酥油100克，片状麦淇淋600克，水500克。

工具设备：保鲜膜，擀面杖，厨刀，烤盘，烤箱。

工艺流程：面团调制→生坯成型→生坯熟制→成品

制作方法：

①面团调制。

A. 皮面制作。

高筋面粉和低筋面粉、起酥油、水、盐混合，拌成面团。水不要一下子全倒进去，要逐渐添加，并用水调节面团的软硬程度，揉至面团表面光滑均匀即可。

用保鲜膜包起面团，松弛 20 分钟。

B. 酥心制作。

将片状麦淇淋用保鲜膜包严，用走锤敲打，把麦淇淋打薄一点，这样麦淇淋就有了良好的延展性。不要把保鲜膜打开，用走锤把麦淇淋擀薄。擀薄后的麦淇淋软硬程度应该和面团硬度基本一致。取出麦淇淋待用。

②生坯成型。

A. 案板上施薄粉，将松弛好的面团用擀面杖擀成长方形。擀的时候四个角向外擀，这样容易把形状擀得比较均匀。擀好的面片，其宽度应与麦淇淋的宽度一致，长度是麦淇淋长度的三倍。把麦淇淋放在面片中间。

B. 将两侧的面片折过来包住麦淇淋，然后将一端捏死。

C. 从捏死的这一端用手掌由上至下按压面片。按压到下面的一头时，将这一头也捏死。将面片擀长，像叠被子那样四折，用擀面杖轻轻敲打面片表面，再擀长。这是第一次四折。

D. 将四折好的面片开口朝外，再次用擀面杖轻轻敲打面片表面，擀开成长方形，然后再次四折。这是第二次四折。四折之后，用保鲜膜把面片包严，松弛 20 分钟。

E. 将松弛好的面片进行第三次四折，再松弛 30 分钟。然后就可以整形了。整形是把面片擀成 0.3cm 厚度均匀的面片，用小刀将不规则的边缘切齐，然后把长方形的面片切成 10 厘米见方的正方形。

F. 取一个正方形的面片，切出口子。注意两边不要切断。刷蛋液，把下面的部分翻上来，再把上面的翻下来。

G. 在中间挤果酱，装入不涂油的烤盘中，在鼓出来的地方（就是刚才翻上来的部分）刷蛋液。间隔大一些。

③生坯熟制。温度预设为上火 200℃，下火 180℃，烤 20 分钟左右，表面金黄色即可。

操作关键：

①按照配方进行原料称量。

②在特殊的情况下，可以根据面团的软硬度来适度调节水的用量。

③在成型的过程中，擀制一定要均匀用力。

风味特点：色泽金黄，口感酥脆，形似蝴蝶。

品种介绍：蝴蝶酥因其状似蝴蝶而得名。其口感松脆香酥，香甜可口，具有浓郁的黄油香味。

三、松酥面团调制工艺

（一）浆皮面团调制工艺

1. 浆皮面团的概念

浆皮面团也称提浆面团，它是以面粉、油脂和糖浆为主要原料调制而成的，根据制品的特点及使用糖浆的不同，可分为砂糖浆面团和麦芽糖浆面团两种。

2. 浆皮面团的特点

这种面团的调制要求面团松软、可塑性好，成型后的花纹清晰；浆皮面团制品一般具有松酥、香甜等特点。

3. 浆皮面团的调制方法

（1）砂糖浆面团的调制

砂糖浆面团以面粉、砂糖、油脂为主要原料调制而成。因调制时砂糖用量较多，必须将糖熬制成糖浆才能使用。这样可使面团具有良好的可塑性，成型时不酥不脆、柔软不裂，烘烤成熟时容易着色，成品存放两天后回油，使制品更加油润、松酥。常见的砂糖浆面团制品有广式月饼等。

1）糖浆调制方法

原料：白砂糖 500 克，清水 150 克，柠檬酸 0.2 克。

制法：先将清水倒入锅中，放入白砂糖后加热煮至沸腾，煮沸后用文火煮约 30 分钟，煮至剩下的糖液约为 620 克时，加入柠檬酸搅匀即可取出，再放入器皿中储存 15 ~ 20 天后取出使用。

2）面团调制方法

原料：富强粉 500 克，糖浆 400 ~ 410 克，花生油 120 克，枧水（一种含有碳酸钠和碳酸钾的添加剂）8 克。

制法：将面粉放在案板上，中间扒一凹坑，将糖浆和枧水混合后，放入花生油搅拌成乳状，再倒入面粉内拌和揉制成面团。砂糖浆面团的软硬应根据馅心的软硬灵活掌握。

（2）麦芽糖浆面团的调制

麦芽糖浆面团是以面粉、麦芽糖、糖粉为主要原料调制而成。不同的品种，使用麦芽糖的量不相同，无麦芽糖时，可用转化糖浆代替。常见的品种有鸡仔饼、炸肉酥等。

4. 浆皮面团的调制关键

首先将已制好的糖浆（注意用凉浆，不可用热浆）投入和面机内；其次，加入油脂搅拌成乳白色乳状液；最后，再加入面粉搅拌均匀。搅拌好的面团应柔软适宜、细腻、可塑性好、不浸油。调制浆皮面团时，必须注意以下几点：

第一，糖浆要提前几天调制好备用；糖浆必须冷却后才能使用，不可使用热糖浆。

第二，在加入面粉之前，糖浆和油脂必须充分乳化。

第三，面粉应逐渐加入，最后留少量面粉调节面团的软硬度。

第四，面团调好以后，在加工成型的过程中存放时间不宜过长，否则面团容易上劲，影响产品质量，存放时间在 1 小时之内最适宜。

第五，可使用中筋面粉或低筋面粉调制浆皮面团。

5. 浆皮面团的调制案例

案例一：广式月饼

原料配方：低筋面粉 500 克，糕粉 100 克，花生油 140 克，麦芽糖浆 360 克，枧水 8 克，鲜鸡蛋黄 100 克，无糖水果 500 克，核桃仁 40 克，葵花籽仁 60 克，腰果 40 克，西瓜子仁 60 克，白芝麻 40 克。

工具设备：烤箱，烤盘，模具，厨刀，刮板，毛笔刷。

工艺流程：面团调制→馅心制作→生坯成型→生坯烘烤→成品

制作方法：

①面团调制。低筋面粉置于案板上，放入麦芽糖浆、枧水、花生油调成粉团，用湿布覆盖静置 30 分钟。

②馅心制作。将核桃仁、葵花籽仁、腰果、西瓜子仁、白芝麻放入烤盘内入烤箱烤制出香味即可；用厨刀将核桃仁、腰果切碎；无糖水果改刀成小丁，放入烤好的五仁中加糕粉和适量的水调成五仁馅。

③生坯成型。将面团揉匀、搓条、下剂，按扁成月饼皮。月饼皮、月饼馅按照 2∶8 比例进行包制。将包好的生坯压成饼状，放入模具中压上花纹，成月饼生坯。

④生坯烘烤。取出放入烤盘中，表面刷上蛋液；烤炉上火 210℃，下火 190℃烤制 25 分钟即成。

操作关键：

①按照配方进行称量制作。

②和面时用揉搓均匀，盖上湿布松弛。

③烤制时注意温度和时间。

风味特点：色泽金黄，油润光亮，皮质松软，甜度适口。

品种介绍：广式月饼是广东省地方特色名点之一，是中国南方地区，特别是广东、广西、海南等地民间中秋节应节食品。广式月饼闻名于世，最主要的还是在于它的选料和制作技艺精巧，其特点是皮薄松软、造型美观、图案精致、花纹清晰、不易破碎、包装讲究、携带方便，是人们在中秋节送礼的佳品。

案例二：鸡仔饼

原料配方：面粉 250 克，花生 5 克，瓜子仁 5 克，白芝麻 5 克，核桃 5 克，冰肉 10 克，蛋黄 1 个，糕粉 15 克，枧水 5 克，清水 50 克，白糖 50 克，糖稀 200 克，麦芽糖 50 克，胡椒粉 5 克，盐 5 克，色拉油 50 克。

工具设备：案板，大碗，模具，烤箱。

工艺流程：馅心调制→面团调制→生坯成型→生坯熟制→成品

制作方法：

①馅心调制。花生炒香切碎，白芝麻入锅炒香，瓜子仁、核桃切碎，放入碗中，加入白芝麻、糕粉、花生碎、冰肉、胡椒粉、盐，拌匀。

②面团调制。面粉放入案板上，加入白糖、糖稀、麦芽糖、色拉油、枧水、清水，揉匀，然后静置 30 分钟。

③生坯成型。将面团揉光，搓成条，下成 40 克一个的面剂。然后擀薄，放入馅料，对折起来，捏紧，放入鸡仔饼模具中，用手压实，然后将模印轻轻敲打，鸡仔饼即脱模而出，表面刷上一层蛋黄液。

④生坯熟制。将生坯放入烤箱中，用上 220℃、下 200℃的炉温烤 15 分钟左右即可。

风味特点：色泽金黄，肖物像形，口味清爽，咸中带甜，口感酥脆。

品种介绍：鸡仔饼，原名"小凤饼"，据说是清朝咸丰年间广州西关姓伍的富家中一名叫小凤的女工所创制的，其成为名饼却在半个世纪之后。广州河南成珠茶楼因中秋月饼滞销，制饼师傅急中生智，把制月饼的原料按小凤饼的方法制作，并大胆地用搓烂的月饼和猪肉、菜心混合为馅料，再调以南乳、蒜蓉、胡椒粉、五香粉和盐，制作出甜中带咸、甘香酥脆的新品种"成珠小凤饼"来，因其味道香脆而受到顾客青睐。小凤饼形状像雏鸡，故又称鸡仔饼。

冰肉是将肥肉用大量的白糖与适量的烧酒拌匀，腌数天制成，因肥肉熟后呈半透明状而得名。

（二）混酥面团调制工艺

1. 混酥面团的概念

混酥面团指的是用蛋、糖、油和其他辅料混合在一起调制成的面团。

2. 混酥面团的特点

混酥面团要求面团缺乏弹性和韧性，具有良好的可塑性。因此要求使用低筋面粉。

混酥面团制成面点制品的特点是：成型方便，制品成熟后无层次，但质地酥脆，代表品种有"桃酥""甘露酥"等。

3. 混酥面团的调制方法

混酥面团调制的方法是：先将面粉和发酵粉拌匀，放在案板上，扒一凹窝，放入拌好的糖、油、蛋等与面粉等搅拌均匀，揉匀成团即可。

混酥面团也可以用和面机来制作。

4.混酥面团的调制关键

第一，辅料预混合必须充分乳化。

第二，加入面粉后，要控制好搅拌速度和搅拌时间。

第三，成型时尽可能少揉搓面团，均匀即可，防止起筋。

第四，控制面团温度。温度高会提高面筋蛋白质的吸水率，增加面团的筋力；温度过高还会使面团中的油脂外溢，给操作带来很大困难。

第五，调制好的面团不需要静置，应立即成型。如果放置时间长，特别是在夏季室温高的情况下，面团容易出现起筋和走油等现象，使产品质量下降。

5.混酥面团的调制案例

案例一：甘露酥

原料配方：面粉500克，绵白糖200克，鲜蛋4只，黄油220克，泡打粉8克，莲蓉馅500克，熟咸鸭蛋黄25只。

工具设备：面筛，烤盘，烤箱。

工艺流程：面团调制→生坯成型→生坯熟制→成品

制作方法：

①面团调制。先将面粉与泡打粉混匀过筛，放在案板上围成圈，中间放入黄油、绵白糖、鸡蛋3只、猪油混合后，拌入面粉和匀，即成甘露酥皮。

②生坯成型。将莲蓉馅分成25份，分别包入熟咸蛋黄搓成球形。将甘露酥皮分成25份，每份包入莲蓉蛋黄馅，搓成球形，放入烤盘，在表面刷上蛋液。

③生坯熟制。待干后再扫第二次蛋浆入烤箱，180℃烤至金黄色、有裂纹（大约25分钟），即成莲蓉甘露酥。

操作关键：

①按照配方称量制作。

②面团要揉匀即可。

③扫两次蛋液，使之容易上色。

④注意烤制温度和时间。

风味特点：色泽金黄，饼呈球形，油润香滑，松化可口，具有莲蓉香味。

品种介绍：甘露酥是广东点心，里面有馅，多数是莲蓉馅的，吃起来表皮酥脆内里香甜。据说它的来历跟刘备招亲有关。甘露酥是三国时期的甜品代表，出自1000多年前三国时期的甘露寺。

案例二：香草饼干

原料配方：黄油120克，糖粉60克，鸡蛋2个，低筋面粉150克，迷迭香0.2克，薰衣草0.2克。

工具设备：面筛，打蛋器，擀面杖，模具，厨刀，烤盘，烤箱，案板。

工艺流程：面团调制→生坯成型→生坯熟制→成品

制作过程：

①面团调制。将黄油化软和细糖粉放入盆中用打蛋器搅打均匀；加入鸡蛋搅拌均匀成糊状；加进过筛的低筋面粉和成面团；最后加入切碎的香草材料拌匀。

②生坯成型。将面团擀成薄片，再用模型压出或刻画出动物造型，放入烤盘。

③生坯熟制。放入烤箱190℃烤约10分钟即可。

操作关键：

①按照配方称量制作。

②制作时选择低筋面粉。

③面团要揉匀。

④注意烤制温度和时间。

风味特点：色泽金黄，香味浓郁，酥脆爽口。

品种介绍：饼干的词源是"烤过两次的面包"，是从法语的 bis（再来一次）和 cuit（烤）而来。它是用面粉和水或牛奶不放酵母烤出来的，可作为旅行、航海、登山时的备用食品。

饼干的种类较多，配方不一，香草饼干具有香草的味道。

第六节　米粉面团的调制

一、米粉面团概述

（一）米粉面团的概念

米粉面团简称为粉面，是用米磨成粉后与水或其他辅助原料调制成的面团。

米粉含有大量的淀粉质，黏性大而韧性小，适宜做各种糕团。

米粉制作的点心有江米条、元宵、汤圆、重阳糕、发糕、和果子、粑粑、白象糕、大米蛋糕、大米面包、炸麻球、糯米糍、枣泥拉糕、黄松糕、白糖年糕、汤团等制品。

（二）米粉面团的种类

米粉有糯米、粳米与籼米三种。由于三种米的性质不同，所以加工成粉团后，它们的性能也各不相同。米粉面团一般分为三大类，即糕类粉团、团类粉团、发酵粉团。

（三）米粉面团的原理

米粉面团的调制原理主要由米粉的化学组成决定的。

米粉和面粉的成分基本一样，主要是淀粉与蛋白质，但它们的性质不同，面粉所含的蛋白质是吸水能生成面筋的麦谷蛋白和麦胶蛋白，而米粉所含的蛋白质则是不能生成面筋的谷蛋白和谷胶蛋白。

面粉所含的淀粉多为淀粉酶活动力强的直链淀粉，而米粉所含的淀粉多是淀粉酶活力低的支链淀粉。淀粉性质与米的种类有关，糯米所含几乎都是支链淀粉，粳米的支链淀粉含量也较多，所以在调制黏性较强的粉团时，要用糯米粉或粳米粉。

面粉加入一些膨松剂之后，制成的点心比较松泡喧软，而糯米粉和粳米粉却很难做出喧软膨松的制品。因为糯米粉、粳米粉含有的支链淀粉较多，黏性较强，淀粉酶活性低，分解淀粉为单糖的能力很低，也就是说，缺乏发酵的基本条件（产生气体的能力），并且米粉蛋白质也是不能产生面筋的谷蛋白和谷胶蛋白，没有保持气体的能力。因此，米粉虽可引入酵母发酵，但酵母的繁殖缓慢，生成气体也不能被保持，所以用糯米粉和粳米粉调成的粉团，一般都不能用来发酵。

但籼米粉却可调制成发酵面团，因为籼米粉中的支链淀粉含量相对较低，可以做一些膨松的制品。

二、水调粉团调制工艺

（一）糕类粉团调制工艺

1. 糕类粉团的概念

糕类粉团是用米粉和其他材料调制而成的粉团。根据成品的性质一般可分为黏质糕和松质糕两类。

2. 糕类粉团的特点

黏质糕制品具有黏、韧、软、糯等特点；松质糕制品具有多孔、松软等特点。

3. 糕类粉团的调制方法

（1）黏质糕粉团

黏质糕粉团是先成熟后成型的糕类粉团，大多数成品为甜味或甜馅品种，其调制方法是先将粉料搅拌后，上笼蒸熟，再取出揉透（或倒入搅拌机打透打匀）至表面光滑不粘手，最后再取出分块、搓条、下剂、制皮、包馅，做成各种黏质糕或叠卷夹馅，切成各式各样的块。其代表性的品种有：年糕、蜜糕、拉糕、豆面卷等。

（2）松质糕粉团

松质糕粉团简称松糕，它是先成型后成熟的品种，以糯米粉、粳米粉掺和后加入糖、水或熬成的糖水（又叫糖浆、糖汁等）拌成松散的粉粒状（目的是加热时透气容易成熟，不会夹生），筛入各种糕模中，蒸制成熟的制品。

松质糕粉团成品大多为甜味品种，如松糕、方糕等。

松质糕粉团一般制作过程为：

第一，熬糖油（浆）。熬制糖油时，糖和水的比例为 2∶1。放入干净锅中，熬制微黏稠即可。

第二，掺水或掺糖浆。

第三，拌粉。拌粉就是将米粉加水或糖油拌和的过程。用清水拌和的粉叫"白糕粉团"，用糖油拌和的粉叫"糖糕粉团"。

4. 糕类粉团的调制关键

（1）黏质糕粉团的调制关键

第一，先将粉料搅拌后，上笼蒸透蒸熟。

第二，用手或搅拌机搅至表面光滑不粘手。

第三，取出分块、搓条、下剂、制皮、包馅，做成各种黏质糕或叠卷夹馅，切成各式各样的块。

（2）松质糕粉团的调制关键

第一，要注意加入的糖水量是关键，粉拌得太干则无黏性，蒸制时容易被蒸汽冲散，影响米糕的成型；粉拌得太软，则黏糯无空隙，蒸制时蒸汽不易上冒，从而出现中间夹生的现象，成品不松散柔软。

第二，拌好的粉须静置一段时间，目的是让米粉充分吸水和入味。

第三，拌好的粉里面有很多团，若不搓散，蒸制时就不易成熟，也不便于制品成型，所以需要过筛，这个过程也称为"夹粉"。

5. 糕类粉团的调制案例

案例一：赤豆猪油松糕

原料配方：糯米粉 350 克，粳米粉 150 克，白糖 250 克，熟赤豆 150 克，豆沙馅 250 克，糖板油丁 100 克，蜜枣 4 个，核桃肉 10 片，其他果料少许。

工具设备：面盆，筛子，模具，案板，笼屉。

工艺流程：拌粉→入模→熟制→成型→成品

制作方法：

①拌粉。盆内加入粳米粉、糯米粉、白糖、清水 150 克拌匀搓散。取出米粉的 1/4 待用，剩余的米粉与熟赤豆拌匀。

②入模。拌匀的赤豆粉倒入笼内铺平（0.3 厘米厚），豆沙馅分散地放在上面，并均匀地撒些糖板油丁。将剩余的赤豆米粉全部倒入铺平，再把没有拌过赤豆

的米粉铺在上面，再在上面放些蜜枣、核桃肉和其他果料（要放得整齐美观），即成松糕生坯。

③熟制。松糕生坯入笼上锅蒸约 7 分钟至糕变为透明即可。

④成型。取下，倒在板上。另取一块板，将松糕翻转，正面朝上即成。

操作关键：

①按照配方称量制作。

②拌粉要均匀。

③豆沙馅宜事先切成小块。

④蒸时要用沸水旺火速蒸。

风味特点：松软甜香，肥而不腻，冷热食均可。

品种介绍：赤豆猪油松糕是松糕的一种，口感松软，口味绵甜。

案例二：桂花百果蜜糕

原料配方：糯米粉 400 克，粳米粉 100 克，绵白糖 350 克，糖桂花 20 克，清水 190 克，麻油 25 克，青梅丁 25 克，松子 25 克，核桃 25 克。

工具设备：厨刀，模具，笼屉，面筛。

工艺流程：拌粉、熟制→拌辅料→制品成型

制作方法：

①拌粉、熟制。将糯米粉、粳米粉、绵白糖、糖桂花混合均匀，分次加清水 190 克，拌匀后，揉搓，过筛，上笼蒸熟。

②拌辅料。蒸熟的粉料加少许的麻油、青梅丁、松子（焙油后切碎）、核桃（开水烫后去衣，焙油后切碎）揉匀即可。

③制品成型。将粉团压成长方块，低温静置 4 小时后，切成所需要的块状装盘。

操作关键：

①按照配方称量制作。

②拌粉要均匀，蒸制要蒸透，采用旺火沸水圆汽。

③拌辅料也要均匀。

④糕块处理要均匀一致。

风味特点：色泽浅白，口味甜润，口感软糯。

品种介绍：桂花百果蜜糕是黏质糕的一种，可以根据个人喜好，做成不同口味。蜜糕制作时用糯米粉和粳米粉加白糖蒸煮，蒸熟后，加以捏压，用线裁成二寸长、寸许宽、三四分厚的小糕，上面印上红色的店家字号，两块一连，秋、冬出卖。这种糕蒸热吃，切成小块煮着吃，在火上烘着吃都行，既糯又甜，还有桂花香。

（二）团类粉团调制工艺

1. 团类粉团的概念

团类粉团是用米粉和其他材料调制而成的粉团。大体可分为生粉团、熟粉团两类。

2. 团类粉团的特点

生粉团即是先成型后成熟的粉团，其特点是可包卤多的馅心，皮薄、馅多、黏糯，吃口滑润。

熟粉团就是将糯米粉、粳米粉加以适当材料掺和，加入冷水拌和成粉粒蒸熟，然后倒入和面机中打透打匀或用手揉匀形成的块团。其特点是软、韧、糯、黏等。

3. 团类粉团的调制方法

（1）生粉团的调制方法

生粉团的调制方法，主要有如下两种。

1）泡心法

泡心法适用于干粉。将粉料倒在案板上，中间扒一个坑，用适量沸水将中间的粉烫熟，再将四周的干粉与熟粉一起拌匀，最后加入冷水，反复揉至柔软不粘手为止。

其制作过程中需注意：第一，掺水量要正确掌握，如沸水多，制皮粘手，难于成型；如沸水少，制成品容易裂口。第二，沸水投入在前，冷水加入在后，不可颠倒。

2）煮芡法

煮芡法适用于湿粉。取 1/2 的粉料，用清水调成粉团，压成饼状，再投入沸水中煮成"熟芡"，取出后马上与余下的粉料一起揉搓至细腻光滑且不粘手。

（2）熟粉团的调制方法

第一，泡心法调制，掌握好粉与沸水、冷水的比例。

第二，将糯米粉、粳米粉加以适当材料掺和。

第三，加入冷水拌和成粉粒蒸熟。

第四，然后倒入和面机中打透打匀或用手揉匀成团。

4. 团类粉团的调制关键

（1）生粉团的调制关键

第一，根据天气的冷热、粉质的干湿，正确掌握用"芡"量。

第二，生粉团的熟芡，必须等水沸后才可投入。

第三，芡在生粉中主要起着黏合组织作用，用芡量多会粘手，不易制皮、包捏；用芡少了，成品容易裂口，下锅易破散。

（2）熟粉团的调制关键

第一，熟粉团一般为白糕粉团，不加糖和盐等调味。

第二，熟粉团因包馅成型后直接食用，所以操作时要特别注意卫生。

5. 团类粉团的调制案例

案例一：椰蓉粉团

原料配方：

坯料：糯米粉 300 克，冷水 130 毫升。

馅料：豆沙馅 150 克。

饰料：椰蓉 75 克。

工具设备：面盆，馅挑，漏勺，电子秤。

工艺流程：粉团调制→生坯成型→生坯熟制→成品

制作方法：

①粉团调制。将糯米粉放入盆中，加上冷水拌和均匀，揉成光滑的粉团。

②生坯成型。将揉匀的粉团搓条、下剂，逐个按扁窝起，包入馅心，收口捏紧，团成球状汤圆。

③生坯熟制。锅上火，水烧开后，调小火下汤圆。准备一个盘子，放入椰蓉，等汤圆浮起来，用漏勺舀起，放进椰蓉盘子滚动，沾满椰蓉即可。

操作关键：

①按照配方称量投料。

②豆沙馅可以买现成的也可以自制，软硬度适中。

③汤圆煮制时要水开后下锅，小火养制，适时点入冷水。

④沾椰蓉时，要沾裹均匀。

风味特点：色泽洁白，软糯弹牙，球状成型，椰香突出。

品种介绍：椰蓉是椰丝和椰粉的混合物，用来做糕点、月饼、面包等的馅料，以及用来撒在糖葫芦、面包等的表面，以增加口味，起表面装饰的作用。原料是把椰子肉切成丝或磨成粉后，经过特殊的烘干处理后混合制成。椰蓉粉团是米点中的特色面点。

案例二：双馅团子

原料配方：糯米粉 150 克，大米粉 100 克，清水 150 克，黑芝麻 150 克，白糖 50 克，豆沙馅 200 克，素油 50 克。

工具设备：案板，蒸笼，蒸锅。

工艺流程：制馅→拌粉→熟制→成型→成品

制作方法：

①制馅。黑芝麻用小火炒熟，压碎，加入白糖搅拌均匀，成芝麻糖馅心。

②拌粉。糯米粉、大米粉拌均匀后，分次加入水 150 克，揉搓均匀，过筛。

③熟制。将拌好的粉料上笼蒸熟后，加油和少许冷开水，揉光揉匀成粉团。

④成型。将粉团搓条、下剂，按成中间厚的圆皮，包入豆沙馅心后收口，按扁，按成中间厚、边上薄的圆皮，包上芝麻馅心，收口后揉圆即可。

操作关键：

①按照配方称量投料。

②粉料要拌匀过筛。

③蒸制时要旺火沸水圆汽蒸透。

④因为这是成型后直接食用，所以要特别注意在制作过程中保持卫生。

风味特点：一团双味，又香又甜。

品种介绍：双馅团子是一种熟米粉团子，现做现卖现吃，馅心提前炒好，粉也是现蒸现揉的，要揉到有韧性。粉糯、芝麻香、豆沙甜，一口双馅团子，吃到两种味道。

三、发酵粉团调制工艺

（一）发酵粉团的概念

发酵粉团仅指以籼米粉调制而成的粉团。它是用籼米粉加水、糖、面肥、膨松剂等辅料经保温发酵而成的米粉粉团。

（二）发酵粉团的特点

发酵粉团制品松软可口，体积膨大，内有蜂窝状组织，它在广式面点中使用较为广泛，著名的品种有伦教糕、棉花糕等。

（三）发酵粉团的调制方法

发酵粉团的调制方法是先制出水磨粉，压成干浆，然后与面肥或发酵过的糕粉、糖一起，拌和均匀，置于较暖处发酵，熟制前再加入枧水（或碱水）、发酵粉拌和匀，即可倒入笼屉的模具中蒸制成熟。

（四）发酵粉团的调制关键

第一，粉料与面肥或发酵过的糕粉、糖等要拌和均匀。

第二，注意发酵的温度大概控制在30℃左右。

第三，熟制前兑入适量的枧水拌和均匀。

（五）发酵粉团的调制案例

案例一：棉花糕

原料配方：籼米粉 250 克，泡打粉 5 克，牛奶 100 克，白糖 150 克，白醋 10 克，猪油 30 克，清水 50 克，蛋清 1 只。

工具设备：面筛，橡胶刮板，模具，笼屉。

工艺流程：拌粉→成型→熟制→成品

制作方法：

①拌粉。将籼米粉过筛，倒入盆中，加泡打粉搅拌均匀；然后把牛奶、清水、白糖、蛋清放一碗中搅拌均匀后，倒入米粉中继续搅拌；最后，再加入猪油、白醋继续搅拌均匀。

②成型。将搅拌均匀的糊状液体倒入抹油的模具中。

③熟制。在保鲜膜上再抹一层油，盖在模具上，上笼旺火蒸 12～15 分钟。

操作关键：

①按照配方称量制作。

②拌粉要揉匀揉透。

③熟制要蒸透。

风味特点：色泽浅白，松软适度，口味清爽。

案例二：伦教糕

伦教糕的制作起源于广东顺德县伦教镇，由于品质、风味特殊，为广大消费者喜爱，目前生产已很普遍。伦教糕是由籼米粉用酵母发酵，使淀粉转变为淀粉和糊精的混合体，再蒸制成型，其透明程度较高。软韧性则近似于糯米的制品。此品因首创于顺德县的伦教镇而得名，已有数百年的历史。

原料配方：籼米粉 750 克，白糖 100 克，鸡蛋清 50 克，糕种 75 克，清水适量。

工具设备：刮板，馅挑，蒸笼，笼垫。

工艺流程：调湿粉→面团调制→熟制→成品

制作方法：

①调湿粉。籼米粉加少许清水调成湿粉。

②面团调制。把白糖加入清水，上锅熬成糖水，加入鸡蛋清搅拌，用干净纱布滤去杂质，再熬煮沸后，徐徐冲入籼米粉内搓匀。待冷后，加入糕种搓匀，加盖，静置 10 小时左右。

③熟制。蒸笼内垫上湿布，将糕浆倒入蒸笼内摊平，锅内水烧开，蒸 30 分钟熟透即可。

操作关键：

①按照配方称量制作。

②熬制糖水时加上鸡蛋清搅拌后过滤杂质。

③饧发时间要足够，醒发温度保持30℃左右。

④蒸制时要大火蒸透。

风味特点：糕体晶莹雪白，表层油润光洁；内层小眼横竖相连，均匀有序；质地软而润滑，味甜而清香。

第七节　其他面团的调制

一、其他面团概述

（一）其他面团的概念

其他面团就是除了以上水调面团、膨松面团、油酥面团、米粉面团等之外的利用杂粮、澄粉、鸡蛋、根茎类、果蔬类、豆类以及鱼虾蓉等材料制作而成的面团。

（二）其他面团的种类

其他面团的种类比较多，主要有：杂粮类面团、澄粉面团、蛋和面团、根茎类面团、果类面团、豆类面团、鱼虾蓉面团等。

（三）其他面团的调制原理

1. 杂粮类面团的调制原理

杂粮类面团通常是将除了米、面等之外的杂粮，如黄米、荞麦、燕麦（莜麦）、玉米等，加工成粉之后，用水及其他辅料调制而成的面团，主要利用了淀粉的糊化作用及蛋白质的溶胀作用，来调制特色面团。

2. 澄粉面团的调制原理

澄粉面团又称淀粉面团，是用澄粉加水调制而成。由于淀粉只有在60℃左右的水温条件下才能吸水膨胀糊化，温度达90℃以上会形成糊精，因此澄粉用沸水冲搅拌匀后，面团质地具有洁白、半透明、细腻柔软、入口嫩滑的特点，具有良好的可塑性，通常用来制作船点和一些特色面点。

3. 蛋和面团的调制原理

蛋和面团是利用面粉、水、蛋、油等材料调制的面团，有纯蛋面团、油蛋面团、水蛋面团和水油蛋面团等之分。面团调制时主要是利用了鸡蛋的黏接作用、蛋白质的溶胀作用、淀粉的糊化作用等，形成各种面团的特色。

4.根茎类面团的调制原理

根茎类面团主要是利用土豆、山药、芋头、山芋、南瓜等含有淀粉的根茎类原料去皮煮熟，制成泥加入面粉或澄粉等粉料调制而成的面团。加入面粉调制的面团可以形成面筋网络结构，所以具有部分水调面团的特性；加入糯米粉调制的面团，由于淀粉的糊化作用，也具有糯米粉面团的特点。

5.果蔬类面团的调制原理

果蔬类面团是指利用莲子、菱角、板栗等原料制成的粉料、蓉泥与其他原料（如面粉、澄粉、猪油等）掺和调制而成的面团，主要利用了蛋白质的溶胀作用形成面筋网络，或者淀粉的糊化作用。

6.豆类面团的调制原理

豆类面团是指利用绿豆、赤豆、豌豆、芸豆、蚕豆、扁豆、黄豆、黑豆等富含淀粉的原料，掺入面粉或澄粉等辅料制作而成的面团，主要利用了蛋白质的溶胀作用形成面筋网络，或者淀粉的糊化作用。

7.鱼虾蓉面团的调制原理

鱼蓉面团是将鱼肉切碎剁烂，成蓉，加盐和水搅打匀透，最后加入生粉拌匀即成鱼蓉面团。而虾蓉面团是将虾肉洗净晾干，剁碎压烂成蓉，用精盐将虾蓉打至胶黏性，加入生粉即成为虾蓉面团。无论是鱼蓉面团还是虾蓉面团都是利用鱼蓉和虾蓉中蛋白质的凝胶特性调制而成的。

二、杂粮类面团调制工艺

（一）杂粮类面团的概念

杂粮类面团是指将杂粮磨制成粉，加水调制成的面团；在调制过程中有的直接加水调成面团，有的与面粉掺和后加水调成面团。其种类较多，可做成各种面点，如北方的黄米炸糕、窝窝头等。

（二）杂粮类面团的特点

杂粮类面团通常采用米、面之外的杂粮粉，如黄米、荞麦、高粱、玉米等，加水或面粉等辅料调制而成，面团筋道，营养特别，风味各异。常用于制作有地方特色的各种面点，如小窝头、荞面枣儿角、黄米炸糕、高粱团、玉米发糕、小米煎饼等。

（三）杂粮类面团的调制方法

杂粮类面团种类较多，以下列举几例。

1. 玉米面团

玉米面调制面团时，一般需用沸水烫制，以增强黏性，便于成型；也可用温度较高的温水调制，玉米面糊化温度为 62 ~ 70℃。玉米面与面粉掺和后，采用生物膨松法调制，可制作各种发酵面点；采用物理膨松法调制，可制玉米面蛋糕。

2. 小米面面团

小米面面团因小米品种不同，调制面团方法各异。以小米面蒸饺皮为例：将锅置火上，加清水烧开，徐徐撒入小米面，用筷子搅拌均匀，然后倒在案板上稍晾，揉匀揉透即成。小米面与面粉掺和后，采用生物膨松法调制，可制作各色发酵面点。

3. 高粱面面团

高粱米分为粳性和糯性两种，粳性高粱米由于黏性差，适于煮饭、煮粥，磨粉用的是糯性高粱米。高粱面面团的调制方法因品种的不同而有很大的差别。一般的方法是：将高粱面放入盆内，加入开水，用小擀面杖搅匀，面色发亮时，揉匀揉透，用湿布盖好，也可用温水调制。

4. 黄米面面团

黄米面面团调制方法一般是：黄米面 500 克，加水 200 克，搅拌成湿块状，上笼蒸半小时至熟，取出倒入盆中，手蘸凉水，趁热轧匀揉光即成。

（四）杂粮类面团的调制关键

杂粮类面团的种类有很多，常见共性的调制关键有：

第一，和面常使用开水烫面。

用开水调制，使杂粮中的淀粉糊化增加黏性，调制时，应待水开后转小火慢慢地将杂粮面放入，边放边搅，才能搅均匀。

第二，面团常常上笼先蒸制。

如果使用常温水和面，和成松散的团状后，常常先上笼蒸制，使杂粮中淀粉糊化，再揉和成团。

第三，和面时要控制加水量。

杂粮粉的吸水量一般不太高，所以和面时加水要慎重，面团不可稀软，否则，成型后易瘫塌，不便成型。

第四，面团要反复拌透揉匀。

面团拌粉时一定要反复拌匀、擦制、揉透，使其均匀，不结块。

第五，成型时要蘸水捻捏。

杂粮类面团成型时，常常要蘸水防粘，同时可使生坯滑润，否则制品会粗糙。

（五）杂粮类面团的调制案例

案例一：窝窝头

原料配方：玉米粉 200 克，黄豆粉 50 克，泡打粉 4 克，白砂糖 40 克，温水 120 毫升。

工具设备：筛子，面盆，保鲜膜，刮板，笼垫、蒸笼，电子秤。

工艺流程：粉团调制→生坯成形→生坯熟制→成品

制作方法：

①粉团调制。将玉米粉过筛后倒入盆中，筛入黄豆粉，加入白砂糖和泡打粉混合均匀，将温水缓缓加入盆中，与粉类混合搅匀，揉成细致有弹性的面团，蒙上保鲜膜，松弛 30 分钟。

②生坯成型。将面团揉匀搓成长条，分割成每个约 30 克的剂子，再逐个将小面团搓圆，将大拇指搓入面团中间，不断转动，塑型，使其成为中空的锥形。

③生坯熟制。在竹蒸笼上铺上蒸笼纸，将窝窝头均匀地码在蒸笼内，旺火汽足蒸制 15 分钟即可。

操作关键：

①按原料配方称量投料。

②玉米面最好用细面，面中不能有颗粒。

③和面时宜用温水，最好不要用冷水。

④粉团要揉匀揉透。

风味特点：色泽浅黄，呈馒头形，口感松软，口味香甜。

品种介绍：窝窝头为中国北方地区常见的面食。采用天然绿色的五谷杂粮为主要原料，其中的纤维素含量很高，具有刺激胃肠蠕动的特性，可防治便秘、肠炎、肠癌等。其中含有的玉米油，更能降低血清胆固醇，预防高血压和冠心病的发生。

案例二：黄米切糕

原料配方：

坯料：黄米粉 500 克，冷水 500 毫升。

辅料：红小豆 500 克，冷水 1000 毫升，白糖 150 克。

工具设备：面筛，面盆，蒸笼，湿布，刀，电子秤。

工艺流程：面糊调制→成型熟制→成品

制作方法：

①面糊调制。将黄米粉过筛后备用。红小豆洗净加水，入锅煮至熟软，捞出控净水。黄米面与水按 1∶1 的比例调成稠浆糊。

②成型熟制。将黄米糊倒在铺有湿布的蒸笼上，摊成约 3 厘米厚的糊状，

放入蒸锅用旺火蒸至金黄色将熟。开锅，撒上一层约 3 厘米厚的红小豆，摊平。紧接着再倒上约 3 厘米厚的黄米面稠糊，摊平，上笼再蒸。然后再撒上一层红小豆和黄米糊再蒸，熟透即成。制品总厚度达 10 厘米以上，取出翻扣在案板上，现吃现切，蘸糖食用。

操作关键：

①按原料配方称量投料。

②黄米面糊的稀稠掌握好，不宜太稀，否则蒸制时间太长；不宜太厚，糕面不平整。

③红小豆要煮熟软。

④一般为三层糕面两层豆，也可每层稍薄，做成五层糕面或四层糕面。

⑤蒸制时，逐层蒸至表面凝固即可加下一层料和面糊，最后蒸熟透方可出笼。

⑥晾凉后用快刀切块。

风味特点：黄红相间，块状成型，绵软香甜，口味香甜。

品种介绍：黄米切糕是广泛流行于山东及东北的一种地方传统小吃。将黄米磨成面后，与红豆、大枣一起在蒸锅中蒸熟即可。本品口感绵软香甜，色泽黄、红相间。

三、澄粉面团调制工艺

（一）澄粉面团的概念

澄粉面团是面粉经过特殊加工，成为纯淀粉（没有面筋质），再加水调制而成的面团。澄粉面团常用于制作精细点心，如广东的虾饺，苏州、无锡等地的船点等。

（二）澄粉面团的特点

由于淀粉的糊化黏接作用，这种面团呈半透明的质感，具有一定的可塑性；其制品色泽洁白呈半透明，细腻柔软，口感嫩滑，入口就化。

（三）澄粉面团的调制方法

澄粉面团的调制一般要经过以下几个步骤：

第一，烫粉。

澄粉与水按比例配好，先将水放入锅中烧开，把澄粉倒入锅中，用勺子迅速搅拌，必须将粉与水拌和均匀并烫熟，最后盖上盖子闷一下，使淀粉糊化充分。

第二，揉粉。

将烫好的澄粉放在案板上，趁热将面团揉擦均匀，边揉边加少许猪油直至揉透。

第三，掺粉。

根据具体情况，有时需要再掺入一些玉米淀粉，揉匀揉透。如制作虾饺时，粉团需要掺入少量的玉米淀粉，提高面坯的韧性，便于成型。

（四）澄粉面团的调制关键

第一，掌握比例。

掌握澄粉、生粉、水、油的配合比例。一般 500 克澄粉，加入玉米淀粉 50 克，油 30 克，水 750 克。

第二，及时烫粉。

在烧水时要注意，水开后就要将澄粉倒入，不要让水长时间烧开，免水分流失。

第三，揉匀揉透。

澄粉烫好后一定要趁热擦透，否则面团易夹生，成熟时易开裂。

第四，适时掺粉。

揉入生粉的目的是使面团有劲力。面团揉好后，一定要用湿布或保鲜膜包好，以免被风吹干结皮。

（五）澄粉面团的调制案例

案例：船点（和平鸽、白鹅、核桃、西瓜）

原料配方：

坯料：澄粉 450 克，玉米淀粉 50 克，开水 700 毫升。

馅料：豆沙馅或果仁馅 220 克。

辅料：苋菜红食用色素 0.1 克，黑芝麻 16 粒，绿茶粉 1 克，柠檬黄食用色素 0.1 克，可可粉 1 克。

工具设备：大碗，蒸笼，木梳，花钳，鹅毛管，剪刀，竹扦，电子秤。

工艺流程：粉团调制→生坯成型→生坯熟制→成品

制作方法：

①粉团调制。

A. 将澄粉、一半玉米淀粉放入碗中，用开水一边冲一边调，然后盖盖闷 5 分钟左右。

B. 案板上抹油，将闷好的粉团加上另一半玉米淀粉揉匀。

C. 将粉团分成 5 份，白色粉团比其他有色粉团多一倍。其中 4 份分别加入苋菜红食用色素、绿茶粉、柠檬黄食用色素和可可粉等揉匀揉透，分别形成红色粉团、绿色粉团、黄色粉团、褐色粉团，另外还有没有添加食用色素的白色粉团。

②生坯成型。

A.和平鸽。取少许红色粉团，做成鸽爪、嘴、眼睛；另取白色粉团少许搓长，摘成4个剂子，包上馅心，收口捏紧向下放。捏出鸽头、鸽尾。头两侧按上两粒红色粉团作眼睛，头前端按上搓尖的红色粉团做鸽嘴，尾部用木梳按出尾羽，再在身体两侧各剪出一只翅膀，用木梳按出翅羽，最后在身体的下端按上用红色粉团做成的鸽爪，即成生坯，上笼蒸熟即可。

B.白鹅。取适量黄色粉团和红色粉团揉成橙色粉团。另取白色粉团少许搓长，摘成4个剂子，包上馅心，收口捏紧向下放，将一头搓长捏出鹅头、长鹅颈，向上弯起，另一头捏尖翘起按扁，用木梳印上齿纹，翘起做鹅尾。鹅头上按上橙色的粉团做鹅冠，在鹅头两侧，鹅眼睛用两粒橙色粉粒按上黑芝麻做成；鹅身体两侧，用剪刀剪出两只翅膀，用木梳印上翅羽，最后在身体的下端按上用橙色粉团做成的鹅爪，即成生坯，上笼蒸熟即可。

C.核桃。取褐色粉团，揉匀搓长下剂，逐个按扁，包入馅心，收口捏紧朝下，搓成圆形，底部略平。先用花钳夹出一圈（底部不夹）隆起的凸边，再用鹅毛管在两侧印上不规则的圈纹，逐个做好，即成生坯，上笼蒸熟即可。

D.西瓜。先取1/3淡绿色的粉团，做成西瓜的藤叶，再将2/3的淡绿色粉团搓成长条，摘成剂子，把每个剂子搓圆按扁，再把褐色粉团搓成细长条，在每个绿色圆皮上按上3～4根褐色粉条，翻身包入馅心，收口捏紧搓圆朝下。在西瓜的一端，点上褐色的瓜蒂，另一头插上瓜蔓，置于盘中，即成生坯，上笼蒸熟即可。

操作关键：

①按原料配方称量投料。

②根据具体蔬菜、瓜果、小动物等品种造型，肖物像型。

③面团色彩调制要自然。

④生坯熟制时间不宜太长。

风味特点：色彩鲜艳，形态逼真，工艺精细，造型别致。

品种介绍：船点起源于太湖地区，起初用米粉和面粉制作，在游船画舫上作为点心供应，由此得名。后来专用米粉或澄粉为原料制作。船点精巧玲珑，为造型面点之代表。主要品种有蔬菜、瓜果、动物等像型制作，既为欣赏，又为食用。

四、蛋和面团调制工艺

（一）蛋和面团的概念

蛋和面团是用鸡蛋、油脂、糖、水等与面粉拌和，经过揉擦、搓制而成，其成品具有松、软、暄、酥的特点，营养价值和品质风味俱佳，并且更耐存放。由于面点制品的要求不同，蛋和面团的投料和调制的温度、方法、用途不完全相同，一般可分为纯蛋面团、油蛋面团和水蛋面团等。

（二）蛋和面团的特点

蛋和面团中纯蛋面团组织紧密，面团筋道；油蛋面团质地疏松，口感酥脆；水蛋面团弹性筋道，延展性好。

（三）蛋和面团的调制方法

1. 纯蛋面团的调制方法

纯蛋面团顾名思义是由鸡蛋和面粉搓制而成。纯蛋面团和好，要盖上洁净湿布，饧透。适用于制作鸡蛋面条、萨其玛等。

另一种纯蛋面团调制方法实际上是本章所述的物理膨松面团的做法：第一，蛋白、蛋黄分开搅拌法；第二，全蛋与糖搅打法；第三，乳化法。该做法适合制作海绵蛋糕等。这里不再重复赘述。

2. 油蛋面团的调制方法

把面粉倒在案板上，中间扒个坑，加入鸡蛋液、油脂。先把蛋液和油脂搅匀，再拌和面粉（一般蛋液和油脂的比例为4∶1），反复揉搋，使面团达到三光程度即成。适用于制作各种桃酥、甘露酥等。

3. 水蛋面团的调制方法

把面粉倒在案板上，中间扒个坑，加入鸡蛋、温水搅匀（水与蛋比例为1∶1），再将面粉拌和在一起，反复揉搋，面团揉匀饧透后即可。适宜制作面条、馄饨皮等。

（四）蛋和面团的调制关键

1. 纯蛋面团的调制关键

第一，纯蛋面团和面时要反复揉搓，压匀。

第二，纯蛋面团和好，要盖上洁净湿布，饧透。

2. 油蛋面团的调制关键

第一，掌握蛋液和油脂的比例。

第二，反复揉搋，使面团达到三光程度即成。

3. 水蛋面团的调制关键

第一，调制面团时，如加入白糖，要适当减少水量，以免面团过软。

第二，面团和好后要盖上湿布，以免干皮，影响操作和面点质量。

（五）蛋和面团的调制案例

案例一：烧蛋糕

原料配方：面粉 750 克，鸡蛋 1000 克，白砂糖 700 克，色拉油 50 克，松子仁 30 克，饴糖 40 克。

工具设备：打蛋机，毛刷，蛋糕模，烤箱，烤盘，电子秤。

工艺流程：面糊调制→生坯成型→生坯熟制→成品

制作方法：

①面糊调制。将所有原料称重，将蛋去壳后与白砂糖、饴糖一起放入打蛋机中搅打，蛋液发泡体积膨胀至原来的 2 倍以上，慢慢加入面粉拌匀成糊状，拌匀即成，再加入色拉油、松子仁拌匀。

②生坯成型。将料糊注入涂油的蛋糕模中，装八分满。

③生坯熟制。送入烤箱，烘烤温度为上下火 180℃，烤 25 分钟即可。

操作关键：

①按配方称量投料。

②鸡蛋液打成雪花泡沫状，体积膨胀至原来的 2 倍以上。

③面粉拌制时动作要轻快，粉粒要拌匀。

④烤模内涂抹适量油，以防粘壁，便于后期脱模。

⑤烤制温度一般为 180℃；烤制时间为 25 分钟左右。

风味特点：色泽褐黄，形状规整，松软细腻，蛋香浓郁。

品种介绍：烧蛋糕是一种家常蛋糕品种。

案例二：蛋烘糕

原料配方：

坯料：面粉 500 克，老酵面 150 克，鸡蛋 6 只，小苏打 6 克，红糖 250 克，温水 600 毫升，开水 100 毫升。

馅料：蜜瓜条 25 克，蜜玫瑰 25 克，蜜樱桃 25 克，白糖 50 克，芝麻粉 50 克。

辅料：熟猪油 50 克，熟菜籽油 15 毫升。

工具设备：馅盆，面盆，厨刀，食品夹，特制小铜锅，木炭火炉，电子秤。

工艺流程：馅心调制→面糊调制→生坯熟制→成品

制作方法：

①馅心调制。将蜜瓜条、蜜樱桃切碎，与蜜玫瑰、白糖、芝麻粉一起拌成馅心。

②面糊调制。将红糖加开水溶化，滤去杂质，晾凉后倒入盛有面粉的面盆内，打入鸡蛋，加入老酵面、小苏打、温水搅至稠糊状。

③生坯熟制。将特制小铜锅（直径 12 厘米，边高约 2 厘米，边沿有耳可提取）置于与锅大小相适应的木炭火炉上，用菜籽油涂锅壁，舀入面糊并将锅转动，

使面糊铺匀锅底，加盖微火烘烤，当面糊约八成熟时，加入熟猪油淋匀，随即舀入馅心，用食品夹将糕皮一边揭起，对折成半圆形，翻面，加盖稍烘烤即成。

操作关键：

①按配方称量投料。

②注意生坯烘烤的时间和手法。

风味特点：色泽金黄，松软柔嫩，香甜味美，蛋味特浓。

品种介绍：蛋烘糕，四川成都著名的传统小吃，始于清道光二十三年，是用鸡蛋、发酵过的面粉加适量红糖调匀，在平锅上烘煎而成。吃起来酥嫩爽口，口感特别好，是四川名点。

五、根茎类面团调制工艺

（一）根茎类面团的概念

根茎类面团是指将土豆、山药、芋头、山芋、紫薯等根茎类原料去皮煮熟，制成泥加入面粉或糯米粉等粉料调制而成的面团。其成品软糯适宜，滋味甘美，滑爽可口，并带有浓厚的清香味和乡土味，如土豆饼、像生雪梨等。

（二）根茎类面团的特点

根茎类面团加入面粉或糯米粉等粉料调制之后，或具有一定的筋力和弹性，或具有一定黏性和可塑性，适合于制作一些特色点心。

（三）根茎类面团的调制方法

根茎类面团各有不同风味。调制方法大体相同，即先把山药、芋头、薯类等根茎类的原料洗净去皮，熟制（蒸或煮），捣烂成泥或蓉，再加入适量的面粉（或糯米粉）和各种配料（如白糖、油脂等）揉搓成团。

（四）根茎类面团的调制关键

①根茎类去皮后，改刀，要蒸熟蒸透。

②成熟后捣成泥，要均匀细腻。

③掺入面粉（或糯米粉）要揉匀揉透。

（五）根茎类面团的调制案例

案例一：土豆饼

原料配方：

坯料：土豆 500 克，糯米粉 120 克，奶粉 10 克，绵白糖 100 克，黄油 50 克。

辅料：色拉油 300 毫升（耗 50 毫升）。

工具设备：刮板，厨刀，平底锅，电子秤。

工艺流程：粉团调制→生坯成型→生坯熟制→成品

制作方法：

①粉团调制。将土豆洗净煮熟后去皮，取出用刀压成泥后加上糯米粉、绵白糖、奶粉和溶化的黄油揉和成团。

②生坯成型。将晾凉的粉团揉匀，下成剂子，揉成球状压扁。

③生坯熟制。将平底锅炕热，放入少量油，排入土豆饼煎制，两面煎黄成熟即可。

操作关键：

①按照配方称量投料。

②粉团要拌和均匀。

③粉团揉匀后，搓条下剂，分量一致。

④注意煎制火候，先大后小，定型上色成熟。

风味特点：色泽金黄，圆饼形状，外酥内嫩，口味香甜。

品种介绍：土豆饼是一道以土豆、鸡蛋、糯米粉作为主要食材制作而成的美食。口味鲜美，营养丰富。

案例二：像生雪梨

原料配方：

坯料：土豆泥 150 克，糯米粉 75 克，澄粉 50 克，开水 50 毫升，胡椒粉 1 克。

馅料：五香牛肉 100 克，洋葱 50 克，蚝油 10 克，湿淀粉 5 克，精盐 4 克。

辅料：鸡蛋 1 只，面包糠 100 克，色拉油 500 毫升（耗用 100 毫升）。

工具设备：刀，馅盆，馅挑，刮板，筷子，漏勺，电子秤。

工艺流程：馅心调制→粉团调制→生坯成型→生坯熟制→成品

制作方法：

①馅心调制。取五香牛肉少许，切成粗火柴梗丝当梨梗。剩余五香牛肉切小粒，洋葱切粒。锅上火烧热，加少许色拉油，放入洋葱粒煸香，加入牛肉粒拌匀，加入蚝油、精盐调味后用湿淀粉勾芡，起锅冷却成馅心。

②粉团调制。将澄粉倒入容器中，加开水调成团，加入土豆泥、糯米粉和胡椒粉，揉匀成团。

③生坯成型。将粉团搓成长条，下剂、捏扁，包入馅心，捏拢收口向下。顶部插上一根牛肉丝做梨梗，捏紧。用手捏成雪梨形。裹上蛋液，滚沾面包糠成雪梨生坯。

④生坯熟制。油锅上火，待油温升到 120℃，放入生坯，炸至金黄色时捞出。

制作关键：

①土豆要买老土豆，水分较少，淀粉含量比较高，有利于制品成型。

②土豆要带皮煮熟。

③配料比例恰当。

④包馅不能太多，否则成熟受热容易开裂。

⑤炸制时控制好油温。

风味特点：色泽金黄，雪梨造型，外酥里嫩，口味香鲜。

品种介绍：像生雪梨是一道以土豆、澄面为主要食材制作的美食。

六、果类面团调制工艺

（一）果类面团的概念

果类面团是指利用莲子、菱角、板栗等原料制成的粉料、蓉泥与其他原料（如面粉、澄粉、猪油等）掺和调制而成的面团。

果类主要有荸荠（马蹄）、慈姑、板栗、莲子、菱角等，大多用于制作各种糕、饼，如马蹄糕、慈姑饼、莲子糕等。

（二）果类面团的特点

果类面团各有特点，有的富含筋性，有的富有黏性，制品具有果类特有的风味。

（三）果类面团的调制方法

由于所用原料性能不同，其调制方法也不同。常见的品种有马蹄糕、枣泥糕等。

案例一：荸荠面团

荸荠面团有两种做法：

第一，用荸荠粉调制。配料标准为：荸荠粉600克，白糖1.5千克，水3.5升。先在荸荠粉中加少许水，浸湿调匀至无粉粒时，再加水1.5升搅成粉浆。然后将白糖450克入锅用小火炒至金黄色，加水2升及其余的糖，熬煮成为溶液。将糖溶液冲入粉浆内（随冲随搅）制成半熟稀糊即可。装盆（盆内抹油）蒸约20分钟至熟，晾凉成型即为成品。

第二，用生荸荠和荸荠粉结合调制。配料标准为：生荸荠1.5千克，荸荠粉300克，白糖1千克，水1.75升，油少许。先把生荸荠磨成浆，加入250毫升水、荸荠粉及油调匀，分装在两个盆内。锅内放1.5升水及白糖，熬成糖浆，趁热冲入盆荸荠粉浆内调匀，接着将另一盆荸荠粉浆也倒入搅匀即可，用大火蒸约30

分钟，即为成品。

<h3 align="center">案例二：莲蓉面团</h3>

莲蓉面团的配料标准为：莲子 500 克，熟澄粉 150 克，猪油、白糖、盐、味精各少许。将莲子蒸熟，晾凉去水，压碎成蓉，加入熟澄粉、猪油及其他配料，搓匀至光滑即可。包入各种馅心，可制作各种莲蓉点心。

（四）果类面团的调制关键

果类面团种类较多，每种面团都有一定的方法，关键点也不尽相同，这里主要总结一些共性的调制关键。

第一，选料宜选择老的果类，这样淀粉含量较多，更适合用于调制面团。

第二，原料加工成粉状或泥蓉状之后，调入面粉（或糯米粉）等调制成面团。

第三，加热火候宜掌握准确，保证制品的特有果蔬类清香。

（五）果类面团的调制案例

<h3 align="center">案例一：马蹄糕</h3>

原料配方：

坯料：马蹄粉 375 克，白糖 300 克，冰糖 250 克，冷水 1750 毫升。

辅料：花生油 25 毫升。

工具设备：面盆，毛刷，厨刀，方盆，蒸笼，电子秤。

工艺流程：粉浆调制→成型熟制→成品

制作方法：

①粉浆调制。将马蹄粉放入面盆里，加入冷水 250 毫升揉匀，捏开粉粒，再加入冷水 500 毫升拌成粉浆，过滤，放入桶内。将白糖、冰糖放入煮锅内，加冷水 1000 毫升煮至溶解，过滤，再煮沸，冲入粉浆中，随冲随搅，冲完后搅拌至均匀，使之有韧性，成半熟的糊浆。

②成型熟制。取边长 30 厘米的方盆，洗净，擦干，轻抹一层薄薄的花生油，倒入糊浆，放入蒸笼中，旺火蒸 20 分钟。晾凉后切块即可。

操作关键：

①按原料配方称量投料。

②调制粉浆、糖水时一定要过滤，以去除颗粒杂质。

③用烧开的糖水烫制时，要随冲随搅成半熟的浆糊，使呈透明色。

④上笼蒸制时要旺火汽足。

风味特点：色泽浅黄，晶莹通透，清甜爽滑，适宜凉食。

品种介绍：马蹄糕是一种流传在广东、广西及闽南地区的传统甜点小吃。相传源于唐代，以糖水拌合荸荠粉蒸制而成。荸荠，粤语别称马蹄，故名。其色茶黄，呈半透明，可折而不裂，撅而不断，软、滑、爽、韧兼备，味极香甜。

案例二：玉荷糕

原料配方：

坯料：熟菱粉600克，白糖粉450克，熟猪油100克，熟黑芝麻粉1000克。

辅料：食用红色素0.005克。

工具设备：刮板，荷花花纹的印模，擀面杖，电子秤。

工艺流程：粉团调制→制品成型→成品

制作方法：

①粉团调制。将100克白糖粉、熟菱粉、50克熟猪油拌匀为面料。然后将剩余白糖粉、熟黑芝麻粉、剩余熟猪油拌匀为底料。

②生坯成型。先把面料填入刻有荷花花纹的印模内，压实，压平。然后填入底料，用擀面杖压紧、刮平后敲动，使糕坯出模。再在糕中心略涂食用红色素即可。

操作关键：

①按照配方称量投料。

②粉料要拌和均匀。

③入模后要压实，压平。

④脱模要轻巧。

风味特点：色泽玉白，花纹清晰，粉质细腻，香甜润软。

品种介绍：玉荷糕是一种象形面点，色泽玉白，香甜润软。

七、豆类面团调制工艺

（一）豆类面团的概念

豆类面团是指用各种豆类（如绿豆、赤豆、黄豆、蚕豆、白豌豆等）加工成粉、泥，单独调制，或与其他原料一起调制而成的面团。

（二）豆类面团的特点

豆类面团一般无筋性，具有适度的黏性，这类面团制成的点心具有色泽自然、豆香浓郁、干香爽口的特点，如赤豆糕、绿豆糕等。

（三）豆类面团的调制方法

豆类面团品种较多，各品种的调制方法不同，如调制绿豆面团，先将绿豆磨成粉，再加水（一般不加其他粉料，有的加糖、油等）调制成团。绿豆粉无筋不黏，香味浓郁，既可作馅，又可制成糕点。制馅味香而滑，制点心则松脆、甘香。

（四）豆类面团的调制关键

第一，调制时应根据原料的特点和成品的要求，灵活掌握掺入其他粉料的数量。

第二，控制面坯软硬度和黏度，突出豆类自身的特殊风味。

（五）豆类面团的调制案例

案例一：豌豆黄

原料配方：白豌豆750克，白糖250克，红枣75克，琼脂10克，碱水10毫升，清水适量。

工具设备：锅，筛子，不锈钢方盘，刀，电子秤。

工艺流程：粉团调制→制品成型→成品

制作过程：

①粉团调制。将红枣洗净，煮烂制成枣汁；琼脂用冷水泡开，加水煮至熔化。将煮锅上火，加冷水、白豌豆、碱水，开锅后用小火煮约1.5小时，过筛成细泥沙。

②制品成型。煮锅上火，加入豌豆泥、白糖、红枣汁、琼脂液搅拌均匀，翻炒至起稠，倒入不锈钢方盘内，晾凉，入冰箱冷藏，食用时用刀改成小方块或菱形块，装盘即可。

操作关键：

①按原料配方称量投料。

②煮豌豆时，不宜用铁锅，常用铜锅或不锈钢锅。

③晾凉，入冰箱冷藏，琼脂冷热特性不同。

风味特点：色呈淡黄，块状成型，细腻香甜，入口即化。

品种介绍：豌豆黄，也称为豌豆黄儿，是北京传统小吃，也是北京春季的一种应时佳品。外观呈浅黄色，味道香甜，清凉爽口。

案例二：红豆凉糕

原料配方：红豆沙200克，温水400毫升，砂糖100克，琼脂25克。

工具设备：方盘，筷子，筛子，刀，电子秤。

工艺流程：粉团调制→生坯成型→成品

制作方法：

①粉团调制。红豆沙放入干净的方盘，与温水混合搅匀，过筛。琼脂用凉水泡开，沥去水分，用200毫升水与琼脂混合，烧开熔化，倒入豆沙水，小火慢慢搅拌，加入砂糖，烧开，继续中小火煮10分钟，煮的过程中要不断搅拌，以免糊底。

②生坯成型。倒入方盘,晾凉放冰箱冷藏1小时,拿出搅匀,再次冷藏3小时,取出切块即可。

操作关键:

①按原料配方称量投料。

②红豆沙与水搅溶均匀,最好过滤一下,保证没有颗粒。

③煮豆沙和琼脂水的过程中要不断搅拌,以免糊底。

④利用琼脂的特性冷藏成型。

风味特点:色泽浅红,块状成型,口味甜爽,口感软糯。

品种介绍:红豆凉糕是一种豆类面团的面点,为消暑甜食。

八、鱼虾蓉面团调制工艺

(一)鱼虾蓉面团的概念

所谓鱼虾蓉面团,就是指利用鱼肉、虾肉制成泥蓉状,与澄粉或面粉、调味品配合调制而成的面团。此类面团的成品口味鲜美、营养丰富,但制作要求较高。

(二)鱼虾蓉面团的特点

鱼虾蓉面团具有鱼虾蓉蛋白质的胶凝特性,具有一定的弹性和可塑性,制品滑嫩入口,爽滑弹牙。

(三)鱼虾蓉面团的调制方法

鱼虾蓉面团的调制方法:先将鱼或虾肉切碎,放入粉碎机打细成蓉状,放进盆内,加入适量的盐、葱、姜、酒汁搅拌上劲,再加胡椒粉、味精等搅匀,成为鱼虾胶,然后在鱼虾胶内拌入适量澄粉揉匀即可。如用擀面杖擀成薄皮,可用来做鱼、虾饺皮。

(四)鱼虾蓉面团的调制关键

第一,选择新鲜的鱼肉、虾肉来制作。

第二,鱼虾蓉要粉碎细腻均匀。

第三,鱼虾胶一定要搅拌上劲。

第四,掺入适量的澄粉拌和均匀。

（五）鱼虾蓉面团的调制案例

案例：鱼皮馄饨

原料配方：鳜鱼肉 150 克，猪肉芹菜馅 200 克，葱段 15 克，姜片 10 克，绍酒 10 克，清水适量，澄粉 100 克，鸡蛋清 1 只，生抽 10 克，醋 5 克，麻油 15 克，味精 0.5 克，开水适量，葱花 5 克。

工具设备：砧板，擀面杖，厨刀，漏勺，剪刀，煮锅。

工艺流程：腌制→敲皮→包馅→煮制→装碗

制作方法：

①腌制。鳜鱼肉洗净，切成块，用葱、姜、酒腌制 10 分钟。

②敲皮。将鳜鱼肉块加上澄粉拌匀，用擀面杖慢慢敲，形成一张坯皮，用剪刀将边修剪圆。

③包馅。坯皮四周用鸡蛋清抹一圈，中间放上猪肉芹菜馅，然后对折，将周边压紧成型。

④煮制。煮锅放水烧开，下入包好的鱼皮馄饨，烧开后改用中火，保持微沸，点 3 次水，将馄饨养熟。

⑤装碗。碗中放入生抽、醋、麻油、味精，加入适量开水，舀入鱼皮馄饨，撒上葱花即可。

操作关键：

①按照配方称量投料。

②鱼块用葱、姜、酒腌制，以去腥味。

③敲制时裹上少量澄粉，力度适宜，坯皮成型后用剪刀修边。

④煮制时要适当点水。

风味特点：鱼皮爽滑，口感劲道，馅心鲜美。

品种介绍：用鱼肉与淀粉一起敲打制成的薄皮包馅成馄饨，煮制后，既能饱腹，又能润肠养颜，故形成一大地方特色。

总结

1. 本章通过面粉工艺性能的讲解，让学生了解面团等相关的概念，熟悉其调制工艺。

2. 掌握各类面团的特点和调制案例。

思考题

1. 面粉的物理性质有哪些？

2. 面筋的蛋白质组成有哪些？

3. 简述面筋的工艺性能。

4. 简述淀粉及其工艺性能。

5. 面团的概念是什么?

6. 面团的作用有哪些?

7. 面团的种类有哪些?

8. 简述面团的调制原理。

9. 面团调制的影响因素有哪些?

10. 简述水调面团的概念、种类、特点和调制原理。

11. 简述膨松面团的概念、种类、特点和调制原理。

12. 简述油酥面团的概念、种类、特点和调制原理。

13. 简述米粉面团的概念、种类、特点和调制原理。

14. 举例简述其他面团的概念、种类、特点和调制原理。

第七章

面点馅心制作

课题名称： 面点馅心制作

课题内容： 馅心概述

馅心原料加工

馅心制作原理

馅心制作方法

课题时间： 10课时

训练目的： 让学生了解馅心的概念，熟悉馅心的制作原理及馅心的制作方法。

教学方式： 由教师示范做馅，学生练习。

教学要求： 1.让学生了解馅心的概念。

2.掌握馅心的分类方法。

3.熟悉各类馅心的特点。

4.掌握面点馅心的制作方法。

课前准备： 准备原料，进行示范演示，掌握其特点及制作过程。

馅心制作是面点制作过程中对操作要求较高的一项工艺，带馅面点的色泽、香气、口味、形态、特点、花色品种等都与馅心有着密不可分的联系。因此，要准确掌握馅心的重要性，从而可以配合具体面点品种的皮料，给食客带来舌尖上的双重享受，使面点制品色香味型俱佳，口感俱全，营养平衡。

第一节　馅心概述

一、馅心的概念

馅心是指将各种制馅原料，经过精细加工、调和、拌制或熟制后，包入、夹入坯皮内，形成面点制品风味的物料，俗称馅子。它是面点的重要组成部分，具有用料广泛、工艺复杂、品种繁多、口味多样的特点。

二、馅心的重要性

馅心的制作影响到包馅面点的色泽、香气、口味、形态和特色，所以对于馅心在包馅面点中的重要性必须要有充分的认识，总的说来主要有以下几点。

1. 馅心调剂面点的色泽

有些面点制品，由于馅料的装饰，使形态更优美，如在制作各种花式蒸饺时，在面点生坯表面的孔洞内点缀虾仁、蟹黄、蛋白、蛋黄末、香菇末、青菜末、熟火腿末等馅心，可使面点制品色泽美观，色调和谐。

2. 馅心调配面点的香气

馅心种类很多，有荤有素，香气成分各异，通过馅心制作中不同原料的组配，可以诱发不同食材之中的香气，在制品成熟后，可以慢慢释放出来，引人食欲。

3. 馅心决定面点的口味

包馅面点的口味，主要是由馅心来体现的。原因有二：一是因为包馅面点制品的馅心占有较大的比重，一般是皮料占50%，馅心占50%，有的品种如春卷、锅贴、烧麦、水饺等，则是馅心比重多于皮料，馅心多达60%～80%；二是人们往往以馅心的质量，作为衡量包馅面点制品质量的重要标准，包馅制品的油、嫩、香、鲜，实际上是馅心口味的具体反映。

4. 馅心影响面点的形态

馅心与包馅面点制品的形态也有着密切的关系。如馅心调制硬度适当与否，对制品成熟后的形态能否保持"不走样""不塌架""不损形"有着很大的影响。在一般情况下，制作花色面点品种，馅心应稍硬些，这样能使制品在成熟后保持造型没有大的变化。

5. 馅心形成面点的特色

各种包馅面点的地方特色，虽然与所用坯料、成型加工和熟制方法等有关，但所用馅心也往往起着决定性的作用。如京式面点注重口味，常用葱姜、京酱、香油等为调辅料，肉馅多用水打馅，具有薄皮大馅、松嫩的风味；苏式面点肉馅多掺皮冻，具有皮薄馅足、卤多味美的特色；广式面点馅味清淡，具有鲜、滑、爽、嫩、香的特点。

6. 馅心增加面点的品种

由于馅心用料广泛，所以制成的馅心品种多样，馅心的组合选用，增加了面点的花色品种。同样一只包子，因为馅心的不同，就可以产生不同的口味，形成不同的花式，如蟹粉包、三丁包、鲜肉包、菜肉包、水晶包、百果包、苹果包等，至于蒸饺、锅贴、春卷、烧麦、汤团等品种，莫不如此，可见馅心品种的多种多样，可以增加面点制品的花色品种。

7. 馅心增加面点的营养

同时，由于馅心用料广泛，荤素原料合理搭配，使包馅面点的营养价值大大地提高了；面皮的主要营养成分为碳水化合物，馅心搭配之后，补充了蛋白质、脂肪、水分、矿物质、维生素和膳食纤维等，使七大营养素能够达到相对平衡。

8. 馅心提高了面点的售价

面点由于使用了不同的馅心，往往比无馅的面点品种售价高，而且有些面点品种由于馅心的高档用料，更是使面点的售价抬高很多，如蟹黄汤包、松露包子、五丁包子等。

三、馅心的分类

馅心主要从原料、口味、制作方法三个方面进行分类（表7-1）：

1. 按原料分类

馅心可分为荤馅和素馅两大类。如生肉馅、菜馅等。

2. 按口味分类

馅心可分为咸馅、甜馅和咸甜馅三类。如生肉馅、豆沙馅、叉烧馅等。

3. 按制作方法分类

馅心可分为生馅、熟馅两种。如生肉馅、三丁馅等。

表 7-1 馅心的分类

口味	生熟	种类	
		类别	举例
咸馅	生咸馅	生蔬菜类	韭菜馅、白菜馅、青菜馅、豇豆馅等
		干货蔬菜类	梅干菜馅、马齿苋馅等
		畜肉类	鲜肉馅、火腿馅、羊肉馅、牛肉馅等
		禽肉类	鸡肉馅、野鸭馅、火鸡馅等
		水产类	虾肉馅、鱼肉馅、海鲜馅等
		其他类	三丁馅、菜肉馅、三鲜馅等
	熟咸馅	畜肉类	叉烧馅、咖喱牛肉馅等
		禽肉类	鸡肉馅、野鸡馅等
		水产类	蟹肉馅、鱼米馅、海参馅等
		干货果品蔬菜类	素什锦馅、菌菇馅等
		其他类	素三丁馅、韭黄肉丝馅等
甜馅	生甜馅	粮油类	水晶馅、麻仁馅等
		干果蜜饯类	五仁馅、枣泥馅等
		豆类	蚕豆馅、芸豆馅等
		水果类、花类	榴莲馅、菠萝蜜馅、玫瑰花馅等
		其他	腊肉馅等
	熟甜馅	豆类	豆沙馅、豌豆蓉馅、芸豆馅等
		干果蜜饯类	枣泥馅、莲蓉馅、腰果馅等
		其他	五仁馅、冬蓉馅等
咸甜馅		生甜咸馅	玫瑰椒盐馅、桂花馅等
		熟甜咸馅	奶油蛋黄馅等
		其他	

四、包馅比例与要求

根据面点的种类不同，面点有无馅与有馅之分。有馅面点的包馅比例是指皮重与馅重之间的比例。在饮食行业中，依据包馅比例，常将包馅制品分为轻馅品种、重馅品种及半皮半馅品种三种类型。

1. 轻馅品种

轻馅品种的皮料与馅料重量比例一般为：皮料占 60% ～ 90%，馅料 10% ～ 40%。有两种面点属于轻馅品种：一是皮料具有显著特色，而以馅料辅佐的品种，如开花包，以其皮料松软、体大而开裂的外形为特色，故只能包以少量馅料以衬托皮料；再如像生品种中的荷花酥、海棠酥、金鱼包等，主要是突出坯皮造型，如包馅量过大，会导致变形而达不到成品外观上的要求。二是馅料具有浓醇香甜味，多放不仅会破坏口味，而且易使皮子穿底，如水晶包、鸽蛋圆子等，常选用水晶馅、果仁蜜饯馅等。

2. 重馅品种

重馅品种的皮料与馅料重量比例：皮料占 20% ~ 40%，馅料占 60% ~ 80%。属于重馅品种的面点也有两种：一是馅料具有显著特点的品种，如广东月饼、春卷等，制品突出馅料，馅心变化多样。二是皮子具有较好的韧性，适于包制大量馅心的品种，如水饺、烧麦等，以韧性较大的水调面做皮子，能够包制大量的馅心。这类制品馅大、味美、品种多、吃口筋道。

3. 半皮半馅品种

半皮半馅品种是以上两种类型以外的包馅面点，其皮料和馅料的重量比例一般为：皮料占 50% ~ 60%，馅料占 40% ~ 50%，适用于皮料与馅料各具特色的品种，如各式大包、各式酥饼等。

第二节　馅心原料加工

一般地，馅心制作方法分为两类：一是生拌法，是将原料经初步加工或经预热处理，再切成丝、丁、粒、末、沙、泥（蓉）等形状，最后加调味料拌和而成，多为生馅；二是熟制法，是将原料加工成各种形状后，加热、调味、勾芡成馅，多为熟馅。无论生馅或熟馅在加工过程中，都有一定的制作要求和加工方法。

一、馅心的制作要求

（一）馅料的形状要加工细碎化

馅料细碎，是制作馅心的共同要求。馅料形状宜小不宜大，宜碎不宜整。因为生坯坯皮是由粉料调制而成，非常柔软，如果馅料大或整，则难以包捏成型，熟制时易产生皮熟馅生、破皮露馅的现象。所以馅料必须加工成丝、丁、粒、末、蓉（泥）等细小形状。具体规格要根据面点品种对馅心的要求来决定。

（二）馅心的水分和黏性要合适

制作馅心时，水分和黏性可影响包馅制品的成型和口味。水分含量多、黏性小，不利于包捏；水分含量少、黏性大，馅心口味粗"老"。因此馅心调制时，要适度控制水分和黏性。

如生菜馅具有鲜嫩、柔软、味美的特点，但多选用新鲜蔬菜制作，其含水量多在90%以上，而且黏性很差，必须减少水分、增加黏性。减少水分的办法：蔬菜洗净切碎后，采用焯水后挤压或盐腌方法去除水分；增加黏性，则采取添加油脂、酱类及鸡蛋等办法。生肉馅，具有汁多、肉嫩、味鲜的特点，但必须增加水分、减少黏性。可采用"打水"或"掺冻"的办法，并加入调味品，使馅心水分、黏性适当。

熟菜馅多用干制菜泡后熟制，黏性较差；熟肉馅在熟制过程中，馅心又湿又散，黏性也差。所以，熟制馅一般都采用勾芡的方法，增加馅心的卤汁浓度和黏性，使馅料和卤汁混合均匀，以保持馅心鲜美入味。

生甜馅水分含量少，黏性差，常采用加水或油打"潮"的方法增加水分；加面粉或糕粉增加黏性。熟甜馅，为保持适当水分，常采用泡、蒸、煮等方法调节馅心的水分；原料加糖、油炒制成熟，增加黏性。

（三）馅心口味调制要适当稍淡

馅心在口味上要求与菜肴一样，鲜美适口，咸淡适宜。但由于面点多是空口食用，再加上熟制时会损失掉一些水分，使卤汁变浓稠，咸味会相对增加。所以，馅心调味要比一般菜肴清淡些。但是，水煮的面点品种除外，如水饺、馄饨等。

（四）根据面点的成型特点制馅

由于馅料的性质和调制方法不同，制出的馅心有干、硬、软、稀等区别。制作包馅面点时，应选择合适硬度的馅心，这样才不至于面点在熟制后"走形""塌架"。一般情况下，制作花色面点的馅心应稍干一些、稍硬一些；皮薄或油酥面点的馅心应软硬适中或用熟馅，以防影响面点制品形态和口味。

二、馅心原料的加工处理

（一）馅料选择

馅料的选择要考虑不同原料具有的不同性质，以及同一种原料不同部位具有的不同特点。由多种原料制作的馅心，应根据馅料性质合理搭配原料。

我国幅员辽阔，物产丰富，因而用于馅心制作的原料也是丰富多彩的，禽肉、畜肉等肉品，鲜鱼、虾、蟹、贝、参等水产品，以及杂粮、蔬菜、水果、干果、蜜饯、果仁等都可用于制馅，这就为选择馅料提供了广泛的原料基础。

选料时，一是无论荤素原料，都取质嫩、新鲜且符合卫生要求的。对于各种豆类、鲜果、干果、蜜饯、果仁等原料，更是优中选好；要检查是否受潮霉变，是否有虫伤鼠害。二是在选料时，肉馅应选择瘦肉比例大、持水能力强、结缔组织少的畜肉。如猪肉馅多选用前夹心肉，其肉质细嫩，筋短且少，有肥有瘦，吃水胀发性强；牛肉一般选用腰板肉、颈肉等部位；羊肉以软肋为佳。在馅料中，肥膘能使成品油润光亮、形态饱满、口感细嫩、气味芳香。若肥膘太少，特别是鸡肉等油质较少的原料，成品质地粗老；若肥膘太多，超出蛋白质的乳化能力，造成蓉胶松散，成品口感肥腻。一般馅料中畜肉的肥瘦比例为 3∶7 至 5∶5，以4∶6 为佳。鸡肉馅选用鸡脯肉；鱼肉馅宜选海产鱼中肉质较厚、出肉率高的鱼；虾仁馅宜选对虾；猪油丁馅选用板油。三是用于制作鲜花馅的原料，常选用玫瑰花、桂花、茉莉花、白兰花等可以食用的鲜花。

（二）馅料加工

1. 原料的加工处理
（1）鲜活原料的加工处理
鲜活原料是指从自然界采撷后未经任何加工处理（如腌制、干制等）的动植物性原料。这些原料新鲜程度虽然都很高，却大都不宜直接食用，有的还含有不能被食用的部位。根据烹调和食用的要求，必须对这些原料进行合理的加工。如原料为畜肉、禽肉和水产品等，在制作之前，要将肉去骨、去皮，进行挑选和洗涤，特别是原料中的不良气味（苦、涩、腥味）都要经过处理去掉，对纤维粗、肉质老的肉类（如牛肉），应适当加小苏打或嫩肉粉浸制，使其变嫩，达到美味可口的效果。

（2）干货原料的加工处理
1）褪皮处理
褪皮处理是指有皮壳的制馅原料的去皮去壳加工处理方法。带皮壳的制馅原料主要是豆类或果仁类原料，如豆类、芝麻、莲子、核桃等原料。一般来说，这些原料都有皮、壳、核等不能食用的部分，要进行加工整理除掉。如核桃仁，要去掉硬壳；莲子要去掉外皮、苦心；枣要去掉皮和核等。这些原料经过褪皮处理，肉质光洁、色泽鲜明，并能够去掉原料中的苦涩味，使原料口味纯正。常见原料的褪皮处理如下。

①豆类。制馅中常用的豆类有赤豆、绿豆等，因其淀粉含量高，制成馅口感细腻、爽滑，但外皮较粗糙、韧实，所以制馅时常需进行褪皮处理。处理方法：将豆子用清水浸泡、洗净，淘去泥沙等杂质；倒入锅内加清水煮至豆皮爆裂；煮好的豆子放入罗筛中用手擦制，使豆内淀粉通过筛眼沉淀于水中，而豆皮则留在筛内被清除掉；将筛过的粉浆装入布袋，压去水分，即成豆沙。

②莲子。莲子是甜馅中的上等原料之一，以湘莲质量为最佳。莲子肉质洁白、松化、味清香，但其外衣色粉红、粗糙，制馅时应去掉，以免影响馅心的色泽和口感。处理方法：将莲子放入碱水中浸泡20分钟左右，然后加入沸水（水要比莲子多一倍）加盖，浸闷约1小时；用刷子搓洗莲子，并用清水冲洗干净。再用竹签捅去莲心；将去皮、去心后的莲子滤干水分，入笼，蒸至酥烂，再将熟莲子绞成蓉，即成。

③芝麻。芝麻有黑、白、黄三种，在去皮之前统称为糙麻。芝麻表皮粗糙无光泽，又带苦涩味，所以除黑芝麻有时用于点缀外，在制馅前一般都必须将外皮进行处理。处理方法：先将芝麻浸泡淘洗干净，然后放在簸箕中用双手揉擦，通过揉擦使表皮脱落。待表皮脱落干净后放通风处吹干，再扬去外皮，即可得到颗粒整齐、油润光亮的麻仁。洗去外皮的芝麻称为洗麻，洗麻是芝麻中的上品。用于制馅的芝麻须经炒制。炒制的方法是：先将铁锅烧热，然后放入芝麻迅速用竹刷在锅内旋炒，听到芝麻爆裂声尽快将锅端离火位倒出，冷却即可。

④核桃。核桃是制作果仁馅的主要原料。核桃有坚硬的外壳，使用前要进行去壳处理，用小铁锤敲碎核桃壳，去掉核桃外壳、桃夹等剩下的即为桃仁。桃仁的衣有涩、苦味，调制馅心时应进行预处理，方法是焐油去涩或焯水去涩，即可达到食用要求。

2）干货涨发

其他制馅中所用的干货原料，为尽量恢复其鲜嫩、细腻、松软的组织结构，常用水发、碱发、油发等涨发处理手段，如木耳、香菇、海参、干贝、虾米等。干货涨发时，要根据具体品种的口味要求，确定其涨发方法。

①水发。水发主要有泡、煮、焖、蒸等方法。

泡发就是将干料放入沸水或温水中浸泡，使其吸水涨大。这种方法用于体小质嫩或略带异味的干料，如鱼干、银耳、发菜、粉条、脱水干菜等。

煮发就是将干料放入水中煮，使其涨发回软。这种方法适用于体大质硬或带泥沙及腥臊气味较重的干料，如鱼翅、海参、鱼皮、熊掌等。

焖发是和煮发相结合的一个操作过程。经煮发又不宜久煮的干料，当煮到一定程度时，应改用微火或倒入盆内，或将煮锅移开火位，盖紧盆（锅）盖，进行焖发。如鱼翅、海参等都要又煮又焖，才能发透。

蒸发就是将干料放在容器内加水上笼蒸制，利用蒸汽传热，使其涨发，并能保持其原形、原汁和鲜味，也可加入调味品或其他配料一起蒸制，以提高质量。如金钩、鲍鱼、鱼翅、干贝等都需要采用蒸发。

②碱发。碱发就是将干料先用冷水浸泡后，再放在碱水里浸泡，使其涨发回软的方法。碱发能使坚硬原料的质地松软柔嫩，如鱿鱼、墨鱼等干货原料，用碱发最为适宜。采用这种方法，是利用碱所具有的腐蚀及脱脂性能，促使干

料吸收水分，缩短发料时间，但也会使原料的营养成分受到损失。

③油发。油发就是将干货原料放在油锅中炸发，经过加热，利用油的传热作用，使干料中所含的水分蒸发而变得膨胀而松脆。油发一般用于胶质、结缔组织较多的干料，如鱼肚、蹄筋、肉皮等干货原料。

2. 原料的形状处理

为适应面点的成型、熟制需要，馅料一般都加工成丝、丁、粒、末、蓉等形状。制作如三鲜馅、萝卜丝馅、鸡肉馅等菜馅的菜，剁得越细碎越好。这是因为：第一，皮坯大都是以粮食类粉料制成，性质较为柔软，如馅料是细小碎料，便于包捏、成型、操作方便。如使用大块原料制作馅心，在制品成型上就会比较困难。第二，馅料大多包在面点内部，如不细碎，在熟制时，就不易成熟，会产生皮熟、馅生或馅熟、皮烂等现象。第三，将原料加工成细碎小料，便于入味；尤其是熟馅，在烹制时易于入味，体现馅心的鲜嫩味浓。

常用的形态处理方法有：

（1）绞法

用绞肉机将原料绞碎。适用于将多种原料加工成细小的末、泥、蓉形状。如鲜肉、鱼肉、虾肉等。

（2）擦法

擦法分为两种，一种适宜蔬菜根茎、果实等原料加工成丝状，用擦板或刨加工，如擦萝卜丝、生姜丝等。还有一种擦法适宜含粉质多的原料加工成泥蓉状或去皮，用筛擦洗，可保证粉粒细而爽滑，并去掉粗糙的皮。如豆沙、枣泥等。

（3）切法

运用厨刀将原料加工成大小、粗细适宜的各种丝、丁、粒状。如里脊肉、鸡肉、笋子等。扬州的三丁包子，是用鸡丁、肉丁、笋丁烩制而成的三丁馅制成，在原料形态上，鸡丁大于肉丁，肉丁大于笋丁。

（4）剁法

运用厨刀将原料加工成细碎的形态。一般先切成小料，再有顺序地剁匀、剁细，如青菜、虾仁等。

（5）研磨

适合质地松脆、有硬性的原料加工成粉蓉状，常采用研钵加工，如果仁、各种香辛料等。

（6）粉碎

采用粉碎机等工具加工成蓉状细料，如芝麻仁等。

（三）烹调处理

1.原料的初步熟处理

（1）焯水

焯水是以水为加热介质使原料半熟或刚熟的一种方法。根据原料的性质和制馅的要求，焯水分为冷水焯水和沸水焯水。

大部分新鲜蔬菜都必须焯水，一般采取沸水焯水。焯水有三个作用：第一，使蔬菜变软，便于刀工处理；第二，消除异味，蔬菜中如冬油菜、芹菜等，均带有一些异味，通过焯水可以消除；第三，有效地防止部分蔬菜的褐变，如芋芳、藕、慈姑等，通过焯水可使酶失活，防止褐变。

对于牛羊肉等有膻味的动物性原料，根据制作馅心的需要，可以采取沸水焯水处理的方式。

（2）熟化

1）面粉熟化

将干面粉通过加热使蛋白质变性，从而降低面粉中面筋的含量，称为面粉的熟化。面粉经熟化处理后吃水量较高，可增加馅心的甜软酥松，使口味油而不腻，并能使馅心产生特殊的炒面香气。

面粉的熟化工艺有蒸熟、烘熟两种。蒸熟，是将生面粉放入用干笼布垫好的蒸笼中，通过蒸汽使面筋质凝固熟化。由于采用"干蒸"的工艺，面粉中的淀粉因含水量少不发生糊化，熟面粉冷却过筛后粉质仍然洁白松散。蒸熟的面粉，不仅用于制馅，还可用于制作蛋糕、棉花包、桃酥等只需少量面筋的品种。烘熟，是将生面粉用于净烤盘装好放入 120 ～ 140℃炉温中烘烤至熟。经过烘熟处理的面粉冷却过筛后有香气，色泽微黄，吃水量较大，多用于调制甜馅。

2）糯米熟化

将糯米炒熟磨制成粉，称为糯米的熟化。糯米经熟化处理后具有吸水力强、黏性大的特点。利用糯米的这一特性制馅，可使馅心纯滑带韧、软糯清亮。如广式月饼馅心就是用熟化处理的糯米粉作为馅料黏合剂而形成其特色的。经熟化处理的糯米粉，行业中称糕粉，也叫加工粉或潮州粉。其工艺过程是：先将糯米淘洗干净，再用温热水浸透，然后滤干水分与白砂炒制。炒时先用大火将白砂炒热，再倒入糯米迅速翻炒，待米粒发白发松时，即将糯米出锅，筛去白砂，冷却后磨制成粉。

刚制好的糕粉不宜使用，这种糕粉性较烈，行业中称为暴糕粉，如用于制作点心则制品口感较粗且容易变型，不好掌握。糕粉应摊放一段时间（2～3 周）才好使用，这时糕粉性质纯和，口感细腻软糯，成品定型好，并可吸收馅心中较多的水分，使馅心更为软滑。糕粉是甜馅中理想的黏合原料。

2. 划油

划油，又称滑油、拉油，是指用中火力、中油量、温油锅，将原料放入油锅中迅速划开，划散成半成品的一种熟处理方法，"滑熘鸡片"的过油就属于这种过油方法。

划油取料主要取用很嫩鲜的鸡、鸭、鱼、虾或猪、牛、羊、兔等嫩鲜部位的原料。划油的原料必须加工成较薄、较细、体积小的形状，如薄片、细丝、小丁、细条等，这样才能使原料在加热中快速成熟，快速出锅，进而保证半成品滑嫩的口感要求。

划油工艺流程是：把干净油锅放中火灶上，炝热，放入净油，加热到80～110℃，快速放入原料下锅划散，轻轻搅动，待原料浮到油面片刻后捞出，最后沥干余油备用。划油后的原料主要适应旺火速成的炒、爆、烹等烹调方法。在馅心制作中，滑鸡馅、三丁馅等品种都可以采用划油处理的方法来制作。

3. 烹法

馅心除了拌制之外，还有一些运用烹调方法的制馅手段。如炒馅、烩馅和熬馅等各种熟馅。

例如三丁馅的制作，主料有鸡脯肉、猪肉、笋子等，调辅料有鸡汤、精盐、料酒、色拉油、芝麻油、酱油、白糖、葱姜、味精等。制作时先将鸡脯肉、猪肉、笋子煮熟分别切成小方丁（鸡丁大于肉丁、肉丁大于笋丁）；然后锅内放油上火烧热，倒入鸡丁、肉丁、笋丁煸炒，同时放入鸡汤、精盐、酱油、白糖、味精、料酒等加热烧开，最后勾芡，淋入麻油出锅，倒入盆内即可。

再如，炒制豆沙馅。煮豆时，必须凉水下锅，旺火烧开，小火焖煮。炒沙时，锅面沸腾后降低火力，用小火翻炒。炒制时要注意掌握好火候，火力要调节适当，先用旺火炒制，使大量水分较快蒸发，再转入中、小火炒制，使馅变色，糖、油等滋味渗入馅料；还要不停地翻动，炒匀、炒透，防止粘锅、煳锅。否则馅不细滑，且可能出现"翻沙"、渗油现象。要豆沙色泽美观，可以在炒制时，加入少许食用碱。

4. 调味

调味是保证馅心质量的重要手段。各地由于口味和习惯的不同，在调味品的选配和用量上存有差异，北方偏咸，南方喜甜。因此，要根据顾客要求、季节、地域的具体情况而定。在馅心制作的过程中，巧妙施加咸味、甜味、酸味、苦味、辣味、鲜味等调味料，使馅心口味呈现花样繁多的局面。

烹调过程中的调味常常分为加热前调味、加热中调味和加热后调味等；加热前调味（又叫基础调味），目的是使原料在烹制之前就具有基本的味，同时减除某些原料的腥膻气味。加热中调味也叫做正式调味或定型调味。调味在加热的锅中进行，主要目的是使各种主料、配料及调料的味道融合在一起，并且相互配合，协调统一，从而确定馅心的滋味。加热后调味又叫作辅助调味。

拌馅多为烹调前调味的方法，熟馅多采用加热中的调味方式。

5. 用芡

用芡是使馅料入味，增加黏性，提高包捏性能的重要手段。

用芡的方法有两种：勾芡和拌芡。勾芡指烹制馅心时在炒锅内淋入芡汁；拌芡指将先行调制入味的熟芡，拌入熟制后的馅料，拌芡的芡汁粉料可用生粉或面粉调制。

用芡可以使馅心卤汁浓稠，从而增加卤汁对原料的附着力。用芡既可以控制馅心的含水量，使馅心的软硬度与成型要求相适应，又可以增进馅心口味，使馅心更为充分地反映出调味的效果。制芡汁时应注意，馅心芡汁一般较菜肴稍浓稠。用芡恰当与否，对面点的口味与成型均可造成较大的影响。

第三节　馅心制作原理

馅心制作工艺是先将原料经初步加工或经预热处理，再切成丝、丁、粒、末、沙、泥（蓉）等形状，最后加调味料制作而成，常见的方法和原理如下。

一、拌制工艺及其原理

（一）拌制工艺

拌制是制作馅心常见的方法，主要用于各种生馅和部分熟馅的处理。在制作过程中，是把经过选料、加工处理的原料直接拌制的一种方法。

在馅心拌制过程中常常应注意几个方面：

第一，加入调味料的先后顺序要得当。加入调味料的先后顺序基本相同，首先是加盐、酱油（有的还加味精）于馅料中，经过搅拌确定基本咸味（加味精的还确定基本鲜味），也使馅料充分入味，再逐次加水搅拌，然后可按品种要求掺入冻（应在加水后进行），最后再放味精、芝麻油、葱等。

第二，有些调味品要根据地方特色和风味特点投放，不能乱用。对于鲜味足的原料，应突出本味，不宜使用多种调料，以免影响风味；对于有不良气味的原料，除在加工处理中应先清除不良气味外，还可选用适当的调味料来改善、增强其鲜香味；调制馅心时不宜过咸，应以鲜香为宜。

第三，天气热时要现拌现用，及时冷藏，以免影响风味和质量。

（二）拌制原理

1. 调制生馅

（1）调制生素馅

生素馅所用的原料主要是新鲜蔬菜原料，在摘洗干净后，根据面点需要，做适当刀工处理。如制大素包，需切成 1 ～ 1.5 厘米长的段；包水饺则需剁碎。刀工处理完后一般都要加入适量食盐"杀"一下，然后挤出蔬菜中的水分，同时去掉原料中的异味。

在拌制时，除主料外还经常加入一些配料。如豆腐切碎直接掺入，鸡蛋炒熟切成小块，粉条用开水泡软后剁碎或切成小段掺入，以增加馅心的黏性和风味特色。

因生素馅用料广泛，在制作方法上也有一些特殊性，如韭菜虾皮馅，韭菜在洗净后不用挤水分而只需晾干，之后切成大小适宜的形状，加入一定量的虾皮、粉条（用开水泡软，改刀切成韭菜大小的段），与精盐、味精和香油等调味品拌匀即可。而白菜馅，应在剁碎后先挤干水分，再放入所加的配料，如海米（剁碎）、豆腐等应先除去部分水分。

在调味时，应根据调味品的不同性质分别依次加入。如先加猪油后加盐，可减少蔬菜中的水分外溢；在馅料中加入易吸水的原料（如粉条、豆腐干、生粉等），可吸收菜汁，而芝麻油和花椒油等香味调料应最后加入，可避免香味挥发损失。另外，拌好的馅心不宜放置太久，应随用随调。

（2）调制生荤馅

生荤馅要选用新鲜肉类，才能达到肉嫩、鲜香和爽口的效果。同时要达到这种效果与特色，必须要卤汁丰富，故掺水和皮冻拌馅是馅心生拌的另一个关键。调制原理见下文。

2. 调制熟馅

熟馅的制作方法主要有两种。一是将加工处理过的生料直接入锅炒制而成。炒制时应根据原料质地老嫩和成熟的先后次序依次下锅。注意有些原料在使用时才可拌和到馅心中，如香菜、葱花和韭黄等原料，否则易失去原料的风味；为便于包捏成型，馅心还可勾芡，并且要求芡汁要浓稠一些，这样才能使馅料和汤汁混为一体；另外，还可添加猪油等黏性原料来提高馅心的黏性。二是将原料先制熟，再切成丁或末，然后加入勾芡的调味料拌和而成。

二、擦制工艺及原理

（一）擦制工艺

擦制主要用于生甜馅的制作。擦糖，也称为擦糖馅，是指将蔗糖"打潮"，经擦制将粉料黏附在糖颗粒表面，从而使馅心能黏在一起成团。避免过于松散和加热熟制后溶化软塌，以及食用时烫嘴的缺点。

（二）擦制原理

"打潮"是将蔗糖中加入适量的水或油拌匀，使糖颗粒表面湿润，产生一定的黏性，以便吸附粉料。用水"打潮"叫水潮，用油"打潮"叫油潮。加熟面粉是调制生甜馅中的关键，多加了馅心干燥，少加了起不到作用，检验标准是加粉后用手搓透，能捏成坨即可。油除了起黏合剂作用外，还能调节馅心的干湿度，增加馅心的鲜香味道。

三、掺水工艺及原理

（一）掺水工艺

掺水，又称吃水、打水，是使生肉馅鲜嫩的一种方法。因为动物性原料黏性大、油脂重，加水可以降低黏性，使生肉馅达到软嫩多汁。加水时应注意以下几点：

第一，加水量的多少应根据制作的品种而定，水少则黏，水多则瀣。如500克肉泥，一般吃水量为250克左右。

第二，加水必须在调味之后进行，否则，肉馅吸水量会降低，或者出现肉馅水分逸出。

第三，水要分多次加入，防止肉蓉一次吃水不透而出现肉、水分离的现象。

第四，搅拌时要顺着一个方向用力搅打。边搅边加水，搅到水加足，肉质颗粒呈胶状有黏性为止。如京式面点馅心口味上注重咸鲜，肉馅制作多用"水打馅"，佐以大葱、黄酱、味精、麻油等，使之口味鲜咸而香，天津的"狗不理"包子是其中典型的代表品种。

（二）掺水原理

水打馅又名水馅，因在馅中加鲜汤、花椒水或清水等液体而得名。其调制方法如下：将鲜畜肉绞碎或剁碎，放入容器中，加入酱油、盐搅拌，使酱油、盐吃入肉中，再徐徐加入鲜汤等继续搅拌，使之完全吃入馅中，然后放入香油、葱姜末、味精等调和而成。水打馅的特点是鲜香、肉嫩、爽滑。

要想使水打馅具有良好的质感和口感，主要取决于肉馅的蓉胶形成过程中吸收水分的多少。肉馅对水分的吸附，主要来自于蛋白质极性基团的吸附，还来自非极性基团的物理吸附、水分子之间的多分子层吸附，以及肉馅内部形成的大量毛细微管吸附。其中，蛋白质极性基团的吸附主要来自于盐溶性蛋白质，如肌纤维中的肌球蛋白，它们既有亲水基团，又有亲油基团，具有强烈的乳化作用。在制馅中析出的盐溶性蛋白质和水、脂肪颗粒三者形成稳定的蛋白质复合体，使肉馅呈胶凝状态。这种蛋白质复合体愈多，脂肪颗粒分散愈均匀。在成熟过程中，蛋白质变性凝固，形成稳定的乳化物，其嫩度越好，黏着性就越好，从而使馅料具有良好的口感和质感。

影响蓉胶形成的因素主要有：肥瘦肉的比例、肉的持水能力、pH、盐、机械处理、食品添加剂等。一般来说，瘦肉比例越大，结缔组织越少，肉持水能力越强。pH 接近蛋白质等电点时（pH 为 5.0），肉的水化性最低；高于或低于等电点时，蛋白质实效电荷增加，增强了肽键间排斥力，蛋白质分子结构松弛，肉的水化作用增强，嫩度增加。一般来说，pH 在 6.5 ~ 7.2 之间，形成的蓉胶弹性最强。因此，刚屠宰的肉，以及冷冻肉不适宜直接用来加工，经后熟作用或解冻后才能使用。适量的盐能使盐溶性蛋白质从肌肉中析出，使肉的保水性提高，肉的膨润度增加，从而使肉质嫩化。机械处理包括两方面：一是肉的绞碎或斩剁程度；二是加水搅拌过程。前者使肌纤维破坏，且肉质细碎程度越高，肌浆蛋白质、肌纤维中蛋白质游离或暴露出来越多；后者经强力搅拌，盐溶性蛋白质加速游离或暴露，增强了与水、脂肪的结合，从而使乳化效果增强，提高了嫩度和结着力。一些食品添加剂如大豆蛋白、磷酸盐类能提高肉的嫩度。

四、掺冻工艺及原理

（一）掺冻工艺

1. 皮冻制作

冻又叫皮冻。皮冻大体分为硬冻和软冻两类。两种冻制法相同，只是所加原汤量不同。硬冻放原汤少，每 1000 克煮好的肉皮加原汤 1000 ~ 1500 克；软冻放原汤多，每 1000 克煮好的肉皮加原汤 2000 ~ 2500 克。前者比较容易凝结，多在夏天使用，后者皮冻较嫩，适合于春、秋、冬季节使用。如果把煮烂的肉皮从锅中取出后绞碎，再用纯汤汁熬制而成、清澈透明的冻称为水晶冻。

制冻有选料和熬制两道工序：

第一，选料。制皮冻的用料，常选择猪肉皮（最好选用猪背部的肉皮），因肉皮中含有胶原蛋白，加热熬制时变成明胶，其特性为加热时熔化，冷却就能凝结成冻。在制皮冻时，如只用清水（一般为骨汤）熬制，则为一般皮冻。

讲究的皮冻还要选用火腿、母鸡或干贝等鲜料，制成鲜汤，再熬肉皮冻，使皮冻味道鲜美，适用于小笼包、汤包等精细点心。

第二，熬制。要想制好掺冻馅，首要关键是熬制好皮冻。具体做法是：将生肉皮洗净，去除猪毛、肥膘等，放入锅中，加入清水或清汤，将肉皮浸没，烧开略煮后，取出放入冷水中一激，再回锅用小火熬至皮烂，然后取出用绞肉机绞碎或剁碎，放回锅中，加姜块、葱段、料酒，用小火慢煮，并不断撇去浮沫，熬至黏稠状，然后倒入洁净盛器，冷却即成皮冻。肉皮与清水的比例为 1 : 5。一般每 500 克肉皮，加葱、姜各 20 克，料酒 50 克，制成皮冻 1500 克左右。皮冻中加水量可按气候变化增减，夏季使用硬冻，水量少些；冬季使用软冻，水量可稍增加。另外制皮冻应把煮时蒸发的水分考虑进去，使制成的皮冻软硬符合要求。

2.掺冻方法

馅料中掺入皮冻可以使馅料稠厚，便于包捏；而且在熟制过程中皮冻熔解，可使馅心卤汁增多，味道鲜美。掺冻是南方面点常用的增加含水量的方法。有的馅心是在加水的基础上"掺冻"，如小笼肉包、汤包、饺子等的肉馅，都掺有一定数量的皮冻。

皮冻添加量应根据品种要求及坯皮性质而定，一般为肉馅的 40% ~ 60 %。如汤包用水调面团或嫩酵面掺冻量每 500 克肉馅可掺 300 克皮冻，而用大酵面掺冻量则为 200 克左右，因为大酵面宜吸收汤汁，发生渗漏现象。而且，皮冻只需剁碎加入肉馅中，不宜多拌，否则皮冻易化，给包捏带来困难。

苏式面点馅心口味上，注重咸甜适口，卤多味美，肉馅多用"猪皮冻"，使制品汁多肥嫩，味道鲜美。江苏淮安著名的"文楼汤包"为其代表性品种，汤包熟制后，"看起来像菊花，提起来像灯笼"。同时，也正是由于运用了皮冻馅的原因，使汤包食用时，必须"轻轻提，慢慢移，先开窗，后喝汤"，增添了饮食的情趣。

（二）掺冻原理

掺冻是南方制馅常用的方法，适用于小笼包子、汤包等。制作方法如下：将熬好的皮冻冷却凝结，剁碎后放入剁好的肉馅中，加入各种调味料拌和而成。掺冻馅的特点是鲜嫩、卤汁多、吃口好。

掺冻馅的制作原理是肉皮中的胶原蛋白经熬煮后转变成明胶。明胶具有较强的结合水的能力，冷却后凝固形成皮冻。在肉馅中加入皮冻，馅呈稠厚状，便于包捏。在加热成熟过程中，皮冻溶化，使卤汁增多，味道鲜美。这是一种便于包捏、增加卤汁、提高风味的重要制馅方法。

五、掺粉工艺及原理

（一）掺粉工艺

在甜馅的制作时，为了调剂馅心的黏性、软硬度和香味，适量添加熟化的面粉或糯米粉的过程就叫掺粉。

（二）掺粉原理

在制作生甜馅时，要加入粉料和油（水）以增加黏性，便于包捏，馅心熟制后不液化不松散，但掺入过多会使馅心凝结成僵硬的团块，影响馅心的口味和口感。所以加入的粉料和油（水）要适宜。

目前行业中常用的检验方法是：用手抓馅，能捏成团不散，用手指轻碰能散开为好；如捏不成团，且松散，是馅心黏性不足，应加油脂或水擦匀，以增加黏性；如捏成团，却碰不散，则为黏性过大，应加粉料擦匀，以减少馅心黏性。

第四节　馅心制作方法

一、咸馅制作方法及案例

在馅心制作中，咸馅的用料最广，种类很多，也是使用最多的一种馅心。咸味馅按制作方法划分，可分为生咸味馅、熟咸味馅两类。根据原料性质划分，一般有肉馅、菜馅和菜肉馅三类。在这三类原料的制作过程中，也都有生与熟的制作方法，其特色也不尽相同。

（一）生咸味馅制作工艺

1. 生咸味馅的概念

生咸味馅是指将经过加工的生的制馅原料拌和调味而成的一类咸味馅心。用料一般多以禽类、畜类、水产品类等动物性原料以及蔬菜为主，加入配料及调料拌和而成。其特点是馅嫩多汁，口味鲜美。

2. 生肉馅制作

（1）概念

生肉馅又叫肉馅，是生馅的一种，以畜肉类为主，辅以其他如禽类或水产品等，斩剁后，一般经加水或掺冻，和调味品搅拌而成。其质量要求是鲜香、肉嫩、多卤汁，保持原料原汁原味，如猪肉馅、羊肉馅等。

（2）制作案例

案例一：猪肉馅

原料配方：鲜猪肉 750 克，精盐 15 克，葱 20 克，姜 10 克，芝麻油 50 克，酱油 10 克，味精 5 克，骨头汤或水 500 克。

工具设备：案板，砧板，盆，厨刀。

工艺流程：鲜猪肉洗净→刀剁成泥状→加调料腌制→加入骨头汤（水）搅打上劲→加入余料拌匀→成品

制作方法：

①将鲜猪肉洗净用刀剁成泥状，倒入盆内，加姜末、精盐、酱油搅拌，腌制 10 分钟。

②加入骨头汤（水）搅打上劲后，放入葱末、芝麻油、味精，拌匀即成。

操作关键：

①猪肉的肥瘦比例为 4∶6 或 5∶5 为宜。

②肉泥的吃水量应灵活掌握。肉馅以打上劲，不吐水为准。

③鲜肉馅要求外观色泽浅，在调味时酱油的用量不宜多。

④肉馅可以掺冻，掺冻的比例根据制品的要求而定。

风味特点：色泽鲜明，肉质滑嫩，鲜美有汁，软硬适中。

品种介绍：猪肉馅是一种常见的馅料，营养美味，老少皆宜。

案例二：羊肉馅

原料配方：鲜羊肉 750 克，胡萝卜 350 克，大葱 200 克，芝麻油 50 克，酱油 75 克，花椒水 250 克，姜末 15 克，精盐 15 克，味精 5 克。

工具设备：案板，绞肉机，盆，砧板，厨刀。

工艺流程：鲜羊肉绞成蓉→加姜、盐、酱油拌匀→加花椒水搅打→再加入味精、葱花、芝麻油拌匀→最后加入胡萝卜末拌匀→成品

制作方法：

①鲜羊肉绞成蓉，胡萝卜切成碎末，葱切成葱花。

②羊肉蓉放入盆中，加姜末、精盐、酱油拌匀，腌制 10 分钟。

③用花椒水搅打肉蓉，边加边顺着一个方向搅动，搅成稠糊状，再加入味精、葱花、芝麻油拌匀，最后加入胡萝卜末拌匀，即成为馅心。

操作关键：

①要选用羊的腰板肉或颈肉，该部分肉质嫩、肥瘦均匀。

②要注意去除羊肉膻味。

风味特点：色泽鲜明，肉质滑嫩。

品种介绍：羊肉馅的主要材料是羊肉，羊肉含丰富的蛋白质、脂肪、磷、铁、钙、维生素 B_1、维生素 B_2 和烟酸、胆甾醇等成分。

3. 生菜馅的制作

（1）概念

生菜馅，是指以新鲜蔬菜为原料，经过摘洗、刀工处理、腌、渍、调味、拌制等精细加工而成，如白菜馅、韭菜馅、萝卜丝馅等。其特点是能够较多地保持原料固有的香味与营养成分，口味鲜嫩、爽口、清香，适用于水饺、包子等。

（2）制作案例

案例一：白菜馅

原料配方：白菜 500 克，油面筋 50 克，绿豆芽 400 克，香菜 50 克，芝麻油 20 毫升，芝麻酱 25 克，盐 15 克，味精 5 克。

工具设备：案板，砧板，盆，厨刀。

工艺流程：白菜切细剁碎→略腌→挤干水分→加油面筋碎、绿豆芽碎、香菜末→加调料拌和均匀

制作方法：

①将白菜切细剁碎，略腌后，挤干水分。

②油面筋撕成小碎块备用。

③绿豆芽摘洗干净，焯水后入凉水凉透切碎，香菜切末。

④将以上原料混合倒入盆中，加盐、味精、芝麻油和芝麻酱拌和均匀。

操作关键：

①白菜切碎后，要腌制一下，挤去水分。

②要掌握豆芽菜焯水时间，焯水后一定要入凉水凉透。

③这是典型的生素菜馅，忌用荤油。

风味特点：咸鲜爽口，香味宜人。

品种介绍：白菜馅味美，尤其是冬季，味道赛过羊肉。

案例二：萝卜丝馅

原料配方：白萝卜 750 克，虾皮 20 克，盐 10 克，味精 5 克，胡椒粉 3 克，葱花 25 克，芝麻油 25 克，熟火腿 15 克，水发香菇 25 克。

工具设备：案板，萝卜擦，盆，砧板，厨刀。

工艺流程：萝卜丝、熟火腿末、水发香菇末、虾皮→加上调料→成品

制作方法：

①萝卜去皮擦成细丝，开水焯一下，捞出晾凉，挤去水分。

②熟火腿切成末，水发香菇切末，备用。

③将萝卜丝、熟火腿末、水发香菇末、虾皮等加上盐、味精、胡椒粉、葱花、芝麻油等拌匀即可。

操作关键：

①萝卜丝必须用开水焯一下，去其辣味。

②水发香菇须发透，没有硬心。

风味特点：色泽素雅，咸鲜适口。萝卜丝馅虽然是蔬菜馅，但味道鲜甜爽口，并不输肉馅，萝卜丝口感清爽。

4. 生菜肉馅制作

（1）概念

生菜肉馅是指以鲜肉馅为基础，加蔬菜原料拌制而成的生咸馅。此类馅心荤素搭配，营养合理，口味协调，使用较为广泛。适用于包子、饺子等。

（2）制作案例

案例一：菜肉馅

原料配方：猪肉 500 克，白菜 500 克，酱油 20 克，葱 25 克，姜末 15 克，精盐 15 克，味精 5 克，白糖 15 克，芝麻油 25 克。

工具设备：案板，绞肉机，砧板，盆，厨刀。

工艺流程：猪肉斩成蓉→加调味料→挤干白菜碎→拌和均匀→调好口味→成品

制作方法：

①猪肉洗净后，斩成蓉状（或绞肉机绞成肉蓉）；加入葱姜末、精盐、味精、酱油、白糖、芝麻油和水搅打上劲。

②白菜摘洗干净，切碎斩成细末，略腌，挤干水分。

③肉泥与白菜一起拌和均匀，调好口味即可。

操作关键：

①肉馅的掺水量可适当减少，因为白菜水分多。

②白菜要切碎略腌，挤去水分，加入肉泥中拌匀，最好现拌现用。

风味特点：荤素搭配，鲜美不腻。

品种介绍：菜肉馅是一种荤素搭配的馅心，营养丰富，口味鲜美。

案例二：笋肉馅

原料配方：鲜猪肉 500 克，水发香菇 50 克，熟冬笋 200 克，精盐 10 克，味精 5 克，酱油 25 克，白糖 20 克，胡椒粉 5 克，芝麻油 10 克，葱末 25 克，姜末 20 克，清水 200 克。

工具设备：案板，砧板，盆，绞肉机，厨刀。

工艺流程：鲜猪肉洗净绞成泥状→加调味料搅拌→加清水（骨头汤）打上劲→拌入熟笋粒、香菇粒→成品

制作方法：

①熟冬笋焯水，剁成细粒；将水发香菇切粒。

②将鲜猪肉洗净绞成泥状，倒入盆内，加葱末、姜末、精盐、酱油、白糖、胡椒粉搅拌，加清水（骨头汤）搅打上劲后放入熟笋粒、香菇粒、芝麻油、味精，

拌匀即成。

操作关键：

①笋子一定要焯水，去除涩味。

②控制肉泥的加水量，水量不宜过多。

风味特点：肉嫩香脆，卤多鲜美。

品种介绍：笋肉馅荤素搭配，口感相配，不油不腻，为常见的馅心之一。

（二）熟咸味馅制作工艺

1. 熟咸味馅的概念

熟咸味馅是将制馅原料经形状处理后，熟制而成的。其选料广泛，口味多变，并能缩短面点制品的成熟时间，保持坯皮料的风味，其特点是口味醇厚，鲜香汁美。

2. 熟肉馅的制作

（1）概念

熟肉馅是用畜禽肉及水产品等原料经加工处理，烹制成熟而成的一类咸馅心。其特点是卤汁紧、油重味鲜，肉嫩爽口，清香不腻，柔软适口。一般适用于酵面、熟粉团面坯花色点心及用作油酥制品的馅心。

（2）制作案例

案例一：三丁馅

原料配方：猪五花肉 500 克，熟鸡脯肉 250 克，熟冬笋 250 克，虾籽 5 克，酱油 75 克，白糖 50 克，湿淀粉 25 克，葱末 10 克，姜末 10 克，绍酒 15 克，鸡汤 350 克，盐 15 克。

工具设备：案板，炉灶，炒锅，手勺，厨刀，砧板，漏勺。

工艺流程：切三丁→熟烩→调味→勾芡→成品

制作方法：

①将猪五花肉焯水后，放入清水锅中煮至七成熟后捞出。

②将猪肉、鸡肉、熟冬笋改切成丁，入锅稍加炒制后，加入绍酒、葱姜末、酱油、虾籽、白糖、鸡汤、盐等，用旺火煮沸入味，最后用湿淀粉勾芡，等卤汁浓稠后出锅。

操作关键：

①三丁的比例大小要恰当，鸡丁略大于肉丁，肉丁略大于笋丁。

②卤汁分量要适中，过多难以包捏，过少吃口不鲜美。

风味特点：三丁嫩脆，味鲜纯正。

品种介绍：所谓"三丁"，即以鸡丁、肉丁、笋丁制成，鸡丁选用隔年母鸡，既肥且嫩；肉丁选用五花肋条，膘头适中；笋丁根据季节选用鲜笋。三丁又称三鲜，三鲜一体，津津有味。

案例二：叉烧馅

原料配方：熟叉烧肉 500 克，面粉 150 克，粟粉 150 克，猪油 250 克，白糖 150 克，酱油 10 克，精盐 15 克，味精 10 克，芝麻油 100 克，蚝油 100 克，香葱 25 克，清水 1000 克。

工具设备：案板，炉灶，炒锅，手勺，厨刀，砧板，馅挑。

工艺流程：叉烧肉改切指甲片大小→香葱炝锅炒制→倒入面粉、粟粉炒香→加清水制糊→加调味料→面捞芡→成品

制作方法：

①将叉烧肉改切成指甲片大小备用。

②将炒锅烧热，放入猪油烧热，入香葱炝锅，倒入面粉、粟粉炒香，加入清水制糊，再加入精盐、酱油、白糖、味精、蚝油、芝麻油等调味并搅匀，呈稠糊状浅棕色熟糊，即为面捞芡，出锅晾凉备用。

③将叉烧肉片加入面捞芡搅拌均匀，即成叉烧馅。

操作关键：

①叉烧肉不能切太细，一般为指甲片大小。

②注意掌握面捞芡浓稠度，过稀或过稠均会影响面点成型和口感。

风味特点：色泽红亮，甜咸润口。

品种介绍：叉烧馅是面捞芡制成的一种馅心，常用作广式点心蚝油叉烧包的馅心。

3. 熟菜馅的制作

（1）概念

熟菜馅是以腌制和干制蔬菜等为主料，经过加工处理和烹制调味而成的馅心。其特点是清香不腻，柔软适口，多用于花色面点品种。

（2）制作案例

案例一：雪菜冬笋馅

原料配方：雪里蕻 500 克，熟冬笋 150 克，猪油 50 克，鸡汤 100 克，虾籽 5 克，湿淀粉 25 克，精盐 15 克，酱油 5 克，味精 2.5 克。

工具设备：案板，炉灶，炒锅，手勺，厨刀，砧板。

工艺流程：主料切末→入锅煸炒→加入调味料→勾芡→成品

制作方法：

①将雪里蕻反复用冷水泡去咸味，再剁成碎末；熟冬笋切细丁。

②锅内加入猪油，烧热后煸炒笋丁，放入鸡汤、虾籽、酱油、精盐，焖约 10 分钟左右盛出。

③再在锅里放入猪油，烧热后煸炒雪里蕻，炒透后，放入笋丁、味精，用湿淀粉勾芡，拌和均匀即可。

操作关键：

①雪里蕻一定要反复用冷水浸泡，除去咸味。

②熟笋丁要焯水，并先炒干水分，再加油煸炒。

风味特点：咸香甘鲜，爽脆适口。

品种介绍：雪菜冬笋馅是一种熟菜馅，常用于包子馅心。

案例二：素什锦馅

原料配方：干香菇20克，冬笋100克，鲜蘑100克，豆腐干50克，油面筋50克，油菜750克，葱10克，姜10克，植物油25克，芝麻油10克，盐10克，味精3克，酱油15克。

工具设备：案板，炉灶，炒锅，手勺，厨刀，砧板。

工艺流程：素什锦原料切粒→下锅炒香→调味→冷却后倒入油菜末中，拌匀即可→成品

制作方法：

①葱姜切末；香菇用温水浸泡涨发后洗净，切成细粒；油面筋放在温水中泡软，然后切碎；鲜蘑、豆腐干一起放入沸水中，焯水后捞出；冬笋放入沸水锅中煮熟。

②油菜放入沸水锅中焯水，捞出用冷水冲凉，把油菜切碎后挤干水分。

③将冬笋、鲜蘑、豆腐干分别切成细粒。

④把油菜末放入盛器中，加油、盐、味精、麻油拌匀。

⑤锅内放油烧热，放葱姜末炸香，加入香菇粒、切碎的面筋、冬笋粒、蘑菇粒、豆腐干粒，加盐、味精、酱油煸炒，盛出冷却后倒入油菜末中，拌匀即可。

操作关键：

①油菜焯水后一定要用冷水冲凉，避免油菜氧化变色。

②拌馅心时一定要等到凉透后再拌在一起。

风味特点：色泽鲜明，咸鲜适口。

品种介绍：素什锦馅心由菌类、豆腐、新鲜蔬菜组成，口感鲜香，尤其适合于老年人食用。

4. 熟菜肉馅的制作

（1）概念

将肉加工处理、烹制调味后，再掺入加工好的蔬菜馅料拌匀，即成熟菜肉馅。其特点为色泽自然、荤素搭配、香醇细嫩。

（2）制作案例

案例一：鸡粒馅

原料配方：鸡脯肉250克，笋子50克，冬菇50克，肥膘肉50克，叉烧肉100克，生抽15克，精盐8克，味精5克，胡椒粉5克，芝麻油10克，猪油100克，

料酒 15 克，白糖 10 克，湿淀粉 15 克，鸡汤 200 克，蛋清 15 克，葱姜各 10 克。

工具设备：案板，炉灶，炒锅，手勺，厨刀，砧板，漏勺。

工艺流程：原料切细粒→鸡丁划熟→加上煸炒的其他配料→勾芡→成品

制作方法：

①将鸡脯肉、笋子、冬菇、猪肥膘肉洗净；与叉烧肉一起，均切成黄豆大小的细粒；葱姜切末。

②鸡肉丁加少许精盐、料酒拌匀，用蛋清、湿淀粉上浆。

③炒锅置于火上，加入一半猪油，待油三四成热后，放入鸡丁划熟。

④炒锅加另一半猪油，倒入猪肥膘肉、叉烧肉、冬菇、笋丁煸炒，再放入鸡丁、葱姜末、料酒、精盐、生抽、胡椒粉、白糖、味精和鸡汤，烧沸后勾芡，淋入芝麻油出锅成馅。

操作关键：

①鸡脯肉较嫩，要采用划油的初步熟处理方法。

②芡汁的厚度要适中。

风味特点：细嫩滑爽，鲜香醇厚。

品种介绍：鸡粒馅为一种熟菜肉馅，荤素搭配、香醇细嫩。

案例二：咖喱牛肉馅

原料配方：牛肉 200 克，洋葱 150 克，咖喱粉 15 克，猪油 100 克，精盐 5 克，白糖 10 克，味精 2 克，黄酒 15 克，鸡汤 50 克，湿淀粉 10 克。

工具设备：案板，炉灶，炒锅，手勺，厨刀，砧板。

工艺流程：主配料切丁→入锅内煸炒→调味→勾芡→成品

制作方法：

①牛肉洗净切成肉丁备用。

②洋葱切成小丁备用。

③锅内放入一半猪油，待油热时，将肉丁放入锅内煸炒，加黄酒，炒松变色散开时，将肉丁倒出。

④原锅放在火上，加油烧热，将咖喱粉倒入，煸炒出香味，倒入洋葱丁煸炒至上色，加入鸡汤、精盐、白糖、味精调好味，加入牛肉丁炒匀，最后用湿淀粉勾芡盛出即可。

操作关键：

①牛肉丁需要划油处理。

②洋葱要煸炒至微微上色，这样葱香味才够浓郁。

风味特点：色泽金黄，鲜香肉嫩。

品种介绍：咖喱牛肉馅是一种咖喱味的馅心，牛肉味浓，咖喱味香，是一种特色馅心。

二、甜馅制作方法及案例

甜味馅制作工艺分为生甜馅制作工艺和熟甜馅制作工艺。

（一）生甜馅制作工艺

1.概念

生甜馅是以糖为主要原料，配以粉料（糕粉、面粉）和干果料，经擦拌而成的馅心。加入的果料主要有果仁和蜜饯两类。常用的果仁有瓜子仁、花生仁、核桃仁、松子仁、榛子仁、杏仁、芝麻等；蜜饯有青红丝、瓜条、蜜枣、桃脯、杏脯等。

有的果料在拌入糖馅前要进行成熟处理，如芝麻要炒熟、碾碎。松爽香甜，甜而不腻，且带有各种果料的特殊香味。常用的品种有白糖馅、麻仁馅、水晶馅、五仁馅。也有的馅将玫瑰、桂花等拌入到糖中再制成馅，这样不仅增加了风味，同时也增加了香味，使制品更具特色。常用的品种有玫瑰白糖馅、桂花水晶馅等。

2.制作案例

案例一：麻仁馅

原料配方：芝麻仁250克，熟面粉或熟米粉50克，猪油80克，白糖100克。

工具设备：案板，炉灶，炒锅，擀面杖，手勺。

工艺流程：芝麻炒香→碾压成碎末状→加入白糖、熟面粉或熟米粉、猪油、芝麻细末擦拌均匀→成品

制作方法：

①将芝麻洗净、滤干，用小火炒至呈淡黄色，有香气为止。

②将炒好的芝麻倒在案板上，碾压成碎末状。

③将白糖、熟面粉或熟米粉、猪油、芝麻细末一起擦拌均匀，即成麻仁馅。如将芝麻改用芝麻酱，即成麻蓉馅。

操作关键：

①炒制芝麻时要用小火，炒匀炒黄。

②要反复擦制，擦匀擦透。

风味特点：甘甜适口，麻香味浓。

品种介绍：麻仁馅为一种常见馅心，麻香味浓，深受百姓欢迎。

案例二：水晶馅

原料配方：猪板油600克，白糖400克。

工具设备：案板，砧板，厨刀。

工艺流程：猪板油→切丁→糖渍48小时→成品

制作方法：

①将猪板油撕去表面薄膜。

②切去带血的腥红部分，用刀切成 1 厘米见方的小丁。

③然后按板油丁与白糖为 3∶2 比例拌和均匀。

④待糖渍 48 小时以后即可作馅。

操作关键：

①选用猪板油，色泽要白。

②要去掉筋膜，切细丁，与白糖一起擦成泥状。

风味特点：色白细腻，甜润甘香。

品种介绍：水晶馅是一种生甜馅，熟后晶莹透明，口味肥浓。

（二）熟甜馅制作工艺

1. 概念

熟甜馅是指以植物的种子、果实、根茎等为主要原料，用糖、油炒制而成的一类甜馅。因加工中将其制成泥蓉状，所以也称为泥蓉馅。其特点是质地细腻、油润，甜而不腻，果香浓郁，是制作花色面点的理想馅心。常见的品种有豆沙馅、枣泥馅、山药馅、莲蓉馅等。

2. 制作案例

案例一：豆沙馅

原料配方：赤豆 750 克，白糖 750 克，色拉油 200 克，桂花酱 75 克。

工具设备：案板，炉灶，炒锅，铲子，毛刷，罗筛。

工艺流程：赤豆→加清水煮酥→搓擦去皮→熬豆沙→加入桂花酱搅拌→成品

制作方法：

①赤豆去杂质，洗净，加清水用大火烧开，然后改小火焖煮至豆酥烂。

②将煮酥的赤豆放入罗筛中，加水搓擦去皮，挤干水分，即成豆沙。

③锅内加少量的油、白糖炒出糖色后，再加入豆沙与白糖、油同炒。炒至豆沙中水分基本蒸发尽。

④最后加入桂花酱搅拌均匀，即成豆沙馅。

操作关键：

①煮豆时水要一次性加足，如中途实在需要加水，注意只能加热水不能加凉水，以防止把豆煮僵。

②煮豆时，避免多搅动，以防止影响传热和造成糊锅，影响豆沙馅的品质口味。

③出沙时要选用细罗筛，边加水边擦，以提高出沙率。

④炒制时，用小火不停地翻炒，炒至黏稠，深褐色油亮即成。

风味特点：色泽深褐，油亮爽口，软硬适度，口感细腻。

品种介绍：豆沙馅是一种大众化的甜馅，软硬适度，口感细腻。

案例二：莲蓉馅

原料配方：莲子750克，白糖750克，色拉油300克，碱5克。

工具设备：案板，炉灶，炒锅，铲子，毛刷，笼屉，罗筛。

工艺流程：莲子用碱泡→去除莲心→清洗干净→干蒸→加糖熬制→成品

制作方法：

①莲子放入沸水内加少许碱浸泡。

②用刷子刷去皮，去除莲心，清洗干净。

③将莲子入笼屉干蒸，至酥烂取出，捣成泥状。

④炒锅烧热，先下少许的油炒制，待糖熔化，倒入莲蓉，边铲边翻炒。

⑤然后继续加糖，炒至稠浓，水分蒸发，不沾锅与铲子，即可出锅。

操作关键：

①莲子去皮洗净后，应立即煮制，避免水泡太久，导致回生上色。

②莲子捣烂后，要用罗筛过筛，擦成细泥。

③火候掌握要适度，先用中火，后改用小火。

风味特点：色泽淡黄，莲香细腻。

品种介绍：莲蓉馅是一种常见甜馅，常常用来制作糕点。

三、浇头制作方法及案例

（一）浇头的概念

浇头就是指加在面上的菜肴。浇头一般是江南一带用来做面的配菜统称。它在各个地方的说法不一，或被称为卤儿，或被称为臊子，或被称为酱等。但都指的是放在主食上的配菜，有荤有素。

（二）浇头的种类

1. 浇头

苏式汤面的浇头花样繁多，浇头分为普通浇头和现炒浇头两种。普通浇头有焖肉、爆鱼、大排、炒肉、爆鳝、卤鸭等；现炒浇头有虾仁、鳝糊、腰花、肉丝、肚片等。总而言之，凡是能做成炒菜的，都可以成为浇头，浇头是盖浇类食物的灵魂。2018年，苏式汤面甚至创造了一项"浇头种类最多汤面"的世界纪录。苏式汤面会根据时令来选择浇头。例如，夏季吃大肉面，端午节前后吃三虾面，金秋蟹肥时吃秃黄油面，冬天吃蹄髈面，等等。以三虾面为例，这么一碗面，需要在特定的时间（河虾只有初夏间的两个月带籽），用非常贵的食材（活蹦乱跳的带籽河虾），以超出平常几倍时间的人工（以手为刀，剥出虾脑，刮下虾籽，再挤出虾仁）去制作。此所谓"三虾"，即是虾身上的三宝：虾子、虾脑、虾仁。"三虾"以太湖所产的白虾品质为上，渔民形象地称之为"蚕子虾"。这碗面十分费工夫，需先剔虾子，再剥虾仁。烹饪的时候要先起油锅，依次下浆好的虾仁、虾脑和虾籽，迅速翻炒几下即可出锅，中间除了少许料酒外，其他一点调料都不用加。烹饪好的三虾盛在盘中，虾仁、虾脑上沾满了虾籽，色泽鲜艳，香气扑鼻，让人垂涎欲滴。端上桌后，还要以每秒十下的速度去搅拌，确保每根面条都沾上虾籽；吃得时候还要用面条去裹着虾仁和虾脑一起放入嘴里。

2. 汤卤

和浇汤面和干拌面不同，浇卤面一般习惯用浓稠的"卤"作为浇头，使面条浸泡在卤汁里，入口黏稠浓郁。打卤面的卤分为"清卤"和"混卤"两种。清卤又叫氽子卤，在鲜美的清鸡汤白肉汤或者羊肉汤中卤上鸡蛋、口蘑、虾米、白肉等，再往煮熟的手擀面上浇上汤卤，撒上白胡椒，一碗清卤就完成了。而混卤则重在勾芡。吃起来挂在面条上的卤汁更为浓郁，每吃一口面，必定会把黏在面上的卤汁也吃进胃里。一碗面吃下来，卤汁也就没了。比较出名的浇卤面有华北打卤面、山西刀削面和潮汕粿汁。

3. 臊子

臊子，就是吃面条的时候在面条上浇的卤儿。北方河南、山西、陕西、甘肃一带一般都说臊子，而不说卤儿。臊子的种类很多，一碗好的臊子面，讲究的是五彩斑斓的臊子。黄色的鸡蛋皮、黑色的木耳、红色的胡萝卜、绿色的蒜苗、白色的豆腐、油鲜光亮的肉臊子，再加上酸辣清爽的炝锅汤，让人看了都忍不住要咽一咽口水。做猪肉臊子，要用上好的带皮五花肉切丁，与姜末、调味料一起炒至金黄。猪肉收缩后，再按顺序加入醋、酱油、水，煮到肉糜烂之后出锅。

四川面臊，其实就是外省人叫的面卤或是浇头。四川人习惯把面臊分为三种：汤汁面臊、稀卤面臊和干煸面臊。汤汁面臊是带有汤水的，如红烧牛肉面、清汤牛肉面、香菇炖鸡面等的面臊；稀卤面臊就是面臊比较浓稠，一般都有勾芡这一过程，如打卤面、大蒜鳝鱼面等的面臊就属此列；干煸面臊就是指炒制的面臊，面臊一般都比较干爽，像杂酱面和担担面的面臊就是此类。担担面的面臊非常有特色，我们习惯把它叫做"脆臊"，制作起来其实也不麻烦：取猪腿肉剁成肉末，甜面酱用少许油澥散；然后锅置火上，放少许油烧热，然后下肉末炒散，加料酒炒干水分，加盐、胡椒粉、味精调味，然后放入适量的甜面酱炒香，肉末呈现诱人的茶色（如果颜色较浅，可以加少许酱油），微微吐油就可以起锅备用了。

4.酱类

炸酱，通常作为炸酱面等主食的辅助作料，常作炸酱面的浇头，被北京人称为面码子。一般有肉末炸酱、鸡蛋炸酱、素炸酱等。炸酱的主要材料有猪绞肉、豆干、葱、大蒜、姜。炸酱面码的基本做法是将肉丁及葱姜等放在油里炒，再加入黄豆制作的黄酱或甜面酱炸炒，再配上黄瓜、青豆、胡萝卜等时令蔬菜制成菜码，这就完成了炸酱面的标配。

（三）浇头案例

1.普通浇头

案例一：焖肉

焖肉面是江南地区最著名的传统面食小吃之一。它采用猪五花肉加调料经宽汤焖制而成，肉质酥烂如豆腐，味鲜汁浓，颇受食客的喜爱。

原料配方：猪五花硬肋肉 1000 克，精盐 10 克，绍酒 150 克，葱结 30 克，姜块 15 克，八角 3 克，桂皮 5 克。

工具设备：案板，炉灶，炒锅，手勺，厨刀，砧板。

工艺流程：肋条肉治净→加入葱结、姜块（拍松）焖制→调味→微火焖→切片→成品

制作方法：

①将肋条肉洗刮干净，修切成长方条块，入清水锅（水平肉面），用旺火烧沸，撇去浮沫，锅离火，捞出肉，再用刀刮净洗清。

②将肉放回锅中，加葱结、姜块（拍松），盖上锅盖，上旺火烧沸，去盖，加入绍酒、八角、桂皮、精盐，肉面上用 3 只圆盘盖没，再将锅盖严，烧开后转微火焖约 3 小时（中间不能开盖）至酥烂，拣去葱姜，用笊篱捞出肉，抽去肋骨，即成焖肉。

③冷却后切成 1 厘米厚，放入冰箱冷藏保存。

操作关键：

①选用黑毛猪的硬肋条部位。

②大火烧开后，改用微火焖制。

③冷却后切厚片。

风味特点：汤汁清澄，焖肉细嫩，入口即化。

品种介绍：焖肉是焖制菜肴，肉酥烂成型，味道醇厚。

案例二：爆鱼

爆鱼又称熏鱼，是人们非常喜爱的特色鱼制品。它的制作工艺和配料简便，色、香、味俱美，宜于直接食用。宴席上常作冷盘、拼盘，也可作炒菜、烧菜或汤类的配料，是较高档的水产熟食品之一。

原料配方：青鱼中段 500 克，姜 15 克，葱 10 克，酱油 25 克，绍酒 15 克，白糖 10 克，生抽 15 克，色拉油 1000 克。

工具设备：案板，炉灶，炒锅，手勺，漏勺，砧板，厨刀。

工艺流程：鱼段切片用酱油、酒腌制→油炸上色→调汁浸泡→成品

制作方法：

①鱼从脊部纵分，每隔鱼骨节切成小块，用酱油、绍酒腌制 2 小时，沥干水。

②烧热油，将鱼逐块放入，炸至两边金黄，酥脆，捞出。

③倾出多余的油，爆香葱、姜，加少许水，下生抽、白糖、酱油适量，滚至汁浓。把炸好的鱼块放入调好的浓汁中，拌炒片刻，便可装盘。

操作关键：

①鱼块大小差不多。

②炸时不宜经常翻动，以免弄碎鱼块。

③卤汁挂裹均匀。

风味特点：色泽酱红，外酥里嫩，口味咸甜。

品种介绍：爆鱼又称熏鱼，是人们非常喜爱的特色鱼制品。它的制作工艺和配料简便，色、香、味俱美，宜于直接食用。

案例三：大排

原料配方：带骨猪大排 4 块，生抽 15 克，老抽 10 克，料酒 15 克，盐 1 克，冰糖 10 克，蚝油 10 克，清水 350 克，淀粉 1 勺，小葱 15 克。

工具设备：案板，炉灶，炒锅，手勺，厨刀，砧板。

工艺流程：大排肉拍松→加调味料腌制→先煎后烧→收汁→成品

制作方法：

①带骨猪大排洗净，放进保鲜袋里，用肉锤或者刀背把肉拍松、断筋。

②大排里加入适量老抽、生抽、料酒、盐抓匀，腌制 1 小时。

③大排入锅煎的时候加入一大勺淀粉抓匀。

④开中火把锅烧热，加入适量油，把大排放进去煎，煎到两面变色就可以盛出来备用。

⑤还用煎猪排的锅，放入小葱翻炒，放入猪大排、料酒，再加水没过猪排。

⑥开大火烧开，开锅后把浮沫捞出去。加入老抽、生抽、蚝油、冰糖、盐调味。

⑦盖上盖子，用中小火烧 15 分钟左右，最后用大火收汁。

操作关键：

①有筋的地方用刀划开，防止煎的时候肉卷起来。

②先煎后烧，大火烧开后，改中小火烧至入味。

风味特点：色泽红亮，口感酥嫩，口味甜咸。

品种介绍：猪排骨具有滋阴润燥、益精补血的功效，适宜气血不足，阴虚

纳差者。

猪排骨可提供人体生理活动必需的优质蛋白质、脂肪，尤其是丰富的钙质可维护骨骼健康。猪排骨既可油炸又可卤制，油炸要切得薄一点，卤制要切得稍微厚一点。

案例四：炒肉

原料配方：尖椒 250 克，猪肉丝 200 克，葱姜末 10 克，白糖 5 克，生抽 10克，盐 2 克，白胡椒粉 1 克，淀粉 10 克，鸡粉 5 克。

工具设备：案板，炉灶，炒锅，手勺，厨刀，砧板。

工艺流程：油烧热→下葱姜末爆香→下肉丝炒散→再下尖椒→炒匀→成品

制作方法：

①将肉丝用白糖、盐、淀粉、胡椒粉和鸡粉加少量水拌匀；尖椒切成丝。

②将锅中油烧热，下葱姜末爆香，下肉丝炒散，再下尖椒，翻炒几下，待快熟时，加入勾兑好的汁翻炒几下出锅即可。

操作关键：

①选用猪里脊或大排部位切肉丝。

②肉丝先煸炒，再加入尖椒丝翻炒断生，勾芡成菜。

风味特点：色泽微褐，肉丝鲜嫩，口味咸鲜。

品种介绍：辣椒炒肉，色泽鲜艳，瘦肉嫩滑、辣椒香辣，咸香可口，非常开胃、下饭，传统经典，百吃不腻。

案例五：爆鳝

原料配方：鳝鱼 750 克，小葱 15 克，大蒜（白皮）10 克，精盐 10 克，酱油 20 克，白醋 15 克，白糖 10 克，淀粉 10 克，白胡椒粉 3 克，味精 1 克，色拉油 1000 克（实耗 75 克）。

工具设备：案板，炉灶，炒锅，手勺，厨刀，砧板。

工艺流程：鳝鱼宰杀→剔除中骨、去内脏→剞十字花刀→切片→爆炒→调味芡汁→撒上白胡椒粉→成品

制作方法：

①鳝鱼宰杀，用厨刀从鳝鱼背脊剖开成 2 片，剔除中骨，去内脏、头、尾，肉面上剞十字花刀后，切成 3 厘米长的斜片。

②蒜头切米、葱切末。

③精盐、酱油、白醋、白糖、味精、湿淀粉调成芡汁。

④锅置旺火上，下花生油烧七成热时，将鳝鱼下锅爆 30 秒，倒入漏勺，迅速沥去油。

⑤锅留余油回旺火上，放入蒜米、葱段、鳝鱼片略煸一下，倒入芡汁，翻颠几下，撒上白胡椒粉即成。

操作关键：

①鳝鱼选用粗一点的，便于出骨，剞花刀。

②鳝鱼下锅爆之前，宜将水分吸干，防止水分油分爆出烫伤。

风味特点：色泽褐红，鳝片软嫩，口味咸甜。

品种介绍：鳝鱼有补气养血、温阳健脾、滋补肝肾、祛风通络等医疗保健功能。小暑前后一个月的夏鳝鱼最为滋补味美，特别适宜身体虚弱、气血不足、营养不良之人食用。

<h2 style="text-align:center">案例六：卤鸭</h2>

原料配方：新肥麻鸭1只，肥膘25克，红曲米粉15克，精盐5克，酱油25克，冰糖15克，桂皮10克，葱25克，姜15克，绍酒25克，八角10克，麻油15克。

工具设备：案板，炉灶，炒锅，手勺，厨刀，砧板，漏勺。

工艺流程：鸭治净→加调味料大锅炖→加冰糖收浓、淋入麻油拌匀→改刀装盘，浇上卤汁→成品

制作方法：

①先将鸭宰杀干净，焯水后捞起。

②用一大锅放上衬垫，先放入生姜、葱结、八角、桂皮，再放入麻鸭、肥膘，把红曲米水沥入锅内，放绍酒、酱油、精盐、部分冰糖，加水至淹没。

③先旺火烧沸，后改用文火煨2小时左右，再加剩余的冰糖收浓、淋入麻油拌匀起锅。

④稍冷后改刀装盘，浇上卤汁即可。

操作关键：

①选用当地麻鸭制作。

②炖制时大锅放上衬垫，以防粘锅底。

③炖制时先用大火烧开，然后用小火煨透。

风味特点：色泽红亮，酥烂入味，咸中带甜。

品种介绍：卤鸭是一道地方名菜，属于沪菜或者浙菜，主要原料是鸭肉。色泽红润光亮，卤汁稠浓醇口，肉质鲜嫩香甜。鸭肉中的脂肪酸熔点低，易于消化。民间认为鸭是"补虚劳的圣药"。

<h2 style="text-align:center">案例七：臊子</h2>

原料配方：猪肉350克，干辣椒15克，大葱15克，姜末10克，五香粉1克，辣椒面2克，陈醋15克，盐5克，色拉油15克。

工具设备：案板，炉灶，炒锅，手勺，厨刀，砧板。

工艺流程：猪肉切粒→中小火炒制→调味→出锅→成品

制作方法：

①猪肉切粒，锅中倒少许油，姜末和肉一起下锅，开始炒肉，一定要用中小火。

②锅中的油变清时，加入五香粉、葱段和干辣椒。

③稍炒一会，肉吸收了五香粉后，加入陈醋拌匀。

④最后加入盐、辣椒面，搅拌均匀即可出锅。

操作关键：

①臊子种类多，形状有大有小，还有的地方用牛肉做臊子。

②臊子用油煸透，调味协调。

风味特点：臊子红亮，酸辣鲜醇，肉香不腻。

品种介绍：臊子是万能的面酱，它是一种特殊的做法，多用于吃面。臊子做法其实不难，是将肉切丁，加以各种调料、香醋、辣椒等炒制而成的。

案例八：炸酱

原料配方：半肥瘦肉末 500 克，黄酱 1 袋，清水 150 毫升，京葱 1 根，老抽 15 克，绿豆芽 200 克，黄瓜 1 根，大蒜 15 克，醋 10 克。

工具设备：案板，炉灶，炒锅，手勺，厨刀，砧板，筷子，漏勺。

工艺流程：油烧热→放入京葱末翻炒→倒入肉末一起翻炒→倒入调匀的黄酱慢慢翻炒→加上配料→成品

制作方法：

①把老抽和黄酱倒入一个大碗内，然后加入 150 毫升清水用筷子慢慢调匀；京葱切成碎末备用。

②炒锅内倒入比炒菜时更多的油烧热，油热后放入京葱末翻炒半分钟，倒入肉末一起翻炒至变色脱生，然后倒入调匀的黄酱，用最小火慢慢翻炒 7 ~ 8 分钟即可。

③把洗净的绿豆芽放入沸水中焯烫一下马上捞出；黄瓜洗净后切成丝；大蒜剁成蒜末备用。

④最后把绿豆芽和黄瓜丝夹到碗内，盛入 1 勺炒好的炸酱及大蒜末，再倒少许醋拌匀即可。

操作关键：

①炒炸酱的猪肉最好选用半肥瘦的，油也要比炒菜的油稍微多一些，炒酱的时候用小火慢慢炒出来的酱才会特别香。

②绿豆芽在开水中焯烫 5 秒即可，不要烫得太软，有点脆脆的口感才好。

风味特点：色泽酱红，色调和谐，酱香浓郁。

品种介绍：炸酱，通常作为炸酱面等主食的辅助作料，一般有肉末炸酱、鸡蛋炸酱、素炸酱等。炸酱的主要材料有猪肉末、豆干、葱，大蒜、姜。

2. 现炒浇头

案例一：三虾

原料配方：虾仁 200 克，虾脑 25 克，虾籽 17.5 克，白酱油 150 克，鸡蛋 1 个，湿淀粉 75 克，干淀粉 25 克，精盐 15 克，味精 12 克，白糖 160 克，高粱酒 1.5 克，料酒 20 克，葱 4.5 克，姜 3.5 克，熟猪油 550 克（实耗 300 克），芝麻油 15 克。

工具设备：案板，炉灶，炒锅，手勺，筛子，漏勺。

工艺流程：三虾准备→留底油少许→放入葱末、虾脑翻炒→淋入料酒和少许姜汁→加水烧开→调味勾芡→倒入虾仁，淋上芝麻油→配上虾籽酱油→三虾浇头

制作方法：

①将产卵的大肚子河虾放入水桶内冲洗，待虾肚子的卵大部或全部脱落后，取出虾，然后倒入 40 眼的筛子内沥水，去掉壳就是虾籽。

②锅内倒入白酱油，加葱、姜各 2.5 克烧透，撇去浮沫，加入虾籽、高粱酒翻动几次，最后加入白糖 150 克烧开溶化，即成虾籽酱油约 150 克。

③将适量的雌虾头择下，放入沸水中煮透取出，剥去壳，取用一粒粒形似红米的虾脑 25 克。

④盆内放入虾仁 200 克，加鸡蛋清、精盐 5 克、干淀粉拌匀上浆。

⑤炒锅内加熟猪油，烧至七成热时，放入虾仁，用铁勺划散出锅，入漏勺沥油。锅内留底油少许，放入葱、姜末、虾脑翻炒，淋入料酒和少许姜汁，加水 200 克及精盐、白糖 10 克、味精烧沸，用湿淀粉勾芡，倒入虾仁，淋上芝麻油出锅。

⑥将虾籽酱油、虾仁、虾脑放在一起即为三虾浇头。

操作关键：

①买的新鲜河虾，雌河虾的腹部有虾籽，头部有虾膏。虾籽洗净沥干，加白酱油熬煮入味。

②将适量的雌虾头择下，放入沸水中，加点姜片、料酒煮熟，煮到变色后即可关火，剥去壳，取用一粒粒形似红米的虾脑（膏）。

③将虾剥出来虾仁，上浆后炒熟。

④这就是准备好的三虾：虾仁、虾籽、虾膏。

风味特点：虾仁肥美，嫩；虾籽饱满，鲜；虾脑硬实，香。

品种介绍：三虾作为浇头，有两种吃法，一种是汤面"过桥"，一种直接用来拌面。前者的面汤需用白汤，否则会盖住三虾浇头的鲜美；拌面则比较简单，直接拌葱油面，味道鲜美。三虾的原料并不稀奇，但是厨师剥虾仁、洗虾籽、出虾脑工序十分繁复，"重功轻料"一目了然。

案例二：鳝糊

原料配方：鳝鱼 300 克，冬笋 25 克，火腿 25 克，香葱 2 棵，香菜 5 棵，生姜 1 小块，大蒜 10 瓣，淀粉 10 克，食用油 30 克，麻油 1 小匙，酱油 2 小匙，高汤 1/2 大匙，料酒 1/2 大匙，胡椒粉 1 小匙，香醋 2 小匙，精盐 2 小匙，白糖 1 小匙，味精 1/2 小匙。

工具设备：案板，炉灶，炒锅，手勺，厨刀，砧板。

工艺流程：泡烫鳝鱼→划鳝→取鳝段→用热油将葱姜蒜煸透→浇上调味芡汁→撒上配料、蒜蓉，淋入醋、麻油→撒上胡椒粉→成品

制作方法：

①葱、香菜洗净切段，姜块洗净拍松；蒜洗净后部分剁成蓉；冬笋、火腿切丝；将冬笋丝、火腿用开水焯透，余下的葱段、姜块都切成末。

②把酱油、料酒、白糖、调湿的淀粉、高汤、味精调成芡汁。

③锅内放水，加入香醋、精盐、料酒、葱段、姜块。水开后放入活鳝鱼，立即盖上锅盖。

④水再开时，改用微火煮至鳝鱼肉发软，捞入凉水中；从鳝鱼的头部下方割去鳝鱼腹部的老肉，去掉鳝鱼骨，将其余的鳝鱼肉切成段，洗净后放在开水中焯一下，沥干水分。

⑤炒锅放油烧热，下葱末、姜末、蒜末，煸香后，投入鳝段炒透，再倒入芡汁，拌匀；淋上醋后把鳝鱼倒入盘中，撒上蒜蓉、冬笋丝、火腿丝、香菜段和胡椒粉，淋上热麻油即成。

操作关键：

①料酒、姜、葱的用量可略重，以便去腥。

②鳝段一盛出锅立即浇油，效果最好。

风味特点：鳝肉鲜美，香味浓郁，油润不腻。

品种介绍：鳝糊以新鲜鳝鱼为原料，把当天宰杀的鳝鱼去骨切成段后，放入佐料，爆炒。颜色偏深红，油润而不腻，新鲜可口。特点在于鳝肉鲜美、香味浓郁、开胃健身。

案例三：腰花

原料配方：猪腰子200克，冬笋片50克，水发木耳50克，酱油10克，醋10克，精盐3克，味精1克，绍酒20克，清汤10克，湿淀粉15克，麻油15克，蒜片15克，葱末10克。

工具设备：案板，炉灶，炒锅，手勺，厨刀，砧板，漏勺。

工艺流程：腰子洗净→剞成麦穗花刀→上浆→划油→加配料炒→调味勾芡→成品

制作方法：

①将腰子洗净，一剖两片，批去腰臊，剞成麦穗花刀，切成宽2厘米、长5厘米的条，加酱油入味，用湿淀粉拌匀待用。

②笋片、木耳用沸水锅淖一下，酱油、精盐、味精、绍酒、清汤、湿淀粉调成芡汁。

③炒锅内加入花生油，置旺火上烧热，将腰花入油滑至卷缩成麦穗状迅速

捞出，炒锅内留少量油，烧至五成热（约150℃）时，将蒜片、葱末放入煸炒，烹入醋、绍酒，加入冬笋片、木耳略炒，倒入芡汁，然后将腰花投入，迅速颠翻，淋上麻油出锅即成。

操作关键：

①腰子剖成麦穗花刀。

②滑油时温度为 90 ~ 120℃。

风味特点：腰花鲜嫩，造型美观，味道醇厚。

品种介绍：猪腰子具有补肾气、通膀胱、消积滞、止消渴之功效，是一道保健菜。

案例四：肉丝

原料配方：猪肉 200 克，青椒 100 克，精盐 5 克，味精 0.5 克，酱油 5 克，水淀粉 30 克，鲜汤 35 克，熟猪油 75 克。

工具设备：案板，炉灶，炒锅，手勺，厨刀，砧板。

工艺流程：主配料切丝→肉丝上浆→锅放油烧至六成热→下肉丝炒散→放青椒炒匀→烹入芡汁→起锅装盘

制作方法：

①青椒摘洗干净，切成约 3 毫米粗的丝，淘洗去子。

②猪肉切 10 厘米长、3 毫米粗的粗丝，放入碗内，加盐、水淀粉拌匀。

③精盐、酱油、味精、水淀粉、鲜汤兑成芡汁。

④青椒入锅加适量油、盐炒至断生，盛盘。

⑤炒锅置旺火上，放油烧至六成热，下肉丝炒散，放青椒炒匀，烹入芡汁，翻炒几下起锅装盘即成。

操作关键：

①刀工要均匀，丝条粗细一致。

②肉丝青椒要炒拌均匀。

风味特点：色泽美观，质嫩味美，色调和谐。

品种介绍：青椒肉丝是以青椒为主要食材的家常菜，口味香辣，菜品色香味俱全，操作简单，营养价值丰富。

案例五：肚片

原料配方：熟猪肚 1 个，青椒片 25 克，红椒片 25 克，木耳 15 克，葱末 15 克，姜末 10 克，酱油 15 克，料酒 15 克，味精 0.5 克，精盐 2 克，水淀粉 15 克，麻油 25 克，花椒油 15 克。

工具设备：案板，炉灶，炒锅，手勺，厨刀，砧板，漏勺。

工艺流程：炒锅内放入麻油烧热→葱、姜末爆香→放入肚片→调味→放青红椒片及木耳翻炒→勾芡→淋油→成品

制作方法：

①将熟猪肚切成长 5 厘米、宽 2.5 厘米的片，用开水余烫过捞出。

②炒锅内放入麻油至五成热时，放入葱、姜末爆香，随即放入肚片，加酱油、精盐、料酒调味，下青红椒片、木耳后，以大火快速翻炒，用水淀粉勾上薄芡，放入味精，淋上花椒油，翻炒味匀后盛盘即可。

操作关键：

①肚片要用斜批的方法改刀成片。

②主料配料要炒匀，芡汁宜薄不宜厚。

风味特点：色泽牙黄，口感软韧，口味微麻。

品种介绍：青椒肚片是一道大众家常菜，制作简单。烹调时用大火炒制，勾薄芡即可。

案例六：虾爆鳝

原料配方：去骨鳝片 220 克，浆虾仁 100 克，葱末 2 克，姜末 1 克，清汤 100 克，绍酒 2 克，酱油 35 克，白糖 15 克，味精 2 克，芝麻油 10 克，熟菜油 500 克（实耗约 30 克），熟猪油 60 克。

工具设备：案板，炉灶，炒锅，手勺，漏勺，厨刀，砧板。

工艺流程：虾仁滑油→鳝片略炸→葱姜煸香→鳝片炒匀→调味烧入味→勾芡→淋油→盛在碗中待用

制作方法：

①用旺火沸水锅将浆虾仁放入余滑约 10 秒钟，见虾仁呈玉白色即用漏勺捞起备用（如用熟猪油滑余，3 秒钟即可）。

②鳝鱼切成长 8 厘米左右的段，清水洗净，沥干。炒锅在旺火上烧热，用油滑锅后，下菜油，待油烧至八成熟时，将鳝片入锅冲炸约 3 分钟，用筷子划动，至鳝片皮起小泡，有"沙沙"声时倒入漏勺，沥干油。

③锅内放猪油 10 克左右，投入葱末、姜末略煸，将爆过的鳝片入锅同煸，加入酱油、绍酒、糖、清汤 100 克，烧约 1 分钟，见汤汁剩下一半时，加入味精 2 克，随即起锅，盛在碗中待用。

操作关键：

①鳝鱼宜选用拇指粗的活鳝，余熟后划去背脊骨，成两侧的肉相连的双排鳝片（俗称"双背"）。

②虾仁要用鲜河虾，挤取虾仁后用盐及少许酒渍过，再用湿淀粉上浆，置冰箱冷藏后再使用，以保持虾仁的滑嫩。

风味特点：色泽褐红，虾仁洁白，鳝片脆嫩，口味咸鲜。

品种介绍：虾爆鳝是虾爆鳝面的浇头。虾爆鳝面是浙江杭州市百年老店奎元馆的特色传统风味名吃。它选用精白面粉、出骨鳝鱼、鲜河虾仁作原料，经"素油爆、荤油炒、麻油浇"等多道工序精巧烹调而成，具有面条柔滑、虾仁洁白、鳝鱼香脆的特色，被誉为"天下第一面"。

案例七：秃黄油

原料配方：蟹黄蟹膏 500 克，熟猪油 150 克，花雕酒 30 克，醋 15 克，姜末 15 克，精盐 3 克，白胡椒粉 1 克。

工具设备：案板，炉灶，炒锅，手勺。

工艺流程：熟猪油入锅烧热→姜末煸香→放入蟹黄蟹膏炒匀→加入花雕酒去腥味→加入醋和盐调味即可

制作方法：

①将熟猪油入锅烧热，放入姜末煸香。

②放入蟹黄蟹膏炒匀，加入花雕酒去腥味。

③最后加入醋和盐调味即可。

操作关键：

①选择新鲜的蟹黄蟹膏。

②姜末爆香，黄酒焖透。

风味特点：色泽深黄，油光透亮，香气浓郁。

品种介绍：秃（tei）黄油，是秃黄油面的浇头。秃黄油是苏州方言。秃，音近似"忒"，是"只有"或"独有"的意思，黄油即蟹黄、蟹膏，之所以叫"秃黄油"，是因为它只选蟹膏和蟹黄，不掺杂一丝蟹肉在其中，可以说是蛮奢侈的一种吃法了。

案例八：青头

青头是用各种蔬菜制成的面卤，分为生、熟两种。生的有蒜泥、蒜花、漂儿菜（春季腌制的青菜）；熟的有小青菜、川芎、青椒，将这些蔬菜择洗后，用沸水焯熟，切成丝或段即成。

四、汤卤制作方法及案例

（一）汤卤的概念

汤卤分为汤和卤两个部分。

汤是将制汤原料随清水下入锅中煮制，通过较长时间加热，使汤料中所含的营养成分和鲜味物质充分析出，溶于汤中，使汤味道鲜美、营养丰富，这种汤常以鲜汤名之。

卤是在汤的基础上，加上配料，最后用湿淀粉勾芡后使汤汁浓稠。

和江南的精细雅致一样，苏式汤面的汤、面和浇头都大有讲究。汤为灵魂，面为精髓，锦上添花的浇头则最能展现苏式汤面的性格。作为面食故乡的山西，刀削面的浇头种类也十分繁多，卤更是其精髓。有一品猪肉卤、酱香牛肉卤、茄子肉丁卤、金针木耳鸡蛋卤、肉丝什锦卤，等等。而这些山西人称为"调和"的浇头，一般都是精选肉类外加几十种中草药一起在骨汤中熬煮而成，不仅味道独特，还有潜阳滋阴的功效。到了以米为主食的南方，浇头中的卤自然就撒在米制品或者米饭上了。遍地都是美食的潮汕就有独特的粿汁。这里的粿指的是用米浆制成的粿片，而汁则是淋在其上的卤汁，一般包含卤猪肠、卤肉、卤蛋、豆干或菜尾等。

（二）汤卤的种类

1. 汤的种类

汤可区分为荤汤和素汤。荤汤按原料品种不同分为鸡汤、鸭汤、鱼汤、海鲜汤等；按汤色不同可分为毛汤、白汤和清汤三种。素汤按原料品种不同分为豆芽汤、香菇汤、鲜笋汤、口蘑汤等；按汤色不同也分为素白汤和素清汤。

（1）荤汤

毛汤是用猪骨、鸡鸭骨架、碎肉头，并添加猪肉、鸡鸭肉一起煮制而成的汤。制汤时先将汤料焯水洗净，下入冷水锅中烧沸，初始阶段出现的浮沫要撇除，继续用中等火力煮制 3 ~ 4 小时即可使用。煮制毛汤时常把整鸡、整鸭，猪肘之类的整料一起煮些时间，作为这类整料的初熟处理，可提高毛汤的质量，制出的毛汤色泽浑白，常是供制作一般菜肴或汤菜之需，也可作进一步加工白汤的底汤。

白汤是用猪蹄髈、脚爪、猪肉、猪骨、鸡鸭骨架、鸡爪、鸡翅等制成的。汤料焯水洗净后，下入冷水锅中用旺火烧沸，撇除浮沫，下入葱、嫩姜、料酒等调料，持续用较强火力加热把汤煮成乳白色即可。或者用毛汤作为底汤，经适当加工后，促使其色泽乳白。第一做法是在毛汤中加进猪大油、猪骨，旺火催开，促使汤变浓转白。第二种做法是在毛汤中加进猪口条、猪肚之类，并酌加鲜姜、小葱，用中等以上火力煮制，汤色变白。第三种做法是在锅底留少量猪大油，加适量面粉用猪油炒散，待面粉泛起小泡，冲入毛汤，旺火烧沸，持续加热一段时间至汤呈乳白色。一般白汤供制作白汁菜使用。

清汤是选用老母鸡，开膛除内脏，焯水清洗干净，下入冷水锅中，加进葱、姜，旺火催开，撇去浮沫，改用小火加热，汤面保持微沸不腾状，炖煮数小时之久。最后放进食盐，制成的汤味鲜美较清澈，制汤时可添加猪瘦肉、火腿同煮。以老母鸡制取清汤是传统的方法，采用小火以至微火长时间炖煮，品色甚佳。

（2）素汤

素白汤色泽乳白、清香鲜醇，所用原料为黄豆、黄豆芽、豆腐、腐竹等蛋白质、脂肪、磷脂都很丰富的原料，或用鲜笋等蛋白质含重高、颜色浅的原料。

素白汤鲜醇的味道，是由植物蛋白中的各种氨基酸和核酸中的核苷酸形成的，因此，要想使汤味鲜醇，必须用大火长时间加热，使上述物质溶解在水中。加热的时间依原料的情况而定，一般黄豆和笋需要 2～3 小时；豆芽和豆腐 30 分钟左右。素白汤的颜色主要来自蛋白质、脂肪、磷脂的乳化液和植物色素。一般植物色素的颜色比较稳定，而乳化液形成的颜色由于不存在胶原蛋白这种乳化剂，致使素白汤的颜色稳定性较差，因此，素白汤最好现用现制。

素清汤激香醇、色泽黯淡。所用原料为香菇、口蘑、南瓜花、鲜笋等含蛋白质、核酸、维生素丰富的原料。素清汤根据原料的不同，一般有两种加热方法。香菇、口蘑、植物的花蕾味道虽好，但质地很嫩无法加热取其味。这时应采取温水浸泡的方法，使原料中的水溶性物质溶解在水中，因为这类原料中有许多香气物质具有很好的水溶性。原料浸泡之后捞出另用，浸泡原料的汤汁过滤后在锅中加热浓缩，经味精和盐调味后便可制成素清汤。鲜笋等质稍硬的原料，应在水锅中用小火慢慢吊制，使原料中的鲜味和香味物质溶在水中，加热时汤体不能振动，以免汤浑，吊制的时间一般为 1～3 小时。

2. 卤的种类

卤分"清卤""混卤"两种，清又叫氽儿卤，混卤又叫勾芡卤，做法不同，吃到嘴里滋味也两样。打卤不论清、混都讲究好汤，清鸡汤、白肉汤、羊肉汤都好，还有口蘑丁熬的，汤清味正，是汤料中隽品。

氽儿卤除了白肉或羊肉香菇、口蘑、干虾米、摊鸡蛋、鲜笋等一律切丁外，北方人还要放上点鹿角菜，最后撒上点新磨的白胡椒，生鲜香菜，辣中带鲜，才算作料齐全。做氽儿卤一定要比一般汤水口重点，否则一加上面，就觉出淡而无味来了。既然叫卤，稠乎乎的才名实相符，所以勾了芡的卤才算正宗。

勾芡的混卤，做起来手续就比氽儿卤复杂了，作料跟氽儿卤大致差不多，只是取消鹿角菜，改成木耳、黄花，鸡蛋要打匀甩在卤上，如果再加上火腿、鸡片、海参又叫三鲜卤，所有配料一律改为切片。在起锅之前，用铁勺炸点花椒油，趁热往卤上一浇，"嘶拉"一响，椒香四溢。

（三）汤卤案例

1. 汤类案例

（1）荤汤

案例一：鸡汤

原料配方：土鸡 1 只（约 1750 克），葱白 4 段，姜 4 片，大枣 25 克，枸杞 15 克，清水 5000 克，食盐 5 克。

工具设备：案板，炉灶，炒锅，手勺，厨刀，砧板，漏勺。

工艺流程：土鸡治净→焯水→加葱姜，清水炖→加大枣和枸杞续炖→盐调

味→成品

制作方法：

①土鸡洗净，控水；入开水锅中焯 2 分钟，捞出。

②另起锅，放入焯好的土鸡，加入葱姜，加没过鸡的清水，用大火烧开。

③转小火炖 1 小时，捞出葱姜弃之。

④添加冲洗干净的大枣和枸杞，小火继续炖 30 分钟。

⑤起锅前调入适量食盐即可。

操作关键：

①土鸡治净；焯水去污。

②大火烧开后，改用小火炖制。

风味特点：色泽浅黄，鸡汤鲜醇。

品种介绍：鸡汤乃家常做法，味美经典。

案例二：鱼汤

原料配方：活鲫鱼 3000 克，虾籽 50 克，鳝鱼骨 1000 克，白胡椒粉 25 克，生姜 50 克，绍酒 50 克，香葱 100 克，熟猪油 2500 克（耗 300 克），开水 10 千克。

工具设备：案板，炉灶，炒锅，手勺，漏勺，淘罗，细筛。

工艺流程：鲫鱼炸酥、鳝鱼骨煸透→三次煮汤→三次汤混合→放入虾籽、绍酒、姜、葱 烧透→用细筛过滤→成品

制作方法：

①鲫鱼洗净，入猪油锅中炸酥。另将鳝鱼骨洗净放入锅内煸透。

②锅中放水 4000 克，投入炸好的鲫鱼和鳝鱼骨烧沸，待汤色转白后加入熟猪油 50 克，大火烧透，然后用淘罗过清鱼渣，成为第一份白汤。

③将熬过的全部鱼骨倒入铁锅内，先用文火烘干，然后放入熟猪油 150 克，用大火把鱼骨煸透，加入开水 3000 克，烧沸后再加熟猪油 50 克，大火烧沸，过清鱼渣，成为第二份白汤。

④用熬制第二份白汤的方法和用料，将开水 3000 克熬成第三份白汤。然后将三份白汤混合下锅，放入虾籽、绍酒、姜、葱 烧透，用细筛过滤，撒入白胡椒粉。

操作关键：

①选择小的活鲫鱼和鳝鱼骨制汤。

②烧汤时用大火烧开，中火煮汤。

③最后过滤鱼汤，去鱼的杂刺。

风味特点：色泽洁白，口感醇厚，味道鲜醇。

品种介绍：鱼的营养十分丰富，食疗功效不可小视，而且不同种类的鱼保健功能也不尽相同，所以常常成为诸多靓汤的主料。鱼汤洁白，味美醇厚。

案例三：鸭汤

原料配方：老鸭 1800 克，酸萝卜 400 克，老姜 1 块，花椒四五粒。

工具设备：案板，炉灶，炒锅，手勺，厨刀，砧板，漏勺。

工艺流程：老鸭治净、切块→翻炒→加开水配料炖制→成品

制作方法：

①将老鸭取出内脏后洗净、切块；酸萝卜清水冲洗后切片，老姜拍烂待用。

②将鸭块倒入干锅中翻炒，待水汽收住即可（不用另外加油）。

③水烧开后倒入炒好的鸭块、酸萝卜，加入备好的老姜、花椒。

④将鸭块连同汤水倒入炖锅，慢火煨上 2 个小时。

操作关键：

①鸭块不宜太大，以入口方便为宜。

②煮到鸭肉酥烂为佳。

风味特点：色泽洁白，口味酸醇，鸭肉酥烂。

品种介绍：清炖鸭汤具有补虚养身、健脾开胃、营养不良、清热去火等调理功效。

案例四：骨汤

原料配方：筒子骨 1500 克，葱结 1 个，生姜 1 小块，绍酒 50 克，清水 3 千克。

工具设备：案板，炉灶，炒锅，手勺，厨刀，砧板，漏勺。

工艺流程：骨头砍成块→温热水洗净→加清水、葱姜→大火烧开→小火炖制→成品

制作方法：

①将骨头砍成块，放入温热水中，将骨头逐块洗清爽，尤其是骨头缝里的血沫、杂质，都要清洗。

②放入锅中，加入葱、姜，然后放入冷水，冷水最好一次性加足。

③用大火烧开，撇去浮沫（根据肉质，可能要撇 1～2 次），转小火慢慢加温炖。

④撇去浮沫（根据肉质，可能要撇 1～2 次）后，转小火炖，然后倒入绍酒。

⑤炖至 2～3 小时后出汤，即完成出汤。

操作关键：

①骨头要洗净。

②大火烧开后，浮沫要撇净。

③大火烧开后，转小火炖制。

风味特点：色泽澄清，味道鲜醇。

品种介绍：大骨头汤是大家常喝的汤之一，因为骨头汤里含有大量的磷酸钙、骨胶原、骨黏蛋白，可以提供人体所需的钙，尤其老人与小孩最为适合。

（2）素汤

案例一：黄豆芽汤

原料配方：黄豆芽 3 千克，清水 5 千克，豆油 100 克。

工具设备：案板，炉灶，炒锅，手勺。

工艺流程：黄豆芽→煸炒→加清水→大火烧开→成品

制作方法：

①将黄豆芽在油锅中煸炒至八成熟，倒入汤锅中，加清水。

②用旺火焖煮 50 分钟左右，待汤汁呈乳白色，汁浓味鲜时，滤去豆芽即成。

操作关键：

①黄豆芽在豆油中煸炒一下。

②大火烧开后，继续保持大火，这样汤色较白。

风味特点：色泽乳白，味道鲜美。

品种介绍：黄豆芽汤为家常素汤之一。

案例二：鲜笋汤

原料配方：鲜笋 2 千克，清水 6 千克。

工具设备：案板，炉灶，炒锅，手勺，厨刀，砧板，漏勺。

工艺流程：笋尖与笋根→分开煮汤→合二为一→成品

制作方法：

①将笋尖与笋根切分开，笋根入汤锅中加水 4 千克，用小火煮 3 小时左右，待汤汁变浓时将笋根捞出另用。

②与此同时，另用一只汤锅，将笋尖放入，加清水 2 千克，用小火煮焖 1 小时左右，同样待汤汁变浓时捞出笋尖另用。

③将笋根汤和笋尖汤合二为一，以小火炖制均匀，便制得鲜笋汤。

操作关键：

①笋尖和笋根部分分开煮汤。

②笋根汤和笋尖汤合二为一，再用小火炖制一下。

风味特点：色泽黄绿，汤清香鲜。

品种介绍：鲜笋汤也是家常素汤之一。

案例三：口蘑汤

原料配方：干口蘑 500 克，清水 1500 克。

工具设备：案板，炉灶，炒锅，手勺，漏勺。

工艺流程：干口蘑洗净→加清水焖煮→滤汤即可

制作方法：

①取干口蘑 500 克，用清水洗净。

②洗净的口蘑放入炒锅加清水 1500 克烧开，改用小火煮 30 分钟左右，待

口蘑发透无硬心时，将口蘑捞出另用。

③口蘑沉淀后，取上层清汤过滤即可。

操作关键：

①注意口蘑洗的时间不要太长，以免味道流失。

②煮好口蘑汤需要静置，取其上层滤清汁。

风味特点：汤汁灰黯、汤味鲜醇。

品种介绍：口蘑汤也为家常素汤之一。

案例四：香菇汤

原料配方：干香菇 500 克，温水 3 千克，清水 3 千克。

工具设备：案板，炉灶，汤锅，手勺，漏勺，纱布，剪刀。

工艺流程：菌盖泡开取汁→菌柄煮汤→二汤合为一→成品

制作方法：

①取干香菇 500 克，先将菌柄和菌盖剪开。

②菌盖用 70℃的温水浸泡 2 小时左右，水量大约 3 千克。泡好的菌盖用手挤出原汁，再加少量清水抓捏一次。把两次挤出的水合二为一，经沉淀去泥沙，再用纱布滤去杂质。

③与此同时，另将菌柄放入汤锅中，加清水 3 千克煮 2 小时左右捞出。煮菌柄的汤经沉淀用纱布滤去杂质。

④将泡菌盖的汤和煮菌柄的汤合二为一，并用火烧开即得香菇汤。

操作关键：

①菌盖、菌柄分开加工制汤。

②两种汤合并前需要沉淀澄清。

风味特点：色如红茶，味道鲜香。

品种介绍：香菇汤也为家常素汤之一。

2. 卤类案例

案例一：家常汤卤

原料配方：五花肉 250 克，黄豆芽 150 克，蒜薹 150 克，豆角 150 克，芹菜 100 克，盐 3 克，鸡精 2 克，葱 15 克，蒜 10 克，八角 1 颗，干辣椒 3 个，老抽 10 克，色拉油 50 克。

工具设备：案板，炉灶，炒锅，手勺，厨刀，砧板。

工艺流程：主配料加工→锅内油烧热→下调味料煸香→下主配料炒匀调味→加水烧开成汤卤

制作方法：

①豆角、蒜薹、五花肉、黄豆芽择好，洗净。

②豆角、蒜薹切 2.5 厘米的段，五花肉切薄片。

③蒜切碎，葱斜切片。

④锅内少许油烧热，放入五花肉煸至金黄，捞出备用。

⑤锅内留适量油，下八角、干辣椒小火煸香。转中火放葱蒜炒香。倒入蒜薹、豆角炒1分钟。加入黄豆芽、芹菜继续炒1分钟，倒入炒好的五花肉、老抽、盐、鸡精炒匀。

⑥加水到菜的3/4处烧开后关火。

操作关键：

①选择带肥带瘦的五花肉，口感较好。

②蔬菜品种可以按照季节调配。

③根据具体情况决定是否勾芡。

④蔬菜不用炒熟，拌上面条后还要上锅蒸。

风味特点：色泽鲜艳，荤素搭配，口味咸鲜。

品种介绍：此汤卤搭配河南风味的卤面，该面条是由各种配料做成卤汤与面条、配菜两蒸两拌制作而来，距今已有近两千年的历史，是世界上最早的快餐，观之金黄、嚼之筋道、闻之幽香。

案例二：金针木耳鸡蛋卤

原料配方：金针菜8克（干），木耳（干）5克，猪肉50克，鸡蛋1个，味极鲜15克，精盐3克，清水100克，葱15克，生姜10克，大蒜头2瓣，花生油50克，湿淀粉15克，白胡椒粉1克，香菜末10克，花椒10粒。

工具设备：案板，炉灶，炒锅，手勺，厨刀。

工艺流程：主配料加工→锅内放花生油烧热→放入猪肉丝炒散→加水主配料炒匀→勾芡→泼入蛋液→撒胡椒粉、香菜末→淋花椒油→成品

制作方法：

①干金针菜和干木耳用水泡软，洗净后分别切段、切片。

②葱姜蒜各切片，猪肉洗净切丝。

③锅内放花生油烧热，放入猪肉丝炒散，加上葱姜蒜片炒香，再加上金针菜和黑木耳炒匀，加上味极鲜、精盐调味。

④加上清水，待水开后，用湿淀粉勾芡；然后关火慢慢泼入蛋液，静待成蛋花，撒胡椒粉、香菜末。

⑤最后用炒锅，炸少量花椒油，再把热花椒油泼在卤面上增香，打卤完成。

操作关键：

①猪肉选择带肥带瘦的五花肉，口感较好。

②鸡蛋花制作也有讲究，别把蛋液泼在滚开的汤里，这样就全碎了，不好看。待卤汁煮好之后，关火，再将蛋液转着圈慢慢淋入锅中，静待片刻，待蛋花凝固成片状即成。

③卤不要太咸，一半卤一半面条即可。

风味特点：色泽鲜艳，荤素搭配，口味咸鲜。

品种介绍：金针木耳鸡蛋卤常常用面条的打卤，面香卤鲜，特色鲜明，家常经典。

总 结

1. 本章通过面点馅心概念的讲解，让学生了解面点馅心的特点，熟悉其生产工艺。

2. 掌握各类面点馅心的制作方法。

3. 掌握各种汤卤、浇头的制作方法。

思考题

1. 馅心的概念是什么？

2. 简述馅心的重要性。

3. 馅心是如何分类的？

4. 馅心的制作要求有哪些？

5. 馅心原料的加工处理常常有哪些方法？

6. 馅心原料的形状处理方法有哪些？

7. 简述面粉熟化及其过程。

8. 简述糯米熟化及其过程。

9. 馅心的制作原理是什么？

10. 水打馅的掺水原理是什么？

11. 皮冻如何制作？

12. 简述甜馅的掺粉工艺及其原理。

13. 介绍一种特色浇头，并阐述其制作过程。

14. 介绍一种汤或卤，并阐述其制作过程。

第八章

面点的成型

课题名称：面点的成型

课题内容：面点成型概述
　　　　　面点的成型方法

课题时间：10课时

训练目的：让学生了解面点成型的方法，掌握面点的基本形态。

教学方式：由教师分类示范面点的成型方法。

教学要求：1. 让学生了解相关的概念。

　　　　　2. 掌握面点成型的方法。

课前准备：准备一些原料，进行示范演示，掌握面点成型特点。

面点的形状可谓是千姿百态、肖物象形，极大地丰富了我国面点的品种。面点与菜肴一样讲究色、香、味、形、器、质、养的和谐相融，其中"形"是一个很重要的方面，它与色、器等特征有机地组合在一起，给人以视觉的冲击，耐人寻味。

第一节　面点成型概述

面点成型是一道具有较高技术性和艺术性的工序，它在面点制作中占有重要的地位，既能使面点制品花色繁多、形态美观，又能形成面点的特色，如包、饺、糕、团等，其色泽鲜艳、形态美观，体现了我国面点独有的特色。

一、面点的基本形态

我国面点经过几千年的发展，品种层出不穷，具体造型呈现千姿百态，点、线、面、体应有尽有，可谓洋洋大观，表现了面点成型的魅力。

（一）按面点制品的常见形态来分

我国面点按面点制品的常见形态来分，有糕、团、饼、粉、条、块、包、卷、饺、酥、羹、冻、饭粥、其他类等形态。

1. 糕类

糕类多以米粉、面粉、鸡蛋等为主要原料制作而成。米粉类的糕有：松质糕，如五色小圆松糕、赤豆猪油松糕等；黏质糕，如猪油白糖年糕、玫瑰百果蜜糕等；发酵糕类，如伦教糕、棉花糕等。面粉类的糕有千层油糕、蜂糖糕等。蛋糕类有清蛋糕、花式蛋糕等。其他还有山药糕、马蹄糕、栗糕、花生糕等用水果、干果、杂粮、蔬菜等制作的糕。

2. 团类

团类常与糕并称糕团，一般以米粉为主要原料制作，多为球形。品种有：生粉团，如汤团、鸽子圆子等；熟粉团，如双馅团等；其他还有果馅元宵、麻团等品种。

3. 饼类

饼类历史最为悠久。根据坯皮的不同可以分为：水面饼，如薄饼、清油饼等；酵面饼类，如黄桥烧饼、酒酿饼、普通烧饼等；酥面饼类，如葱油酥饼、苏式月饼等；其他还有米粉制作的煎米饼、子孙饼、发酵米饼等；蛋面制作的肴肉锅饼、牛肉锅饼、韭黄锅饼等；果蔬杂粮制作的荸荠饼、桂花粟饼、土豆饼、南瓜饼等。

4. 粉类

粉类通常是指粉状的面点品种，如京果粉、焦屑（用面粉炒制的）、藕粉、荸荠粉等。此外，还有粒状的炒米等面点品种。

5. 条类

条类主要指面条、米线等长条形的面点。面条类有：酱汁卤面，如担担面、炸酱面、打卤面等；汤面，如清汤面、花色汤面等；炒面，如素炒面、伊府面等；其他还有凉面、焖面、烩面等品种。此外，油条、云南的过桥米线、桂林米粉等也属于条类制品。

6. 块类

块类主要指块状的面点品种，可以为方块、三角块、长方块、不规则块等，常见于米粉、面粉制作的糕类、团类，如扬州方糕、马拉糕、蜂糖糕、蛋糕等。

7. 包类

包类主要指各式包子，大都属于发酵面团。其种类花样较多，根据形状分为提褶包，如三丁包子、小笼包、菜肉包等；花式包，如寿桃包、金鱼包、秋叶包等；无缝包，如糖包、水晶包、奶黄包等。

8. 卷类

卷类用料范围广，品种变化多。酵面卷：花卷，如四喜卷、蝴蝶卷、菊花卷等；折叠卷，如猪爪卷；抻切卷，如银丝卷、鸡丝卷等；米（粉）团卷，如如意芝麻凉卷等；蛋糕卷，如果酱蛋糕卷等；酥皮卷，如酥皮肉卷、酥皮苹果卷等；饼皮卷，如芝麻鲜奶卷等；其他还有春卷、腊肠卷等特殊的品种。

9. 饺类

饺类花色品种较多，按其形状分为：木鱼形，如水饺、馄饨等；月牙形，如蒸饺、水饺等；梳背形，如虾饺等；牛角形，如锅贴等；雀头形，如小馄饨等；还有其他象形品种，如花式蒸饺等。

按其用料分则有：水面饺类，如水饺、蒸饺、锅贴；油面饺类，如咖喱酥饺、眉毛酥饺等；其他还有如澄面虾饺、玉米面蒸饺等。

10. 酥类

酥类大多为水油面皮酥类。按照酥层呈现方式分为：明酥，如橄榄酥、萱化酥、藕丝酥、木桶酥、鱿鱼酥、灯笼酥等；暗酥，如双麻酥饼、黄桥烧饼等；半暗酥，如苹果酥、蟠桃酥、雪梨酥等。其他还有桃酥、莲蓉甘露酥等混酥品种。

11. 羹类

羹，从羔、从美。古人的主要肉食是羊肉，所以用"羔""美"会意，表示肉的味道鲜美。现在面点中的羹一般是采用本身含有淀粉的粉质原料或是对小型原料（如丁、丝、片、粒）采用蒸、煮、烩、炖等烹调方法，一般都需勾羹形成半汤半菜类的菜点。其口味醇厚，味型多变，但大都为甜食。如藕羹、玉米羹、南瓜羹、木瓜羹、鸡蛋羹等。

12. 冻类

冻类多为夏季时令品种，以甜食为主，常以琼脂、明胶等原料作为凝冻剂进行制作，如西瓜冻、山楂冻及各种果冻等。

13. 饭粥类

饭粥类可分为饭类和粥类。饭类是我国广大人民尤其是南方人的主食，可分为普通米饭和花式米饭两种。普通米饭又分为蒸饭、焖饭等；花式饭则可分为炒饭、盖浇饭、菜饭和八宝饭等。

粥类这也是我国广大人民的主食之一，分为普通粥和花式粥两类。普通粥又分为煮粥和焖粥。花式粥则可分为甜味粥，如绿豆粥、腊八粥等；咸味粥，如鱼片粥、皮蛋粥等。

14. 其他类

除了前面已提到的面点形态外，还有一些常见的品种如馒头、麻花、粽子、烧麦等，也是人们所喜爱的大众化品种。

（二）按面点成型的风格来分

我国面点按面点成型的风格来分，又有仿几何形、仿植物形、仿动物形以及其他组合造型之别。

1. 仿几何形

仿几何形是造型艺术的基础。几何形状在面点造型中被大量采用，它是模仿生活中的各种几何形状制作而成。

几何形又可分为单体几何形和组合式几何形。单体几何形如汤圆、藕粉团子的圆形；粽子的三角形、梯形；扬州方糕、四喜饺子的方形；锅饼、烧饼的长方形；千层油糕、蜂糖糕的菱形等。立体裱花蛋糕则是由几块大小不一的几何体组合而成，再加上与各种裱花造型的组合，形成美观的立体造型。总体上看这种蛋糕即属于组合式几何形。

2. 仿植物形

这是面点制作中常见的造型，尤其是一些花式面点，讲究形态，往往是模仿自然界中植物的根、茎、叶、花、果实等形状而制成。如花卉，像船点中的月季花、牡丹花；油酥制品中的荷花酥、百合酥、海棠酥；水调制品中的兰花饺、梅花饺等。也有模仿水果的，像酵面中的石榴包、寿桃包、葫芦包等，而船点中就更多了，如柿子、雪梨、葡萄、橘子、苹果等。模仿蔬菜的有青椒、萝卜、蚕豆、花生等。

3. 仿动物形

仿动物形也是较为广泛的一种造型，如酵面中的刺猬包、金鱼包、蝙蝠夹、蝴蝶夹等；水调面点中的蜻蜓饺、燕子饺、知了饺、鸽饺等；船点中就更多了，金鱼、玉兔、雏鸡、青鸟、玉鹅、白猪等，这些都是仿动物型面点品种。

二、面点成型的概念

面点成型就是将调制好的面团制成各种不同形状的面点半成品。成型后再经制熟才能称为面点制品。成型是面点制作中技艺性较强的一道工序，成型的好坏与否将直接影响到面点制品的外观形态。

面点成型是通过面点原料、制作手段、专业手工技巧等实现的艺术，是食用价值和审美价值的统一，也是物质享受与精神享受的统一。它体现了原料美、技艺美和组合装饰美，是面点形、色的配合，色、形、器的统一。它也是艺术造型与食品原料相结合，充分发挥食品原料性能和工艺制作的特点，使艺术创造与面点工艺融为一体。

三、面点成型的作用

在我国面点的成型主要是靠手工和一些简单的工具进行，制作技术复杂，艺术性很强。成型是面点制作中一项技术性很强的工作，它在面点制作中发挥了很重要的作用。

（一）决定了面点的形态

面点的形态受面团、成型、熟制等很多因素影响，但其中成型起了很重要的作用，无论是熟制前的成型、加热中的成型或熟制后的成型，面点成型的各种手法基本上决定面点制品的形态。

（二）丰富了面点的品种

我国面点之所以品种如此繁多，一方面与其制作面点所用的原料多样有关，另一方面则是其成型方法多样所致。多样的成型手法为面点造型艺术的形成起到了很大的作用，也为丰富面点的内容起了关键的作用。

（三）改善了面团的质地

面团的质地除了跟不同的原料、调制方法和熟制方法等有关之外，还与面点的成型技法有关，我国面点的成型方法多种多样，在成型的过程中，通过揉、搓、擀、卷、包、捏、夹、剪、抻、切、削、拨、叠、摊、按、印、钳、滚、嵌、裱等手工成型、印模成型以及机器成型等加工，使面团的质地发生很大的变化。

（四）确定了品种的规格

面点的外形究竟制作多大合适，这要根据具体品种、场合而定。普通面点一般根据皮坯的重量而定，如 50 克 1 只，25 克 1 只或 50 克 4 只等。筵席面点的重量不宜过大，外形宜小巧精致，有时还要根据上菜的盛具而定大小。规格相对确定之后，便于面点厨房的成本核算，评估经营的盈亏。

四、面点成型的特点

（一）食用为主，审美为辅

"民以食为天"，任何一种食品的存在，都源于它的食用性，面点也不例外。面点的成型应以食用为主，美化为辅。俗语云："斗大的馒头，无处下口"，也是说的这个道理，具体的馒头形状，应符合面点成型的特点，以便于"下口"，否则，馒头越大，就越无法食用，失去了面点成型的食用意义与审美情趣。

我国面点在长期发展过程中，历来注意根据面团的性能不同，采用不同的成型方法，力求方便食用，同时也形成了面点形态的百花齐放的局面。

（二）注重造型，讲求自然

我国面点的成型注重造型的艺术效果，如《酉阳杂俎·酒食》中的"赍字五色饼法"记载："刻木莲花，藉禽兽形按成之。"做成的花色象形面点，惟妙惟肖；《齐民要术·饼法》中的"水引"（面条的早期名称）要"挼令薄如韭叶"，使之形状美观；唐代的二十四气馄饨，"花形、馅料各异"；五代时的"花糕员外"，更是别出心裁，做成的糕形状各不相同，有的如狮子形，有的外观如花，甚至有的糕内部都有花纹。这些花色面点在造型上，具有极强的艺术感染力与创造力。

同时，我国面点在成型的过程中，亦追求"清水出芙蓉，天然去雕饰"的自然质朴的特色，如唐代的"石鏊饼"，为一种用烧烫的石子烙熟的薄面饼，表面凹凸成型，具有浓郁的乡土自然气息；煮成的"杏酪粥"，要"色白如凝脂，米粒有类青玉"，清新自然之气，扑鼻而来，形状朴实大方。

（三）品种繁多，制作精细

我国面点制作素有"白案"之称，而与"红案"（菜肴制作）并列，为中国烹饪体系的两大重要的组成部分，其风味流派有京式、苏式、广式之分，具体的品种成百上千，形状各异。仅以其中的饺子为例，《淮扬风味面点五百种》

中记载的品种就有 138 种，而且款款饺子味不雷同，成型各异。

透过品种繁多的具体面点，我们看到了中国面点制作精细的本质。《随园食单》载："杨参戎家制馒头，其白如雪，揭之有如千层""扬州发酵最佳，手捺之不盈半寸，放松仍隆然而高"。又如用米面、豆面制作的煎饼，蒲松龄曾赞之曰："圆如望月，大如铜钲，薄似剡溪之纸，色似黄鹤之翎"。再如抻面，是用抻的手法，经过和面、溜条、出条，环环相扣，使得面条"其薄等于韭叶，其细比于挂面。可以呈三棱之形，可以呈中空之形，耐煮不断，揉而能韧，真妙手也"……以上例子，无一不反映了我国面点制作之精细。在面点成型过程中，精细制作的不同具体造型面点也极大地丰富了我国面点的品种。

（四）应时应节，意趣生动

我国面点大都蕴含着一定的意趣，而且在面点漫长的发展过程中，也形成了什么时候应吃什么面点的风俗习惯。如在春节，南方人一般吃汤圆，北方人一般吃饺子；中秋节吃月饼等。"百子寿桃"，其整体为一大寿桃，剖开口后，内有九十九颗小桃，个个成型精美；现代流行的"生日蛋糕"就成型而论，常融书法、绘画、立塑为一体，它们共同用于生日祝贺及祝寿，意趣无限。

此外，被唐玄宗称赞的"四时花竞巧，九子粽争新"的粽子，其独特的成型方法，更蕴含着对诗人屈原的悠悠怀念；还有苏州船点中的各式粉点造型，如荷塘情趣、百花争艳、丰收果篮、花好月圆、绿茵白兔、田园人家……也都有各自的主题意趣，耐人寻味。

五、面点成型的要求

面点成型中的一系列操作技巧和工艺过程都要围绕食用和增进食欲这个目的进行，首先是好吃，其次才是好看，既能满足人们对饮食的欲望，又能使人们产生美感。但以味美为主的面点，也有具体的形态作为依托。所以面点成型的要求主要表现在以下几方面。

（一）契合主题设计

面点造型对于题材的选用，要契合主题设计，宜采用人们喜闻乐见、形象简洁的物象，如金鱼、白兔、玉鹅、蝴蝶、鸳鸯等。要善于抓住物象的主要特征，从生活中提炼出适合主题及面点造型特点的艺术造型。

（二）讲究简洁自然

在面点制作时，要讲究简洁、明快，向抽象化方向发展。一方面因为制作面点的首要目的是食用，而不是观赏；另一方面，过分讲究逼真，费时费工，面点制品易受污染，不符合现代快节奏生活的需要。成型简洁、明快、自然、大方，既能满足食欲，又卫生，是追求的方向，那种繁琐装饰、刻意写实的做法要坚决摒弃。

（三）力求形象生动

我国面点的形，主要在面团、坯皮上加以表现，历来面点师们就善于制作形态各异的花卉、鸟兽、鱼虫、瓜果等，增添了面点的感染力和食用价值。面点的形好，不但可以给人以艺术上的享受，而且可以创造更好的经济效益。

六、面点成型的技巧

（一）删繁就简，适当省略

它是面点成型的概括手法，删繁就简，省略枝节及次要部分，保留它们不可缺少的部分，以保持物象的基本特征。如裱花蛋糕中用于装饰的月季花往往省略到几瓣，但仍不失月季花的特征。

（二）根据物象，适度添加

它是根据面点成型设计的要求，将简化、单调的形象，使之更丰富的一种表现手法。因为有些物象，在它们的身上找不出特点，为了避免物象的单调，可在不影响突出主体特征的前提下，在物象的轮廓之内适当添加一些图案。如在寿桃的正面用调过色的酵面条镶上"寿"字，使寿桃既美观又点题，又不失寿桃的主体特征。

（三）抓住特点，适当变形

它是根据面点造型的要求，抓住物象的特征，通过人为地扩大、缩小、加粗、变细等艺术处理，将复杂的图像用简单的点、线、面概括表示。如做蝴蝶卷，将擀开的面皮撒点馅心，相向卷成双卷，用刀切成小段，用筷子夹成蝴蝶形，把蝴蝶身上复杂的图案处理成对称的几何形，使形象更加概括，但这些都是以蝴蝶的形体结构为基础的。

（四）依据特征，适度夸张

它是根据面点造型的要求，对物象的外形神态、习性进行适度夸张，增加感染力，使被表现的物象更加典型化。如制作孔雀开屏，往往突出孔雀的尾部。经过夸大处理，结合鲜艳的色彩，突出了孔雀开屏的美丽特征。采用夸张法时，要注意以客观物象特征为依据，不能只凭主观臆造或离开物象追求离奇，不论夸张哪一部分，都不能忽视整个形体的协调。

（五）掌握规律，适度变形

它将自然景物中的几何形状，通过变形处理成面点造型的一种手法。间隔纹样的使用，有一种活泼的节奏美，如千层马蹄糕中，白层与褐层相间的造型即属此类；而像菊花酥饼则是圆与椭圆的组合，也是几何法成型的典范。

第二节　面点的成型方法

面点的成型方法包括面点的基本成型和艺术成型两个方面。

一、基本成型

就面点成型技法而言，一般有手工成型、印模成型和机器成型三种方法，通过各自不同的技法，赋予了中国面点千姿百态的造形。

（一）手工成型

1. 概说

手工成型是采用手工方法塑造面点形状的一种成型手段。常常又分为一般面点成型和花色面点成型两种方法。按面点成型的手法来分，又有揉、搓、擀、卷、包、捏、夹、剪、捆、切、削、拨、叠、摊、按、印、钳、滚、嵌、裱等之分。制作花色面点品种时，往往需要多种手法综合运用。一般会用到擀面杖、剪刀、花钳、印戳等小工具。

（1）一般面点成型

一般面点成型方法是指大众化地捏出、包出或擀出圆、扁、卷、长、椭圆、几何形等形状的面点。揉法成型的造型有半球形、蛋形、高桩状，品种有面包、高桩馒头等；卷法成型的各种卷，品种有花卷、凉卷、葱油饼、层酥品种和卷蛋糕等；包法成型的各式包子、馅饼、馄饨、烧麦、春卷、汤圆以及特殊的品种粽子等；擀法成型的有千层油糕、面条等；叠法成型的品种有蝴蝶夹、蝙蝠夹、麻花酥等；捆法成型的品种有金丝卷、银丝卷、一窝丝酥、盘丝饼、拉面、龙须面等；切法成型的有面条、刀切馒头等；拨法成型的有拨鱼面等。

（2）花色面点成型

花色面点的成型通常指花色面点的捏塑，即运用自如灵巧的双手，借助于合适的小手工工具，加以艺术塑造，如捏法成型的品种有月牙饺、冠顶饺、鸳鸯饺、四喜饺、酥饺，以及模仿各种动、植物的船点、艺术糕团等。

同时，在面点成型的过程中，往往要根据制品的形状，一种或几种技法交叉综合使用，同时借助于一些小手工工具，这样才能达到惟妙惟肖的效果。如："清宫大月饼"，图案最外层为花叶蓓蕾形；第二层为良田沃土状；第三层作八宝图案；内正中琢月宫图。图上有宫殿一座，楼上"广寒宫"三字工整清秀；楼下殿门两旁，隔扇雕窗，框亮窗明；殿正中，帘幕低垂，锦带微拂；殿前玉阶，洁白无暇，阶梯清晰可见；殿旁那棵参天大树，枝叶繁茂；立于桂荫之下之玉兔，高大翩然，嘴颊两旁，丝丝银须，根根可见；玉兔正在双手捧杵，诚捣仙药，近辨药白，内中尚有长生不老之灵芝与瑞草。这块大月饼的成型，就是运用多种成型技法，借助于多种手工工具制作成功的，成品栩栩如生，形象逼真，为手工技法制作的代表性品种。

2. 制作案例

（1）揉制案例

揉是面点制作的基本动作之一，也是制品成型的方法之一，是将下好的剂子用手揉搓成球形、半球形、蛋形、高桩状等的一种方法。

揉分为双手揉和单手揉两种手法，其中双手揉又分为揉搓和对揉两种方法。揉是比较简单的成型方法，常见揉法面点品种有面包、高桩馒头等。

案例一：面包

原料配方：

面团：高筋面粉 500 克，低筋面粉 100 克，盐 6 克，白糖 100 克，酵母 7 克，蛋黄 100 克，黄油 50 克，改良剂 5 克，水 250 克。

馅心：低筋面粉 200 克，鸡蛋 80 克，色拉油 80 克，蓝莓酱 180 克。

工具设备：和面机，笔式测温计，打蛋器，刮板，西餐刀，饧发箱，擀面杖，烤盘，烤箱。

制作流程：馅料调制→面团调制→饧发→二次饧发→填馅→烘烤→成品

制作方法：

①馅料调制。将鸡蛋略打发膨松，加入低筋面粉拌匀，然后加入蓝莓酱和色拉油调拌均匀。

②面团调制。将面团配方中所有原料（除黄油外）一起用低速搅拌 3 分钟，然后转高速搅拌 7 分钟，面筋扩展至 80%，最后加入黄油，用低速搅拌均匀，使面筋扩展至 95% ~ 100%，面团温度为 28℃。

③饧发。将面团盖上保鲜膜放入饧发箱饧发 20 分钟。

④二次饧发。将面团分割、搓匀，滚圆造型，最后饧发 30 分钟，温度35℃，相对湿度 75% ~ 80%，至原来面团体积的 2 倍大。

⑤填馅。在面包坯表面用西餐刀划一刀，在其中挤注馅心填充装饰。

⑥烘烤。放入烤箱烘烤，上火 200℃，下火 180℃，时间约 15 分钟。

风味特点：色泽金黄，馅嫩味美。

品种介绍：面包是一种用五谷（一般是麦类）磨粉制作并加热而制成的食品。是以小麦粉为主要原料，以酵母、鸡蛋、油脂、糖、盐等为辅料，加水调制成面团，经过分割、成型、饧发、焙烤、冷却等过程加工而成的焙烤食品。

案例二：高桩馒头

原料配方：面粉 1.5 千克，栗子粉 500 克，豇豆粉 500 克，老肥 250 克，食碱 8 克，温水适量。

工具设备：和面机，案板，木杠，厨刀，笼垫，蒸笼。

工艺流程：拌粉→和面→饧面→压面→搓条→下剂→揉制成型→饧发→蒸熟→成品

制作方法：

①将面粉、栗子粉、豇豆粉倒在盆内，加老肥和适量温水和成较硬的面团，饧发，备用。

②将发足的面团放在案板上，放入温水调制的食碱液，揉匀后，用一根木杠，在面团上一道一道地轧压，轧开、叠起、再轧，一般要轧 20 多次（轧的次数越多，馒头越好吃）。在轧压过程中，边轧压边加入余下的面粉，直到面团富有韧性为止。

③将轧好的面团分块搓条，分成剂子，用手揉成高 5 ~ 6 厘米、粗 3 ~ 4 厘米、顶部为半圆形、底部平整或呈凹形状似木桩的馒头生坯。

④将馒头生坯立放，加盖拧干的湿洁布，饧约 10 多分钟。

⑤再间隔均匀地码入蒸笼内，入在沸水锅上，用旺火蒸熟，即可食用。

操作关键：

①按照配方准确称量。

②和面时要和成较硬的面团。

③揉面时要撒一些干面粉，馒头时才能产生层次。

④蒸制时直接放在蒸笼内或插在竹签上蒸熟后，取下即成。

风味特点：色白光洁，吃口有劲，微带甜香。

品种介绍：高桩馒头又称呛面馍馍，由于外形比一般馒头高而得名。高桩馒头是山东临沂地区的地方传统名食。色泽白而光洁，组织紧密，有韧性和弹性，质地松软，味道香甜，热吃冷吃均可。

（2）搓制案例

搓的动作和揉差不太多，常常配合揉一起成型，一般指手掌放在面团上来回地揉，如搓条、搓麻花；也指手拿面团在面案上摩擦，如搓猫耳朵、搓莜面卷等；还指手拿面团在两只手掌里来回地摩擦成型，如搓圆子等。

案例一：麻花

原料配方：面粉 1000 克，泡打粉 20 克，白糖 200 克，豆油 100 克，冷水 550 克。

工具设备：案板，刮板，擀面杖，厨刀，油炸炉，电子秤。

工艺流程：面团调制→生坯成型→生坯熟制→成品

制作方法：

①面团调制。将干面粉倒在案板上加入泡打粉拌合均匀，扒个凹塘。另将水、白糖放入盆内顺一个方向搅拌，待糖全部溶化后放入豆油，再搅拌均匀，倒入面粉凹塘内快速掺合在一起，和成面团，稍饧制，反复揉三遍（饧 10 分钟揉一遍）最后刷油，以免干皮。

②生坯成型。待面饧透，擀成薄片，用刀切成长条，刷油稍饧制即可搓麻花。先取一个小剂搓匀，然后一手按住一头一手上劲，上满劲后，两头一合形成单麻花形，一手按住有环的一头一手接着上劲，劲满后一头插入环中，形成麻花生坯。

③生坯熟制。油炸炉内放油，烧至 170℃时，将麻花生坯放入，炸至沸起后，翻个炸成棕红色出炉即成。

操作关键：

①按原料配方称量投料。

②面团要调制均匀，揉搓均匀。

③搓成麻花形状。

④注意油炸温度和时间。

风味特点：色泽棕红，麻花形状，口感酥脆，味甜香浓。

品种介绍：麻花，是中国的一种特色油炸面食小吃，作法是以两三股条状的面拧在一起用油炸制而成。

案例二：猫耳朵

原料配方：面粉 500 克，清水 225 克，精盐 2 克。

工具设备：案板，厨刀，砧板，擀面杖，刮板，漏勺。

工艺流程：和面→擀面→切面→搓面→猫耳朵→水煮→配浇头或焖、炒、蒸、烩等

制作方法：

①先将面粉倒进盆里，冬季用温水，春夏秋用冷水和面。

②和成软硬适度的面团后，擀成稍厚（约 2~3 厘米）的面片，切成 1 厘米见方的丁，撒面粉。

③用双拇指按住面块往前推，按成猫耳朵状即成。也有先搓成食指粗的条，用右手掐小块，在左手掌碾成猫耳朵。

④下在开水锅煮熟，配上各种打卤、浇头。除用白面外，还用豆面、荞面、

莜面、高粱面等作原料，亦可焖、可蒸、可炒。

操作关键：

①按原料配方称量投料。

②冬季用温水，春夏秋用冷水和面。

③用双拇指按住面块往前推，按成猫耳朵状即成。

④浇上各种荤索打卤等浇头，调以山西老陈醋。

⑤亦可加上配料焖、烩、蒸、炒。

风味特点：味香形美，口感筋道。

品种介绍：猫耳朵是山西晋中、晋北等地区的一种传统风味面食，俗称"碾疙瘩""碾饦饦"等。

猫耳朵历史悠久，与北魏《齐民要术》中讲到的"馎饦"形似，其制形如猫耳，小巧玲珑，筋滑利口，是久传不衰的大众面食佳品。

案例三：莜面卷

原料配方：莜面 500 克，热水 350 克。

工具设备：案板，厨刀，砧板，擀面杖，蒸笼，笼垫。

工艺流程：炒面→烫面→和面→切成厚片→搓成卷→蒸制→配上浇头→成品

制作方法：

①先把莜面炒熟待用；将莜面放入盆内，倒入适量沸水烫熟，稍凉后揉成面团。

②把莜面团放在案板上，擀成约 1.5 厘米厚的大片，再用刀切约 5 厘米长、4 厘米宽的小片。

③取一块大理石或水磨石砖抹少许油，把莜面片放在上面，用右手拇指和手掌向前捻搓成约 0.3 厘米薄的卷。

④轻轻拿起，立放在蒸笼里，依此方法把所有莜面搓完，全部竖在笼屉里，用沸水旺火蒸 25 ~ 30 分钟，即熟。

⑤下笼后调以浇头，调和即可食。

操作关键：

①按原料配方称量投料。

②搓成莜面卷。

③浇上各种荤素打卤等浇头。

风味特点：形状美观，口感筋道。

品种介绍：莜面卷是一道经典的传统面食名吃，属于山西高寒地区民间的主要家常面食。莜面卷这种山区普通的杂粮便饭，距今已有 1000 余年的历史。

案例四：猪油汤圆

原料配方：

坯料：水磨糯米粉 500 克，热水 275 毫升。

馅料：猪板油 150 克，白糖 200 克，黑芝麻 300 克。

汤料：白糖 100 克，糖桂花 15 克，冷水 1 升。

工具设备：馅盆，面盆，厨刀，砧板，手勺，漏勺，电子秤。

工艺流程：馅心调制→面团调制→生坯成型→生坯熟制→成品

制作方法：

①馅心调制。将黑芝麻淘洗干净、沥干，炒熟后晾凉，碾成粉末；猪板油去膜，剁成蓉，加入黑芝麻末，拌匀揉透即成馅。

②面团调制。将糯米粉放入盆中，加热水揉匀揉透后，下成小剂待用。

③生坯成型。逐个取小剂，用手捏成凹形，包入馅心 10 克，收口后搓成光滑的圆球形。

④生坯熟制。生坯入开水锅煮至上浮后，点 2 ~ 3 次冷水煮至成熟即可起锅装碗。另起锅放入冷水烧开，加入白糖、糖桂花调味，舀出倒入汤圆碗中。

操作关键：

①按配方称量投料。

②熟芝麻末碾得越细越好；猪板油去膜后，剁成蓉，与黑芝麻碎搓匀搓透。

③包汤圆时收口要均匀光滑。

④煮制汤团时应开水下锅，分次点水。

⑤汤料不宜久煮。

风味特点：色泽洁白，形态饱满，皮薄馅大，香甜可口。

品种介绍：猪油汤圆是浙江省传统小吃，汤清色艳，皮薄馅多，加上桂花的香气，咬开皮子，香气扑鼻，香甜鲜滑糯。

（3）擀制案例

擀是运用擀面杖（有长短之分）、橄榄杖、通心槌等工具将坯料制成不同形态的一种技法。面点制品在成型前大多要经过擀这一基本技术工序，适用于花卷、千层油糕、面条等，而且大部分的饼类制品都要用擀法成型。在制饼时，首先将面剂按扁，再用擀面杖擀成大片，刷油、撒盐。然后再重叠或卷成筒形，封住剂口，最后擀成所需要的圆形、椭圆形、长方形等生坯，再进行蒸制、烤制、煎制、烙制等即可。

案例一：千层油糕

原料配方：

坯料：中筋面粉 700 克，酵母 7 克，泡打粉 5 克，白糖 15 克，温水 200 毫升，冷水 250 毫升。

馅料：糖猪板油丁75克，白糖200克，熟猪油50克。

饰料：红、绿丝15克。

工具设备：案板，擀面杖，蒸笼，厨刀，笼垫，毛刷，刮板，蒸锅，电子秤。

工艺流程：面团调制→生坯成型→生坯熟制→制品成型

制作方法：

①面团调制。将面粉（450克）倒在案板上与泡打粉拌匀，中间扒一窝，放入酵母、白糖，再放入温水调成面团，揉匀揉透。用干净的湿布盖好饧发30分钟。把其余的面粉置案板上，中间扒一小窝。将发好的酵面摘成若干小面团，散放于面粉上。将冷水倒入面粉中，揉匀揉透后，摔打上劲。置于案板上，盖上湿布，饧发15分钟。

②面团成型。在案板上撒上少许干面粉，将饧好的面团滚上粉，擀成1.5米长、30厘米宽的长方形面皮；将熟猪油融化，均匀地涂在面皮上，再撒上白糖，抹均匀后再将糖板油丁均匀地铺在上面，从左向右将面皮卷起成筒状，卷紧，两头要一样齐。用将圆筒压扁，再擀成长方形厚皮。将两头擀薄后向里叠成方角，再将两边向中间叠起，然后对折，叠成4层的正方形糕坯，压成30厘米见方生坯，放入刷过油的大笼内饧发25分钟。

③生坯熟制。将装有生坯的蒸笼放在蒸锅上，大火足汽蒸30分钟，将红绿丝均匀撒在糕面上，续蒸5分钟，当糕面膨松、触之不粘手时即可下笼，晾凉。

④制品成型。取出糕体，用快刀修齐四边，开成6根宽条，切成36块菱形块。食时上笼蒸透，装盘。

操作关键：

①按用料配方准确称量投料。

②采用温水调制面团的方法调制，水温要根据室温而定。

③先发成大酵面，再调成嫩酵面。

④面皮要擀得薄而完整；卷时要卷紧，接头向上。

⑤生坯呈正方形；蒸制时汽要足；一次蒸透。

⑥蒸至不粘手，不粘牙，不发黯即可。

⑦晾凉后用快刀修齐四边，切成菱形块。

⑧食时上笼蒸透，装盘。

风味特点：糕半透明，层层相叠，柔韧绵软，甜糯爽口。

品种介绍：千层油糕是江苏省扬州市著名传统小吃，用半发面制作而成，绵软甜嫩，层次清晰。菱形块，芙蓉色，半透明，糕分64层，层层糖油相间，糕面布以红绿丝，观之清新悦目，食之绵软嫩甜。

案例二：阳春面

原料配方：

坯料：面粉 300 克，清水 70 克，盐 2 克，食碱 0.1 克。

汤料：高汤 500 毫升，酱油 15 毫升，精盐 5 克，葱花 15 克，味精 3 克，熟猪油 15 毫升。

工具设备：案板，筷子，刮板，擀面杖，厨刀，锅，漏勺，电子秤。

工艺流程：面团调制→面皮擀制→切制成型→制品熟制

制作方法：

①面粉放入容器加盐 2 克拌匀，食碱粉放入清水中搅拌至溶化，慢慢倒入面粉中，边倒边用筷子搅拌，等面粉拌成雪花状取出，放在案板上用力揉搓出筋道，成光滑的面团。

②包上保鲜膜，静置 20 分钟。

③将饧好的面团去掉保鲜膜，用刀分割成厚片再用擀面杖擀成面皮，多压几道，这样做出来的面条才有筋道，才好吃。

④将擀好的面片切成中等粗细的面条。

⑤面条开水下锅煮制，再沸后点水、稍养、见面条浮起捞出，盛入碗里。

⑥将高汤上锅烧开，加入熟猪油、酱油、盐、味精，撇净浮沫倒入面条碗中，加入葱花即可。

操作关键：

①按用料配方准确称量投料。

②制面时和面加水是关键，因为面粉的吸水性不同，因此加水和面时水不能一次加足，要根据面团的软硬程度，加或者不加。

③制面的面团揉硬些较好，加上再多压几次，面条筋道好吃。

④面条煮制时要开水下锅；煮制的火候要掌握好。

⑤注意调味品的投放顺序。

风味特点：色泽酱红，软韧筋道，汤鲜味浓，葱香浓郁。

品种介绍：阳春面是苏式汤面的一种，又称光面、清汤面或清汤光面，汤清味鲜，清淡爽口，是江南地区著名的传统面食小吃，也是上海、苏州、无锡、常州、扬州、淮安等地的一大特色。出名的有上海阳春面、高邮酱油面（又称高邮阳春面）、扬州阳春面等。

（4）卷制案例

在面点的成型中，卷是一种常用的方法。卷又有"双卷"和"单卷"之分。无论是双卷还是单卷，在卷之前都要事先将面团擀成大薄片，然后或刷油，或撒盐，或铺馅，最后再按制品的不同要求卷起。

"双卷"的操作方法是：将已擀好的面皮从两头向中间卷，然后再用刀切成面剂，即制成制品的生坯，这样的卷剂为"双螺旋式"。此法可适用于制作如意卷、四喜卷、菊花卷等品种。

"单卷"的操作方法是：将已擀好的面皮从一头一直向另一头卷起成圆筒状，然后再用刀切成面剂，即制成制品的生坯。此法适用于制作普通花卷、蝴蝶卷、马鞍卷等。

案例一：双卷（如意卷、四喜卷、菊花卷等）

原料配方：

坯料：中筋面粉 500 克，酵母 5 克，泡打粉 5 克，白糖 5 克，温水 250 毫升。

馅料：瘦火腿 35 克，葱末 25 克，色拉油 30 毫升，味精 1 克。

工具设备：馅盆，案板，擀面杖，厨刀，筷子，毛刷，蒸笼，笼垫，电子秤。

工艺流程：馅心调制→面团调制→生坯成型→生坯熟制→成品

制作方法：

①馅心调制。将瘦火腿煮熟切成细末，加葱末、味精一起拌匀成馅心。

②面团调制。将面粉倒在案板上与泡打粉拌匀，中间扒一窝，放入酵母、白糖，再放入温水调成面团，揉匀揉透。用干净的湿布盖好饧发 15 分钟。

③生坯成型。

如意卷的成型：将酵面揉光，用面杖擀成 0.3 厘米厚的长方形薄片，一半均匀地涂上色拉油，撒上馅心，卷成圆筒；再将另一端均匀地涂上色拉油，撒上馅心，卷成圆筒。将双筒沿截面切成 20 个坯子即可。

四喜卷的成型：将酵面揉光，用面杖擀成 0.3 厘米厚的长方形薄片，一半均匀地涂上色拉油，撒上馅心，卷成圆筒；再将另一端均匀地涂上色拉油，撒上馅心，卷成圆筒。将双筒沿连起来的部分沿截面切 2/3 深度（有 1/3 相连），然后对称翻开摆放，为四喜生坯。

菊花卷的成型：将酵面揉光，用面杖擀成 0.3 厘米厚的长方形薄片，一半均匀地涂上色拉油，撒上馅心，卷成圆筒；再将另一半翻过来，均匀地涂上色拉油，撒上馅心，卷成圆筒。将双筒沿截面切成 20 个坯子，取细头筷子一双，沿两只圆盘的对称轴向里夹紧，夹成 4 只椭圆形小圆角，再用快刀将 4 只小圆角从中间切开，切至圆心，用骨针拨开卷层层次，即成菊花卷子生坯，放入刷过油的笼内饧发 15 分钟。

④生坯熟制。将装有生坯的蒸笼放在蒸锅上，蒸 7 分钟，待皮子不粘手、有光泽、按一下能弹回即可出笼。

操作关键：

①按用料配方准确称量投料。

②馅料要加工得细小一些，大小粒均匀。

③坯剂的大小要准确。

④双卷要卷得粗细一样，生坯呈菊花形。

风味特点：色泽洁白，口感膨松，造型美观。

品种介绍：花卷是一种古老的中国面食，经典的家常主食，是面团经过揉压成片后，在面片上涂撒一层辅料，然后卷起形成有层次的各种花色形状，然后饧发和蒸制成为美观又好吃的面点品种。

案例二：单卷（普通花卷、马鞍卷、蝴蝶卷等）

原料配方：

坯料：中筋面粉 500 克，酵母 5 克，泡打粉 5 克，白糖 5 克，温水 250 毫升。

馅料：瘦火腿 35 克，葱末 25 克，色拉油 30 克，味精 1 克。

工具设备：馅盆，案板，擀面杖，筷子，厨刀，毛刷，蒸笼，笼垫，电子秤。

工艺流程：馅心调制→面团调制→生坯成型→生坯熟制→成品

制作方法：

①馅心调制。将瘦火腿煮熟切成细末，加葱末、味精一起拌匀成馅心。

②面团调制。将面粉倒在案板上与泡打粉拌匀，中间扒一窝，放入酵母、白糖，再放入温水调成面团，揉匀揉透。用干净的湿布盖好饧发 15 分钟。

③生坯成型。

普通花卷的成型：将酵面揉光，用面杖擀成 0.3 厘米厚的长方形薄片，均匀地涂上色拉油，撒上馅心，卷成圆筒。将圆筒沿截面切成 20 个坯子，取细头筷子一只，沿中间的对称轴向下按紧，这样截面两端翻起，即成花卷生坯，放入刷过油的笼内饧发 15 分钟。

马鞍卷的成型：将面团搓成长条形，揿扁，用擀面棒擀成厚 0.3 厘米，宽 35 厘米左右的长方形面皮，然后在坯皮表面涂一层油，撒上瘦火腿末与葱末，将坯皮由前向身边卷起，成圆筒形长条，用快刀斩成 20 段，每段约 3.5 厘米宽、7 厘米长，然后用筷子在表面中心线先压一条（刀口向两侧），再将前后两头向下卷紧，再用筷子在中心压一下，即成马鞍形的葱油花卷生坯。

蝴蝶卷的成型：将酵面揉光，用面杖擀成 0.3 厘米厚的长方形薄片，均匀地涂上色拉油，撒上馅心，卷成圆筒。将圆筒沿截面切成长度约 2 厘米的 20 个坯子，取两个平放在一起，用筷子从中间夹起，就成了栩栩如生的蝴蝶生坯。

④生坯熟制。将装有生坯的蒸笼放在蒸锅上，蒸 7 分钟，待皮子不粘手、有光泽、按一下能弹回即可出笼。

操作关键：

①按用料配方准确称量投料。

②馅料要加工得细小一些，大小粒均匀。

③坯剂的大小要准确。

④用筷子压的时候，用力适度。

风味特点：色泽浅白，口感膨松。

品种介绍：花卷是一种古老的中国面食，经典的家常主食，可以做成椒盐、麻酱、葱油等各种口味。营养丰富，味道鲜美，做法简单，单卷造型也可以变化。

（5）包制案例

包是将馅心包入坯皮内使制品成型的一种方法。它一般可分为无缝包法、卷边包法、捏边包法、提褶包法、春卷包法和粽子包法等几种。

1）无缝包法

无缝包法是面点包制成型后，其制品呈现无缝无折形状的技法。其操作方法是：先用左手托住一张制好的坯皮，然后将馅心放在坯皮的中央，再用右手掌的虎口将四周的面皮收拢至无缝（即无褶折），此法的关键就在于收口时左右手要配合好，收口时要用力收平、收紧，然后将剂顶揪除（最好不要留剂顶）。

由于此法比较简单，常用于麻团、三花包等品种的制作。

案例一：麻团

原料配方：

坯料：糯米粉500克，面粉100克，白糖100克，沸水200克，冷水180毫升。

馅料：黑芝麻300克，红糖120克。

饰料：白芝麻150克。

辅料：色拉油2升（耗75毫升）

工具设备：粉碎机，案板，刮板，馅挑，漏勺，电子秤。

工艺流程：馅心调制→粉团调制→生坯成型→生坯熟制→成品

制作方法：

①馅心调制。将黑芝麻炒熟，加上红糖放入粉碎机中粉碎成馅心。

②粉团调制。将白糖溶解在冷水中，另将面粉用沸水调成糊状，再拌入糯米粉，分次加入糖水，揉匀揉光成粉团，稍饧。

③生坯成型。将揉匀的粉团搓条、下剂，逐个按扁窝起，包入芝麻糖馅心，捏紧收口。双手沾点水，用手团成球状，滚粘上白芝麻粒，即成生坯。

④生坯熟制。将色拉油入锅烧热，升温至90℃炸制，待生坯上浮，然后逐渐升温至140℃炸上色。

操作关键：

①按照配方称量投料。

②做芝麻馅的黑芝麻要炒熟，用粉碎机粉碎成馅心。

③生坯粘芝麻时，用手沾点冷水，以增加黏性。

④麻团炸制时先用低油温养制，再慢慢升温炸上色。

风味特点：色泽金黄，外酥内软，球状成型，香甜适口。

品种介绍：麻团又叫煎堆，北方地区称麻团，四川地区称麻圆，海南称珍袋，广西称油堆，是一种古老的传统特色油炸面食。

案例二：三花包

原料配方：

坯料：中筋面粉 300 克，冷水 160 毫升，酵母 3 克，泡打粉 4 克，白糖 3 克。

馅料：红小豆 500 克，白糖 250 克，熟猪油 100 克。

饰料：黑芝麻 5 克。

工具设备：高压锅，网筛，纱布，炒锅，案板，刮板，馅挑，擀面杖，剪刀，蒸笼，蒸锅，电子秤。

工艺流程：馅心调制→面团调制→生坯成型→生坯熟制→成品

制作方法：

①馅心调制。红小豆洗净浸泡一夜，然后放高压锅内加水煮烂，取出后晾凉，用网筛擦制过滤，然后用纱布过滤去水分，成为干豆沙；取一个干净锅，放入熟猪油烧热，放入白糖炒溶，再放入干豆沙炒匀，形成细沙馅。

②面团调制。中筋面粉放案板上扒一小窝，加酵母、冷水、泡打粉、白糖等调成发酵面团，饧制 20 分钟。

③生坯成型。将发好的面团揉匀揉光，搓成长条，摘成 20 只面剂，用手掌按扁，擀成直径 4 厘米中间厚、周边薄的圆皮。包上硬细沙馅心，收口捏拢向下放。另用少许面团搓成条状，用剪刀剪成小段，将每三小段从中间点压住，沾点水后再粘在生坯表面，粘三朵。再放入笼内再饧发 5 分钟，表面撒上黑芝麻。

④生坯熟制。将装有生坯的蒸笼放在蒸锅上，蒸 6 分钟，待皮子不粘手、有光泽、按一下能弹回即可出笼。

操作关键：

①细沙馅在制作时要熬硬一点，便于生坯的成型操作。

②为了增加细沙馅的口味可以加上桂花酱调味。

③按用料配方准确称量，采用温水调制面团的方法调制。

④面团要揉匀揉透，盖上湿布饧制 20 分钟。

⑤坯剂的大小要准确，坯皮的收口一定要放在底部。

⑥粘上三朵小花。

⑦蒸制时要求旺火气足，蒸制的时间不宜太长或太短，以 6 分钟为宜。

风味特点：色泽乳白，刺猬成型，膨松柔软，饱满光洁。

品种介绍：三花包子为发酵面团中无缝包法的面点品种，坯皮的收口一定要放在底部。成品简洁，表面光洁，口感膨松。

2）卷边包法

卷边包法是坯皮包馅后，将周边卷起，捏出花纹的技法。其操作方法是：

制好的坯皮中间夹馅，然后将边捏严实，不能露馅，有些品种还需卷上花边。此法常用于酥盒、酥饺类等品种的制作。

案例一：酥盒

原料配方：

坯料：

①水油面：面粉280克，熟猪油20克，冷水150毫升。

②干油酥：面粉280克，熟猪油140克。

馅料：枣泥馅300克。

辅料：植物油1升（耗30毫升）。

工具设备：擀面杖，案板，刮板，馅挑，油炸炉。

工艺流程：水油面调制→干油酥调制→生坯成型→生坯熟制→成品

制作方法：

①水油面调制。将面粉放在案板上，扒一窝塘，放入熟猪油和白糖、适量水调和均匀，静置10分钟。

②干油酥调制。将面粉放在案板上，扒一窝塘，加入熟猪油，擦匀搓透，硬度适中。

③生坯成型。将水油面压扁，包干油酥面团，然后擀成长方形，先三折，擀成长方形后再对折，擀薄后从一头卷起成圆柱体形，切成圆片。将圆片纹路朝上擀薄成圆皮。将一片圆皮涂上蛋液，上放馅心，再覆盖一张圆皮，沿圆周捏出绳状花纹，成四周薄中间鼓的圆饼。

④生坯熟制。将生坯放入120～135℃的油炸炉炸制，炸到生坯浮出油面捞出沥油，即为成品。

操作关键：

①按用料比例准确称量投料。

②水油面揉透，干油酥擦透。

③生坯成型时，擀面杖要用力均匀，酥层呈现均匀。

④注意油炸炉的温度和时间。

风味特点：色泽金黄，花纹清晰，酥松香甜，枣泥风味。

品种介绍：酥盒是一种经典的酥点。

案例二：酥饺

原料配方：

坯料：

①水油面：面粉150克，蛋液50毫升，黄油25克，白糖15克，温水35毫升。

②干油酥：面粉150克，黄油100克。

馅料：猪肉泥150克，鸡蛋2个，咖喱粉15克，洋葱末25克，盐3克，味精 2 克。

工具设备：馅盆，案板，擀面杖，刮板，馅挑，砧板，烤箱，厨刀，毛刷，锅，电子秤。

工艺流程：馅心调制→面团调制→生坯成型→生坯熟制→成品

制作方法：

①馅心调制。将猪肉泥放入盆中，加入鸡蛋液、咖喱粉、洋葱末、盐和味精搅拌上劲，做成馅心。

②面团调制。

水油面调制。将面粉放在案板上，扒一窝塘，加入蛋液、白糖、黄油、温水调成硬度适中的水油面，饧制 5 分钟。

干油酥调制。将面粉放案板上与黄油拌在一起，用手掌心擦成干油酥，按压成方形块，放入冰箱冻成一定硬度。

③生坯成型。将水油面擀成与干油酥一样宽、双倍长的面皮，再将干油酥放在蛋面皮的一端，将另一半面皮盖子其上，将上下蛋面皮的边捏拢后封好口，再用面杖将酥皮敲软，擀成长方形薄皮，由两头向中间横向叠成四层。如此做法再叠一次四层，稍擀薄，按十字形改成四块，互相排叠在一起，擀平整后入冰箱冻硬。酥皮冻硬后取出，用擀面杖擀成薄片，用圆形模具刻成圆皮，放入馅心，两边对折合起捏紧就可以了。

④生坯熟制。放入烤盘，刷上蛋液，入烤箱 185℃ 烤 25 分钟左右。

操作关键：

①按用料配方准确称量投料。

②馅料要加工得细小一些，搅拌上劲，便于生坯的成型操作。

③干油酥面团要擦透，按成型后放入冰箱略冻硬；水油面要揉擦上劲，稍饧制。

④水油面团的软硬要和酥皮油的软硬保持一致，否则会层次不清，温度低油会变硬，高会变得很软。

⑤坯剂的大小、厚度要恰当。

⑥擀皮时要注意保持纹路的规则。

⑦刷蛋液的时候只刷表皮，不要刷到酥层。

⑧烤箱开上下火 185℃，烤 25 分钟左右。

风味特点：色泽金黄，酥层清晰，酥香味美。

品种介绍：酥饺是一种经典的酥点。

3）捏边包法

捏边包法常常是采用一张坯皮包馅，封口捏边成褶的技法。其操作方法是：先用左手托住一张制好的坯皮，将馅心放在坯皮上面，然后对折坯皮，再用右手的大拇指和食指同时捏住坯皮的边沿,自右向左或从左至右,捏边成褶折即成,此法常用于蒸饺、红楼小饺等品种的制作。

案例一:月牙蒸饺

原料配方:

坯料:中筋面粉 300 克,开水 100 毫升,冷水 50 毫升。

生肉馅:猪肉泥 300 克,葱花 15 克,姜末 5 克,黄酒 15 毫升,虾籽 3 克,酱油 15 毫升,精盐 5 克,白糖 10 克,味精 5 克,冷水 150 毫升。

皮冻:鲜猪肉皮 250 克,鸡腿 150 克,猪骨 250 克,香葱 25 克,生姜 15 克,黄酒 15 毫升,虾籽 5 克,精盐 5 克,味精 5 克,冷水 1000 毫升。

工具设备:馅盆,案板,双饺杆,刮板,馅挑,绞肉机,厨刀,笼垫,蒸笼,蒸锅,电子秤。

工艺流程:馅心调制→面团调制→生坯成型→生坯熟制→成品

制作方法:

①馅心调制。首先将猪鲜肉皮焯水,铲刮去毛根和猪肥膘,反复三遍后,入锅,放入葱、姜、酒、虾籽以及焯过水的鸡腿、猪骨等,大火烧开,小火加热至肉皮一捏即碎,取出熟肉皮及鸡腿、猪骨等,肉皮入绞肉机绞三遍后返回原汤锅中再小火熬至黏稠,放入盐、味精等调好味,过滤去渣,冷却成皮冻。

其次,将猪肉泥加入葱花、姜末、虾籽、黄酒、酱油、精盐搅拌入味,搅拌上劲,然后分三次加入冷水,顺一个方向搅拌,再次上劲,加入白糖、味精和匀成鲜肉馅,再拌入绞碎的皮冻待用。

②面团调制。中筋面粉倒上案板,中间扒一小窝,倒入开水和成雪花面,再淋冷水和成温水面团,盖上湿布,饧制 20 分钟。

③生坯成型。将面团揉光搓成条,摘成小剂,撒上干粉,逐只按扁,用双饺杆擀成 9 厘米直径、中间厚四周稍薄的圆皮。左手托皮,右手用馅挑刮入 25 克馅心,成一条枣核形,将皮子分成四、六开,然后用左手大拇指弯起,用指关节顶住皮子的四成部位,以左手的食指顺长围住皮子的六成部位,以左手的中指放在拇指与食指的中间稍下点的部位,托住饺子生坯。再用右手的食指和拇指将六成皮子边捏出皱褶,贴向四成皮子的边沿,一般捏 13 ~ 18 个皱褶,最后捏合成月牙形生坯。

④生坯熟制:生坯上笼,置蒸锅上蒸 8 ~ 10 分钟,视成品鼓起不粘手即为成熟。

操作关键:

①按用料配方准确称量投料。

②肉皮要去净猪毛根和猪肥膘,否则有猪腥味和油脂。

③熬制皮冻时采用大火烧开,小火煨透。

④猪肉馅要先入底味搅打上劲，然后再分次加水搅拌上劲。

⑤所掺的皮冻要绞碎，这样易均匀入味。

⑥面团采用开水打花，冷水拌和的方法调制。

⑦面团要揉匀揉透，盖上湿布饧制 20 分钟。

⑧坯皮一定要擀得中间略厚，四周略薄而均匀。

⑨双手捏合，形似月牙，不露馅，形态饱满。

⑩熟制时，蒸汽要足，掌握蒸制时间。

风味特点：色呈黄白，皮薄馅大，汤味醇厚，形似月牙。

品种介绍：月牙蒸饺是一道以精面粉、猪前夹肉蓉为主要原料，绵白糖、虾籽等为辅料做成的小吃，因为形似新月，故得名月牙蒸饺。成品月牙蒸饺口味偏咸，皮薄馅多，卤汁盈口。

案例二：芹菜水饺

原料配方：面粉 300 克，清水 150 克，猪肉 200 克，芹菜 500 克，葱末 10 克，姜末 10 克，生抽 15 克，精盐 5 克，麻油 15 克，味精 2 克。

工具设备：煮锅，擀面杖，厨刀，刮板，馅挑，漏勺。

工艺流程：制馅→和面→成型→熟制→成品

制作方法：

①制馅。将猪肉剁成泥，加入葱末、姜末、生抽、精盐、味精，沿一个方向充分搅拌；芹菜洗净，用开水稍烫，过凉水，再将芹菜切成粒，用纱布包住，把芹菜里的水分挤到碗里，备用；把切好、挤好的芹菜粒放入肉馅中，沿一个方向充分搅拌，如果搅拌过程中太干不好搅拌的话，可以稍微加入刚才挤出来的芹菜水。

②和面。将面粉放在案板上，扒一窝塘加上清水，搅拌成团，和匀揉光，盖上洁布，饧制 15 分钟。

③成型。将面团再次揉匀，搓条下剂，下剂，将剂子撒上一层薄面，用手压扁，擀成面皮，包入芹菜猪肉馅，对边捏合成型。

④熟制。将煮锅放水烧开，下入饺子，再次烧开，点水 3 次，再次浮起时，即可用漏勺捞起，装入碗中，食用时可以佐醋调味。

操作关键：

①按用料配方准确称量投料。

②和面时要稍硬，揉匀揉光，适当饧制。

③水煮时要点水适量。

④食用时可以佐醋调味。

风味特点：色泽浅白，吃口爽滑。

品种介绍：芹菜水饺，中国传统食物水饺之一。

4）提褶包法

提褶包法是用坯皮上馅后，提起坯皮的边缘，捏褶成折的一种技法。其操作方法是：先用左手托住一张制好的坯皮，然后将馅心放在坯皮上面，再用右手的大拇指和食指同时捏住面皮的边沿，自右向左，一边提褶一边收拢，最后收口、封嘴。

此法要求成型好的生坯的褶子要清晰，以不少于18道褶（最好是24道褶或32道褶）为佳，纹路要稍直。此法的技术难度较大，主要用于小笼包、大包及中包等品种的制作。如苏式面点中的甩手包子实际上就是指提褶包子。由于甩手包子皮软、馅心稀，所以在包制时要求双手配合甩动，使馅和皮由于重力的作用产生凹陷，便于包制。

案例一：菜肉包

原料配方：中筋面粉500克，酵母粉5克，泡打粉8克，猪油10克，温水250克，糖20克，青菜500克，猪肉泥500克，白胡椒2克，精盐5克，酱油15克，麻油15克，葱花15克，姜末10克，绍酒15克。

工具设备：案板，刮板，擀面杖，厨刀，砧板，馅挑，蒸笼，笼垫。

工艺流程：和面醒面→馅心制作→生坯成型→二次饧发→生坯熟制→成品

制作方法：

①和面醒面。将中筋面粉与糖10克和泡打粉拌匀，另外用温水将酵母拌溶并慢慢分次倒入面粉中，放入猪油揉至三光。揉光后的面团放置发酵至原体积的2倍大。

②馅心制作。将猪肉泥与麻油、剩余白糖、精盐酱油、白胡椒、葱末、姜末、绍酒等拌匀上劲。再将青菜洗净，用开水烫一下，再过凉水，挤干后切成粒状，拌入猪肉泥中，搅拌均匀成馅。

③生坯成型。将发好的面团揉匀，搓条下剂，再将每个剂子擀成外薄中厚的圆皮，并将馅料包入，捏出褶皱。

④二次饧发。将包子包好后放入蒸笼，饧制20分钟。

⑤生坯熟制。将蒸笼上旺火沸水，蒸制8～10分钟。

操作关键：

①按用料配方准确称量投料。

②第一次发酵，发至原体积的2倍大。

③第二次发酵，发至用手轻轻按下能即刻回弹复原即可。

④蒸制时要旺火沸水圆汽。

风味特点：色泽洁白，口感膨松，荤素搭配。

品种介绍：菜肉包是包子中的经典品种之一，馅心可以使用生菜肉馅，也可以选择熟菜肉馅制作。

案例二：生肉包

原料配方：中筋面粉 500 克，酵母粉 5 克，泡打粉 8 克，猪油 10 克，温水 250 克，糖 20 克，猪肉泥 500 克，白胡椒 2 克，精盐 5 克，酱油 15 克，麻油 15 克，葱花 15 克，姜末 10 克，绍酒 15 克，皮冻 100 克。

工具设备：案板，刮板，擀面杖，厨刀，砧板，馅挑，蒸笼，笼垫，蒸锅。

工艺流程：和面醒面→馅心制作→生坯成型→二次饧发→生坯熟制→成品

制作方法：

①和面醒面。将中筋面粉与糖拌匀，另外用温水将酵母拌溶并慢慢分次倒入面粉中，放入猪油揉至三光。揉光后的面团放置发酵至原体积的 2 倍大。

②馅心制作。将猪肉泥与麻油、精盐、剩余白糖、酱油、白胡椒、葱末、姜末、绍酒等拌匀上劲，再将皮冻切细丁拌入猪肉泥中，搅拌均匀成馅。

③生坯成型。将发好的面团揉匀，搓条下剂，再将每个剂子擀成外薄中厚的圆皮，并将馅料包入（皮：馅 =1：2），捏出褶皱。

④二次醒发。将包子包好后放入蒸笼，饧制 20 分钟。

⑤生坯熟制。将蒸笼上旺火沸水，蒸制 8 ~ 10 分钟。

操作关键：

①按用料配方准确称量投料。

②第一次发酵，发至原体积的 2 倍大。

③第二次发酵，发至用手轻轻按下能即刻回弹复原即可。

④蒸制时要旺火沸水圆汽。

风味特点：色泽洁白，口感膨松，馅心鲜美。

品种介绍：生肉包是包子中的经典品种之一，其馅心在制作过程中，北方习惯采用水打馅，南方常常添加皮冻，使成品卤多鲜美。

5）春卷包法

春卷包法是用春卷皮包上馅心，卷裹成型的一种技法。其操作方法是：先用一张摊好的春卷皮，靠近一边顺长放上馅心，一边略卷，左右两边对折，然后再继续往前卷起，用面糊水或蛋清黏起封口，呈枕头形或卷筒形。春卷包裹的馅料不同，口味也不同，通常采用油炸的方法熟制，色泽金黄，馅心味美。

案例一：韭黄春卷

原料配方：（以 20 只计）

坯料：面粉 100 克，盐 1 克，冷水 85 毫升。

馅料：五香豆干 250 克，猪肉 150 克，韭黄 150 克，酱油 15 克，精盐 2 克，味精 3 克，湿淀粉 25 克。

辅料：色拉油 750 克。

工具设备：馅盆，炒锅，案板，面盆，厨刀，砧板，馅挑，漏勺，保鲜膜，锅，电子秤。

工艺流程：馅心调制→面团调制→生坯成型→生坯熟制→成品

制作方法：

①馅心调制。将五香豆干洗净切丝；韭黄洗净切段。另将猪肉洗净切丝，放入碗中，加入酱油、湿淀粉拌匀并腌制 10 分钟。锅中倒入适量油烧热，放入猪肉丝炒熟，盛出。再用余油把五香豆干炒熟，再加入猪肉丝及精盐、味精炒匀，最后浇入湿淀粉勾薄芡，加入韭黄拌匀即为春卷馅。

②面团调制。将面粉放在案板上，扒一个小窝，撒上盐，加上适量冷水揉成絮状，再分次加水，把面揉成筋力十足、具有流坠性的稀面团，然后放入盆中，封上保鲜膜，饧制 2 ~ 3 小时；揪一块面团，掂在手上。将圆底锅烧热，保持中小火，将手中的面团迅速在锅底抹一圈形成圆皮，立即拽起，让面团的筋性带走多余的面；当圆皮边缘翘起，就可以捏着翘起的边缘把面皮揭起来了。做好的春卷皮一张张重叠，放成一摞。

③生坯成型。把春卷皮摊平，分别包入适量馅卷好叠好，封口处抹上一点冷水黏合。

④生坯熟制。放入热锅中 180℃炸至金黄色，捞出沥油即可。

操作关键：

①按用料配方准确称量投料。

②猪肉切丝后要上浆划油，这样口感才较嫩。

③包制成型时要像叠枕头一样卷紧卷实。

④封口处可以用蛋清或冷水涂抹，这样容易粘牢。

风味特点：色呈金黄，枕头造型，大小均匀，香美酥脆。

品种介绍：春卷，又称春饼、春盘、薄饼。是中国民间节日的一种传统食品，流行于中国各地，在江南等地尤盛。

案例二：豆沙春卷

原料配方：春卷皮 20 张，豆沙馅 200 克，葵花籽油 1000 克。

工具设备：案板，馅挑，漏勺。

工艺流程：春卷皮展开→放入馅心→卷成枕头型→炸制成熟→成品

制作方法：

①准备好适量的春卷皮。

②将春卷皮揭下后平铺，放入适量的红豆沙，卷起；并将两边翻折至内部，再次卷起。

③锅内倒入稍多的油，热至 180℃，放入春卷浸炸至金黄色。

④炸好的春卷放在厨房纸上吸油后，码盘即可。

操作关键：

①豆沙馅不要太稀，否则不易成型。

②包制成型时要像叠枕头一样卷紧卷实。

③炸制时温度控制在 180℃左右。

风味特点：色泽金黄，口感酥脆。

品种介绍：春卷历史悠久，由古代的春饼演化而来。春卷的馅心可以根据季节和喜好任意变化。

6）粽子包法

粽子包法是采用粽叶将浸泡好的糯米等作馅，包裹成型的一种技法。其操作过程是：将热水烫煮的粽叶，用冷水浸透，取三张不等的粽叶交错叠齐，包入浸泡好的糯米等，顺势包裹成正三角形、正四角形、尖三角形、方形、长形等各种形状，用稻草捆扎成型，最后煮制成制品。

每年农历五月初，中国百姓家家都要浸糯米、洗粽叶、包粽子，其花色品种更为繁多。粽子的主要材料是糯米、馅料和箬叶（或粽叶）等。由于各地饮食习惯的不同，粽子形成了南北风味。从口味上分，粽子有咸粽和甜粽两大类。总的来说，在口味的选择上北方人更倾向甜口的，而南方人颇喜欢咸味粽子。从馅料看，北方多包小枣的北京枣粽；南方则有绿豆、五花肉、豆沙、八宝、火腿、冬菇、蛋黄等多种馅料，其中以广东咸肉粽、浙江嘉兴粽子为代表。各地的粽子，一般都用粽叶包糯米，但内含的花色则根据各地特产和风俗而定。其中江南的粽子名气很大，种类繁多，有蛋黄粽、火腿粽、艾香粽、莲子粽等。

案例一：小枣粽子（北方风味）

原料配方：糯米 500 克，小枣 100 克，苇叶 30 张，马莲草适量。

工具设备：煮锅，剪刀。

工艺流程：糯米浸泡→洗净小枣
$$\left.\begin{array}{l} \text{糯米浸泡→洗净小枣} \\ \\ \text{苇叶煮透→冷水冲洗} \end{array}\right\}\to\text{粽子包制→煮制→成品}$$

制作方法：

①将糯米洗净，用水浸泡 3 ~ 4 个小时；洗净小枣，控水；用开水将苇叶煮透，再用冷水冲洗干净；用清水将马莲草泡软。

②将苇叶 3 ~ 4 片（窄的用 4 ~ 5 片）一叶搭一叶地排好，折成三角形兜，用左手拿住，右手抓一些湿米放入，再放上 2 ~ 3 个小枣，再抓一些湿米放入，继续放上 2 ~ 3 个小枣，然后再抓些湿米添平，把叶子包裹起来，包严包密，用马莲草捆好，即成粽子生坯。

③把粽子生坯放锅中，加水 2.5 ~ 3 千克（水量要多，必须淹没粽子）。先用旺火煮 2 个小时，再添些水，烧开后改用小火焖煮 1 ~ 2 个小时，即可成熟。

④食时，解开草绳、苇叶，蘸白糖。

操作关键：

①糯米要浸泡。

②无论采用哪种包法，包制时要紧，不能漏米。

③煮制时可以用重物压住，不能让其浮起。

风味特点：色泽洁白，口感软糯。

品种介绍：北方粽的代表品种北京粽子，个头较大，为斜四角形或三角形。目前，市场上供应的大多数是糯米粽。不过在农村，仍然习惯吃大黄米粽。

案例二：鲜肉粽子（南方风味）

原料配方：箬叶 30 张，糯米 1000 克，猪后腿肉 500 克，精盐 10 克，酱油 30 克，白糖 30 克，料酒 10 克，棉线适量。

工具设备：煮锅，剪刀，大盆。

工艺流程：馅心调制→箬叶煮透→冷水冲洗→粽子包制→煮制→成品

制作方法：

①箬叶 30 张，经水煮沸回软，洗净沥干。糯米淘洗浸泡，晾干水分，加入一半白糖、精盐和酱油拌匀。

②将猪后腿瘦肉按横纤维分别切成"两精一肥"长方形 10 小块，加入适量精盐、白糖、料酒，反复搓擦，使调味料充分渗进入肉内。

③将箬叶叠拢，放阔接长，在总长度的 2/5 处折转成漏斗状，放入糯米 40 克，将肉按精、肥、精的次序横放在米上，再盖上糯米 60 克铺开，随即把长出的部分箬叶折转覆盖，包成四角矮壮长方的枕头形，然后用棉线捆扎定形。如此逐个包完。

④下冷水锅中，水量以超出粽子 10% 为度，上面加物压实，先用旺火烧开，再改用中小火煮 2 小时，撇去浮油起锅。

操作关键：

①按照配方称量或计量材料。

②糯米要适当浸泡。

③包裹时要紧，不能松散。

④旺火煮开后保持中小火。

⑤起锅时撇去浮油。

风味特点：美观别致，箬香芬芳，肉质酥烂，可口不腻。

品种介绍：鲜肉粽子是江南地区著名的传统小吃，属于端午节节日食品。用箬叶包裹糯米和猪肉，以草绳捆扎，经水煮熟而成。用料考究，制作精细。口味纯正，四季供应，故久享盛誉，驰名于江南地区。

（6）捏制案例

捏是以包为基础并配以其他动作来完成的一种综合性成型方法。捏出来的点心造型别致、优雅，具有较高的艺术性，面点中常见的木鱼饺、月牙饺、冠顶饺、鸳鸯饺、四喜饺、蝴蝶饺、金鱼饺、苏州船点、花馍及部分油酥制品等都是用捏的手法来成型的。

捏可分为挤捏（木鱼饺就是双手挤捏而成）、推捏（月牙饺就是用右手的大拇指和食指推捏而成）、叠捏（冠顶饺就是将圆皮先叠成三边形，翻身后加馅再捏而成）、扭捏（白菜饺就是先包馅再上拢，再按顺时针方向把每边扭捏到另一相邻的边上去而成型的）。另外还有花捏（组合捏塑的方法，如船点的捏塑成型技法）、褶捏（如包子成型的技法）等多种多样的捏法。

案例一：木鱼饺

原料配方：中筋面粉 300 克，冷水 150 克，夹心肉泥 200 克，精盐 4 克，白糖 6 克，味精 4 克，料酒 15 克，白胡椒粉 1 克，葱姜汁 15 克，麻油 15 克，清水适量。

工具设备：煮锅，炒勺，饺擀，刮板，馅挑，漏勺。

工艺流程：制馅→和面→搓条→下剂→擀皮→成型→熟制→成品

制作方法：

①制馅。将夹心肉泥放在盛器里，先加精盐、料酒、白胡椒粉按一个方向搅拌，然后逐渐掺入葱姜汁和水按照一个方向搅拌，再加入白糖和味精，待肉泥拌上劲，淋入麻油拌匀即可。

②和面。将面粉放在案板上，当中挖个坑，周围划一圈，分次加入冷水。面粉先揉成雪花状再揉到无干粉，揉成较硬面团，用保鲜膜盖住面团饧 5～10 分钟。

③搓条。搓成粗细均匀的长条。

④下剂。摘下挤子，每个 8 克左右。

⑤擀皮。用饺擀擀成正圆的皮坯。

⑥成型。包入 15 克的馅心，捏成木鱼形的花纹即成木鱼饺。

⑦熟制。将包好的木鱼饺放入煮沸的水锅中，用中火煮熟，煮时加 2 次冷水，待木鱼饺浮起即可食用。

操作关键：

①选择中筋面粉，筋性适当。

②和面时用 30℃以下的水，揉和成团。

③适当饧制，形成一定的筋性。

④拌制馅心一定要上劲。

风味特点：色泽浅白，形似木鱼，口感筋道。

品种介绍：木鱼饺是水饺中的一种，形似木鱼，口感爽滑筋道。

案例二：蝴蝶饺

原料配方：面粉 350 克，开水 125 克，猪肉泥 250 克，荸荠 75 克，葱末 15 克，姜末 10 克，黄酒 15 克，虾籽 2 克，精盐 3 克，酱油 15 克，白糖 10 克，味精 2 克，冷水适量，水发香菇粒 65 克，熟胡萝卜粒 65 克，熟蛋白末 65 克

工具设备：案板，厨刀，刮板，砧板，大碗，擀面杖，馅挑，蒸笼，蒸锅，罗筛，筷子，铜夹子，剪刀。

工艺流程：馅心调制→面团调制→生坯成型→生坯熟制→成品

制作方法：

①馅心调制。

A. 荸荠去皮洗净，切成末。

B. 将猪肉泥加入荸荠末、葱末、姜末、虾籽、黄酒、酱油、精盐、白糖、味精拌和入味，搅拌上劲。

C. 然后加入少量冷水，顺一个方向搅拌再次上劲，即成荸荠猪肉馅。

②面团调制。

A. 将面粉过筛后，倒上案板，扒一个小窝，用开水烫成雪花状，摊开冷却。

B. 再洒淋上冷水，揉和成团，盖上湿布，饧制 15 ～ 20 分钟。

③生坯成型。

A. 将面团揉光搓成条，摘成小剂，逐只按扁擀成直径 8 厘米的圆皮。

B. 在坯皮中间放上馅心，将皮子提起，向上式包拢，捏拢成四个空洞，其中两大两小，两个大洞占圆弧的 3/5，两个小洞占圆弧的 2/5。

C. 两大洞之间留一长孔，在近尖端 1/3 处沾上蛋液，用筷子夹粘起，将两大孔的斜上方捏尖，再将两个小孔的下端捏尖，注意两个小孔之间不相粘，中间的长孔作为蝴蝶的身子，两个大孔作为蝴蝶的两大翅膀，两个小孔作为蝴蝶的两个小翅膀。

④生坯熟制。

A. 在中间的长孔里放入黑色的水发香菇粒；在两个大洞中点缀熟胡萝卜粒；在两个小洞中点缀上熟蛋白末，即成蝴蝶饺生坯。

B. 再将生坯上笼蒸 8 分钟成熟即可。

操作关键：

①选择中筋面粉，筋性适当。

②和面时用开水和成雪花状，摊开后，再洒上冷水，揉和成团。

③适当饧制，形成一定的筋性。

④拌制馅心一定要上劲。

⑤包制时注意蝴蝶饺形状的把握。

风味特点：色泽鲜艳，形如蝴蝶，口味咸鲜，口感软韧。

品种介绍：蝴蝶饺是花式蒸饺的一种，形似蝴蝶，色香味形俱佳。

案例三：冠顶饺

原料配方：中筋面粉 350 克，温水 175 克，猪肉泥 175 克，水发干贝 25 克，水发香菇 25 克，酱油 15 克，味精 1 克，白胡椒粉 0.5 克，精盐 3 克，骨头汤 75 克，红樱桃片 10 片。

工具设备：案板，刮板，擀面杖，蒸笼，厨刀，砧板，馅挑，笼垫，蒸锅，罗筛。

工艺流程：馅心调制→面团调制→生坯成型→生坯熟制→成品

制作方法：

①馅心调制。

A. 将水发干贝洗净，去掉老筋，入蒸笼旺火蒸发，取出后晾凉撕碎。水发香菇洗净去蒂，切成末。熟火腿切成小粒。

B. 将猪肉泥盛入碗内，加入碎干贝、香菇末、白胡椒粉、精盐、味精、酱油拌匀，再加入骨头汤拌匀上劲即成馅料。

②面团调制。将面粉过筛后，倒案板上，中间扒一小窝，加入温水拌匀揉透，盖上湿布，饧制 20 分钟。

③生坯成型。

A. 将面团搓成细条，摘成剂子，然后逐个剂子擀成直径约 8 厘米的薄圆皮。

B. 将饺皮按三等份对折成角，将皮子翻转，光的一面朝上，中间放入肉馅 15 克，将三个角同时向中间捏拢，然后用食指和拇指推出花边，将后面折起的面依然翻出，顶端留一小孔，点缀上红樱桃片。

④生坯熟制。将生坯排入蒸笼中，旺火蒸约 10 分钟即成。

操作关键：

①选择中筋面粉，筋性适当。

②和面时直接用温水和成温水面团，揉匀揉透。

③适当醒制，形成一定的筋性。

④拌制馅心一定要上劲。

⑤包制时注意冠顶形状的把握。

风味特点：色泽和谐，形如冠顶，口味咸鲜，口感软韧。

品种介绍：冠顶饺是花式蒸饺的一种，形如冠顶，色香味形俱佳。

案例四：白菜饺

原料配方：面粉 350 克，开水 125 克，猪肉泥 250 克，大白菜 200 克，葱末 15 克，姜末 10 克，黄酒 15 克，虾籽 2 克，精盐 3 克，酱油 15 克，白糖 25 克，味精 5 克，冷水适量。

工具设备：案板，刮板，大碗，擀面杖，馅挑，笼垫，蒸笼，蒸锅，罗筛。

工艺流程：馅心调制→面团调制→生坯成型→生坯熟制→成品

制作方法：

①馅心调制。

A.将大白菜择洗干净，用开水焯水后，冷水过凉，挤干后切成末状。

B.将猪肉泥加入大白菜末、葱末、姜末、虾籽、黄酒、酱油、精盐、白糖、味精拌和入味，搅拌上劲。

②面团调制。

A.将面粉过筛后，倒上案板，扒一个小窝，用开水烫成雪花状，摊开冷却。

B.再洒淋上冷水，揉和成团，盖上湿布，饧制 15 ~ 20 分钟。

③生坯成型。

A.将面团揉光搓成条，摘成小剂，逐只按扁擀成直径 8 厘米的圆皮。

B.在圆形面皮中间放上馅心（馅心要硬点），四周涂上水，将圆面皮按 5 等份向上向中间捏拢成 5 个眼，再将 5 个眼捏紧成 5 条边。

C.每条边用手由里向外、由上向下逐条边推出波浪形花纹，把每条边的下端提上来，用水粘在邻近一片菜叶的边上，即成白菜饺生坯。

④生坯熟制。将生坯上笼蒸 8 分钟成熟即可。

操作关键：

①选择中筋面粉，筋性适当。

②和面时用开水成雪花状，摊开后，再洒上冷水，揉和成团。

③适当饧制，形成一定的筋性。

④拌制馅心一定要上劲。

⑤包制时注意白菜饺形状的把握。

风味特点：色泽素雅，形如白菜，口味咸鲜，口感软韧。

品种介绍：白菜饺是花式蒸饺的一种，形如白菜，色香味形俱佳。

（7）夹制案例

夹是借助于工具如筷子、花钳或花夹等，将坯料夹制出一定形状的方法。其操作方法是：根据制作的具体面点品种要求，选择使用筷子、花钳或花夹等工具，进行塑型夹制，如船点、各式花卷、花式酥点、花式包子等。

案例一：四喜饺

原料配方：面粉 350 克，开水 125 克，冷水 50 克，猪肉泥 150 克，虾蓉 150 克，葱花 15 克，姜末 10 克，黄酒 15 克，虾籽 8 克，酱油 15 克，精盐 5 克，白糖 10 克，味精 1 克，蛋白末 50 克，熟香肠末 50 克，蛋黄末 50 克，熟青菜末 50 克，鸡汤 50 克。

工具设备：案板，刮板，大碗，擀面杖，蒸笼，馅挑，笼垫，蒸锅，罗筛，尖头筷子。

工艺流程：馅心调制→面团调制→生坯成型→生坯熟制→成品

制作过程：

①馅心调制。

A.将猪肉泥放入大碗中加入虾蓉、葱花、姜末、虾籽、黄酒、酱油、白糖、味精、精盐搅拌上劲入味，然后分三次加入鸡汤。

B.再顺一个方向搅拌再次上劲，即成猪肉虾仁馅。

②面团调制。

A.将面粉过筛后，倒上案板，中间扒一小窝，用开水烫成雪花状，摊开散热后，再洒上冷水，揉和成团。

B.盖上温布，饧制 15 ~ 20 分钟

③生坯成型。

A.将面团揉光滑搓成条，摘成小剂，按扁擀成直径 8 厘米的圆皮。

B.将圆形坯皮中间放上馅心，沿边分成四等份，向上、向中心捏拢，将中间结合点用水粘起，边与边之间不要捏合，形成 4 个大孔。

C.将两个孔洞相邻的两边靠中心处再用尖头筷子夹出 1 个小孔眼，共夹出 4 个小孔眼，然后把 4 个大孔眼的角端捏出尖头来，逐只在 4 个大孔眼中分别填入蛋白末，熟香肠末、蛋黄末、熟青菜末即成生坯。

④生坯熟制。将四喜饺子生坯上笼蒸 8 分钟即可成熟。

操作关键：

①选择中筋面粉，筋性适当。

②和面时用开水烫成雪花状，摊开后，再洒上冷水，揉和成团。

③适当饧制，形成一定的筋性。

④拌制馅心一定要上劲。

⑤包制时注意四喜饺形状的把握。

风味特点：色泽鲜艳，形如四喜，口味咸鲜，口感软韧。

品种介绍：四喜饺是花式蒸饺的一种，形如四喜，色香味形俱佳。

案例二：核桃酥

原料配方：

水油皮材料：低筋面粉 70 克，猪油 25 克，温水 40 克，可可粉 2 克。

油酥材料：低筋面粉 50 克，猪油 25 克，可可粉 3 克。

馅料：核桃仁 80 克，糖粉 40 克，猪板油 22 克。

工具设备：案板，刮板，擀面杖，骨针，花钳。

工艺流程：酥心、水油皮制作→包酥→擀制→叠酥→擀薄卷成卷→切剂→擀皮→包馅→花钳整形→烤制→成品

制作方法：

①酥心制作。低筋面粉加入可可粉拌匀后加入猪油，擦透成团，备用。

②水油皮制作。低筋面粉加入可可粉拌匀后加入猪油，分两次加入温水拌成团，揉光洁后盖保鲜膜饧制15分钟。

③馅心制作。核桃仁焯水后，以100℃烘烤15～20分钟，冷却后将其压碎，倒入糖粉和猪板油拌匀成团，分成6份，冷藏备用。

④成型。油面拍成圆大饼状，包入油酥，擀成长方薄片，将薄片一折为三，再擀成长方薄片，卷成圆柱状。将面团分成若干等份，擀成圆胚皮状，包入馅心后，呈圆球状。先用骨针滑一条线，用其他的工具也行，不要划破馅心。用花钳夹出中间的突起部分，然后用小花钳夹出两边花纹，整体夹成核桃状。

⑤熟制。以200℃烘烤15～20分钟，出炉后表面刷糖水。

操作关键：

①按照配方进行称量制作。

②选择低筋面粉制作点心。

③调制酥心时揉匀擦透即可。

④注意烤制温度和时间。

风味特点：色泽浅褐，口感酥脆。

品种介绍：核桃酥为常见的象形面点，形似核桃，色香味形俱佳。

（8）剪制案例

剪是利用剪刀等工具在面坯的表面剪出花纹的一种独特成型技法。其操作过程是：面点在坯皮包馅之后形成半成品，在其表面利用剪刀剪出条样或花纹，如兰花饺、海棠酥等，另外，剪法也可以运用在面点成熟后的制品，在其表面剪出形状，如菊花包、刺猬包等。

案例一：兰花饺

原料配方：面粉350克，开水125克，虾蓉300克，生肥膘35克，葱花15克，姜末10克，黄酒15克，虾籽3克，精盐3克，味精2克，冷水适量，熟蛋白末50克，熟火腿末50克，熟蛋黄末50克，熟青菜末50克，熟香菇末50克。

工具设备：案板，大碗，擀面杖，刮板，馅挑，蒸笼，蒸锅，罗筛，剪刀。

工艺流程：馅心调制→面团调制→生坯成型→生坯熟制→成品

制作方法：

①馅心调制。

A.将虾蓉、生肥膘放入大碗中，加入葱花、姜末、虾籽、黄酒、精盐、味精拌和入味，搅拌均匀。

B.然后顺一个方向搅拌再次上劲，拌匀成鲜虾馅。

②面团调制。

A.将面粉过筛后，倒上案板，扒一个小窝，用开水烫成雪花状，摊开冷却。

B.再淋上冷水，揉和成团，盖上湿布，饧制 15 分钟。

③生坯成型。

A.将面团揉光搓成条，摘成 30 只小剂，逐只按扁擀成直径 8 厘米的圆皮。

B.圆形面皮中间放上馅心，从圆形面皮边按四等份向上拢起，向中间捏成四角形，中心留一个小圆孔，每只角捏成边，用剪刀将四边修齐，然后在每条边上，由下向上剪出两根面条。

C.将一边的上面一根面条与相邻边的下面一根面条的下端粘起来，这样形成 4 个向下倾斜的孔。再将 4 只角的剩余部分的边上剪出齿，并朝向同一方向拧偏 90° 角，做成兰花叶，即成兰花饺子生坯。

④生坯熟制。兰花饺子生坯上笼蒸 8 分钟，在 4 个斜形孔和中心的圆洞里分别填进 5 种不同色的点缀料末即可。

操作关键：

①选择中筋面粉，筋性适当。

②和面时用开水烫成雪花状，摊开后，再洒上冷水，揉和成团。

③适当饧制，形成一定的筋性。

④拌制馅心一定要上劲。

⑤包制时注意兰花饺形状的把握。

风味特点：色泽鲜艳，形如兰花，口味咸鲜，口感软韧。

品种介绍：兰花饺是花式蒸饺的一种，形如兰花，色香味形俱佳。

案例二：海棠酥

原料配方：中筋面粉 400 克，红莲蓉馅 100 克，红樱桃 10 粒，鸡蛋液 50 克，熟猪油 115 克，精炼油 1000 克（约耗 150 克）。

工具设备：案板，大碗，擀面杖，油锅，罗筛，剪刀。

工艺流程：水油面制作→干油酥（酥心）制作→成型→熟制→成品装饰

制作方法：

①水油面制作。取 200 克面粉加入 20 克熟猪油后，用清水调成水油面。

②干油酥（酥心）制作。用 200 克面粉加入 100 克猪油，擦成干油酥。

③成型。将水油面和干油酥按 1∶1，分别摘成 20 只剂子。逐只将水油面剂撖扁，包入干油酥面剂擀成长方形，分成 3 等分折叠，擀薄成长方形，再对折，共计 3 次后擀成长方形薄片。用圆形模具按成圆皮 20 个，包入红莲蓉馅，四周涂上蛋液，分成均匀的五等份，向上捏拢成五个对边角，用锋利的剪刀在每个边上剪两刀（第一刀平剪，每角厚度一致，第二刀 90 度斜角），上面每一条边向中间弯曲，涂上蛋液，酥层向上，下一条边下边和底座剪成斜角，即成海棠

花酥生坯。

④熟制。锅上火，放入熟猪油烧至120℃，放入海棠花酥生坯养透，使油进入酥层并使油酥膨胀，加热使油温升至150℃时，花酥开始漂浮于油面，生坯变硬时起锅。

⑤装饰。在每只花酥中心放半粒红樱桃即可。

操作关键：

①按照配方称量制作。

②干油酥（酥心）常选择低筋面粉来制作。

③包酥成型时擀制要均匀，这样酥层才均匀。

④油炸时注意掌握油温，这样制品才白皙酥脆。

风味特点：层次清晰，形似海棠，酥香可口，入口即化。

品种介绍：海棠酥是传统名点，造型美观大方，外酥内甜，松软滋润。

案例三：菊花包

原料配方：中筋面粉300克，温水160毫升，酵母3克，泡打粉4克，白糖3克，莲蓉馅500克。

工具设备：馅盆，案板，刮板，馅挑，擀面杖，剪刀，蒸笼，蒸锅，电子秤。

工艺流程：馅心调制→面团调制→生坯成型→生坯熟制→制品成型→成品

制作方法：

①面团调制。

A.中筋面粉放案板上扒一小窝，加酵母、温水、泡打粉、白糖等调成发酵面团。

B.盖上湿洁布，饧制20分钟。

②生坯成型。

A.将发好的面团揉匀揉光，搓成长条，摘成20只面剂。

B.用手掌按扁，擀成直径4厘米中间厚、周边薄的圆皮。

C.包上硬莲蓉馅心，收口捏拢向下放，放入笼内再饧发10分钟。

③生坯熟制。

将装有生坯的蒸笼放在蒸锅上，蒸6分钟，待皮子不粘手、有光泽、按一下能弹回即可出笼。

④制品成型。将蒸熟的制品取出后，撕去外皮，用剪刀从下往上，由底部一圈一圈剪出菊花的花瓣。

操作关键：

①按用料配方准确称量，采用温水调制面团的方法调制。

②面团要揉匀揉透，盖上湿布饧制20分钟。

③坯剂的大小要准确，坯皮的收口一定要放在底部。

④蒸制时要求旺火气足，蒸制的时间以6分钟为宜。

⑤制品取出后要撕去外皮，然后用剪刀剪出菊花花瓣。

风味特点：色泽乳白，菊花造型膨松柔软，饱满光洁。

品种介绍：菊花包是一种象形花式包子，具有膨松面团的特性，又具有菊花的造型，实用性极强。

案例四：刺猬包

原料配方：中筋面粉300克，温水160毫升，酵母3克，泡打粉4克，白糖253克，红小豆500克，熟猪油50克，黑芝麻5克。

工具设备：馅盆，高压锅，网筛，纱布，炒锅，案板，刮板，擀面杖，馅挑，剪刀，蒸笼，蒸锅，电子秤。

工艺流程：馅心调制→面团调制→生坯成型→生坯熟制→成品

制作方法：

①馅心调制。

A.红小豆洗净浸泡一夜，然后放高压锅内加水煮烂。

B.取出后晾凉，用网筛擦制过滤，然后用纱布过滤去水分，成为干豆沙。

C.取一个干净锅，放入熟猪油烧热，放入白糖250克炒融化，再放入干豆沙炒匀，形成细沙馅。

②面团调制。

A.中筋面粉放案板上扒一小窝，加酵母、温水、泡打粉、白糖3克调成发酵面团。

B.盖上湿洁布，饧制20分钟。

③生坯成型。

A.将发好的面团揉匀揉光，搓成长条，摘成20只面剂。

B.用手掌按扁，擀成直径4厘米中间厚、周边薄的圆皮。

C.包上硬细沙馅心，收口捏拢向下放。将坯子先搓成一头尖、一头粗的形状，尖头做刺猬头，圆头做尾部。

D.用小剪刀在尖部横着剪一下，做嘴巴；在其上方剪出两只耳朵，将两耳捏扁竖起，再在两耳前嵌上两粒黑芝麻，便成为刺猬眼睛。

E.然后再用小剪刀在后尾部自上向下剪出1根小尾巴，把它略竖起；放入刷过油的笼内饧发10分钟。

F.再用左手托住包子，右手持小剪刀，从刺猬的身上从头部到尾部、从左边到右边依次剪出长刺来，放入笼内再饧发5分钟。

④生坯熟制。

将装有生坯的蒸笼放在蒸锅上，蒸6分钟，待皮子不粘手、有光泽、按一下能弹回即可出笼。

操作关键：

①细沙馅在制作时要熬硬一点，便于生坯的成型操作。

②为了增加细沙馅的口味可以加上桂花酱调味。

③按用料配方准确称量，采用温水调制面团的方法调制。

④面团要揉匀揉透，盖上湿布饧制 20 分钟。

⑤坯剂的大小要准确，坯皮的收口一定要放在底部。

⑥表皮要光滑，用小剪刀剪成小刺猬的嘴、耳朵、尾巴和浑身的长刺。

⑦蒸制时要求旺火气足，蒸制的时间以 6 分钟为宜。

风味特点：色泽乳白，刺猬成型，膨松柔软，饱满光洁。

品种介绍：刺猬包是指表面布满倒刺的包子，因为倒刺根根直立形似刺猬，被称为"刺猬包"。

（9）抻制案例

抻是将调制成的柔软面团，经双手反复抖动、扣合、抻拉成条状或丝状等形状面点制品的方法。其操作过程是：和面、溜条、出条，抻法成型。品种有一窝丝酥、盘丝饼、龙须面等。

案例一：龙须面

原料配方：

坯料：中筋面粉 500 克，精盐 5 克，食碱水 10 毫升，冷水 310 毫升。

辅料：色拉油 1500 克。

饰料：绵白糖 100 克。

工具设备：面盆，案板，锅，漏勺，电子秤。

工艺流程：面团调制→生坯成型→生坯成熟→成品

制作方法：

①面团调制。将精盐用水化开，再把面粉过筛后放入盆内，倒入盐水，分次加入温水（水温约 35℃）和成雪花面，用碱水把面揣匀，放在盆里用干净毛巾盖好，饧制 25 分钟。

②生坯成型。取出和好的面，放在案板上拉成长条面坯，然后抓握住面的两端，上下抖动，并向两头抻拉，将面条沿顺时针方向缠绕；然后再抓握住面的两端，上下抖动，并向两头抻拉；将面条沿逆时针方向缠绕，经过多次抻拉、缠绕，等面团有韧性并粗细均匀了，蘸上碱水再略溜几下，开始出条；把已溜好条的面坯对折，抓住两端均匀用力，上下抖动向外拉抻，将条逐渐拉长，再把面条对折，抓住两端再次抻拉，直拉至所需的粗细。把面抻到 11 扣，细度刚好合适。

③生坯成熟。把抻好的细面丝放在小漏勺中，下入 140℃的锅迅速拨散，炸成金黄色的圆饼形，沥油装盘，撒上绵白糖即可。

操作关键：

①按用料配方准确称量投料。

②面团要揉匀揉透；盖上湿布饧制 25 分钟。

③面团吃水要适当，太软面条没有劲，太硬拉不开。

④溜条时，一次沿顺时针方向绕，一次沿逆时针方向绕，速度要快。

⑤抻面时用力要均匀，以防拉断或粗细不均匀。

⑥炸制的油温不宜太高，以 140℃为宜；炸制时要迅速将细面丝拨散，炸匀炸透。

风味特点：色泽金黄，细如龙须，口感酥脆，口味香甜。

品种介绍：龙须面为传统面食，流行于北方广大地区，是一种又细又长、形似龙须的面条，由山东抻面演变而来，至今已有 300 多年的历史。在中国农历二月二龙抬头，有吃龙须面之俗。今已为居民普通食品，常年食用。

案例二：盘丝饼

原料配方：中筋面粉 500 克，精盐 5 克，食碱水 5 毫升，冷水 3.0 毫升，香油 100 毫升，碱 2 克，油 500 克。

工具设备：面盆，案板，平底锅，电子秤。

工艺流程：和面→抻面→成型→熟制→成品

制作方法：

①和面。将面粉放入盆内，加适量水、食碱水、精盐和成软硬适宜的面团。

②抻面。用抻面的方法拉成 11 扣面条，顺丝放在案板上，在面条上刷上香油，每隔 7.5 厘米将面条切成小坯。

③成型。取一段面条坯，从一头卷起来，盘成圆饼形，直径约 4.5 厘米，把尾端压在底下，用手轻轻压扁。

④熟制。平底锅内刷油，放入饼坯，慢火烙至两面呈金黄色成熟即成。

操作关键：

①按用料配方准确称量投料。

②面团要揉匀揉透；盖上湿布饧制 25 分钟。

③面团吃水要适当，太软面条没有劲，太硬拉不开。

④溜条时，一次沿顺时针方向绕，一次沿逆时针方向绕，速度要快。

⑤抻面时用力要均匀，以防拉断或粗细不均匀。

⑥烙制时火候要小，便于成熟上色。

风味特点：金黄透亮，酥脆甜香。

品种介绍：盘丝饼是在抻面的基础上发展起来的一种精细面食品，是山东烟台的特色传统名吃，面丝金黄透亮，酥脆甜香。

（10）切制案例

切是以厨刀为主要工具，将加工成一定形状的坯料分割而成型的一种方法。其操作过程是：将面团和好后，经过擀、压、卷、揉（搓）、叠等成型手法处理后，再用厨刀切割成型。它是下剂的基本手法之一，主要用于面条、刀切馒头、花卷（如四喜卷、菊花卷）、油酥（如兰花酥、佛手酥等）、糍粑等的初步成型，以及成熟后改刀成型的糕类制品，如三色蛋糕、千层油糕、枣泥拉糕、蜂糖糕等的改刀成型。

案例一：刀切馒头

原料配方（以 15 只计）：面粉 300 克，奶粉 15 克，酵母 3 克，泡打粉 3 克，白糖 5 克，猪油 5 克，温水 160 毫升。

工具设备：案板，擀面杖，厨刀，蒸笼，蒸锅，电子秤。

工艺流程：面团调制→生坯成型→生坯熟制→成品

制作方法：

①面团调制。先把一半面粉与泡打粉拌匀后放入容器中，加入酵母、白糖和奶粉，加上温水，然后搅拌均匀，放到湿热的地方发酵。发酵至面糊表面有气泡并且开始破裂，整体开始塌陷。加入另一半面粉揉成粉团，再加入 15 克猪油继续揉面。揉至面团表面光滑，放到湿热地方二次发酵。发酵至表层有气泡时即可。

②生坯成型。案板上撒一层面粉。将发好的面团置于案上。揉成圆条状，用刀切成大小基本均匀的馒头生坯。

③生坯熟制。将馒头生坯放入刷了油的蒸笼锅中，蒸制 15 分钟。

操作关键：

①按用料配方准确称量投料。

②面团采用温水调制而成，要揉匀揉透。

③馒头生坯的大小要准确。

④蒸制时间不宜太长或太短，蒸制 15 分钟为宜。

⑤成品以不粘手、不粘牙、不发黯为佳。

风味特点：色泽乳白，呈长方形，饱满柔软，光滑细腻。

品种介绍：刀切馒头是指切片馒头，可油炸，也可蒸制，沾甜酱食用。馒头口感洁白光滑，面香味浓，温热松软，有调理消化不良的功效。

案例二：兰花酥

原料配方：

馅料：苹果酱 100 克。

坯料：

①干油酥：低筋面粉 150 克，熟猪油 75 克。

②水油面：中筋面粉 150 克，青菜汁 75 毫升，熟猪油 35 克。

辅料：蛋清 1 个，色拉油 1 千克（耗 50 克）。

工具设备：案板，擀面杖，美工刀，漏勺，锅，裱花袋，电子秤。

工艺流程：面团调制→生坯成型→生坯熟制→成品

制作方法：

①面团调制。

A. 干油酥调制。将低筋面粉放在案板上，加入熟猪油，拌匀擦成干油酥。

B. 水油面调制。将中筋面粉放在案板上，扒一个窝，加上青菜汁、熟猪油，揉擦成水油面。

②生坯成型。用水油面包入油酥面，擀成厚薄均匀的长方形坯皮，折叠成三层，再擀制两次，最后擀成长方形坯皮，用刀切去四周，露出酥层，再切成 6 厘米见方的小块，共 4 块（其他面团如法重复）。用刀将酥皮三个角沿对角线从顶端向交叉点切进 2/3，将切开角的对角线用蛋清液粘牢，另一顶端在对角线两侧切开两个小口即成兰花酥生坯。

③生坯熟制。锅置火上，放入熟猪油，待油温 90～120℃时，放入生坯，用微火浸炸透，至生坯浮出油面，层次清晰，即可用漏勺捞出，用餐纸吸取油分，装入盘中，将苹果酱用裱花袋挤出花蕊，点缀于中心位置即成。

操作关键：

①按用料配方准确称量投料。

②干油酥面团要擦透，水油面要揉擦上劲。

③坯剂的大小、厚度要恰当。

④生坯要在 120℃下锅，而且炸制时要不断翻面，使之受热均匀。

风味特点：色泽鲜艳，呈兰花形，层次清晰，酥香可口。

品种介绍：兰花酥为传统酥点，形态美观，层次清晰，酥香可口。

（11）削制案例

削是用刀直接削制面团而成长条形面条的方法。分为机器削面和手工削面两种。其操作过程是：先和好面（面要硬些），每 500 克面粉掺冷水 150～175 克为宜，冬增夏减。和好后饧面约半小时，再反复揉成长方形面团块，然后将面团放在左手掌心，托在胸前对准煮锅，右手持削面刀（一般用铁片或钢片制成，呈瓦片状），从上往下，一刀一刀地向前推削，削成宽厚相等的三棱形面条。面条入锅煮熟捞出，再加调味料即可食用。如刀削面等。

案例：刀削面

原料配方：

坯料：中筋面粉 400 克，冷水 180 毫升，盐 3 克。

汤料：雪菜 500 克，上浆肉片 100 克，熟猪油 50 克，葱末 15 克，姜末 10 克，精盐 5 克，味精 3 克，冷水 2000 毫升。

工具设备：面盆，案板，厨刀，砧板，手勺，锅，漏勺，电子秤。

工艺流程：面条制作→面条熟制→汤料制作

制作方法：

①面条制作。将面粉放在盆内，加水和盐，再揉匀揉光，揉成后大、前头小的圆柱形，饧制25分钟。左手托住和好的面块，右手持削面刀。从面块的里端开刀，第二刀接前部分刀口上端削出，逐刀上削，削成扁三棱形、宽厚相等的面条。

②面条熟制。直接削入开水锅煮熟备用。

③汤料制作。雪菜切末。锅上火烧热，放入熟猪油加热，将葱末、姜末炸香，再放入雪菜炒匀，加入冷水2000毫升烧开，放入上浆肉片氽熟，加入精盐和味精调味，即成雪菜肉片卤。最后将煮熟的面条放入，将汤料分装到碗中即可。

操作关键：

①按用料配方准确称量投料。根据季节灵活掌握水温，夏天用冷水，春秋冬可用温水。

②面团要稍硬一些，揉匀揉透。

③盖上湿布饧制25分钟。

④面条要削成扁三棱形宽厚相等的形状，标准长度不小于25厘米。

⑤面条直接削入锅中，煮熟备用。

风味特点：形如柳叶，筋韧可口，汤鲜味美，浇头经典。

品种介绍：刀削面是山西的特色传统面食，为"中国十大面条"之一，流行于山西及其周边地区。

（12）拨制案例

拨是用筷子将稀糊面团拨出两头尖中间粗的条的方法。其操作过程是：将稀糊面团放在盘中，利用盘子的边缘为着力点，用筷子沿着盘边拨出，成型下锅，直接煮熟。这是一种需借助加热成熟才能最后成型的特殊技法。因拨出的面条圆肚两头尖，入锅似小鱼下水，故叫拨鱼面，又称剔尖。

案例：拨鱼面

原料配方：

坯料：面粉500克，绿豆粉30克，冷水350毫升。

辅料：猪肉（肥瘦）150克，冬笋75克，鸡蛋50克，黄花菜（干）50克，水发木耳15克。

调料：盐5克，味精2克，酱油35克，料酒10克，湿淀粉50克，熟猪油50克，鲜汤2000克。

工具设备：面盆，三棱形竹筷，厨刀，砧板，锅，漏勺，电子秤。

工艺流程：面团调制→汤卤制作→生坯成型与熟制→成品

制作方法：

①面团调制。面粉与绿豆粉拌匀后，加水调制成软面团，饧制 25 分钟。

②汤卤制作。将煮熟的猪肉切成小薄片；冬笋去壳，洗净，也切成薄片；黄花菜放入碗内，加入温水泡软，择去硬头和梗，洗净，切成约 3 厘米的长段；木耳洗净，切成小片；鸡蛋磕入碗内打散，备用。

将锅放在火上，倒入猪油、鲜汤烧沸，放入白煮肉片、冬笋片、黄花菜段、木耳片，烧沸撇去浮沫，滚烧约 3 分钟。加入酱油、料酒、盐、味精，放入淀粉勾芡。倒入蛋液搅匀，蛋液凝结成片状时，即成卤汁。

③生坯成型与熟制。煮锅中加水烧沸，将面团放入盘内，左手执盘，倾斜在锅的侧上端，右手执一根特制的三棱形竹筷，在锅内开水中蘸一下，紧贴在面团表面，顺盘沿由里向外将面拨落入锅内，熟后捞入碗中，浇上汤料即成。

操作关键：

①按用料配方准确称量投料。

②面团应和得软，拌至光滑。

③拨面的动作要迅速，每次拨出的面条长短、粗细不能相差太大。

④汤料可以根据习惯和口味进行调整。

风味特点：形如小鱼，质地爽滑，口感劲韧，汤鲜味美。

品种介绍：拨鱼面又称拨鱼、剔尖、剔拨股等，是流行于山西的地方传统面食，剔尖两端细长，中间部分稍宽厚，白细光滑，软而有筋，浇上浇头，再配以调味佐料，方便快捷、口感香滑、利于消化，受到广大百姓的青睐，是山西面食中极具代表性的一种，也是居民的主要午餐之一。

（13）叠制案例

叠是将坯皮重叠成一定的形状（弧形、扇形等），然后再经其他手法制作半成品的一种间接成型法。其操作过程是：叠常与擀相结合，是将经过擀制的坯料按需要经折叠形成一定形态半成品的技法，常与折连用。叠的次数多少要根据品种而定，有对叠而成的，也有反复多次折叠的，如荷叶夹、桃夹、蝴蝶夹、蝙蝠夹、麻花酥、萱花酥等。叠的时候，有的品种为了增加风味往往要撒少许葱花、细盐或火腿末等，如烧饼类。叠制过程中，为了分层往往要刷上少许色拉油。

案例一：荷叶夹

原料配方：

坯料：中筋面粉 300 克，酵母 3 克，泡打粉 3 克，白糖 5 克，温水 160 毫升。

辅料：芝麻油 50 毫升。

工具设备：案板，刮板，擀面杖，毛刷，细齿木梳，蒸笼，蒸锅，电子秤。

工艺流程：面团调制→生坯成型→生坯熟制→成品

制作方法：

①面团调制。将面粉倒在案板上与泡打粉拌匀，中间扒一窝，放入酵母、白糖，再放入温水调成面团，揉匀揉透。用干净的湿布盖好饧发15分钟。

②生坯成型。将发酵面揉匀，搓成条，摘成剂子，逐只将剂子按扁，用擀面杖擀成直径8厘米的圆皮，抹上麻油，对折成半圆形。用干净的细齿木梳在表面斜压着压出齿印若干道，然后用左手的拇指和食指捏住半圆皮的圆心处，用右手拿木梳的顶端顶住弧的中间，向圆心处挤压1/2取出，复用木梳在90°的弧的中心向圆心处再挤压一次，即成生坯。

③生坯熟制。生坯放入刷上油的蒸笼上，蒸7分钟即可。

操作关键：

①按用料配方准确称量投料。

②采用温水调制面团的方法调制。

③面团要揉匀揉透，用干净的湿布盖好饧发15分钟。

④生坯整体造型褶皱如荷叶。

⑤蒸制时要旺火气足，以制品不粘手，不粘牙，不发黯，手按有弹性为准。

风味特点：色泽洁白，质地松软，光洁细腻，形如荷叶。

品种介绍：荷叶夹形似荷叶，独具风格，色白喧软，美味爽口。如搭配扒烧蒸猪头等肥腻的菜肴食用，其味更佳。

案例二：萱花酥

原料配方：

坯料：

①干油酥：低筋面粉150克，熟猪油75克。

②水油面：中筋面粉150克，温水75毫升，熟猪油15克。

馅料：红小豆150克，熟猪油35克，白糖75克，糖桂花5克。

辅料：鸡蛋1只，色拉油2升（耗50毫升）。

工具设备：馅盆，筛子，案板，擀面杖，厨刀，锅，手勺，电子秤。

工艺流程：馅心调制→面团调制（干油酥调制、水油面调制）→生坯成型→生坯熟制→成品

制作方法：

①馅心调制。将红小豆放水锅中煮烂，晾凉后过筛成泥；炒锅上火，放入白糖、熟猪油、红豆泥，用小火熬至稠厚出锅，加入糖桂花晾凉即可。

②面团调制。

A.干油酥调制：将低筋面粉放案板上，扒一窝塘，加入熟猪油拌匀，用手掌根部擦成干油酥。

B.水油面调制：将中筋面粉放案板上，扒一窝塘，加温水、熟猪油和成水油面，

揉匀揉透饧制 15 分钟。

③生坯成型。将水油面按成中间厚周边薄的皮，包入干油酥。收口向上，擀成长方形面皮，一次三折，再擀成 1 毫米厚的长方形面皮，将一长边修齐。卷起成 5 厘米直径的圆柱体。用刀沿截面横切成 2.5 厘米长的小圆段。

用刀把每一段沿圆心对半剖开，共成 30 个半圆柱体，将半圆柱体的面坯切面朝上，顺纹路擀成长方形皮，包进豆沙馅，收口捏紧朝下，涂上蛋清，有纹的一面朝上，稍按扁即成圆形生坯。

④生坯熟制。将油锅加温至 100℃，下入生坯，稍静置后逐渐升温至 135℃，将生坯炸成酥层清晰、色呈白色即可出锅。

操作关键：

①按用料配方准确称量投料。

②熬制豆沙馅硬度稍微大一些，便于生坯的成型操作。

③干油酥面团要擦透，水油面要揉搓上劲。

④坯剂的直径、厚度要恰当。

⑤成型时注意面剂的正反面，看清纹路。

⑥包馅后，收口捏紧朝下，涂上蛋清。

⑦生坯入锅时油温不宜太高，以 100℃为宜。

⑧待花纹清晰后逐渐升温至 135℃，成品上浮即可。

风味特点：色泽洁白，圆饼形状，层次清晰，香甜细腻。

品种介绍：萱花酥是淮扬名点之一，色香味形俱佳。

（14）摊制案例

摊是将稀软面团或糊浆入锅或铁板上，制成饼或皮的方法。它具有两个特点：一个是熟成型，即边成型边成熟；另一个是使用稀软面团或糊浆，可用于制作成品如煎饼、鸡蛋饼等，也可用于制作半成品，如春卷皮、豆皮、锅饼皮等。其操作过程是：将稀软的水调面用力打搅上劲。摊时的火候要适中，平锅要洁净，每摊完一张要刷一次油，摊的速度要快，要摊匀、摊圆，保证大小一致，厚薄均匀，不出现砂眼、破洞。

案例一：家常煎饼

原料配方：玉米粉 100 克，面粉 200 克，精盐 2 克，清水适量，色拉油适量。

工具设备：鏊子，油擦，舀勺，箆子，铲子，糊盆。

工艺流程：粉料调成糊→架起鏊子烧热→擦涂薄薄一层油→舀糊→刮平成饼状→烘干→铲下叠起

制作方法：

①将玉米粉和面粉混合一起，加上清水、精盐适量调成糊状。

②架起鏊子烧热，用油擦涂薄薄一层油，用舀勺盛一勺糊倒在鏊子上，用

箪子刮成饼，（有多余的糊刮回糊盆中）待烘干烘脆，用铲子铲下叠起。

操作关键：

①粉料混合均匀，然后用适量清水调成糊状。

②火候宜用中小火。

风味特点：色泽浅黄，口感脆韧。

品种介绍：传统的煎饼是小麦经水充分泡开后，碾磨成糊状，摊烙在箪子上成圆形而成，旧时多由粗粮制作，现多用细面和水调成面糊制作。烙成饼后水分少较干燥，形态似牛皮，可厚可薄，方便叠层，口感筋道，食后耐饥饿。煎饼从原料上看，有小麦煎饼、玉米煎饼、米面煎饼、豆面煎饼、高粱面煎饼，还有地瓜面煎饼。

目前国内主要的煎饼种类有：玉米粒直接磨糊的煎饼、玉米面煎饼、玉米碴子发酵煎饼、大米发酵煎饼、小米煎饼、高粱煎饼、豌豆煎饼、糖油煎饼、糖酥煎饼、煎饼盒子、咯馇煎饼、咯馇合、小麦石磨煎饼、白面煎饼、菜煎饼、香酥煎饼、饭糁等主流煎饼。

案例二：春卷皮

原料配方：面粉100克，盐1克，冷水85毫升。

工具设备：炒锅，案板，面盆，保鲜膜，电子秤。

工艺流程：和面团→摊皮→揭皮→叠起备用

制作过程：

①将面粉放在案板上，扒一个小窝，撒上盐，加上适量冷水揉成絮状，再分次加水，把面揉成筋力十足、具有流坠性的稀面团，然后放入盆中，封上保鲜膜，饧制2～3小时。

②揪一块面团，掂在手上。将圆底锅烧热，保持中小火，将手中的面团迅速在锅底抹一圈形成圆皮，立即拽起，让面团的筋性带走多余的面。

③当圆皮边缘翘起，就可以捏着翘起的边缘把面皮揭起来了。

④做好的春卷皮一张张重叠，放成一摞。

操作关键：

①按用料配方准确称量投料。

②面团和成稀软状。

③将圆底锅烧热，保持中小火。

风味特点：色呈浅白，大小一致，厚薄均匀，面香特别。

品种介绍：春卷皮是一种制作春卷的面皮，面粉是其主要的制作原料，但它的制作过程十分讲究，制作的方法比较难把握，只有经过反复的制作才能完成高质量的成品。

（15）按制案例

按制是将面点生坯用手按扁压圆成型的一种方法。按又分为两种：一种是用手掌根部按；另一种是用手指按（将食指、中指和无名指三指并拢）。这种成型方法多用于形体较小的包馅饼种，如馅饼、烧饼等，包好馅后，用手一按即成，手法轻巧。

按的方法比较简单，比擀的效率高，要求制品外形平整而圆、大小合适、馅心分布均匀、不破皮、不露馅等。

案例一：馅饼

原料配方：

坯料：面粉 300 克，开水 100 毫升，冷水 50 毫升。

馅料：猪肉泥 250 克，净鲜笋 150 克，盐 3 克，生抽 10 毫升，糖 5 克，玉米淀粉 15 克，姜末 5 克，葱末 10 克，冷水 100 毫升，虾籽 2 克，味精 3 克，色拉油 50 克。

工具设备：馅盆，面盆，厨刀，砧板，馅挑，案板，擀面杖，平底锅，铲。

工艺流程：馅心调制→面团调制→生坯成型→生坯熟制→成品

制作方法：

①馅心调制。净鲜笋洗净后焯煮 10 分钟，捞出晾凉，切粒备用。在猪肉泥中加上竹笋粒，葱姜末，加入盐、生抽、糖、玉米淀粉、虾籽、味精等搅匀上劲，再加上 100 毫升冷水，继续搅匀，再次上劲成馅。

②面团调制。面粉放入盆中加入 100 毫升开水，用筷子搅拌成絮状，然后再加上 50 毫升冷水，揉拌均匀，形成光滑的面团，盖上湿布，饧发 20 分钟。

③生坯成型。将饧好的面团揉匀，搓条，下剂。然后将面剂子逐个擀成皮，中心部分分别放入馅心，包成团后按扁成饼状。

④生坯熟制。平底锅烧热，刷上油，把包好的饼坯，逐只排列在平底锅中煎制，至两面煎黄成熟即可。

操作关键：

①竹笋要焯水，去除部分的草酸。

②不同品牌面粉的吸水率不同，水量可酌情增减。

③面团要饧制，让面筋舒展。

④煎制时火候要先大后小，成熟要均匀一致。

风味特点：色泽金黄，口味咸鲜，馅嫩面滑。

品种介绍：馅饼是指带馅的饼，用面做薄皮，包上肉、菜等拌成馅，在锅上煎熟。

案例二：黄桥烧饼

原料配方：

坯料：

A. 葱油酥：面粉 200 克，熟猪油 100 克，葱末 35 克，精盐 5 克。

B. 烫酵面：面粉 300 克，热水（80℃）120 毫升，面肥 50 克，碱水 6 毫升。

馅料：瘦火腿 150 克，猪板油 120 克，葱 50 克，味精 3 克。

辅料：饴糖 25 毫升，冷水 15 毫升。

饰料：脱壳白芝麻 100 克。

工具设备：馅盆，厨刀，砧板，案板，擀面杖，毛刷，烤箱，电子秤。

工艺流程：馅心调制→面团调制（葱油酥调制、烫酵面调制）→生坯成型→生坯熟制→成品

制作方法：

①馅心调制。将瘦火腿煮熟切细丁；猪板油去膜切成细丁；葱洗净切成细末。将加工好的火腿丁、猪板油与葱末拌成馅。

②面团调制。

A. 葱油酥调制。将面粉放在案板上，加入熟猪油擦成油酥面，再加入葱末拌和均匀，搓成 15 个馅剂。

B. 烫酵面调制。将面粉放在案板上，扒一个窝，加热水烫制，用馅挑搅拌成雪花状，待晾凉后，拌入面肥揉匀揉透，饧制一小时后，揉入碱水，稍饧。

③生坯成型。将面团揉匀，搓条并摘成 15 个面剂；逐个将面剂包上葱油酥，收口向上，擀成 20 厘米长、7 厘米宽的面皮，左右对折后再擀成 25 厘米长的面皮，然后由前向后卷成圆柱体，用手掌从坯子侧面按扁，擀成直径 6 厘米的圆形面皮，放在左手掌心，放上馅心，口朝下，按成椭圆形的小饼，中间低两头高，表面刷上饴糖水，粘上芝麻即成生坯。

④生坯熟制。将生坯装入烤盘，送进面火 200℃、底火 220℃的烤箱中烤约 10 分钟，呈金黄色即可出炉装盘。

操作关键：

①按用料配方准确称量投料。

②馅料要求加工细小些，如火腿、葱切末；猪板油要先去膜再切丁。

③干油酥面团要擦透；烫酵面要摆摊均匀，去掉热气后再拌入面肥，揉和均匀。

④坯剂的大小、厚度要恰当、成型时生坯表面不能露出酥层。

⑤生坯呈椭圆形要做到中间低两头高，大小一致。

⑥烤箱要事先预热。

⑦制品要烤制呈金黄色。

风味特点：色泽金黄，椭圆饼形，香咸油润，口感酥香。

品种介绍：

黄桥烧饼是古老的特色传统小吃，属江苏菜系，流传于江淮一带。黄桥烧饼得名于著名的战役"黄桥决战"，战役打响后，黄桥镇当地群众冒着敌人的炮火把烧饼送到前线阵地，谱写了一曲军爱民、民拥军的壮丽凯歌。

（16）印制案例

印制是利用模具而成型的一种方法。其操作过程是：将生熟坯料注入、筛入模具，带模具一起熟制成型，或用各种模具按入脱模等。印制成型的制品有五色圆松、米粉蛋糕、紫薯饼等。

案例一：小圆松糕

原料配方：

坯料：糯米粉 300 克，粳米粉 200 克，绵白糖 180 克，冷水 150 毫升，玫瑰酱 35 克，红曲米粉 3 克。

馅料：糖板油丁 100 克，干豆沙 200 克

饰料：熟松子仁 50 克。

工具设备：案板，面筛，糕模，铝糕板，糕布，蒸箱，电子秤。

工艺流程：粉团调制→生坯成型→生坯熟制→成品

制作方法：

①粉团调制。将糯米粉和粳米粉放置在案板上拌和，中间扒一窝塘，加入绵白糖、冷水拌和，再加入玫瑰酱、红曲米粉炒拌均匀，静置，然后放入面筛中揉搓过滤成糕粉。

②生坯成型。将圆松糕模板图案面朝上，面上放入糕模，每个糕模孔中放入松子仁（1 克），再放入糕粉至模孔一半，另外将干豆沙、糖板油丁放入，继续放入糕粉至满，按实。再将糕模面上的余粉刮去，然后覆盖上湿洁白糕布，再将铝糕板放在糕布上，翻身，去掉花板及糕模板，撒上熟松子仁即成生坯。

③生坯熟制。将生坯放入蒸糕箱，旺火足气蒸 15 分钟，成熟后取下装盘即可。

操作关键：

①按照配方称量投料。

②两种糕粉要拌和均匀；糕粉拌好后要静置；糕粉一定要过筛。

③板油丁要切得细小一些，用糖腌制后要放置一段时间，这样容易入味。

④豆沙要略干一些，便于生坯成型。

⑤去模时动作一定要轻，不能抖动。

⑥糕坯呈梅花形。

⑦蒸制时蒸汽要足，蒸透蒸熟。

风味特点：色泽淡红，形如梅花，质感松软，口味香甜。

品种介绍：小圆松糕是苏州糕团中的特色品种。

案例二：和连细糕

原料配方：炒熟糯米粉300克，熟面粉200克，冷开水180毫升，白糖粉450克，熟猪油15克。

工具设备：面盆，木模，电子秤。

工艺流程：粉团调制→制品成型→成品

制作方法：

①粉团调制。白糖粉、熟猪油加少量冷开水拌透，加入熟面粉搅拌均匀，过筛。在拌好的粉中加入炒熟糯米粉，搓匀搓透。

②制品成型。放入木模板内压实，使其在模内黏结，然后用刮刀刮去多余的粉屑，再将模内的印糕敲出即为成品。

操作关键：

①按配方称量投料。

②粉团要搓匀搓透。

③糕粉要在木模板内压实，使其在模内黏结。

④脱模时动作要轻巧。

风味特点：色泽浅黄，糕模成型，香甜清香，糯软适口。

品种介绍：和连细糕由和合、连环两种形状组成，有喜庆吉祥之意。由于印模及上色不同，品种较多，有和合、连环、九梅、佛手、杨梅、秋叶等多种形状。

（17）钳制案例

钳制是运用小工具整塑成品或半成品的方法，其操作过程是：依靠钳花工具形状的变化，使制品形成多种形态。钳花成型的制品有钳花包、奶黄水晶花等。

案例一：钳花包

原料配方：

坯料：中筋面粉300克，湿水160毫升，酵母3克，泡打粉4克，白糖3克。

馅料：猪肉泥350克，葱末15克，姜末15克，黄酒15毫升，虾籽3克，精盐5克，酱油15毫升，白糖18克，味精3克，冷水100毫升。

工具设备：馅盆，案板，擀面杖，花钳，蒸笼，硅胶垫，蒸锅，电子秤。

工艺流程：馅心调制→面团调制→生坯成型→生坯熟制→成品

制作方法：

①馅心调制。将猪肉泥加葱末、姜末、黄酒、虾籽、精盐、酱油拌匀，分次加冷水拌匀，再拌入白糖、味精搅拌上劲成馅。

②面团调制。中筋面粉放案板上扒一小窝，加酵母、温水、泡打粉、白糖等调成发酵面团，饧制20分钟。

③生坯成型。将面团揉光，搓条，摘成 30 个面剂，擀成直径 8 厘米的圆皮，左手托手，右手上馅，包成球状，收口朝下。用钳子在四周钳出花纹。

④生坯熟制：生坯放入笼内硅胶垫上，蒸 10 分钟即可，轻提装盘。

操作关键：

①按用料配方准确称量投料。

②肉馅要先入底味，搅拌上劲。

③面团要发好、饧制、揉匀、揉透；盖上湿布饧制 20 分钟。

④坯剂的大小要准确；坯皮一定要擀得薄而均匀，做到中间厚周边薄。

⑤用钳子在四周钳出花纹，要深一些。否则一蒸，花纹就更浅了。

⑥蒸制时汽要足；注意蒸制时的火力。火要旺，蒸笼要密封，一般蒸制 10 分钟左右。

风味特点：色泽乳白，膨松柔软，甜咸适口，汁多鲜嫩。

品种介绍：钳花包，用花钳把面团细细地雕刻成花苞的形状，外形精巧可人。这不仅仅是一道食品，更是一门艺术。

案例二：奶黄水晶花

原料配方：

坯料：澄粉 250 克，开水 330 毫升，绵白糖 120 克，熟猪油 15 克。

馅料：奶粉 25 克，吉士粉 25 克，白糖 50 克，淡奶 50 毫升，椰浆 150 毫升，炼乳 50 毫升，蛋液 100 毫升，黄油 50 克，面粉 25 克，鹰粟粉 25 克。

工具设备：厨刀，筛子，馅盆，面盆，案板，擀面杖，厨刀，毛刷，弧形花夹，蒸笼，电子秤。

工艺流程：馅心调制→粉团调制→生坯成型→生坯熟制→成品

制作方法：

①馅心调制。将奶粉、吉士粉、白糖、淡奶、椰浆、炼乳、蛋液、黄油（制馅心之前融化）、面粉、鹰粟粉分别称好后放入盆中拌匀，过筛后将糊浆倒入方盘中上笼蒸熟，晾凉，揉匀成奶黄馅。

②粉团调制。将白糖加入开水溶化后倒入澄粉中烫透，加盖闷制 5 分钟，将粉团倒在案板上，加入熟猪油擦匀成团。

③生坯成型。将澄粉面团揉匀、搓条后切成 30 只剂子，用抹过油的刀面将剂子旋压成圆皮，包入奶黄馅，收口成球形，然后用不同大小的弧形花夹由下向上夹出由大到小的花瓣，形成花卉造型，放入刷过油的笼中。

④生坯熟制。将装有生坯的蒸笼上蒸锅，足汽蒸 3 分钟即可出笼。

操作关键：

①按用料配方称量投料。

②制作馅心糊浆要拌匀过筛，不能有颗粒。

③奶黄馅蒸制过程中可搅开再蒸，缩短蒸制时间。

④烫制粉团时水一定要烧沸，并将开水倒入澄粉中烫制，用擀面杖搅拌均匀，稍晾凉后揉搓成团。

⑤坯剂大小要准确，坯皮按压厚度要均匀。

⑥蒸制时要旺火气足，时间恰到好处。

风味特点：色泽透皮，形似花卉，馅心香甜，口感软糯。

品种介绍：奶黄水晶花是一种用澄粉制作，以花钳成型的面点，色泽浅黄，造型美观。

（18）滚制案例

滚沾是一种是将馅心加工成球形或小方块后，通过着水增加黏性，在粉料中滚动，使表面沾上多层粉料而成型的方法。滚沾成型中最典型的是元宵，即以小块的馅料沾水，放入盛有糯米粉的簸箕中均匀摇晃，让沾水的馅心在干粉中来回滚沾，然后再沾水滚沾。反复多次，即成圆圆的元宵。采用滚沾法成型的面点品种还有藕粉圆子等。滚沾法现在也普遍用于沾芝麻、沾椰丝等的操作，如麻团、椰丝团等常用此方法。

案例一：艾窝窝

原料配方：

坯料：糯米 750 克。

馅料：芝麻 35 克，白糖 115 克，金糕 25 克，核桃仁 15 克，瓜子仁 15 克，红绿丝 10 克。

饰料：粳米粉 50 克，京糕碎 25 克。

工具设备：馅盆，汤盆，蒸笼，厨刀，砧板，擀面杖，木槌，案板，电子秤。

工艺流程：粉团调制→馅心调制→制品成型→成品

制作方法：

①粉团调制。将糯米用水泡透，上笼蒸熟；另将饰料中的粳米粉干蒸至熟，晾凉后用擀面杖压碎。

②馅心调制。将芝麻用小火炒熟，晾凉粉碎后再加入白糖、切碎的金糕碎、核桃仁碎、瓜子仁碎、红绿丝碎等拌匀成馅。

③制品成型。将糯米米粒碾碎舂制。舂好的米有劲儿，吃的时候口感好。取适量糯米饭，包入馅料将周边捏合到一起，团成圆；做成若干的糯米团。再将糯米团完全沾满粳米粉，点缀上京糕碎即可。

操作关键：

①按照配方称量投料。

②调制馅心时，馅心的配料要切得碎一点。

③糯米粉需要泡透后再蒸制，这样才能蒸熟。

④蒸熟的糯米要趁热揉揉成团，包捏成型。

⑤点上少许京糕碎以提色点缀。

风味特点：色白如雪，毛绒球状，黏糯韧滑，香甜适口。

品种介绍：艾窝窝是一种历史悠久的北京风味小吃，颇受大众喜爱。制作时的主要食材是糯米粉（江米）制成的外皮，其内包的馅料富有变化，有核桃仁、芝麻、瓜子仁等营养丰富的天然食材，质地黏软，口味香甜，色泽雪白，常以红色山楂糕点缀，美观、喜庆。因其皮外粘薄粉，上作一凹，故名艾窝窝。

案例二：藕粉圆子

原料配方：

坯料：纯藕粉 500 克。

馅料：杏仁 25 克，松子仁 25 克，核桃仁 25 克，白芝麻 35 克，蜜枣 35 克，金橘饼 25 克，桃酥 75 克，猪板油 100 克，绵白糖 50 克。

汤料：冷水 1.5 升，白糖 150 克，糖桂花 10 毫升，粟粉 15 克。

工具设备：馅盆，冰箱，厨刀，砧板，小匾，漏勺，锅，电子秤。

工艺流程：馅心调制→生坯成型→生坯熟制→成品

制作方法：

①馅心调制。将金橘饼、蜜枣、桃酥切成细粒；杏仁、松子仁、核桃仁分别焙熟碾碎；芝麻洗净、小火炒熟碾碎；猪板油去膜剁蓉。将上述馅料与绵白糖拌匀成馅。搓成 0.8 厘米大小的圆球 60 个，放入冰箱冷冻备用。

②生坯成型。将冻好的馅心取一半放入装藕粉的小匾内来回滚动，沾上一层藕粉后，放入漏勺，下到开水中轻轻一蘸，迅速取出再放入藕粉匾内滚动，再沾上一层藕粉后，再放入漏勺，下到开水中烫制一会，取出再放入藕粉匾内滚动。如此反复五六次即成藕粉圆子生坯。再取另一半依法滚沾。

③生坯熟制。将生坯放入温水锅内，沸后改用小火煮透，用适量冷水拌制的粟粉勾琉璃芡。出锅前在碗内放上白糖、糖桂花，浇上汤汁，再盛入藕粉圆子。

操作关键：

①按原料配方准确称量。

②馅料加工得细小一些。

③馅心做好后要冻硬。

④滚沾次数越多，烫制时间略微加长。

⑤用小火长时间养熟、养透明。

⑥做好的藕粉圆子一起放在冷水中保养，食用时再稍煮。

风味特点：色泽棕褐，圆球形状，皮韧爽口，余香回甜。

品种介绍：藕粉圆子，是传统特色美食，传统的汤圆都以糯米粉作原料，藕粉圆的制作可谓独具匠心。

案例三：刺毛团

原料配方：

坯料：糯米粉 300 克，粳米粉 150 克，开水 150 毫升，冷水 35 毫升。

馅料：猪肉馅 200 克或豆沙馅 200 克。

辅料：糯米 150 克。

工具设备：面盆，案板，蒸笼，电子秤。

工艺流程：粉团调制→生坯成型→生坯熟制→成品

制作过程：

①辅料加工。将糯米淘洗干净，静置 4 ~ 5 小时即可沥干，使用前用开水冲烫一下备用。

②粉团调制。将糯米粉和粳米粉放入盆中拌和，中间扒一个塘，加入开水调成雪花状，然后加入冷水揉制成粉团。

③生坯成型。将粉团揉匀、搓条、下剂，把剂子按扁捏成窝状，放入猪肉馅或豆沙馅，捏拢收口，投入先泡后烫的糯米中，滚动使团面黏附上糯米。

④生坯熟制。将生坯整齐排放在蒸笼内，再将装有生坯的蒸笼放上蒸锅蒸 10 分钟至米粒饱满成熟即可。

操作关键：

①按用料配方准确称量投料。

②馅心可以根据实际情况调制品种。

③选用长颗粒的糯米，糯米最好采用冷水浸泡。

④糯米使用前要用开水烫出黏性。

⑤生坯要均匀沾上糯米，生坯呈球形。

⑥生坯蒸制时蒸汽要足；蒸制时间适当。

⑦蒸熟后米粒饱满，状如刺，故俗称 "刺毛团"。

风味特点：色泽浅白，晶莹饱满，皮软韧弹，馅心鲜嫩或香甜。

品种介绍：上海著名的糕团点心。因制成熟团包裹糯米后，形似白毛而得名。现在是上海盛行的家常点心。

（19）嵌制案例

镶嵌是把辅助原料嵌入生坯或半成品的一种方法，其操作过程是：在坯料表面镶装或内部填夹其他原料，美化成品。有直接镶嵌法，如枣糕等；间接镶嵌法，如赤豆糕等；镶嵌料分层夹在坯料中，如三色糕等；还有借助器皿镶嵌，如八宝饭等。

用这种方法成型的面点品种，不再是原来的单调形态和色彩，制品更为鲜艳、美观，尤其是有些品种镶嵌上红、绿丝等。镶嵌物可随意摆放，但更多的是拼摆成有图案的几何造型。

案例一：嵌桃麻糕

原料配方：炒熟糯米粉250克，芝麻粉200克，绵白糖500克，核桃仁100克。

工具设备：筛子，模具，案板，笼屉。

工艺流程：湿糖拌粉→嵌桃炖制→切片烘烤→冷却包装

制作方法：

①湿糖拌粉。制作前先将糖用水润湿、拌透，然后将湿糖、芝麻粉、糯米粉拌均擦透。再用筛子将糕粉全部过筛。

②嵌桃炖制。先把糕粉的1/2放入糕模内，压平糕粉，把核桃仁排在糕粉上，每模四排，桃仁嵌好后再加入另一半糕粉，复压实，按平糕面。将糕模放入锅上水蒸或汽蒸，约7分钟。炖制时汽量一定要掌握得当。炖制后参照雪片糕方法回汽。将回汽后的糕体切成4条，放入木箱静置，隔日后切片。

③切片烘烤。把长方形糕条切成糕片，厚度为1.5毫米，每条糕切100片。糕片厚度可视具体重量而定，大则厚，小则薄。切片后把糕片整齐摊平在烤盘内，炉温为130～140℃，烤5分钟后出炉。

④冷却包装。制品烤制后的水分只有2%左右，极易吸湿，因此，糕冷却后，要及时包装封口。

风味特点：色泽浅黄，糕粉细腻，内嵌桃仁呈蝴蝶状，麻香纯正，入口酥脆。

品种介绍：嵌桃麻糕是江苏地区的传统名小吃，主要由芝麻粉、白糖、炒米粉及核桃仁等原料制成。色泽金黄，味道香、甜、松、酥，有芝麻的清香。

案例二：传统八宝饭

原料配方：糯米300克，白糖30克，熟猪油25克，色拉油15克，红豆沙100克，烤核桃仁20克，红枣5个，烤南瓜子仁3克，烤花生米3克，糖水橘瓣10瓣，去皮菠萝1片。

工具设备：大碗，蒸锅，电饭锅。

工艺流程：糯米淘净浸泡→糯米蒸饭 → 抹油装碗造型→夹馅→填满余饭→放入蒸锅蒸透→扣碗装盘

拌馅

制作方法：

①将糯米淘净，放在冷水中泡至手碾能碎，捞出沥干，放入蒸笼内，把饭蒸熟，制成糯米饭。舀到大碗里，稍凉2分钟后加入白糖、熟猪油，拌匀备用。

②红枣洗净，用温水泡30分钟，去核，切成两半。将烤南瓜子、花生米和核桃仁剁细碎。把碎核桃仁拌入红豆沙里。

③取直径18厘米的浅碗1个，用色拉油将碗内抹一遍，防止粘连。把菠萝片放碗底中间，将碎的花生米和瓜子仁放在菠萝片中间的空里。将枣子、糖橘瓣放在碗底，以菠萝为中心，呈放射状排列开。放上1/2量的糯米饭，铺匀；再

将核桃豆沙泥均匀抹在糯米饭上；再把另 1/2 量的糯米饭平铺在碗里，填满至碗口，压平。

④蒸锅内加入足量的水，将碗放入蒸锅蒸格上，盖上锅，用中偏大火蒸约 25 分钟，使糖、油及其他味道渗入饭里。

⑤蒸好后小心取出碗，冷却 5 分钟；用小刀子将糯米饭与碗边分离；取一个直径 22 厘米的盘子，将碗倒置在盘上，使糯米饭完整倒出，摆盘即好。

操作关键：

①糯米淘净，蒸成糯米饭，拌上糖油备用。

②馅心拌匀，红枣去核。

③碗内抹油，摆放造型装碗，夹馅，最后铺匀糯米饭，填满至碗口，压平。

④扣碗装盘，动作一定要细心，防止造型凌乱。

风味特点：香甜软糯，色美型美。

品种介绍：南方地区的传统名点，由糯米、豆沙、果脯、白糖、猪板油等原料配合制成。

（20）裱制案例

裱是指将油膏、糖膏或糊料原料装入布（纸）袋，挤注成型的一种成型技法。其操作过程是：通过手指的挤压，使糊料或装饰料均匀地从袋嘴流出，裱制出各种花卉、树木、山水、动物、果品等图案和文字。如泡芙、曲奇和裱花蛋糕等。

案例一：巧克力奶油泡芙

原料配方：黄油 50 克，清水 60 克，牛奶 40 克，盐 1.5 克，砂糖 5 克，高筋面粉 50 克，鸡蛋 2 个，装饰用黑巧克力 20 克，糖霜 10 克，鲜奶油 200 克。

工具设备：面筛，裱花袋，剪刀，橡胶刮刀，烤盘，烤箱，案板。

工艺流程：

沸水烫面→搅拌均匀→降温后加入鸡蛋，搅打均匀→裱花嘴挤入烤盘中→烘焙成型→降温后从底部挤入搅打的奶油→顶部装饰

制作方法：

①将牛奶、水、盐、砂糖和黄油放入锅中，加热至沸腾，搅拌均匀。

②将高筋面粉过筛后一次性加入，搅拌均匀。

③转小火，继续搅拌，当锅底出现白色膜时，离火搅拌。

④等面糊温度降至 60℃左右时，将打散的鸡蛋分次加入，搅打均匀。

⑤烤盘上放烘焙纸，将面糊放入裱花袋中，在烤盘中挤出一个个圆球。

⑥放入烤箱 200℃，烤 20 ~ 25 分钟，注意观察，变色后关火，再放置 5 分钟取出。

⑦鲜奶油打发，用细长金属管的裱花嘴将鲜奶油从泡芙的底部挤入泡芙内。

⑧黑巧克力隔水加热融化，用烘焙纸做成漏斗状，将巧克力液装入漏斗，

挤在泡芙上装饰，再撒上糖霜即可。

操作关键：

①面粉要过筛，以免出现面疙瘩。

②面团要烫熟、烫透，不要出现糊底现象。

③每次加入鸡蛋后，面糊必须均匀搅拌上劲，以免起砂影响质量。

④制品成型时，要规格一致。且制品间要留有一定距离，以防烘烤涨发后粘连在一起。

⑤正确控制炉温和烘烤时间，同时在烘烤过程中不要中途打开烤箱门或过早出炉，以免制品塌陷、回缩。

⑥掌握好烤泡芙的温度，温度过低，起发不好；温度过高，色深而内部不熟。

风味特点：色泽鲜艳，口感松软，口味香甜。

品种介绍：泡芙是一种源自意大利的甜食。蓬松涨空的奶油面皮中包裹着奶油、巧克力或冰激凌。

案例二：曲奇

原料配方：黄油 200 克，糖粉 150 克，鸡蛋 100 克，低筋面粉 360 克，香草粉 2 克。

工具设备：面筛，裱花袋，剪刀，毛刷，烤盘，烤箱，案板。

工艺流程：黄油在室温下回软→加鸡蛋、香草粉糖粉、搅打→加入过筛后的低筋面粉，拌匀→挤注入烤盘→烘焙→成品

制作方法：

①将黄油在室温下回软。

②然后加鸡蛋、香草粉糖粉、搅打，再加入过筛后的低筋面粉，搅拌均匀。

③在烤盘均匀刷上黄油，用裱花袋装入面糊，挤注成各种形状。

④烤箱预热 180℃，烤制 15 分钟即可。

操作关键：

①按照配方称量制作。

②面粉要过筛，以免出现面疙瘩。

③挤注时用力要均匀，保证制品大小一致。

④注意烤制温度和时间。

风味特点：色泽棕黄，口感松酥。

品种介绍：曲奇，来源于英语"cookie"的音译。曲奇在美国与加拿大解释为细小而扁平的蛋糕式饼干，而英语的"cookie"是由荷兰语"koekje"来的，意为"小蛋糕"。

案例三：黑森林蛋糕

原料配方：鸡蛋 400 克，蛋黄 50 克，砂糖 150 克，低筋面粉 500 克，可可

粉 15 克，黑樱桃 150 克，鲜奶油 500 克，砂糖 25 克，糖水 75 克，巧克力碎片 150 克，樱桃酒 25 克。

工具设备：搅拌桶，橡皮刀，筛子，毛刷，烘焙纸，蛋糕圈，抹刀，烤盘，蛋糕转盘。

工艺流程：鸡蛋、蛋黄、砂糖放在搅拌桶内打发→加入过筛后的面粉、可可粉拌匀→入烤馍→烘焙→冷却后分层割开

制作方法：

①将鸡蛋、蛋黄、砂糖放在搅拌桶内，快速搅拌到膨发 3 倍量时，停止搅拌。

②面粉、可可粉过筛后，加入蛋糊中，轻轻搅拌均匀即成蛋糕糊；把蛋糕糊倒入刷油的蛋糕圈中，入 200℃ 的烤箱内烘烤 30 分钟。

③将烤好的蛋糕坯从蛋糕圈中取出，晾凉后分成 4 层备用；在糖水内加入少许樱桃酒刷在每一层蛋糕上。

④将鲜奶油加上砂糖倒入调料盆中搅打至膨松，取一部分抹在第一层蛋糕坯上，撒黑樱桃，然后把第二层蛋糕坯盖在第一层上，抹上一层奶油，再撒黑樱桃，盖上第三层蛋糕坯，最后用奶油将表面及四周覆盖均匀，撒上巧克力碎片，即成。

操作关键：

①按照配方称量制作。

②面粉要过筛，以免出现面疙瘩。

③入蛋糕圈要八分满。

④注意烤制温度和时间。

⑤抹奶油时要厚度均匀，表面光滑。

⑥装饰时巧克力碎片要撒均匀。

风味特点：色泽微黑，口感香滑。

品种介绍：黑森林蛋糕是德国著名甜点，制作原料主要有脆饼面团、鲜奶油、樱桃酒等。它融合了樱桃的酸、奶油的甜、樱桃酒的醇香。

（二）模具成型

1. 概说

模具成型是依靠附有不同花纹、图案的模具，辅以手工操作的制作面点的一种成型手段。因模具花纹不同，而使面点具有不同的花纹图案。常见的模具有鸡、桃叶、梅花、佛手形状的，还有花卉、鸟类、蝶类、鱼类等形状的。模具的材质也有木制、铜制、铁制、银制，现代的有塑料制、硅胶制等。主要成型方法有：印模，如月饼、松糕等，花纹清晰，图案丰富；套模，如各式小饼干、小点心等，形态相同，规格一致；盒模，如蛋挞、花盏蛋糕等。

宋代的"梅花汤饼",除了面皮自然带有梅花、檀木之香外,还用梅花状的铁模将面皮凿成一朵朵"梅花",使之味美的同时,形状也美。《红楼梦》第四十一回中描写贾府的面点,用一种特制的银模具,将米粉压制成菊花、梅花、菱角等40种花形,每一种形状只有豆子大小,无怪乎刘姥姥在进餐时,看到一个个果子(面点)玲珑剔透,又想吃,又舍不得吃,特意挑了个牡丹花形的,说带回去给乡下妇女做花样子。文学记载从一个方面也说明了当时印模成型的面点之小巧精致,显示了印模成型的魅力。

模具成型的方法大致可分为生成型、加热成型和熟成型。生成型是将半成品放入模具内成型后取出,再经熟制而成,如月饼等;加热成型是将调好的坯料装入模具内熟制后取出,如蛋糕等;熟成型是将粉料或糕面先加工成熟,再放入模具中压印成型,取出后直接食用,如绿豆糕等。

2. 制作案例

案例一:鲜肉月饼

原料配方:

皮料:中筋面粉 500 克,猪油 50 克,麦芽糖 25 克,开水 75 克。

酥心:低筋面粉 250 克,猪油 200 克。

馅料:五花肉 500 克,皮冻 300 克,酱油 15 克,料酒 10 克,白糖 15 克,味精 1 克,葱、姜各 5 克,白芝麻 10 克,食盐 7 克,麻油 20 克。

工具设备:滚筒面杖,面盆,案板,毛刷,模具,烤盘,烤箱。

工艺流程:馅心制作→和面→擦酥→包酥、下剂、擀皮→包制成型→烤制→成品

制作方法:

①馅心制作。将三分肥七分瘦的五花肉剁成肉糜,依次加入食盐、白糖、酱油(也可以用蒸鱼豉油)、味精、料酒、白芝麻、姜末搅拌上劲,再加入皮冻搅拌均匀,最后加入香葱末、少许麻油搅拌后,放入冰箱静置 15 分钟左右。取出肉馅分割成 25 个等量的馅心,放入冰箱冷藏备用。

②和面。

水油面的制作:中筋面粉 500 克放在案板上或者容器中,中间扒个窝放入猪油和麦芽糖,加入开水化开,先把面和成雪花状,再慢慢加水,把面揉匀揉透,揉至光滑,面团用保鲜膜覆盖,静置 15 分钟。

③擦酥。

油酥面的制作:把猪油加入低筋面粉中擦匀,成团备用。

④包酥。把水油面团在案板上按扁、擀开,把油酥面团放在水油面皮的中间,用水油面团包裹住油酥面团,把包好酥的面团接口朝上按扁。用擀面杖擀成椭圆片,对折三折,擀成大长方片,从大长方片的上端往下卷起,把面片卷成长

筒状，再分割成等量的 25 个剂子，把剂子擀成小圆片（四周擀薄，中间稍厚）。

⑤包制成型。从冰箱取出分割好的肉馅，取一个肉馅放在小圆片的中间，四周隆起包好，收口朝下，用模具压成月饼状即可。

⑥烤制。烤盘刷上一层油，放入生坯，表面刷上油，上火 180℃、下火 180℃，烤制 30 分钟即可。

操作关键：

①按照配方称量制作。

②皮料选择中筋面粉调制。

③酥心选择低筋面粉调制。

④包酥后擀制时用力要均匀，酥层才均匀。

⑤烤制时注意温度和时间的控制。

⑥月饼表面可以刷一层蛋黄液。

风味特点：金黄油润，平整饱满，酥皮清晰，厚薄均匀，松酥咸鲜。

品种介绍：鲜肉月饼是江浙沪一带的传统特色小吃，是苏式月饼的一种，是中秋节节令食品。鲜肉月饼，顾名思义，馅完全是由鲜肉（猪肉）制成，皮脆而粉，又带有几分韧性，丰腴的肉汁慢慢渗透其间，可谓一绝。鲜肉月饼制作时可以用皮料直接包制馅心，也可以包酥后再下剂擀皮包制馅心制作。包好的鲜肉月饼可以不用模具压制成型。也可以用模具压制成型。起酥时可以选择猪油，也可以选择黄油来制作。各有巧妙不同，风味大同小异。

<h3 style="text-align:center">案例二：绿豆糕</h3>

原料配方：

豆沙绿豆糕：绿豆粉 800 克，绵白糖 200 克，麻油 300 克，熟面粉 100 克，凉开水适量，豆沙 300 克。

清水绿豆糕：绿豆粉 900 克，绵白糖 200 克，麻油 300 克，熟面粉 100 克，凉开水适量。

工具设备：筛子，毛刷，模具，案板，笼屉。

工艺流程：拌粉→过筛→制坯→蒸糕→刷油→成品

制作方法：

①拌粉。将绿豆粉、熟面粉拌匀后置于案板上，把糖放入中间并加入一半量的麻油搅匀，与豆粉和面粉，拌匀再加入另一半麻油和适量凉开水，搓揉均匀呈湿粉状（以能捏成团为准），即成糕粉。

②制坯。预备花形或正方形木质模具供制坯用。清水绿豆糕制坯简单，只需将糕粉过 80 目筛后填入模内（木模内壁要涂一层麻油），按平揿实，翻身敲出，放在铁皮盘上，即成糕坯。夹心即豆沙绿豆糕制坯，是放入模中一小半量的糕粉，再放入馅心豆沙，用糕粉盖满压实，刮平即成。

③蒸糕。制成的糕坯连同铁皮盘放在多层的木架上，然后将糕坯连同木架入笼隔水蒸 10 ~ 15 分钟，待糕边缘发松且不粘手即好。

④刷油。蒸熟冷却后在糕面刷一层麻油即成。

操作关键：

①按照配方称量制作。

②拌粉时揉搓均匀，呈松散状（以能捏成团为准），再用筛子过滤使之颗粒均匀。

③蒸制时要旺火气足，掌握蒸制时间，不可蒸制太久，若蒸制过久，会使粉坯松散或缩筋。

风味特点：色泽玉白，口味清甜，口感松软。

品种介绍：绿豆糕是传统特色糕点之一，属消暑小食。

（三）机器成型

1. 概说

机器成型是利用发明的制作面点的机器设备来制作某一种面点的成型手段。

随着社会的发展、科技的进步，机器智能化越来越普及，大部分面点的成型也可以用机器来代替了，大大地提高了劳动生产率，但是机器成型存在着一定的局限性。目前，机器只能生产形状单一的面点品种，如面条、馄饨、元宵、水饺、馒头、包子等，成型复杂的面点还主要以手工技法为主。

2. 制作案例

案例一：包子（包子机）

原料配方：发酵揉匀的面团 5000 克，豆沙馅 5000 克。

工具设备：面杠，馅盆，包子机。

工艺流程：开模盘盖板上油→接通电源→试做空心包子→调整大小和皮馅比例→蒸制→成品

制作方法：

①开模盘盖板，在刀片之间加少许润滑油或润滑脂（可食用）。

②接通电源(必须有接地保护)后检查正反转，开启各个开关,让机器空运转，观察各部分是否正常。

③试做时，先开启成型开关，然后开启调节面泵开关，将揉好的面放入面斗内，直至机器作出空心包子，然后调节供馅调节按钮，按要求比例做出面皮的分量，关闭面泵开关。

④开启馅泵开关，将馅投入馅斗内，让馅从机头走出，直至馅充满馅泵，才可开启供面开关。

⑤当含馅面柱经模盘成型，变成完整包子时，通过调节供馅调节按钮，使

包子达到要求的大小和皮馅的比例。

⑥将包子分批放入蒸笼，以旺火沸水圆汽蒸制 8 ~ 10 分钟即可。

操作关键：

①按照配方称量制作。

②严禁机器运转时将手伸进绞龙下方造成人员伤残。

③操作人员在操作时，必须穿戴整齐，防止长头发、衣物、围裙、衣袖卷入机体内。

④每次使用完毕，关闭电源后再对机体进行清理。严禁开机清理。

⑤馒头机要定期保养。出现故障或异常，及时上报维修。

风味特点：色泽浅白，口感膨松，形状美观。

品种介绍：豆沙包是众多包子中的常见品种，也是经典品种，其色泽洁白，豆沙绵甜，口感松软。

案例二：馒头（馒头机）

原料配方：面粉 5500 克，清水 2000 克，酵母 50 克。

工具设备：馒头机，蒸笼或笼屉。

工艺流程：放补面→和面、饧发→搓条→投入机器面斗→制作馒头→蒸制→切断电源后清理

制作方法：

①将 500 克左右的干面粉（补面）放入干面盒内，然后拉开玻璃门，将干面盒下部的面粉调节擦板开启 2 ~ 3 厘米。

②馒头机用面团的面水比例为 1∶0.4，加酵母，用和面机搅拌均匀后，抓紧时间制作，然后再饧发馒头坯。

③将和好的面团切成约 1 ~ 1.5 千克的长条，连续均匀地投入面斗内，面团投入不要太少或是太满，以免馒头大小不一致。

④开机送面后，先观察馒头的成型，如若成型不好或两头带"小尾"，应先检查馒头的重量，如不符合，可开启小门，调节手轮，一般是由大到小，逐步调节，直到满意为止。

⑤在使用过程中，尽量不要停机，以免时间过长，致使面团发酵，黏结成型。随时观察"补面"的下面量，防止黏结。在操作中，把馒头坯有"揪"的一侧放在笼屉的下部。

⑥制作完成后，将笼屉或蒸盘内的馒头坯进行饧发，一般温度饧发 15 ~ 30 分钟即可。也可选用饧发箱饧发，待充分发酵后，再进行蒸制。

⑦使用结束后，切断电源。把铝轴、切刀处清理干净后，最好擦上食用油。把面斗内的余面清理干净，也可做发酵的原料用。盖好各口盖，以防异物入内。

操作关键：

①调节馒头大小，可将定量器上的蝶形螺母稍松，推拉定量器前段即可控制馒头大小。

②使用过程中要集中精力，严禁机器运转时将手伸进绞龙下方，造成人员伤残。

③加工不同规格的馒头，要更换相应的成型轮。

④每次使用完毕，应关闭电源后，再对机体进行清理。严禁开机清理。

⑤馒头机要定期保养。出现故障或异常，及时上报维修。

⑥接通电源，检查绞龙转向，螺旋向前推进为正确，使用时将和好的面团连续放入绞龙体，切刀便可自行切下定量面团，落入滚筒，成型后馒头自动抛出。生产时，操作者应站在馒头机出口一侧，以免被切刀划伤。投面时切勿用硬物挤压，防止零件异常损坏。使用中要在吊轮上撒少量面粉，避免黏结。

⑦操作人员在操作时，必须穿戴整齐，防止长头发、衣物、围裙、衣袖卷入机体内。

风味特点：色泽洁白，口感膨松。

品种介绍：馒头是常见的面点品种，如今用机器制作馒头也是一种常态。

二、艺术成型

面点的艺术成型是指依据美术基础理论，使用各种工具和材料，综合运用不同的技法，产生不同艺术效果的面点造型方法。

（一）装饰成型

1. 概说

装饰成型主要指在具体面点品种的装盘过程中，适当给予装饰点缀，以达到美化面点的效果。在我国传统面点的装盘技法中，单个品种放在盘中心；两个装的品种呈平行状；三个装的呈品字形；四个装的呈田字格；五个装的四平一高呈双层形；再多就顺次堆高呈馒头形、宝塔状。装盛以简洁、丰满为度。如果将大多数造型简单的品种，甚至花色面点品种，在常规的装盛手法外，适当缀以装饰，可谓相得益彰，不仅可以提高面点的欣赏价值，而且可以提高它的食用价值。

面点装饰成型常常在装盛面点的盘（碟）子边沿、一角、正中或底面进行，它主要目的是针对面点具体品种进行装饰、点缀，使装饰与面点品种浑然一体，体现出一种色、形、意俱佳的艺术效果。所以装饰的品种，多以色艳、象形、写意的形式出现，常见的有时果、花草、鸟兽、虫鱼、徽记、山水、楼阁、人物等制品。常用的手法如下。

（1）围边

这是一种最为普遍的装饰方法。主要在盛器的内圈边沿围上一圈装饰物。如用各种有色面团，相互包裹，揉搓成长圆形，再用美工刀切成圆片、半圆片或花形片，围边点缀，烘托面点的造型。

（2）边缀

这是一种常用的装饰方法。在盛器的边缘等距离地缀上装饰物。如用澄粉面团制作的喇叭花、月季花、南瓜藤等在对称、三角位处摆放，起到一定的装饰效果。

（3）角花

这是当前最为流行的一种装饰方法。在盛器的一端或边沿放上一个小型装饰物或一丛鲜花。如用澄粉面团制的小鱼小虾、小禽小兽，缀以小花小草或直接用鲜花作陪衬，使整盘面点和谐美观。

面点装饰除了采用以上常见的手法外，还应注意利用各种配器和垫衬物来加以美化。如为了突出面点品种艺术效果，常选择菱形盘、柳叶碟、水晶盅、小圆笼、漆盒、红木托、紫砂盘等特殊器皿装盛，在盛器底部还可以垫上荷叶、纸托、绢纱、草编垫等，使点心更加赏心悦目，味美，形色也美。

2. 制作案例

案例一：围边

原料配方：澄粉 200 克，开水 280 毫升，苋菜红色素、柠檬黄色素各 0.01 克。

工具设备：面盆，蒸笼，美工刀，电子秤。

工艺流程：面团调制→生坯成型→生坯熟制→围边装饰→成品

制作方法：

①面团调制。将澄粉放入面盆内拌和，加开水调制成粉团。将粉团分成 3 份，白色粉团比其他有色粉团多一倍。其中一份加入柠檬黄色素等揉匀揉透，分别形成黄色粉团。另一份加入苋菜红色素等揉匀揉透，形成红色粉团。

②生坯成型。将橙色粉团搓成条；红色粉团擀成长方形薄片，包在橙色粉条上，卷紧；再将白色粉团擀成薄片，卷在红色、橙色粉条上，搓匀卷紧。

③生坯熟制。将卷好的粉条放在笼内蒸透。

④围边装饰。将三色粉条取出晾凉，用美工刀切片，顺着盘边围一圈，用于点缀。

操作关键：

①按原料配方称量投料。

②三色粉团分别揉匀揉透。

③每一次卷都要卷紧。

④蒸透后晾凉切片围边。

风味特点：色彩鲜艳，工艺精细，造型别致。

品种介绍：围边是点缀的一种方式，根据各人的思路，进行创新拼摆围边。

案例二：角花

原料配方：澄粉200克，开水280毫升，苋菜红色素、抹茶粉色素各0.01克。

工具设备：面盆，蒸笼，剪刀，电子秤。

工艺流程：面团调制→生坯成型→生坯熟制→围边装饰→成品

制作方法：

①面团调制。将澄粉放入面盆内拌和，加开水调制成粉团。将粉团分成两份，一份加入抹茶粉色素等揉匀揉透，形成绿色粉团。另一份加入苋菜红色素等揉匀揉透，形成红色粉团。

②生坯成型。将红色粉团搓成粗条，切成小剂子，逐个将剂子搓成团，用剪刀剪成小菊花。绿色粉团搓成茎条，做成叶子。

③生坯熟制。将做好的菊花、茎叶等放在笼内蒸透。

④围边装饰。将菊花分成三角摆放，点缀上茎叶即可。

操作关键：

①按原料配方称量投料。

②两色粉团分别揉匀揉透。

③蒸透后晾凉点缀角花。

风味特点：色彩鲜艳，工艺精细，造型别致。

品种介绍：小花枝叶常常用来点缀围边，点缀在盘中一角，增色美观。

（二）捏塑成型

1.概说

捏塑成型，这种装饰手法，主要用面点品种展示，以增强艺术效果。如采用米塑或面塑制作的人物、亭台楼阁、风景等装饰，创造整盘面点的意境，引人入胜。在捏塑成型方面，南方"米塑"与北方的"面塑"并称中国面点成型工艺中的双绝。

（1）米塑

米塑又称"粉塑"，是用煮熟的米粉团为原料，通过揉、捏、掐、刻等多种手法，制成各种人物、走兽、花鸟的民俗工艺。其作品大小不一，大的高达数米，小的只有二三厘米，形象逼真，色彩纷呈。

米塑是一门综合的民间传统艺术，融合了雕塑、戏剧、纸扎、剪纸、书法、绘画等艺术，并且需要通晓民俗民风、传统故事、吉祥纹饰。在技巧上讲究盘、搓、塑、贴、扮、捏、掐、刮、挑、戳、剪、刻、画。

1）历史渊源

米塑发源于盛产大米的江南，有自己独特的技艺特点、传统形式、文化背景和精神内涵。据说春秋时期著名的军事家孙武，用熟米团做成蟠桃状寿桃为母亲做寿，这就是米塑工艺的开始。之后米塑艺术随祭祖供神的习俗慢慢盛行起来，这一习俗在唐宋朝时期业已为甚。例如，宋人孟元老《东京梦华录·重阳》云："前一二日，各以粉面蒸糕遗送，上插剪彩小旗，掺钉果实……又以粉作狮子、蛮王之状，置于糕上，谓之'狮蛮'。"米糕插各种纸剪彩色小旗，糕制成狮子、蛮王造型，掺杂点缀时令瓜果。宋"狮蛮"重阳糕，实似今市面流行的"寿桃山"。经过千余年的传承，米塑工艺流程日臻完善。

米塑与中国米面糕点食品发展有着千丝万缕联系，历程也大致相同，经历了秦、春秋战国前期的萌芽阶段，汉魏两晋时期的早期发展阶段，唐宋时期的持续发展阶段和明清时期的繁荣兴盛阶段。民国至建国前期是米塑鼎盛时期，后来米塑曾受冲击一度消沉。如今米塑重获新生，工艺流程日臻完善，品种日益增加，为百姓喜爱而广泛应用。

2）特色分类

米塑是民间流传久远、颇有地域特色的捏塑艺术，可为人物走兽、花果草木，形象逼真，独具神韵。米塑特色众多，其中比较有代表性的如下。

第一，温州米塑。

温州米塑以熟米粉团（温州方言叫"馍糍"，即年糕）为材料，掺以不同颜色，以小角刀、刻刀、剪刀、毛笔、梳子等为辅助工具，在竹签（温州方言叫"箆"）、盘子或平板上塑造成各式各样的造型。

温州米塑的造型有人物、花鸟、水果、虫鱼、瑞兽、海鲜等，造型或细腻逼真或简洁写意，色彩缤纷绚丽，外形寓意深刻，故事题材多以戏剧故事和神话故事为主，常见的有三国、水浒、西游记、封神榜、隋唐、岳飞传、杨家将等。

温州米塑是门综合的艺术，结合纸扎工艺，融合了雕塑、戏剧、剪纸、刻纸、书法、绘画等艺术，并需要通晓民俗民风、传统故事、服装脸谱、吉祥纹饰等。在技巧上讲究揉、搓、滚、压；捏、切、推、刮；剪、刻、贴、画。工序十分复杂，俗话说艺人要"一手拿毛笔，一手拿柴刀"，此话形象地概括了米塑师"能文善武"，反映了温州米塑技艺的深度和难度。

温州米塑中的大寿桃最能显示米塑艺人的高超技艺。往昔一些老人做寿时，做一个大寿桃得用上百来斤米。要做这样的寿桃，先要做一个桃形的木质骨架，上设梯形的五级台阶。大寿桃分为五段制成，依次叠上去，而每级台阶又排列着很多小寿桃，上插戏曲人物，高低参差，颇为壮观。一般顶层为福、禄、寿、禧（人物），往下一层为"八仙"，再往下几层是《西游记》《三国演义》《水浒传》中的人物，多者达百余个，每个身高十几厘米，姿态各异，栩栩如生。

温州米塑来自民间，用于民俗，具有实用价值。完整系统地保留了千百年来米塑的形态，是原汁原味的传统米塑，赋有吉祥的寓意和朴素的人文思想。

第二，石桥米塑。

石桥头镇地处温岭东南沿海，属于半山区。石桥头立街于清乾隆年间，并设有邮铺，逢农历四、八日为集市日，旧时系城南地区的主要贸易点。

石桥米塑是指分布在温岭市石桥头镇的石桥街、前林、后林、后台门、度甲头和中扇等村的传统习俗中用陈年米糕手工制作的制品，俗称"糕人糕马"。具体有：麒麟、狮子、独角兽、白象、老虎、犀牛、獬豸和十二生肖中的其他动物造型。

石桥米塑历史悠久，是元宵迎灯习俗中的重要内容之一，也是当地民俗活动中必不可少的祭品，如作为灯会、祭梁、祭桥的祭品，有祈求吉祥之寓意。石桥头当地有这样的习俗，群众建房上梁时，要请人做"糕人糕马"作为祭礼进行祭梁，特别是女婿家或岳父家上梁吉日，送"糕人糕马"是必不可少的礼数，沿用至今。早时建造桥梁，在将石梁拔上桥墩前，要举行祭梁仪式，祭礼中的主要祭品还是"糕人糕马"。

石桥米塑作为浙东沿海地区特有的祭祀用品，具有鲜明的风土人情和地方文化特色，也有着自身的特点：一是造型小巧，色彩浓艳，手法细腻。米塑作品个体体积较小，一般尺寸在8厘米×3厘米×4厘米。色彩基本是三原色，浓重艳丽。整体手法夸张，局部手法细腻，例如观看眼睛能见到眉毛；耳朵和尾巴都会摇动，有较强的艺术性和观赏性。二是选料考究，观赏时间较长，不变形不开裂。主要原料是浸水年糕，辅助材料有各色颜料、猪油、铜丝、火柴梗、嵌马球等。

第三，苍南米塑。

苍南米塑历史悠久，民间很早就有捏"粿人仔"给小孩玩耍的习俗。旧时，每到除夕或中元节，大人都会用米糕随意捏出猪头、鸡、鸭、老鼠、鱼等造型，镶入擦过菜油的黑豆作眼睛乌黑闪亮，取剪刀在鸡、鸭、鱼身上剪出鳞毛，拙朴可爱，俗称"粿人仔"。

苍南米塑采用熟年糕团作料，过水冷却后配入颜色和防腐防裂材料，运用骨制、竹木或铝制的形状不一的小刀具、小竹木棍、木板、色纸，以及塑质或瓷质平底碟，用揉、捏、掐、刻、扮等手法艺术造型，表面相应修饰彩绘。

苍南米塑综合了民间传统雕塑、戏剧、纸扎、剪纸、书法、绘画等艺术，讲究民俗民风、传统故事、吉祥纹饰，运用盘、搓、塑、贴、扮、捏、掐、刮、挑、戳、剪、刻、画，制品细微处如人物五官、衣褶，花卉之蕊、瓣、枝、叶等，用小刀具雕镂、装点，成品后涂上麻油（无色透明），更显流光溢彩，引人入胜，充满乡土气息。

第四，安仁元宵米塑。

安仁地处湖南省郴州市北部，历史悠久，文化底蕴深厚，自古有"神农故郡"的美称。

安仁元宵米塑是湖南安仁人民用来庆祝节日或喜事的传统工艺美术品。做元宵米塑，俗称"琢鸡婆糕"，是千百年来安仁人自发形成的一种独特的乡土文化习俗。2012年，元宵米塑被列为湖南第三批省级非物质文化遗产。

元宵米塑历史渊源久远。一是相传远古时期，安仁的祖辈们为纪念始祖炎帝神农发明农耕文明的圣德，在元宵节始发兴起；二是据《安仁县志》记载："正月十五日元宵节，俗称'正月半'，是日，家家兴吃元宵，用米粉'琢鸡婆'（将米粉特殊加工后，塑成各式各样的禽兽）供'三宝老爷'，以祈六畜兴旺。"久而久之便形成一种文化习俗。后来米塑逐渐由单一用来祭祀的祭品，变成用来市场交易、相亲、馈送亲朋好友的佳品。

"元宵米塑"具有取材范围广、涵盖面宽，融全民性、实用性、娱乐性、艺术性为一体的特品。造型七分塑、三分彩，做工工艺大众化，所用器具和原材料简单，主要为优质晚稻籼米、糯米，食品颜料，石磨（现在改为机器粉碎）等。

制作流程细而不繁：一是挑选上等晚稻籼米和一定比例的糯米；二是将米碾成粉末再过筛；三是将少量过筛的米粉加水蒸熟，然后与干米粉加水混合反复搓，制成粉坯；四是将粉团塑成各种动物或植物形状；五是上色，又叫"画龙点睛"；六是用蒸笼或鼎锅蒸熟即成。制品可即时吃，可蒸可油炸可火烤，既可饱口福又可饱眼福。

元宵米塑历经沧桑岁月，积淀了丰厚的文化内涵。本身具美学价值、历史价值、文化价值和民俗学价值等，对挖掘和研究传统工艺美术有着非常重要、科学的参考价值。

第五，苏州船点。

苏州船点原指在游船画舫上供达官贵人和游客食用的，以米粉或面粉类原料制作的点心。现在泛指采用米粉或澄粉为材料，经过烫制、上色、包馅（或无馅）、塑型、熟制等工艺制成的象形类点心。馅心有荤、素、咸、甜之分。苏式船点以其选料考究、工艺精细、造型别致、色彩鲜艳、形态逼真、味美可口的特点，承载着深厚文化积淀，成为苏州传统点心的重要组成部分。

苏州船点大约起源于唐宋时期。旧时主要交通工具是船只，行船的速度比较慢，往往一趟船少说几天多则半个月，吃饭自然要在船上解决，这些点心就是为坐船的达官贵人们准备的，不但味道可口，还香、软、糯、滑、鲜。《红楼梦》里刘姥姥二进大观园时，所吃的精美点心就是船点。

苏州船点属苏州船菜中的点心部分，苏州船菜有着悠久的历史，这与苏州水城有关。苏州有"东方威尼斯"之誉，历史上交通工具主要依赖舟楫，当时仅集中在著名的山塘河中的就有沙水船、灯船、快船、游船、杂耍船、逆水船等十多种，而沙飞船、灯船、游船等一类均设有"厨房"。

明清时期，本地商人往往在游船上设宴，请"在吴贸易者"洽谈生意，船菜由此而越办越丰盛。吴门宴席，以冷盘佐酒菜为首，尔后热炒菜肴，间以精美点心，最后上大菜，大菜往往以鱼为末，图"吃剩有余"口彩。厨师深谙席间吃客心理，点心仅是点缀，小巧玲珑，既有观赏之美，又有美食之味。

苏州船点选料考究、制作精美、口感极佳，多制成花卉植物、虫鸟动物为主的艺术造型，可说是苏州点心中的阳春白雪。目前，各名菜馆均在传统船点上推陈出新，培养了许多制点高手，船点已成为宴席中不可少的内容。

苏州船点常以花卉植物、虫鸟动物为主，如白鹅，用镶粉、枣泥馅心等制成；白兔，用镶粉、细甜豆沙等制成；桃子，用镶粉、细甜豆沙、可可粉等制成；枇杷，用镶粉、枣泥、细甜豆沙、可可粉、芝麻制成。制作时先将荠粉、镶粉揉拢成粉团，再捏制成型，配上食用色素，然后放入蒸笼蒸熟，出笼时涂上麻油。

在苏州，除了船点之外，更有米塑中的经典——艺术糕团（也称糕团结顶）。它把各种花卉瓜果、鸟兽禽鱼、古今人物形象等表现在糕团上，做成各种艺术图案，如"花好月圆""老寿星""鱼乐图""虎丘山景图""拙政园一角""松鹤同春""凤穿牡丹""嫦娥奔月""龙凤呈祥"等。

总之，除了以上几种比较有特色的米塑之外，还有东阳米塑、西宅米塑、杭坪米塑、瑞安米塑、达濠米塑等，每一种米塑既代表一种传承，也代表一种文化。

3）饮食风俗

温州民间有个习俗，每逢喜庆节日、婚丧嫁娶或庆祝寿辰，都要捏制米塑。温州米塑多用于寿庆、喜庆、贺礼、祭礼等场合，主要包括：第一，金杏子，用于庆祝小孩四个月，内容包括花鸟虫鱼、蔬果禽珍；第二，对周桃，用于庆祝小孩周岁，内容同上；第三，生日寿桃，用于祝寿，内容同上；第四，龙凤桃，用于祝寿，内容包括龙和凤，可以搭配到生日寿桃里；第五，茶盘斛，用于祝寿，将桃和瑞兽头堆成塔状，插以戏剧人物；第六，斛，又称大寿桃，用于祝寿或地方贺礼，插以百余个戏剧人物，组成各种戏剧实景，并配以纸扎艺术；第七，祭礼用品，用于佛前供奉，内容包括八蛮（"八蛮"是指在温州一带流传的8种瑞兽，各地略有不同，多指狮子、麒麟、大象、四不像、独角兽、老虎、金钱豹、梅花鹿）、海味、戏剧实景。

石桥米塑作为浙东沿海地区特有的祭祀用品，更具有鲜明的风土人情和地方文化特色，常常作为灯会、祭梁、祭桥的祭品，有祈求吉祥之寓意。

苍南各地民间红白喜事（如婴孩周岁、老人做寿等）必用到米塑。祭祀供奉敬神，娱神乐人，米塑在农业社会是很重要的一项供品。小孩做周要做100

个以上花桃，并八仙、三国、封神榜、戏剧人物、龙凤、水族走兽、果品等。一般老人祝寿，寿桃上要插十二生肖，较大场面单个寿桃就得使用百来斤米粉，插满八仙、戏曲人物一百多个。婴孩"百廿日"或周岁馈赠族亲乡邻的米塑较简单，在小寿桃上捏塑红花绿叶（牡丹花为多），故称花桃。往昔殷实人家每逢外甥周岁，除送百只或数百花桃，还加送一双龙凤桃（约2500克米重），玲珑剔透的"八仙"分别插龙桃、凤桃上（两边各四），颇具对称和谐美。另花鸟虫鱼、飞禽走兽、神佛仙女、亭榭楼台、苹果、梨子、橘子、鲳鱼、墨鱼等造型亦赏心悦目。

在湖南安仁县每年元宵节期间，无论城乡，家家户户，男女老少，都要动手做米塑庆贺节日，主要用作祭祀，供小孩娱乐，市场交易，小吃，收藏等；闲时，人们结婚嫁女、做寿、小孩子满月也要做元宵米塑祭祀诸神或作为礼品赠送亲邻好友以示庆贺。久而久之影响周边县市也形成这一习俗。

在江苏，苏州船点独树一帜，吴门民间千百年来的风俗习惯与米类糕团结下了不解之缘，民间添子、祝寿、迁徙、造屋等纷纷以糕团为礼，"戚友率馈糕团，多至数石，其家受之分送亲友，数日始毕"。

4）制作案例

案例：花好月圆（糕团结顶）

原料配方：粗糯米粉850克，油炸核桃仁（切碎）150克，鸡蛋3个，粗粳米粉550克，青梅干（切丁）50克，松仁100克，细糯米粉100克，金橘饼（切丁）50克，青菜汁25克，细粳米粉500克，玫瑰酱100克，酱色1克，白砂糖800克，细红曲米粉0.3克，可可粉0.3克，绵白糖250克，鸡蛋黄粉50克，咖啡0.3克，糖板油丁400克，玫瑰香精0.1克，豆油15克。

工具设备：木桶，长方形竹笼，碗，骨簪，小刀，油刷。

工艺流程：制蛋黄猪油松糕→制花好月圆图案→成品

制作方法：

①制蛋黄猪油松糕。

A.将粗糯米粉和粗粳米粉一起倒入木桶中拌匀，加入白砂糖（750克），再将鸡蛋磕入碗内，打成蛋液倒入桶中，用手拌匀，静置4小时（冬季可过夜）。在蒸制前，将糖板油丁、核桃仁、松仁、青梅干、金橘饼、玫瑰酱、玫瑰香精一起放入拌和。

B.取长方形竹笼（高约4厘米）一只，内壁抹上豆油（10克，另5克作蘸油用）。将拌好的糕粉倒入笼内，摊平，置旺火沸水锅上蒸15分钟。当糕面结拢时，再把细糯米粉放入碗中，加入白砂糖（50克）和适量清水，调成稀浆，均匀浇在糕面上，刮平，继续蒸至糕呈玉白色，将糕取出翻倒在板上，再翻放在瓷盘里，冷却。

②制花好月圆图案。

A.将细粳米粉（50克）放入碗中，舀入沸水约15克，加入绵白糖25克用手拌和、揉匀，再加入青菜汁揉和成绿色粉团。将细粳米粉（450克）放入钵内，舀入沸水约300克，加入绵白糖（225克），用手拌和揉匀。取出一半作白色粉团，其余等量分成5个粉团，一个粉团加红曲米粉成红色粉团，同揉好的绿色粉团一起放入笼中蒸熟，再用手蘸油揉至光滑，然后把余下的4个粉团，分别加蛋黄粉揉成黄色，加酱色揉成深褐色，加可可粉揉成赭色，加咖啡粉揉成熟褐色。共成7种颜色的粉团。

B.将有蛋黄松糕的瓷盘，放在案板上，先取白色粉团（约10克），搓圆，揿在糕中心，作花的底座；然后把红色粉团搓成圆条，放在抹油的板上，用右手大拇指在一端揿薄成长圆形（边沿要薄），再用骨簪把边沿括出毛边，切断，在切的一端两角搭成花瓣，摆放在花的底座边沿。照此方法，一瓣一瓣地由外向里摆成花形。随即把黄色粉团在板上揿薄，用刀括些放在花中间作花芯。用深褐色、熟褐色和赭色粉团做成花梗和枝形，放在花的相应部位。再把绿色粉团搓成圆条放在抹油的板上，用右手大拇指拙一头揿薄成长圆形，用骨簪划成一端尖、一端三叉形，面上再划出叶纹，作花叶，共做数10张，分别摆放在花、梗、枝的周边，成一朵红色牡丹花。再取红色和绿色粉团捏成花苞，放在花的上面为衬托。

C.最后，取黄色、白色粉团混合揉匀，搓圆放在糕的右上角，揿平作月亮。用绿色、白色粉团在月亮边沿做成云彩。随即用白色、深褐色、熟褐色粉团在花的左下方做成假山石，用红色、绿色粉团在假山石下面做成小花、小草。再用红色粉团搓成细长条，在糕的左上方，写上"花好月圆"4个字。然后用粉团（颜色自选）搓成圆条后，略揿扁，放在糕的周边，再揿出各式花纹，作围边。抹上芝麻油即成。

操作关键：

①按照配方称量后制作。

②蒸制时注意火候。

③构图时要注意花朵枝叶摆放的重心平衡。

④图案完成之后，抹上芝麻油上光。

风味特点：松香肥甜，果味纯正，造型逼真，色彩鲜艳，精细美观。

品种介绍：苏州糕团以糯米、粳米粉为主要原料，采用红曲、青菜汁、蛋黄、咖啡、可可以及玫瑰花等自然色素配制。糕团造型千姿百态，技艺精湛，如用于婚礼寿诞的"花好月园""福禄寿""松鹤同春""麻姑献寿"等；也有模仿飞禽走兽、花卉虫鸟、园林景色的图案（如"虎豹狮象""荷花鸳鸯""虎丘全景""玄妙观三清殿"等）。

花好月圆（糕团结顶）是苏式糕团中的艺术糕团代表。

（2）面塑

面塑是指将面粉（或澄粉）加水及其他辅料（油、鱼胶粉等）调制成可塑性强的面坯，然后捏塑、编织成动物、植物及其他物品形态的装饰品的工艺过程。

按实用性分为可食性的、观赏性的、点缀作用的 3 种。

面塑的形象多是传统戏曲、四大名著、民间传说、神话故事、儿童卡通中的人物以及十二生肖和其他动物。例如刘备、关羽、张飞、福禄寿、八仙、嫦娥、哪吒、唐僧师徒、杨家将、水浒英雄、十二钗、白毛女、葫芦娃，以及现代的卡通形象，如蜡笔小新、奥特曼、北京奥运会的吉祥物"福娃"等。

由于面团的可塑性强，在捏塑过程中很容易把握面塑的造型，面塑艺人通过揉、搓、挤、压、团、挑、按、拨等造型技巧，先把面人的头部或身体做出来，再加手以及相关的道具。面塑所使用的工具极其简单，主要是拨子、梳子、篦子和剪刀。拨子有竹质的、角质的、树脂的，可以自己制作。

面塑艺术的特点是"一印、二捏、三镶、四滚"（泥塑的步骤），还有"文的胸、武的肚、老人的背脊、美女的腰"。面塑实际上是馍，用糯米粉和面加彩后，捏成的各种小型人物。主要出现在嫁娶礼品、殡葬供品中，也用于寿辰生日、馈赠亲友、祈祷祭奠等。

1）历史渊源

中国的面塑艺术早在汉代就已有文字记载，经过几千年的传承和经营，可谓是源远流长，已成为中国文化和民间艺术的一部分，也是研究历史、民俗、雕塑、美学不可忽视的实物资料。就捏制风格来说，黄河流域古朴、粗犷、豪放、深厚；长江流域细致、优美、精巧。

相传三国孔明征伐南蛮，在渡芦江时忽遇狂风，机智的孔明随即以面料制成人头与牲礼模样来祭拜江神，说也奇怪，部队安然渡江并顺利平定南蛮，因此，凡执此业者均供奉孔明为祖师爷。

从新疆吐鲁番阿斯塔那唐墓出土的面制人俑和小猪来推断，距今至少已有 1340 多年的历史。《辩物小志》云：唐自中宗朝，大臣初拜官，例献食于天下，名曰"烧尾"。景龙年间（707—709）韦巨源官拜尚书令，在家设"烧尾宴"敬献中宗，食单中有一道"素蒸音声部"看菜，用素菜、蒸面做成一群蓬莱仙子般的歌伎舞女，共 70 件。可以想象，这道菜放筵席上该是何等华丽、壮观。宋人笔记之御宴记载中，不难发现有"绣花高饤八果垒""仙乐干果子叉袋儿"等菜名。这令人遐想的菜品并非用来品尝，乃宴席"看菜"，仅是餐前以美丽形色、精巧摆设供贵宾饱眼欲进而刺激食欲。南宋《东京梦华录》中对捏面人也有记载："以油面糖蜜造如笑靥儿"那时的面人都是能吃的，谓之为"果食"。

到了明代，面塑逐渐脱离食用，演变成单纯艺术形式独立存在，一些身背工具箱、四处奔波的面塑艺人出现在繁华闹市，以此为生计，进一步促进了艺术水平的提高。

清代至近代，受文人艺术的影响，面塑的内容和形式不断出新，其艺术魅力同样为许多王公贵族所动。他们不惜重金订购，或作贺礼馈赠亲朋，或作陈设摆放自家案头。面塑由街头登堂入室，从此身价百倍，整体水平发生质的飞跃，表现手段和表现技巧日臻成熟完善。

2）特色分类

面塑主要材料为面粉，早期主要流行在盛产小麦的北方地区，随着历史的进步和经济的发展，南方一些地区也流行面塑。面塑特色众多，其中比较有代表性的如下。

第一，菏泽面塑。

菏泽古称曹州。曹州面人最早起源于（今菏泽市牡丹区）马岭岗镇穆李村。它是在古代祭天地、敬鬼神的"花供"基础上发展起来的。相传早在尧舜时代，地处黄河流域的菏泽就常因黄河决口，天灾人祸不断。当地人为避灾祸、求平安，常捕杀猎物敬天地、求神灵、祭奠列祖。后来为了节约，便使用面粉调和后捏成猪、羊，代替活物，即所谓的"花供"。这就是早期的菏泽面塑。到了唐代便出现生面塑、熟面刷色塑和熟面染色塑3种。

"天下面塑出穆李"据碑文记载，清咸丰二年江西弋阳的米塑艺人王清原、郭湘云来到穆李村，与当地的花供艺人郝胜、杨白四合作，把米塑与花供技艺结合起来，形成了今天的"曹州面人"。从此，"曹州面人"脱离民俗功用，成为一种集观赏和把玩于一体的民间工艺品。

菏泽面塑采用可塑性较强的白面和糯米面为原料，染成黑、白、蓝、绿、红、黄、紫等多种颜色，由塑动物、瓜果发展到塑人物，使面塑初步形成艺术品。

菏泽面塑是中国乡土文化的重要代表，具有造型概括、简练生动、形象逼真传神、比例夸张适当、色彩艳丽单纯的特点，与中国的大写意国画艺术有异曲同工之妙，具有很高的艺术研究价值。

第二，济南面塑。

济南面塑是中国特有的民间艺术，有着300多年的历史，它曾在鲁西南地区流传广泛，极具影响。济南面塑是济南工艺美术中，最具地域特色的种类之一。中国现代面塑艺术现已公认起源于山东省菏泽地区，而济南正是菏泽面塑的正宗传承地。

济南面塑以糯米面为主料，调入不同色彩的颜料和防腐剂，用手指和简单的工具如小刀、小篦子、竹针等，塑造各种栩栩如生的塑像，是一种中国传统的民间艺术。

济南面塑的色彩对比鲜明，手法细腻，应用手指的捻、揉、搓，再配以刀、篦、针的搓、切、点，制成的人物形象、衣饰容貌逼真传神，特别是对中国古装戏剧人物的塑造，尤为传神。优秀作品"火烧琵琶精""老寿星"等，曾多次参加全国工艺美术展览，得到好评。以后又创造出"嫦娥奔月""天女散花""三打白骨精""大闹天宫""霸王别姬"等古装人物作品。

第三，郎庄面塑。

郎庄面塑是传统手工艺珍品，起源于山东冠县北馆陶镇郎庄村，面塑花样丰富，题材广泛。

山东冠县郎庄位于鲁西北，这个小村子里有三四十户人家，家家户户的男女老少都会做面塑。面塑大的有约 15 厘米高，小的只有约 6 厘米，取材广泛，十二生肖、历史传说、神话故事、戏曲故事、花鸟虫鱼、菜蔬水果样样俱全，如关公、八仙、刘海戏金蟾、哪吒闹海、猪八戒背媳妇、金鱼、蝉、青蛙、公鸡、老虎、猴、春燕等。

郎庄面塑大都用精麦发面，制作简单，用捏、揉、搏、粘等方法造型，用剪刀、梳子做细部及装饰，蒸熟后上色点彩、涂胶，然后晾干，做成的面塑表面光亮，不易干裂。郎庄面塑为圆雕造型，大都为扁平状，既宜于平放和吊挂，又宜于晾干。色彩丰富艳丽、纯度高，除了大面积的品红、黄、绿以外，还用少量的白粉、钻蓝作点缀，最后用墨线细致勾勒，整体感觉活泼跳跃，绚丽多彩。

第四，霍州面塑。

霍州面塑是指流行于山西临汾霍州一带的面塑，当地人称为"羊羔儿馍"，古时的"羊"即是"祥"，有着"吉祥"的寓意。

农历七月七日是"乞巧"节，传说这一天妇女吃了"针线""顶针"之类的面塑就心灵手巧。

婴儿闹满月，一般由姥姥家制作直径达尺余的"囫囵"，即一个圆形面圈上再置放精细的十二生肖的面塑。有的在大"囫囵"里还会有较小的"囫囵"，中间放龙凤或虎头造型的面塑，名曰"龙凤呈祥"或"猛虎驱邪"。谁来看孩子，便把"囫囵"切一块送给来人享用。

新媳妇过门第一年，娘家要给女儿送"羊羔儿馒头"。旧社会，由于穷困，给女儿送去几个"羊羔儿馒头"，就算尽心了。如今，生活富裕了，一次送给女儿的"羊羔儿馒头"几十个甚至几百个。馒头造型多样，而且都有寓意，如"牛羊"象征六畜兴旺，"麦秸集"象征五谷丰登，"石榴"比喻多子多福。

霍州面塑造型朴实，不多修饰着色，往往仅用品红点彩。

第五，忻州面塑。

忻州面塑是流传于山西忻州的传统艺术珍品，通称之为"花馍"。它花样繁多，造型生动，制作精巧，是极具审美情趣的艺术作品。忻州面塑的形式、用途，均以民俗活动内容变化而变化。

忻州一带，春节期内要敬神蒸供。春节前，把发好的面团，捏制成佛手、石榴、莲花、桃子、菊花、马蹄等各种形状的供物，称为"花馍"。

忻州花馍，中间往往插以红枣，既有装饰性，又是营养品、调味品，很受欢迎。当地还有一种大型供品名为"枣山"。这种枣山以面卷红枣，拼成等腰三角形，角顶往往塑一层如意形图案，在上面再加上面塑的"小元宝"三至五个。同时，还塑上一个供咬铜钱的"钱龙"。"枣山"蒸出后，可以颜色点染，成为一种鲜艳的民间艺术品。

忻州面塑在长期的民俗传承中，形成一套复杂的制作程序和严格的用料要求。面塑的主料为面粉，须用上好精粉，在发酵时适当盖以棉被，和面时在发面中按比例加入生面，然后把面揉和均匀，软硬适度，使蒸熟的面制品既不开裂，又不萎缩，光泽饱满，形态如生。制作的工具主要靠手，辅之以小梳、小剪和小铁锥子等。手艺精巧的家庭妇女靠搓、剪、压、挤等工艺制出各种动物，各色花样的面制品，造型生动逼真，透露出天然的神韵。

第六，绛州面塑。

绛州，即今日新绛县，是晋南平原上的一个县。这一带历史上盛产小麦，是山西省小麦、棉花产地。逢年过节，这里的家家户户都要用上等的小麦磨成面粉，捏制出千姿百态的面塑欢度节日。由于这里的面塑注重彩色点染，花色绚丽，所以当地人称之为"花馍"。

绛州花馍，造型比较夸张，尤其以"走兽花馍"最为出色。

绛州城乡，大部分家庭妇女都会捏制花馍，而且普遍都会捏制多种普通的造型，自做自用。久而久之，一些家庭妇女熟能生巧，花馍的捏制水平不断提高。

第七，定襄面塑。

定襄面塑，也称定襄面花，是山西省定襄县境内流传的传统民间面塑技艺，第一批国家级非物质文化遗产。定襄面塑是晋北面塑的代表，最大的特点是多偏重素色，爱捏胖妞与动物，以面粉本色较好地展示娃娃白净的肤色，再以各色豆子点缀。定襄面花塑造的形象简练概括、粗犷豪放、朴实丰厚、天真烂漫，每件作品都有一种雅拙的原始美。

定襄面塑塑型时，用的是半发酵的面，为了不至于还没捏好形状，面就完全发酵，冬天在面粉里加1/2的酵子，夏天加1/3的酵子。制作技巧上把握了良好的分寸感，做成型但不做足，让面自然饧发，借助蒸汽来完成作品，以充分发挥面的特性，体现面的质感，自然天成、朴实浑厚。

面塑形制大至三五斤白面一个，小至三五寸之间，视不同场合而定。造型风格上比较随意，在整体的形体上以锥子、梳子等器物压出点、线，做成精巧的纹饰。

定襄面塑以塑为主，着色为辅，色与面的本色相间。当地有在春节期间敬神蒸供的习俗，于是在春节前巧手的妇女把发好的面团捏制成佛手、石榴、莲花、桃子、菊花、马蹄等各种形状的供物，此外还有塑造生、旦、净、末、丑等戏剧人物的人物面塑，通称为"花馍"。

第八，陕西面塑。

陕西面塑又称花馍、礼馍、面花，其实就是花样馒头，盛行于陕西关中和陕北，韩城花馍是陕西花馍的代表。它起源于民间祭祀活动中用面塑动物代替宰杀牛羊等动物的习俗。

陕西花馍是面塑艺术的代表之一，它的花饰以花鸟虫鱼、蝴蝶、蔬菜、水果等万物生灵为主，表达对祖先的祭祀、老辈的祝福和对美好生活的向往等丰富内容。春节时期多做枣花馒头，象征幸福与多寿。

陕西花馍制作工具都是手边的普通物件，如剪刀、木梳等，关键是一双巧手。和面、蒸馍的火候都有讲究，只有那些技术高超的人才能蒸出形状好、不变形的花馍。

总之，除了以上地方面塑之外，还有很多特色面塑，如陕西闻喜的花馍；河北省的邯郸磁县面塑、石家庄井隆县面塑、张家口康保县面塑；河南豫西的灵宝县面塑、豫东南的沈丘县面塑；山东的莱州面塑、聊城面塑等，都展现出民间艺术的魅力。

3）饮食风俗

在山东菏泽、济南、郎庄，当地人制作面塑是为了避灾祸、求平安。

在霍州，春节来临前，农家妇女用家庭自磨的精粉按当地习俗捏制小猫、小狗、小虎、玉兔、鸡、鸭、鱼蛙、葡萄、石榴、茄子以及"佛手""满堂红""巧公巧母"的面塑制品，以象征万事如意、多福多寿、发家致富、和睦友爱，万事如意。在"寒食"节时，霍县人上坟祭祖用的面塑造型是"蛇盘盘"，有的还分单头蛇、双头蛇。旧时民俗，祭祖时晚辈吃掉"蛇头"，表示"灭毒头、免灾祸"。农历七月十五，霍县境内面塑种类最多，有猪头、羊头、麦秸集、针线箩筐、顶针、剪子、针线、坐饽饽（是塑造女子坐于莲台上的造型）、狮、虎、狐狸等造型。

农历七月十五，忻州当地民间有着蒸面人的习俗。相传，这种习俗开始于元朝末年，据说人们用互赠"面人"传递信号。七月十五的面塑样式繁多，有牛、羊、猪、兔、猫、鸡、鸭、娃和花卉、瓜果。还有寓含幸福、吉祥、爱情的鸳鸯、孔雀、狮、虎、鹿等动物造型。七月十五过后，几乎家家墙上都挂着一串串面塑。忻州一带，在婚娶之日，男女两家都蒸很多大"喜馍"。在忻州地区的繁峙县一带，有一种以胖娃娃为题材的人物面塑。同时还有一种玲珑小巧，不加点染颜色、白胖素雅的小面人。这种小面人，有着爬、卧、抱花、啃瓜的各种姿态。相传，这类面塑是当地群众为上五台山佛教寺院拜佛求子而专门制作的供品。

在绛州城乡，每当嫁丧婚娶，捏花馍便会成为一种必然的活动。而且，这些花馍会在大庭广众展示，从而得到品评，这种不推选冠军的自发的群众性品评，无疑成了推动捏制花馍的动力，成为促进面塑水平不断提高的民间评议。绛州至今捏花馍的名手辈出，花馍成为一种传统的民间工艺品而名声在外。

定襄面塑种类较多，有中元节面塑、春节面塑、婚礼面塑、寿礼面塑、丧礼面塑等，如婚礼面塑，是定襄的一大特色，尤其是娘家给女儿陪嫁的"宫食儿"。按定襄的风俗，两家定亲时，男方家就要送女方家二斤白面蒸的大鱼。新娘子出门时，小舅子要给姐夫插喜花，也就是送一对花馍，然后要红包。宫食儿一般要三五斤白面做一对，大部分造型是玉兔驮仙桃或者金鱼背石榴，上面精塑十二生肖造型，细加点缀，造型生动，情趣悦人，五彩缤纷，鲜丽明快，增强了喜庆的气氛。初送宫食儿是怕姑娘刚到了婆家，不好意思，吃不饱，所以带上一对花馍备着。久而久之，成为一项特殊的风俗。

在陕西，乡间逢年节都要蒸制花馍。如春节蒸大馒、枣花、元宝人、元宝篮；正月十五做面盏、做送小孩的面羊、面狗、面鸡、面猪等；清明节捏面为燕；七巧做巧花（巧饽饽），形如石榴、桃、虎狮、鱼等；四月，出嫁女儿给娘家送"面鱼"，象征丰收；也有女儿出嫁作陪嫁用的"老虎头馄饨"；寒食节上坟时用"蛇盘盘"以示消灾；做春燕表示春回大地；婴儿满月做"囫囵"谓之"龙凤呈祥""猛虎驱邪"；老人祝寿用"大寿桃"等。花馍在民间依不同岁时和用途有各种形式。所有花馍的内容都象征着吉祥如意，寄寓着人们深厚而美好的感情。

4）制作案例

案例：小鱼花馍

原料配方：面粉 500 克，牛奶 300 克，糖 50 克，花生馅 60 克，酵母 5 克，泡打粉 6 克。

工具设备：擀面杖，剪刀，木梳，U 形刀，电子秤。

工艺流程：和面→饧发→搓条→下剂→擀皮包馅→造型→蒸制→成品

制作方法：

①所有原料放在一起揉成面团。饧发半小时。搓成条下成小剂子，擀皮包入馅心。搓成椭圆形，压出鱼尾。

②把鱼尾一切为二，用木梳压出纹路。用手捏出背鳍，搓一小面条做出鱼嘴，用 U 形刀戳出鱼眼和鱼鳞。

③做好的小鱼生坯饧发 10 分钟，入蒸笼蒸熟。

操作关键：

①按照配方称量制作。

②和面要揉匀，饧发要充足。

③包馅后成型比例要得当。

④蒸制时要旺火沸水，蒸汽要足。

风味特点：色泽浅白，口感膨松，形体美观。

品种介绍：现在的花馍多存在于乡间，每个地方的花馍都有讲究。每到逢年过节、婚丧嫁娶、祭奠祖先、老人过寿、小孩满月等，不同时间的花馍都有各类造型和不同用途，可以说是我国民间艺术的奇葩。花馍曾被评为国家第二批非物质文化遗产。

三、影响面点成型的因素

（一）坯皮对面点成型的影响

自古以来，我国面点的形，主要在面团、面皮上加以表现，坯皮的用料质量不同，会影响面点的成型及制品的形状。高筋面粉含面筋蛋白质多，可以在面团中形成面筋网络结构，起到支撑作用，便于面点成型时不塌。中筋面粉、低筋面粉因面筋蛋白质含量少，宜用来调制酥性、半酥性面团，使成型成熟后的面点外观呈酥性、多孔、自然纹。为便于米粉面点的成型，米粉通常选择优质糯米粉、澄粉；油酥面点常选择酥性极佳的猪油、奶油来调制坯皮；至于膨松发酵的面点，为了便于花色成型，在面团调制时常选择添加鲜酵母或干酵母的生物膨松法来发酵制作坯皮，避免化学疏松剂在膨松过程中的有色斑点及制品内部过松而影响面点形状的缺点。

（二）馅心对面点成型的影响

馅心与面点成型的工艺也有着密切的关系。为了使面点的成型美观、艺术性强，必须注意馅心与坯皮料的搭配相称。一般包饺馅心可软一些，而花色象形面点的馅心，一般应稍干、稍硬一些，这样利于具体品种的成型，而且成熟后形状也能保持不变。至于皮薄或油酥制品的馅心，一般要采用熟馅，以防内外成熟度不一致而影响制品的形状。此外，馅心不仅作为面点内的心子，而且可以美化制品的成型。如各式花色蒸饺（如单、双桃饺，四喜饺，飞轮饺，蝴蝶饺等），在其空洞内或表面填上鲜红的火腿末、橙色的蟹黄、绿色的青菜末、白色的鸡蛋白末、黑色的香菇末等，会使制品的形状映衬得更加多彩多姿。同样，在松糕、蜂糖糕、八宝饭等品种表面拼摆上金黄的松仁、绚丽的红绿丝、鲜艳的红枣、白色的湘莲等，也会起到同样的效果。

（三）熟制对面点成型的影响

如果说坯皮原料的优劣、馅心的软硬对面点成型工艺的影响是在其成型之前的话，而熟制方法的运用恰当，主要是在面点成型工艺结束之后（大部分面点是先成型后成熟，少部分面点是边成型边成熟或先成熟后成型）。俗话说："三分做，七分火"，这就是说熟制在面点制作过程中起着重要的作用，它不仅使面点由生变熟，成为人们容易消化吸收的食品，而且可以确定面点制品的口味、色泽，影响面点制品的形状。

面点的熟制方法主要有单加热法，如蒸、煮、烙、烤、煎、炸等，为了适应特殊品种的制作需要，可以采用两种或两种以上熟制的复合加热方法，如蒸（煮）后煎（炸、烤），蒸（煮）后炒（烙、烩）等方法。其中熟制时以单加热法为主，并要遵循各种加热方法的规律，才能保证面点形状的完美，否则，会使之前的面点成型工艺受到影响，甚至功亏一篑。

综上所述，面点的成型在面点制作中占有很重要的地位，是一项特殊的技艺，具有鲜明的特点，但只要我们遵循其工艺规律，便能克服其诸多影响因素，做好面点的成型，使面点的形状丰富多彩。

总 结

1. 本章通过相关概念的讲解，让学生了解面点成型相关的概念。
2. 掌握面点成型方法。

思考题

1. 面点的基本形态有哪些？
2. 面点成型的概念是什么？
3. 面点成型的作用有哪些？
4. 面点成型的特点有哪些？
5. 面点成型的要求有哪些？
6. 面点成型的技巧有哪些？
7. 手工成型的方法有哪些？
8. 模具成型的概念是什么？

第九章

面点的熟制

課题名称：面点的熟制
課题内容：面点的熟制概述
　　　　　面点的熟制方法
課题时间：10课时
训练目的：让学生了解熟制的概念，掌握几种熟制方法。
教学方式：由教师讲述熟制的相关知识，结合案例进行分析。
教学要求：1.让学生了解相关的概念。
　　　　　2.掌握各类面点熟制的方法。
课前准备：准备一些原料，进行示范演示。

面点的熟制是面点制作中的最后一道工序，也是非常关键的一道工艺。熟制效果的好坏对成品质量影响很大，也是面点制品的色、香、味、形、质等风味特征形成的关键因素。在饮食行业，有一句俗语："三分做功，七分火功"，充分说明面点的熟制在面点制作工艺中占有十分非常重要的地位。

第一节　面点的熟制概述

一、熟制的概念

熟制是运用各种加热技法，使面点生坯（半成品），成为色、香、味、形、质、养俱佳的熟制品的全过程。

在日常生活中，有些面点是先成熟后成型，如面点中的裱花蛋糕、奶油夹心蛋糕等。但大多数面点都是先成型后成熟的，这些面点制品的形态特点基本上都在熟制前一次或多次定型，其熟制过程也比较复杂，是较难掌握的一道工序。面点熟制的重要性可见一斑。

二、熟制的作用

（一）形成面点制品的色泽

虽然面点成品的色泽和面点所用原料本身的颜色有很大关系，但是，有相当一部分面点制品的色泽是在熟制后形成的。如经过煎、炸、烤的制品，往往形成金黄的诱人色泽及制品特有的风味。

（二）诱发面点制品的香气

面点的香气只有在制品成熟之后才能释放出来，在熟制的过程中，发生美拉德反应、焦糖化反应等，产生很多的香气成分，如烘烤完成的烧饼，会散发出生面团所没有的独特香气。这个香气来自几个方面：第一，谷物粉类中所含的原料成分；第二，酵母和细菌发酵时产生的副产品；第三，因加热产生化学反应所生成的物质。所以香气大致是焦糖味、焦香味、甜味、酒精味等各种混合香味。

（三）决定面点制品的味道

面点制品的味道主要由坯皮的味道以及馅心的味道等组成，熟制后馅心由生变熟，发生了很多反应，形成了固有的味道。由于熟制方法的不同，坯皮的味道也发生了不同的变化，如蒸制、烤制、煮制、炸制等坯皮的味道各不相同。

（四）确定面点制品的形状

不同的熟制方法都有着对面点制品定型的作用，在熟制过程中，由于面点半成品中的骨架——蛋白质的加热凝固，面点的基本形状大致固定，因而确定了面点制品的形状。

（五）促成面点制品的质感

面点制品的质感，一般在熟制后才可以形成，如馒头生坯蒸熟后形成松软的口感，水饺面条煮熟后形成滑爽韧劲的口感，锅贴煎制成熟后形成外酥脆内鲜嫩的质感等。

（六）保证面点制品的质量

合适的熟制方法是达到产品质量要求的保证，焦煳的制品，不仅颜色难看，而且直接丧失了面点的可食性。没有完全熟透的制品，不仅口感差，甚至埋下了引发疾病的隐患。很大一部分面点制品，其具体规格的最后形成，往往是在成熟之后，如发酵制品、膨松制品、油酥制品等。正确的成熟方式会使制品形态规整而自然，达到面点制品的质量规格要求。

（七）满足面点制品的安全

面点制品在成熟过程中，通过各种加热方法，对制品起到了消毒杀菌的作用，有害微生物被消灭，甚至一些有害的化学残留物质也被有效分解，使得食用者身体健康得到保障。从人体自身生理特性考虑，食用熟制品更有利于人体消化系统的消化吸收，也可以更好地满足人体对营养素的需求。

三、面点熟制中的传热

（一）传热的基本方式

面点熟制技艺中传热的基本方式有三种：导热、对流和热辐射。

1. 导热

导热是指物体各部分无相对位移或不同物体直接接触时，依靠物质分子、原子及自由电子等微观粒子热运动而进行热量传递的现象。

2. 对流

依靠流体的运动，把热量由一处传递到另一处的现象，称为对流。

3. 热辐射

无论是导热还是对流，都必须通过冷热物体的直接接触，即均须依靠常规物质为媒介来传递热量。而热辐射的机制则完全不同，它是依靠物体表面对外发射可见或不可见的射线来传递热量的。

（二）传热的基本介质

面点熟制工艺中经常使用的传热介质有水及水蒸气、油、空气、金属等。

1. 以水为介质的传热

水是最普通、最常用的一种传热介质，在面点制作中应用极为广泛。主要的传热方式是热对流。面点熟制工艺中以水为介质传热的熟制方法主要是煮制成熟和以水蒸气为介质的传热。以水蒸气为介质传热的方式也是热对流。熟制工艺中，以这种传热方式熟制称为蒸制成熟法，此外还有煮制成熟法等。

2. 以油为介质的传热

油是一种重要的导热介质，具有加热温度高、传热迅速快捷、渗透力强的传热特点，以油为介质进行传热可以轻松达到制品香、脆、酥的效果。主要的熟制方法是炸制成熟法。

3. 以空气为介质的传热

这种传热方式是以热空气对流的方式对原料进行加热。以空气为介质的传热，在熟制工艺中经常使用，主要的熟制方法是烤制成熟法。

4. 以金属为介质的传热

以金属为介质的传热，其传热方式是导热，利用锅底的热量把制品制熟。常用的熟制方法是烙制成熟法。

四、面点成熟度检测方法

中国面点的种类繁多，熟制方法复杂多样，给面点初学者判断面点是否成熟造成了困难。根据历代面点师的操作实践，总结出一套行之有效的面点成熟度检测的方法和依据，现归纳如下。

（一）经验法

1. 眼观

观看面点加热后的表面颜色和形态等的变化来判断其是否成熟。如观看面包、蛋糕、月饼、烧饼、油条等的色泽是否达到棕红或金黄；油炸制品是否上浮，蒸制品是否暄软等状态来判断。

2. 手试

用手触摸面点制品表面，以操作者的感觉来判断面点的成熟度。如在蒸制馒头、包子时，揭开笼盖，以手指轻压制品表面，观看其反弹恢复原形的程度，恢复原形则熟，反之无恢复或恢复程度差则生。

3. 口尝

以味感来判断面点的成熟度。如油氽麻花、泡芙等，用口咬开后感觉其黏连程度与味感（是否有生面味）。

4. 鼻闻

以嗅觉来判断面点的成熟度。如油烙制品、蒸制品等，用鼻子闻一闻香味如何（制品成熟后会有特有的气味）。

5. 综合检测

根据原材料的性质和特点，辅以其他手段，综合眼观、手试、口尝、鼻闻等多种方法来判断面点的成熟度。如用牙签插入蒸烤的馒头、蛋糕、面包等制品中心部位后抽出，观看牙签粘面的情况，粘有生面则生，不粘面则熟；也可用手或刀等工具将面点分开，以眼观看其内部成熟度，以口尝它的味道，以手试其弹性程度，来判断它的成熟程度。此方法方便、简单、直观。

6. 时间

依据面点师或自己的经验用时间来掌握面点的成熟度。如蒸小笼包成熟约10分钟、蒸馒头成熟 10 ~ 20 分钟（大小不等，时间不同），烘烤蛋糕成熟需15分钟等。

（二）仪器法

仪器法是将测温计插入被检测面点内部温度最低的中心部位，当温度达到70℃左右时，则该面点已成熟（70℃时，蛋白质变性，淀粉糊化）。这种方法虽然方便、准确、科学、容易掌握，不受人为因素的制约，但也有其局限性，不能用来检测形小、体薄、质硬的面点，如饼干、京果等。

综上观之，面点成熟度的检测方法各有千秋，在实际应用中应加以灵活运用。

第二节　面点的熟制方法

面点制品种类繁多，熟制的方法主要以单加热法（即蒸、煮、炸、烤、煎、烙、炒等）为主。通过加热处理，制品的色、香、味、形等方面都产生明显变化，而成为一种可以直接被人食用的面点制品。

一、单一熟制法

（一）蒸

1. 蒸的概念

蒸是利用高温蒸汽作为传热介质，通过对流方式传递热量，使制品生坯成熟的一种成熟方法。在几种面点制品熟制方法中，蒸是使用非常广泛的一种，如常见的馒头、包子、卷子、蒸饺、烧麦等就是利用蒸制成熟法成熟的。

2. 蒸的原理

面点生坯入笼蒸制，其表面很快受热，外部的热量通过导热，向生坯内部低温区传递，使生坯内部逐层受热成熟。蒸制时，传热空间热传递的方式主要是通过对流，而生坯内部的热量传递主要是通过热传导的方式。在蒸制成熟过程中，生坯受热后蛋白质与淀粉发生变化。淀粉受热后膨胀糊化，糊化过程中，淀粉吸收水分变为黏稠胶体。出笼后，温度下降，冷凝成凝胶体，使成品表面光滑。另外，面粉中所含蛋白质在受热后开始热变性凝固（一般在 45 ~ 55℃时热凝变性），并排出其中的"结合水"。随着温度的升高，变性速度加快，直至蛋白质全部变性凝固，此时制品的分子内部结构基本稳定，制品外形基本定型。

在蒸制生物膨松面坯制品或其他膨松面坯时，生坯受热后会产生大量气体，或者本身内部所含的气体受热膨胀，气体在面筋网络的包裹下，不能逃逸，从而形成大量的气泡，带动生坯的体积增大，制品内部呈现出多孔、疏松、富有弹性的海绵膨松结构。

蒸制品的成熟程度和成熟速度，是由蒸汽温度和气压决定的，而蒸汽的温度和压力与加热火力及蒸笼（蒸柜）的密封程度相关，压力越大，蒸汽量越足，制品成熟的速度越快。蒸是一种温度高、湿度大的熟制方法，一般来说，蒸汽的温度大都在100℃以上，即高于煮的温度，而低于炸、烤的温度。蒸锅的湿度，特别是盖严笼盖后，可达到饱和状态，即高于炸、烤的湿度，而低于煮的湿度。根据这些特点，在对待不同的制品时，要选择合适的熟制方法。

3. 蒸的方法

蒸的方法一般都差不多，现以小笼包、馒头为例介绍其方法。

（1）小笼包的蒸制方法

①将蒸笼清理干净，垫上松针（或草编笼垫、硅胶笼垫），薄薄的刷上一层色拉油。

②蒸锅中注入清水，大火烧开。

③将已经成型的小笼包，整齐地摆放在笼屉中，保持适当的距离。

④盖好笼盖，旺火蒸8分钟。

（2）馒头的蒸制方法

①将馒头生坯整齐地摆放在饧板上，生坯与生坯之间，留出适当的间距。

②将饧发箱温度调到 30 ~ 35℃，放入摆好馒头生坯的饧板，饧放 10 分钟左右，直至馒头生坯膨松、饱满，刀口切痕圆润。

③饧发生坯的同时，蒸锅内注入清水，大火烧开，使之产生足量蒸汽。

④将蒸笼垫上草编笼垫（也可用硅胶笼垫），刷上一层薄薄的色拉油以防粘连。

⑤将饧发好的馒头生坯小心的移放到笼垫上，注意不要弄破馒头表皮，以防止内部气体逃逸。

⑥盖好笼盖，旺火蒸 10 分钟。

⑦打开笼盖，用手轻拍馒头表面，从松泡度、黏性、弹性等方面判断是否完全成熟。

⑧成熟后，移出笼屉，装盘即可。

4. 蒸的操作关键

（1）添加水量，因具为宜

常见的蒸具有蒸锅和蒸箱两种，若使用蒸锅，加水量以淹过笼足 5 ~ 7 厘米为好（但现在常用一种配合蒸笼使用的锅盖，中间有孔，但孔略小于蒸笼，此时水量为锅容量的 6 ~ 8 成），水量的多少，直接影响蒸汽的大小。水量多，则蒸汽足；水量少，则蒸汽弱，容易干锅，而且产生的水蒸气，容易从笼底散失，使笼口没有足够密度的水蒸气供给面点生坯，而使制品产生夹生、粘牙等不良后果。因此，蒸锅中水量要充足。但是也要注意，水量过大时，水沸腾向上翻滚，容易浸湿制品，直接影响制品质量。若使用蒸箱，水箱加水量也以 6 ~ 8 成为宜。

（2）控制饧发，留好间距

将饧发好的制品生坯按一定间隔距离整齐地摆入蒸屉，其间距应使生坯在蒸制过程中有膨胀的余地。间距过密，会使制品相互粘连，影响制品形态。一般情况下，生坯摆屉后即可入笼蒸制，但对于一些酵面制品必须在成型后静置一段时间，使在成型过程中由于揉搓而紧张的生坯略松弛，继续胀发一段时间，以利于成熟并达到最佳的胀发效果，但要掌握好饧发的温度、湿度和时间。

第一，温度。静置时要求环境温度在 30 ~ 35℃，以利于酵母菌活力旺盛，使坯体继续胀大；如果温度过低，则坯体胀发性差，体积不大；如果温度较高，生坯的上部气孔过大，组织粗糙，也影响质量，熟制后易塌陷变形，口感不细腻。

第二，湿度。静置时湿度要合理，湿度过小，生坯表面易干燥、结皮；湿度过大，表面凝结水过多，则易使生坯产生泡水现象，熟制后就会在泡水处形成斑点，影响制品外观。通常情况下，在静置时可以手持喷雾器，在其上方均匀地喷 2 ~ 3 下。

第三，时间。静置时间对制品质量的影响也非常大。静置时间不足，达不到松弛面筋和继续胀发的目的；时间过长，制品生坯会出现跑碱现象而使制品产生酸味。所以静置时间应根据品种、季节、温度等条件灵活掌握。一般控制在 10 ~ 30 分钟。

（3）水沸上笼，盖严笼盖

无论蒸制馒头、包子，还是烧麦，都应该在水沸腾并已经产生大量蒸汽后才上笼蒸制，不能使用冷水和温水进行蒸制。特别是蒸制膨松面团制品，更应该在水蒸气大量出现时，才能将生坯上笼。如果水未沸腾就上笼，此时由于笼内温度不够高，热传导速度慢，造成生坯内外成熟速度有较大差距，生坯表面蛋白质逐渐变性凝固，淀粉也受热糊化定型，大大抑制了坯内气体的膨胀力度。如果是老面发酵，还会出现跑碱的现象，产生酸味。另外，由于成熟时间相对增长，制品吸水过多，食用时还会出现粘牙的现象。所以必须水沸上笼，并盖好笼盖，增大笼内气压，加快成熟速度。

（4）遴选垫具，适当抹油

在蒸制的过程中，由于坯皮的黏性，易使成熟后制品黏附在蒸笼或蒸屉上，不易拿取，而影响面点制品的外观。采取的预防措施有两种：一是在蒸具中加放垫片，如屉布、松针、玉米叶、荷叶、芭蕉叶、硅胶垫片、食用油纸等；二是在蒸笼上抹油，利用油脂的隔离作用，用来防止面点制品在加热和成熟过程中发生粘连。

（5）掌握火力，控制时间

不同的面点制品因为原料不同，质地及性质也有很大差异，所以，对不同的面点制品进行蒸制成熟时，要采用不同的火力，严格控制成熟时间。一般而言，蒸制面点制品时，要求旺火足气，中途不断气、不揭盖，保证笼内温度、湿度和气压的稳定。

对特殊面点制品，如澄粉制品和其他结构软嫩的制品，在保证火力的连贯性时，可适当调低火力，以保证成品的质量。在时间上，生馅包馅制品的成熟时间比同体积的无馅制品的成熟时间要长。同一个品种，制品数量多，笼格层多的，成熟时间要相应增长。皮薄馅多的澄面制品，蒸制时间更是要严格控制。一般而言，块大、体厚、组织严密、量多的品种，成熟时间要长，相反时间就短些。

（6）不宜揭盖，保持密闭

在蒸制过程中，不宜揭笼盖，保持蒸具的密闭性，这样可防漏气，减少热能的损失，从而加速制品的成熟，同时笼内有足够的蒸汽压和湿度，以保证制品成熟后的质量。

（7）保持水质，注意卫生

保持水质是保证成品质量的关键。在蒸制过程中，制品中的油脂、糖分及其他一些物质，会流入或者溶入水中，污染水质，特别是油脂和其他浮沫，能覆盖在水面，影响水蒸气的形成和向上的气压。如果杂质和水蒸气一起升降，跌落在制品表面，还会严重影响产品的外形和色泽。长蒸不换的水，不仅污染严重，还会产生异味，影响产品的质量。所以，在每次蒸制结束后，特别是面点行业，要注意搞好卫生，将蒸锅中的水倒掉（或者将蒸柜中的水放掉），重新使用时再添加干净水。

（8）及时下屉，动作准确

制品蒸制时间达到后，要及时下屉，但要养成必要的检验习惯，以避免因经验判断失误而使制品没有完全成熟。简单的方法是用手指轻拍一下制品，制品不粘手，有弹性，并有自然的香味，表明已经成熟。

另外，下笼屉时要先关火，后揭盖，注意防止水蒸气烫手，动作要迅速准确，并保持笼屉的平稳，不要倾斜晃动，特别是一些米制品，在刚开始出笼时，表面非常黏稠，如果因晃动黏结在一起，会严重影响产品外形。

5. 蒸制品的特点

第一，形态完整，质地柔软。

蒸制的生坯入笼屉后不轻意挪或翻动，成品形状容易保持完整。在蒸制过程中生坯不但不失水，有时反而增加湿度，最终成品质地较为柔软，发酵制品的组织结构会更疏松暄软。

第二，保持原色，馅心香嫩。

由于蒸汽本身无色，且对制品的冲涮力比沸水煮小得多，故蒸熟后的成品可保持原色泽，同时因皮料不破，馅心自然不会外溢，可保香嫩。

第三，蒸汽温高，面味十足。

沸水的温度是100℃，蒸汽的温度比沸水高2～5℃，因此在主食成熟过程中，能将面粉分子极大限度地糊化、分解出面香味。同时香味物质不会被液体介质所稀释，其味道自然浓郁。

（二）煮

1. 煮的概念

煮是指将面点成型的生坯，直接投入沸水（汤）锅中，利用沸水的热对流作用将热量传给生坯，使生坯成熟的一种熟制方法。在面点成熟方法中，煮的使用范围很广泛，可适用于冷水面坯制品、生米粉团面坯所制成的半成品及各种羹类甜点，如面条、水饺、汤团、元宵、粽子、粥、饭及莲子羹等。

2. 煮的原理

煮是利用锅中的水（汤）作为传热介质产生热对流作用使制品生坯成熟的一种方法。沸水（汤）通过热对流将热量传递给生坯，生坯表面受热，通过热传导的方式，使热量逐渐向内渗透，最后制品内外均受热成熟。在成熟的过程中，随着温度的不断升高，蛋白质变性凝固，淀粉颗粒吸水膨胀、糊化，其成熟原理与蒸制基本相同。

煮制法具有两个特点：一是熟制较慢，加热时间较长；二是制品较筋道，熟后重量增加。由于煮制是以水为介质的传热，而水的沸点较低，在正常气压下。沸水（汤）温度为100℃，是各种熟制法中温度最低的，传热的能力不足。因而，制品成熟较慢，加热时间较长。另外，制品在水中受热，直接与大量水分子接触，淀粉颗粒在受热的同时，能充分吸水膨胀，因而煮制的制品较湿润、蛋白质吸水溶胀使吃口劲爽。在熟制过程中应严格控制成品出锅时间，避免制品因煮制时间过长而变糊变烂。

3. 煮的方法

（1）水锅煮

1）水饺的煮制方法

①锅中注入七成满的清水，大火烧开。

②将水饺生坯下入锅中，注意下入的水饺数量不要过多。

③用手勺反扣着轻轻推动水饺，以防止水饺粘锅和互相粘连。

④看到水面沸腾翻滚时，用手勺加入半勺冷水，使水面平稳，待重新沸腾时，再点入冷水，反复3次。

⑤在此过程中，要不断地将水面浮沫撇去。

⑥用笊篱捞起水饺，用盘盛装。

2）汤圆的煮制方法

①锅中注入六成满的清水，大火烧开。

②将汤圆生坯下入锅中，注意汤圆个数不宜过多，将火调为中火。

③稍微盖下锅盖，待水刚刚沸腾时加入少量冷水，反复两次。

④待汤圆全部浮起，并略有膨大时，即可用笊篱捞出，不可久煮。

⑤将汤圆按分量装入小碗中，添加煮过汤圆的原汤即成。

（2）汤锅煮

鸡汤馄饨的煮制方法：

①锅中放入底油，烧热用葱末、姜末炝锅。

②添入馄饨1倍量的鸡汤，加调料，烧开后放入馄饨生坯。

③烧沸后用勺轻轻翻动。

④见馄饨漂浮起，放味精和香菜，调好口味即可出锅盛入碗中。

4. 煮的操作关键

（1）水足面宽，沸水（汤）下锅

行话里的"水足面宽"有两层含义，一是指水量充足，往往达到制品量的十多倍，二是指煮制器具开口广阔。只有这样，才能使制品在水中有充分的活动余地，水量充足则汤不易浑，开口广阔则制品不致粘连。

生坯水（汤）沸下锅。煮制时，一般要先把水（汤）烧开，然后再把生坯下入锅内。因为面粉中的淀粉和蛋白质在水温达65℃以上时才吸水膨胀或发生热变性。沸水（汤）后下锅，既可以减少淀粉的脱落，保持水质的清洁，又可以使皮质劲爽不粘牙，成熟制品表面光滑。

（2）沸而不腾，适当点水

煮制时要保持水（汤）面"沸而不腾"状态，即水温要保持在100℃的沸腾状态，但是水面又不能大翻大滚。煮制生坯下锅加盖烧开后，要用工具轻轻搅动或推动，使制品受热均匀，防止粘底和相互粘连。水面开沸后，为防止生坯因水（汤）翻滚而互相碰撞冲击破裂，甚至坯皮脱落，可以采取"点水"的方式保持水面平稳。

每次发现水面开始翻腾时即向水中添加少量冷水，使之略为降温，行业中称为"点水"。点水具有防止制品因互相碰撞而破裂，促使馅心成熟入味，使制品表皮光亮，吃口劲爽的作用。一般而言，煮制水饺点3次水，煮制面条点1～2次水，煮制汤圆用中小火加热，点1～2次水即可保证成熟。

（3）根据品种，控制火候

不同的面点品种，在采用煮制成熟法成熟时，火候的控制是很关键的一点。在煮制冷水面坯制品（如面条、水饺、削面）时，用中高火；在煮制米粉汤团类，特别是糯米制品（如元宵），只能用中小火；而在煮粥、羹类，往往需要慢火细炖，使之酥烂绵稠。

（4）区别特点，掌握时间

煮制时间的长短，要区别不同的品种特点灵活掌握。一般而言，包馅的制品较无馅的制品煮制时间要长，以保证馅心的成熟；皮薄的制品，一定要注意不能久煮，以防破皮漏馅；而对于要求口感软烂、入口绵化的粥羹类，可长时间慢慢熬制。

5.煮制品的特点

一是具有制品自身特点。如冷水面坯制品，皮质湿润、软滑，吃口劲爽；汤团制品，则外皮滑嫩，吃口软糯香甜；粥、羹类制品，更是绵软酥烂，入口细腻，滋味香甜，滋补养生。

二是保持原色原味。因水清无色故可保持生坯（成品）原色，同时沸水没有给成品赋味的条件，只保持原味；汤锅煮时由于放调料，故成品风味有区别。

三是体积多有胀润。水（汤）锅煮时成品可以吸水，致使体积比生胚膨大胀润。

（三）炸

1. 炸的概念

炸是将成型后的生坯放入油锅内，利用适当温度的油脂对流传热作用，使面点成熟的方法。炸法在日常生活中使用也非常广泛，几乎适用于所有类型的坯皮制品。因其自身独特的香、酥、松、脆口感，深受人们喜爱，特别迎合年轻人的口味需求。

2. 炸的原理

制品生坯投放到热油中，油脂通过热对流的方式，将热量快速传递给生坯表面，受热的生坯表面水分迅速挥发，内部的水分也逐渐向外扩散，表面及内部的一部分淀粉很快吸水膨胀、糊化，并且，淀粉在淀粉酶的作用下，有一个短暂的水解过程，生成糊精和还原性糖，随着温度的继续升高，制品中所含蛋白质开始热变性，面坯开始定型。随温度的升高，逐步使制品内外淀粉糊化及蛋白质变性均告完成。

炸法是用油脂作为传热介质，具有加热温度高、传热速度快、传导效率高、风味独特的特点。其一，油脂的加热温度可以轻易达到 200℃，这种温度是其他加热方式很难具备的。其二，油脂的渗透性极强，在温度升高情况下流动性也增强，热量从外向内传递快捷，可以轻易穿透制品表面到达制品内部。其三，由于油脂较水的汽化温度要高很多，会迫使制品内部水分汽化，这对于层酥制品是非常重要的，也是形成层次的重要因素。

炸以油为传热介质，主要是利用油的对流传递热量，油的沸点比水高得多，因此可以利用的温度范围比水宽，利用高温能使油分子驱散原料表面和内部的水分子，使原料香脆。油脂或多或少具有一定的颜色，但是在制作面点时一般并非直接应用油脂本身的颜色，而是利用油脂在烹饪中良好的导热功能，使面点在加热过程中颜色保持稳定或是发生一定的改变。油炸食品的表面往往呈现出金黄色或黄褐色，这是在高温油脂的导热情况下，食物中所含羰基化合物（如糖类）与含氨基化合物（如蛋白质、氨基酸）发生化学反应而变色。同时在油炸过程中，油脂中的一些脂溶性色素吸附在被炸食物的表面使其着色。由于所使用的油温不同，可以使制品在不同温度下成熟，从而可以产生香、脆、酥等不同的效果。

3. 炸的方法

（1）低油温的面点炸制方法

面点炸法在各个油温炸制出来的口感、效果会有所不同，低油温面点炸法主要是把面点放在温度相对比较低的油锅里煎炸，油的温度控制在 90 ~ 125℃，低油温的面点制作流程是：

①先在锅中倒入油，油温加热到95℃左右。

②然后倒入需要炸制的面点，持续加温到120℃左右，在油锅轻轻翻动面点。

③最后捞出来，过滤面点存留的油，放入盘中即可。

这类低油温炸制面点的代表是一些油酥品种，如菊花酥、梅花酥、荷花酥、枇杷酥等明酥制品。

（2）中油温的面点炸制方法

在对中式面点进行中油温炸制的时候，需要注意对油的温度进行控制，要能够准确地把握住油的低温与中温。中温油的温度一般保持在150℃左右，这个温度能够对面点的口感和色泽有一定的保障。主要用来炸制萨其玛等。

（3）高油温的面点炸制方法

要想通过高油温进行面点炸熟，首先需要油温达到180～220℃，然后将面点放入油锅里面，并且加热的过程需要控制20～30℃的上升幅度。在高油温面点炸熟的过程中，要不停地翻拌油锅里面的面点，这样才能使面点受热均匀，在面点成熟以后，滤干净油，将面点装入盘中即可。主要用来炸制麻花、油条等。

一些面点品种在炸制过程中，温度也不是一直保持恒温，如炸制一些明酥面点品种，在初炸的时候使用低温油炸，待观察生坯有大量的小气泡产生，生坯层次逐渐清晰时，将油温升高到150℃左右，至制品完全定型、色泽浅黄、层次完全散开时，出锅沥油，再把炸好的明酥品种放在吸油纸上，吸掉一部分油脂后装盘即成。

4.炸的操作关键

（1）选择油脂，保持清洁

在进行面点炸制的过程中，首先是要选油，选择与制作面点相对应的油脂，一般会选取熟油作为炸制的油脂。使用生油的话，面点的味道会掺杂生油的味道，严重的会覆盖掉面点原本的味道，因此炸制的油脂通常使用熟油，尤其在低油温的面点炸制中，更不能使用生油，一定要确保面点的味道和口感。

面点除了需要相应的口感之外，色泽也是面点吸引人的一大要素，油的质量决定了面点的成熟色泽。油如果有其他杂质，面点在炸制后会生成不符合预期的色泽。所以，使用熟油炸制面点之后，要倒出熟油，清洁干净锅底，重新换上熟油之后再进行面点炸制。这样一方面能够保障面点炸制成熟后的色泽符合预期，另一方面能够使炸制面点后的熟油另作他用，节省炸制面点的成本。

（2）根据要求，控制油温

要选择适当的火力，使油脂温度保持在比较稳定的范围内，根据制品不同，调节火力，控制油温。一般而言，在炸制层酥制品时，先低温油浸炸，温度控制在120℃左右，待其酥层清晰时，升高油温至150℃，使得制品成熟定型、上色。要注意的是，浸炸的时间要严格控制，浸炸过久会使坯料吸油严重，坯皮绵软，不能成型。而在炸制油饼、油条水调面坯和矾碱盐面坯类品种时，要采用较高油温炸制，一般温度控制在180℃左右，使制品表现出膨松、香脆的特点。因此要严格控制好油的温度，确保炸制的面点口感酥软、色泽味道，符合预期效果。

制品要求色泽洁白，必须使用中低油温，但是油脂的温度又不能过低，否则会导致制品灌油，吃在嘴里有肥腻的感觉；而对于要求色泽金黄的制品，开始不能采用高油温，否则会引起制品外焦里不熟的现象，可以采用复炸的方法使其上色。

油脂不宜长时间高温加热。反复煎炸食物的油脂，由于长时间高温加热，不但使其中的维生素A和维生素E等遭到破坏，致使营养价值大大降低，味道失去香美，而且还会使部分脂肪分解为甘油和脂肪酸，并进而失水产生具有强烈刺激性的丙烯酸、低分子碳氢化合物以及由这些物质聚合而成的胶样物质。

在面点炸制的过程中，安全是非常重要的因素。高温油炸的时候，油容易发生迸溅的现象，稍有不慎会烫伤操作者。如果不能掌握好火候，控制住油的温度，可能导致油出现燃烧现象，引发火灾，所以在面点炸制的时候一定要确保操作者的安全以及炸制环境的安全。

（3）配置油量，注意手法

油量多少不容忽视，关键控制点有两层含义。一要根据投放生坯的数量来确定油量，油量过少，制品有可能受热不均，影响质量；油量太多，又会使制品成熟时间相对增长，也会增大油脂氧化的可能。二要特别注意在炸制一些起发性大的制品时，要控制好投放生坯的数量和油脂的对应关系，坚决杜绝油脂外溢的情况发生。

在面点炸制中，炸制的手法非常重要，面点的形状会受到手法的影响。例如，面点在油锅中需要翻拌，如果翻拌手法过重，面点原本的形状会遭到破坏，甚至影响面点的味道，如果翻拌的手法过轻，可能造成面点受热不均。此外，面点炸制成功后，在装盘的时候要利落干净，防治熟油溅落到别处产生污渍，同时不能破坏面点的形状，这些对面点炸制者的手法提出了很高的要求。

（4）调节火力，控制时间

火力的调节，是控制油脂温度的关键，要根据制品对油温的具体要求，选择合适火力，并努力保持其稳定。在此基础上，要逐渐积累经验，根据生坯的大小、厚薄来严格控制炸制时间，一旦制品成熟，并达到色泽及口感的要求时，就应及时出锅。炸制时间太久，会使制品颜色过深或发黑，水分流失过多，失去食用价值。

5. 炸制品的特点

面点炸制品具有色泽金黄或褐色、外皮酥脆、酥层清晰、形状完整的特点。

（四）烤

1. 烤的概念

烤是将已经制作成型的生坯放入烤炉中，通过加热过程中的辐射、对流和热传导三方面的作用，使生坯定型、上色、成熟的方法。

在面点熟制方法中，烤法使用很广泛，常用于各种膨松面坯、层酥面坯等制品，如各式烧饼、蛋糕、酥点、饼干等，既有大众化的品种，也有很多精细的点心。

2. 烤的原理

烤法是利用烘炉内的高温把制品生坯加热成熟的一种方法。当面点生坯放入烤炉后，制品表面和底部受热辐射、空气对流、热传导等传热方式作用，温度迅速升高，生坯中的水分被不断蒸发，生坯表层的淀粉迅速吸水膨胀糊化，随着温度进一步升高，温度通过热传导方式从外层向内部推进，生坯中所含蛋白质、淀粉发生热变性，生坯逐渐定型，并最终成熟。

面点生坯在烘烤成熟过程中，发生一系列物理、化学变化，如水分蒸发、气体膨胀、蛋白质凝固、淀粉糊化、油脂熔化和氧化、糖的焦糖化和美拉德反应等。特别是在烘烤过程中的水分蒸发，使得烘烤制品含水量降低，形成干、脆的风味特点，而在烘烤含糖、油量高的制品时所发生的焦糖化反应和美拉德反应，又是形成烘烤制品特有芳香味和特有色泽的主要原因。

（1）生坯在烤制过程中的温度变化

面点生坯在烤制过程中，其表面温度和内部温度都会发生剧烈的变化。由于烤炉内温度通常很高，面点生坯表面的水分蒸发很快，当表面水分蒸发殆尽时，生坯表皮温度达100℃，随着加热时间的延长表皮温度会持续升高，超过100℃，高温热量将会慢慢向生坯内部传递，直至面点成熟。

（2）生坯在烤制过程中的水分变化

面点生坯在烤制过程中，水分的变化是最明显的。当把常温的面点生坯放入已经加热至一定温度的烤炉时，烤炉内的热气会马上在生坯表面发生凝结，从而变成露滴。随着加热时间延长，生坯的表皮温度不断升高，冷凝过程自然被蒸发过程所代替，不仅冷凝的露滴被蒸发，而且面点生坯表皮的水分也会被蒸发，从而形成了无水的表皮。

烤炉继续加热，面坯内部的水分也逐渐向外转移蒸发，形成表皮内温度在100℃的蒸发层。随着烤制的继续进行，面点生坯内部的水分发生了再分配。由于面点生坯表面形成了一层硬皮，这层硬皮阻碍着内部水分的蒸发，加大了蒸发层的压力，水分反而向生坯内部推进，遇到低温则又冷凝下来，形成冷凝区，水分反复推进，最终达到生坯中心，这样面点生坯也就被烤熟了，面点成品中心的水分会比原来有所增加。对于层酥类面点来讲，由于其层次比较松散，水分的变化不大。

（3）生坯在烤制过程中的油脂变化

面点生坯中，由于酵母、疏松剂等产生的二氧化碳气体和水汽气化产生的气体向两相界面聚集，于是油相和固相之间便形成很多分离层，从而构成了油酥面点的特殊结构。当面点生坯表面温度达到油脂熔点时，油脂中的易挥发物和低沸点物质挥发，面点会产生浓郁的香气。

（4）生坯在烤制中的颜色变化

面点生坯在烤制过程中，颜色变化是非常明显的。随着面点生坯表面温度的升高，表面颜色便会从白色到浅黄、黄色、金黄、棕黄、褐黄等进行一系列变化。主要原因是在烤制过程中发生了美拉德反应和焦糖化反应。

3. 烤的方法

烤法大抵有两种类型。一种是传统烧煤或木炭的烤炉，有平炉、吊炉、转炉、缸炉等，但由于不符合环保要求，且体积大、笨重、劳动强度大、难以操控等，已退出市场。缸炉，是一种古老的烘烤炉，操控简便、成本低廉、制品风味独特，适用于小生产，现在在一些城市小巷中还能看见其制作烧饼和烤红薯的身影。另一种使用燃气烤箱、电烤炉的现代化厨房设备，操作简单、方便灵活、控温准确、实用卫生，已广泛取代传统烤炉，成为饮食业的重要加热设备。本节介绍其操作要点。

（1）桃酥的烤制方法

①调节烤箱炉温到170℃。

②清理好烤盘，直接在烤盘中刷上薄薄的一层色拉油。

③将桃酥生坯逐个整齐地摆放在烤盘中，留出桃酥之间的膨胀间距。

④用手指在每个生坯中间按一小洞，洞深约为桃酥生坯的2/3。

⑤将烤盘推入烤箱中，关好箱门，烤15分钟。

⑥用铲子铲出成品，冷却后装盘。

（2）蛋糕的烤制方法

①将烤箱上火调到200℃，底火调到220℃。

②烤盘整体垫上不粘纸，纸的边沿要贴紧烤盘，并保持适当的高度。

③将打好的蛋糕浆铺入烤盘，将烤盘轻轻磕碰两下，使蛋糕表面漾平。

④将烤盘推入到烤箱中，关好炉门，烤15分钟。

⑤关掉电源，烤盘在烤箱中继续放置5分钟后取出。

⑥倒出蛋糕，冷却后用锯刀切成均匀的块。

4. 烤的操作关键

（1）清理烤盘，调好炉温

在烘烤之前，要将烤盘完全清理干净，特别是一些糖液残留，要用铲子铲除掉，经常使用的烤盘，最好不要用水冲洗，只需用厨房纸擦拭干净。不同的品种，烤盘清理干净后刷油要有区别，对含糖多或含油少的品种，烤盘上要刷一层色拉油，以防止制品和烤盘粘连，但刷油量要少，否则在烘烤过程中，制品底部会颜色过深甚至焦糊。对于本身含油量高的制品，则不必刷油，直接烘烤即可。

生坯入炉前要提前调节好所需炉温，并作好其他准备工作。在生坯成型和摆放的操作过程中，要提前将烤箱炉温调节到所需温度范围。如果将烤盘放入烤箱后再接通电源，调节炉温，会使制品处在一个温度不断变化的环境中，不仅增加了烘烤时间，而且很容易使制品形态走样，难以保证产品质量。另外，有相当一部分制品要求表面色泽金黄，所以在烘烤前，还可以刷上蛋黄液，使更容易达到色泽要求。

（2）注意间距，控制炉温

利用烤法成熟的制品，一般以生物或化学膨松面坯、层酥面坯的品种居多，在烘烤过程中，都会有一定的膨松胀发，所以生坯在摆放到烤盘中时，一定要留有间距，具体间距大小因制品的膨松度而定。另外，摆放时力求整齐一致，不要东放一个西放一个，以避免因受热不均而影响制品质量。面点生坯在烤盘内摆放间隙的原则是：既不能过稀，又不能过密。过稀，不利于热能的充分利用；过密，则会影响面点生坯的胀发，甚至造成生坯相互粘连，影响面点形状。

不同的制品在进行烘烤时，炉温是不相同的。在炉温调节时，一般有三种温度可供选择，即低温烘烤、中温烘烤和高温烘烤。低温炉温在 110～150℃，主要烤制要求皮白或保持原色以及质地干爽的面点制品；中温炉温在 160～190℃，主要烤制要求表面颜色金黄色的面点制品；高温炉温在190℃以上，主要适宜烤制要求表面颜色较深、皮薄内软的面点制品。

即使是烤制一种制品，有时前后温度并不相同。一般而言，大多数制品采取"先高后低"的温度进行烘烤。也有少部分制品采取"先低后高"的温度进行烘烤，如化学膨松类制品，为了使其体积膨大，开始温度不能太高，控制在140～160℃进行烘烤，待其基本成熟后，升高炉温定型上色。调节炉温的方法有3种。一是先高后低。即在面点生坯刚入炉时，炉温应高一点，使生坯先定型和表面上色，然后再降低炉温，用小火烤制。用这种方法烤制，既可使制品表面不致上色太深又能使温度从生坯表面渗透到内部，使之成熟又不致焦糊。如糖浆皮的广式月饼即用这种方法烤制。二是先低后高。即在面点生坯刚入炉时，炉温宜低不宜高，在烤制过程中再逐步升温。这种方法能使面点生坯在升温过程中充分松发、膨胀，待膨胀后才定型上色。用这种方法烤制的面点，成熟前后体积变化较大，先用小火能使制品充分胀发，后用大火有利于制品定型上色。如蛋糕、面包类面点即用此法烤制。三是先低后高再低。即在面点生坯刚入炉时，用低温使其松发膨胀，再用高温定型，最后用低温烘去制品过多的水分，使成品不至于坍塌。这种方法一般用于含水分较多的品种，如水果蛋糕等。

对于烤温调整，主要是通过烤炉底火、面火（也称上、下火）的控制开关来进行。底火是烤制面点的主要火源，面火是辅助火源。了解两者的性质对学习掌握烤制技术非常重要。底火以传导方式向上传热，并且热量传递快而强。底火主要决定面点生坯的膨胀或松发程度，所以底火一定要调节好，若底火过小，易使生坯塌陷，成品质量欠佳。面火以辐射方式传热，主要决定面点生坯的外部形态，烤制时面火过小，会使制品上色缓慢，烤制时间延长，从而导致生坯水分损失较大，成品变得干硬、表面粗糙；若面火过大，易使生坯过早定型，影响底火向上的鼓动作用，导致面点坯体膨胀不够，且易造成表面上色过快，甚至使成品外焦内生，底火、面火既各有作用，又相互影响。在烤制过程中，应根据不同面点的造型和质地要求来灵活调节。

（3）控制湿度，把握时间

烤炉内的湿度一般由于烤制品的水分蒸发形成。烤炉内湿度大，制品上色好，有光泽；烤炉内过于干燥，制品上色差，表面粗糙。正常情况下的满炉烤制，所蒸发的水分即可达到制品对烤炉湿度的要求；若不是满炉烤制制品时，烤炉内的湿度，就不能满足制品对湿度的要求。高级多功能的烤炉可以喷入蒸汽解决这个问题，其他烤炉，可通过在烤炉内放置盛有清水的容器来解决。另外还须注意，烤制过程中，不要经常开启烤炉门，以防炉内水蒸气散失。

烤制时间要根据制品的多少，生坯的大小、厚薄以及炉温高低灵活掌握，炉温的选择又和生坯的体积相互联系，所以控制烤制时间是一个综合的概念，要从各方面加以分析。一般来说，薄的制品传热速度快，烘烤时间要严格控制，以免烘烤过度；量大体厚的制品，炉温要低些，过高温度会使制品外焦糊而内部软嫩或夹生，烤制时间也更长些。对口感要求脆、酥的制品，为了使制品含水量降低，烘烤时间相对会长些。

5. 烤制品的特点

烤法的主要特点是温度高，受热均匀，操作容易控制，且适合批量生产。成品一般色泽金黄，口感酥、脆、香、甜、干爽，便于存放。

（五）煎

1. 煎的概念

煎是指利用金属煎锅热传导及油脂或水两种介质的热对流，使制品成熟的一种方法。

煎法具有传热迅速、传热效率高、制品色泽美观、口感香脆的特点，其在加热成熟过程中所发生的物理化学反应，主要是通过煎锅的热传导将热能从制品生坯底部向上及内部传递，使制品达到成熟的目的。

煎制时常常需要加入油或水作为辅助传热介质，因此分为油煎法和水油煎法两种煎制成熟法。多用于饼类成熟（如油饼、手抓饼），以及饺类（如锅贴、葱煎包、水煎饺等）的制作。

2. 煎的原理

煎法同样发生淀粉的糊化和蛋白质的热变性反应，在煎制过程中，制品的底部在加热过程中，淀粉发生分解，生成的还原性糖发生焦糖化反应，使制品底部色泽金黄、酥脆。在采用水油煎法时，由于有水蒸气的作用，使得裸露在外的部分在水蒸气的传热作用下，可以较快速地均匀成熟，并且保持水润饱满的状态，产生了蒸的效果；而底部因为锅底的高温导热和油脂的传热，使得底部形成一层金黄焦香的面皮，因此整个制品底部和上部形成了两种不同口感的特殊效果，别有风味。

3. 煎的方法

（1）油煎

油煎法是用高沿锅架于火上，烧热后放油（均匀布满整个锅底），再把生坯摆入，先煎一面，煎到一定程度，翻个再煎另一面，煎至两面都呈金黄色，内外、四周均熟为止。从生到熟的全过程中不盖锅盖。

例如，馅饼的煎制方法：

①平底锅洗净，上炉烧热，加入色拉油，滑好锅后倒出热油。

②再向锅中加入适量色拉油，加热至150℃。

③从四周向中心均匀地摆放馅饼生坯，保持中小火状态。

④待到锅内生坯底面定型上色后，翻过坯体，继续煎制另一面。

⑤转动锅体，并多次翻动生坯，使制品受热均匀。

⑥待馅饼两面色泽金黄，成熟后铲出锅装盘即成。

（2）水油煎

水油煎法做法与油煎有很多不同之处，锅上火后，只在锅底抹少许油，烧热后将生坯从锅的外围整齐地码向中间，稍煎一会（火候以中火150℃左右的热油为宜），然后洒上一次或几次清水（或和油混合的水），每洒一次，就盖紧锅盖，使水变成蒸汽传热焖熟。

例如，生煎包子的煎制方法：

①平底锅洗净，烧热后，加冷油滑锅。

②锅中再加入适量油，烧热，从四周向中心均匀地摆入提褶小包子生坯。

③向锅中加入适量清水，以包子生坯高度的1/3左右为适宜，盖好锅盖。

④适当调高火力，使锅中清水受热沸腾。

⑤听到锅中有"滋滋"响声，锅内水分即将蒸发完全时，打开锅盖，淋入

适量油脂。

⑥转动锅体，使生坯受热均匀，待到锅中水分完全蒸发。

⑦制品表面光滑油润，撒入葱花煎香后，即可出锅。

4. 煎的操作关键

（1）控制油量，摆放合理

一般来讲，煎制生坯时，锅底油脂不宜过多，薄薄的一层即可，中小火慢慢成熟，形成焦香酥脆的底层面皮。有些特殊的制品，如个大体厚，又不适宜采用水油煎成熟的，可以使用较多的油量，使制品处在半油炸半煎制的双重加热环境中，成熟会更迅速，但油脂的使用，以不超过生坯厚度的一半为好。

无论是使用平底锅还是使用电饼铛，一般来讲，中心温度都较边缘温度要高，所以，在生坯入锅时，先从四周摆入，最后排列中心位置。出锅时，则要先出中心，后四周，使生坯在受热时间上产生时间差，达到受热成熟一致的目的。为了更好的控制温度，便于操作，煎制最好整锅批量成熟，不宜零星放入煎制。

（2）调控火力，控制受热

要根据制品的要求，选择合适的火力，同时火力要分散，使锅内中心及周边受热基本一致，控制好锅底及锅内油的温度，才能保证制品成熟的质量。一般而言，个大体厚的生坯，火力要小、温度要低些，以使内部能完全成熟，而个小体薄的生坯，温度可以适当高些，使制品能在较短时间内成熟，达到制品底面焦脆、内部鲜嫩的要求。在加热过程中，根据制品成熟的各个阶段，调节好火力，尽量使温度保持稳定。

如果采用非恒温炉具，在煎制成熟过程中，要采取灵活方式，使各个生坯受热点均匀一致。可以采取转动锅位和移动生坯在锅体中的位置两种方法来实现。要注意的是，在转动锅位时，不移离火力点，顺时针或逆时针转动锅体，并不能完全达到制品生坯受热均匀的目的，必须在合理的时候将锅体拉离火力点，再转动锅体，加热锅体边沿位置，才可以避免中心点焦糊。在控制温度的前提下，不断地移动生坯在锅中的位置，也可以达到相同的目的。

（3）注意水量，掌握步骤

采用水油煎法时，加水量和加水次数要根据制品生坯成熟的难易程度来确定。但是每次加水，其水量都不宜超过制品生坯高度的 1/3，否则生坯淹没水中过久，表面吸水过多，影响制品质量。

为了发挥水蒸气的最大效率，加完水后要盖好锅盖，并适当调整火力，提高温度。在制品基本成熟、水分蒸发殆尽时，适当向锅中淋入油脂，利用油脂和水的不同蒸发热，使残留的水分进一步挥发，制品表面油润光滑，底面酥香不粘糊。

5. 煎制品的特点

煎法具有炸法或蒸法的部分特性，煎制品具有底部金黄脆香，面皮软韧或膨松的特点。制品形态饱满，馅味香美。

（六）烙

1. 烙的概念

烙是指把成型的生坯摆入架在炉上的平锅中，直接通过金属传热使制品成熟的一种熟制方法。在日常生活中，烙制成熟法操作相对简单、经济，又能适应营养卫生要求，应用面比较广，适合于各种水调面团、层酥面团和一些发酵品种。烙制成熟法一般可分为干烙、刷油烙和加水烙 3 种。

2. 烙的原理

烙法是一种古老的成熟方法，源于"石烹"时期，其成熟原理与烤制成熟法和煎制成熟法相类似，只是传热方式上比较单一，主要靠金属传导热量。即在烙制过程中，金属锅底受热，使锅体具有较高的热量。当生坯的一面与锅体接触时，立即得到锅体表面的热能，生坯水分迅速汽化，并开始热渗透，经两面反复与热锅接触，生坯蛋白质发生完全热变性，淀粉也发生不完全吸水糊化，并在后期发生水解反应、焦糖化反应，使制品生坯表现出色泽特点。

锅体含热越高，热渗透也相应越快。当锅体含热超过成熟需要时，便要进行压火、降温以保持适当的锅体热量，适合制品成熟的需要。

3. 烙的方法

（1）干烙

干烙是空锅架火，在底部加温使金属受热，不刷油、不洒水、不调味，使制品通过正反两面直接与受热的金属锅底接触而成熟的一种方法。干烙的制品不宜太厚，火力不宜过大，否则内部难以成熟。在干烙成熟某一制品后，一定要用潮湿干净抹布擦拭铁锅，以保持清洁并相应降低温度，否则会影响后面干烙制品的质量。

因为干烙是依靠生坯本身含有的水分进行汽化失水成熟，因此成品大多吃口香韧、耐饥、富有咬劲，便于携带和保存。

（2）刷油烙

刷油烙的烙制方法与干烙基本相似，不同之处是在烙制之前要在锅上刷适当的油。这样可使制品外表呈金黄色、外焦里嫩、酥香可口、酥脆松软。

（3）加水烙

加水烙的方法和工艺操作技术，与干烙略有差异，主要在铁锅底加水煮沸，将生坯贴在铁锅边缘（但不碰到水），然后用中火将水煮沸。既利用铁锅传热使生坯底部成金黄色，又利用水蒸气传热，使生坯表面松软。加水烙的成品不仅具有一般蒸制品的松软特点，还具有干烙的干、焦、香等特点。在操作时，不需要翻转移位，操作方便。

4. 烙的操作关键

（1）烙锅刷净，控制火力

烙法因为传热介质的单一性，使得制品和介质之间的关系表现得尤为突出，锅体的洁净与否，直接影响成品的色泽和外观。所以，在烙制前，必须把锅边和锅体内的原垢和残留物除净，以防成品烙制后皮面有黑色斑点或锅周围的黑灰飞溅到制品上，影响制品的美观和卫生状况。

不同的制品需要不同的火候，操作时，必须按制品的大小、厚薄和分量，控制掌握火候大小、温度高低。如采用恒温器具，要勤翻动坯体；如果是非恒温炉，则可以采取移动锅体和翻动坯体相结合的方式，尽量使生坯受热和成熟一致。烙制成熟法中的"三翻四烙""三翻九转"，是对烙制成熟过程中操作技巧的精辟总结。

（2）使用油刷，控制油量

采取刷油烙成熟时，要用干净油刷在生坯两面刷油，使用油刷时要注意不能用油刷直接刷锅体，只能在生坯表面快速刷扫。另外，油刷上含油量要控制得当，不能太多，在从盛油的器皿中取出时，要撇去多余油脂。

（3）控制水量，掌握方法

加水烙适用于体积较大，难以成熟的生坯。一般是向锅中加入清水，利用金属与水蒸气同时传热，比纯粹干烙成熟速度快、制品成熟后不会过分干硬。要注意的是，不宜一次加水过多，以防止制品表面黏糊。对于较难成熟的制品，可以采取少量分次加水的方式，并加盖增压，以达到制品成熟的目的。

5. 烙制品的特点

烙制品具有色泽淡黄、外皮香脆、表面干爽、少油或无油以及皮面吃口韧、内里柔软等特点。

（七）炒

1. 炒的概念

炒是将通过初步加工处理的生坯或原料投入锅中，通过金属及油脂传导热量，经翻炒和调味，使制品成熟的一种方法。炒法是烹调技法在面点制作中的运用，常用于早点夜宵、浇头小吃，可菜可点，主食品种中也时有应用。因其口味多变、鲜香、爽口，深受消费者喜爱。

根据炒制工艺的技法差异（如用油量、火候及原料的差异），炒制成熟法在面点中基本可以划分为滑炒、煸炒、爆炒、熟炒4种。

2. 炒的原理

生坯或原材料投入锅中，通过翻炒，金属锅体将热量迅速传递给生坯或原材料，油脂受热后温度迅速升高，很快将热量在主辅料间进行传递。不断炒动，又使得主辅料间受热渐趋均匀，制品通过一定时间的加热而成熟，再经过调味，即达到炒制成熟面点的风味要求和目的。

3. 炒的方法

（1）滑炒

选用质嫩的动物性原料经过改刀切成丝、片、丁、条等形状，用蛋清、淀粉上浆，用温油滑散，倒入漏勺沥去余油，放葱、姜等辅料，倒入滑熟的主料，速用兑好的芡汁烹炒，装盘。因初加热采用温油滑，故名滑炒。

（2）煸炒

煸炒，又称干煸或干炒，是一种较短时间加热成菜的烹饪方法。即原料经刀工处理后，投入小油量的锅中，中火热油不断翻炒，原料见油不见水汁时，加调味料和辅料继续煸炒，至原料干香滋润而成菜。成品菜具有色黄（或金红）油亮、干香滋润、酥软化渣、无汁醇香的风味特征。

（3）爆炒

爆炒就是脆性材料以油为主要导热体，大火极短的时间内灼烫成熟，调味成菜的烹调方法。

（4）熟炒

熟炒是将切成大块的材料经过水煮、烧、蒸、炸至半熟或全熟后，再改刀成片、丝、丁、条等形状，炒至入味成菜。

4. 炒的操作关键

（1）滑炒

第一，锅洗干净，用油滑过。

锅烧热，使锅底的水分蒸发干净，用油滑过，可使锅底滑润，防止原料粘在锅底。要注意的是，锅不能烧得太热，否则原料下锅沉入锅底后，骤遇高温，也会粘在锅底上。

第二，掌控油温，区别下料。

原料数量多，油温也要高一些；原料体型较大，易碎散，油温应低一些。具体来说，容易滑散，且不易断碎的原料，可以在温油烧至四五成热时下锅（如牛肉片、肉丁、鸡球等）；容易碎散，体型又相对较大的原料（如鱼片），则应在油温二三成热时下锅，且原料最好能用手抓，分散下锅；一些丝、粒状的原料，一般都不易滑散，有些又特别容易碎断，可以热锅冷油下料（如鱼丝、鸡丝、芙蓉蛋液等）。

第三，及时滑散，防脱结团。

油温过低，原料在油锅中没有什么反应，这时最容易脱浆。应稍等一下，不要急于搅动，等到原料边缘冒油泡时再滑散。油温过高，则原料极易黏结成团，遇到这种情况，可以把锅端起来，或添加一些冷油。

第四，出锅及时，沥净油分。

形态细小的原料不太容易沥净油，要用勺子翻拨几次，倘若油沥不干净，很可能导致在炒拌和调味阶段勾不上芡，会影响菜的味道。

第五，根据情况，合理用芡。

滑炒勾芡有 3 种方法：

①对汁芡。对汁芡应及时，将所有需要加的调料及粉汁一起放在小碗中搅匀。待材料滑熟，底油炝锅之后，倒入调料及对好的芡汁，快速翻拌即成。要注意的是，这种方法一般适用于所用原料不易散碎，数量不多的菜肴。

②投料勾芡。投料勾芡就是将滑熟的原料下锅后依次加入调料、汤汁，烧开后淋入水淀粉勾芡。勾芡时汤汁要烧开，粉液要朝水泡翻滚处淋下，且淋在汤水里，然后马上翻拌。

③勾芡投料。就是先将所有需要的调料及汤汁加在锅里，烧开勾芡后再放入滑熟的原料，或者将芡汁淋于原料上。这种方法多用于容易碎断的原料。应注意下芡前味道必须调准。这种方法的芡汁应略薄一些，待原料下锅后，卤汁中部分水分已发挥，芡汁薄厚恰到好处。

（2）煸炒

第一，精选原料，煸炒得法。

素料有绿叶蔬菜（如豆苗），及切成丝、片、粒状的脆性料（如青椒、莴笋等）；荤料有猪牛羊肉及蟹粉等。这些原料经过短时间的加热，去除了涩味和腥味，煸炒到刚好熟时，仍保持其脆嫩或鲜嫩的口感。

第二，火旺锅滑，翻拌迅速。

火大势必要求动作快，锅滑则是材料在锅中不断翻动的必要条件。尤其是一些蓬松的绿叶菜，要在很短时间内，在大火上使其每个部位都能与锅壁接触到，其翻拌的速度要求可想而知。如果动作稍慢，极有可能烧焦。若火不大，则又可能使菜发韧。

第三，根据质地，先分后合。

例如韭菜炒肉丝、青椒炒肉丝等，肉丝和韭菜、青椒丝应该分开煸，调味时才合在一起。因为韭菜和青椒在大火上稍加煸炒即成，而肉丝煸炒火不能太大，否则就会结团。倘若两种原料混合在一起煸，则会互相影响。

（3）爆炒

第一，遴选原料，咸鲜为主。

炒菜要选用新鲜脆嫩的材料。爆炒的原料一般都是动物原料。所谓脆嫩指做成菜后的口感，并非材料即此。爆炒操作速度快，外加调味一般都比较轻，以咸鲜为主，所以原料一定要新鲜。常用的材料有肚尖、鸡、鸭胗、墨鱼、鱿鱼、海螺肉、猪腰等。

第二，剞花处理，成熟均匀。

爆炒菜的材料一般都经过剞花刀处理。剞花刀处理除了使原料成熟后外型漂亮以外，就烹调操作来说，它很好地适应了爆炒的加热特点，缩短了加热时间，保证了菜的脆嫩度。

第三，掌握火候，控制温度。

爆的全过程基本都用大火，尤其是汆烫的水锅，水锅内的水要多，火要大，要保持剧烈沸腾。这样放在漏勺中的材料放水中一烫就会收缩，使剞制的花纹爆绽出来，也使原料加热到半熟，为接下来的炒创造了使菜快速成熟的条件。

第四，对汁调味，翻拌均匀。

正规的操作法都取对汁调味。爆菜勾芡时，在泼汁入锅的同时一定要快速搅拌和颠翻。油锅爆熟材料之后，锅底的温度大大高于滑熟原料之后的温度。动作一慢就可能导致芡粉结团，包裹不匀。

（4）熟炒

第一，刀工要粗，调味用酱。

熟炒的主料其片要厚、丝要粗、丁要大一些。切成后，再放入热油锅中煸炒，熟炒的调料多用甜面酱、黄酱、酱豆腐、豆瓣辣酱等。将调味品及少量汤汁依次加入锅中，翻炒数次即成。

第二，不用浆糊，勾芡随菜。

熟炒的材料通常是不挂糊，锅离火后，可立刻勾芡，也可不勾芡。其特色为味美但有少许卤汁。

5. 炒制品的特点

炒制品经过滑炒、煸炒、爆炒、熟炒等烹法之后，成菜显现出滑嫩、干爽、脆嫩、软绵等特点。

二、复合熟制法

我国面点种类繁杂，熟制方法也是丰富多彩的，除上述这些单加热法以外，还有许多面点需要经过两种或两种以上的加热过程。这种经过几种熟制方法制作的称为复合熟制法，又称综合熟制法或复加热法。它与上述单加热法的不同之处，就是在成熟过程中往往要多种熟制方法配合使用。归纳起来，大致可分为两类：

第一类，即蒸或煮成半成品后，再经煎、炸或烤制成熟的品种。如油炸包、伊府面、烤馒头等。

第二类，即将蒸、煮、烙成半成品后，再加调味配料烹制成熟的面点品种。如蒸拌面、炒面、烩饼等。这些方法已与菜肴烹调结合在一起，变化也很多，需要有一定的烹调技术才能掌握。

总结 🍞

1.本章通过相关概念的讲解，让学生了解熟制的概念，熟悉熟制工艺。
2.掌握各类熟制方法的特点。

思考题 🍞

1.熟制的概念是什么？
2.简述熟制的作用。
3.面点的成熟度鉴别方法有哪些？
4.简述蒸制的概念及其原理。
5.蒸制的操作关键有哪些？
6.简述煮制的概念及其原理。
7.煮制的操作关键有哪些？
8.简述炸制的概念及其原理。
9.炸制的操作关键有哪些？
10.简述烤制的概念及其原理。
11.烤制的操作关键有哪些？
12.简述煎制的概念及其原理。
13.煎制的操作关键有哪些？
14.简述烙制的概念及其原理。
15.烙制的操作关键有哪些？
16.简述炒制的概念及其原理。
17.炒制的操作关键有哪些？

第十章

面点的配色

课题名称：面点的配色

课题内容：面点配色概述

　　　　　面点的配色方法

课题时间：2课时

训练目的：让学生了解面点配色的概念，掌握面点配色的方法。

教学方式：由教师示范配色的方法。

教学要求：1.让学生了解相关配色的概念。

　　　　　2.掌握面点配色的方法。

课前准备：准备原料，进行示范演示，掌握其特点。

"色"是面点风味特征里很重要的一项感官指标，用来评价面点制品。孔子言："色恶不食"，所谓"色恶"即是指颜色不好看。作为各种风味指标之首的"色"，常具有先声夺人的作用，首先进入品尝者的感官，进而影响品尝者的饮食心理和饮食活动。

第一节　面点配色概述

一、面点配色的概念

万物皆有色，不同的面点制品都有诱人的色彩，翡翠烧麦的绿、荷花酥的粉红、煎饼的黄、雪媚娘的白、藕粉圆子的棕、雨花石汤圆的五彩色等，色彩各不相同，引人入胜。从物理学上来讲色彩与光有着千丝万缕的联系，色彩只是物体对于各种色光反射或吸收的选择能力的表现，而并非物体本身的颜色。但为了方便生活、启发智慧和益于研究，人们通常把这种现象称为物体本身的固有色。虽然人眼能辨出150多种不同的颜色，但在日常生活中，主要是红、橙、黄、绿、蓝、靛、紫7种颜色。

面点的色是面点特色的重要组成部分，我国面点制作对面点色彩的配置、运用与研究尤为重视。经过历代面点师的长期实践与创新，形成一整套行之有效的配色方法，即"淡妆浓抹总相宜"的面点特色。无论是单色面点、多色面点还是花色面点，都验证了这一点。

面点配色就是运用美学原理、结合面团和具体物象的特点，选择合适的上色方法，使面点制品呈现色泽自然、色调和谐、色彩逼真的过程。

二、相关配色的理论

（一）基本色

色彩学的原理：红、黄、蓝为三原色，纯度最高，两种色彩相配得间色，间色再混为复色。其配色规律如下：

基本色　红　黄　蓝　红　黄

二次色　　　橙　绿　紫　橙

三次色　　　　橄榄　灰　棕褐

（二）色彩与冷暖

色彩的冷暖感觉是人们在长期的生活实践中的联想形成的，并非色彩本身有冷有暖。如对于红、橙、黄等色，人们会联想到太阳、火光的颜色，给人以热烈温暖的感觉，所以称为暖色；蓝、青等色给人以寒冷、沉静的联想，因而称为冷色；白、灰等色给人的感觉是不冷不暖，故称为中性色。色彩的冷暖是相对的。对色彩的不同冷暖感觉可以帮助人们更细致地观察和区别色彩的性质（即称色性）。所以，冬季用橙色照明可以增加温暖感；夏天用蓝色照明，给人们以凉爽感。面点的色彩调配同样适用这个原则，冬季可以选用炸的、烤的、烙的、煎的等面点品种，外表色彩金黄，有温暖的感觉；夏天可以选用蒸的、煮的等面点品种，外表色彩洁白或本色，显示凉爽的感觉。

（三）色彩与情感

色彩给人的情感也是不一样的。如红色是最鲜艳的色彩，它能给人一种温暖、热情、庄严、富丽和艳丽的感觉，用红色就显得喜气洋洋；黄色，近似金色，有庄严、光明、亲切、柔和、活泼的感觉；蓝色寓意冷静、和平、深远、冷淡、阴凉、永恒，蓝色多则有阴黯感，过多使用易引起忧郁沉闷；白色象征纯洁、明快、轻爽，白光起反射的作用，光度过强容易刺目，并有寂寞和冷淡之感；紫色高雅，淡紫色有舒适感，深紫色有厌倦感，用淡紫色做面点的颜色会显得轻快富丽，安定幽雅，深紫色则不宜作面点的配色；绿色为草地之色，活泼而有生气，有欣欣向荣的感觉；橙色有庄严富丽和金碧辉煌的感觉，用于面点的配色，可刺激人的食欲。

（四）面点的色料

我国面点使用的色料包括天然色素和人工合成食用色素两大类。天然食用色素来自动、植物原料。例如，红色：红曲粉、红苋菜汁、番茄酱等；黄色：蛋黄、南瓜泥、胡萝卜素、姜黄素、松花粉、蟹黄等；绿色：菜松、菠菜汁、丝瓜叶汁、麦叶汁等；棕色：可可粉、豆沙、红糖；褐色：酱油；黑色：黑芝麻、黑木耳；白色：面粉、米粉、澄粉、蛋清等。

人工合成食用色素是化学工业发展的产物，我国目前允许使用的有苋菜红、胭脂红、柠檬黄、靛蓝等色素。这种色素色泽鲜艳，着色力强，使用方便，调和后色调多样，在食品生产中使用广泛，但必须严格按照国家《食品安全法》规定的使用量，不可使用未经过国家食品安全法规允许的化学合成色素。

三、面点的配色原理

对色彩的运用，面点配色不像绘画那样，随美赋彩，尽情发挥，它必须围绕以"食为本"这个中心，在体现面点具体品种自然风格特色的基础上，适当加以补充、设色、调色，美化了面点的色泽，丰富了面点的品种，同时，面点的配色也形成了自己独特的原理。

（一）主色与辅色相间

主色在色调中称为"基调"，它是我们见到的所有色彩的主要特征与基本倾向，其次就是辅色的"辅调"。现代画家钱松岩说："五彩彰施，必有主色，以一色为主，而他色辅之。"说的也是这个道理。

就面点而言，一盘面点乃至一席面点，也要分清主次，在色调的冷与暖、明与暗、白与灰等许多因素中，抓住主色，以面点主料的色为"基调"，以配料的色为辅色起点缀与衬托作用。例如：扬州名点翡翠烧麦，虽有白、绿、红等几种色，但主色是翡翠色（由于烧麦皮薄而透出青菜馅的翠色），其他颜色是烧麦顶部面皮色（白色）及点缀的火腿蓉的红色，皆为辅色，色彩既鲜艳又高雅，难怪被称为"扬州双绝"之一。再如，千层油糕是双绝中的另一绝，是用扬州特色发酵技术制成，喧软洁白，片片分层，层次达64层之多，上面三三两两点缀着红绿丝，其主色的白与辅色的红、绿，分布有致，在色调上确实收到了清秀淡雅的效果。还如，苏州船点中的绿茵白兔，常用绿的青菜松或上色的绿椰蓉垫底，以辅色的绿衬托主色的白，使成品形色兼备，赏心悦目。总之，主色与辅色要相互兼容而有变化，大红大绿使人感到俗气，"万绿丛中一点红"就饶有风韵了。

（二）暖色与冷色平衡

在绘画中，可以从色相、色性、光度、纯度等几个方面来区分色调，在面点中常用色性的冷暖来区别。红、黄、橙各色称为暖色；青、蓝、绿、紫各色称为冷色；黑、白、灰各色被称为中性色调。色性的产生关乎人的心理因素，在日常生活中，人对自然界客观事物的长期接触和认识，积累了丰富的生活经验，由色彩产生了一定的联想，再由联想到的相关事物产生了温度感，例如，由暖色联想的到火与寒冬的太阳，感到温暖；由冷色联想到寒冷的冰水，清凉的天空，使人有丝丝凉意；而中性色给人的感觉是不冷不暖。

因此，在面点的配色中常随着季节的更替来设色。夏季天热，常用冷色为主的面点，例如：薄荷糕采用鲜薄荷叶搅打成汁掺入米粉中，压模成型，蒸制而成，既有薄荷清凉之味，又有绿色清凉之感，两全其美。再如，在广东面点中，澄粉鲜虾饺也是用菠菜汁掺入、烫粉、压皮、包馅制成，其绿色晶莹发亮，实乃消暑佳品；冬季天冷，常用暖色为主的面点，例如：广东面点中像生雪梨，借用西式做法以土豆泥加糯米粉搓匀，包馅成团，拖鸡蛋液，滚沾面包屑糠，手挷成型，油炸生色，其色澄黄，与雪梨色相仿，令人暖意顿生。再如，近年冬季流行保健面点南瓜饼、黄金糕等，都是暖色；而在春秋两季气候温暖与清凉兼备，气温宜人，适宜中性色调的本色面点，也可兼用冷暖色调的面点。

另外，据研究，暖色具有可以使人兴奋、刺激食欲、在筵席中活跃气氛的作用。在面点中可以刺激食欲的色为红色、赤红色、桃色、咖啡色（黄褐色）、乳白色、单绿色、翠绿色等，以暖色为主；对食欲不利的色被认为是紫红、紫、深紫、黄绿、灰色等，以冷色为主。

（三）本色与配色协调

本色是指面点在选料、制坯、成型、成熟等一系列过程中形成的具体品种的固有色与固有特征，而配色是在具体面点品种不足以表达面点特色，而添加的色彩。由于人们长期的饮食活动实践，对面点色彩之美的判断已形成一种习惯程式，这种判断可以因色彩鲜艳的本身的美而使人感到愉悦，增进食欲，并将某种面点在香、味、质所达到成熟阶段的最佳状态，所呈现的色彩感觉，作为面点审美最高标准或面点色彩美的最高境界。例如，水调面点大多为麦粉本色，软韧劲道；发酵面点喧软洁白，膨松微甜；油酥面点呈现出洁白的或金黄的色彩，酥松爽口；米粉面点则是米粉的本色，糯松黏绵俱全。

如果面点做成后，缺少了面点的本色，无论色彩多么漂亮，则肯定是不成功的。这也是我国面点品种的主体所在，崇尚"清水出芙蓉，天然去雕饰"的本色。另外，有些具体品种（如花色面点甚至是本色的面点），为增强它的美感，可以采用点缀、围边及少量着色的方法，来配色增色。

四、面点配色的作用

（一）面点出"色"，先声夺人

面点的色彩是面点造型的重要组成部分。面点的色与形总是首先进入食客的感官，常能起到先声夺人的作用，美的色彩秀色可餐。如生葱煎馒头，在洁白的馒头上，用葱花增加碧绿色的点缀，制品显得清新脱俗；苏式糕团点缀常加果料，其天然色彩果料呈现星星点点布局，让人眼前一亮，因此正确地认识及运用配色，能使面点制品更加出"色"。

（二）面点美化，促进食欲

面点的色彩是其重要的风味特征之一，色彩的和谐、色性的冷暖、色调的寓意等都可以刺激食客的食欲，而且可以美化面点。如梅花饺中的五朵花瓣，其主色是蛋黄末，中间配色是火腿末，采用顺色配的方法点缀，花蕊红，花瓣黄，皆是暖色，色调和谐。再如绿茵玉兔饺，运用花色配方法，兔身洁白如玉，菜松碧绿如茵，色彩使人感到清晰明亮。在美化面点的同时，食欲油然而生。

（三）面点特色，烘托气氛

我国面点中特色面点品种很多，如花馍、船点，甚至裱花蛋糕等，经过巧妙配色，运用于节日喜庆、人生仪礼、水上巡游等宴饮场合，能够带动现场气氛，增进食客之间的感情。

第二节　面点的配色方法

罗丹说，没有不美的色彩，只有不美的组合。面点的色彩只能是简单的组合与配置，不能像画家一样调配各种新色，而在于运用食物原料色彩固有的冷暖、强弱、明暗进行对比、互补，围绕宴席主题的需要，创造出或清新淡雅或五彩缤纷、兴奋热烈或简约舒缓、小桥流水或大气磅礴的由面点色彩构成的乐章。

面点的色彩除来源于原料自身以外，还有原料间的影响，人为添加色素，加热工艺以及其他综合作用的复杂影响，使面点原料自身产生某些色彩的变化，形成了独特的色泽。因此，要搞清面点工艺中的理化变化与面点固有色的关系，为进一步在工艺中运用各种复杂的固有色奠定基础。

一、面点配色的技法

（一）糖类焦化着色

糖类在没有氨基化合物存在的情况下，当加热温度超过它的熔点时，即发生脱水或降解，然后进一步缩合生成黏稠状的黑褐色产物，这就是焦糖色素，这个过程称为糖类焦化反应。有一部分面点中含有一定量的糖类，糖在烘烤、煎炸的过程中，随温度的升高、水分的挥发，糖的逐渐焦化使制品呈现金黄、棕黄色等色泽，从而达到对面点着色的目的。面点色彩的深浅，主要依据面点的含糖量，通过适当调节火力而形成。一般来说，面点含糖量多，制作中温度高，面点色彩就深，反之则浅。

（二）刷蛋熟制着色

对面点生坯进行刷蛋，是刷蛋面点配色的重要一环，也是应用原料固有色的方法之一。在面点表面涂抹一层蛋液，可使图案经烘烤而产生金黄美观的色泽。刷蛋着色的原则是涂抹均匀，涂蛋动作快慢适度，否则，蛋液浓处成熟后易起疹点，蛋液少的地方，又达不到着色目的。

（三）烤制高温着色

当生坯进入烘炉内后，受到高温的包围，内部水分蒸发，糖类焦化形成金黄、深黄、棕黄等色彩。烘烤制品的色彩，随着炉温的高低和烤制时间的长短而变化。炉温越高，制品外表的色彩色度越深，反之则浅。一般来说，170℃以下的低温，宜烤制皮色浅的面点品种；170 ~ 240℃的中温，宜烤制黄色酥皮类及其他颜色较深的面点品种；240℃以上的高温，宜烤制色泽深黄的面点品种。

（四）油炸焦化着色

油炸着色是指制品生坯在煎炸过程中，由于油脂本身的色素氧化聚合或氧化分解及面点中糖类的焦糖化反应，而产生金黄、棕黄或深褐色等色彩的一种面点着色法。其中，100 ~ 120℃的油温，宜炸制带馅制品或包油酥，及颜色淡白的面点品种，例如海棠酥、梅花酥等各种油酥面点；120 ~ 150℃的油温，宜炸制色泽金黄的面点品种，如土豆饼、像生雪梨等；150 ~ 180℃的油温，宜炸制色泽棕黄，外皮酥脆的面点品种，如各种春卷、馓子、油条等。

（五）人工添加着色

当面点品种达不到我们所需要的色泽时，可以适时人工添加色素着色。

食用色素，按其来源和性质可分为食用天然色素和食用合成色素。食用天然色素是指由动、植物组织中提取的色素，主要是植物色素和微生物色素，常用的红色有红曲米汁、苋菜汁、红菜头汁；绿色有青菜叶汁、麦青汁；黄色有蛋黄液；乳白色有奶粉、炼乳、牛奶等；棕色有可可粉、巧克力、焦糖色等；橙色有南瓜、胡萝卜；黑色有百草霜汁等。食用合成色素是以从石油中提取的苯、甲苯、二甲苯、萘等为原料合成的，我国目前允许使用的有苋菜红、胭脂红、柠檬黄、日落黄、靛蓝等色素。食用色素的着色技法主要有以下几种。

1. 上色法

上色法主要是将色液采用染与刷的方式，在制品的表面上着色的方法。分为成熟前着色与成熟后着色两种。成熟前着色就是在制品成型时或成型后刷上色液、蛋液、饴糖水、油等，可使成品烘烤后，表面色泽金黄发亮；菊花酥饼在烘烤前点上红的色液点，使制品成熟后，分外醒目、充满喜气。成熟后着色法常见于发酵点心、米粉点心，如农村风俗办喜事时，在馒头、糕等点心上面，印上朱红的"囍"字、"寿"字或吉祥的图案，借以传递喜庆的信息。

2. 喷色法

喷色法主要是将色液喷洒在面点的表皮上，面点内部却保持本色。喷色工具常用牙刷蘸色液后喷洒，或使用喷枪适度喷涂。主要用于发酵面团中的花色面点品种，如寿桃包、苹果包、石榴包、玫瑰花包等品种的制作，利用牙刷蘸上红色素溶液后，根据溶液色调深浅，调整喷洒距离、喷洒密度及层次，即可达到以假乱真的色彩效果。

3. 卧色法

卧色法是将色素溶解为1% ~ 10%的溶液揉入面团中，使本色面团变成红、橙色、黄、绿各色面团，再制成各种面点。如江南的青团，用麦苗、青菜或青草捣汁和粉蒸成，袁枚称其"色如碧玉"，十分雅丽。再如苏州的船点，制作时一般采用卧色法调制各色面团，再捏制成各种仿植物形、仿动物形、仿几何形等各种的象形面点，惟妙惟肖，其关键点就是巧妙的利用缀色配色的原理。

4. 套色法

套色法包含两种情况：一种是根据成型的需要，于本色面团外包裹一层或几层卧色面团，称套色；另一种是指多种面团搭配制作的面点。第一种套色方法常用来制作小花小草、假山树木、亭台楼阁等，还可用以点缀、围边等。第二种套色法，常用于制作苏州船点及苏式糕团，其用套色制作的"寿星结顶""孔雀花草"等作品，则被人们称为"艺术面点"。

二、面点配色的要领

（一）突出面点本色

我国面点分为有馅与无馅两大类，其坯皮都比较重要，对有馅面点尤为重要。突出本色是指保持面点坯皮原有的色彩，这样做出的面点色彩自然，有利于发挥本味，也符合食品安全法的要求。

突出面点的本色，就应该按照具体面点品种的制作方法，正确选料、准确配料、调制面团、成型熟制等。如水调面团制品要外表光洁，关键在于调制面团的水温与火候。面条、馄饨、水饺等常用冷水和面，以呈其本色，且有韧性；月牙蒸饺、花色蒸饺等常用温水和面，以强调其光洁与可塑性；烧麦等常用烫水和面，以突出其色彩与吃口软糯。而发酵面点的喧软洁白，关键在于发酵过程与旺火蒸制；油酥面点的色泽与油温和炉温有关；米粉面点的本色，则与是否加糖、蒸煮时间的长短有关。总之，掌握了各类具体面点的制作程序要素，就能创制出各种具体的面点来，并能突出面点的本色。

（二）工艺手段配色

在以食为本突出面点本色的基础上，对面点具体品种，根据其特点加以配色美化是面点制作的另一个重要内容。

1. 运用天然色彩

面点的用料比较广泛，米麦黍豆、菜蔬籽仁、花果菌藻、肉鱼蛋乳、山珍海味等，每一种原料本身都具有天然的色彩，如火腿的红、虾仁的白、青菜的绿、蟹黄的黄、香菇的黑等，色彩十分鲜艳。这些原料的天然色彩，丰富了面点品种的色泽，主要表现在花色蒸饺及烧麦中馅心的配色与造型简单的面点制品的表面点缀两方面。

一方面，花色蒸饺中的一品饺、飞轮饺、冠顶饺、四喜饺、风车饺、梅花饺、鸳鸯饺、花篮饺、单双桃饺等，烧麦中的鸡冠烧麦、金鱼烧麦、翡翠烧麦、金丝烧麦等，包馅成型后，在花色蒸饺的造型空洞内及烧麦的顶部饰以各种有色的馅料，使色彩和谐，形象生动。如梅花蒸饺，生坯包馅成型后，在四周五个空洞的内填上熟鸡蛋黄末，花蕊部位点上熟火腿末，马上一朵腊梅跃然盘中，色形兼备；再如金丝烧麦制作时，收拢荷叶边成型后，在其顶部放上一簇黄色的蛋皮丝，起到了画龙点睛的作用。另一方面，造型相对单一的面点，如双麻酥饼、菊花酥饼等，在其表面分别点缀黑白芝麻、香菜叶、火腿末等，就会使其形象鲜明，诱人食欲。

2. 适当调配色泽

在调配面点色泽的过程中，常常使用食用色素。但食用色素在面点中的使用要符合《食品安全法》相关规定，要安全卫生、操作简便、色彩自然等。过去使用的食用天然色素，往往是把含有色素的植物直接混合使用或绞成汁使用，这样做使面点中含有大量的夹杂物或浪费了大量原料，影响了面点的风味与经济利益，应该区别使用。同时，尽管现代工业已生产出了食用天然色素粉末产品，如天然菠菜粉、天然香橙粉、天然苋菜粉、天然香菇粉、天然西红柿粉等，但其用量也要符合相应产品的规定标准。

对于食用合成色素，应严格按照《食品添加剂使用标准》的最新规定，苋菜红、胭脂红的最大使用量为 0.05g/kg，柠檬黄、日落黄、靛蓝的最大使用量为 0.1g/kg，色素混合使用时也应根据用量按比例折算。有经验的面点师根据面点蒸制后色泽会变深的规律，在配色时，坚持用色少、淡、雅的原则，充分发挥使用合成色素的作用。

3. 遵循艺术规律

面点师必须了解色彩的基本知识，根据艺术的规律及对比、统一、调和等原则而调配色泽。俗话说，"大红配大绿丑得发笑"，而"万绿丛中一点红"就别有生趣。

（三）控制面点上色

面点在熟制过程中其色泽变化是极为复杂的，它与制品原料的组成成分、传热介质的性质、温度等因素有密切的关系。面点在熟制过程中，发生的理化变化是非常复杂的，面点的每一因素的变化，都源自于其自身的理化变化，如色泽、形态、气味、滋味、质感等，无不与原料或所含成分的理化变化有关。因此要注意面点熟制过程中的物理和化学变化，灵活掌握其熟制方法，以控制面点的上色程度。

总 结

1.本章通过相关概念的讲解，让学生了解面点配色的相关概念，熟悉面点配色的原理、作用、方法等。

2.掌握具体面点品种的配色方法。

思考题

1.简述面点配色的概念。

2.如何理解色彩与情感的理论？

3.面点的配色原理是什么？

4.面点配色的作用是什么？

第十一章

面点的调味

课题名称：面点的调味

课题内容：面点的滋味调配

面点的香气调配

课题时间：2 课时

训练目的：让学生了解味觉、嗅觉的概念，掌握滋味和香气调配的方法。

教学方式：由教师讲述味觉和嗅觉的相关知识。

教学要求：1. 让学生了解相关的概念。

2. 掌握滋味调配方法。

3. 掌握香气调配方法。

课前准备：联系酒店，进行品尝体验。

　　"民以食为天，食以味为先"。味是中国烹饪的灵魂，作为中国烹饪一大组成部分的面点，自古以来就重视味的调和与探索，赋味艺术是面点制作中最主要的部分，面点做得好与不好，味道最为关键，也因为"味"是评价菜点质量优劣的最重要的生理指标之一。

　　味分为滋味和香气，分别被人的味觉和嗅觉器官所感知。味觉与嗅觉的关系最为密切，通常我们感觉到的各种味道，都是味觉和嗅觉协同作用的结果。

第一节　面点的滋味调配

一、味和味觉的概念

　　味，滋味也，兼称口味、味道，是物质所具有的能使人得到某种味觉的特性，如咸、甜、酸、苦、鲜等。所谓味觉，是食品中某些溶解于水或唾液的化学物质作用于舌面和口腔黏膜上的味蕾所引起的感觉。烹饪原料大多有味，其中用于调味的称为调味料（或调味品），其味更浓。这是因为调味料（或调味品）中含有较多的能引起味觉的化学成分，即呈味物质。

　　另外，面点的滋味还受视觉、嗅觉，消费者的生理条件、个人嗜好、心理、种族甚至季节、温度等因素影响。可见，面点的味是个综合感觉，而那些刺激味觉神经的化学味，只是狭义的味觉，通常称为化学味觉。广义的味觉除了包含狭义的化学味觉之外，还包括物理味觉和心理味觉。

　　物理味觉是指人对食物的硬度、黏度、温度等物理因素刺激口腔的感受或对咀嚼而产生的物理性因素的感受。如软硬度、冷热度、黏稠度、咀嚼度、口感等，这种味觉也是食物所不可或缺的。

　　心理味觉则是指由于菜肴的色泽、形状，以及用餐环境、季节、风俗、生活习惯等因素对消费者的味觉产生可口与不可口的心理反应。优雅的用餐空间和美观的菜点，令消费者心旷神怡并启发人的各种心理品味。

　　总之，面点的滋味与化学味觉、物理味觉和心理味觉相关联，化学味觉是人类最主要的味觉。化学味觉分为甜、酸、苦、咸、鲜5种基本味，复合味的种类远远大于基本味，不同的调味品组合时的不同配比，都会形成特有的复合口味。面点的滋味绝大多数以复合味形式出现。因此，本节主要探讨的是直接影响面点滋味的重要味觉——化学味觉。

二、味觉的产生机制

现代生理科学研究表明，典型的味觉所感知的食品的各种味（味道、滋味、口味），都是由于食品中可溶性成分溶于唾液或食品的溶液刺激口腔内的味感受体，再经过神经纤维传导到大脑的味觉中枢，经过大脑识别分析的结果。口腔内的味感受体主要是味蕾，其次是自由神经末梢。味觉的敏感程度和类型，主要由呈味物质的化学结构和物理状态、浓度和溶解度、温度等因素决定。

在面点制作中，选料极其广泛，米麦黍豆、菜蔬籽仁、花果菌藻、肉鱼蛋乳、山珍海味，以及各种辅料及调料，经过合理组配，精心制作，形成了花样繁多、风味迥异的各色面点品种。当品尝具体面点品种时，其中溶于唾液中的呈味物质刺激味蕾，再经过味神经纤维转导到大脑的味觉中枢，经过大脑的识别分析，形成对该面点品种的味的评价。

三、面点调味的概念

面点调味是在尊重面点本味的基础上，通过坯皮调味、馅心调味和汤料佐味等手段，使面点保持原有传统味道或达到食客所喜爱的口味的过程。

面点在制作上不同于菜肴，面点调味在工艺上通常分3个相对独立的部分进行：第一是坯料的调制加工及入味。要使面点的坯料达到面点制品的预期效果，就必须选用相应的坯粉料加上适量的水分、调料及辅料等调制成各种软、硬、稠、稀的面团，按不同面点品种的需要，掌握面团的醒发时间、温度、湿度，使面团达到软硬适宜、筋力适度、pH 合理及稀稠密度均匀，熟制后能有效地包容馅料溶解出的味汁；第二是馅心的调制，馅心调制更为多样复杂，要根据馅心不同的制作要求，加工成细小的形状（一般以丁、粒、蓉、粉、泥状为多），加入一定比例的配料和水分，再加入适当的调味料与辅助料，生拌或加热烹熟而成。这些馅心具有一定的亲水性、溶解性、渗透性及凝结性等特性，当把一定比例的坯料包入一定量的馅心，经不同方法的加热制熟后，整个面点皮馅互相渗透、溶解、挥发，混成一体，产生了新的复合型滋味，使面点制品具有诱人食欲的香味、滋味与触感。如扬州包子在蒸制后，坯皮暄软松绵，同时又浸润了不同馅心的卤汁，尤其是菜包子，不仅仅是味道渗透，还有蔬菜汁绿色的浸润，碧绿可人，味道适宜；第三是通过制作相应的汤卤，加上适当的调味品和配料制作成复合的调味汁，直接赋味于一些特定的面点品种，如馄饨、盖浇面、水饺、羊肉泡馍等。

四、面点调味的原则

（一）本味为主，调味辅佐

面点的调味崇尚本味，即面点主料的本来之味。所谓吃鱼重鱼味，吃肉重肉味，吃山珍重山珍之味，吃海鲜得海鲜之味，吃面点当然要重面点具体品种之本味了。一旦失去本味，便失去了一切品味的意义了。所以中国历代善吃的名人都提倡"淡则真"的"本然之味"。如陕西的"石子馍"（即天然饼）用白面制作，"如碗大，不拘方圆，厚二分许，用洁净小鹅卵石衬而模之，随其自为凹凸"，既具有古代石烹的遗风，又呈现其天然之味。

提倡本味，但不排斥调味。如果说本味是使"有味者使其出"的话，调味则是使"无味者使其入"。恰当的调味会使面点品种形成特色，使馅心与坯皮、汤料与坯料相得益彰。如北京福兴居的"鸡面"，"面白如银细若丝，煮来鸡汁味偏滋"，面条细，鸡汤鲜，本味与调味两相其美。而扬州的"火腿粽"以火腿切碎和米制成，"细箸青青裹，浓香粒粒融"。本味与调味相互渗透，水乳交融。

（二）物无定味，适口者珍

古语云："凡民禀五常之性，而有刚柔缓急音声不同，系水土之风气。"我国自古以来，地域广阔、物产富饶、民族众多，长期存在着"南米北面"之分，"南甜北咸"之别，形成了口味独特的各种地方风味特色。在面点中分为南味、北味两大风味，其主要流派又有京式、苏式、广式之分。这些流派也都以本地的地理气候、风土物产、技艺发展为前提，以本地广大人民所习惯食用的风味派生、发展着。强调适口，主要是适合一个地区的风味。所谓一人一味，一地一味，物无定味，适口者珍。

（三）适应时序，注重节令

适应时序，即面点制作通常要合乎时候季节，俗语说"不时不食""当令宜时"。我国面点具有这一特点，就苏州的四季茶食而言，品种繁多、口味各异，并随着一年四时八节的顺序翻新花色，调换口味，即所谓"春饼、夏糕、秋酥、冬糖"。如春饼，一月（指农历，下同）的主要供应品种是酒酿饼干、油锤饼；二月为雪饼、杏麻饼；三月为闰饼、豆仁饼等。夏糕供应的是：四月黄松糕、五色方糕；五月绿豆糕、清水蜜糕；六月薄荷糕、白松糕等。秋酥供应的是：七月巧酥、月酥；八月酥皮荤素月饼；九月太史酥、桃酥等。冬糖供应的是：十月黑切糖、各式粽子糖；十一月寸金糖、梨膏糖；十二月芝麻交切片糖、松子软糖、胡桃软糖等。不仅苏州有如此应时、口味变化之面点，其他地方也有类似风俗，如山西面点中，常有春季吃拨鱼、揪片，配炸酱；夏季吃冷淘面、过水饸饹，配麻酱、蒜泥及豆芽菜、黄瓜丝；秋冬吃刀削面、抻面，可以配羊肉、台蘑、鸡丝等，调味也是四季有别。

我国面点的另一个特点就是注重应节应典，尊崇食俗。这也反映了不同口味的面点与人们生活的密切关系，寄托着人们对美好生活的向往。如春节吃水饺、汤圆、年糕等，寓示团团圆圆，今年胜夕年；元宵节吃元宵，寓示上灯喜庆；清明节吃馓子、麻花、青团，寓示对先人的思念；端午节食粽，意在去病除邪；七夕节吃巧果，以乞得天工之技巧；中秋节吃月饼，寓示思念、团圆；重阳节吃花糕，糕谐音高，有登高之意；腊八节食粥，以祈福求寿，避灾迎祥等。

总之，除了以上几点之外，根据进餐者的年龄、职业、口味、嗜好、宗教等不同，力求因人调味，展示面点调味的魅力。

五、面点的调味方法

面点的调味方法具有一定的特殊性，因为面点根据有无馅心分类，大抵可分为无馅面点与有馅面点两大类，其调味方法也分为坯料调味、馅心调味与汤料佐味等几种形式。

（一）坯料调味

坯料是指直接或添加调味品等调辅料后，制成面点的面团。在我国，面点分为麦类制品、米类制品、杂粮类制品及其他制品，坯料调味仅是诸类制品中无馅面点品种的调味方式。

首先，根据原料、制作方法及添加辅料的不同，形成不同的风味面点品种。如麦类制品中，水调面团有薄饼、空心饽饽、面条等；生物膨松面团有馒头、银丝卷、千层油糕、蜂糖糕等。此外，还有化学膨松面团的麻花；油酥面团的兰花酥、桃酥等；米类制品中有凉糕、米糕、切糕、年糕、发糕、炸糕、八宝饭、粽子等品种；杂粮及其他类制品，有绿豆糕、栗子冷糕、豌豆黄等。还有的面点品种（如"八珍面"），在和面时掺入鸡、鱼、虾之肉及笋、蕈、芝麻、花椒之物，这也是以坯料调味的变化来吸引人。

其次，每一个无馅品种，因掺加的调味品等的不同，而呈现出不同的口味与风味特色。如苏州糕多甜香之品，糕中一般掺有白糖、芝麻糖屑、冰糖末，有的还加有脂油丁，讲究的要加桂花糖卤、玫瑰糖卤、蔷薇糖卤，如此调味，甜味之中带着花的清香。据《随园食单》载，江南地区做青团，"捣青草为汁，和粉做米团，色如碧玉"，想必青团亦有清鲜之味。苏州糕中也有咸味的，一般白年糕（无味年糕）切片，入笋片、木耳，脂油煎，少加酱油。

此外，还有"以调和诸物尽归于面，面具五味"的"五香面"等。

（二）馅心调味

有馅面点是我国面点品种中的主体部分，是历代面点师智慧的结晶。馅心调味是有馅面点中的一类调味方式。我国面点历来重视馅心的调制，并把它看作是决定面点风味的关键。馅心，就是面点坯皮内的心子，种类繁多，又通过具体不同的包馅、拢馅、卷馅、夹馅、酿馅、滚沾等上馅方法，制作成口味不同的风味面点。馅心调味主要表现在以下几个方面。

1. 精选馅心原料

我国幅员辽阔、物产丰富，因而用于馅心制作的原料也是丰富多彩的，如禽肉、畜肉等肉品，鲜鱼、虾、蟹、贝、参等水产品，以及杂粮、蔬菜、水果、干果、蜜饯等都用于制馅，这就为精选馅料提供了广泛的原料基础。

但是馅心用料还有它的精选之处：一是无论荤素原料，都取质嫩、新鲜且符合卫生要求的。对于各种豆类、鲜果、干果、蜜饯、果仁等料，更是优中选好；二是在选料时，猪肉馅要选用夹心肉，因其黏性强、吸水量较大。制作鸡肉馅选用鸡脯肉，鱼肉馅宜选海产鱼中肉质较厚、出肉率高的鱼；虾仁馅宜选对虾，猪油丁馅选用板油，牛肉馅选用牛的腰板肉、前夹肉，羊肉馅选用肥嫩而无筋络的部位。用于制作鲜花馅的原料，常用玫瑰花、桂花、茉莉花、白兰花等，其味香料美，安全无毒。

另外，馅心用料在精选的同时，注重用料的广博性，丰富制品的口味，如宋代汴京市场上有羊肉小馒头，临安市场上有四色馒头、生馅馒头、羊肉馒头、蟹肉馒头、假肉馒头、笋丝馒头、菠菜果子馒头、辣馅糖馅馒头等。韦巨源的《食谱》中，列有一种"生进二十四气馄饨"，说这种馄饨"花形馅料各异，凡二十四种"，一碗馄饨里有二十四种不同花样及馅料。由于使用了不同口味的馅心，丰富了面点的品种。

2. 工艺精益求精

在馅心制作过程中，加工精细，遵照不同馅心及具体品种的成型和成熟要求，将原料切或剁成合适的丁、粒、丝、泥、蓉等形状，利于面点制品的包捏成型和成熟，形成一定的口味特色。如扬州的三丁包子，是用鸡丁、肉丁、笋丁，烩制而成的三丁馅制成，在刀功形态上，鸡丁大于肉丁，肉丁大于笋丁，调味使用鸡汤、虾籽等料。如此精工细作，再配上扬州独特的发酵技艺、精巧的成型技法，使扬州的三丁包子形成"荸荠鼓鲫鱼嘴，三十二道纹褶味道鲜"的特色，成为蜚声海外的名点之一。又如水晶包子，采用水晶馅制成，馅心经成熟后，晶莹透明，犹如水晶一般，口味香甜油润，耐人寻味。

3. 擅用调料呈味

我国人民的口味习惯素有"南甜、北咸、西辣、东酸"之说。由于各地人们所处的地理环境、生活习惯等不同，使得面点制作非常注重馅心的口味。在馅心的制作过程中，巧妙施加咸味、甜味、酸味、苦味、辣味、鲜味等调味料，使馅心口味呈现花样繁多的局面。如生菜馅口味是鲜嫩爽口；熟菜馅则是口味油润；生荤馅口味是肉嫩、鲜香、多卤；熟荤馅则是味鲜、油重、卤汁少、吃口爽。甜味馅心口味甜咸适宜，果仁、蜜饯馅松爽香甜，兼有各种果料的特殊香味。

4. 形成面点特色

上述馅心的调味方式，在长期的发展过程中也逐渐被各面点流派所吸收、包融，形成不同的地方特色。如京式面点馅心口味上注重咸鲜，肉馅制作多用"水打馅"，佐以葱、黄酱、味精、麻油等，使之吃口鲜咸而香，天津的"狗不理"包子是其中典型的代表品种。而苏式面点馅心口味上，注重咸甜适口，卤多味美，肉馅多用"猪皮冻"，使制品汁多肥嫩，味道鲜美。淮安著名的"文楼汤包"为其代表性品种，汤包熟制后，"看起来像菊花，提起来像灯笼"。正是运用了皮冻馅的原因，此汤包食用时，必须"轻轻提，慢慢移，先开窗，后喝汤"，增添了饮食的情趣，令人食后难忘。至于广式面点，馅心口味注重清淡，具有鲜、爽、滑、嫩、香等特点，如广东的传统点心虾饺，采用虾仁馅制作而成，个头比拇指稍大，呈弯梳形，皮薄而透明。其中的馅料虾仁呈嫣红色，依稀可见，吃口鲜嫩爽滑，清新不腻，亦为广式面点中的代表性品种。

（三）汤料调味

在我国面点中除了无馅面点的本味调味及有馅面点的馅心调味外，还存在着另一类调味方式——汤料佐味。从成品干湿度的角度，给我国面点分类，通常可分为干点、湿点及水点等，因而汤料佐味应是水点一类面点的调味方式。所谓水点，通常是指无馅或有馅面点，熟制时经过水锅或汤锅煮制（或其他复合加热法，如先烤后煮、先炸后煮等）的一类面点品种，如面条、馄饨、水饺、饸饹、泡馍等。

这一类水点的调味重在汤料的调配，如面条在苏州制作颇为精细，善于制汤、卤及浇头。清代时，寒山寺所在地枫桥镇的"枫镇大面"最为驰名。这种面的汤用猪骨、鳝骨加调料吊制而成，汤清味鲜，加之面条上盖有入口即化的焖肉，口味非常不一般。在扬州，"素面"其汤用蘑菇汁、笋汁制成，味极清鲜，以定慧庵僧人制之极精；至于鸡汤面、鱼汤面已是寻常品种。而且面条吃法与汤料亦有关系，"面有大连、中碗、重二之分。冬用满汤，谓之大连，夏用半汤，谓之过桥。"且"面有浇头，以长鱼、鸡、猪为三鲜……"。总之，面条由于汤卤及浇头的不同，呈现多种不同的口味。

另外，还有一些面点品种在食用时，蘸香醋、姜末、芝麻油以佐味。如扬州的月牙蒸饺、蟹黄汤包等。

六、面点调味的作用

面点调味是面点制作中具有较高要求的一项工艺操作，同时也起着很重要的作用。

（一）赋予面点滋味

在面点调味中，通过坯料、馅心、汤料等调味方法，赋予具体面点品种以各种各样的口味，如奶香馒头、焦糖布丁、红糖糍粑、椒盐月饼、葱油锅饼、红油抄手等，形成不同的口味的面点。增加面点口味，协调面点滋味。

（二）形成地方特色

在面点调味中，所用馅心也往往起着决定面点口味的作用，形成富有地方特色的面点风味。如广式面点，馅味清淡，具有鲜、滑、爽、嫩、香的特点；苏式面点，肉馅多掺皮冻，具有皮薄馅足、卤多味美的特色；京式面点注重口味，常用葱姜、京酱、香油等为调辅料，肉馅多用水打馅，具有薄皮大馅、口感松嫩的风味。

（三）增加花色品种

面点调味还可以丰富面点的花色品种，同样是饺子，因为馅心的不同，形成了不同的口味，增加了饺子的花色品种，如鲜肉饺、三鲜饺、菜肉饺等。再如面条有各种各样的浇头，形成了大排面、肥肠面、皮肚面、猪肝面、腰花面、臊子面等各种面条。

（四）美化面点色彩

面点调味可以美化面点的色彩，尤其是在坯皮调味中可以加入各种颜色的果蔬或动物原料，如火龙果的汁、麦青或菠菜的汁、橙子的汁，甚至墨鱼的汁等，形成了漂亮的紫色、青色、黄色、黑色等面点品种，为开发创新一些适合儿童食用的卡通面点奠定基础。如彩色的面条、卡通猪猪包、卡通小鸡包等。

七、面点调味的影响因素

（一）尊重本味，适度调味

对于具体面点品种，无论是坯料调味、馅心调味还是汤料佐味，在施加调味品时口味宜清淡，避免制品成熟后，坯料、馅料或汤料过咸而影响面点的口味。

（二）应时当节，遵循生理

具体面点品种的口味调味，应符合"春多酸，夏多苦，秋多辛，冬多咸"的原则进行，遵循人体生理上因季节变化而产生的口味需要。

（三）掌握时机，品尝控温

在品尝时，应注意掌握具体面点品种的最佳时机。由于温度的不同，人们对味的感受程度也不同，最能刺激味觉的温度在 10 ~ 40℃，其中以 30℃时最敏锐，低于 10℃或高于 40℃多种味觉都会减弱。适时品尝，也是影响面点调味的一个因素。因为变冷变凉的面点品种，重新加热后口味会大打折扣。

综上所述，面点的调味具有一定的特殊性，但只要了解其原理，掌握其调味方法，考虑到其影响因素，定能把握好面点的调味工艺。

第二节　面点的香气调配

"香气"一直是面点风味中一项重要的感官指标。在饮食活动中，人的嗅觉往往先于味觉，有时甚至先于视觉，在菜点未上桌之前，就可以嗅到阵阵香气，诱人食欲。所谓"闻香下马、知味停车"说的就是菜点香味的魅力，在晋人束皙的《饼赋》中，对香气的吸引力更有形象的描绘："气勃郁以扬布，香飞散而远遍。行人垂涎于下风，童仆空嚼而斜眄。擎碗者舔唇，立侍者干咽"，足见面点的香气非常诱人。

一、香气与嗅觉

香气是指令人感到愉快舒适的气息的总称，是通过人们的嗅觉器官感觉到的。香气的种类很多，如表 11-1 所示。

表 11-1　香气的类型与特征

类型	香气特征
动物香	如麝香等的香气
膏香	浓重的甜香
樟脑香	樟脑或近似樟脑的香气
柑橘香	新鲜柑橘类水果的香味
花香	各类花香总称
果香	各类水果香气总称
青草香	新割草及叶子的典型香气
药草香	青药草的香气
树脂香	树脂渗出物的香气
木香	如檀木、柏木等的香气

　　香气的强度也有差别。一般地，香气随浓度增大而增强。测试者的主观性也有影响。面点的香气主要以柑橘香、花香、果香、青草香等为主，馅心制作中的甜馅也偶有膏香，咸馅中也有添加桂皮后产生的木香等。

　　嗅觉是指人们接触食物时，挥发性香味物质的微粒随空气进入鼻腔，与嗅觉黏膜接触，溶解于嗅分泌液中，刺激嗅觉神经而产生的感觉。

　　嗅觉是一种感觉。它由两种感觉系统参与，即嗅神经系统和鼻三叉神经系统。嗅觉和味觉会整合和互相作用，嗅觉是一种远感，它能通过长距离感受化学刺激的感觉。相比之下，味觉是一种近感。

二、嗅觉的产生机制

　　关于嗅觉的产生机制，很多研究者都从不同的角度提出了一些理论用以解释，但并不完善。目前能被人们普遍接受的是产生嗅觉的基本条件，这些条件包括：产生气味的物质本身能挥发，这样才能在呼吸作用下到达鼻腔内的嗅感区；气味物质既能在嗅感黏膜中溶解，又能在嗅细胞的脂肪或脂类末端溶解；气味物质若在嗅感区域内溶解后，会引发一些化学反应，反应生成的刺激传入大脑则产生嗅觉。

　　一般从嗅到气味物质到产生嗅觉，经过 0.2 ～ 0.3 毫秒。食品中的香气呈现主要是它们所含的醇、酚、醛、酮、酯、萜、烯等化合物挥发后，被人们嗅进鼻腔引起刺激所致。正如《随园食单》所言："佳肴到目到鼻，色香便有不同，或净若秋云，或艳如琥珀，其芬芳之气，扑鼻而来，不必齿决之，舌尝之，而后知其妙。"事实上，人们在进食时，食物在口腔或食管中也可有香味成分挥发出来，此时，嗅觉和味觉往往同时产生，形成对食物完整的风味评价。

三、面点香气的形成原理

我国面点品种成百上千，不同的面点品种均含有不同的呈香物质，即使有主体的香气成分，但也绝不是由某一种呈香物质单独产生的，而是多种呈香物质的综合反应。在面点制作中，其香气物质主要是在制馅以及面点的熟制过程中产生的，通常有风味前体物质的热降解、美拉德反应及其他相关反应等几个途径。

（一）面点原料中风味前体物质的热降解及相关反应

面点制作中选料比较广泛，凡可入馔的食物原料，几乎无不采纳。米麦黍豆、菜蔬籽仁、花果菌藻、肉鱼蛋乳、山珍海味，加上碱、色素、香精等各种辅料及各类调料等，在这些广博的用料中，蕴藏着丰富的香气前体物质，有水溶性的，如蛋白质、多肽、游离氨基酸、碳水化合物、还原糖、核苷酸等；还有脂溶性的，如甘油三酯、游离脂肪酸、磷脂、羰基化合物等。在面点熟制过程中，这些风味前体物质会发生变化。

1. 蛋白质的降解反应

蛋白质在加热时，逐渐降解为小分子量的多肽及游离氨基酸，其中含有谷氨酸的多肽呈现出不同程度的鲜味；而游离的氨基酸，经过脱氨、脱羧反应生成相应的挥发性羰基化合物，形成面点品种的香气成分。如面点馅心中肉类原料在加热过程中，部分蛋白质分解，其丙氨酸、蛋氨酸和半胱氨酸等进行降解反应，生成乙醛、甲硫醇和硫化氢等，这些化合物经加热又生成乙硫醇，最终产生肉香。

2. 碳水化合物的焦糖化反应

碳水化合物在加热条件下，易发生焦糖化反应，形成褐色素，同时一部分碳水化合物发生热降解反应，形成挥发性羰基化合物如醛、酮等，这就是煎、炸、烤等熟制方法的面点制品，呈现金黄的色泽、洋溢着诱人香气的主要原因。

3. 脂质的氧化反应等

脂质也是面点中重要的风味前体物质之一。在加热中，脂肪组织因加热收缩而导致细胞膜的破裂。熔化的脂肪流出组织后，释放出脂肪酸和一些脂溶性物质。这些脂溶性物质在加热过程中又发生氧化反应，生成挥发性的羰基化合物和酯类化合物，使面点产生特有的香气，在感官上集中表现为香气。当然，不同肉类中的脂质经加热分解或氧化生成不同种类和数量的羰基化合物，从而形成各自特有的香气。如猪肉的香气是由猪肉脂肪加热分解形成的，其主体成分为乙硫醇；羊肉的香气，其主体成分除羰基化合物外，还有含硫化合物和一些不饱和脂肪酸；鸡肉的香气是由羰基化合物和含硫化合物构成的。

（二）面点熟制过程中的美拉德反应

美拉德反应是面点熟制时产生香气最重要的途径之一。在加热条件下，面点中蛋白质分解成氨基酸；游离氨基酸中的氨基和还原糖中的羰基发生羰氨反应，一方面形成了面点品种的诱人色泽，另一方面同时产生面点品种的独特香气。

（三）面点熟制过程中的其他反应

面点原料在调制面团的过程中，可以产生特定的风味，如发酵面点品种在调制面团时利用酵母发酵，使得成品在熟制时产生发酵的香气。另外，面点馅料中的葱、姜、蒜等辅料，在单一酶的催化下，使风味前体物质直接进行反应产生香气等。

四、面点香气调配的概念

面点香气调配是在激发面点原料本身香气成分的基础上，通过原料组配、适度添加、熟制生香等手段，调配出传统面点品种本身的香味或适合食客喜爱的香味的过程。

在面点香味调配的过程中，必须在面点做成成品之后，保持一定的温度，才能被闻到，因为嗅觉的刺激物必须是气体物质，只有挥发性有味物质的分子，才能成为嗅觉细胞的刺激物。

对于同一种气味物质的嗅觉敏感度，不同人有很大的区别，有的人甚至缺乏一般人所具有的嗅觉能力，我们通常称为嗅盲。即使是同一个人，嗅觉敏锐度在不同情况下也大不相同。如某些疾病，对嗅觉就有很大的影响，感冒、鼻炎都可以降低嗅觉的敏感度。环境中的温度、湿度和气压等的明显变化，也会对嗅觉的敏感度有很大的影响。

在几种不同的气味混合，同时作用于嗅觉感受器时，可以产生不同情况，一种是产生新气味，一种是代替或掩蔽另一种气味，也可能产生气味中和，混合气味就完全不引起嗅觉。

在营养方面，人们根据分析器的分析活动，嗅觉和味觉协同活动，对不同的食物作出不同的反应。所以，在面点制作过程中，应该注意香味的调配与欣赏。

五、面点香味调配的方法

香气是鉴定面点特色的重要感官指标之一，但面点制作中应以自然香气为上，体现面点的自然风格特色。当制品的香气不能表达或代表面点的时候，可适当加以补充，但应以天然香料为主。因此，在面点制作中，应懂得面点香气成因。

（一）面点制作中，应充分利用面点原料本身具有的自然香气

1. 注重本味，遴选风味前体物质

我国面点原料使用比较广泛，除了用作皮坯料的各类主粮、杂粮外，用于制作菜肴的原料，都可以用作馅心原料，如肉禽菜蔬、鱼虾水产、菌藻籽仁等，其各有不同的加工方法，但在制皮调馅时应充分运用各种原料中所含的风味前体物质，形成面点的自然香气。

隋唐五代时期，曾流行"甘菊冷淘"（一种凉面）。在制作冷淘时，采用甘菊汁和面，擀切成细丝，煮熟，再投入凉水过水而成。宋代王禹偁有诗云："杂此青青色，芳香敌兰荪"。到了宋代，《山家清供》载"梅花汤饼"（一种面食）做法更胜一筹，采用梅花、檀香末浸泡，用其水和面，擀皮后用铁模刻成梅花状，煮熟后，放入清鸡汤中供食。既有梅花之香，又有梅花之形，可谓名副其实。清代流传于江南一代的"青团"，用麦苗或青菜、青草捣汁后和粉蒸成，袁枚称其"色如碧玉"，其实更是清香宜人，因为这类原料中都含有风味前体物质叶醇等，制作时就是巧妙地利用了这一方法。现代奶黄包的制作，为了突出其浓郁的奶香，除了使用鲜奶之外，还常使用椰酱制作，且调搅生料时要幼滑不起粒，边蒸边搅，才使奶黄馅细腻无比，奶香四溢。

2. 利用本味，懂得原料习性配伍

在制作馅心时，首先要以主料的香味为主，辅料适应或衬托主料的香味，使主料的香味更为突出。如新鲜的鸡、鱼、虾、蟹等，味鲜香而纯正，做馅时，应保持并突出其固有的自然香味，这时可配以笋、茭白等蔬菜，以增加衬托其鲜香。如扬州名点"三丁大包"，虽说是一般大包，但其馅心取用鸡肉、猪肉和笋肉等，并按一定比例搭配而成，刀工讲究，并用鸡汤烩制，香气宜人，再配以淮扬点心的特色酵面制作技术，形成馅心多、包子大、鸡肉鲜、笋肉嫩、猪肉香、"荸荠鼓形鲫鱼嘴、三十二纹折味道鲜"的特色，其关键就是馅料搭配得当。

其次，做馅时要以辅料的香味弥补主料的不足。如鱼翅、海参等海鲜馅原料，经过涨发、除去腥味后，本身已没有什么滋味，这时就需用鸡肉、火腿、猪蹄、高汤等做辅料以增加其鲜香。如"鱼翅汤包"的馅就是用涨发好的鱼翅，辅以高汤入味，拌以皮冻制成，吃时注意"轻轻提、慢慢移、先开窗、后吃皮"，其馅心鲜香与独特的食法相映成趣。

3. 突出本味，利用原料生化反应

在面点香气调配过程中，利用原料本身自然之香气，还须懂得利用原料在

生坯成型、熟制过程中发生的生化反应。如发酵面团（简称发面、酵面），它是面粉加入适量发酵剂（酵母），用冷水或温水调制而成的面团。通过微生物和酶的催化作用，产生二氧化碳、单糖及少量的乙醇，使面团体积膨胀、充满气孔，而且具有轻微的酒香味，经过蒸制后，制品富有弹性，喧软松爽，滋味微甜，具有酵面特有的面香味。

另外，在熟制过程中，面点生坯大都经过蒸、煮、烤、烙、煎、炸等单一加热法，或用两种及两种以上熟制方法成熟的复加热法。在蒸、煮过程中，主要通过水及蒸汽传导热，使面点中的蛋白质、碳水化合物等发生水解反应，产生风味前体物质以及香气。烤、烙、煎、炸等成熟方法主要通过红外线、油脂及金属传热，使面点中的蛋白质、碳水化合物及油脂等营养成分分解，在一定条件下，发生美拉德反应和焦糖化反应，从而形成具体面点品种的美丽色泽，产生诱人香气。如淮扬点心中的生煎包子，用酵面中的烫酵面制作，包以猪肉馅，以"鲫鱼嘴"成型。熟制时，用水油煎法，将平底锅上火烧热后，先抹一层油，再把生坯从外向里一个个排列摆好。用中火（150℃）稍煎，然后撒上少量清水，盖上焖制，每撒一次就盖紧盖，直至使包子煎黄蒸熟。成熟后包子底部焦黄香脆，上部柔软色白，既有酵面之香，又有油煎之香，融脆、香、软为一体，色泽油润，富有特色。

（二）根据具体品种的特点适量添加香料以产生香气

在面点制作中，有些品种为了突出其香味特色，常常使用香料。香料是具有挥发性的发香物质，可分为天然和合成两大类。使用过程中应注意以下两个方面。

1. 立足本味，选择合适天然香料

在面点制作、馅心烹调中，我国使用的天然香料比较多，有桂皮、花椒、八角、小茴香、丁香、桂花及料酒等，天然香料的合理使用赋予了某些面点品种以自然奇特的香气。这一点，李渔在《闲情偶寄》中有较为明确的表述："宴客者有时用饭，必较家常所食者为稍精。精用何法？曰：使之有香而已矣。予尝授意小妇预设花露一盏，俟饭之初烹而浇之，浇过稍闭，拌匀，而后入碗。食者归功于谷米，疑为异种而讯之，不知其为寻常五谷也。此法秘之已久，今始告人。行此法者，不必满釜浇遍，遍则费露甚多，而此法不行于世矣。止以一盏浇一隅，足供佳客所需而止。露以蔷薇、香橼、桂花三种，与谷性之香者相若，使人难辩，故用之。"从李渔所记述的调香技术来看，他很注意香气的和谐协调，强调了稻米香与花香香型的一致性，并指出花香中的玫瑰香最不宜与稻米为伍，从现代的调香技术而言，这也是完全正确的，试想，如果将米饭之香调成玫瑰之香，抑或巴黎香水之香、西藏藏香之香，还有人敢吃吗？

另外，他在花露的用量上也恰到好处，"止以一盏浇一隅，足供佳客所需而止"。李渔所用花露，乃是用鲜花蒸馏而得到的香型剂，完全取之于天然。由此可见，我国在清代的时候，对于香味的知识已经有了较深的认识。除此之外，一些家庭制作的面点，如葱花油饼、烙饼等，也都使用葱、茴香、花椒等天然香料。在江苏扬州地区制作葱油家常饼，是用沸水面与冷水面合在一起，揉匀揉透，醒置后擀成 0.5 厘米厚的面片，先刷上素油，再撒上葱末、精盐，然后从外向里卷紧成圆长条，再摘成剂子，横截面朝上按扁，擀成圆形薄饼，以平底锅煎成。其饼脆黄，葱香徐徐而出，洋溢在周围空气中，极其诱人食欲。而在制作包子时，酵面中揉入 3% ~ 5% 的天然黄油，包制成熟后，别具黄油清香，且富于营养。

2. 保证本味，控制使用合成香料

合成香料又称食用香精，可分为水溶性和油溶性两大类。水溶性香精是用蒸馏水、乙醇、丙二醇或甘油为溶剂，调配各种香料而成，一般为透明液体，由于其易于挥发，所以适用于冰激凌、冻类、羹类等，不宜用于高温成熟的面点品种。油溶性香精（也称香精油）是用精炼植物油、甘油或丙二醇为溶剂与各种香料配制而成，一般是透明的油状液体，主要用于馒头、饼干、蛋糕等需高温加热面点的加香。以上两类香精目前大多为模仿各种水果类香型而调和的果香型香精，使用较广的有橘子、香蕉、杨梅、菠萝等口味类型。此外，也有其他类型，如香兰素、奶油、巧克力、可可型、乐口福、蜂蜜、桂花等香精品种。其中香兰素俗称香草粉，是使用最多的赋香剂之一，其用于蛋糕、饼干等烘焙面点中，既掩盖了蛋腥味，又使糕点香气宜人。

与其他添加剂一样，在使用合成香料时，应遵照产品所规定的用量使用，防止对人体有害。如水溶性香精最大使用范围为 0.07% ~ 0.15%，油溶性香精最大使用范围为 0.05% ~ 0.1%。

（三）面点香气成分的保护

适宜的香气可以增加面点的特色，但烹饪过程中产生的香气，由于氧化或蒸发等原因，一般都具有散失性，仅有一小部分仍保留在面点成品中，但随着时间的流逝也不断地减弱，特别是随着成品温度的下降，其香味散失越明显。为了保护面点中的香气成分不至于过分散逸，在面点制作中应注意以下几点：

第一，面点要及时熟制，及时品尝。防止温度降低，香气散失殆尽，最好及时趁热品尝。

第二，根据原料的特性不同，采用合适的加工方法，掌握最佳的投放时机。如蔬果类原料中，主要含叶醇、乙醛类成分，大都带有清香气味，制作馅心时加热时间不宜太长；而香菜、麻油等原料，最好在面点成品制作完成后再投放，以保持较浓烈的芳香，如面条、馄饨等品种的调味。

第三,提倡使用包馅制品。它是我国面点中颇具特色的一类制品,饺子、锅贴、包子、春卷、馄饨、馅饼等历经几百年不衰,深受人们喜爱。如锅贴就是用面皮包上馅料,经水油煎熟,面皮受热时,其底部形成金黄酥脆的特色,同时将热量传递到馅料,使馅料产生各种香气成分。成熟后面皮形成了不透气的隔热层,封闭了馅料中的香气使之不致散逸,当趁热品尝、咬破面皮时,卤汁涌出,香气溢出。该制品完整保留了香气,在包馅制品中具有代表性。

六、面点香味调配的作用

面点品种在完成制作、形成制品之后,大都具有特定的面点香气,品尝时耐人寻味,丰富了面点的风味特征。面点香味调配,在面点制作中有如下几个作用。

(一)赋予面点的香气

在面点制作过程中,立足保持本味,通过食材本身含有的风味前体物质之间的组配、降解反应、焦糖化反应、氧化反应、美拉德反应等,形成了具体面点品种的香气成分,赋予具体面点品种以区别于其他品种的特定香气。

(二)增加面点的品种

在面点制作过程中,通过坯皮、馅心、熟制等工艺的变化产生不同的香气成分,从而形成了不同的面点品种。如包子可以蒸制,也可以煎制,甚至先蒸后煎、先蒸后炸等,不同的香气成分也就形成了不同的面点品种。

(三)提高面点的价值

在面点制作过程中,通过坯皮、馅心、熟制等工艺的变化产生不同的香气成分,控量添加一些香精香料产生特定的香气成分,会大幅度提高面点产品的附加值。

总之,面点的香气稍纵即逝,而且与其他风味特征相互关联,互为彰显,所以,在面点制作过程中要巧妙利用其调香的原理,掌握其调香方法,适时利用,使各种面点散发出其固有的香气成分来,展示中式面点的魅力。

总结

1. 本章通过相关概念的讲解,让学生了解调味的相关理论。
2. 掌握了滋味调配、香气调配的方法。

思考题

1.什么是味觉？味觉有哪几种？

2.味觉产生的机制有哪些？

3.面点调味的原则有哪些？

4.面点调味的方法有哪些？

5.什么是嗅觉？

6.嗅觉产生的机制有哪些？

7.面点香气形成的原理有哪些？

8.面点香气调配的概念是什么？

9.面点香气调配的方法是什么？

第十二章

面点的调质

課題名称：面点的调质

課題内容：面点调质概述

面点的调质方法

課題时间：2课时

訓練目的：让学生了解质感的概念，掌握质感调配的方法。

教学方式：由教师讲述质感的相关理论。

教学要求：1. 让学生了解相关的概念。

2. 掌握质感调配的方法。

課前准备：准备一些原料，进行示范对比演示，掌握其质感变化的过程。

中国面点品种繁多、千姿百态，且具有不同的质感。面点的质感不仅是我国面点重要的风味指标，而且也是很重要的感官指标，它是衡量具体面点品种制作得失成败的尺度与评价标准之一。

第一节　面点调质概述

一、面点调质的概念

人的口腔味觉器官对面点味的感觉，受视觉、嗅觉、听觉、触觉的影响，其中，触觉的作用非同一般，它包括面点的温度、软硬度、弹性及口感等方面，表现为面点的质感（日本称为物理味觉），这种质感对面点风味的影响非常重要，越来越受到人们的重视。它是构成面点风味的重要内容之一。

质感是食物质地感觉的简称，是口腔（牙齿、舌面、腭等部位）接触食物之后的触觉感。质感大体可分为以下3种：第一，由温度引起的凉、冷、温、热、烫的感觉，即温觉感；第二，舌的主动触觉和咽喉的被动触觉对刺激的反应，即触压感包括大小、厚薄、长短粗细，以及清爽、厚实、柔韧、细腻、松脆等；第三，由牙齿主动咀嚼引起的动觉感，它是质感的主要来源，具体分为嫩、脆、酥、爽、软、烂、柔、滑、松、黏、硬、泡、绵、韧等单一触感和脆嫩、软嫩、滑嫩、酥脆、爽脆、酥烂、软烂等复合触感，这里的复合触感除了有其构成各单一咀嚼触感的整合触感之外，还必须与温觉感、触压感相协调，才能构成面点质感的全面审美享受。

面点调质是在面点制作过程中，继续呈现具体面点品种固有的质感，维持质感的稳定性，同时，继续挖掘具体面点品种本身新的质感，最大限度满足食客对面点质感需求的过程。

二、面点的调质原理

质感的体现是一项人体口腔器官综合反应的过程，它还要受人们的饮食习惯、嗜好、饥饱、心情、健康状况和气候等各种因素的制约。质感的调制原理主要体现在以下几个方面。

（一）继承传统，保持面点质感的稳定性

我国面点源远流长，依时代划分，有传统面点与现代面点两大类。传统面点是前辈面点大师智慧的结晶，具有广泛的适应性与权威性。无论何种传统面点，特别是已被现代面点师继承下来的传统面点，其名称、配方、质感及其表现该

面点特征的一系列工艺流程等都必须是固定的，不能随意创造或改变，否则便不能称为传统面点，至少不是正宗的传统面点。

隋代金陵出现的"寒具"（如今称"馓子"）名品，其特点就是松脆，"嚼着惊动十里人"，后世人继承后，配方、制法并无多大变化，"以面和糖或盐，切细条，编成花形，以油炸之"，仍然保持了其"酥脆"的质感。同样，《随园食单》载："作馒头如胡桃大，就蒸笼食之，每箸可夹一双，扬州物也。扬州发酵最佳，手捺之不盈半寸，放松仍隆然而高。"说明扬州传统发酵面点质感相当好，膨松喧软有弹性，经过几百年的发展，扬州发酵面点的质感特色一直未变，依然是淮扬面点中的一朵奇葩，吸引着海内外的无数食客。

传统面点"煎饼"，以山东制作的较为著名。民间一般用煎饼卷大葱、酱食用，富裕之家则可夹各种荤菜食用。蒲松龄曾在《煎饼赋》中赞美用米面、豆面制作的煎饼，"圆如望月，大如铜钲，薄似剡溪之纸，色似黄鹤之翎"，其柔腻带脆的质感，自不待言，经过几百年的发展，煎饼的质感俨似从前，保持了质感这一特色。

试想，如果寒具（馓子）、扬州发酵面点与山东煎饼，在其发展过程中，没能继承传统，保持它们"质感"的稳定性，那它们现在至少不能称为正宗的金陵寒具（馓子）、正宗的扬州发酵面点与正宗的山东煎饼了。这也是我国许多城市都有着很多声名如雷贯耳的"老字号"的原因。如扬州的"大麒麟阁"、北京的"都一处"、西安的"德发长"、杭州的"采芝斋"、太谷县的"荣欣堂"等。

（二）突破陈规，创造面点新的"质感"

相对于传统面点而言，现代面点顺应社会潮流发展，它具有很大的灵活性与随意性，但总的要求是"质感"等各种特色必须得到食客的广泛认可。食客认可了，其制作的工艺流程在一定时间、范围和条件下相对固定，其特色之一的"质感"也便固定下来。

时下流行的"煎包"，是在扬州包子的基础上，先蒸后煎，于喧软与弹性质感之中，更增添了些许焦脆、油亮之感，吸引了大批食客；而应用山东煎饼之法制作的"韭菜饼"，以面粉加鸡蛋、水及韭菜调味和匀，煎摊成型，其质感松糯筋香，已与山东煎饼之质感，稍有差别，但同样受到食客的追捧；另传统"寒具"（馓子）的食法，也起了较大的变化，由原来的干食，变为煮食、泡食、浇卤等食法。质感也由原来的酥脆，变为或介于酥脆、软糯油润两者之间，平添了许多新奇质感。由上观之，现代面点往往在借鉴传统面点质感的基础上，加以创新，同时又不拘泥于已有的做法、食法，这样的创造具有强大的生命力，也赢得了市场，招来了回头客。

第二节　面点的调质方法

面点质感的体现，是一个复杂的过程，在其制作及品尝过程中受到很多因素的制约，为此必须掌握以下调质方法。

一、因人制作，确定具体面点的最适质感

面点质感的体现主要是在口腔中发生的，牙齿的咀嚼对质感起着举足轻重的作用。一方面，人们通过对面点的品尝、咀嚼，获得共同的或相近的关于质感的审美体验。如金陵"寒具"（馓子）的松脆，"嚼着惊动十里人"；扬州发酵面点的喧软与弹性；山东煎饼的柔腻带脆；西安的"泡泡油糕"，"表皮酥松薄如蝉翼"；"博望锅盔"的"皮焦脆，瓤韧软，饼面焦白"；"硬面馍馍"的"硬黄如纸脆还轻"；"宫廷桃酥"的"酥散奇香"；"蛋糕"的"松软柔绵"等，都是人们对具体品种的"质感"的共性体验。

另一方面，又由于人们个体年龄、性别、职业、体质、遗传、感觉以及某些特殊生理状况等差异的存在，引起了质感感知度的变化与差异。由同样面点品种、同种面团质地而引起的质感歧义，也是最普遍的现象。一款"嚼着惊动十里人"的寒具（馓子）对年轻人来说，干食可能是美味，对口齿松动的老年人来说，如果采用泡食、煮食，都是好的选择。所以，在制作面点或品尝面点的过程中，要做到具体情况因人而异，以便食客获得对面点的适宜质感。

二、保持适宜的品尝温度，以便获得具体面点的最佳质感

温度的变化会引起面点质地的改变，不同的面点，理想的品尝温度是不同的。热食的温度最好在 60 ~ 65℃，冷食时在 10℃左右，冻食的温度在 –4℃左右为好。如油炸、油煎面点绝大多数趁热吃最可口，进口温度为 65℃左右最为理想；各式粥食、面条等热食液体面点，在热时不能一口就吃完，全部吃完需要一定时间，品尝起始温度要达到 80 ~ 85℃；甜点如冰激凌品尝起始温度宜在 –6℃，因为从冰箱内取出后，其品尝温度逐渐上升，表面迅速变软。如此掌握面点的品尝温度，才能感受到面点的最佳质感，体现面点的最佳风味。如果一意孤行，反其道而行之，不考虑面点的品尝温度，就不能体会到面点的质感，特别是当面点中的淀粉成分老化后，面点质感会大相径庭，风味尽失。

三、综合考虑面点质感的联觉性，满足面点质感深层次的审美需求

在面点品尝过程中，各种感官感受不仅取决于直接刺激该感官所引起的响应，而且还有感官感觉之间的互相关联、互相作用。在诸多联觉性中，质感与味觉、嗅觉的联系最为密切。品尝面点时，质感既可直接与味觉发生联系，也可通过嗅觉的关联与味觉发生联系。如品尝"宫廷桃酥"时，质感的"酥"、口味的"甜"、嗅感的"香"，几乎是同时在咀嚼中一起产生的，形成了该面点的综合感觉。而且，质感与视觉的相互影响也不能忽视，它们之间利用通感与彼此发生关系，主要表现在面点的色泽与质感的对应关系中。油煎、油炸、烤制的面点，如寒具（馓子）、山东煎饼等往往具有金黄、棕黄的诱人色泽，但同时，伴随而生的是此类面点往往也拥有酥脆或外酥内软的质感；色泽洁白的面点，如扬州发酵面点，往往呈现喧软柔绵的质感。因此，质感与味觉、嗅觉、视觉等都有不可分割的联系，这种联系表现为一种综合效应，从而满足人们对面点质感深层次的审美要求。

总之，质感对面点来说是一个很重要的方面，但质感并不是孤立的特征，它与味觉、嗅觉、视觉等有着千丝万缕的联系，在实践中应在掌握具体面点的质感的基础上，总体把握面点的综合风味特征。

总　结

1.本章通过相关概念的讲解，让学生了解了质感的概念。

2.掌握各类面点的调质方法。

思考题

1.面点调质的概念是什么？

2.面点的调质原理是什么？

第十三章

特色面点制作

課題名称：特色面点制作
課題内容：米类制品
　　　　　甜品点心
　　　　　面点小吃
　　　　　保健面点
　　　　　创新面点
課題時間：28课时
训练目的：让学生了解特色面点的制作方法。
教学方式：由教师制作不同的特色面点，学生练习。
教学要求：1.让学生了解相关的概念。
　　　　　2.掌握特色面点的制作方法。
課前准备：准备一些材料，进行示范、练习。

中国面点历史悠久，风味各异，特色面点众多。经过几千年的发展，中国面点小吃的原料、制法、品种等日益丰富，出现许多大众化面点品种。如北方的饺子、面条、拉面、煎饼、汤圆等；南方的烧麦、春卷、粽子、元宵、包子等。此外，各地依据其物产及民俗风情，又演化出许多地方特色品种。限于篇幅，本章遴选一些常见特色品种加以介绍。

第一节　米类制品

米类制品主要包括饭粥类、米糕类、米团类、米粉类、粽子类、其他类等。

一、饭粥类

饭粥类主要包括饭类和粥类，是百姓的家常主食，种类繁多，特色显著。

（一）饭类

案例一：扬州炒饭

原料配方：籼米饭 500 克，鸡蛋 3 ~ 4 只，水发海参 25 克，熟鸡脯肉 25 克，熟火腿 25 克，熟猪肉 20 克，水发干贝 15 克，河虾仁 15 克，熟鸭肫 0.5 个，水发冬菇 15 克，冬笋 15 克，青豆 12 克，葱末 10 克，绍酒 8 克，精盐 10 克，鸡清汤 15 克，熟猪油 100 克。

工具设备：炉灶，厨刀，砧板，筷子，炒锅，炒勺，油钵，漏勺。

工艺流程：制作浇头→蛋液炒散→加入米饭炒匀→倒入一半浇头→部分饭装盘→剩余浇头与配料放锅内同炒→盛盘

制作方法：

①熟火腿、熟鸭肫、熟鸡脯肉、水发冬菇、冬笋、熟猪肉均切成略小于青豆的方丁，鸡蛋打入碗内，加精盐 5 克、葱末 3 克搅打均匀。虾仁加少量蛋清、精盐 2 克上浆。

②炒锅上火烧热，舀入熟猪油 35 克烧热，放入虾仁划油至成熟，捞出沥油，再放入海参、鸡肉、火腿、冬菇、冬笋、干贝、猪肉煸炒，加入绍酒、精盐 3 克、鸡清汤烧沸，盛入碗中作什锦浇头。

③锅置火上，放入熟猪油 65 克，烧至五成热时，倒入蛋液炒散，加入米饭炒匀，倒入一半浇头，继续炒匀，将饭的 2/3 分装盛入平盘后，将余下的浇头和虾仁、青豆、葱末 7 克倒入锅内，同锅中余饭一同炒匀，盛放在盘内盖面即成。

操作关键：

①大米选用籼米或新粳米。最好前一天烧好后放到冰箱里过一夜，这样的饭粒会饱满干爽，口感也很弹牙。

②米饭煮之前用水淘洗干净，略浸后下锅煮至熟透，以无硬心，粒粒松散，松软适度为宜。

③炒饭用油量要适中，米饭一定要炒透，防止焦糊。

风味特点：颗粒分明、粒粒松散、软硬有度、色彩调和、光泽饱满、配料多样、鲜嫩滑爽、香糯可口，气味上要具有炒饭特有的香味。

品种介绍：扬州炒饭，又名扬州蛋炒饭，是江苏扬州经典的美食。主要食材有米饭、火腿、鸡蛋、虾仁等。扬州炒饭选料严谨、制作精细、加工讲究，而且注重配色。2015 年 10 月，扬州市质量监督局发布的扬州炒饭标准，要求炒饭在形态上要达到米饭颗粒分明、晶莹透亮。色泽上要做到红绿黄白橙，明快，和谐；口感上要咸鲜、软硬适度，香、润、爽口；气味上要具有炒饭特有的香味。

案例二：鸭肉菜饭

原料配方：鸭子 1 只（重约 400 克），光母鸡 500 克，鸭肫肝 50 克，猪五花肉 100 克，四味蔬菜（即青菜、冬笋、雪里蕻、荠菜）各 15 克，生猪油丁 25 克，熟火腿丁 25 克，大米 500 克，熟猪油 100 克。

工具设备：汤锅，厨刀，砧板，漏勺，平铲。

工艺流程：荤料焯水洗净→煮熟留汤→配料切断、切丁→煮饭→加熟猪油拌匀→成品

制作方法：

①将鸭子和老母鸡治净，与鸭肫肝、猪五花肉一同下水锅烧沸至断血，捞出洗净。再一同放入锅内。

②加清水上旺火烧沸，移小火焖至酥烂。

③冬笋切成丁，青菜切成 1 厘米长的小段。将焖烂的鸭、鸡分别剔骨，猪肉去皮与肫肝一同切成 1 厘米见方的丁。

④将鸡汤舀入锅内，倒入淘洗过的大米，放入配料丁，上旺火烧沸，用铲子不停地搅拌，待水分收干后，再铺上荠菜和雪里蕻，盖好锅盖，大火焖 20 分钟，再上小火烧 10 分钟。

⑤揭开锅盖，拣去上面的菜叶，用铲子在饭面上先划几条印子，倒入熟猪油 100 克搅匀即成。

操作关键：

①鸭子、老母鸡、鸭肫肝、猪五花肉等焯水洗净。

②加鸡汤煮饭加上配料，大火烧开，小火焖熟。

③加上熟猪油拌匀。

风味特点：色泽牙黄，荤素搭配，营养平衡，油润适口。

品种介绍：饭粒呈牙黄色，辅以多种原料同煮，其味互补，食口油润，滋味鲜美，饭菜兼优。

案例三：小米捞饭

原料配方：山西沁州黄小米 500 克，清水 800 ~ 1000 克。

工具设备：砂锅，罩滤，筷子，笼布，蒸笼。

工艺流程：淘米→焖米→蒸米→成品

制作方法：

①淘米。先把小米用清水淘几遍。

②焖米。然后在锅里放入一些凉水，放进小米，等锅里的水烧开后，让小米在开水中煮至五成熟。

③蒸米。用罩滤（用竹篾编制的舀子）捞出小米，控去水分，然后在放在铺上笼布的笼中蒸熟（大约需要 20 分钟）。

操作关键：

①浸泡小米，目的是让小米吸收水分，充分膨胀，增加其弹性。小米放在一个容器里，加入没过小米的水，用一根筷子搅拌几次。把水倒掉，重新加入没过小米的清水，浸泡 10 分钟左右，再次把水倒掉，留下小米备用。

②煮小米，要遵循"开水煮，搅三搅，盖锅盖，开盖再搅三搅"的原则。必须要用开水煮小米，小米入锅后要用勺子搅拌小米，一定要搅拌 3 次，然后盖好锅盖，用大火将锅再次烧开，打开锅盖，再搅拌 3 次，目的是让小米入锅后不沉底。

③一定要用砂锅，文火焖煮，这样焖出来的米才香。

④最后滤去水分，放入铺上笼布的蒸笼中，蒸透即好。

风味特点：米成金黄，粒粒松散，软硬适度。

品种介绍：沁州黄小米原名"糙谷"或"爬山糙"，清康熙皇帝御赐"沁州黄"，以皇家贡米久负盛名，系山西小米的代表，享有"天下米王"和"国米"之尊号。沁州黄小米色泽蜡黄，晶莹透亮，颗粒圆润，状如珍珠，民间谚语谓"金珠不换沁州黄"。沁州黄小米绵软可口，清香扑鼻，且营养丰富。此为当地的家常便饭，饭粒饱满，色泽金黄，富有营养。捞过米的汤也是营养丰富的米汤，喝起来有米香味。

案例四：传统八宝饭（见"第八章面点的成型"）

案例五：五色糯米饭

原料配方：糯米 1000 克，冻干草莓 25 克，冻干蓝莓 25 克，冻干南瓜 25 克，新鲜桑葚 50 克，清水适量。

工具设备：蒸碗，蒸笼，小漏勺。

工艺流程：糯米淘洗干净→分别染色→分格蒸熟→拼摆装盘

制作方法：

①糯米淘洗干净。

②将冻干草莓、冻干南瓜、冻干蓝莓擀成粉末状备用，桑葚加一点水用搅拌机打碎。

③分别将冻干草莓粉末、冻干蓝莓粉末和冻干南瓜粉末加入适量的水搅拌均匀，将等量的糯米泡入液体中着色，桑葚汁中也放入等量的糯米着色。

④浸泡 3 个小时后，用小漏勺沥干糯米，查看着色情况，若不理想可以再多浸泡一会儿。

⑤将着色好的糯米沥干，底下铺上蒸纱布，放入蒸屉蒸至软糯即可，蒸好后分色摆盘。

操作关键：

①糯米淘洗干净。

②分别调制染色液，浸泡糯米，根据染色的情况决定浸泡时间的长短。

③染色糯米饭蒸透后，拼摆装盘。

风味特点：五彩缤纷，鲜艳诱人，晶莹透亮，糯米香甜。

品种介绍：五色糯米饭是布依族、壮族地区的传统风味小吃。糯米饭一般呈黑、红、黄、白、紫 5 种色彩，又称"乌饭"。每年农历三月初三或清明节时节，广西各族人民普遍制作五色糯米饭。壮家人十分喜爱五色糯米饭，把它看作吉祥如意、五谷丰登的象征。五色糯米饭五彩缤纷，鲜艳诱人；天然色素对人体有益无害，各有清香，别有风味。五色糯米饭色、香、味俱佳，还有滋补、健身、医疗、美容等作用。

传统五色饭由枫叶及其嫩茎之皮、黄栀子、红蓝草、紫蕃藤等制成染色液，浸泡糯米。现在可以改良选用冻干草莓粉末、冻干蓝莓粉末、冻干南瓜粉和新鲜的桑葚液等浸泡取汁，浸泡糯米，色泽更加自然，味道平和。

案例六：金银饭

原料配方：大米 600 克，小米 200 克，清水 800～1000 克。

工具设备：电饭锅。

工艺流程：淘米→煮饭→装碗

制作方法：

①大米和小米按 3：1 的比例淘洗干净。

②加入适量水在电饭锅中焖煮成米饭即可。

③取出装碗。

操作关键：

①大米和小米要淘洗干净。

②小米可以稍微泡一下。

风味特点：金银两色，口感软糯。

品种介绍：金银饭是一道主食，制作原料有大米、小米。小米除了熬粥，还可以和大米掺在一起焖饭，山西人管这种饭叫"二米饭"，为讨口彩又叫"金银饭"。一般大米多一些，小米少一些，小米大概占 1/4、1/3。小米好的话，颜色非常黄，与白米相映，像撒了碎金，金银两色，吃起来口感也会有一点儿变化。

案例七：紫菜饭

原料配方：大米 150 克，即食紫菜 2 张，冬菇 2 只，火腿 75 克，西芹粒 15 克，胡萝卜粒 15 克，鸡汤 200 克，葱粒 10 克，盐 3 克，胡椒粉 0.5 克。

工具设备：电饭锅，小烤箱，做寿司的小竹帘，厨刀。

工艺流程：淘米→配料切丁→煮饭→卷饭→切段→成品

制作方法：

①冬菇用水浸软，切粒，火腿切粒，紫菜片烘 0.5 分钟。

②大米洗净，用鸡汤煮，待米汤收干，下冬菇粒、火腿粒、西芹粒、胡萝卜粒和调味料同煮。

③饭煮熟时，撒上葱粒，拌匀成什锦饭。

④取紫菜片一张，放在做寿司的小竹帘上，表面稍弄湿，将少许什锦饭放紫菜上，利用小竹席卷起紫菜片，将饭搓卷成小圆柱状。

⑤以锋利的厨刀切成段。

操作关键：

①大米淘洗干净，其他配料都切成粒。

②米汤收干后再放入其他配料粒一起煮熟。

③即食紫菜宜存放在干爽的瓶子或保鲜密封袋内，否则容易受潮而失去香脆爽口的风味。紫菜在使用前用烤箱烘一下。

④把紫菜放在寿司竹帘上摊开，把米饭平铺在紫菜上，用勺子弄扁铺平（米饭的厚度大约 0.5 厘米）。

⑤铺米饭的过程要尽量快速完成，不然紫菜会因吸收过多水分而变软，无法成型。包裹的时候，米饭不要外露，松紧要适中，（可以在身边摆放一盆水，随时用清水蘸蘸就不会粘手了）然后压实，并空出上端 2 厘米左右的紫菜。将什锦饭卷紧呈圆柱状。

风味特点：色泽鲜艳，口感软糯。

品种介绍：紫菜饭是一道由黏性大米、即食紫菜等食材制成的美食。

案例八：粢饭

原料配方：糯米 300 克，粳米 100 克，热油条 10 根，白糖 5 克，清水适量。

工具设备：蒸锅、蒸桶。

工艺流程：配米→淘米→浸泡→蒸米饭→湿布包裹米饭、油条→粢饭成品

制作方法：

①将糯米、粳米掺和淘净，倒入容器中，用冷水浸没，至米粒吃水发涨，捞出沥干。

②将米放入垫有纱布的蒸桶内，蒸桶放在装有半锅水的锅上，桶底离水面稍高，用大火蒸至蒸汽上涌，蒸至米熟，浇淋一大碗热水，立即加盖再焖5分钟即成。

③食用时，取消毒湿布一块，摊在左手掌上；右手捞一团粢饭放在湿布上摊开，包入热油条1根，再放些白糖，用双手控拢捏紧即成。

操作关键：

①糯米、粳米要按照3∶1配好。

②糯米、粳米要用冷水浸没，至米粒吃水发涨，捞出沥干。

③米饭要蒸熟蒸透。

④用消毒湿布包裹粢饭、油条，再放些白糖，用双手控拢捏紧即成。

风味特点：色泽洁白，口感甜糯。

品种介绍：粢饭又称糍（餐）饭，安徽一带部分城市又称蒸饭。粢饭是江南江淮地区特色传统小吃之一，最普及的民间早点品种。大饼、油条、豆浆和粢饭被称为江南早点的"四大金刚"，广泛流行于江苏省的扬州、盐城、泰州、南通以及上海、浙江和安徽部分地区。用粢饭包热油条捏紧，可加其他配料，如榨菜等，热吃甚美，且经济实惠。用糯米蒸制成饭，裹油条包捏而成。特点软、韧、脆，边吃边捏，别具风味。

（二）粥类

案例一：天下第一粥

原料配方：大米150克，牡蛎50克，猪瘦肉25克，鲜虾皮10克，橄榄菜15克，香葱1棵，食用油20克，生抽10克，料酒10克，胡椒粉0.5克，精盐2克，味精1克，清水300～400克。

工具设备：厨刀，砧板，手勺，煮锅。

工艺流程：大米淘洗干净→配料加工→煮粥→将加工好的配料继续煮→炖煮后加入鲜虾皮、橄榄菜→撒入香葱花→成品

制作方法：

①大米洗净，用少量食用油拌匀，放入煮锅中，加入清水，上旺火煮沸，立即转小火，煮约25分钟至熟。

②香葱洗净切成葱花；猪瘦肉洗净剁成肉馅；牡蛎洗净，沥干水分。

③猪肉馅加料酒、生抽、精盐、味精、胡椒粉拌匀，放入油锅，煸炒至变色，

和牡蛎一起倒入粥锅中，再下入鲜虾皮、橄榄菜搅拌均匀。

④续煮 8 分钟，转中火，撒入香葱花即可。

操作关键：

①大米要淘洗干净。

②大火烧开后改为小火，煮至米粒黏稠。

风味特点：色泽灰白，咸香浓稠，营养丰富。

品种介绍：清代著名医学家王士雄在他的著作中称粥为"天下之第一补物"，《随息居饮食谱》也称"粳米甘平，宜煮食。粥饮为世间第一补人之物"。

案例二：皮蛋瘦肉粥

原料配方：大米 1 量杯（约 140 克），瘦肉 100 克，皮蛋 2 只，姜 1 小块，香葱 1 根，香菜 10 克，麻油 1/2 茶匙（3 毫升），盐 1 茶匙，生抽、清水各适量，食粉 0.05 克，生粉 8 克。

工具设备：厨刀，砧板，煮锅。

工艺流程：大米淘洗干净→加清水煮黏稠→氽入瘦肉片以及皮蛋粒→炖制入味→成品

制作方法：

①皮蛋 2 只，切成粒；香葱切葱花；香菜洗净切碎；生姜去皮切丝备用。

②瘦肉切成薄片，先放入少量食粉、盐拌匀至起胶，再放入少许水，拌匀，然后放入少许生粉，拌匀后再放入少许水，加入生油、姜丝等拌匀，腌 15 分钟待用。

③将大米淘洗干净，放入煮锅，加清水煮至黏稠，先放入姜丝、皮蛋粒，滚开后放入肉片，待肉片浮起时离火，撒上香菜、葱花，滴上数滴麻油即可。

操作关键：

①瘦肉切片后，加上少量食粉、盐拌匀至起胶，再放入少许水，拌匀，然后放入少许生粉拌匀。

②将煲好的粥底滚开，然后再放入上好浆的瘦肉氽熟。

风味特点：色泽灰白，质地黏稠，口感顺滑。

品种介绍：皮蛋瘦肉粥是广东省的一道传统名点，属于粤菜系。皮蛋瘦肉粥以切成小块的皮蛋及咸瘦肉为配料，行内简称为"皮蛋瘦"，又称为"有味粥"。

案例三：腊八粥

原料配方：圆糯米 150 克，绿豆 25 克，红豆 25 克，腰果 25 克，花生 25 克，桂圆 25 克，红枣 25 克，陈皮 1 小片，冰糖 75 克（或盐 5 克），清水适量。

工具设备：煮锅。

工艺流程：材料泡软→煮锅加材料和清水煮→大火烧开→中火熬煮→加冰糖（或盐）调味→成品

制作方法：

①先将配方中的前 8 种材料用水泡软，洗净。

②煮锅内注入清水，加入①中的材料煮开后，转中小火煮约 30 分钟。

③放入冰糖（或盐）调味即可食用。

操作关键：

①将所有材料用水泡软，洗净。

②煮锅内材料用大火烧开后，改用中小火熬制。

风味特点：甜爽可口，营养丰富。

品种介绍：腊八粥，是由多种食材熬制而成的粥，也叫七宝五味粥，其传统食材包括大米、小米、玉米、薏米、红枣、莲子、花生、桂圆和各种豆类（如红豆、绿豆、黄豆、黑豆、芸豆等）。到了宋代，逐渐形成在农历腊月初八当天熬粥和喝粥的习俗，并延续至今，腊八粥也成为百姓日常享用的传统美食。腊八粥有甜味和咸味之分，腊八粥不仅是习俗和美食，更是养生佳品。

案例四：家熬八米粥

原料配方：大米 20 克，小米 20 克，黏米 20 克，糯米 20 克，玉米糁 20 克，高粱米 20 克，麦仁 20 克，玉谷米 20 克，红枣 50 克，清水 1500 ~ 1800 克。

工具设备：煮锅。

工艺流程：淘米→煮粥→大火烧开→小火熬煮→成品

制作方法：

①淘米。将诸米淘洗干净，红枣洗净。

②煮粥。煮锅置旺火上，加入清水，依次下入各种米和红枣，大火烧开后，改用小火，煮 1 小时左右。

操作关键：

①诸米要淘洗干净。

②粥锅用大火烧开后，用小火熬煮至浓稠。

风味特点：粥浓黏稠，色泽浅白。

品种介绍：此为家常便粥，搭配合理，营养丰富，常食有益。

案例五：云梦汤饭

原料配方：大米饭 750 克，鲜鱼肉 150 克，猪肥瘦肉各 100 克，猪肝 100 克，猪肉圆 300 克，青菜心 150 克，水发黑木耳 50 克，熟猪油 150 克，原汁肉汤 2500 克，湿淀粉 25 克，熟酱油 150 克，精盐 10 克，味精 5 克，胡椒粉 5 克，葱花 100 克。

工具设备：厨刀，砧板，煮锅。

工艺流程：鱼肉及其他配料加工→原汁肉汤加入米饭煮→加入鱼圆及配料一起煮→盛入碗中→撒上葱花和胡椒粉→成品

制作方法：

①将鲜鱼肉剁成鱼蓉，加入湿淀粉（10 克）、精盐（3 克）和适量清水，搅拌上劲成糊状。

②用左手虎口挤成李子大小的鱼圆，以右手拿汤匙将鱼圆逐个轻轻送入温水锅中（不让水烧沸），待鱼圆浮到水面即熟，捞出备用；把猪肝、猪瘦肉切成柳叶片装碗内，加入湿淀粉上浆。猪肥肉切片，把猪肉圆逐个剖成两半。

③炒锅置中火上，注入原汁肉汤，加入米饭烧煮 10 分钟，随即加入肥肉片、水发黑木耳、青菜心、精盐，以及鱼圆、肉圆一起下锅合煮，待锅中汤饭煮沸后，将上好浆的猪肝、瘦肉片投入锅中同煮半分钟，端锅离火待盛。

④取碗 10 只，每只碗分别放入熟猪油 15 克，熟酱油 15 克，味精 0.5 克，然后，将煮好的汤饭分别均匀盛入碗中，并撒上葱花、胡椒粉即成。

操作关键：

①大米选云梦所产优质"观音米"。

②鲜鱼肉剁成鱼蓉，越细越好，入温水锅养熟。

③上好浆的猪肝、瘦肉片等趁热汆熟。

风味特点：色泽鲜艳，营养搭配。

品种介绍：云梦汤饭为楚北著名风味小吃。据说自明代以来流传，有素有汤有饭，五味调和，营养成分丰富。

案例六：双白粥

原料配方：大米 200 克，鲜牛奶 500 克，白糖 30 克，清水适量。

工具设备：煮锅。

工艺流程：大米淘洗→加清水煮→大火烧开→小火焖熟→加入牛奶、白糖烧开→成品

制作方法：

①将大米淘洗干净，放入煮锅内，加清水适量，用大火烧开，用小火焖熟。

②加入牛奶、白糖烧开即可。

操作关键：

①大米淘洗干净后用清水煮成粥，不要用牛奶直接煮。

②用大火烧开后，改成小火焖熟，最后加上牛奶煮匀。

风味特点：色泽洁白，口感软糯。

品种介绍：此为大众粥食，此粥补虚损、润五脏，适合于体质虚弱、气血亏损人群。

二、米糕类

案例一：定胜糕

原料配方：粳米粉 600 克，糯米粉 400 克，红曲粉 5 克，白糖 200 克，清水 300 克（根据粉的干湿度进行增减）。

工具设备：筛子，模具，案板，刮刀，笼屉。

工艺流程：粳米粉、糯米粉混合→加红曲粉、白糖和适量清水拌匀→涨发→入模→笼蒸→成品

制作方法：

①将粳米粉、糯米粉放入盛器，加红曲粉、白糖和适量清水拌匀，让其涨发 1 小时，过筛备用。

②将米粉放入定胜糕模具内，压实，表面上用刀刮平，上笼用旺火蒸 20 分钟，至糕面结拢成熟取出，翻扣在案板上即成。

操作关键：

①将粳米粉、糯米粉放入盛器拌匀。

②将米粉团放入定胜糕模具内，压实，表面上用刀刮平。

③上笼用旺火蒸透。

风味特点：色泽玫红，口感软糯，口味香甜。

品种介绍：定胜糕，亦称"定升糕""鼎盛糕"。用梨木雕刻成各种各样的花朵和树叶模样的容器，正好装下一两湿米粉，拌米粉的水里掺上各种花卉和菜蔬的汁液，有红的、有黄的、有绿的；容器口大底小，容易倒出；图案有半桃、牵牛、梅花、线板、棱台、五星等形状。倒出后上蒸笼一蒸，乘热盖上红印，取名为"鼎盛糕"。

案例二：猪油年糕

原料配方：糯米粉 500 克，砂糖 400 克，生猪板油 320 克，黄桂花 15 克，玫瑰花 15 克，清水 350 克。

工具设备：面缸，模具，刮板，厨刀，砧板，案板，笼屉。

工艺流程：制作糖猪油→糯米粉用清水调和成糊状→蒸笼内蒸制→取出拌入白糖和糖猪油丁→压成片→冷却后卷成卷→成品

制作方法：

①生猪板油去膜皮，切成丁，以等量的砂糖腌制 7 ~ 10 天，即成为糖猪油。

②糯米粉用清水调和成糊状（玫瑰色的需另加少量色素），放入蒸笼内蒸制约 40 分钟。熟后取出，放在台板上，用砂糖拌揉，拌完稍微冷却，再将糖猪油揣入。

③将糕压成 1.7 ~ 2 厘米厚的薄片，在桌面上冷却。

④冷透后将糕卷成似茶杯粗细的卷，撒上黄桂花及玫瑰花屑。

操作关键：

①生猪板油去膜皮，切成丁，以等量的砂糖腌制成糖猪油。

②揣糖猪油时，如糕太热要冷却，以防止糖猪油丁被烫熔化。

风味特点：色泽浅白，口味润甜，具有桂花和玫瑰的香味。

品种介绍：猪油年糕，江苏省著名的传统小吃，色彩鲜艳，甜糯软滑，肥美可口，玫瑰味浓郁。

案例三：阜宁大糕

原料配方：糯米 2000 克，绵白糖 2000 克，麻油（或花生油）2000 克，熟面粉 100 克，青梅 100 克，桂花 50 克，金橘饼 75 克，红绿丝 50 克，熟白芝麻 150 克。

工具设备：炒锅，筛子，粉碎机，铣，模具，案板，笼屉。

工艺流程：洗米→炒米→粉碎→润粉→熬糖→打捶→过筛→成型→回糕→切片→包装

制作方法：

①洗米。将糯米用温水淘洗，存放 1 天。

②炒米。将糯米放在铁锅里，大火爆炒，木耙不停翻动米粒，米表面呈现淡黄色即可。

③粉碎。炒好的米冷却后，进粉碎机加工成细腻的米粉。

④润粉。成堆的米粉加水拌匀，使之渐渐湿润。为了使其吸收均匀达到一定的含水量，每天要用铣翻动粉堆四五遍。

⑤熬糖。将绵白糖放在清水锅里烧沸腾，再用旺火熬。然后掺进适量麻油，搅拌均匀，冷却后便成雪花膏状。

⑥打捶。将湿润的米粉与雪花膏状的糖油装进铁桶里搅拌捶打，便成为柔润的糕料。

⑦过筛。糕料放入眼如针尖一样细小的筛子，用手来回擦动，从筛底漏下的糕料十分疏松。

⑧成型。将疏松的糕料装入模具里，使之成为长条形糕体，糕的表面加入芯子，再放进沸腾的水里炖，使之熟透。芯子的原料有青梅、金橘、红绿丝、熟白芝麻、桂花等。

⑨回糕。炖后的糕进入笼里蒸，使糕体收紧。

⑩焐糕。将糕抹上面粉，使之不互相黏结。再码成糕堆，用棉被盖紧封实，焐三四天，增强其柔韧性。

⑪切片。焐好的糕用切片机切成薄薄的长方形糕片。

⑫包装。将一定重量的糕片用特制的食品包装纸包成宽带形，装入印有商

标和图案的纸板盒，再用透明的防水白膜纸密封。

操作关键：

①主料选用优质糯米。

②按照程序严格制作。

风味特点：阜宁大糕具有色白、片薄、滋润细软、卷得起、放得开、烧得着等特点。口味香甜、营养丰富、老幼皆宜。

品种介绍：阜宁大糕，又名"玉带糕"，产于江苏省盐城。阜宁大糕历史悠久，清朝乾隆皇帝巡视阜宁时，曾尝过此糕，极为赏赞，特御笔赐名为"玉带糕"。

案例四：双味糯米糕

原料配方：糯米粉800克，椰浆250克，水250克，红糖240克，白砂糖180克，色拉油40克。

工具设备：面盆，刮板，擀面杖，厨刀，保鲜膜，案板，模具，笼屉。

工艺流程：糯米粉及色拉油分成2等份→分别和匀成两种色彩的粉团→各擀成薄皮叠在一起→卷成卷→用保鲜膜包起拧紧→上笼蒸→晾凉后→撕除保鲜膜，切片→成品

制作方法：

①糯米粉及色拉油分成2等份，其中一份加入红糖和水；另一份加入白砂糖和椰浆，均揉匀。

②将红白双色糯米团各擀成厚约0.5厘米的薄片，将红色糯米团放在白色糯米团上，轻轻压实，自一端卷向另一端。

③取1张保鲜膜，铺平放入糯米卷包卷好，并将两端的保鲜膜拧紧，入锅以中火蒸约20分钟，取出待凉，撕除保鲜膜，切片排盘即可。

操作关键：

①双色粉团要各自拌匀揉和成团。

②双色粉团各自擀薄，两片贴在一起，卷制时要卷紧。

③蒸制时要蒸透，晾凉后切片。

风味特点：色泽鲜明，层次清晰，口感软糯，口味甜香。

品种介绍：双味糯米糕为广式民间糕点，色泽鲜艳，口感软糯。

案例五：龙凤金团

原料配方：糯米150克，粳米250克，豆沙馅100克，松花粉25克。

工具设备：粉碎机，布袋，蒸笼，龙凤模具。

工艺流程：糯米、粳米混合浸泡磨粉→滤干后蒸熟→取出揉成大粉团→包馅搓圆→滚上松花粉→模压成型→成品

制法过程：

①将糯米、粳米掺和在一起，入水中浸饱半天，带水磨成粉（即水磨粉）。

②将粉浆装入布袋，榨压出水分，粉碎后摊在湿屉布上，放沸水锅上蒸20～30分钟，成熟粉。

③用手将粉用力揉透成大粉团。

④捏成5等份的团形，在每个粉团中间挖一孔，嵌入适量的馅子，然后搓圆，滚上松花粉，并放木模印中稍按，最后即成龙凤金团。

操作关键：

①将糯米、粳米掺和，浸泡后磨成粉。

②粉浆蒸熟后，揉和成团。

③包馅入模后，用力要均匀压制。

风味特点：皮薄馅多、口味甜糯、清香适口。

品种介绍：龙凤金团是浙江东部一带妇孺皆知的传统名点，也是宁波十大名点之一。龙凤金团形圆似月，色黄似金，面印龙凤浮雕，寓意吉祥、团圆。

案例六：朝鲜族打糕

原料配方：糯米400克，黄豆粉100克，白糖150克，清水适量。

工具设备：炒锅，铲子，擀面杖，网筛，蒸笼，厨刀，保鲜膜。

工艺流程：糯米浸泡→蒸熟→敲打成泥状→改刀成块→沾上炒好的黄豆粉→成品

制作方法：

①炒锅上火烧热，倒入黄豆粉和50克白糖，用文火炒香。

②将糯米用清水浸泡5～6小时，捞出沥干后，放入蒸锅中蒸熟，加入100克白糖搅匀，摊凉。

③在操作台上刷一层油，垫上保鲜膜放入蒸好的糯米，用擀面杖敲打直到看不见米粒，持续大约40分钟。

④把敲打好的米糕改刀，裹上黄豆粉即可。

操作关键：

①糯米糕面积越锤越大，建议每次把糯米糕从中间折起来，旋转90°再打。

②打到一定程度，米糕会粘在擀面杖上。建议在水里涮一下擀面杖再打。

③切米糕的时候，米糕也粘刀。建议每切一刀就在水里涮一下刀。

风味特点：造型随意，香软细腻，筋道适口。

品种介绍：打糕是朝鲜族的传统风味食品之一，也是朝鲜族人喜爱的节令饮食。在秋冬时节，朝鲜族经常制作打糕，最常见的一种叫"糯米打糕"，用糯米精制而成。临过年时，家家户户都要准备很多糯米打糕，分赠邻居和亲友，从这种习俗产生了"吃打糕过年"的说法。节日送礼不能缺了米糕，尤其在送娘家礼物时更不能缺少。据说米糕有诚心、爱心和孝心的含义。

三、米团类

案例一：挂浆麻团

原料配方：水磨糯米粉 500 克，白砂糖 50 克，泡打粉 3 克，清水 200 克，白芝麻 100 克，豆沙馅 300 克，食用油 1000 克。

工具设备：刮板，筷子，漏勺，炒锅，油锅。

工艺流程：调制糖浆→加入糯米粉、泡打粉等拌匀成团→搓条下剂→包馅搓圆→沾芝麻→油炸→成品

制作方法：

①将糖放入水中，加热搅拌至糖全部融化，晾凉待用。

②糯米粉、泡打粉搅拌均匀，加入晾好的糖浆，揉成光滑的面团。

③揉好的粉团搓成条，下剂 50 份左右，馅也分成 50 份左右，取一份剂子按扁后包入豆沙馅，搓成球状。

④将芝麻放在盘中，将做好的麻团蘸点水，放入盘中沾满芝麻。

⑤锅中加油，烧到 165℃的时候放入麻团，不停翻动，炸制 15 分钟成熟即成。

操作关键：

①粉团要揉和成光滑的程度。

②下的剂子大小要一样。

③油炸时注意火力的大小，而且要不停地翻动。

风味特点：麻香味浓，外脆里糯，入口香甜。

品种介绍：麻团是用糯米粉加白糖、油和水揉制成型，再经入锅油炸而成的。因其呈圆团形，表面又沾裹有芝麻，故名。麻团又叫煎堆，北方地区称麻团，四川地区称麻圆，海南称珍袋，广西称油堆，是一种古老的传统特色油炸米食。

案例二：鸽蛋圆子

原料配方：压干的新鲜水磨粉 1000 克，白砂糖 600 克，熟芝麻粉 200 克，薄荷香精 0.005 克，糖桂花 15 克，清水适量。

工具设备：案板，刮板，铲子，煮锅，漏勺，炒勺。

工艺流程：　　　　白糖加水→熬糖→拌糖→搓条→切块┐
　　　　　　　　　　　　　　　　　　　　　　　　　　├下剂→包糖块→
　　　　水磨粉→揉团→煮熟→浸凉→掺粉→揉成团┘　煮熟→浸凉→沾粉即成

制作方法：

①白砂糖加水（约 600 克）用中火熬至能拔出丝时，立即倒在刷了油的不锈钢案板上，用刮板、铲子来回搅拌并加入薄荷香精和糖桂花搅匀，待凝固时用手搓捏成直径约 1 厘米的长条，再切成约 1 厘米长的小糖块待用。

②取水磨粉约 1000 克，加适量水揉和拍成饼，取四分之一入开水锅内煮熟，捞出浸在凉水中，冷却后与剩余未煮的粉合在一起揉匀至不粘手为止，用湿布

盖上备用。

③将揉匀的粉团揪成每个 50 克的小剂，逐个用大拇指按一个坑，放入小糖块包拢，搓成鸽蛋形圆子。

④待水煮沸后，将圆子下锅用勺子搅动，待圆子浮起、表皮呈深玉色并有光泽时，捞出倒进冷开水中，使其迅速冷却。

⑤再将圆子捞出沥尽水分沾上芝麻粉，放在光纸或粽叶上即成。

操作关键：

①白砂糖加水熬煮成拔丝状，火候不宜大。

②采用煮芡法和成面团。

③圆子煮好后，捞出倒进冷开水中，使其迅速冷却。

风味特点：形似鸽蛋，口感滑润。

品种介绍：大众小吃之一。此品小巧玲珑，形似鸽蛋，吃口滑润，又甜又凉，是夏季美食。

案例三：赖汤圆

原料配方：糯米 1000 克，籼米 250 克，黑芝麻 100 克，熟面粉 125 克，白糖 500 克，猪油 175 克。

工具设备：磨粉机，布袋，炒锅，手勺，漏勺，擀面杖。

工艺流程：制吊浆粉→制馅→包馅成型→煮制→成品

制作方法：

①制吊浆粉。糯米、籼米一同洗净，用清水浸泡 2 天左右，然后磨成极细的米浆，装入布袋，吊于空中，沥干水分即成吊浆粉。

②制馅。黑芝麻去掉杂质，淘洗干净，于锅中用小火炒出香味，再碾压成粗粉。先加入白糖、熟面粉和匀，再加入猪油搓揉均匀，置案板上揉搓成条，然后切成 1.5 厘米见方的小块，逐块搓成圆球即为馅心。

③包馅成型。吊浆粉加适量清水揉匀，分成皮坯，再逐个包上馅心，捏拢封口，搓成圆球形。

④煮制。锅置旺火上，加清水烧沸，下汤圆煮制。待汤圆浮起，即加少许冷水，以保持锅内沸而不腾的状态，煮至汤圆翻滚 2 次即熟。

操作关键：

①糯米、籼米要用清水浸泡 2 天左右。

②制馅时先炒后拌，揉搓成条，切成小块，再搓圆成馅。

③煮制时及时点水，以保持锅内沸而不腾的状态，养熟汤圆。

风味特点：皮薄馅多，细腻滋糯，口味香甜。

品种介绍：赖汤圆为成都名小吃，该汤圆皮薄馅大，具有入口香甜、细嫩柔滑和汤清不浊的特点。其黑芝麻油酥沙心子汤圆，具有浓厚甜酥的美味。

案例四：雨花石汤圆

原料配方：糯米粉 120 克，清水 80 克，抹茶粉 1 克，红曲粉 2 克，竹炭粉 1 克，豆沙馅 100 克。

工具设备：面盆，厨刀，漏勺，煮锅。

工艺流程：糯米粉和成面团→面团分成几份→制作各色小面团→几种彩色粉团叠在一起，搓条下剂→包馅搓圆→煮熟→成品

制作方法：

①将清水全部倒入糯米粉中，和成面团，稍微饧一会。

②然后将面团分成 1 大 3 小的 4 个面团。

③分别把抹茶粉、红曲粉、竹炭粉与 3 个小面团混合均匀。

④再将白色面团也分成 3 份，分别将 6 个面团搓成长条。

⑤将长条按扁，叠在一起，搓成长条，切成小剂子。

⑥将剂子用手揉匀，再滚圆。

⑦然后按扁，包入豆沙馅，收口捏紧后滚圆。

⑧锅中倒水烧开，下入汤圆，大火煮至汤圆浮起后，用中小火再煮 3～4 分钟至熟透即可。

操作关键：

①将几个有色面团揉匀，搓条下剂。

②大火煮至汤圆浮起后，用中小火养熟。

风味特点：色彩漂亮，晶莹闪亮。

品种介绍：雨花石汤圆是江苏省传统的特色面点，因加入了抹茶粉、红曲粉、竹炭粉，使普通的汤圆变得有色彩。放在水里，晶莹闪亮，透过水的折射，花纹也变化出不一样的美丽。大大的汤圆就像水润的雨花石，身上还有波浪形的花纹。制作时也可以使用可可粉等辅料。

四、米粉类

案例一：过桥米线

原料配方：光肥母鸡半只（约 750 克），光老鸭半只（约 750 克），猪筒子骨 3 根，猪脊肉、嫩鸡脯肉、乌鱼（黑鱼）肉或水发鱿鱼各 50 克，豆腐皮 1 张，韭菜 25 克，葱头 10 克，味精 1 克，芝麻油 5 克，猪油或鸡鸭油 50 克，芝麻辣椒油 25 克，精盐 1.5 克，胡椒粉 1 克，香菜 15 克，葱花 10 克，米线 150 克。

工具设备：煮锅，厨刀，砧板，手勺，筷子。

工艺流程：鸡鸭猪骨焯水洗净→加水煮汤→汤盛入碗中┐

　　　　　　　　　　　　　　　　　　　　　　　├→氽烫→成品

辅料切薄片，韭菜切段，葱、香菜切段┘

制作方法：

①将鸡鸭去内脏洗净，同洗净的猪骨一起入开水锅中略焯，去除血沫，然后入锅，加水 2000 克，焖烧 3 小时左右，至汤呈乳白色时，捞出鸡鸭（鸡鸭不宜煮得过烂，另作别用），取汤备用。

②将生鸡脯肉、猪脊肉分别切成薄至透明的片放在盘中，乌鱼（或鱿鱼）肉切成薄片，用沸水稍煮后取出装盘。豆腐皮用冷水浸软切成丝，在沸水中烫 2 分钟后，漂在冷水中待用。韭菜洗净，用沸水烫熟，取出改刀待用。葱头、香菜用水洗净，切成 0.5 厘米长的小段，分别盛在小盘中。

③米粉用沸水烫二三分钟，最后用冷水漂洗米线，每碗用 150 克。

④食用时，用高深的大碗，放入 20 克鸡鸭肉，并将锅中滚汤舀入碗内，加盐、味精、胡椒粉、芝麻油、猪油或鸡鸭油、芝麻辣椒油，使碗内保持较高的温度。

⑤汤菜上桌后，先将鸡肉、猪肉、鱼片依次放入碗内，用筷子轻轻搅动即可烫熟，再将韭菜放入汤中，加葱花、香菜、豆腐丝，接着把米线陆续放入汤中，也可边烫边吃，各种肉片和韭菜可蘸着作料吃。

操作关键：

①选用排骨、老鸡、老鸭煮汤，用足火候，汤才鲜美。

②鲜汤烧开，使碗内保持较高的温度。

③配料要批成薄至透明的片。

风味特点：色泽鲜艳，荤素搭配，口味鲜美。

品种介绍：过桥米线是云南特有的小吃，起源于蒙自地区，由汤料、佐料、辅料制作而成。

案例二：桂林米粉

原料配方：

主料：米粉 150 克/份，牛肉 25 克，百叶肚 25 克，油炸花生 15 克，葱花 5 克，香菜碎 10 克，蒜末 10 克，干辣椒碎 5 克，麻油 15 克。

汤料：老母鸡 2 只，老鸭 1 只，猪棒骨 3000 克，桂圆（带壳）300 克，化猪油 500 克，芹菜 300 克，香菜 50 克，青、红椒各 75 克。

调料：八角 60 克，桂皮 50 克，干草 45 克，陈皮 50 克，鲜南姜 200 克，香茅草 75 克，蛤蚧 1 对，丁香 10 克，草果 30 克，小茴香 35 克，花椒 25 克，花旗参 30 克，党参 15 克，阴阳贝（中药店有售）25 克，罗汉果 4 个，枸杞 20 克，红枣 50 克，干葱头 100 克，生姜 30 克，精盐 250 克，生抽 1500 克，老抽 500 克，糖色 150 克，料酒 200 克，鱼露 50 克，冰糖 100 克，味精 75 克，鸡精 25 克。

工具设备：汤桶，厨刀，砧板，网勺。

工艺流程：吊汤→制卤→卤制→烫粉调味→成品

制作方法：

①吊汤。老母鸡、老鸭治净（鸡、鸭杂另做他用），猪棒骨敲破，一起放入汤锅中，再放入磕破的桂圆掺入清水约 10 千克；用大火烧开后，撇净浮沫，转用中火熬成一锅原汤，捞出老母鸡、鸭子、棒骨待用。

②制卤。原汤倒入卤水锅中，另将八角、桂皮、干草、陈皮、蛤蚧、丁香、草果、小茴香、花椒、花旗参、党参、阴阳贝、枸杞等用纱布包成香料包，放入卤锅中，再放入鲜南姜、香茅草、磕破的罗汉果、红枣、干葱头，拍破的生姜，调入精盐、生抽、老抽、糖色、料酒、鱼露、冰糖等，然后上火熬约 1 小时，待充分入味后，调入味精、鸡精，即成卤水。

③卤制。先把要卤制的原料治净，经过初步处理后，放入卤水锅中。另将芹菜切段，香菜切节，青红椒去子切块，一起和化猪油放入炒锅中炒香后，起锅倒入卤水锅中，然后端卤水锅上火，直接将牛肉、百叶肚等卤熟即可。

④烫粉。将米粉用网勺盛着在开水中烫好，滤干水，反扣在碗里，然后在米粉上辅以薄如蝉翼的牛肉、百叶肚等，再淋上卤水、麻油，配以油炸花生、葱花、香菜碎、蒜末、辣椒碎。

操作关键：

①吊汤时用大火烧开后，改用中小火熬煮。

②卤水配料要齐整、分量配比足量。

③烫粉配卤调味。

风味特点：色彩丰富，绵香顺滑，美味可口。

品种介绍：桂林米粉是广西桂林地区历史悠久的特色传统米制品，以其独特的风味远近闻名。桂林米粉做工考究，先将上好的早籼米磨成浆，装袋滤干，揣成粉团煮熟后压榨成圆根或片状。圆的称米粉，片状的称切粉，通称米粉，其特点是洁白、细嫩、软滑、爽口，吃法多样。最讲究卤水的制作，其工艺各家有异，大致以猪、牛骨、罗汉果和各式佐料熬煮而成，香味浓郁。卤水的用料和做法不同，米粉的风味也不同。大致有生菜粉、牛腩粉、三鲜粉、原汤粉、卤菜粉、酸辣粉、马肉米粉、担子米粉等。桂林米粉的精华在于卤水。

案例三：四川米凉粉

原料配方：优质大米 200 克，豆瓣酱 20 克，自制糖醋水 15 克，红油 15 克，花椒油 5 克，芝麻油 2 克，熟大豆油 18 克，川盐 4 克，味精 2 克，熟芝麻 6 克，葱花 5 克。

工具设备：石磨，厨刀，煮锅。

工艺流程：泡米→磨成米浆→熬煮→晾凉→切块→调味→成品

制作方法：

①将优质大米加农家井水 500 克浸泡 20 小时，捞起，滤干水分备用。

②将泡好的大米对水 500 克，用石磨磨成米浆。

③米浆入锅，用小火慢慢升温，用手勺不停地搅至锅内的米浆熟透，加盖焖 4 小时，晾凉即成凉粉初坯。

④将凉粉切长方块，再切成片，装入碗中。

⑤将调料调匀成汁，浇在凉粉上，撒上葱花和熟芝麻即成。

操作关键：

①优质大米要浸泡足够长的时间。

②熬煮米浆时要用小火慢慢升温熬透。

③熬煮后要晾透。

风味特点：色泽分明，黑红油亮，咸酸香辣麻，五味俱全。

品种介绍：四川米凉粉为四川特色米制品，吃时可根据各人爱好另加少许香菜末拌食。常见的吃法是用薄铜片切成薄片或粗条、小方丁，盛在浅盘中，浇上酱油、醋、熟油辣子（即用辣椒粉放在碗中，用八九成熟的菜籽油冲入调匀）、豆豉酱（即将豆豉剁成蓉，加少许水煮成的豆豉糊）、蒜泥，再撒上芝麻粉、白糖、味精、花椒粉。

案例四：福建炒粉

原料配方：米粉 150，食用油 50 克，盐 3 克，酱油 10 克，生菜 3 棵，鸡蛋 2 个，葱花适量。

工具设备：炒锅，炒勺，筷子。

工艺流程：泡粉→沥干水分→炒配料→炒粉→调味即可

制作方法：

①备好食材（米粉提前半小时左右用清水泡发）。

②米粉泡软后清洗两遍，捞起沥干水分，鸡蛋打进容器里，加少量盐拌匀，生菜清洗干净。

③热锅下油，烧猛油锅，倒入鸡蛋液，快速翻炒。

④再把生菜加进翻炒。

⑤接着把米粉加进翻炒拌匀，并加适量盐，用筷子抖散，并不断翻炒至米粉炒软。

⑥最后加适量酱油和葱花拌匀便可。

操作关键：

①米粉要提前泡发泡软。

②炒制时米粉要沥干水分，炒软炒香。

风味特点：色泽浅黄，口感干爽，米粉软香。

品种介绍：

炒米粉是一道经典的闽南传统特色面点，主料是米粉，加以生菜等蔬菜炒制而成。经典的炒粉是加个鸡蛋，再放些时令配菜，这个配菜大多是豆芽（一年四季）、空心菜（夏季）、生菜（春、秋、冬季）。

米粉是福建一大特产。米粉制得好的是安溪县湖头，传说那里有一处特别的泉水，用湖头的泉水制出的米粉特别的柔韧，不会黏糊在一起。还有非常出名的兴化米粉、莆田米粉，白如雪，细如丝，略有米香味，干脆可贮藏。

案例五：广东肠粉

原料配方：水磨大米粉 500 克，玉米淀粉 50 克，生油 20 克，精盐 10 克，清水 750 克，沸水 500 克，生粉 50 克，清水适量。

工具设备：湿白布，笼屉。

工艺流程：调制粉浆→用湿白布铺在笼屉当中→将肠粉浆舀到白布上摊开→旺火蒸→卷起呈猪肠状即成

制作方法：

①将大米粉用清水调制成粉浆待用。

②将玉米淀粉与生粉混合后用少量水调制稀糊状，然后用沸水将其烫制成粉糊，冷却后与大米粉浆混合，加入精盐、生油调拌均匀。

③用湿白布铺在笼屉当中，将肠粉浆舀到白布上摊开，其厚度在 2.5 毫米左右为佳，旺火蒸 3 ~ 4 分钟，取出从上向下卷起呈猪肠状即成。

操作关键：

①加水量应根据大米粉的吸水情况灵活掌握，以上给出的用水量应是参考量。

②大米粉应该用水磨粉，这样的米粉保证肠粉的细腻滑爽。

③屉布应该用白棉布，防止粉质漏掉。

④蒸制时间不要过长，恰到好处即可。

⑤肠粉的花色随着辅助原料的加入，而改变名称即可。

风味特点：软润爽滑，色白甘香，不肥不腻。

品种介绍：肠粉源于广东罗定，目前已在全国传开，按地理（口味）区分较出名的有广州的西关肠粉、普宁肠粉、揭阳小巷里的潮汕肠粉、潮州潮汕肠粉、云浮的河口肠粉、梅州的客家肠粉、郁南的都城肠粉、澄海肠粉、饶平肠粉、惠来肠粉等。

肠粉分咸、甜两种，咸肠粉的馅料主要有猪肉、牛肉、虾仁、猪肝等，而甜肠粉的馅料则主要是糖浸的蔬果，再拌上炒香芝麻。肠粉按流派主要分为两种，一种是布拉肠粉，另一种是抽屉式肠粉，由于使用的制作工具不同，做出的肠粉也不相同。

广州的肠粉呈半透明状，口感比较筋道，一般酱料是由酱油及其他酱制成，口感较甜,配菜多为生菜。潮州的肠粉呈现白色，口感香糯,酱料多为蚝油花生酱,配菜各式各样。

潮汕肠粉各地有各地特色，如汕头市澄海区的肠粉，酱汁比较多，酱汁的味道也比较淡，里面最常见的菜是豆芽、生菜，还有肉末、香菇、鲜虾等。普宁的潮汕肠粉常见的配料是生蚝、香菇、白萝卜干、干鱿鱼、鸡蛋、生菜、西洋菜、空心菜、肉沫、鲍鱼等。

五、粽子类

粽子，即粽籺，是籺的一种，又称"角黍""筒粽"，由粽叶包裹糯米蒸制而成，是中华民族传统节庆食物之一。粽子早在春秋之前就已出现，最初用来祭祀祖先和神灵。到了晋代，粽子成为端午节庆食物。千百年来每年农历五月初五的端午节，中国百姓家家都要浸糯米、洗粽叶、包粽子。

粽的主要材料是稻米、馅料和箬叶（或柊叶）等。由于各地饮食习惯的不同，粽子形成了南北风味。从口味上分，粽子有咸粽和甜粽两大类。粽子的种类较多，下面略举两例。

案例一：红豆粽子

原料配方：白糯米 360 克，红豆 150 克，粽叶 24 片。

工具设备：煮锅。

工艺流程：主料、配料浸泡→沥干后拌匀→粽叶处理→用粽叶包裹成型→煮熟

制作方法：

①将糯米、红豆分别洗净放在冷水中泡 2 小时。

②沥干水分，将糯米、红豆等拌匀。

③粽叶洗干净，在热水中泡 2 小时后，擦干。

④取出 2 片粽叶，交叉叠起折成三角顶部，加入适量糯米混合物，将头尾折好。两边再包裹上另 2 片粽叶，折好后用细绳包扎，即成红豆粽。

⑤放入煮锅，加入清水没过生粽，大火烧开，改中火煮熟。

操作关键：

①糯米、红豆要用清水泡透。

②拌匀后，除了包裹成三角形，还可以包裹成各种形状。

③用煮锅加清水煮熟，火候要到位。

风味特点：色泽和谐，口感软糯。

品种介绍：红豆粽子通常剥去粽叶后，沾上白糖食用，为甜粽种类之一。

案例二：火腿粽子

原料配方：糯米 1000 克，火腿 400 克，清水适量，粽叶 40 张，粽绳若干。

工具设备：厨刀，砧板，勺子，煮锅。

工艺流程：糯米浸泡→火腿切小块→用粽叶包裹成型→煮熟

制作方法：

①糯米淘洗干净，浸泡 2 ~ 3 小时；火腿带瘦带肥切成块；粽叶在热水中泡烫或煮透，再用清水浸透。

②将 3 片粽叶叠起，卷成一个锥形漏斗状，注意底下尖角处不要有空隙。

③装入一勺糯米，压紧；放入火腿块，然后继续装满糯米，可以用勺子紧实。

④一只手捏好粽子，固定好形状，另一只手将上面的叶子盖下来。

⑤多出来的叶子捏在一起，折向一边。

⑥一只手固定粽子，另一只手拿来粽绳，捏粽子的手固定粽绳一端，两手配合把粽绳系紧。

⑦包好的粽子剪去多余粽叶，使得粽子看起来美观整洁，放入锅中，添加适量清水，盖上锅盖，煮 2 小时，再焖 1 个小时。煮粽子时间可以灵活掌握，看包的粽子的大小。

操作关键：

①糯米要淘洗干净，浸泡 2 ~ 3 小时。

②火腿带瘦带肥切成块，有肥油渗入糯米的粽子更香。

③粽子包制时糯米要稍稍压紧，扎棕绳时也要裹紧。

④煮粽子时间可以灵活掌握，看包粽子的大小。

风味特点：色泽鲜明，米糯肉香。

品种介绍：火腿粽子是一种常见的小吃，其选料讲究，配料多样，制作精细，历史悠久，味道香甜，油润不腻，色泽红黄闪亮，以独有的风味，享誉海内外。

六、其他类

案例一：锅巴

原料配方：糯米 500 克，淀粉 50 克，盐 3 克，色拉油 1000 克。

工具设备：炒锅，扁手勺 2 把，漏勺。

工艺流程：糯米浸泡→沥干水分→拌粉调味→扁手勺夹着糯米炸制→定型上色→捞起沥油→成品

制作方法：

①糯米淘洗干净，浸泡 2 ~ 3 小时。

②沥干水分，加入淀粉和盐拌匀。

③炒锅上火加入色拉油，加热至 170 ~ 180℃。

④扁手勺中放满拌好的糯米，用另一个扁手勺压住，浸入热油中，定型后，

撤去手勺，油炸 1 分钟，至棕黄色。

⑤用漏勺捞起，沥去油分即可。

操作关键：

①糯米淘洗干净，要浸泡 2 ~ 3 小时。

②加入一定量的淀粉拌和均匀，起到黏合作用。

③两个扁手勺相互夹着炸至定型。

④炸至棕黄色即可。

风味特点：色泽棕黄，口感酥脆，香味突出。

品种介绍：锅巴是一种休闲食品，它含有碳水化合物、脂类、蛋白质、维生素 A、B 族维生素及钙、钾、镁、铁等，营养丰富。

案例二：炒米

原料配方：大米 500 克，清水适量。

工具设备：炒锅，手勺。

工艺流程：大米浸泡→沥干水分→旺火炒制→炒米成品

制作方法：

①将大米浸泡 2 ~ 3 小时，洗净，沥干水分。

②将洗净的大米倒入大锅中，开旺火，不停地翻炒至大米微黄，可以闻到香味。

③将炒好的大米倒出，放凉。

④冷却后可磨成粉食用，也可直接食用。

操作关键：

①大米要浸泡。

②旺火炒制，不停地炒制。

风味特点：色泽微黄，米香浓郁。

品种介绍：炒米是一种特殊的米制品，加工好的炒米，色黄而不焦，米坚而不硬，晶莹明亮。炒米含水量低，耐贮存，便携带，不易霉坏变质。

案例三：糍粑

原料配方：糯米 1000 克，清水适量，炒米 15 克，熟黄豆 25 克，熟花生 15 克，熟芝麻 10 克，绵白糖 50 克。

工具设备：木甑，石臼，杵槌，粉碎机，厨刀。

工艺流程：糯米泡好→蒸熟软→放入石臼中→杵槌用力舂制→成品

制作方法：

①将糯米提前 1 天以上泡好。

②再放入木甑中蒸至糯米发软。

③等到蒸好后，将糯米拿出来放入石臼中，用杵槌用力舂制，即"打糍粑"。

④炒米、熟黄豆、熟花生、熟芝麻一起放入粉碎机中，打成粉状，取出与绵白糖一起拌匀。

⑤糍粑做好后切块、揪团、擀片等成型随意，食用时沾上④中的混合粉即可。

操作关键：

①糯米淘洗干净，要浸泡1天以上。

②沥干水分后蒸熟。

③"打糍粑"非常辛苦费力，打的时候要"快、准、狠、稳"，力往一处使，劲往一处撒，而且中途不能中断，这样做出来的糍粑，口感才非常细腻、柔韧。

风味特点：色泽浅白，口感细腻，米香润口。

品种介绍：糍粑是用糯米蒸熟捣烂后所制成的一种米点。制作时用熟糯米饭放到石槽里用石锤或者芦竹（因地方差异，有的也用竹来代替）捣成泥状制作而成，一般此类型的食物都可以叫作糍粑。

案例四：大米蛋糕

原料配方：鸡蛋200克，大米粉100克，绵白糖100克，色拉油10克，柠檬汁2克。

工具设备：手持打蛋器，毛刷，蛋糕模具，烤箱。

工艺流程：鸡蛋液搅打→体积膨胀至原体积2倍左右→拌入大米粉、色拉油、柠檬汁等→浇模→烘烤→晾凉脱模→成品

制作方法：

①按规定的配方准确地称取所需的原料，各种原料必须符合卫生及质量要求。

②将鸡蛋洗净去壳取蛋液，与白糖混合在一起放入小桶中，用手持打蛋器充分搅打至蛋液呈乳白色，浓度变稠，体积增大时，即可加入大米粉和其他辅助原料，进一步搅拌成均匀蛋糊状。

③蛋糕模应先刷上一层油并经预热，然后将搅拌好的蛋糊注入模内。

④蛋糊上模后要及时送入180～220℃烤箱内进行烘烤，时间大概25分钟。

操作关键：

①鸡蛋液一般可搅打膨胀至原2倍左右。

②由于大米中不含有面筋蛋白质，因此在搅拌过程中无面筋形成，但仍需掌握好搅打时间，切忌搅打过度或没起泡，而严重影响成品质量。

③浇模时模具应放平，尽量做到均匀一致，分量准确。一般每个模内浇到七八成满即可。

④烘烤温度不可过高，但也不能偏低，以中等偏上为适宜。时间则根据蛋糕的厚薄来掌握，以成熟为准。

⑤晾凉脱模即可。

风味特点：色泽褐黄，口感膨松。

品种介绍：大米蛋糕不但具有色泽金黄（或棕黄色）、组织柔软、香甜可口等特点，而且含有蛋白质、糖类、维生素等多种营养成分。是一种老幼皆宜的新型方便米食品。

案例五：大米饼干

原料配方：大米粉100克，黄油65克，糖粉30克，熟蛋黄1个。

工具设备：手动打蛋器，烤箱，烤盘，冰箱。

工艺流程：黄油软化→加入白糖拌匀→加入熟蛋黄末、大米粉拌匀→搓成团→下剂→压成型→烤制→成品

制作方法：

①取55克黄油，常温软化。

②用手动打蛋器进行搅拌，直到成为糊状。

③加入30克糖粉继续搅拌，直到搅拌均匀，颜色变淡。

④将蛋黄通过面筛过滤成粉末状，加入过滤好的蛋黄粉继续搅拌，直到搅拌均匀。

⑤加入大米粉搅拌均匀，再用手揉成团，放入冰箱冷藏15分钟。

⑥从冰箱取出粉团后，分成20个小圆球，然后依次用大拇指按压，自然成型。

⑦烤箱上下170℃，烤15分钟。

操作关键：

①黄油在常温下软化。

②加入大米粉后，用手搓匀成团。

风味特点：色泽微黄，口感酥脆。

品种介绍：大米饼干是一种常见的米制品，制作简单，口感酥脆。

案例六：大米布丁

原料配方：大米饭60克，牛奶350克，鸡蛋4个，白糖60克，精盐1克，香草香精0.005克。

工具设备：大碗，毛刷，炖盅，打蛋器，烤箱。

工艺流程：大米饭加上温热牛奶拌匀→加打散的蛋黄和一半蛋清搅匀→入盅→上面覆盖打发的蛋白糖烤制→成品

制作方法：

①先将大米饭放入碗中，倒入温热牛奶搅拌均匀。

②将4个蛋黄和2个蛋清搅拌均匀，放入一半白糖、精盐和好，倒在牛奶大米中，轻轻搅匀。

③将大米饭和匀后，放在抹油的炖盅里静置。

④在另两只蛋清中加入另一半白糖、香草香精，用打蛋器将蛋白打硬，用

裱花嘴在大米上挤成花，置烤箱中，烤制。待蛋白烤成棕黄色，蛋黄凝固即可。

操作关键：

①炖盅事先涂一层油。

②蛋黄液与牛奶米饭搅拌均匀。

③蛋清中加入白糖、香草香精等，搅打至硬性发泡，适合裱花嘴裱挤。

风味特点：色泽棕黄，口感松软，米香浓郁。

品种介绍：

大米布丁是以大米、牛奶、鸡蛋为主材制作的点心类美食。

第二节　甜品点心

我国面点中的还包括一类甜品点心，如羹汤类、冻类等。

一、羹汤类

羹汤类是指用各类植物性原料、动物性原料及鲜果、果仁等为主加工而成的各种羹、汤、糊、露。如八宝银耳羹、醉八仙、西米露等。这类制品具有用料广泛、取材灵活、制作简便、口味清淡、增进食欲、解腻解渴、调剂口味之特点，深受大众喜爱。

案例一：八宝银耳羹

原料配方：银耳 20 克，皂角米 15 克，莲子 20 克，桃胶 15 克，红枣 10 颗，百合 10 克，雪梨 0.5 只，枸杞 5 克，冰糖 50 克。

工具设备：砂锅。

工艺流程：主辅料准备→将银耳、桃胶、莲子、百合放入砂锅炖稠→加雪梨块、皂角米、红枣、冰糖等继续炖→加入枸杞→成品

制作方法：

①银耳、皂角米、桃胶提前一晚浸泡。

②银耳去除黄色部分，洗净撕小朵，桃胶去除杂质反复清洗，莲子去除绿心，其余食材淘洗干净备用。

③3 升清水烧开后，将银耳、桃胶、莲子、百合放入砂锅，转中小火熬半小时，此时银耳开始出胶，颜色半透明，略黏稠。

④雪梨去皮切小块，与皂角米、红枣、冰糖一起加入银耳羹中，继续小火慢熬半小时，至银耳羹完全黏稠。

⑤加入枸杞，搅拌均匀即可食用。

操作关键：

①银耳、皂角米、桃胶需要提前泡软。

②加热时宜用小火炖煮。

风味特点：色泽和谐，口感软黏，

品种介绍：

八宝银耳羹的"八宝"是个概数，言其原料丰富，寓意财源广进，将八宝配上御膳小吃"银耳羹"，即烹制成甜品八宝银耳羹。食之可健脾胃、补气血、益肺肾，具有滋补健身之功。

案例二：芒果西米露

原料配方：芒果4个，西米50克，淡奶200毫升，冰糖50克，清水适量。

工具设备：搅拌机，厨刀，砧板，煮锅。

工艺流程：煮西米→过水滤清→沸

水加冰糖继续煮

芒果一半切粒，另一半 } →西米、芒果粒、芒果汁混合→成品

加淡奶搅打成汁

制作方法：

①煮锅加入适量清水烧开后，放入西米煮散，煮制过程中，适当搅拌，15分钟后将煮锅移开火源，兑入清水漂洗净。

②另煮一锅沸水，下入过滤的西米，放入冰糖，小火熬上15分钟左右，待西米中心还有一点白时，关火，盖上锅盖，一直闷到西米呈透明状。

③芒果去皮去核，两个切粒，另两个加淡奶放入搅拌机打成浆，盛在干净碗中。

④食用时在西米碗中放入芒果汁再加入芒果粒即可。

操作关键：

①西米建议不要浸泡，因为西米的质量不同，有些西米浸泡后较易溶化。

②煮沸一锅水，水量一定要没过西米，最好是西米的2~3倍的量。

③放西米入沸水后要不停地搅拌，否则会糊底。搅拌15分钟左右起锅，这时会发现水非常黏稠而且西米都粘在了一起，此时兑入凉水西米就散了，而且会沉底，将水过掉。

④再煮一锅沸水，将西米倒入，搅拌，煮15分钟左右，这时大部分西米开始变透明。

⑤当西米有很少一部分还有白心的时候，熄火，盖盖闷几分钟，就能全部透明了。

风味特点：色泽艳丽，口感爽弹。

品种介绍：西米又叫西谷米，产于马来群岛一带，是印度尼西亚特产，西

米有的是用木薯粉、麦淀粉、苞谷粉加工而成，有的是由棕榈科植物提取的淀粉制成，是一种加工米，形状像珍珠。有小西米、中西米和大西米三种，经常被用于做粥、羹、点心等食物。

西米主要成分是淀粉，能温中健脾，用于治脾胃虚弱、消化不良、补肺、化痰等病症。还可使皮肤恢复天然润泽。

二、冻类

冻类是指利用琼脂、明胶、淀粉等凝胶剂，加入各种果料、豆泥、豆汁、乳品等加工而成的各式凝冻食品，这类制品有着很强的季节性，是夏令季节消暑解热的佳品，具有清凉滑爽、开胃健脾的特点，如杏仁豆腐、什锦水果冻、豌豆冻、三色奶冻糕等。

案例一：什锦水果冻

原料配方：果冻粉 25 克，细砂糖 50 克，清水 700 克，橘子果酱 200 克，柠檬汁 10 克，什锦水果适量。

工具设备：煮锅，筷子，果冻杯。

工艺流程：果冻粉、细砂糖一起拌匀→煮匀→取出冷却，拌入果酱和柠檬汁→装杯→冷藏→成品

制作方法：

做法：

①先将果冻粉、细砂糖一起拌匀，再加入水调开后一起煮至沸腾，离火放置一旁冷却至约 60℃，再加入橘子果酱和柠檬汁一起拌均匀，备用。

②在果冻杯中放入适量的什锦水果后，再将作法①拌均匀的果冻汁倒入杯中，冷藏约 2 小时后即完成。

操作关键：

①按照配料进行称量制作。

②果冻粉及细砂糖拌匀，加水煮沸后，离火晾凉到一定温度。

③装杯后继续冷藏。

风味特点：色泽艳丽，营养丰富，口感爽弹。

品种介绍：什锦水果冻为常见的果冻制作方法，常为饭后甜点。

案例二：三色奶冻糕

原料配方：牛奶 250 克，吉利片 6 克，淡奶油 15 克，白糖 25 克，抹茶粉 2 克，草莓粉 2 克。

工具设备：煮锅，筷子，果冻杯。

工艺流程：吉利片泡软→牛奶烧热，加入淡奶油和糖搅拌→加入吉利片搅

拌至完全融化→分成三份分别放入抹茶粉、草莓粉等→放一层冻一层，再放一层→冷藏→成品

制作方法：

①吉利片先要泡软。

②牛奶烧热，加入淡奶油和糖搅拌，加入吉利片搅拌至完全融化。

③牛奶混合液分成三份，一份原味；一份放入抹茶粉拌匀；一份放入草莓粉拌匀。

④果冻杯中放入一层原味混合液，冷凝后放入第二份抹茶粉，再次冷凝后放入第三份草莓粉，混合液冷凝即可。

操作关键：

①按照配料进行称量制作。

②一层混合液冷凝后，才可以放入另一层混合液，这样才能分层。

风味特点：色泽鲜艳，层次清晰。

品种介绍：三色奶冻糕为冻类甜品中常见品种，可以通过添加其他天然色素，变换分层的颜色。

第三节　面点小吃

面点小吃是中国烹饪的重要组成部分，素以历史悠久、制作精致、品类丰富、风味多样著称。如北京的焦圈、蜜麻花、豌豆黄、艾窝窝；上海的蟹壳黄、南翔小笼馒头、小绍兴鸡粥；天津的嘎巴菜、包子、耳朵眼炸糕、贴饽饽熬小鱼、棒槌果子、桂发祥大麻花；太原的栲栳栳、刀削面、揪片等；西安的牛羊肉泡馍、乾州锅盔、拉面、油锅盔；新疆的烤馕、抓饭；山东的煎饼、喜饼；江苏的葱油火烧、汤包、三丁包子、蟹黄烧麦；浙江的酥油饼、重阳栗糕、鲜肉棕子、虾爆鳝面、紫米八宝饭；安徽的腊八粥、大救驾、徽州饼、豆皮饭；福建的蛎饼、手抓面、五香捆蹄、鼎边糊；台湾的度小月担仔面、鳝鱼伊面、金爪米粉；海南的煎堆、竹筒饭；河南的枣锅盔、焦饼、鸡蛋布袋、血茶、鸡丝卷；湖北的三鲜豆皮、云梦炒鱼面、热干面、东坡饼；湖南的新饭、脑髓卷、米粉、八宝龟羊汤、臭豆腐；广东的鸡仔饼、皮蛋酥、冰肉千层酥、月饼、酥皮莲蓉包、刺猬包子、粉果、薄皮鲜虾饺、及第粥、玉兔饺、干蒸蟹黄烧麦等；广西的大肉棕、桂林马肉米粉、炒粉虫；四川的蛋烘糕、龙抄手面、玻璃烧麦、担担面、鸡丝凉面、赖汤圆、宜宾燃面；贵州的肠旺面、丝娃娃、夜郎面鱼、荷叶糍粑；云南的烧饵块、过桥米线等。此外，还有大量的少数民族特色风味食品，极大地丰富了烹饪文

化的内涵。

每个地方的面点小吃特色众多。如 2019 年 10 月,江苏省餐饮行业协会举行新闻发布会,集中发布了中国地标美食江苏 13 市的十大菜品、十大面食小吃等榜单。其中涉及面点小吃的如下。

南京十大面点小吃:鸭血粉丝汤、薄皮小笼包、古法糖芋苗、鸭油酥烧饼、雨花石汤圆、锅贴、赤豆酒酿元宵、松子烤鸭烧麦、金陵方糕、秦淮八绝小吃。

无锡十大面点小吃:无锡小笼包、玉兰饼、桂花糖芋头、团子、阳春面、太湖船点、无锡老式面、梅花糕、三鲜馄饨、豆腐花。

徐州十大面点小吃:老翟板面、牛肉肉酱米线、锅贴、饣(sha)汤、徐州烙馍、拔丝楂糕面鱼子、煎饺、羊肉汤包、双色馄饨。

常州面点小吃:顶黄小笼包、银丝面、常州麻糕、重阳糕、常州汤团、豆腐汤、建昌糖芋头、三鲜馄饨、义隆素月饼、溧阳乌米饭、八宝咸粥。

苏州十大面点小吃:奥灶面、枫镇大肉面、三虾面、枣泥大糕、苏式船点、苏式糕团、蕈油面、焖肉面、生煎、鲜肉月饼。

南通十大面点小吃:蟹黄养汤烧麦、翡翠文蛤饼、金钱萝卜丝酥饼、米粉饼、林梓潮糕、青蒿团、芙蓉藿香饺、曹公面、一柱楼烧饼、四海楼蟹黄包。

连云港十大面点小吃:味芳楼鲜肉馄饨、味芳楼鱼汤手擀面、海葵面须、老海边石磨手工煎饼、板浦凉粉、虾皮鸡蛋灌饼、东海澳牛水饺、党饼。

淮安十大面点小吃:文楼汤包、淮饺、淮安茶馓、淮安薄脆、淮安辣汤、淮安盖浇面、淮安阳春面、淮阴油大头、灌汤蒸饺、牛肉水煎包。

盐城十大面点小吃:东台鱼汤面、建湖藕粉圆、滨海五粮粥、阜宁大糕、伍佑糖麻花、金刚脐、米饭饼、鸡蛋饼、麻虾汤包、野鸭灌汤包。

扬州十大面点小吃:虾籽馄饨、四喜汤团、阳春面、翡翠烧麦、荠菜汤圆、三丁包、蟹黄汤包、千层油糕、笋肉蒸饺、双麻酥饼。

镇江十大面点小吃:蟹黄汤包、翡翠烧麦、千层油糕、什锦素菜包、老镇江回炉干、洗沙包、片儿汤、肖家饺面、赤豆糊、京江脐。

泰州十大面点小吃:蟹黄汤包、黄桥烧饼、蟹黄包、双麻酥饼、鱼汤面、姜堰酥饼、王烧饼、虾仁蒸饺、菜烧麦、秧草包。

宿迁十大面点小吃:乾隆贡酥、穿城大饼、车轮饼、农家豆腐卷、农家玉米粑、宿迁卷饼水晶山楂糕、王集小团饼、归仁绿豆饼。

第四节　保健面点

人类对食品的要求，首先是吃饱，其次是吃好。当这两个要求都得以满足之后，人们就希望所摄入的食品对自身健康有促进作用，于是出现了保健食品。

一、食疗面点

食疗面点是中国面点的宝贵遗产之一。邱庞同教授著《中国面点史》一书写道："食疗面点中的食药，本身就具有各种疗效，再与面粉配合制成各种面点后，便于人们食用，于不知不觉中治病。食疗面点确实是中国人的一个发明创造。"因此，面点从业人员要努力加以发掘、整理，同时利用现代多学科综合研究的优势，发展中国特色的食疗面点。

（一）食疗面点的概念

食疗又称食治，是在中医理论指导下，利用食物的特性来调节机体功能，使其获得健康或愈疾防病的一种方法。通常认为，食物是为人体提供生长发育和健康生存所需的各种营养素的可食性物质。也就是说，食物最主要的是营养作用。

中医很早就认识到食物不仅能提供营养，而且能疗疾祛病。如近代医家张锡纯在《医学衷中参西录》中曾指出：食物"病人服之，不但疗病，并可充饥"。

食疗面点是指除具有一般面点所具有的营养功能和感官功能（色、香、味、形）外，还具有一般面点所没有或不强调的，调节人体生理活动的功能的面点。现在习惯称为功能性面点。

食疗面点具有4种功能，即享受功能、营养功能、保健功能及安全功能。享受功能是指食疗面点具有普通面点的风味特征；营养功能是指含有一定的营养素；保健功能是指面点具有益于健康、延年益寿的作用；安全功能是指食用的安全性。

（二）食疗面点的开发

食疗面点的选料为常见的食物原料，也包括国家卫健委规定的食、药两用的原料。

1.国家相关部门公布的既是食品又是药品的中药名单

（1）2002年药食两用品种目录（按笔划顺序排列）

丁香、八角茴香、刀豆、小茴香、小蓟、山药、山楂、马齿苋、乌梢蛇、乌梅、木瓜、火麻仁、代代花、玉竹、甘草、白芷、白果、白扁豆、白扁豆花、龙眼肉（桂圆）、决明子、百合、肉豆蔻、肉桂、余甘子、佛手、杏仁（甜、苦）、沙棘、牡蛎、芡实、花椒、赤小豆、阿胶、鸡内金、麦芽、昆布、枣（大枣、酸枣、黑枣）、罗汉果、郁李仁、金银花、青果、鱼腥草、姜（生姜、干姜）、枳椇子、枸杞子、栀子、砂仁、胖大海、茯苓、香橼、香薷、桃仁、桑叶、桑椹、橘红、桔梗、益智仁、荷叶、莱菔子、莲子、高良姜、淡竹叶、淡豆豉、菊花、菊苣、黄芥子、黄精、紫苏、紫苏子、葛根、黑芝麻、黑胡椒、槐米、槐花、蒲公英、蜂蜜、榧子、酸枣仁、鲜白茅根、鲜芦根、蝮蛇、橘皮、薄荷、薏苡仁、薤白、覆盆子、藿香。（《卫生部关于进一步规范保健食品原料管理的通知》卫法监发［2002］51号）。

（2）2014年新增14种中药材物质

人参、山银花、芫荽、玫瑰花、松花粉、粉葛、布渣叶、夏枯草、当归、山奈、西红花、草果、姜黄、荜茇，在限定使用范围和剂量内作为药食两用。

（3）2018年新增9种中药材物质作为按照传统既是食品又是中药材名单

党参、肉苁蓉、铁皮石斛、西洋参、黄芪、灵芝、天麻、山茱萸、杜仲叶，在限定使用范围和剂量内作为药食两用。

2.历代本草文献记载具有保健作用的食物名单

①聪耳类（增强或改善听力）食物：莲子、山药、荸荠、蒲菜、芥菜、蜂蜜。

②明目类（增强或改善视力）食物：山药、枸杞子、蒲菜、猪肝、羊肝、野鸭肉、青鱼、鲍鱼、螺蛳、蚌。

③生发类（促进头发生长）食物：白芝麻、韭菜子、核桃仁。

④润发类（使头发滋润、光泽）食物：鲍鱼。

⑤乌须发类（使须发变黑）食物：黑芝麻、核桃仁、大麦。

⑥长胡须类（有益于不生胡须的男性）食物：鳖肉。

⑦美容颜类（使肌肤红润、光泽）食物：枸杞子、樱桃、荔枝、黑芝麻、山药、松子、牛奶、荷蕊。

⑧健齿类（使牙齿坚固、洁白）食物：花椒、蒲菜、莴笋。

⑨轻身类（消肥胖）食物：菱角、大枣、榧子、龙眼、荷叶、燕麦、青粱米。

⑩肥人类（改善瘦人体质，强身壮体）食物：小麦、粳米、酸枣、葡萄、藕、山药、黑芝麻、牛肉。

⑪增智类（益智、健脑等）食物：粳米、荞麦、核桃、葡萄、菠萝、荔枝、龙眼、大枣、百合、山药、茶、黑芝麻、黑木耳、乌贼鱼。

⑫益志类（增强志气）食物：百合、山药。

⑬安神类（使精神安静、利睡眠等）食物：莲子、酸枣、百合、梅子、荔枝、龙眼、山药、鹌鹑、牡蛎肉、黄花鱼。

⑭增神类（增强精神、减少疲倦）食物：茶、荞麦、核桃。

⑮增力类（健力、善走等）食物：荞麦、大麦、桑葚、榛子。

⑯强筋骨类（强健体质，包括筋骨、肌肉以及体力）食物：栗子、酸枣、黄鳝、食盐。

⑰耐饥类（使人耐受饥饿，推迟进食时间）食物：荞麦、松子、菱角、香菇、葡萄。

⑱能食类（增强食欲、消化等能力）食物：葱、姜、蒜、韭菜、香菜、胡椒、辣椒、胡萝卜、白萝卜。

⑲壮肾阳类（调整性功能，缓解阳痿、早泄等）食物：核桃仁、栗子、刀豆、菠萝、樱桃、韭菜、花椒、狗肉、狗鞭、羊肉、羊油脂、雀肉、鹿肉、鹿鞭、燕窝、海虾、海参、鳗鱼、蚕蛹。

⑳种子类（增强助孕能力，有益于安胎）食物：柠檬、葡萄、黑雌鸡、雀肉、雀脑、鸡蛋、鹿骨、鲤鱼、鲈鱼、海参。

3. 历代本草文献记载具有辅助治疗作用的食物

①散风寒类（用于风寒感冒病症）食物：生姜、葱、芥菜、香菜。

②散风热类（用于风热感冒病症）食物：茶叶、豆豉、杨桃。

③清热泻火类（用于内火病症）食物：茭白、蕨菜、苦菜、苦瓜、松花蛋、百合、西瓜。

④清热生津类（用于燥热伤津病症）食物：甘蔗、番茄、柑、柠檬、苹果、甜瓜、甜橙、荸荠。

⑤清热燥湿类（用于湿热病症）食物：香椿、荞麦。

⑥清热凉血类（用于血热病症）食物：藕、茄子、黑木耳、蕹菜、向日葵子、食盐、芹菜、丝瓜。

⑦清热解毒类（用于热毒病症）食物：绿豆、赤小豆、豌豆、苦瓜、马齿苋、荠菜、南瓜、芹菜。

⑧清热利咽类（用于内热，咽喉肿痛病症）食物：橄榄、罗汉果、荸荠、鸡蛋白。

⑨清热解暑类（用于暑热病症）食物：西瓜、绿豆、赤小豆、绿茶、椰汁。

⑩清化热痰类（用于热痰病症）食物：白萝卜、冬瓜子、荸荠、紫菜、海蜇、海藻、海带、鹿角菜。

⑪温化寒痰类（用于寒痰病症）食物：洋葱、杏子、芥子、生姜、佛手、香橼、桂花、橘皮。

⑫止咳平喘类（用于咳嗽喘息病症）食物：百合、梨、枇杷、落花生、杏仁、

白果、乌梅、小白菜。

⑬健脾和胃类（用于脾胃不和病症）食物：南瓜、包心菜、芋头、猪肚、牛奶、芒果、柚、木瓜、栗子、大枣、粳米、糯米、扁豆、玉米、无花果、胡萝卜、山药、白鸭肉、醋、香菜。

⑭健脾化湿类（用于湿阻脾胃病症）食物：薏苡仁、蚕豆、香椿、大头菜。

⑮驱虫类（用于虫积病症）食物：榧子、大蒜、南瓜子、椰子肉、石榴、醋、乌梅。

⑯消导类（用于食积病症）食物：萝卜、山楂、茶叶、神曲、麦芽、鸡内金、薄荷叶。

⑰温里类（用于里寒病症）食物：辣椒、胡椒、花椒、八角茴香、小茴香、丁香、干姜、蒜、葱、韭菜、刀豆、桂花、羊肉、鸡肉。

⑱祛风湿类（用于风湿病症）食物：樱桃、木瓜、五加皮、薏苡仁、鹌鹑、黄鳝、鸡血。

⑲利尿类（用于小便不利、水肿病症）食物：玉米、赤小豆、黑豆、西瓜、冬瓜、葫芦、白菜、白鸭肉、鲤鱼、鲫鱼。

⑳通便类（用于便秘病症）食物：菠菜、竹笋、番茄、香蕉、蜂蜜。

㉑安神类（用于神经衰弱、失眠病症）食物：莲子、百合、龙眼肉、酸枣仁、小麦、秫米、蘑菇、猪心、石首鱼。

㉒行气类（用于气滞病症）食物：香橼、橙子、柑皮、佛手、柑、荞麦、高粱米、刀豆、菠菜、白萝卜、韭菜、茴香菜、大蒜。

㉓活血类（用于血瘀病症）食物：桃仁、油菜、慈姑、茄子、山楂、酒、醋、蚯蚓、蚶肉。

㉔止血类（用于出血病症）食物：黄花菜、栗子、茄子、黑木耳、刺菜、乌梅、香蕉、莴苣、枇杷、藕节、槐花、猪肠。

㉕收涩类（用于滑脱不固病症）食物：石榴、乌梅、芡实、高粱、林檎、莲子、黄鱼、鲇鱼。

㉖平肝类（用于肝阳上亢病症）食物：芹菜、番茄、绿茶。

㉗补气类（用于气虚病症）食物：粳米、糯米、小米、黄米、大麦、山药、莜麦、籼米、马铃薯、大枣、胡萝卜、香菇、豆腐、鸡肉、鹅肉、鹌鹑、牛肉、兔肉、狗肉、青鱼、鲢鱼。

㉘补血类（用于血虚病症）食物：桑葚、荔枝、松子、黑木耳、菠菜、胡萝卜、猪肉、羊肉、牛肝、羊肝、甲鱼、海参、草鱼。

㉙助阳类（用于阳虚病症）食物：枸杞菜、枸杞子、核桃仁、豇豆、韭菜、丁香、刀豆、羊乳、羊肉、狗肉、鹿肉、鸽蛋、雀肉、鳝鱼、海虾、淡菜。

㉚滋阴类（用于阴虚病症）食物：银耳、黑木耳、大白菜、梨、葡萄、桑葚、

牛奶、鸡蛋黄、甲鱼、乌贼鱼、猪皮。

4.制作案例

案例一：豆蔻馒头

原料配方：豆蔻10克，茯苓10克，面粉400克，酵母4克，发酵粉5克，温水200克。

工具设备：破壁机，案板，刮板，厨刀，蒸笼。

工艺流程：豆蔻、茯苓烘干打成粉→加上面粉、酵母、发酵粉、清水拌和成团→发酵→揉和成团→搓条下剂→馒头生坯→蒸制→成品

制作方法：

①将豆蔻去壳，烘干用破壁机打成细粉；茯苓烘干用破壁机打成细粉。

②将面粉、豆蔻粉、茯苓粉、酵母、发酵粉和匀，加入温水，揉成面团，盖上洁布，自然发酵。

③发酵好后，揉和均匀，搓条、下剂，切成50克1个的馒头生坯。

④上蒸笼用旺火圆汽蒸10分钟即可。

操作关键：

①豆蔻、茯苓要烘干，打成细粉。

②蒸制时用旺火圆汽，才能蒸透。

风味特点：色泽浅白，口感膨松。

品种介绍：豆蔻馒头主要用于补脾胃，除烦热。

案例二：山药萝卜饼

原料配方：山药粉50克，白萝卜250克，面粉250克，猪瘦肉100克，生姜10克，葱10克，食盐3克，绍酒10克，菜油适量。

工具设备：厨刀，砧板，刮板，平底锅，煎铲。

工艺流程：白萝卜切丝炒半熟，加上瘦猪肉泥及调味料制馅→面粉、山药粉加水，和成面团→搓条下剂→擀圆后包馅压扁→烙制成型→成品

制作方法：

①将白萝卜洗净，切成细丝，用菜油煸炒至五成熟，待用；姜切末，葱切花。

②将猪瘦肉剁细，加姜末、葱花、食盐、绍酒，加上萝卜丝拌匀，调成白萝卜馅。

③将面粉、山药粉加水适量，和成面团，软硬程度比饺子皮软一点，搓条下剂。

④将剂子擀成圆片，包入萝卜馅，收口压扁成馅饼生坯。

⑤放入平底锅内，烙熟即成。

操作关键：

①面粉、山药粉加水适量，和成面团，软硬程度比饺子皮软一点。

②烙制时注意两面上色要均匀。

风味特点：色泽焦黄，口味咸鲜，口感软韧。

品种介绍：山药萝卜饼具有健胃、理气、消食的功效。

二、药膳面点

（一）药膳面点的概念

药膳面点是指将药材和面点原料调和在一起而制成的面点。与食疗面点相比较，其根本区别是原料组成不同，食疗面点是以食物原料为主，同时又包括传统上既是食品原料又是药品的原料，而药膳面点主要用料是药材。

（二）药膳面点的开发

1.国家卫健委公布的可用于保健食品的中药名单

人参、人参叶、人参果、三七、土茯苓、大蓟、女贞子、山茱萸、川牛膝、川贝母、川芎、马鹿胎、马鹿蓉、马鹿骨、丹参、五加皮、五味子、升麻、天门冬、天麻、太子参、巴戟天、木香、木贼、牛蒡子、牛蒡根、车前子、车前草、北沙参、平贝母、玄参、生地黄、生何首乌、白及、白术、白芍、白豆蔻、石决明、石斛、地骨皮、当归、竹茹、红花、红景天、西洋参、吴茱萸、怀牛膝、杜仲、杜仲叶、沙苑子、牡丹皮、芦荟、苍术、补骨脂、诃子、赤芍、远志、麦冬、龟甲、佩兰、侧柏叶、制大黄、制何首乌、刺五加、刺玫果、泽兰、泽泻、玫瑰花、玫瑰茄、知母、罗布麻、苦丁茶、金荞麦、金樱子、青皮、厚朴花、姜黄、枳壳、枳实、柏子仁、珍珠、绞股蓝、葫芦巴、茜草、荜茇、韭菜子、首乌藤、香附、骨碎补、党参、桑白皮、桑枝、浙贝母、益母草、积雪草、淫羊藿、菟丝子、野菊花、银杏叶、黄芪、湖北贝母、番泻叶、蛤蚧、越橘、槐实、蒲黄、蒺藜、蜂胶、酸角、墨旱莲、熟大黄、熟地黄、鳖甲。

2.保健食品禁用中药名单（注：毒性或者不良反应大的中药）

八角莲、八里麻、千金子、土青木香、山莨菪、川乌、广防己、马桑叶、马钱子、六角莲、天仙子、巴豆、水银、长春花、甘遂、生天南星、生半夏、生白附子、生狼毒、白降丹、石蒜、关木通、农吉痢、夹竹桃、朱砂、米壳（罂粟壳）、红升丹、红豆杉、红茴香、红粉、羊角拗、羊踯躅、丽江山慈姑、京大戟、昆明山海棠、河豚、闹羊花、青娘虫、鱼藤、洋地黄、洋金花、牵牛子、砒石（白砒、红砒、砒霜）、草乌、香加皮（杠柳皮）、骆驼蓬、鬼臼、莽草、铁棒槌、铃兰、雪上一枝蒿、黄花夹竹桃、斑蝥、硫黄、雄黄、雷公藤、颠茄、藜芦、蟾酥。

3.卫健委公告明确不是普通食品的名单（历年发文总结）

西洋参、鱼肝油、灵芝（赤芝）、紫芝、冬虫夏草、莲子心、薰衣草、大豆异黄酮、灵芝孢子粉、鹿角、龟甲。

4.卫健委公告明确为普通食品的名单

白毛银露梅、黄明胶、海藻糖、五指毛桃、中链甘油三酯、牛蒡根、低聚果糖、沙棘叶、天贝、冬青科苦丁茶、梨果仙人掌、玉米须、抗性糊精、平卧菊三七、大麦苗、养殖梅花鹿其他副产品（除鹿茸、鹿角、鹿胎、鹿骨外）、木犀科粗壮女贞苦丁茶、水苏糖、玫瑰花（重瓣红玫瑰）、凉粉草（仙草）、酸角、针叶樱桃果、菜花粉、玉米花粉、松花粉、向日葵花粉、紫云英花粉、荞麦花粉、芝麻花粉、高粱花粉、魔芋、钝顶螺旋藻、极大螺旋藻、刺梨、玫瑰茄、蚕蛹、耳叶牛皮消等。

5.制作案例

案例一：人参菠饺

原料配方：人参粉5克，猪肉250克，菠菜250克，面粉500克，姜10克，葱15克，胡椒粉2克，酱油10克，香油15克，食盐2克，绍酒10克。

工具设备：厨刀，砧板，炒锅，案板，擀面杖，漏勺。

工艺流程：猪肉剁成肉蓉→加调味料，挤干的菠菜末→拌匀成馅

面粉加菠菜汁调成面团→搓条→下剂→擀皮

→包馅成型→煮制→成品

制作方法：

①将菠菜清洗干净后，去茎留叶，用沸水稍烫，过凉水后，切成菜末，入适量的清水搅匀，用纱布包好挤出绿色菜汁。

②将猪肉用清水洗净，剁成蓉，加食盐、酱油、胡椒粉、生姜末、绍酒拌匀，加适量的水搅拌成糊状，再放入挤干的菠菜末，葱花、人参粉、香油，拌匀上劲成馅。

③将面粉用菠菜汁和匀，如菠菜汁不够用，可加点清水揉匀，至表面光滑为止，然后搓条、下剂、擀皮，包入馅心，捏成饺子形状。

④待锅内水烧开后，将饺子下锅煮熟即成。

操作关键：

①菠菜洗净后烫制的时间不能太长。

②菠菜取汁后，菠菜末不要浪费，可以拌匀成馅。

风味特点：色泽碧绿，口味清香。

品种介绍：人参菠饺具有补气养神的功效。

案例二：冬瓜粥

原料配方：黄芪40克，冬瓜子10克，新鲜带皮冬瓜300克，枸杞10克，

大米 1 杯，冰糖适量。

工具设备：厨刀，砧板，煮锅。

工艺流程：黄芪、冬瓜子、冬瓜丁、大米→大火烧开→改成小火→加入枸杞、冰糖继续熬煮→成品

制作方法：

①将冬瓜洗净，削去皮；冬瓜子洗净；冬瓜肉切成小丁；大米淘洗后待用。

②黄芪、冬瓜子、冬瓜丁加水 4 杯，放入煮锅，大火烧开，改成小火熬。

③成粥后，再加入枸杞及适量冰糖煮 5 分钟。

操作关键：

①大米淘洗干净。

②煮粥时要用大火烧开，改用小火熬煮。

风味特点：色泽浅白，口味微甜，口感黏糯。

品种介绍：黄芪补气，冬瓜子利水渗湿，配合大米，补中益气。冬瓜子除利水外，近代药理研究发现有促进干扰素生成之作用，配合滋阴明目之枸杞，既美观又增加口味。冬瓜粥具有利尿补气的功效。

第五节　创新面点

面点中创新品种很多，其中比较有特色的有花卉面点、快餐面点等。

一、花卉面点

鲜花是植物的精华，不仅有迷人的色泽、馥郁的香气、娇媚的姿态，以及可供观赏、美化环境的作用，而且还可以制作面点，让人一品其口味，以至达到怡情养生的功效。在中国，鲜花制作面点有着悠久的历史，花卉面点有着一定的营养价值、食疗价值、审美价值与实用价值。鲜花制作点心的形式多种多样，但其从选料、加工、制作到注意事项都非常严谨，点心成品色香味俱全，具有广阔的市场开发前景。

（一）花卉面点的概念

以花作为美食，在我国有悠久的历史，屈原《离骚》中就有"朝饮木兰之坠露兮，夕餐秋菊之落英"的诗句。汉武帝时，宫中每到重阳必饮菊花酒，此风俗由宫廷传入民间，相沿成习至今。晋代陶渊明爱菊成癖，以菊佐酒，成为古今美谈。

鲜花可食之风盛行于唐代。据《隋唐佳话录》记载，武则天喜食"百花糕"。唐以后，一些文人雅士把食花看作一种情趣高雅的生活享受，留下许多"秀色可餐"的佳话。宋代大文学家苏东坡采集松花、槐花、杏花入饭共蒸，密封数日成酒，并挥毫作歌曰："一斤松花不可少，八两蒲黄切莫炒，槐花杏花各五钱，两斤白蜜一起捣，吃也好，浴也好，红白容颜直到老。"此歌道出了食花养生之功效。此后相继出现宋代林洪的《山家清供》、明代高濂的《遵生八笺》、戴羲的《养余月令》，清人徐珂的《清稗类钞》、顾仲的《养小录》等记述以鲜花为食的"餐芳谱"。

花卉面点是指选用可食性的鲜花或其香精，加上粉类原料、鸡蛋、油脂、水分等制作的面点，具有花的色、味等特点。

在面点制作中，鲜花可以用来制糕、做饼、入粥、炊饭、做馅、调味、和羹、作汤等。

（二）花卉面点的案例

案例一：桂花糕

原料配方：潮米粉 1800 克，绵白糖 500 克，黄桂花 200 克。

工具设备：木模具，竹丝帘，刮板，厨刀，铁丝筛。

工艺流程：制糕粉→制糕心→制糕坯→蒸糕→成品

制作方法：

①制糕粉。潮米粉加一半绵白糖，一起拌匀成糕粉。

②制糕心。取另一半绵白糖与桂花擦匀。

③制糕坯。先用一块正方形有洞孔的木板，放上竹丝帘，再垫上一层糕布，并在木板四周装上活动木框。以上准备妥当后，可用铁丝筛将糕粉均匀地筛入木框内。待糕粉近半框时，将糕心也均匀筛入。然后将余粉把木框筛满，刮平，用刀划成长方形小块。除去活动木框，成为一板糕坯。

④蒸糕。糕坯制成后，连板一起装入蒸格，每格约装 5 板，放在灶上蒸约10 分钟即熟。最后，用刀划成长方形小块即成。

操作关键：

①制糕粉时将潮米粉加一半绵白糖拌和均匀。

②制糕心时将另一半绵白糖与桂花擦匀。

③蒸制时要用旺火蒸透。

风味特点：色泽洁白，清甜凉香，柔软滑润，适口性好。

品种介绍：桂花糕为重阳时的节日糕点。

案例二：玫瑰饼

原料配方：面粉 500 克，玫瑰酱 50 克，白糖 200 克，核桃仁 75 克，熟猪油 200 克，芝麻 15 克，蒸熟面粉 85 克，水 175 克。

工具设备：擀面杖，笔刷，刮板，烤盘，烤箱。

工艺流程：制馅→和面→成型→烤制→成品

制作方法：

①制馅。先将熟面粉与白糖、核桃仁（切碎）、玫瑰酱、芝麻一并放在案上和匀，再放入熟猪油 25 克，用手搓匀成馅。

②和面。将 200 克面粉与 100 克猪油和起，用手搓匀，和成油酥面。另将 300 克面粉倒入盆内，先加猪油 75 克，用手搓匀打成穗子，然后加水，揉硬扎软，制成皮面。

③成型。将两种面团上案各揪成 20 个剂子，把皮面剂子用手压扁，包上油酥面，压扁擀成长方形，卷起再用手压扁擀开，这样反复两次，最后卷进成 3 厘米多长的小卷，按扁，将馅包入收口，再按成圆饼形。

④烤制。将生坯逐个摆放在烤盘中，放入 190℃烤箱，烤制 10 分钟即可。

操作关键：

①制馅时要揉和均匀。

②油酥面和皮面分别制作。

③烤制时注意温度和时间。

风味特点：色泽金黄，表皮酥脆，馅心甘甜。

品种介绍：

玫瑰饼中含有蛋白质、果糖和挥发油（玫瑰油），主要为香茅醇、橙花醇、丁香油酚、苯乙醇、壬醇、苯甲醇、芳樟醇、乙酸苯乙酯，以及槲皮苷、苦味质、鞣质、没食子酸、胡萝卜素、红色素等成分。特色鲜明，香味浓厚，是一种糖馅、酥皮的特色传统名点。

二、快餐面点

（一）快餐面点的概念

现代意义上的快餐业起始于美国。1987 年和 1990 年洋快餐两大巨头分别进入中国，10 年期间在中国开了 500 家分店，占领了国内半壁江山，快餐的概念也由此而来。受洋快餐的刺激和启发，国内相继出现了一批中式快餐企业，从最早的"红高粱"到港式"大家乐"、上海"永和豆浆大王"等，再到深圳"面点王"的出现，呈现出中式快餐的生命力，推动整个中式快餐业的快速发展。

由此，快餐面点也显现出了勃勃生机，一大批面点快餐连锁店如雨后春笋般出现，如大快活、老家快餐、马兰拉面、大娘水饺、小肥羊、丽华快餐、真功夫、老乡鸡、喜家德、乡村基、阿香米线、李先生牛肉面大王、味千拉面、沙县小吃、巴比馒头、永和大王等，其经营品种包括面条、包点、小吃、粉粥等诸多系列80多个品种，开创了"敞开式厨房、组合式产品、互动式服务"的经营模式，创造出中式快餐的经营业态，让中式快餐连锁发展在经营模式上，形成独有的特色。

因此，快餐面点是指经营面食小吃为主的快餐面点连锁企业制作的面点品种。

（二）快餐面点的案例

案例一：水饺

原料配方：猪肉250克，白菜500克，姜末10克，葱末15克，精盐5克，胡椒粉5克，料酒25克，味精5克，麻油25克，色拉油25克，面粉300克，清水2150克。

工具设备：厨刀，砧板，馅盆，漏勺，馅挑，煮锅。

工艺流程：制馅→和面→饧面→成型→熟制→成品

制作方法：

①制馅。猪肉去皮洗净，切为细粒；白菜洗净，切为细末，再用色拉油拌匀；将猪肉粒用姜末、葱末、精盐、胡椒粉、料酒、味精、麻油拌匀，加入白菜和匀即成。

②和面。案板上放上面粉，扒一个凹塘，加上清水150克，轻轻地拌和，绞出雪花状，揉和成团。

③饧面。面团盖上湿洁布，饧制20分钟。

④成型。将饧好的面团揉匀，搓条下剂，擀成饺皮，包入馅心，对折后收口捏紧，成水饺状。

⑤熟制。煮锅中放入清水2000克，烧开后下入水饺，煮开后，点水3次，养熟后捞出装盘。食用时可以蘸醋等调料。

操作关键：

①按照配方称量原料制作。

②煮饺子时要点水3次，养熟后浮起即可。

风味特点：色泽浅白，面皮筋道，馅心味美。

品种介绍：饺子源于古代的角子，原名"娇耳"，又称水饺，是我国医圣张仲景首先发明的，距今已有1800多年的历史了，是中国民间的主食和地方小吃，也是年节食品。

饺皮也可用烫面、油酥面、鸡蛋面或米粉制作；馅心可荤可素、可甜可咸；制熟方法也可用蒸、烙、煎、炸等。荤馅有三鲜、虾仁、蟹黄、海参、鱼肉、鸡肉、猪肉、牛肉、羊肉等，素馅有什锦素馅、普通素馅之类。饺子的特点是皮薄馅嫩，味道鲜美，形状独特，饺子的制作原料营养素种类齐全，蒸煮法保证营养较少流失，并且符合中国色香味饮食文化的内涵。

案例二：生煎

原料配方：面粉 450 克，面肥 75 克，净猪五花肉 500 克，猪皮冻 200 克，酱油 50 克，绵白糖 20 克，味精 1 克，芝麻 25 克，姜 10 克，香葱 500 克，食碱 7 克，麻油 15 克，绍酒 15 克，花生油 175 克，清水适量。

工具设备：刮板，馅挑，铲子，平底锅。

工艺流程：和面→制皮→调馅→成型→煎制→成品

制作方法：

①和面。将面粉（400 克）放在案板上（其余作扑面），中间扒窝，加入 200 克 40～60℃热水，将面肥撕碎放进，揉成面团，用双层布盖好。约 2 小时后，见面团膨胀发起，将中间扒开，倒进碱水，揉至面团光滑柔润。

②制皮。搓成长条，摘成面剂 40 只，在面剂上淋上花生油（25 克），拌一下，逐只撖成直径六七厘米的圆面皮。

③调馅。将姜和香葱分别切成末；将猪肉洗净，剁成肉蓉，放入盆中，加酱油、味精、绵白糖、绍酒、姜末和葱末（15 克）搅拌。过片刻，加清水 150 克继续搅拌，再放入搅好的猪皮冻末、麻油搅匀上劲，制成馅心。

④成型。面皮放在左手中，将馅心（20 克）放入皮子中间，用右手拇、食指捏着面皮转捏褶纹，收口后在顶部逐只沾上芝麻和葱末，成生包坯。

⑤煎制。把平底锅置炉火上烧热，倒入花生油（50 克）滑光锅面，将生包坯由外向里逐圈摆满。然后，加清水约 500 克，盖上锅盖，焖至水分基本收干。揭去盖，倒入花生油（100 克），加盖转动平锅，煎约 2 分钟。揭盖见包子鼓起，无水气，包底金黄光亮，撒上芝麻和葱花即可。

操作关键：

①生煎有讲究，须用平底锅，略抹一层油，将生煎整整齐齐地摆好（褶子向下），要一个挨一个，煎时应均匀地洒上一些水，最好用有小嘴的水壶洒水，以洒在缝隙处，使之渗入平锅底部为好。

②盖上锅盖，煎烙二三分钟后，洒一次水。再煎烙二三分钟，再洒水一次。此时可淋油少许，约 5 分钟后即可食用。用铁铲取出时，以五六个连在一起，底部呈金黄色，周边及上部稍软，热气腾腾为最佳。

风味特点：皮有脆有绵，馅亦烂亦酥，香气扑鼻，回味无穷。

品种介绍：

生煎又称生煎馒头，是流行于上海、浙江、江苏及广东的一种特色传统小吃，深受国人喜爱。

总 结

1. 本章通过相关概念的讲解，让学生了解特色面点。
2. 掌握各类特色面点的制作。

思考题

1. 举例说明米类制品的种类和特点是什么？
2. 举例说明甜品点心的种类和特点是什么？
3. 举例说明面点小吃的制作。
4. 举例说明保健面点的制作。
5. 举例说明创新面点的制作。

第十四章

筵席面点

课题名称： 筵席面点

课题内容： 筵席面点

课题时间： 2 课时

训练目的： 让学生了解筵席面点相关知识。

教学方式： 由教师讲述筵席面点相关知识。

教学要求： 让学生了解筵席中的面点品种。

课前准备： 准备一些历代面点筵席资料，进行阐述，掌握筵席中的面点特点。

筵席是食用的成套肴馔及其台面的统称，古称酒席。在我国由祭祀、礼仪、习俗等活动而兴起的宴饮聚会，大多都要设酒席。中国宴饮历史及历代经典、正史、野史、笔记、诗赋都有古代筵席以酒为中心的记载和描述。而以酒为中心安排的筵席菜肴、点心、饭粥、果品、饮料的组合对质量和数量都有严格的要求，现代已有许多变化。

面点是筵席中不可或缺的组成部分，筵席面点在筵席中起着越来越大的作用，而面点筵席正逐渐减少，菜点倾向少而精，制作将更加符合营养卫生要求。

俗话云"无点不成席"，这说明面点与菜肴是筵席中不可分割的一个整体。一桌丰盛的美味佳肴，没有面点的配合就好比红花失掉绿叶的扶持，所以，从业人员要重视并掌握面点在筵席中的配备方法，充分发挥其在筵席中的作用。

筵席面点又称"细点""花点"，"造型点心"或"工艺点心"，是面点的一个大类，品种有糕、团、饼、酥、卷、角、皮、片、包，饺、奶、羹等。

古今筵席种类十分繁多。通常因宴饮的对象、筵席档次与种类的不同，其菜点质量、数量、烹调水平有明显差异。著名的筵席有用一种或一类原料为主制成各种菜肴的全席；有用某种珍贵原料烹制的头道菜命名的筵席；也有展示某一时代民族风味水平的筵席；还有以地方饮食习俗为名的筵席。

在中国历史上，还出现过只供观赏、不供食用的看席。这种看席，是由宴饮聚会上出现的盘饤、饾饤、高饤、看碟、看盘演进而来的，华而不实，至清末民国初时大部分已被淘汰。如在《红楼梦》里贾府宴饮出现的一些面点看席，其制作作为一门技艺保留下来，在如今的筵席中，已难觅踪迹。

一、筵席面点的设计

无论哪种主题、层次的筵席，面点在其中扮演着越来越重要的角色。筵席面点的设计主要从以下几个方面来体现。

（一）根据设筵的主题设计

不同的筵席有着不同的设宴主题，筵席配备面点时，应尽量了解食客的要求与设筵的目的，以便恰当地精选面点品种。

如"婚筵"是人生结成伴侣的大喜之日，应配备吉祥如意之类的象形点心：鸳鸯酥、囍字蛋糕、四喜饺子、金鱼戏莲、子孙饺、合欢花、并蒂莲、鸳鸯莲藕、龙凤呈祥等，用以祝愿男女双方相亲相爱，白头到老；祝寿席是人到花甲之年，亲朋好友向老人祝寿的一种筵席，应配置伊府寿面、寿桃、寿糕、五子拜寿、鹤鹿同春、松鹤延年、南极仙翁、麻姑献寿等象形点心，这样老人见了定会喜上眉梢；喜庆席一般有节日庆典、喜庆丰收、开业庆典、升迁之喜等，这些宴席应配制水果、图案、乐器之类的点心，如麻蓉松果、节庆腰鼓、五仁琵琶、吉祥如意等象形点心，用以表达人们欢欣鼓舞、恭喜发财的心情；亲朋好友聚会、团圆席应以品味为主，尽量配制本地名点或用时鲜原料制作的面点，以突出地方风味特色，感受地方风土人情。总之，筵席面点应与筵席主题相扣，使筵席面点的配备贴切、自然。

（二）根据筵席的规格档次设计

筵席面点的质量差别取决于筵席的规格档次。筵席的规格有高档、中档、普通3种档次之分，因此，筵席面点的配备也有三档之别。高档筵席一般配点六道，其用料精良、制作精细、造型别致、风味独特。中档筵席一般配点四道，其用料高级、口味纯正、成型精巧、制作恰当。普通筵席配点二道，其用料普通、制作一般、造型简单。面点的口味一般咸甜各半，面点只有适应筵席的档次，才能使席面上菜肴质量与面点质量相匹配，达到整体协调一致的效果。

（三）根据筵席面点的风味特征来设计

1. 色泽的组配

在整桌筵席中，菜与菜之间色调配合富于变化，面点与菜肴之间色彩也需要互相衬托，否则千篇一律，显得单调呆板。面点品种可分为单色面点与多色面点。单色面点以本色及自然色为主，讲究清新素雅、简洁自然。如水调面的洁白莹亮，发酵面的喧白松软，油酥面的酥白透亮。多色面点注重色彩的调和搭配，讲究色调和谐、五彩缤纷。如花色面点的色泽自然，苏式船点的象形逼真等。在与菜肴搭配时，应以菜肴的色为主，以面点的色烘托菜肴的色，或顺其色或衬其色，使整桌筵席菜点呈现统一和谐的风格。

2. 形状的组配

面点的形状根据分类标准不同而呈现多样，一般情况下，常以成品外观分为自然形、几何形、象形形态3种。在自然形中，有糕、团、饼、粉、条、块、包、卷、饺、羹、冻、饭粥和其他类等之分；在几何形中有长、方、圆、扁等之别；象形形态更是品种繁多，生动鲜明，常做成花、鸟、虫、鱼、兽、山、景等造型，食用性与欣赏性的有机结合，更增添了筵席的气氛。

对于设计配筵具体面点品种的形状通常有如下要求。

（1）规格一致

同一面点在同一盘中，一定要包捏制成一样的大小，无论是一般的饼、饺、糍，还是花式造型面点，都要达到规格一致，这样装盘才好看，才能产生"一致美"和"协调美"，这是面点制作成型的最基本、最起码要求。

（2）大小适度

面点的外形究竟制作多大多小合适，这要根据具体品种、场合而定。普通面点一般根据皮坯的重量而定，如50克1只，25克1只或50克4只等。筵席面点的重量不宜过大，外形宜小巧精致，有时还要根据上菜的盛具而定大小。总之，不能大盘小点或大点小盘，以和谐、适度为好。

（3）美观整齐

筵席面点的制作要求是外形美观，捏塑自然，整体效果好。对点心成品的规格质量比较重视。皮多馅少、膨胀萎缩、形状变样的单个品种一概剔除，以求整齐美观。如"千姿百鹅"，要求每个小鹅形态各异，塑造巧妙，大小一致，栩栩如生。双味点心的拼摆也应注意协调、整齐的效果，切不可任意拼凑。

（4）装盘拼摆

1）排列式

将单个面点按一定的顺序排列，如从中间排向四周的圆形、三角形、菱形，排列较为整齐，可形成较完整的形体，这种摆法较为普遍。如千层油糕（菱形），每六块组合在一起即可摆成花形，一桌可由两朵花组成。

2）倒扣式

把加工制作的制品，按一定的方法（或图案）码在碗中，蒸制后把其成品倒扣于盘中，即成完美的形状，如八宝饭、山药糕等。

3）堆砌式

把单个面点自下而上堆砌成一定形状，如馒头、烧饼、春卷的堆放，糕的装摆等。

4）各客式

甜羹类、水煮类、煎烤类点心可用小汤盅、小碗、铝盏、纸杯等盛装，每客一份，由服务员分别送给宾客食用。这种装盘比较简单，一般不需装饰，有时可用小分量的水果、蔬菜作点缀，如红樱桃、绿樱桃、橘瓣、香菜、小菜心、芝麻菜等，代表品种有"橘络元宵""藕粉圆子""荞汤馄饨"等。

近年来，我国面点装盘造型技艺发展迅速，除主体面点的装盘造型外，更发展了辅助性美化工艺。在筵席面点中，对一些造型上没有明显特色的品种，可选择色泽鲜明、便于塑型的可食性原料装饰衬托、围边或者点缀，常见的手法有裱花、澄面捏花、粉丝花、炸蛋丝、面塑等，在筵席面点的配备应坚持食用为主的原则，采用恰当的造型，扣紧主题，衬托菜肴，美化筵席。如将葫芦包排放在盘中上桌，未免让人感到单调，如果在腰盘的一头用褐色澄粉面团做树枝，做两只松鼠放在树枝上，再做些淡绿色葫芦藤，然后把葫芦包放在藤中间，这样就形成了一幅美丽的图画，动中有静，静中有动，既有组合造型，又有情趣；既丰富了色彩，又衬托了葫芦包的白色。

此外，在筵席中还有一类面点品种，叫作看盘。看盘一般是用来观赏的，体现了面点师的技艺修养，能表达一定主题的点心组合，常常作为极少数高档筵席烘托气氛的一种方式。主要以观赏为主，不太注重食用，常由若干花卉虫鸟、飞禽走兽、园林美景，甚至人物、美术字等组成。一个好的看盘，能增加筵席的情趣意境，提高筵席的档次，调动食客的情绪，使之精神为之一振，欣赏到艺术的美。如用于祝寿的"松鹤同春""麻姑献寿"；用于婚嫁喜事的"花好月圆""同心永爱"；用于欣赏的"梅兰竹菊""嫦娥奔月"等。这一类看盘的组合与装饰，往往比较重视造型的精致和色彩的艳丽。一个成功的图案看盘，就是一幅优美的画。看盘在构图时必须符合多样与统一、对称与平衡、重复与渐次、对比与调和等美学原理。

3. 滋味的组配

滋味泛指美味，《吕氏春秋·适音》谓之"口之情欲滋味"；滋味也指酸甜苦辣等各种味道，汉代张衡《南都赋》谓之"酸甜滋味，百种千名"；滋味也指品尝之后的感受，包括菜点的质感。但在筵席面点的设计时，香气上应以面点的本来香气为主，并能以衬托对应菜肴的香气为佳；口味上，一般情况下，应该是咸味菜肴配咸味面点，甜味菜肴配甜味面点。质，指面点的质地，即老、嫩、酥、软、脆、烂、硬、滑、爽、粗、细等，它是由面团本身的性质和多种熟制方法等相结合运用而形成的。如"锅贴""油煎包"底部焦黄带嘎，又香又脆，上部柔软色白，油光鲜明，形成一种特色风味。"荷花酥""鸳鸯酥盒"外脆里酥、色泽淡黄、层次分明、不碎不裂。再如"蒸包""蒸饺"吃口松软，馅心鲜嫩多卤，味道醇正，形态美观。筵席菜点的质感多样化，既可体现筵席的精心制作程度，又可给人们美的享受。

除了以上之外，应注意筵席菜肴跟点的设计，所谓跟点是指筵席中既充当主食，又能使宾客调换口味，解除油腻，造型精巧，还能烘托筵席气氛的花色点心。有的点心与菜肴融为一体，在扬州，这类菜点合璧的肴馔为数不少，而且各具特色。如"馄饨鸭"，先将鸭子焖烂，再下入馄饨，鸭肉酥烂肥美，馄饨爽滑味醇，菜点合一，一碗双味。类似的还有"两鲜茶徽""炒蟹脆"等，菜点相配，只要配得巧妙，便会取得珠联璧合的效果。另外还有一类点心，通常不单独食用，而是紧跟筵席大件菜肴一同上桌食用，如粤菜"片皮乳猪"带千层饼上席；"北京烤鸭"配以荷叶饼同食；苏州"烤方"辅之以空心锃锃。这类点心跟菜肴密切关联、相辅相成，是筵席菜肴的组成部分，所以称之为"跟点"，以区别菜肴之后的正点。跟点既丰富了筵席菜肴的内容，又增加了宴会的隆重气氛，还能起到菜点同食的作用。

（四）根据筵席餐具来设计

面点配筵餐具的选择要符合面点的色彩与造型特点，并对菜肴起烘托映衬作用。目前，我们所使用的餐具大概有这么几类：瓷质餐具、银质餐具、漆器餐具、玻璃餐具、原笼等，不同类型的餐具，其质地、形状、色彩有差别。我们在选择餐具的时候，一定要根据点心的形色选择。色彩单调的点心选用彩色餐具；色彩丰富的点心选色调单一的餐具；深色的点心用色深的餐具；色调相近的点心和餐具，用彩色纸碗陪衬等。

在面点配筵餐具中，白色瓷器显得纯净，蓝花瓷器显得素雅，红花瓷器显得热烈，银质器皿显得富丽，漆器皿显得高贵，玻璃器皿显得冰清玉洁，但都应该是色调和谐，大小相宜，与整桌筵席的杯、盘、碟、碗、盅、锅（火锅、砂锅、气锅）等相互映衬，交错使用，否则会影响整桌筵席的形态美观。

（五）根据整桌筵席的营养搭配来设计

筵席面点的成本仅占整桌筵席的 5% ~ 10%，面点道数有 2 ~ 6 道不等，单只分量常不超过 25 克，其选料、加工制作时除注重单份面点品种营养搭配外，还应考虑协调与整桌筵席的营养素。筵席是以荤素菜肴为主，主要营养素成分为蛋白质、脂肪、膳食纤维、维生素、水分等，配备面点品种，就是补充了碳水化合物类的营养素成分，以帮助人体消化吸收，维持体内营养素的平衡。

（六）根据当地特色来设计

我国面点的品种繁多，每个地方都有许多风味独特的面点品种，在筵席中配备几道地方名点，既可领略地方食俗，增添筵席的气氛，又可体现主人的诚意和对客人的尊重。如扬州地方特色点心有：三丁包子、翡翠烧麦、千层油糕、花色蒸饺、黄桥烧饼、扬州火烧、淮扬汤包等。山东特色面点有：临清的烧麦，周村的烧饼，泰山的豆腐面，临沂的糁，济南的清油盘丝饼，福山的拉面、叉子火食、硬面锅饼，蓬莱小面，黄县的肉盒，掖县的肉火烧，烟台的油条，宁海的州脑饭，文登的三把火烧，海阳的鱼饺以及孔府的面点等。

（七）根据年节食风来设计

如果举办筵席的日期与某个民间节日临近，面点也应该做相应的设计。如端午节前，"粽子"制品即可应席；清明节配食"青团"（亦名"翡翠团子"）；中秋节配食"月饼"；元宵节配食"汤圆""元宵"；春节配食"年糕""春卷""饺子""面条"等。

（八）根据季节不同来设计

一年有四季之分，筵席有春席、夏筵、秋宴、冬饮之别。不同的季节，人们对饮食的要求不尽相同，所谓"冬厚、夏薄、春酸、夏苦、秋辣、冬咸"，依时令不同而异。筵席面点的配备要依据季节气候变化对口味的影响，选择季节性的原料，制作时令点心。如春季可做"豆苗鸡丝卷""春卷""荠菜包子""鲜笋虾饺"等品种；夏季可做"马蹄糕""冻糕""绿豆糕""荷花酥"等品种；秋季可做"蟹黄汤包""葵花盒子""栗蓉瓜甫""菊花酥""芋角"等品种；冬季可做"腊味萝卜糕""萝卜丝饼""梅花酥""牛油戟""八宝饭"等品种。在制品的成熟方法上，也因季节而异，夏、秋多用清蒸、水煮或冷冻，冬、春多用煎、炸、烙、烤等方法。

再如，苏州面点逢农历四时八节，均有它的时令品种，有春饼、夏糕、秋酥、冬糖的产销规律之称。传统时令制品品种占整个名特、传统品种的半数以上，春饼有酒酿饼、雪饼等；夏糕有薄荷糕、绿豆糕、小方糕等；秋酥有如意酥、菊花酥、巧酥、酥皮月饼等；冬糖有芝麻酥糖、荤油米花糖等。

（九）根据食客的饮食习惯来设计

在设计筵席面点时，首先通过调研，了解食客的国籍、民族、信仰、职业、年龄、性别、体质及嗜好忌讳，并据此确定品种。也就是说，应从了解食客的饮食习惯入手。

1. 国内食客的饮食习惯

我国幅员辽阔，气候、物产与风俗差异较大，因此，各地相应形成了自己的饮食习惯和口味爱好。总体来讲"南米北面"。南方人一般以大米为主食，喜食米类制品，如米团子、米糕、米饼、米饭等。面点制品讲究精致、小巧玲珑、口味清淡，以鲜为主。北方人一般以面食为主，如馒头、饺子、面条等，喜食油重、色浓、味咸和酥烂的面食，口味浓醇，以咸为主。

各少数民族由于他们的生活习惯、饮食特点各不相同，表现在他们对主食面点也各有自己的特殊要求。如回族，主食以牛羊肉、面点为主；蒙古族，农业地区以面、米为主，半农半牧区则喜食米饭、面及炒米，游牧区吃炒米居多；朝鲜族，爱食大米，喜食冷面，过节或喜庆的日子喜食"打糕"。

2. 国际食客的饮食习惯

随着经济全球化，旅游业发展迅速，来华的国际友人逐年增多，因此，掌握他们的饮食习惯也显得尤为重要。下面总结了一些主要国家人民的饮食习惯：法国人喜吃酥食点心；瑞典人喜食各种甜点心；英国人早餐以面包为主，辅以火腿、香肠、黄油、果汁及玉米饼，午饭吃色拉、糕点、三明治等，晚饭以菜肴为主，主食吃得很少；美国人喜食烤面包、荞麦饼、水果蛋糕、冻甜点心等；意大利人喜食面食，如通心面条、意式春卷、馄饨、葱卷等，面食花式品种丰富；俄罗斯人主食面包，喜吃发面包子、水饺、蛋糕等；德国人喜食甜点心，尤其是用巧克力酱调制的点心；日本人喜食米饭，也喜欢吃水饺、馄饨、面条、包子等面食；泰国人主食稻米，喜食"咖喱饭"；印度人喜食米饭及黄油烙饼等点心；朝鲜人主食米饭、杂粮，爱吃冷面、水饺、炒面、锅贴等面食。

综上所述，在筵席面点设计过程中，如果充分考虑到以上各种因素来配备面点，就一定能使整桌筵席"锦上添花"。

二、筵席面点的作用

一桌筵席的成败与否，不仅取决于所用原料的优劣和烹调技术的高低，更取决于冷菜、热菜、面点、水果等各类食品的巧妙组合。筵席面点就是在统一主题风格的前提下，以其独特工艺魅力，使得宴席和合圆满。

（一）突出主题，烘托气氛

筵席中的面点选料广泛。不论是主食杂粮、山珍海味，还是飞禽走兽、菌藻果蔬等均可制作筵席面点，在成型和熟制方法上更是五花八门，象形花色点心层出不穷，它们优美的造型、绚丽的色彩、和谐的寓意等博得了广大食客赞誉。所以，对于一些主题鲜明的宴席，如升学宴、结婚宴、祝寿宴、庆功宴等，选择与主题意境一致的特色面点，会起到突出主题、烘托气氛、画龙点睛的作用。例如，在喜庆宴会上，配上五彩缤纷的花卉点心；在结婚宴会上，配上鸳鸯饺、百合酥、龙凤呈祥等；在祝寿宴会上，配上寿桃、蛋糕、长寿面等，均可使宴饮者在生理上和精神上得到更大的满足，将筵席的气氛烘托到高潮。

（二）平衡膳食，相得益彰

众所周知，人体所必须的营养素包括脂肪、蛋白质、碳水化合物、维生素、矿物质和水。筵席上菜品大多富含脂肪和蛋白质，自然食客在这方面摄取的就非常丰富。同时，由于有蔬菜和水果的选用搭配，食客的维生素和矿物质的摄取也有了一定的保证，唯独欠缺的就是碳水化合物，制作面点的主要原料都是碳水化合物含量高的食材，如麦类、米类、杂粮类。所以在宴席中安排一定数量的面点是十分必要的。丰富多彩的面点不仅能使人食欲大开，获得膳食上的平衡，还能给食客留下美好的印象。

（三）承上起下，随机应变

有很多的面点在开席之前就已制作完毕，如发酵点心、油酥点心、蛋糕等。在筵席的配制过程中，有时难免会出现一些预想不到的问题，如设备故障，客人进餐速度快，上菜跟不上等。这时合理的安排上一道面点，再加上服务人员的巧妙言辞，就可以很好地化解一些突发性的矛盾。如某人请客，为老母亲庆祝 70 寿辰举行宴会。正当吉时开宴上菜之时，不巧做菜的厨师把头道大菜"全家福"给烧糊了，正当危急之时，餐厅经理突然灵机一动，让服务人员迅速将事先制作的生日蛋糕提前送上，以解燃眉之急，这位经理也随之上前向老太太祝寿及众亲友表示问好，厨师趁机快速将菜赶制出来。一场尴尬的局面，由于有面点闪亮登场，就这样给化解于无形之中。由此可见，面点不仅是宴席中不可缺少的角色，而且有着承上起下和随机应变的作用。

（四）丰富品种，变换口味

宴席面点丰富多彩，各具特色，口感或酥香甜脆，或松软似棉，或洁白如玉，或爽滑筋抖；口味或甜，或酸，或咸，或麻辣，或酸辣等。再加上成型和熟制方法多样，真可谓是味型多变，形态各异。一桌完整的宴席如果没有面点的映衬，再美味的佳肴也会失色三分，所以有经验的厨师在编制菜单时无不对面点给予极大的重视，选择造型，讲究口感，调制口味，以期达到筵席的最佳效果。

总　结

本章通过相关背景内容的讲解，让学生了解筵席中的面点。

思考题

1. 筵席面点的设计体现在哪些方面？
2. 筵席面点的作用有哪些？

参考文献

［1］郑奇，陈孝信.烹饪美学［M］.昆明：云南人民出版社，1989.

［2］邱庞同.中国面点史［M］.2版.青岛：青岛出版社，2001.

［3］邵万宽.中国面点［M］.北京：中国商业出版社，1995.

［4］李渔.闲情偶寄［M］.2版.北京：中国商业出版社，1987.

［5］佚名.调鼎集［M］.北京：中国商业出版社，1986.

［6］李斗.扬州画舫录［M］.扬州：江苏广陵古籍出版社，1984.

［7］袁枚.随园食单［M］.3版.南京：江苏古籍出版社，2002.

［8］顾仲义.餐旅实用美学［M］.大连：东北财经大学出版社，2000.

［9］陈洪华，李祥睿.面点造型图谱［M］.3版.上海：上海科技出版社，2001.

［10］李祥睿，陈洪华.中式糕点配方与工艺［M］.北京：中国纺织出版社，2013.

［11］陈洪华，李祥睿.中式面点加工工艺与配方［M］.北京：化学工业出版社，2018.

［12］陈洪华，李祥睿.初级厨师培训教材（面点制作）［M］.南京：江苏科技出版社，1995.